震泽镇积善堂

震泽镇万福桥

震泽镇政安桥

震泽镇虹桥

震泽镇宝书堂吴宅

震泽镇江丰农工银行旧址

门楼

戏台

盛泽镇先蚕祠

财神殿南侧院落一角

盛泽镇先蚕祠

盛泽镇培元公所卅周年纪念井

全景

桥身细节一

桥身细节二

盛泽镇带福桥

盛泽镇仁寿桥

盛泽镇如意桥

第二进后墙门楼细节

梁架细节

盛泽镇沈家绸行旧址

实景一

实景二

黎里镇芦墟跨街楼

实景三

黎里镇芦墟跨街楼

黎里镇毛家弄毛宅

黎里镇中心街王宅

黎里镇王家弄王宅

黎里镇芦墟泰丰路陆宅

黎里镇丁家弄丁宅

黎里镇问心堂药店

黎里镇闻诗堂

同里镇俞家湾船坊

同里镇经笥堂

同里镇太湖水利同知署旧址

同里镇陈去病故居

入口外景

梁架

同里镇崇本堂

入口外景

荷花池

同里镇耕乐堂

桃源镇大通塘桥

桃源镇九里桥

桃源镇铜罗枫桥河廊

桃源镇中共浙西路东特委和中共吴兴县委旧址

松陵镇吴江县立医院旧址

平望镇群乐旅社旧址

吴江古建筑测绘图集（2018）

苏州市吴江区文化广电新闻出版局 编

科 学 出 版 社
北 京

内 容 简 介

本书收录了苏州吴江32处文物保护单位，内容涵盖的了名人故居、桥梁旧址、金融商铺、文化交通、公共服务等多种建筑类别，通过现状实测图、部分复原图及现场照片采集，真实记录了现存文物的保存状况，力求最大限度反应文保单位的遗产价值。图纸数据均为原始实测数据，是吴江文物建筑的珍贵资料。

本书适合文物保护及管理的相关人员，也可供古建筑研究、古建筑和仿古建筑设计等领域的专业人员以及大专院校相关专业的师生阅读、参考。

图书在版编目（CIP）数据

吴江古建筑测绘图集：2018 / 苏州市吴江区文化广电新闻出版局编. —北京：科学出版社，2018. 6

ISBN 978-7-03-057795-5

Ⅰ. ①吴… Ⅱ. ①苏… Ⅲ. ①古建筑—建筑测量—苏州—图集 Ⅳ. ①TU198

中国版本图书馆CIP数据核字（2018）第115589号

责任编辑：孙 莉 梁广平 吴书雷 / 责任校对：邹慧卿

责任印制：肖 兴 / 封面设计：张 放

科学出版社出版

北京东黄城根北街16号

邮政编码：100717

http://www.sciencep.com

中国科学院印刷厂 印刷

科学出版社发行 各地新华书店经销

*

2018年6月第 一 版 开本：889×1194 1/16

2018年6月第一次印刷 印张：27 插页：10

字数：600 000

定价：280.00元

编辑委员会

出版说明

迄今为止，吴江文物保护单位被列入苏州文保已达128处，其中全国重点8处，省级17处，市级103处，文物资源的类别涉及古遗址、古墓葬、近现代重要史迹及代表性建筑、古建筑等各个门类，遍布吴江开发区（同里）、汾湖高新区（黎里）、吴江高新区（盛泽）、太湖新城、震泽、桃源、平望、七都等区镇。近年，苏州市吴江区新增第六批、第七批文物保护单位29处，新公布的文保单位资料不够详尽，故苏州市吴江区文化广电新闻出版局从新增的29处市保单位中选择了28处，又遴选了4处具有代表性的国保及省保单位共计32处，委托专业单位进行实地勘察，编制了《吴江古建筑测绘图集（2018）》，内容涵盖名人故居、桥梁旧址、金融商铺、文化交通、公共服务等多种建筑类别。

本图集整理了文保单位的基本概况，通过大量现状实测图、部分复原图及现场照片采集，真实记录了现存文物的保存状况，尽可能多地还原文物古迹的历史信息，以上数据均来源于实测，是实用性很强的第一手资料。图集共分三部分，图纸、照片、文字介绍。图纸力求最大限度反应文保单位的遗产价值；彩页照片因幅面有限，每个文保单位仅供有代表性的拍摄图像；文字简述仅涉及形制及历史沿革，以较浅显的建筑语言，面向普通读者阐述文物建筑保存现状和基本概况。

我们深知，这次挑选的案例尚不能代表吴江文化遗产保护理念、方法的最新、最高水平，但管中窥豹，个中案例仍有值得学习之处，亦有值得借鉴之处。希望《吴江古建筑测绘图集》能够为业内同志们提供取长补短、交流经验、共同提高的平台。

本书编委会

2018年5月

序

同里的老朋友凌刚强拿来了《吴江古建筑测绘图集》，嘱我写序，我把全书翻了一遍，这是一本修缮历史建筑的测绘工程图录，记述了苏州市吴江区文广新局和计成建筑设计院的工作成果，全书收录了30余处历史建筑，有纪念性建筑，有古桥、古街巷，居多的还是古宅，这些测绘图反映了吴江文物同仁们的精心设计，以及为保护古建所作的成绩和贡献，实为赞赏。

吴江在江南水乡城镇中，是拥有美丽的水乡风光和深厚的文化沉淀的代表，古典园林大师计成的故宅就在同里古镇里。20世纪80年代初我和吴江就相知、相识，亲自参加了同里、黎里等古镇的保护与开发，也结识了蒋鉴清（原同里古镇副镇长）、凌刚强（原同里古镇保护办公室主任）等保护古镇的地方干部，当然还有许多兢兢业业的同志，是他们首先认识到古镇是个宝，付出了心血，才留下了这些珍贵的遗产。一直到了2000年以后，人们才普遍有了保护遗产的认识，一些保护机构逐步建立，使保护历史建筑逐步走上有序的道路。可惜的是，在这之前的岁月中，许多优秀的古建筑和文化遗存遭到无知的破坏，其中一些是因为缺乏保护古建筑的历史遗存的基本科学知识，在不经意中破坏了珍贵的稀世珍宝。我在1987年做甪直古镇保护规划时，当时的保圣寺还存留着由叶圣陶、顾颉刚等名人在30年代募捐来的善款修缮的罗汉堂大殿，因为资金不够，只能搭简陋的棚屋，当然不好看，当地文物部门一定要拆了盖成古典式大殿；附近陆龟蒙的斗鸭池还留存着唐代的遗址，残破的池岸、石柱础都原样留存，我几次三番地要求他们原状留存，可是苏州文物修缮部门一定要恢复原样在地上盖了个清式的清风亭，把一个好端端的历史遗址，变成毫无价值的假古董的旅游景点，我还留着原景的照片，每当翻到了它，不禁唏嘘哀叹。

古建筑的测绘是保护建筑的前提，因为古建筑的修缮不同于现代建筑，现代建筑的修建有统一的规范、准则等，有可以借鉴的经验和资料，而历史建筑一个朝代一个样，各地方又有地方的特色，以及当地工匠的习惯做法。古建筑的修复就要仔细地研究，事先的历史建筑的调研就很重要，而测绘就是其中最重要的工作，这是一项专业性很强，又费心费力的事。我五十年代在同济大学建筑系念书的时候，每年暑期二年级学生都要有一个月的建筑测绘实习，那时都是到苏州、扬州测绘古建筑和古园林。这门课是陈从周先生任教，每天清晨5点钟就要起来，因为要避开中午炎热的时光，一到工作地点一般都要爬到屋梁上去，仔细弄清梁柱的卯榫接头。那些大宅子，做得都很考究，也就很复杂，当然是弄得满头满脸的灰尘，有时回来一整理发现没有画清楚，只得第二次再去核对，有时草图也画出来了，陈先生一检查又存在很多毛病，还得到现场去重新看过，陈先生在这方面是很顶真的，我们也就学到了不少知识。后来这些成果汇集成《苏州园林》和《苏州旧住宅》两本书，在那个年代说是宣扬“封”“资”“修”，被批判，但到“文化大革命”以后，这些古典园林和古建筑的修缮全赖有他独具慧眼测绘的珍贵的资料。陈先生对计成十分推崇，把计成精辟的概括造园的名句“虽是人作，宛若天开”题刻在绍兴东湖的山崖上，是我们造园者们的座右铭。吴江文广新局的领导能够把这些测绘出来，并且付梓成书，体现了眼光独到。

修复古建筑，认真的测绘是保护工作的前提，这项工作一定要认真和踏实，来不得半点马虎。既是保护古建筑的要求，就得遵照四性五原则的要求，也就是保护要坚持“原真性、整体性、可读性和可持续性”，而修缮要遵循“原材料、原工艺、原式样、原结构和原环境”。这就要求古建筑保护者切实秉着保护祖国和地方珍贵遗产的理念，顶住只顾经济利益而图表面风光的肤浅风气。我赞赏吴江文广新局踏实的工作作风和勤恳的工作态度，并希望本书的出版对吴江、苏州的古建筑保护能起到积极作用，为此写了这些题内题外的赘语，聊以为序。

2018年5月30日于同济寓所

阮仪三，1934年11月生，苏州人，同济大学建筑城规学院教授、博士生导师。1961年毕业于同济大学后留校任教。现任国家历史文化名城研究中心主任，中国历史文化名城保护专家委员会委员。20个世纪80年代以来，努力促成平遥、周庄、丽江等众多古城古镇的保护，因而享有”古城卫士”古城保护神”等美誉。曾获联合国教科文组织遗产保护委员会颁发的2003年亚太地区文化遗产保护杰出成就奖。主要著作有《护城纪实》《护城踪录》《江南古镇》《历史文化名城保护理论与规划》等。

目　　录

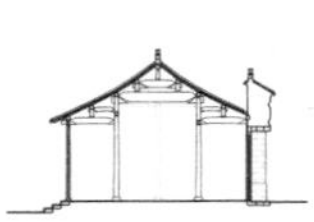

震泽镇：市保单位——积善堂

积善堂，位于震泽镇南横街小稻场3号，由酒商李六宝建于民国九年（1920年）。

该堂坐北朝南，共三进，西侧为约1.3米宽备弄，前街通后街，贯穿南北三进，每进均设置石库门。总用地面积701.2平方米，总建筑面积1093平方米。

三进建筑均为二层楼房，二楼一至三进相互贯通。

第一进楼厅面阔三间10.2米，进深八界共9米，小青瓦屋面，抬梁式木构架，观音兜封火墙。南侧院墙建有砖雕门楼，庭院内金山石板铺地，东西两侧设有厢房，北侧抱厦连接后院墙，形成独特蟹眼天井格局。建筑二层出挑，底部承托木雕挑头，前檐口挑云头托梓桁。门窗一层式样为宫式花结嵌玻璃，二层为民国式样八角玻璃窗。

第二进楼厅面阔三间10.2米，进深八界共9米，小青瓦屋面，穿斗式木构架，观音兜封火墙。格局与第一进相似，南侧院墙建有砖雕门楼，庭院内金山石板铺地，东西两侧设有厢房，北侧抱厦连接后院墙，设有蟹眼天井。建筑二层出挑，底部承托木雕挑头，前檐口挑云头托梓桁。门窗一层式样为宫式花结嵌玻璃，局部为海棠菱角嵌玻璃，二层为民国式样八角玻璃窗。

第三进楼厅面阔三间9.9米，进深八界共9米，穿斗式木结构建筑，南侧院墙建有砖雕门楼，庭院内金山石板铺地，东西两侧设有厢房。建筑二层出挑，底部承托木雕挑头，前檐口挑云头托梓桁。现存传统门窗均为宫式短窗。

三进建筑挑檐处均有垂篮木刻雕饰，二层木裙板下刻有草纹图案装饰，垛头、建筑与院墙交接处均有人物、动物、云纹、花草等泥塑图案。木构云头、承重、楼梯栏杆等亦均刻有人物，兰草等吉祥图案。整体雕刻内容丰富多样，手法细腻，做工精湛。

2012年列为吴江市文物保护单位。2014年7月，由苏州市人民政府明确为市文物保护单位。保护范围：四周至界墙。建控范围：东至小稻场过道东墙界，西至横塘商住楼东墙界，南至本体外15米，北至当弄。

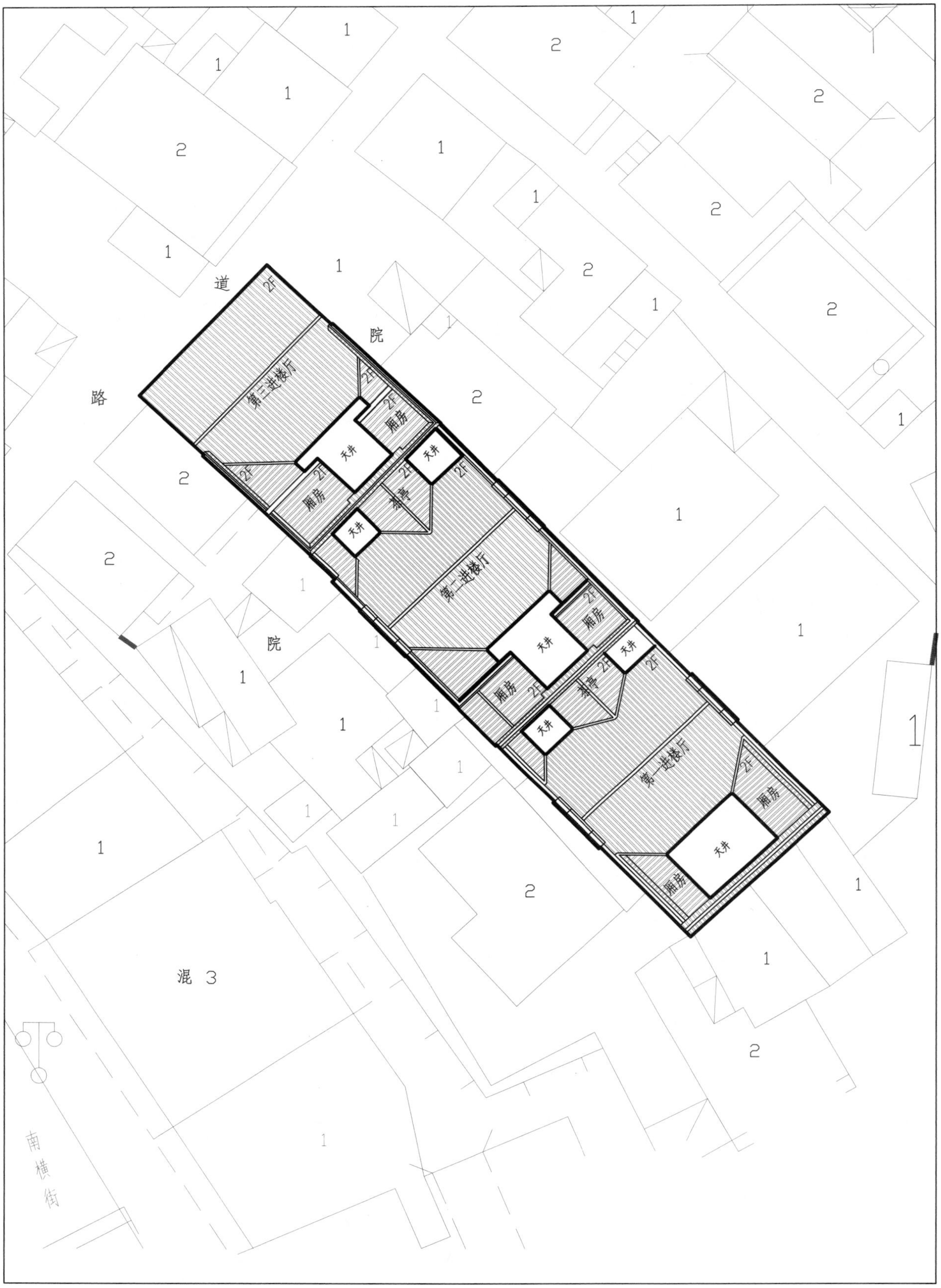

图 1　积善堂总平面图

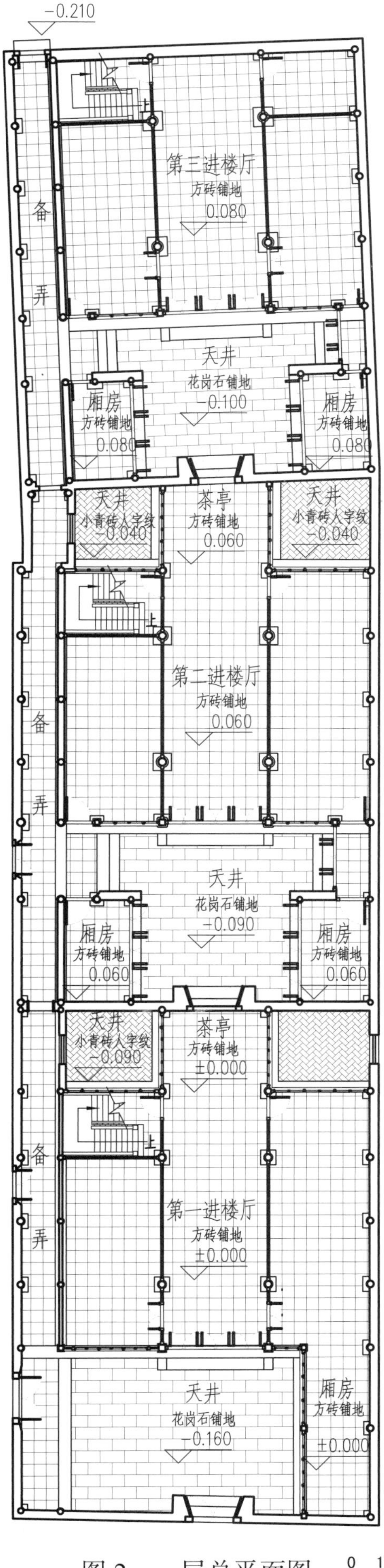

-0.210
备
弄
第三进楼厅
方砖铺地
0.080
天井
花岗石铺地
-0.100
厢房
方砖铺地
0.080
厢房
方砖铺地
0.080
天井
小青砖人字纹
-0.040
茶亭
方砖铺地
0.060
天井
小青砖人字纹
-0.040
备
弄
第二进楼厅
方砖铺地
0.060
天井
花岗石铺地
-0.090
厢房
方砖铺地
0.060
厢房
方砖铺地
0.060
天井
小青砖人字纹
-0.090
茶亭
方砖铺地
±0.000
备
弄
第一进楼厅
方砖铺地
±0.000
天井
花岗石铺地
-0.160
厢房
方砖铺地
±0.000

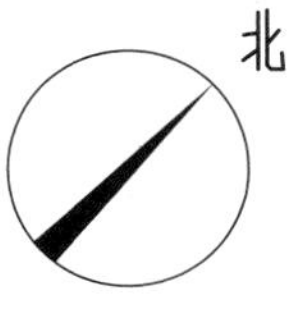

北

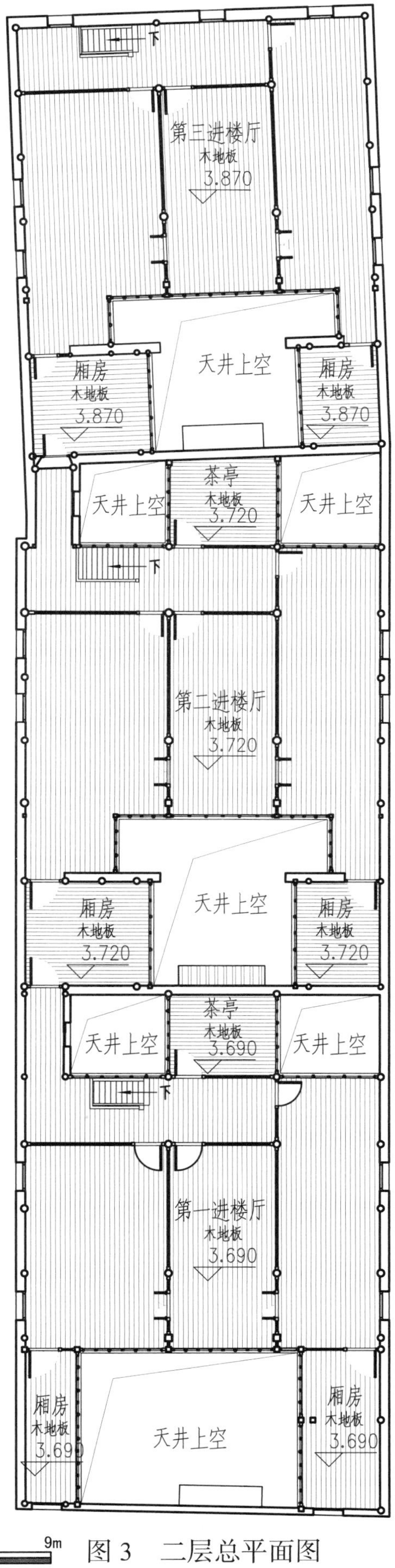

下
第三进楼厅
木地板
3.870
天井上空
厢房
木地板
3.870
厢房
木地板
3.870
天井上空
茶亭
木地板
3.720
天井上空
下
第二进楼厅
木地板
3.720
天井上空
厢房
木地板
3.720
厢房
木地板
3.720
天井上空
茶亭
木地板
3.690
天井上空
下
第一进楼厅
木地板
3.690
厢房
木地板
3.690
天井上空
厢房
木地板
3.690

图 2　一层总平面图　　0　1m　3m　5m　9m　　图 3　二层总平面图

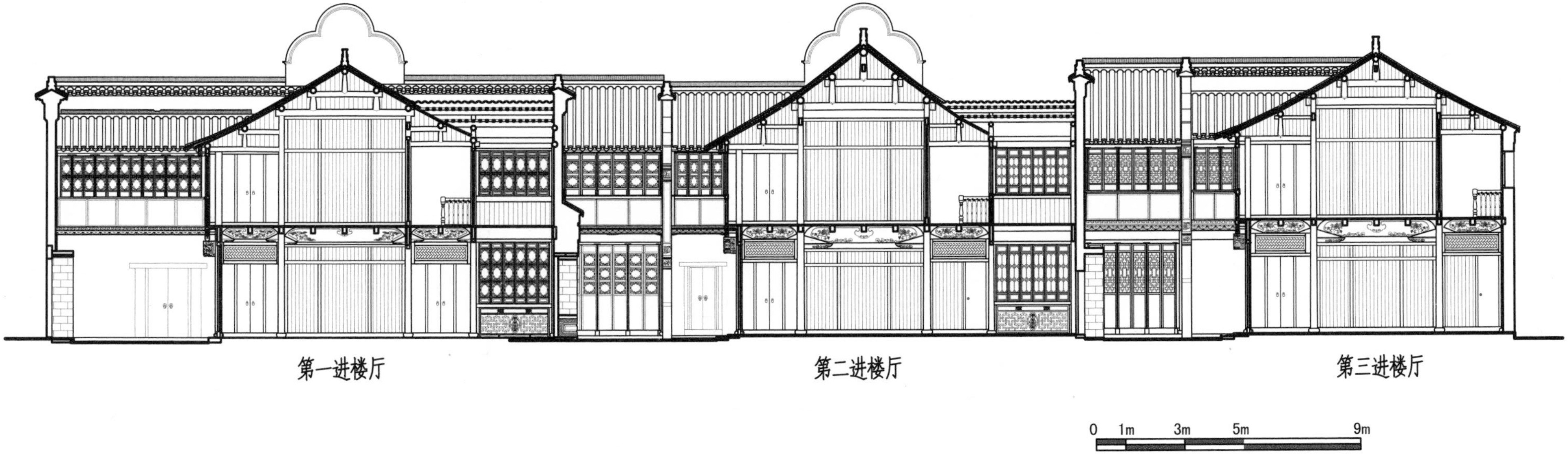
第一进楼厅
第二进楼厅
第三进楼厅
0 1m 3m 5m 9m

图 4　总横剖面图

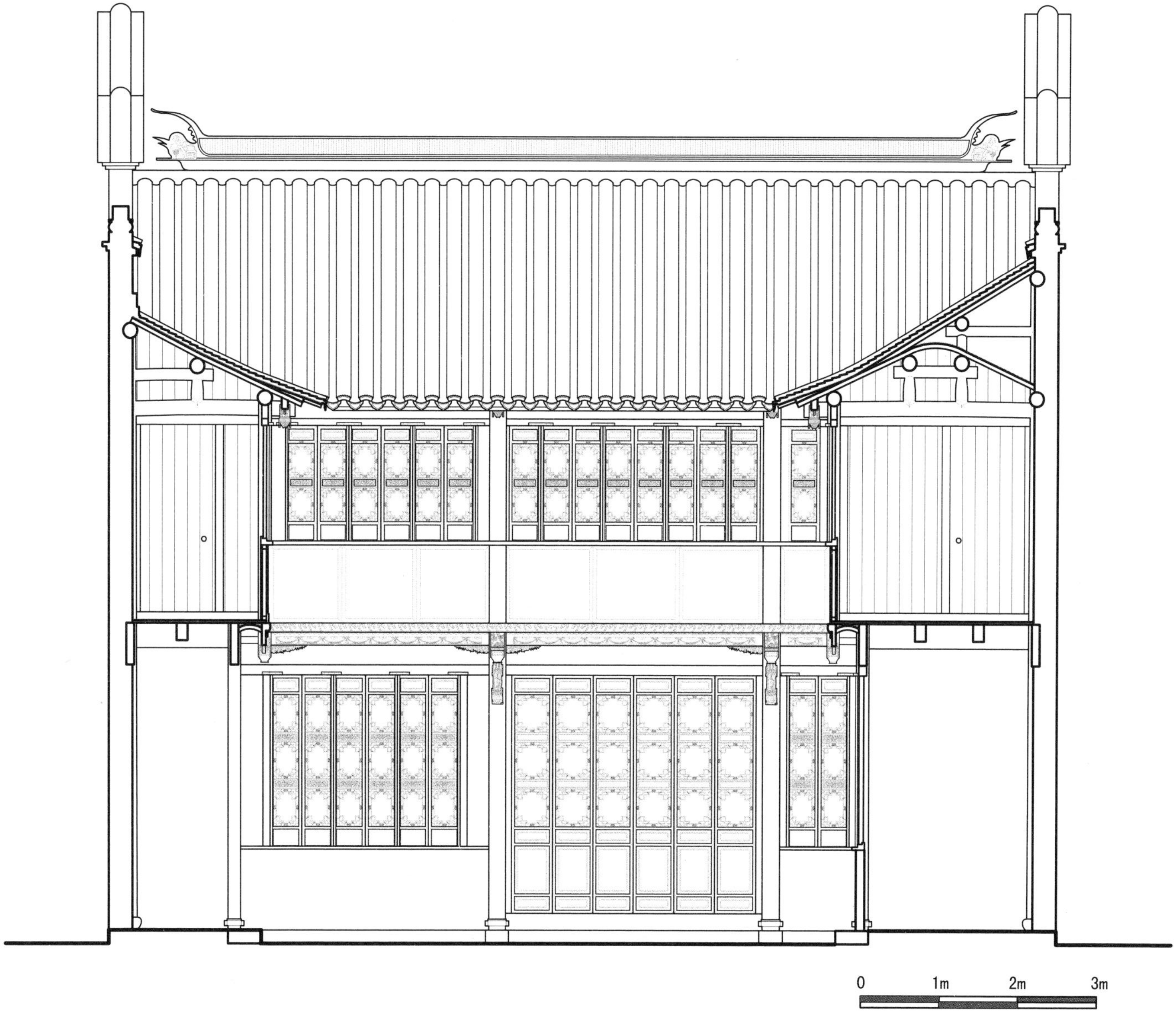

图 5　第一进楼厅正立面图

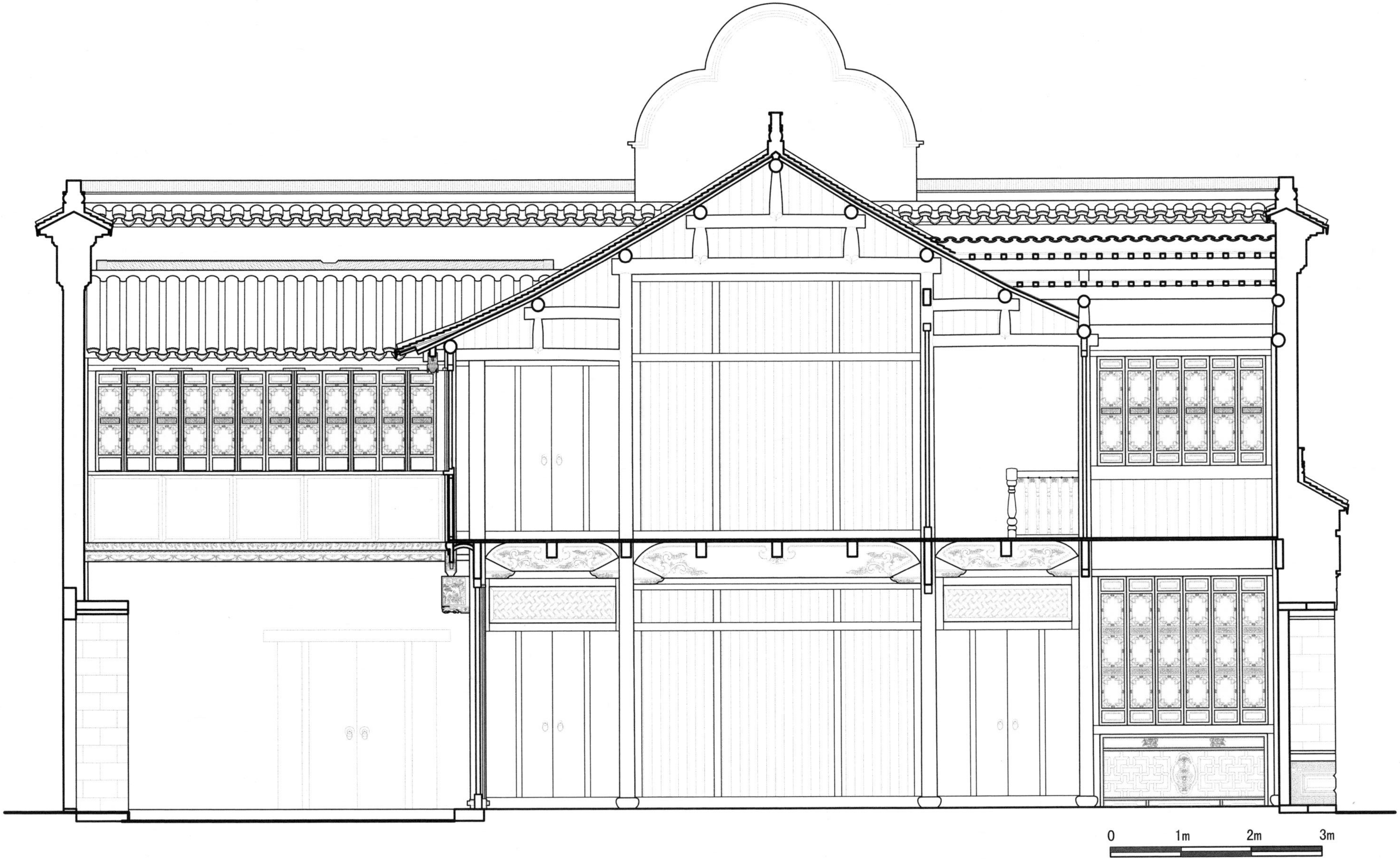

图 6　第一进楼厅横剖面图

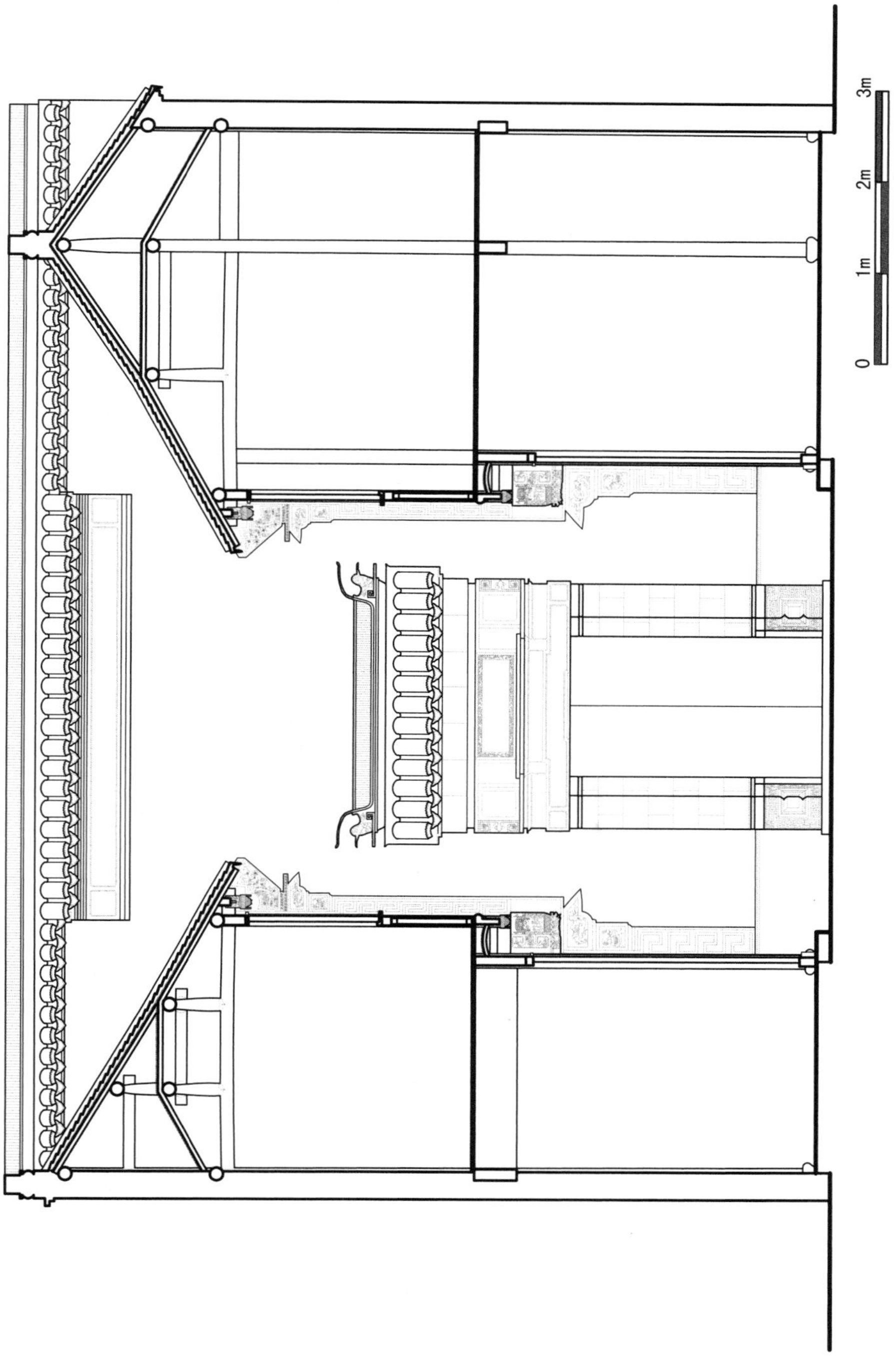

图7　第一进楼厅背立面图

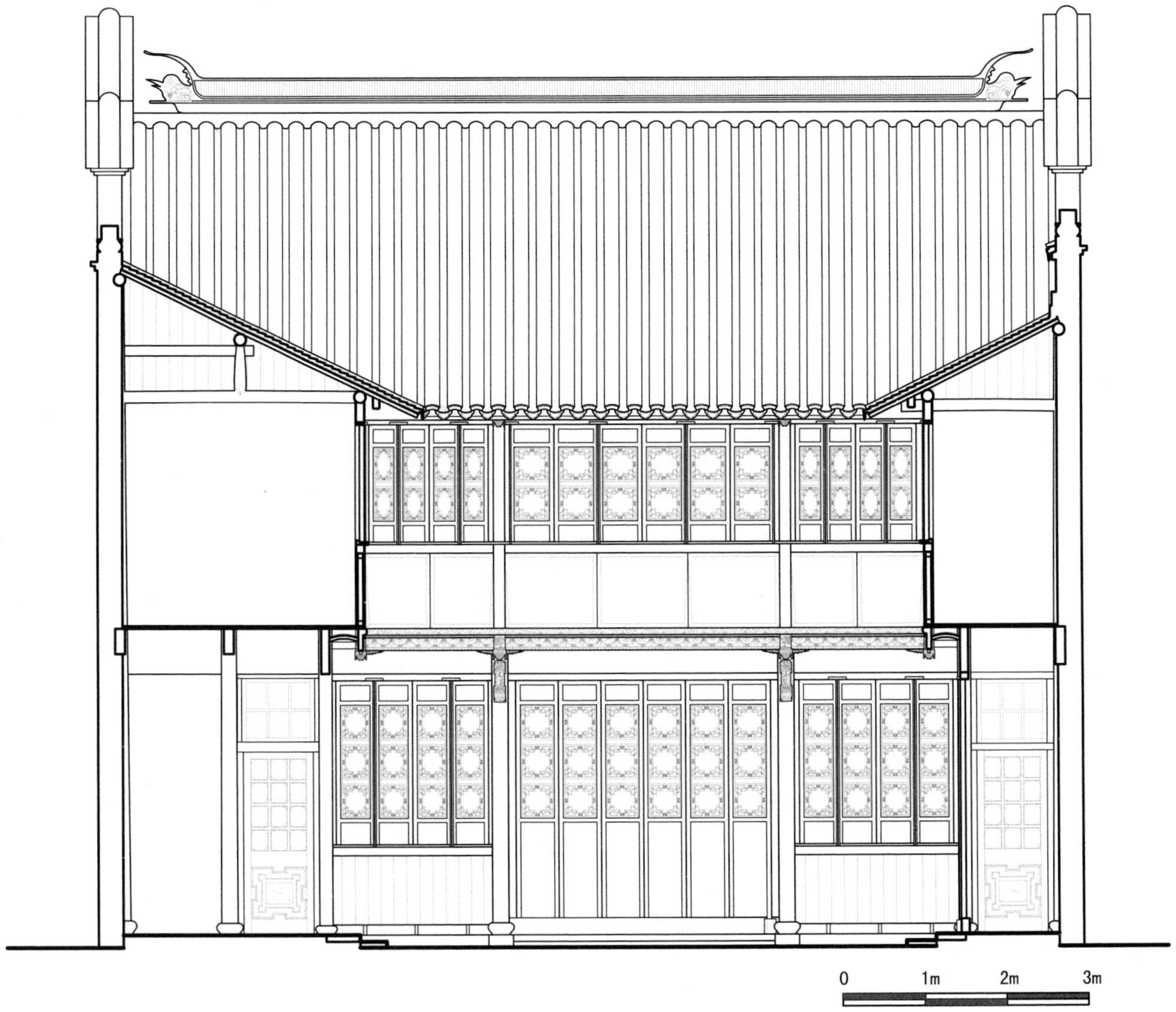

图 8　第二进楼厅正立面图

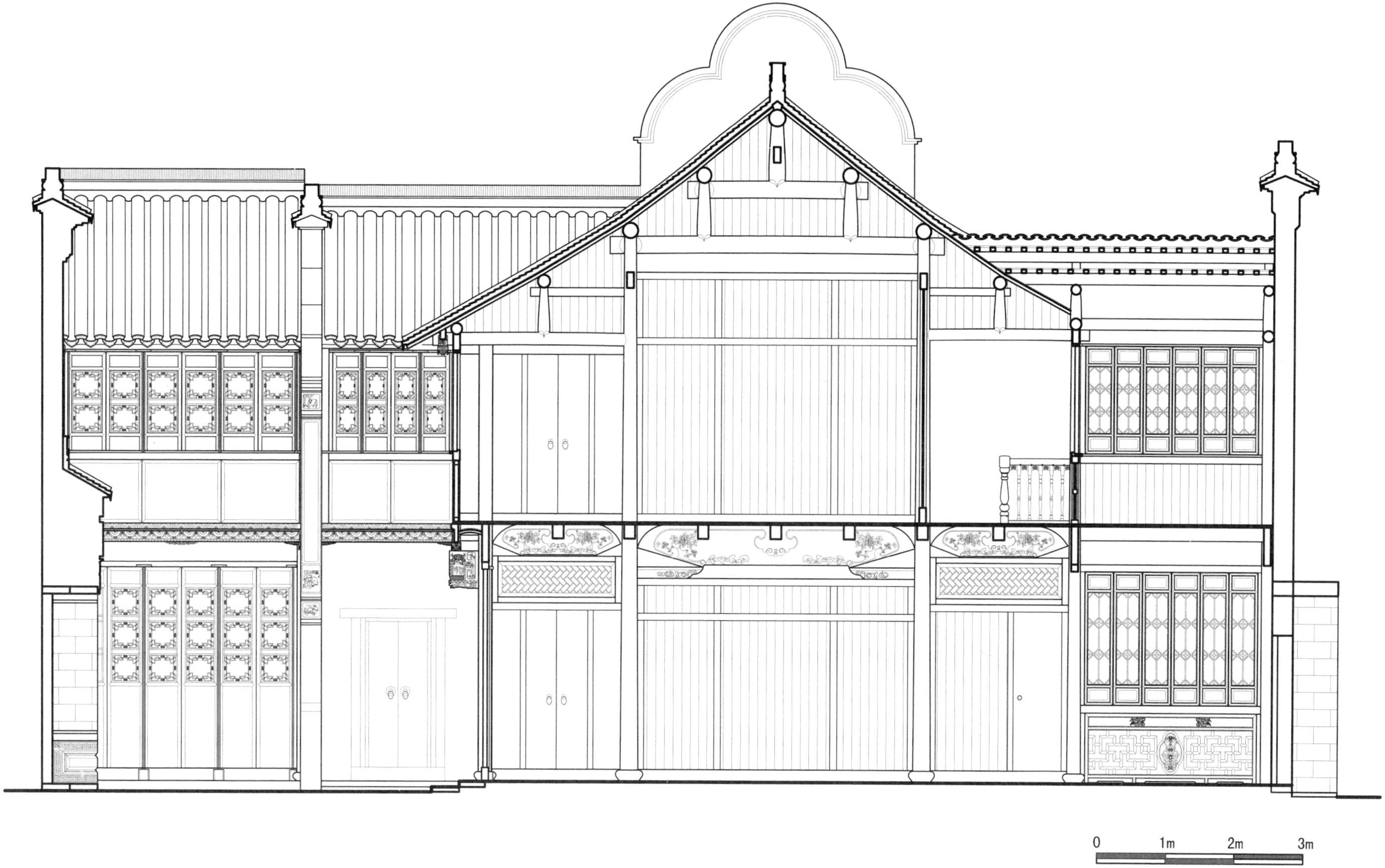

图 9　第二进楼厅横剖面图

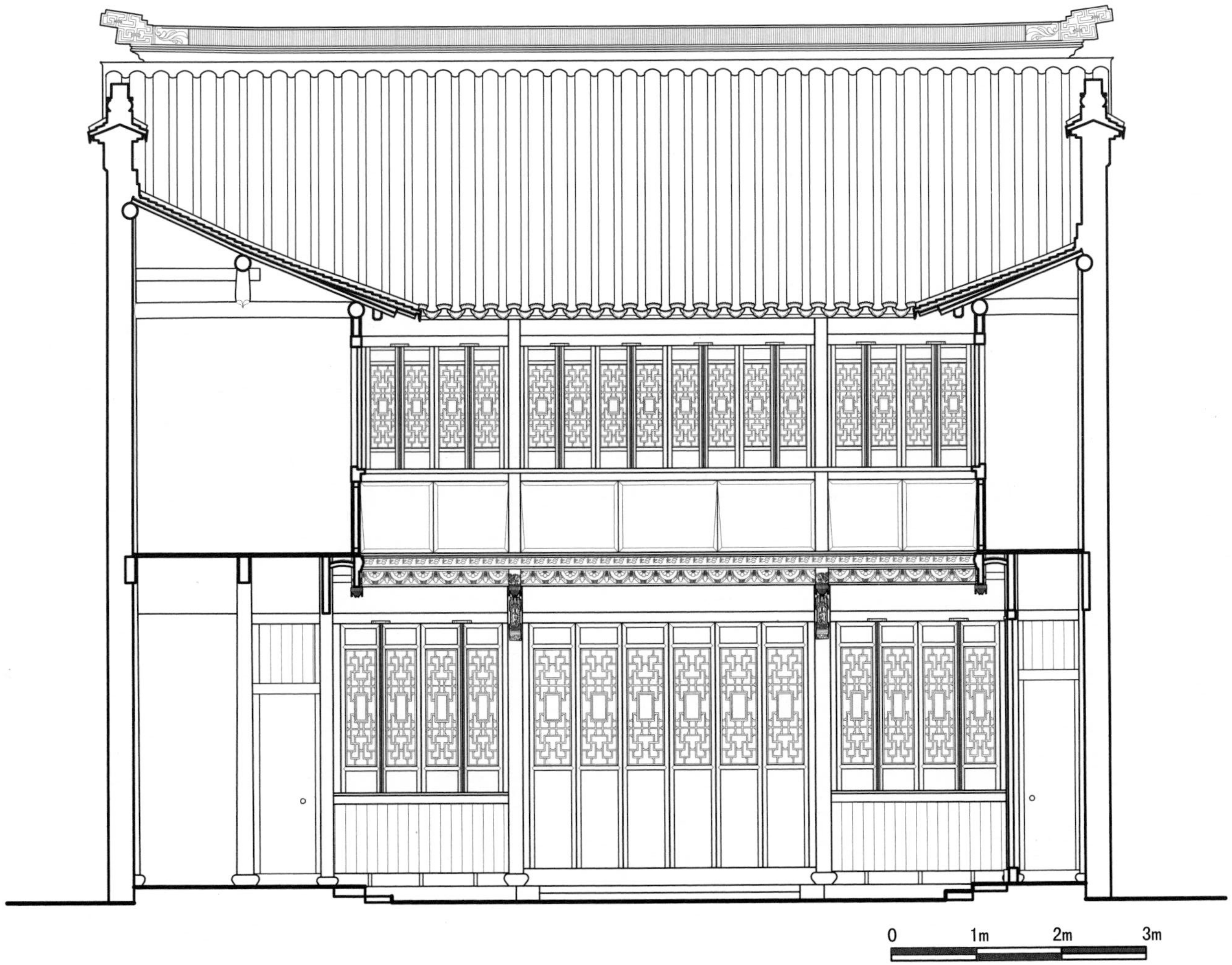

图 10　第三进楼厅正立面图

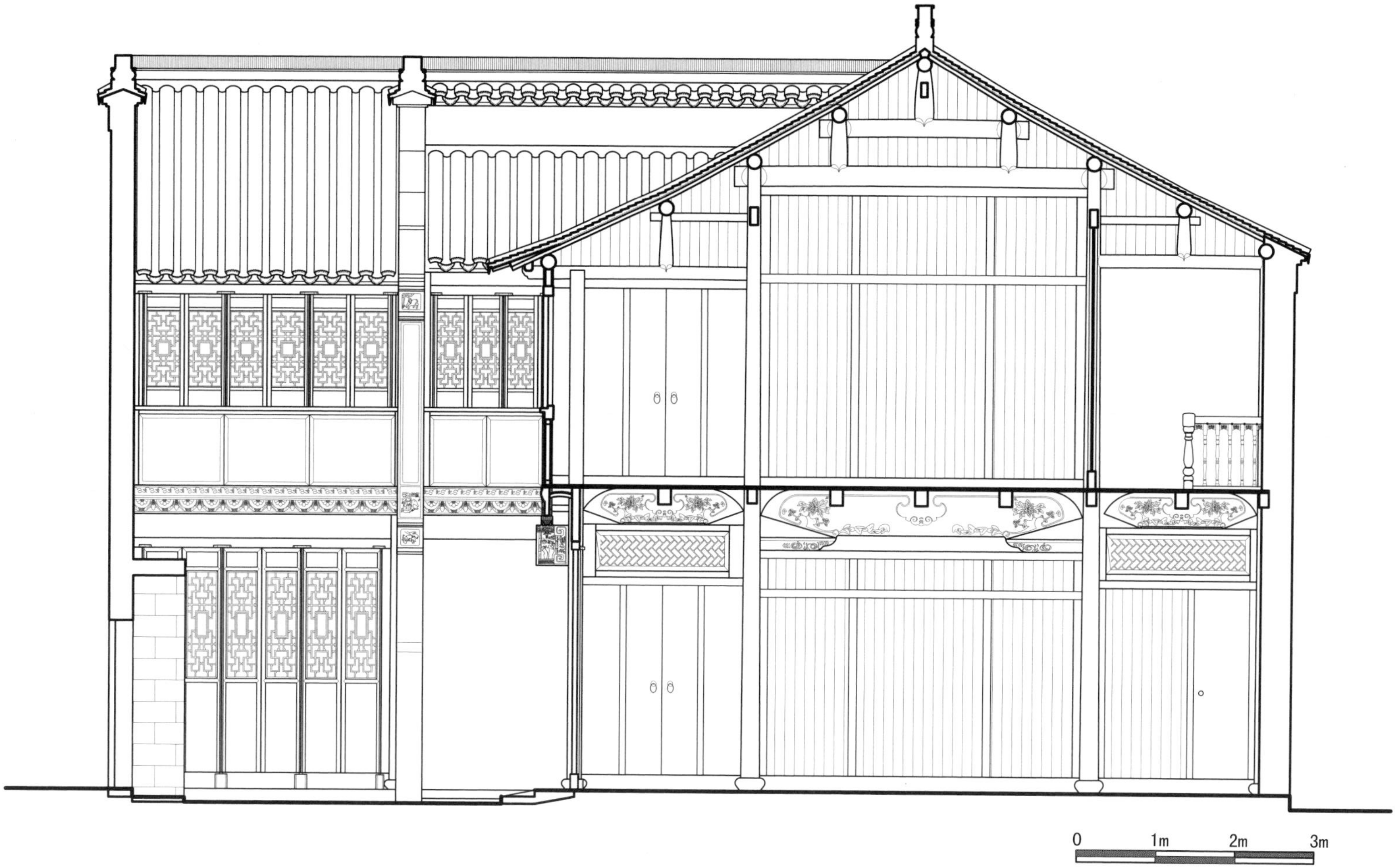

图 11　第三进楼厅横剖面图

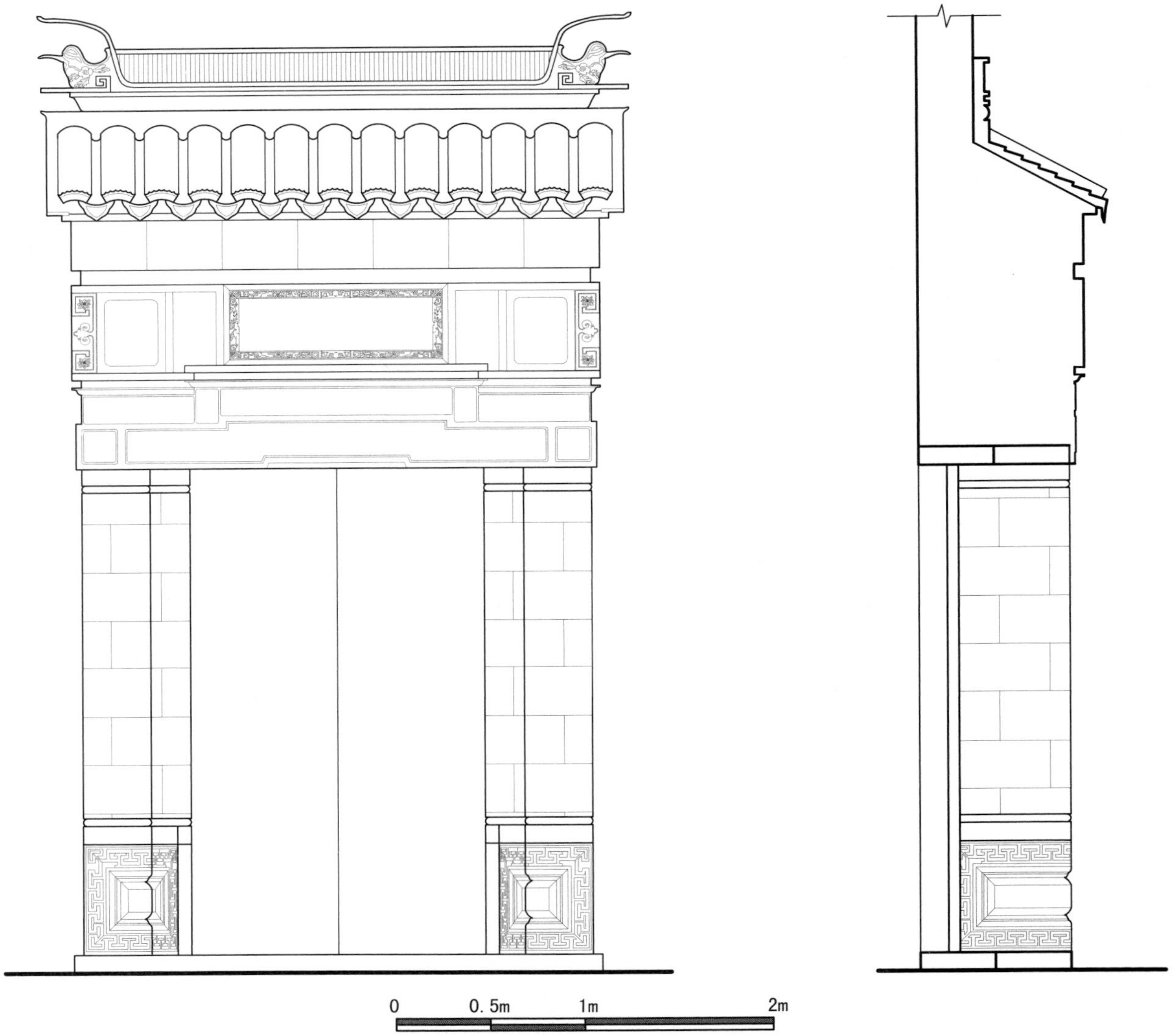

图 12　第一进门楼立面图

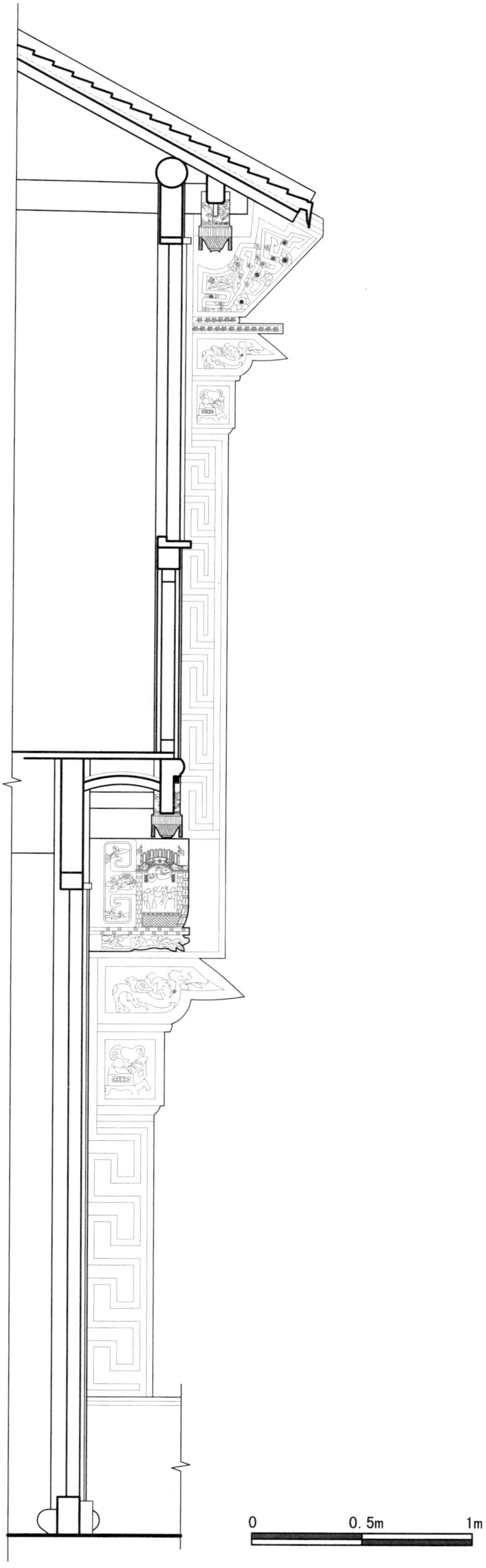

图 13　第二进厢房垛头详图

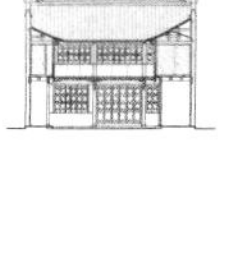

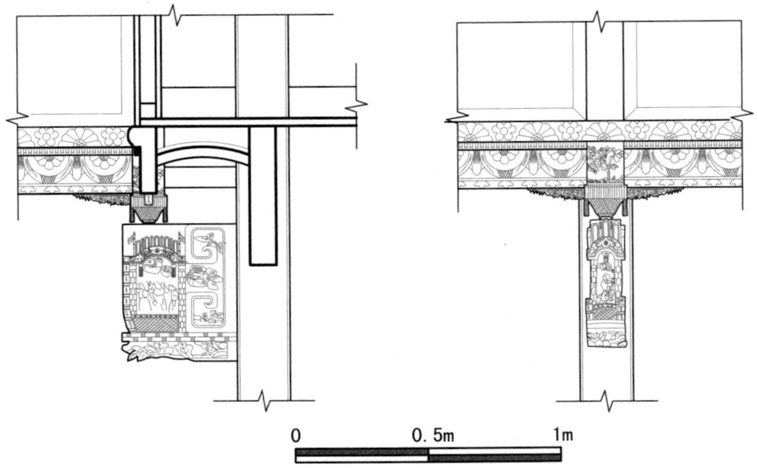

图 14　第二进楼厅檐下轩详图

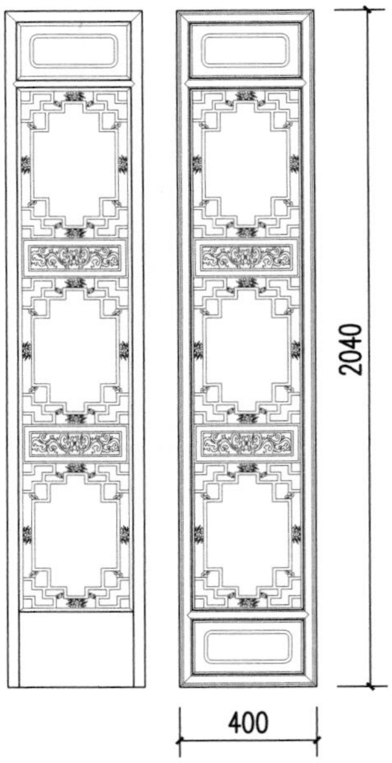

图 15　第一进楼厅短窗详图

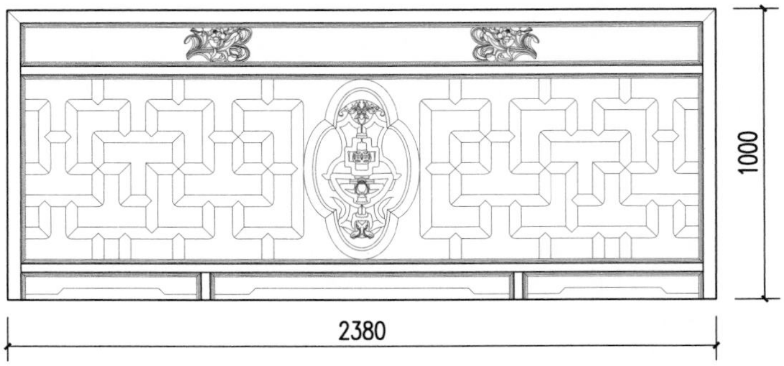

图 16　第二进茶亭栏杆详图

震泽镇：市保单位——万福桥

万福桥，俗呼乌梢桥。位于震泽镇龙降桥村陶家浜，跨东杨定港，东西走向。始建于清光绪二十一年（1895 年）。

该桥为梁式三孔石桥，桥台和桥墩下部为花岗石，桥墩上部金刚墙为青石垒砌。桥墩顶面是 1.36 米 ×1.98 米的平截方锤体造型。桥全长 30.4 米，中宽 1.78 米，中孔跨度 6.75 米，高 3.4 米。中孔桥面石两侧中部刻有桥名。该桥跨港面较宽，桥身跨度大，中跨桥墩造型别致，整桥稳重宏伟，在吴江现存古桥梁构筑中较为少见。

2012 年列为吴江市文物保护单位。2014 年 7 月，由苏州市人民政府明确为市文物保护单位。保护范围：桥四周各 10 米。

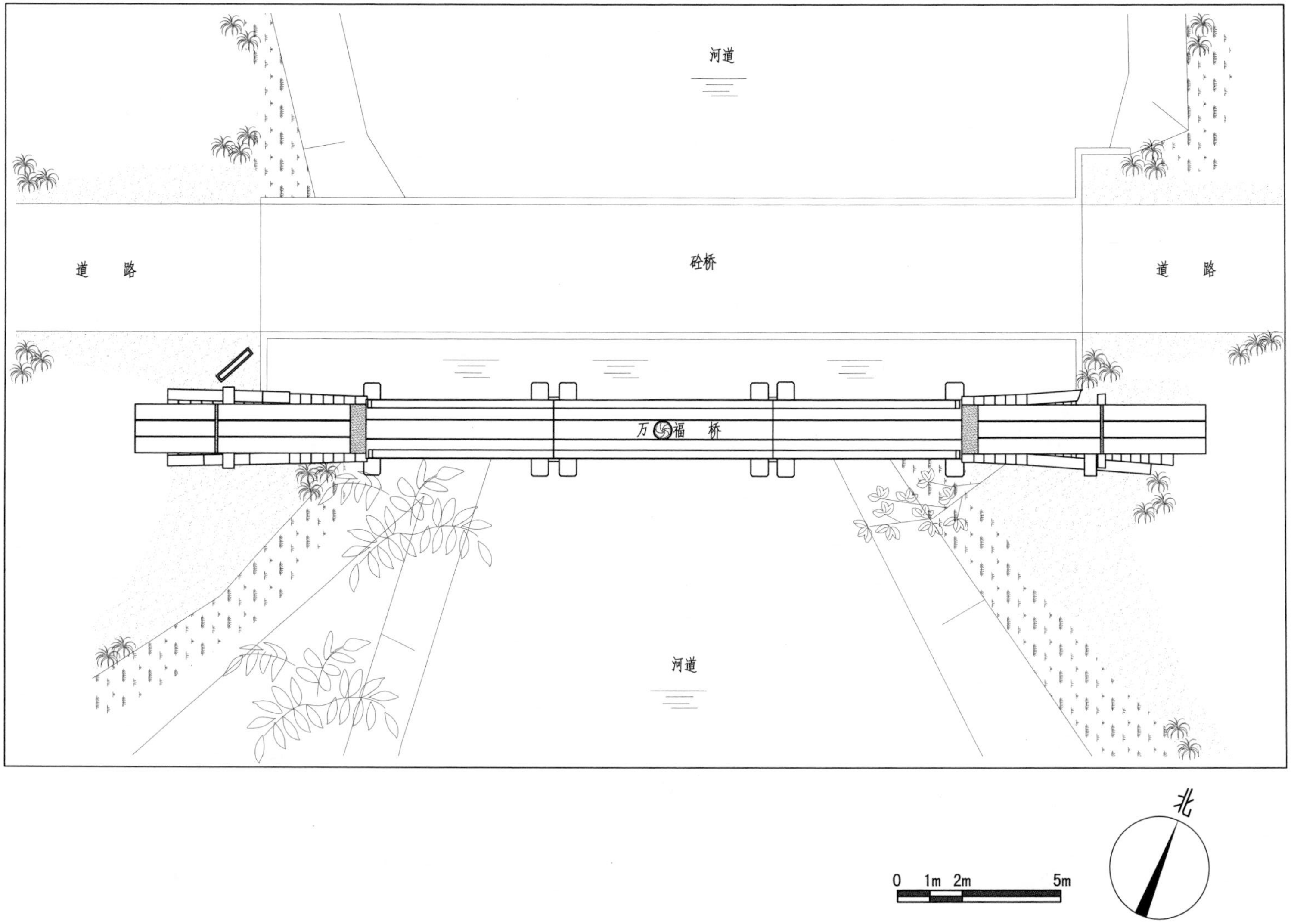

图1 万福桥总平面图

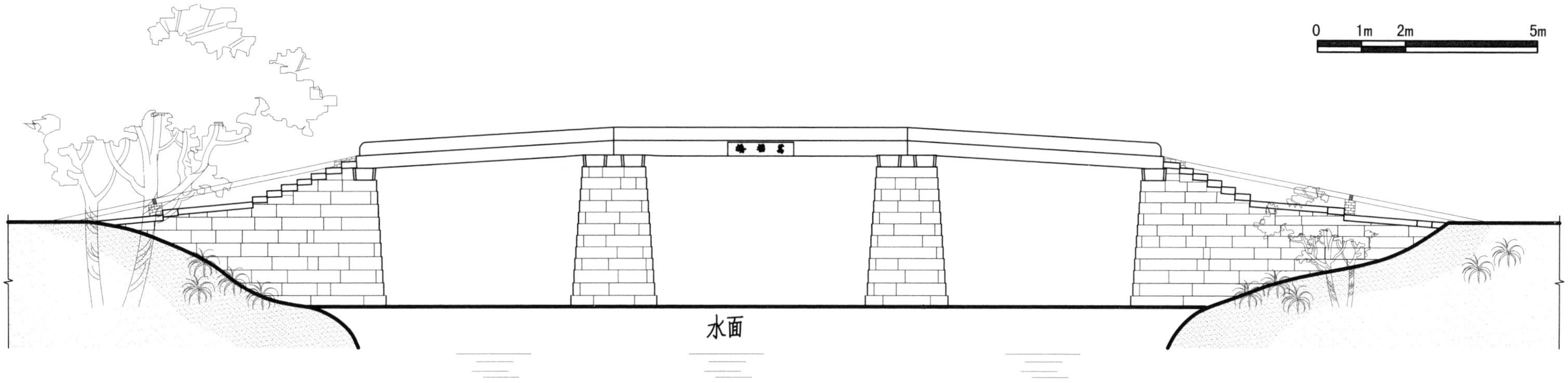

图 2　南立面图

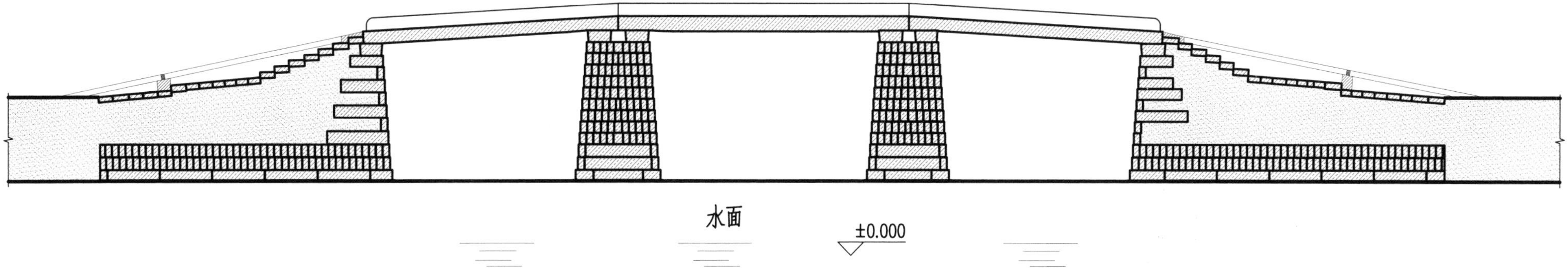

图 3　剖面图

震泽镇：市保单位——政安桥

政安桥，俗呼张湾桥。现位于震泽镇砥定社区鲤鱼浜东端，頔塘河北岸，东西走向，跨张家湾港。

初建无考（按郭象《睽车志》，淳熙五年九月，应天寺僧，往近市张湾桥黄家作佛事，则张湾桥已见于宋）。明洪武中期，邑人沈子进重建。清道光十年（1830 年），里人徐学健、谭琨等再建，桥改今名。宣统三年（1911 年），拨丝捐重修。2004 年，因頔塘河拓宽，整桥北移 10 米。

该桥拱形单孔，花岗石构筑，拱券采用联锁法砌置。全长 16.08 米，中宽 2.3 米，堍宽 2.6 米，拱跨 6.2 米，矢高 3 米。千斤石镌刻“轮回”图案。桥面石两侧刻有“政安桥”桥名。桥顶两侧栏板石矮实浑厚，宛若坐椅。桥身南北楹联石上镌刻桥联。

2012 年列为吴江市文物保护单位。2014 年 7 月，由苏州市人民政府明确为市文物保护单位。保护范围：桥四周各 10 米。

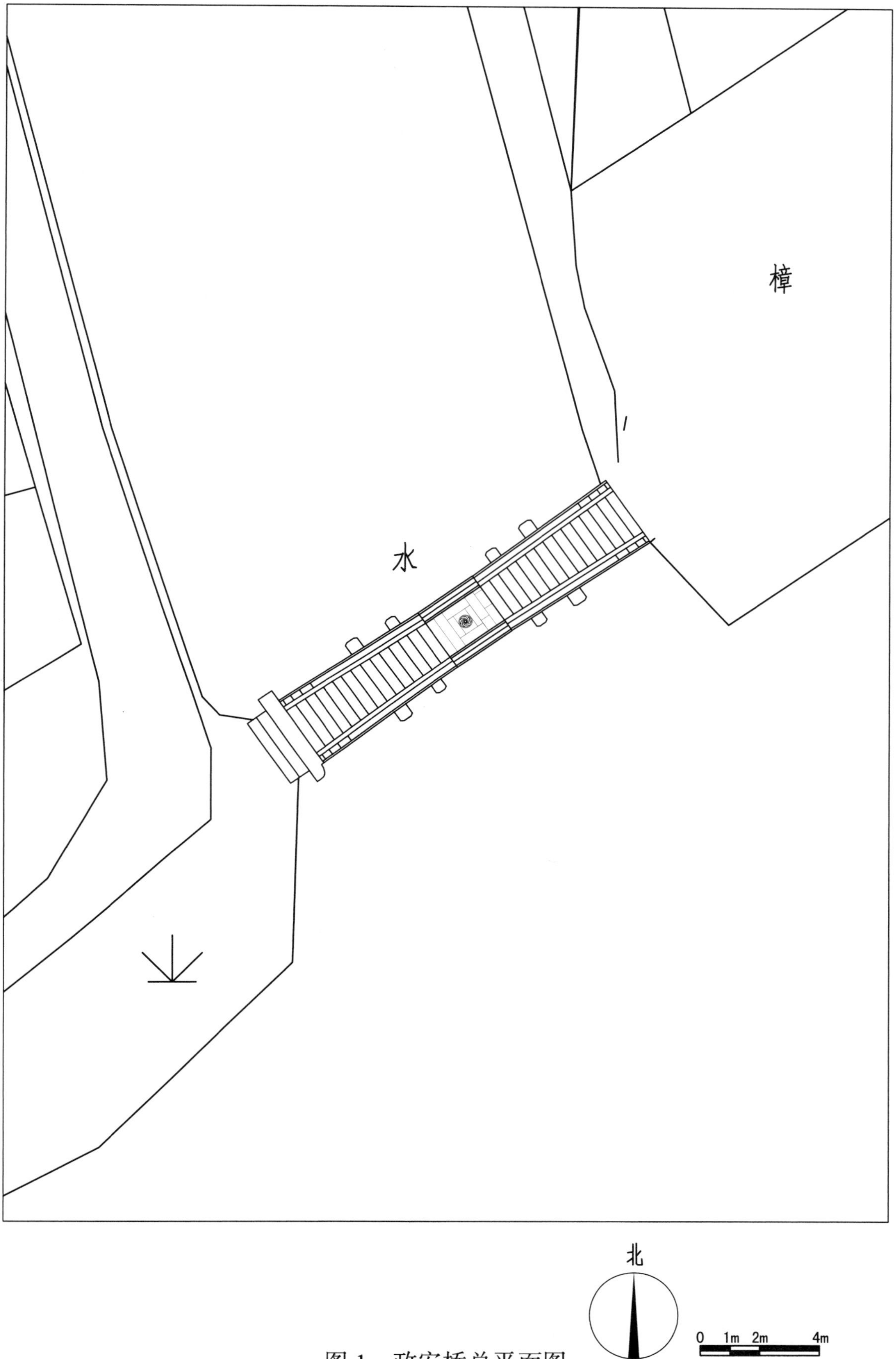

图 1　政安桥总平面图

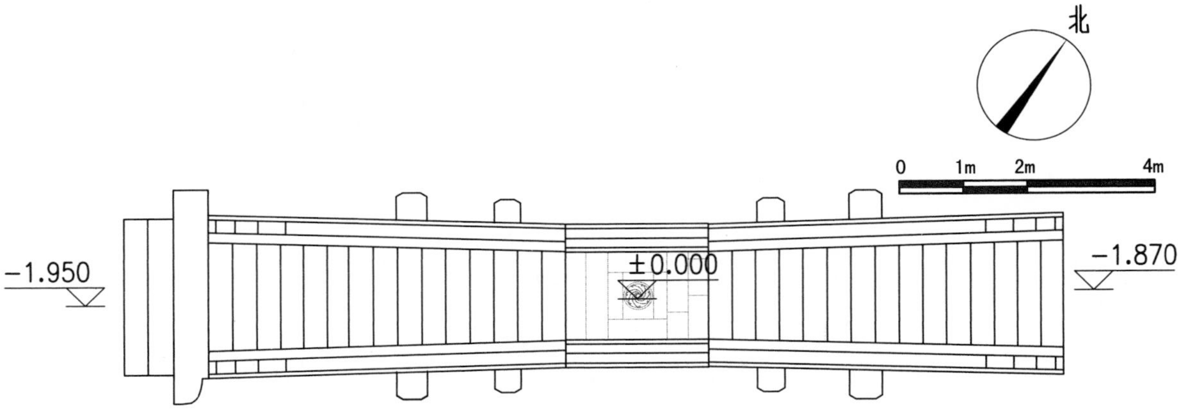
北
0
1m
2m
4m
-1.950
±0.000
-1.870

图 2　政安桥平面图

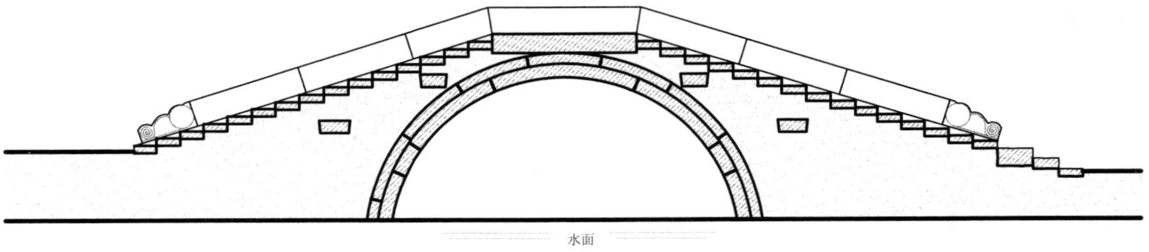
水面

图 3　政安桥剖面图

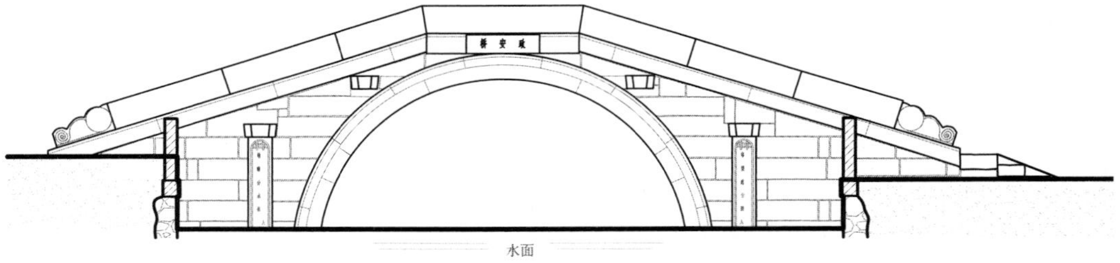
水面

图 4　政安桥北立面图

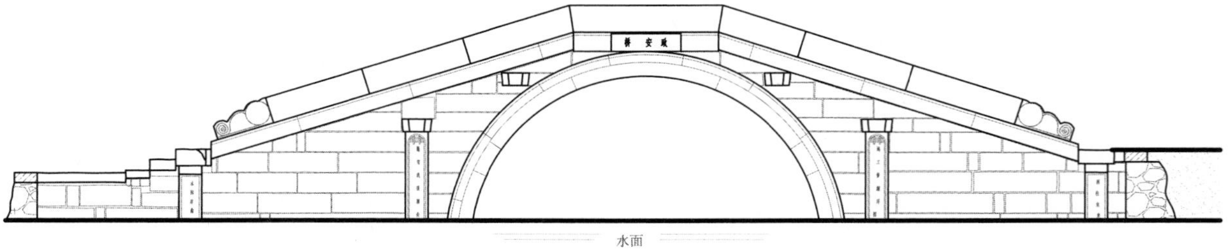
水面

图 5　政安桥南立面图

震泽镇：市保单位——虹桥

虹桥，位于震泽镇藕河街虹桥弄西，跨通泰河，东西走向。

初建无考。清乾隆四十五年（1780年）重建。光绪十八年（1892年）重修。民国廿四年（1935年）六月移建思古墩现址。

该桥拱形单孔，花岗石构筑，拱券采用联锁法砌置。全长24米，中宽3.1米，堍宽3.5米，拱跨7.1米，矢高3米。桥面石两侧中部刻有桥名。桥面千斤石浮雕“轮回”图案。天盘石刻有如意图案。桥身两侧楹联石镌刻对联，桥联分别为：“鸭头新涨湖光远，雁齿斜连塔影横”；“波平柳岸长虹卧，水绕渔村半月悬”。“虹桥晚眺”是原“震泽八景”之一。

2012年列为吴江市文物保护单位。2014年7月，由苏州市人民政府明确为市文物保护单位。保护范围：桥四周10米。

清代·倪师孟《虹桥晚眺》：悠然闲眺出尘嚣，一路归鸦破寂寥。寺拥残霞明雁塔，波浮新月落虹桥。泉声远共溪流急，帆影低随浦树遥。此地真堪供啸傲，沧江何用学渔樵。

蔡芸修《伽罗堂诗钞·虹桥晚眺》：临眺意苍茫，东皋夕吹凉。新苗才上绿，垂柳半消黄。雨过渔矶涨，人归鹿迳荒。遥天晴树外，历历辨岚光。平芜馀落日，银汉众星微。地阔凉生树，天低月映矶。儿童呼犊返，鸥鹭向人依。归去黄昏后，凭轩敞素帏。

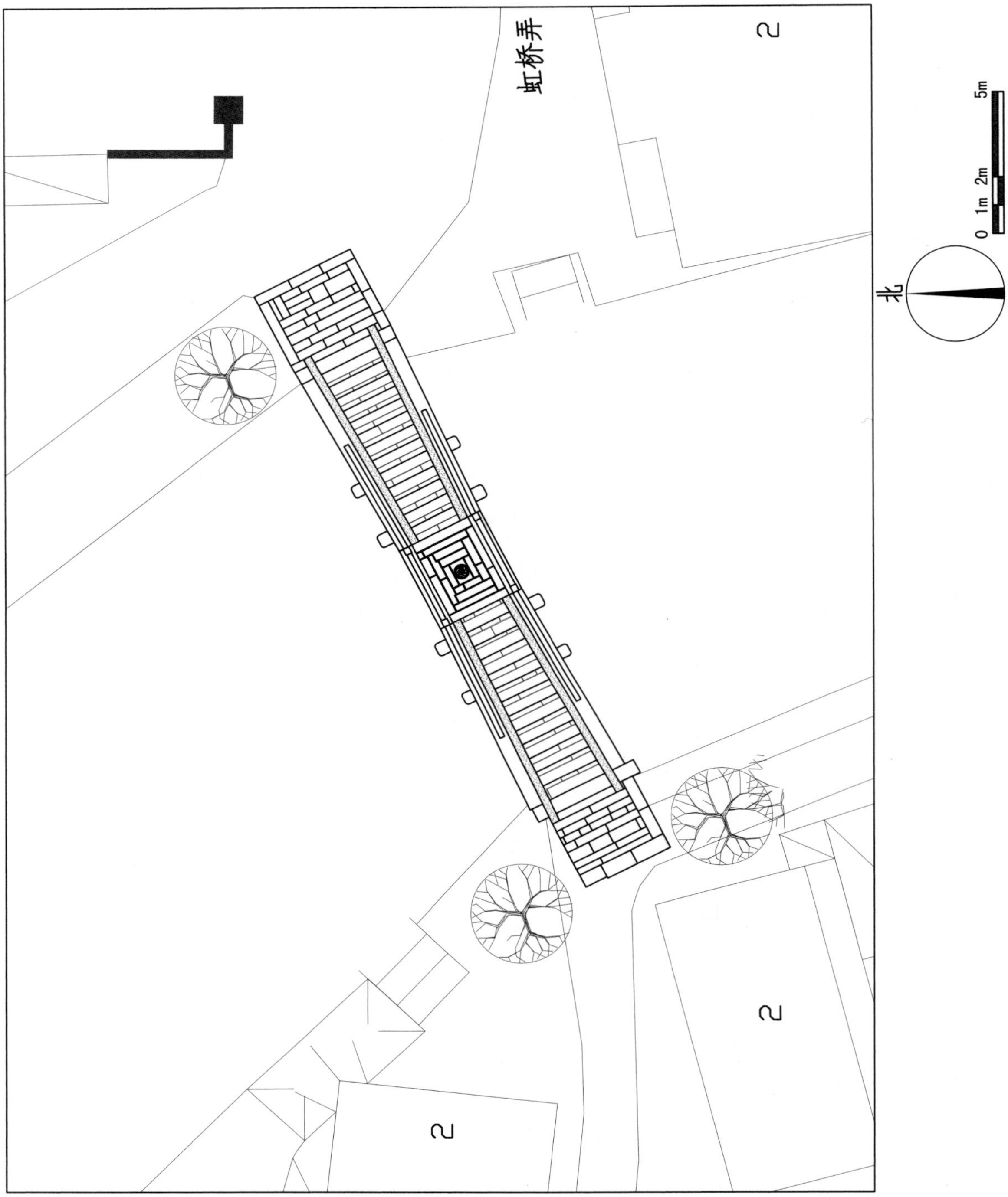

图 1 虹桥总平面图

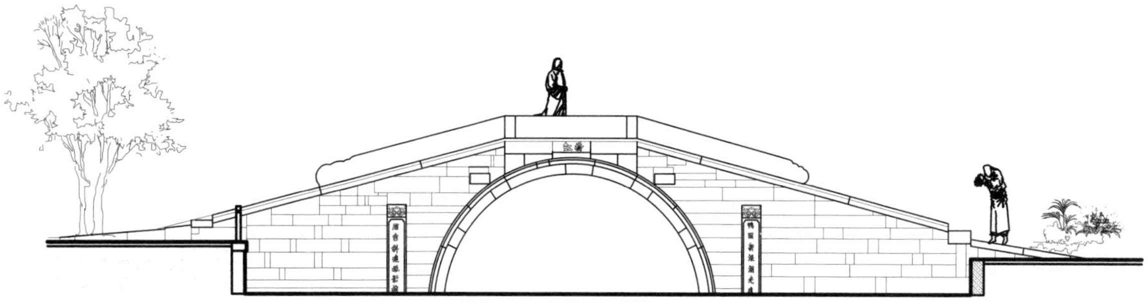

图 2　虹桥南立面图

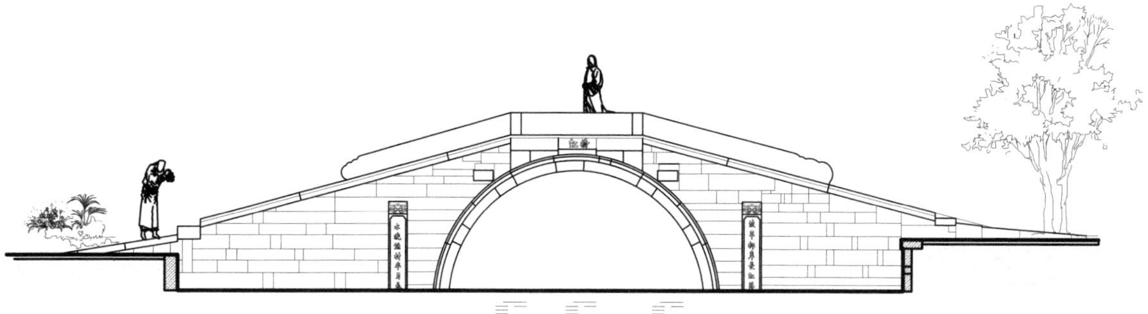

图 3　虹桥北立面图

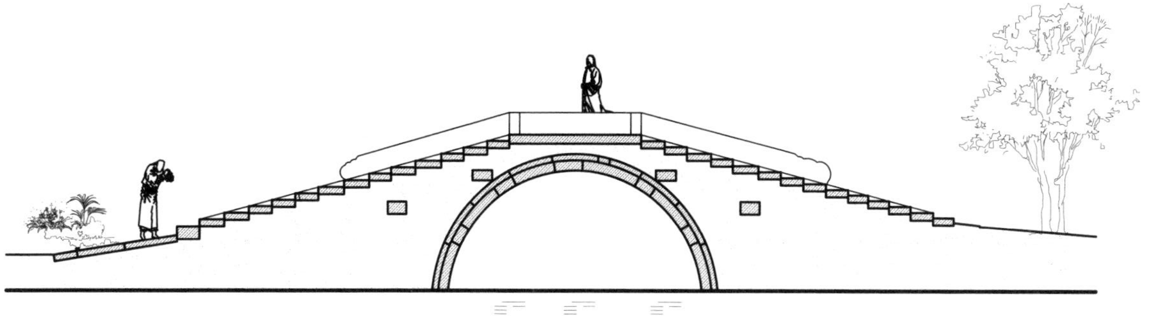

图 4　虹桥剖面图

0　1m　2m　5m

震泽镇：市保单位——宝书堂吴宅

宝书堂吴宅，位于震泽镇砥定街 50 号。建于清代，由吴姓丝商所筑。

该堂坐北朝南，共五进，均为砖木结构二层楼房，小青瓦屋面，硬山顶，观音兜封火墙。总用地面积 810.4 平方米，总建筑面积 1398.7 平方米。该堂前店后宅，是古镇典型的商住两用宅院。

第一进楼厅面阔五间 12.6 米，进深七界 7.7 米，穿斗式木构架，屋脊纹头脊。二层朝南侧出挑，前檐口挑云头梓桁，下托木雕琵琶撑，梁架结构较为独特。现在仍作为店铺使用。

第二进楼厅面阔三间 10.5 米，进深八界 8.8 米，穿斗式木构架。一层设船篷廊轩，二层出挑，底部承托木雕琵琶撑，前檐口挑云头梓桁，后檐口包檐墙做法，砖墙开有石库门通往后进建筑。葵式万川花格样式传统门窗，承重雕云纹图案。庭院东西两侧连有厢房，院墙处设有一处砖雕门楼，其上卷草纹路依稀可辨。

第三进楼厅面阔三间 9.9 米，进深八界 8.3 米，穿斗式木构架。南侧传统门窗均采用葵式万川花格样式，承重雕有卷草图案，北侧后包檐墙处设有一处青石勒脚砖细门楼通往第四进。

第四进楼厅面阔三间 10.2 米，进深八界 8 米，穿斗式木构架。东西两侧存有观音兜封火墙，庭院东西两侧连有厢房。建筑二层出挑，前檐口挑云头梓桁。门窗形式多样，多为葵式、宫式花格穿插，局部采用和合窗形式。内部采用木雕屏门、落地花罩等分隔空间，雕刻图案均为吉祥器物及花草，雕刻手法精湛，二楼承重也雕有兰草图案，整体具备一定艺术价值。

第五进为二层楼房，面阔三间 9.4 米，进深 6.5 米，屋架后期吊顶。庭院东西两侧连有厢房。

2014 年 7 月公布为市级文物保护单位。保护范围：四周至界墙。建控范围：东至四宜轩弄，南至市河，西至保护范围外 12 米，北至保护范围外 20 米。

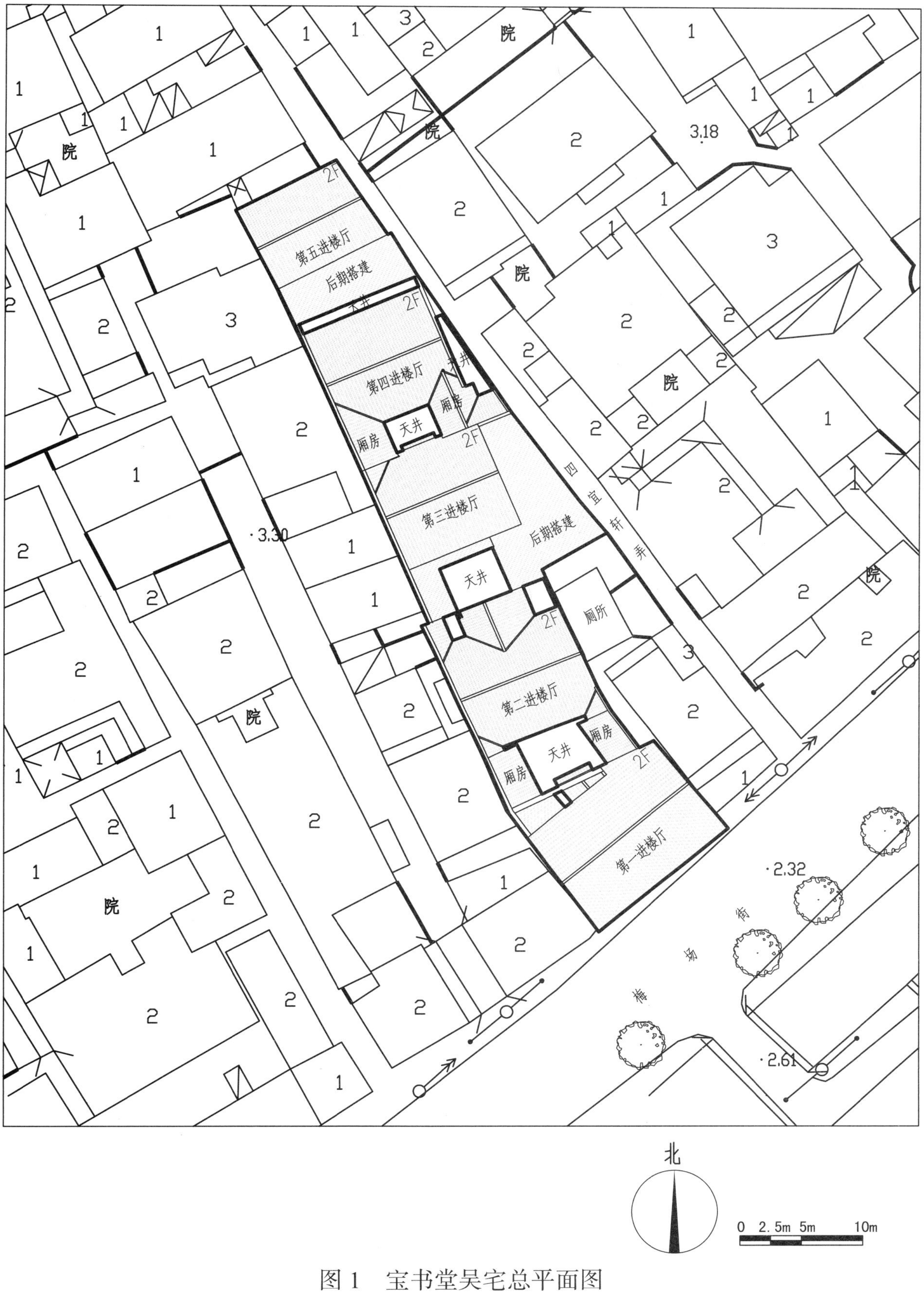
第五进楼厅
后期搭建
天井
2F
第四进楼厅
厢房
天井
厢房
2F
第三进楼厅
后期搭建
天井
厕所
2F
第二进楼厅
厢房
天井
厢房
2F
第一进楼厅
四宜轩弄
梅场街
院
3.18
3.30
2.32
2.61
北
0 2.5m 5m 10m

图 1 宝书堂吴宅总平面图

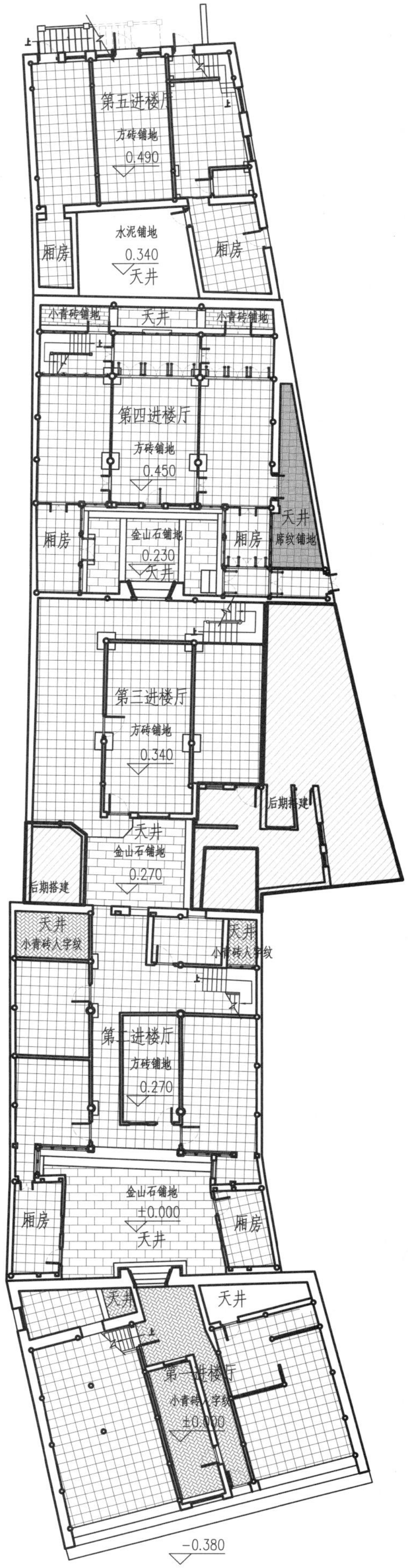
第五进楼厅
方砖铺地
0.490
水泥铺地
0.340
天井
厢房
厢房
小青砖铺地
天井
小青砖铺地
第四进楼厅
方砖铺地
0.450
厢房
金山石铺地
0.230
天井
厢房
天井
席纹铺地
第三进楼厅
方砖铺地
0.340
后期搭建
天井
金山石铺地
0.270
后期搭建
天井
小青砖人字纹
天井
小青砖人字纹
第二进楼厅
方砖铺地
0.270
金山石铺地
±0.000
天井
厢房
厢房
天井
天井
第一进楼厅
小青砖人字纹
±0.000
-0.380
图例:
后期搭建

图2　一层平面图

第五进楼厅
木地板
3.660
后期搭建
天井上空
第四进楼厅
木地板
4.220
天井上空
厢房
天井上空
厢房
第三进楼厅
木地板
3.840
后期搭建
后期搭建
天井上空
后期搭建
后期搭建
天井上空
天井上空
第二进楼厅
木地板
3.890
厢房
天井上空
厢房
天井上空
第一进楼厅
木地板
3.470
北
0
2.5m
5m
10m

图3　二层平面图

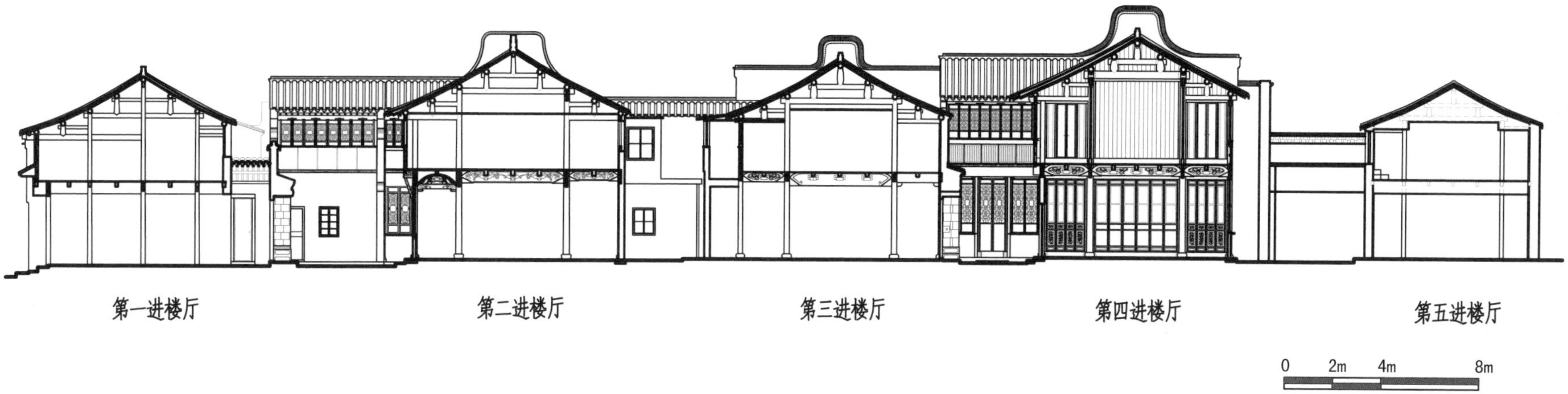
第一进楼厅
第二进楼厅
第三进楼厅
第四进楼厅
第五进楼厅
0
2m
4m
8m

图 4　总横剖面图

图5　第一进楼厅南立面图

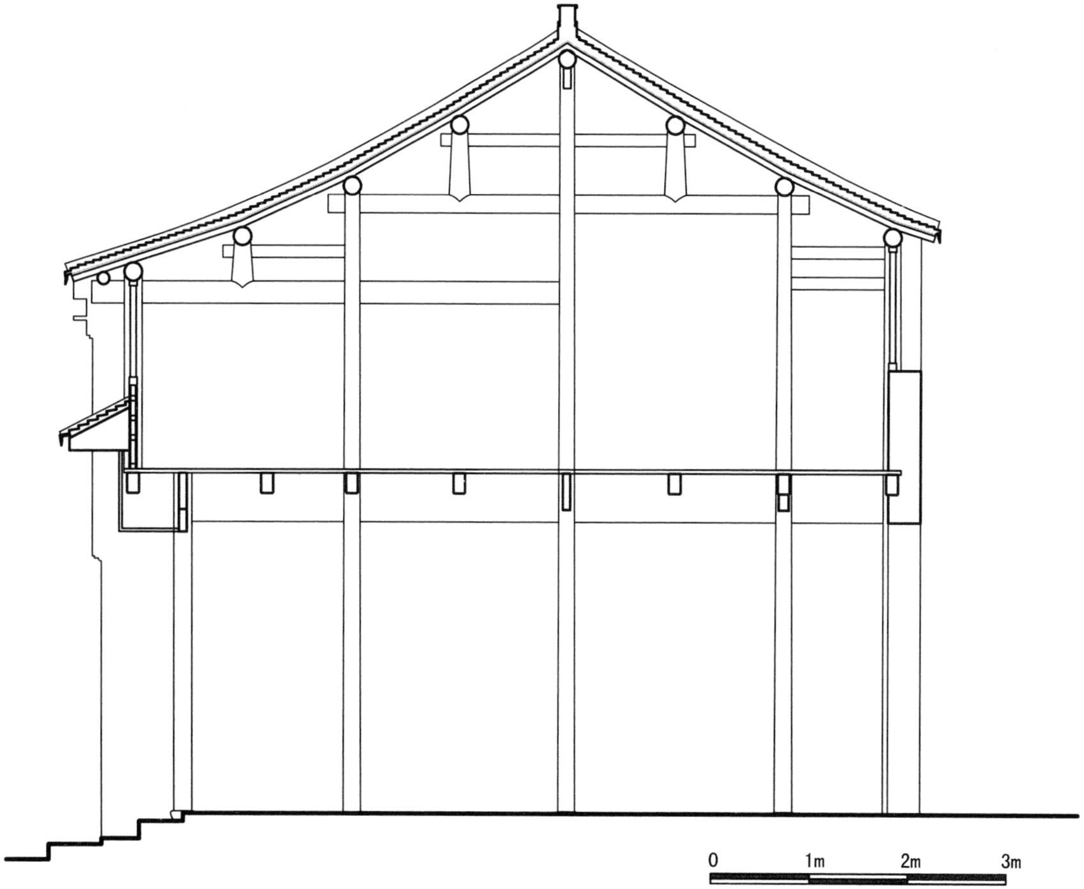

图 6　第一进楼厅横剖面图

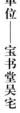

图 7　第二进楼厅南立面图

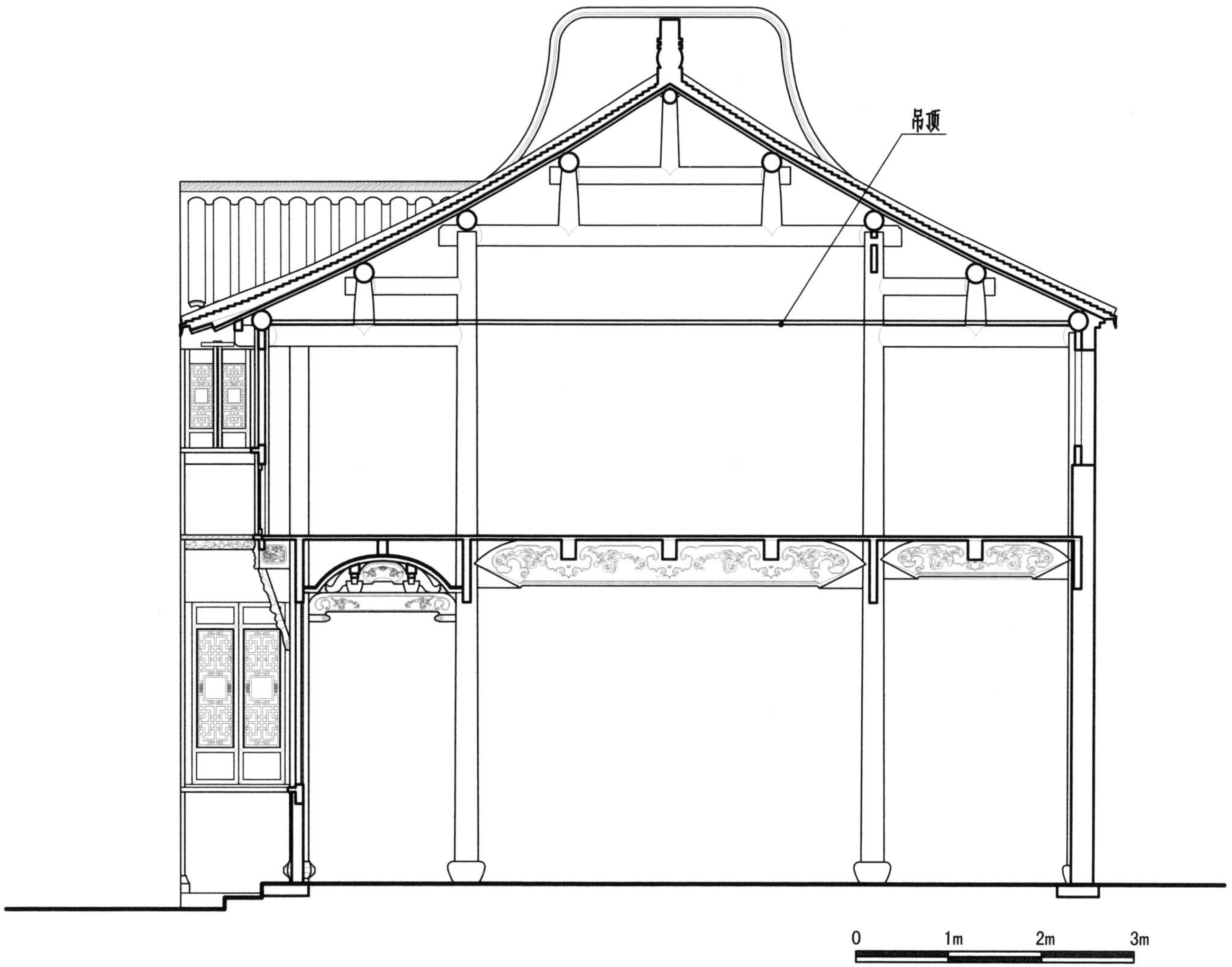

图 8　第二进楼厅横剖面图

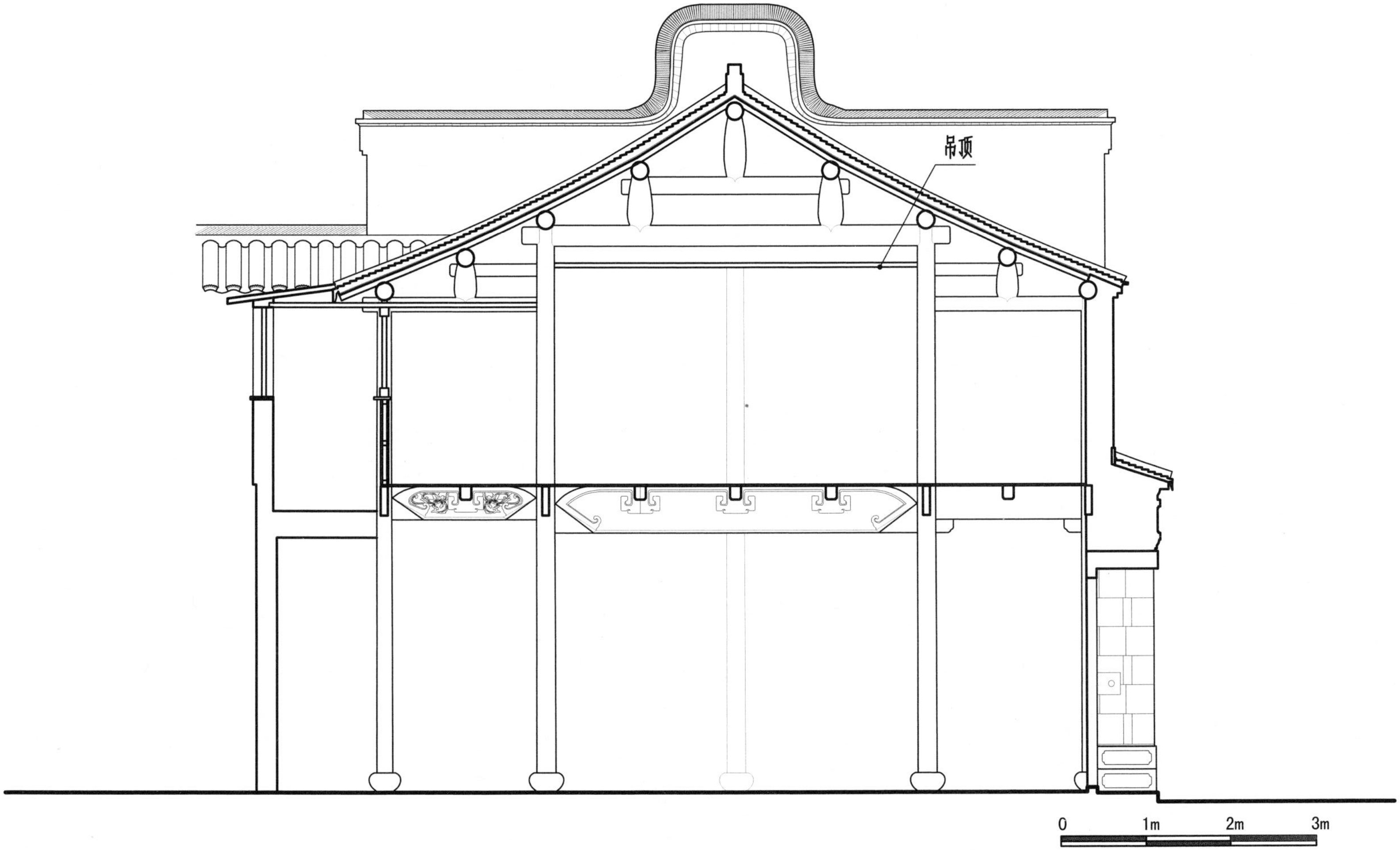

图 9　第三进楼厅横剖面图

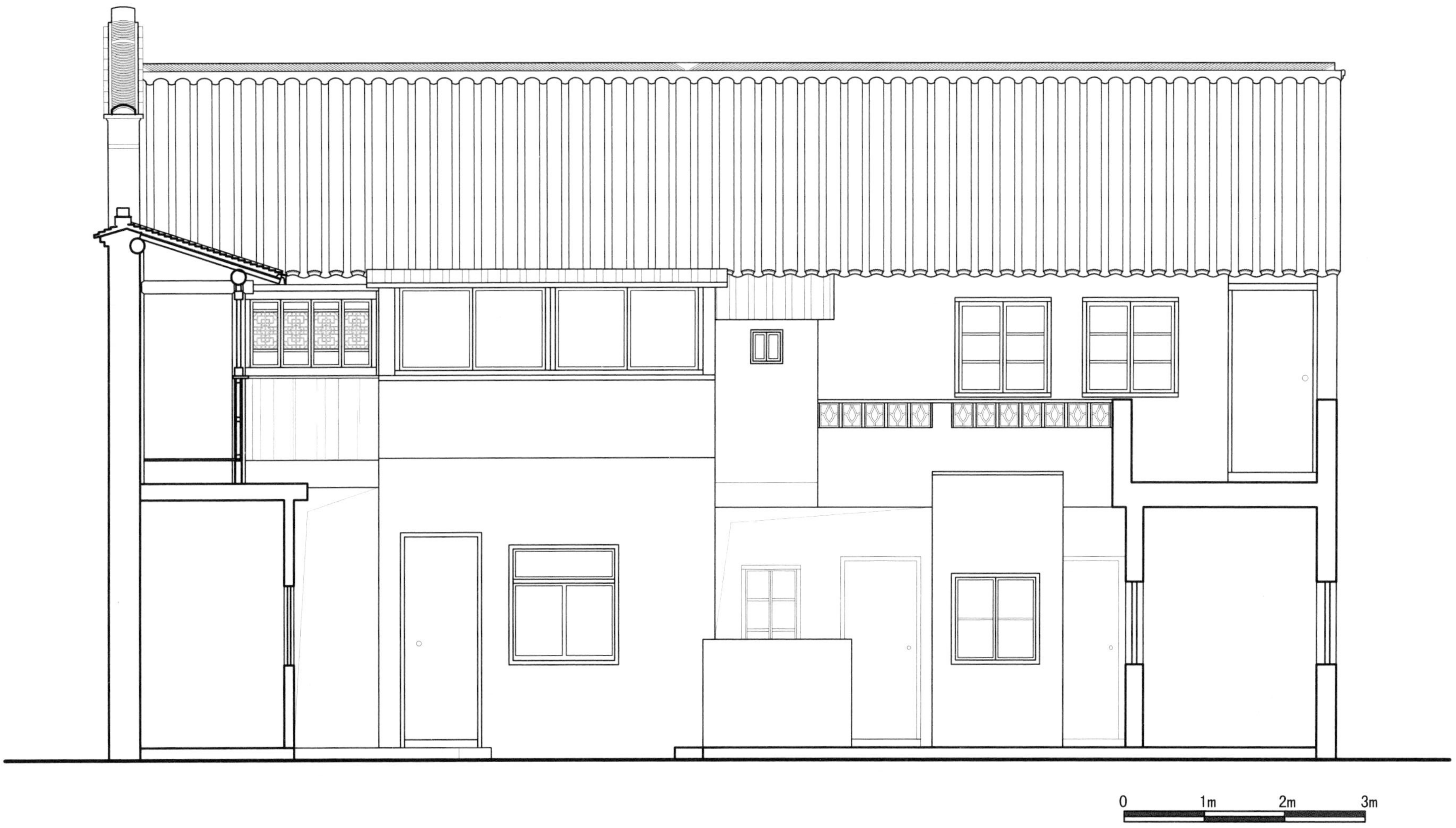

图 10　第三进楼厅南立面图

图 11　第三进楼厅北立面图

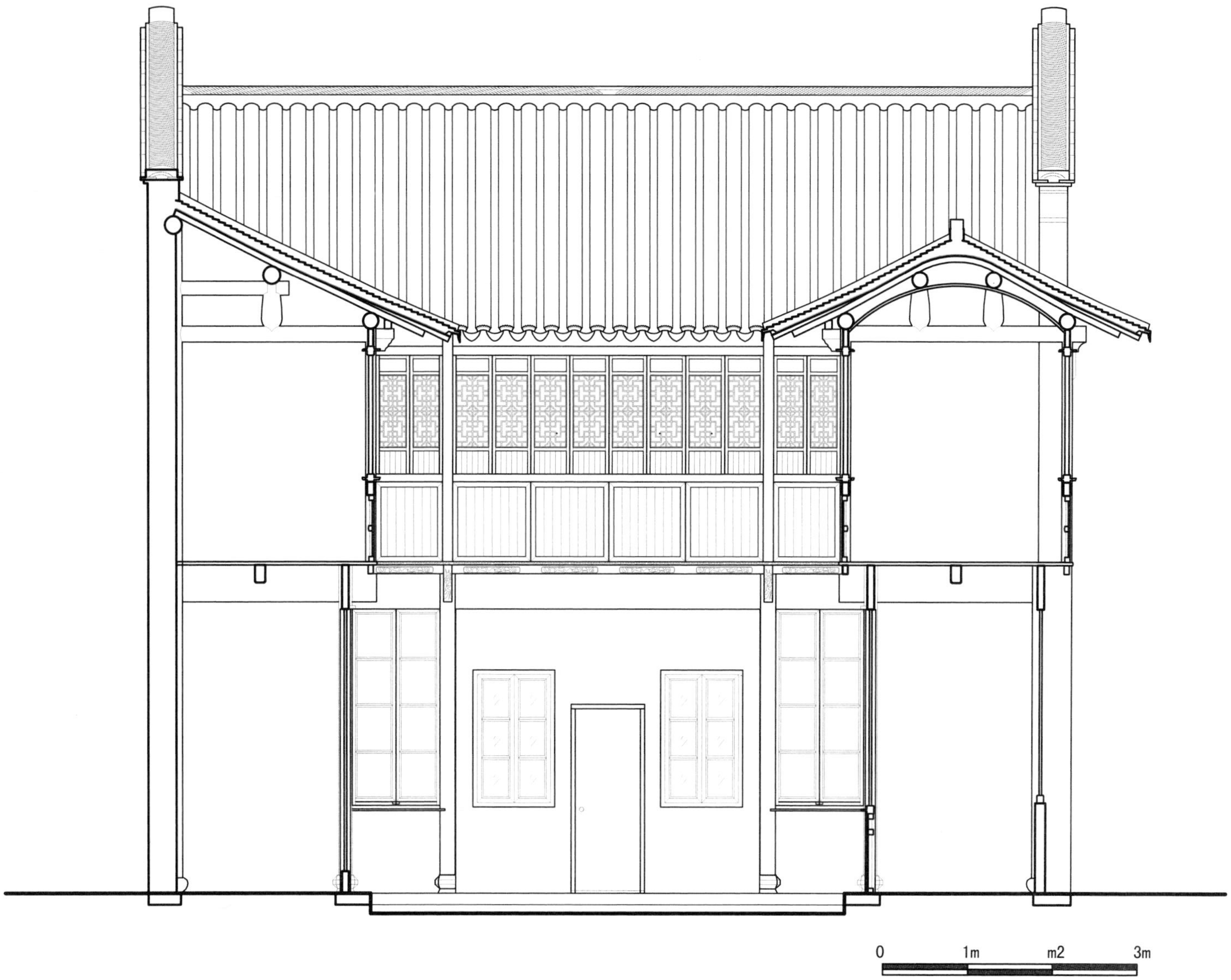

图 12　第四进楼厅南立面图

图 13　第四进楼厅北立面图

图 14　第四进楼厅横剖面图

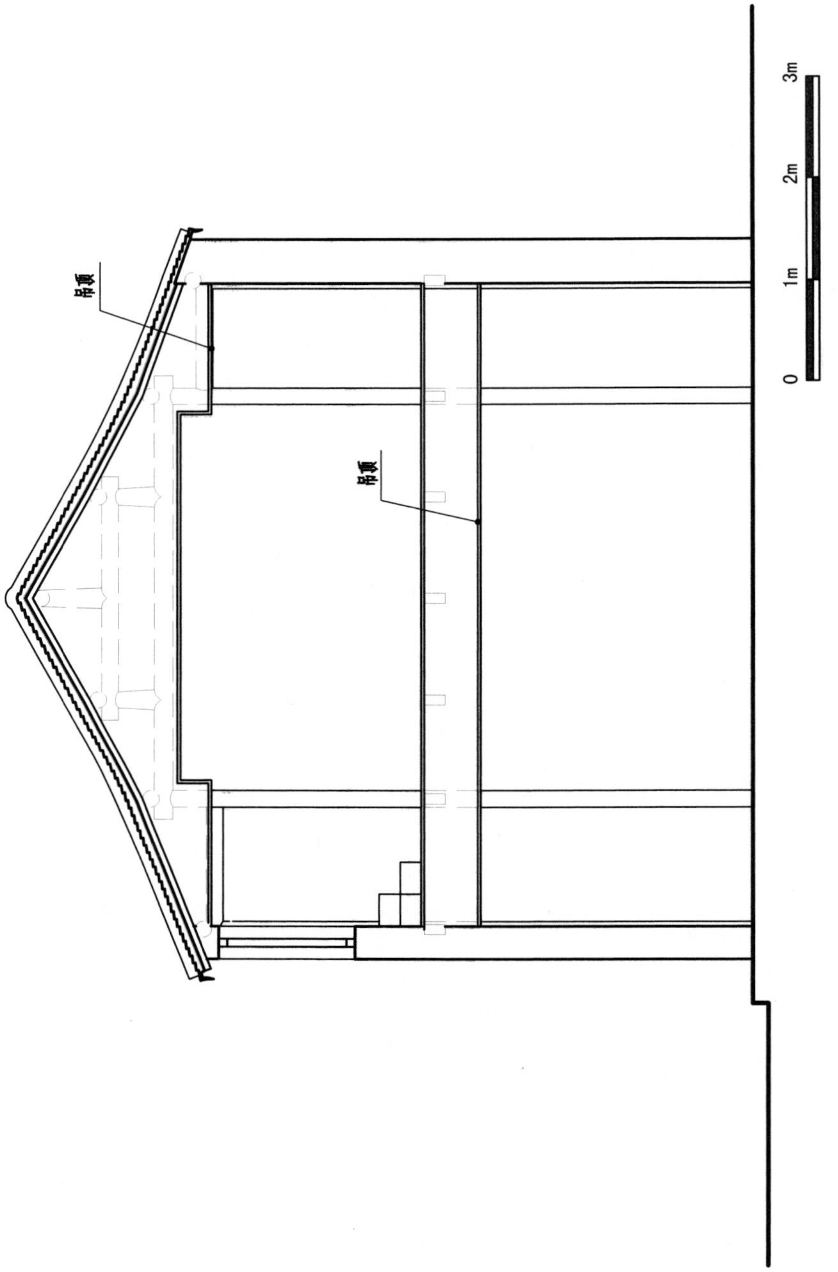

图 15　第五进楼厅横剖面图

图 16　门窗雕花

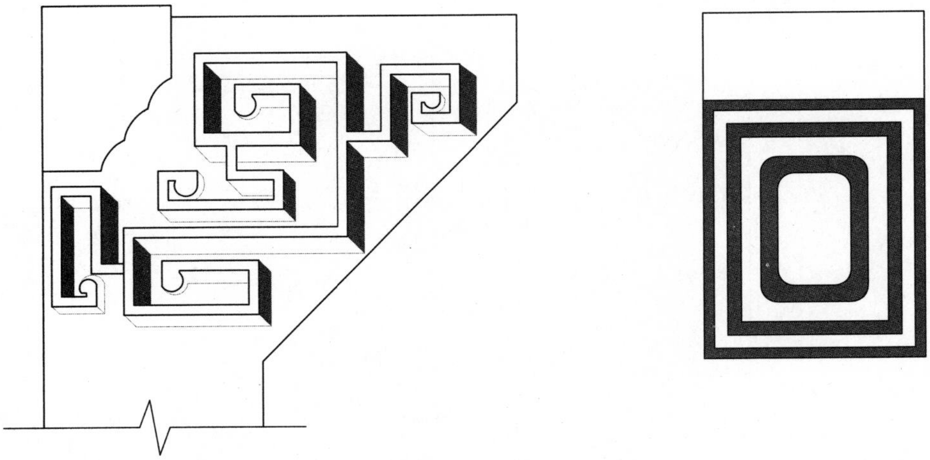

图 17　垛头纹样

震泽镇：市保单位
——江丰农工银行旧址

江丰农工银行旧址，位于震泽镇文武坊26号，建于明国十一年（1922年）由邑绅施肇曾（施省之）创设，是震泽第一家商办银行。

江丰农工银行旧址整体坐北朝南，由前楼、后厢房、后花园组成，整体呈“L”型围合院落。总用地面积336.1平方米，总建筑面积393.2平方米。

前楼为两层西式楼房，面阔18.2米，进深8.5米，檐口高7.19米，室内木地板地坪。该建筑门框装饰为半圆形拱券并逐层挑出，门柱为高大的爱奥尼亚柱式，为典型的罗马式建筑风格。后厢房为传统抬梁式木结构建筑，面阔三间8.1米，进深四界5米。后花园植有翠竹、枇杷等绿植。

2014年7月公布为苏州市文物保护单位。保护范围：四周至界墙。建控范围：东至保护范围外12米，南至银行弄，西至文武坊弄，北至保护范围外20米。

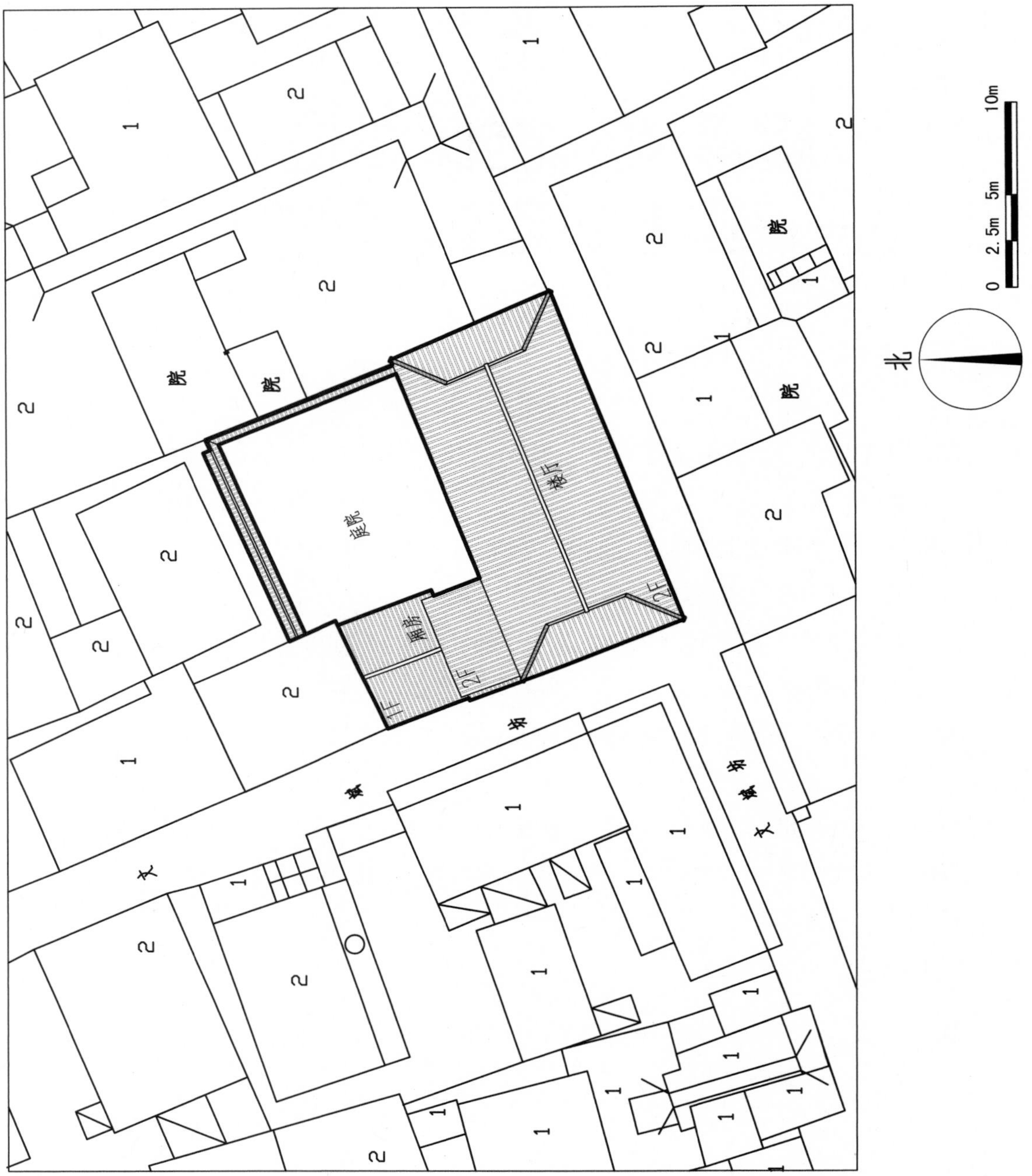

图1 江丰农工银行旧址总平面图

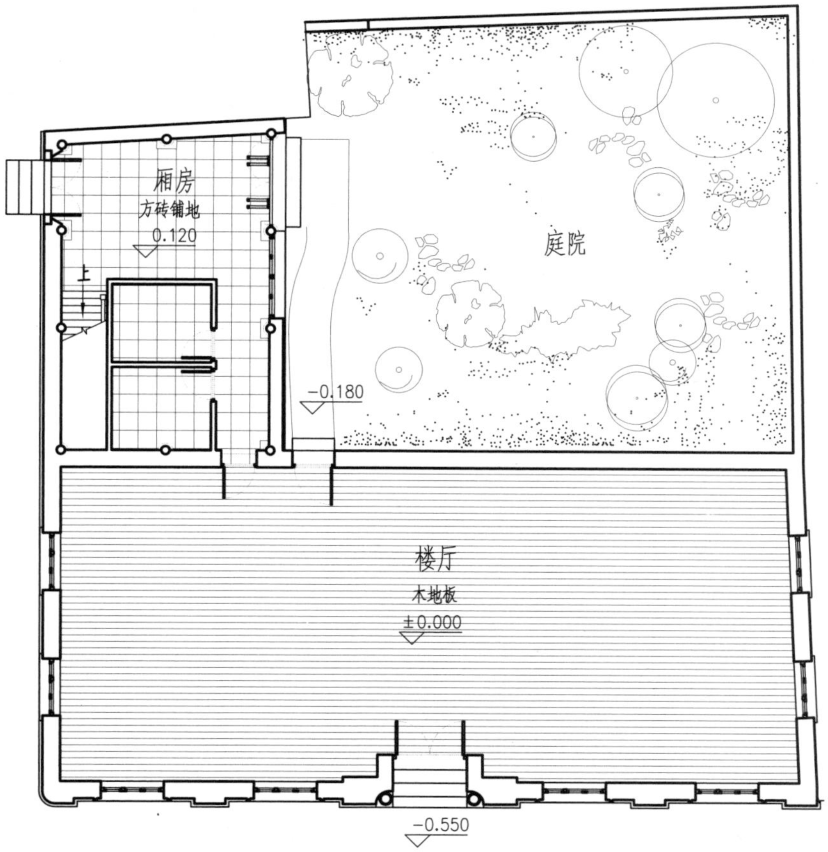

图 2　一层平面图

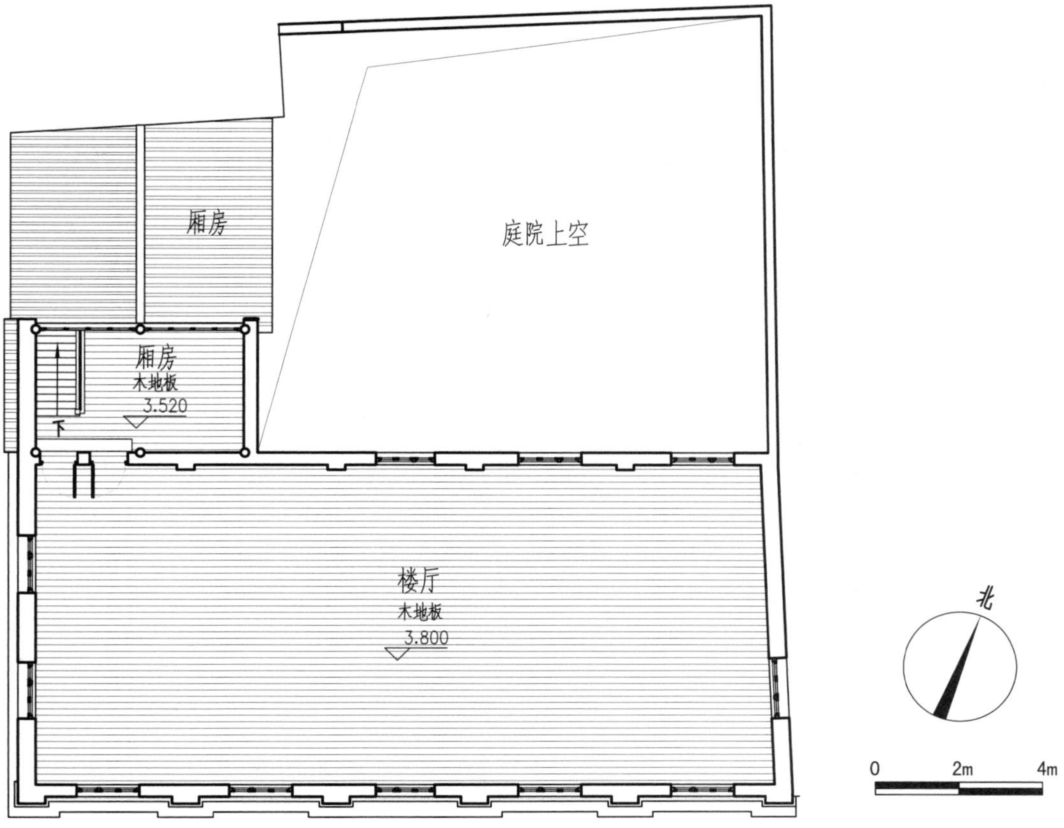

图 3　二层平面图

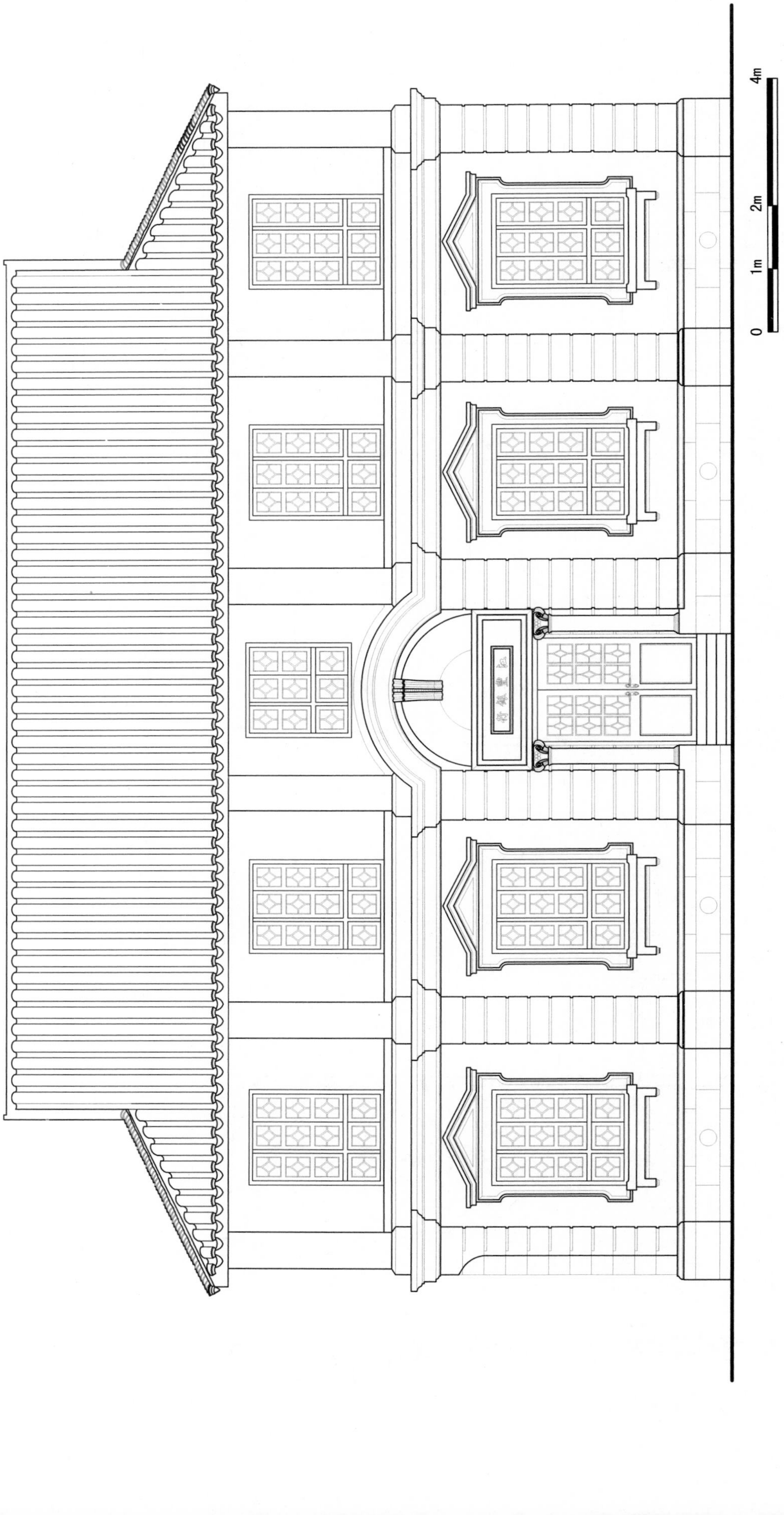

图4　南立面图

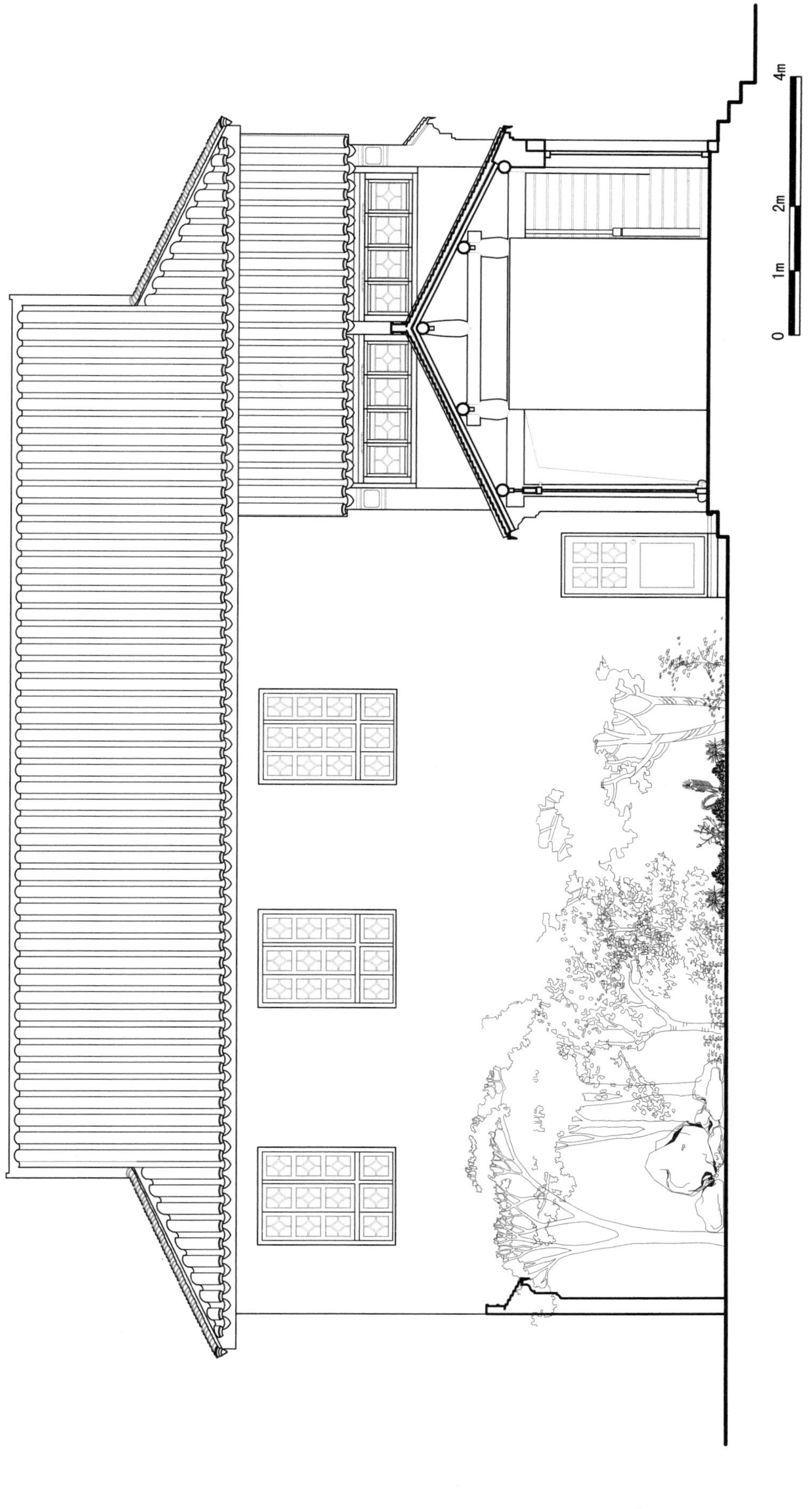

图5　北立面图

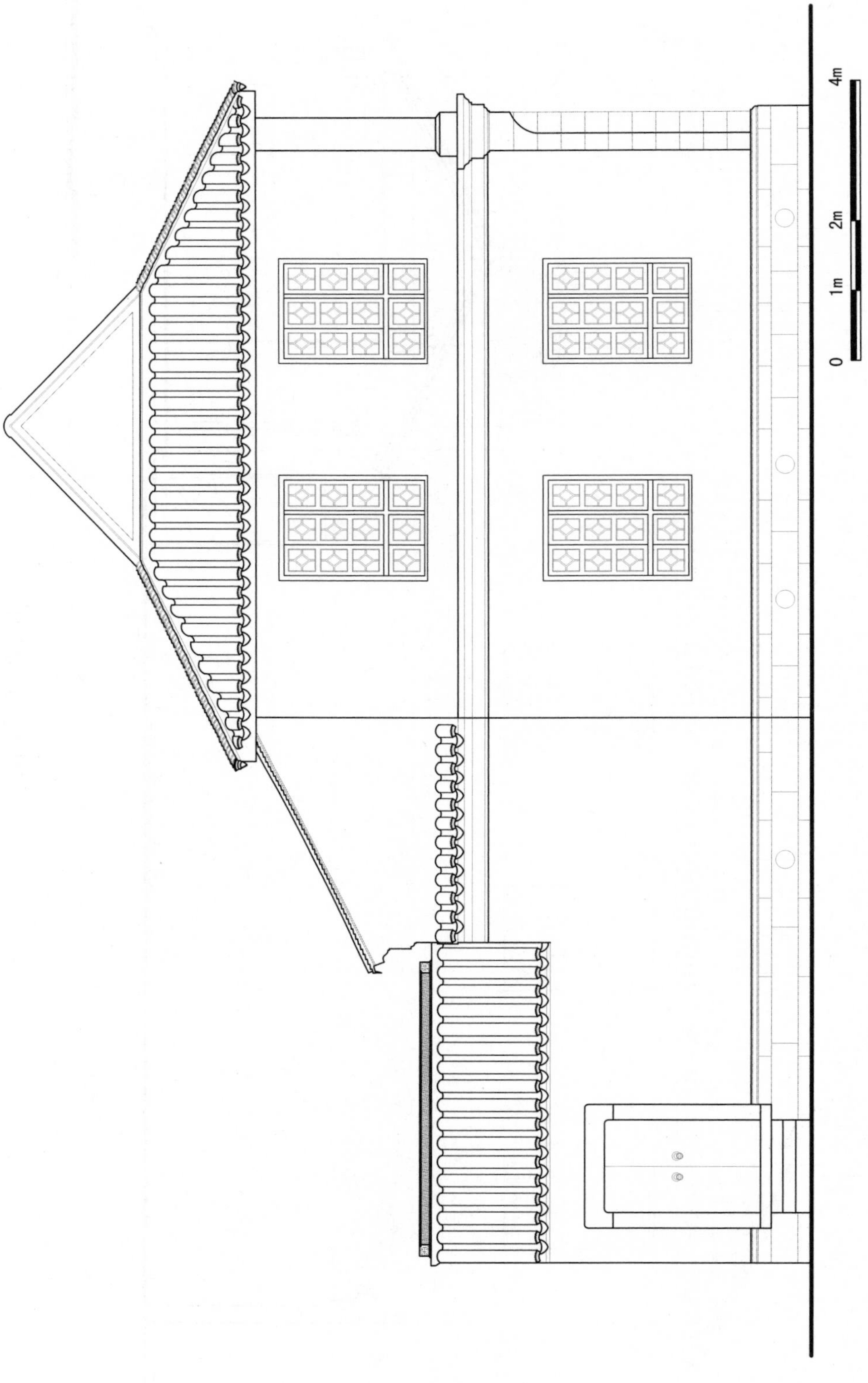

图 6　西立面图

图 7　楼厅剖面图

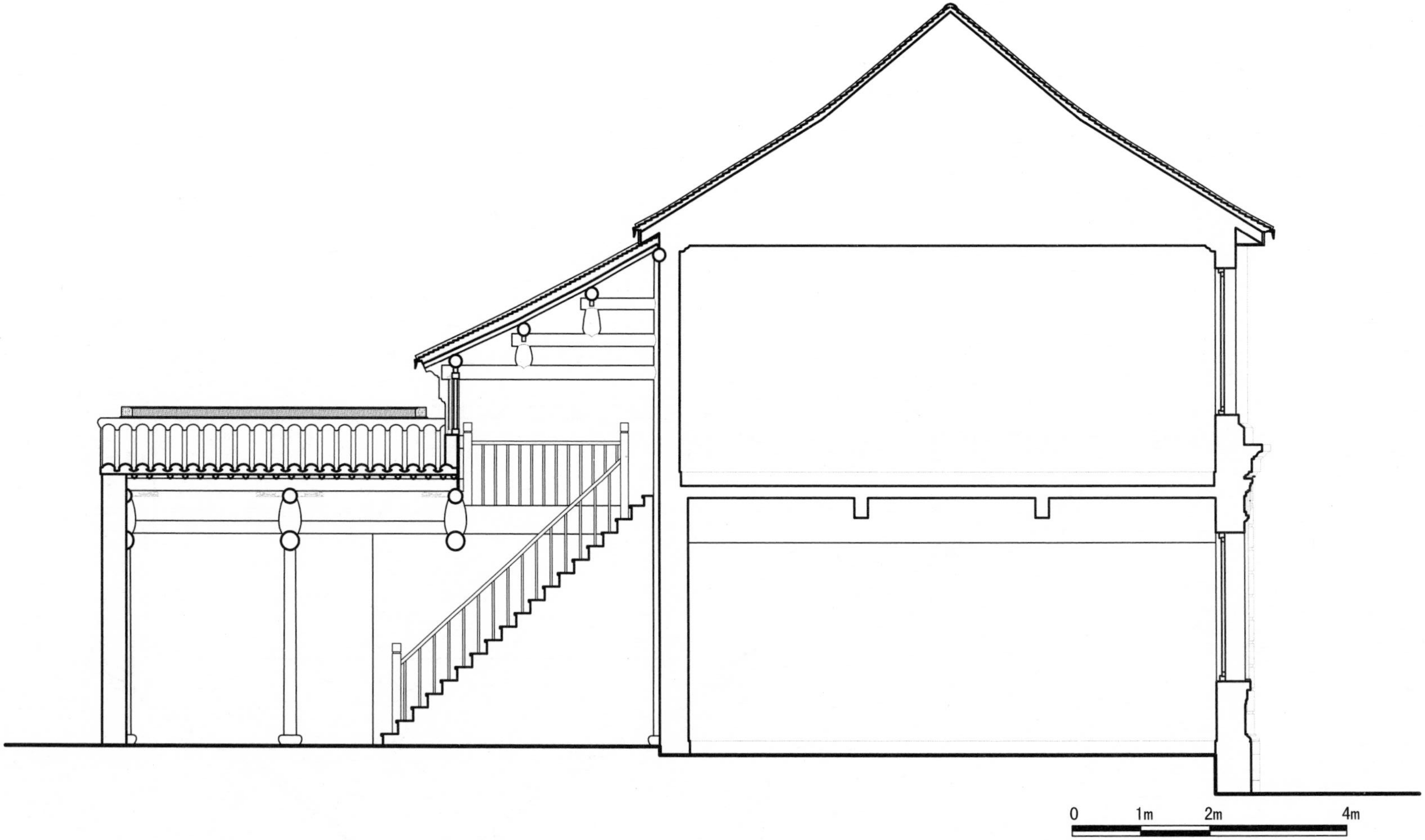

图 8　总横剖面图

图9　大门详图

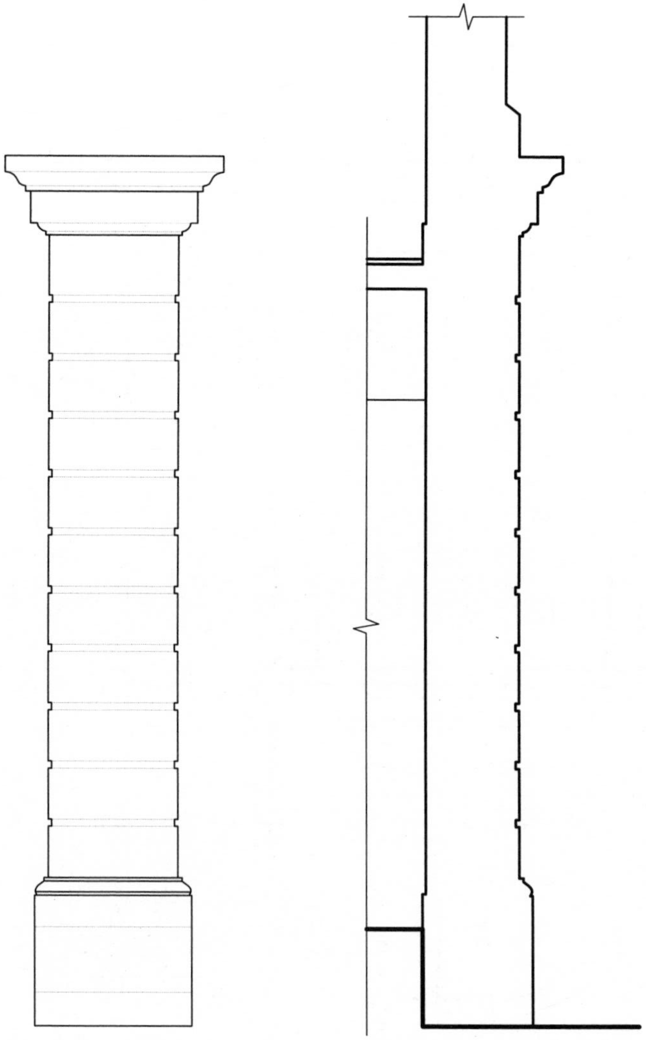

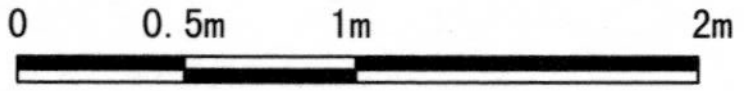

图 10　立柱详图

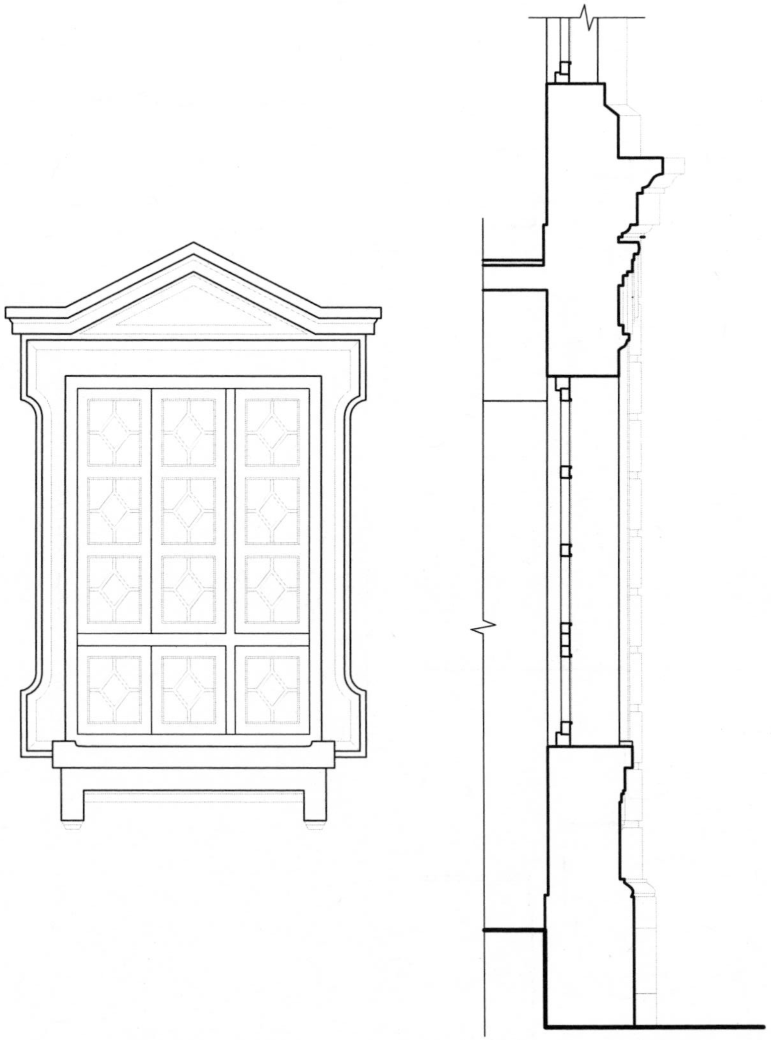

图 11　窗框详图

盛泽镇：国保单位——先蚕祠

先蚕祠位于吴江盛泽镇五龙路口，即盛泽丝业公所，俗呼蚕花殿或蚕皇殿。始建于清道光二十年（1840 年），为盛泽丝业商人公建。既是祭祀蚕丝行业祖师的公祠，又是盛泽丝业公所和农会的办事处所。当地政府于 1997 年出资整修门楼，1999 年又全面修复。现占地 2701 平方米，建筑面积 1215 平方米。

先蚕祠为典型的庙堂式建筑，坐北朝南，现存两路。主路三进：门楼、戏台、蚕皇殿。曾有评价“规模之宏敞，建筑之精美，居江南之首”。西路五进：一进墙门间、二进多媒体厅、三进丝绸展示厅、四进书楼、五进财神殿。

一进门楼通面阔三间 13.35 米，进深 3.1 米，檐口高度 6.8 米。砖雕门楼为歇山筒瓦屋面，嫩戗发戗，筑有四瓦条鱼龙脊，正脊与两侧屋面交合处过水穿脊。重拱出挑，定盘坊上施一斗六升重昂丁字牌科带枫拱。上花枋雕刻人物戏文，中枋透雕卷草纹，花枋阳刻扁作梁纹样且下施梁垫，两侧附有荷花柱。字碑处“先蠶祠”竖匾，两侧兜肚雕刻戏文情节。下坊承托栏杆、挂落，为装饰。下枋阴刻花草纹饰。垛头为花岗石质勒脚，门楼中部辟有拱形库门。门楼进深三界，抬梁式扁作梁架，檐墙斗盘枋施斗六升丁字牌科，饰凤头昂，带枫拱，拱间镶填雕花垫拱板。门楼两侧八字形清水墙，牌科砖细照墙面阔 3.4 米，左右各辟有拱形墙门，上方嵌砖额，东题“织云”，西书“绣景”。

二进戏台，坐南朝北，为全伸出式戏台，通面阔 5.9 米，进深 6. 6 米，屋脊高 9.3 米。戏台为砖混结构，歇山顶，嫩戗发戗，飞檐翘角，筑鱼龙吻脊、束带、水戗。檐口额枋饰描金浮雕，垂花柱高悬。蝙蝠静伏太上板。拾级登台，可见台顶圆形红底镶金的鸡笼形藻井。藻井由多个木雕构件榫卯组成旋转状放射纹饰，汇聚于顶端中央铜镜上。戏台周围三面设有吴王靠，楼底墙身外侧满贴砖细，北侧辟有方形砖细门洞。两侧耳房，通面阔 13.3 米，进深 5.2 米。南侧各间均辟有石库门。后台两侧连以厢楼（看楼），东西各有一组。厢楼六间通面阔 17.6 米，进深 3.7 米。

三进主体建筑蚕皇殿，屋面采用一殿一卷式勾连搭形式。前殿面阔三间 12.5 米，进深三界 3.2 米。屋面蝴蝶瓦，黄瓜环瓦顶，硬山。卷棚回顶，扁作船篷轩，抬梁式架构。山墙贴有砖细护墙，檐口处筑有飞砖式清水砖细垛头，前后檐桁处施有一斗六升丁字牌科。主殿面阔三开间 12.5 米，进深八界约 11.3 米。屋面蝴蝶瓦，正脊为九瓦条鱼龙脊两侧砌筑竖带，屋面提栈较陡。内四界前后连双步，梁架扁作，抬梁式架构。木构用料粗壮，殿内空间高敞。前后檐口施一斗六升一字牌科，逢柱设斗。后步柱处神龛供奉轩辕、神农和嫘祖三尊坐像，殿中正梁高悬“人文始祖”匾额。大殿两侧各有碑廊相连。

大殿西侧原系盛泽丝业公所之议事厅，副檐轩楼厅，现改作财神殿。面阔三开间 10.7 米，进深九界 10.5 米。小青瓦屋面，硬山顶，正脊为鱼龙脊。内四界前连扁作船篷轩，后连双步，副檐轩为一枝香轩形式。东西两侧开有砖细门洞与厢房相联通。

财神殿前花园，筑有假山亭池及石板桥。西侧建廊通书楼。书楼副檐轩楼厅，小青瓦屋面，硬山顶，纹头脊。面阔三间 11.2m，进深七界 7.8 米，内四界后连船篷轩，副檐轩为单步廊川，圆作梁架。

2013 年 5 月列为全国重点文物保护单位。保护范围：四周至界墙。建控地带：东至小弄，西至五龙路，北至保护范围外 40 米，南至路南侧。

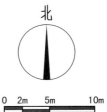

. 1.2
厕
西厢房
财神殿
东厢房
蚕皇殿
东厢房
. 1.8
3
书楼
丝绸展示厅
多媒体厅
戏台
门楼
1
2
. 1.7

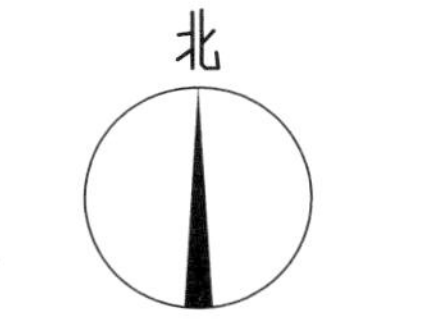
北
0 2m 5m 10m

图 1　先蚕祠总平面图

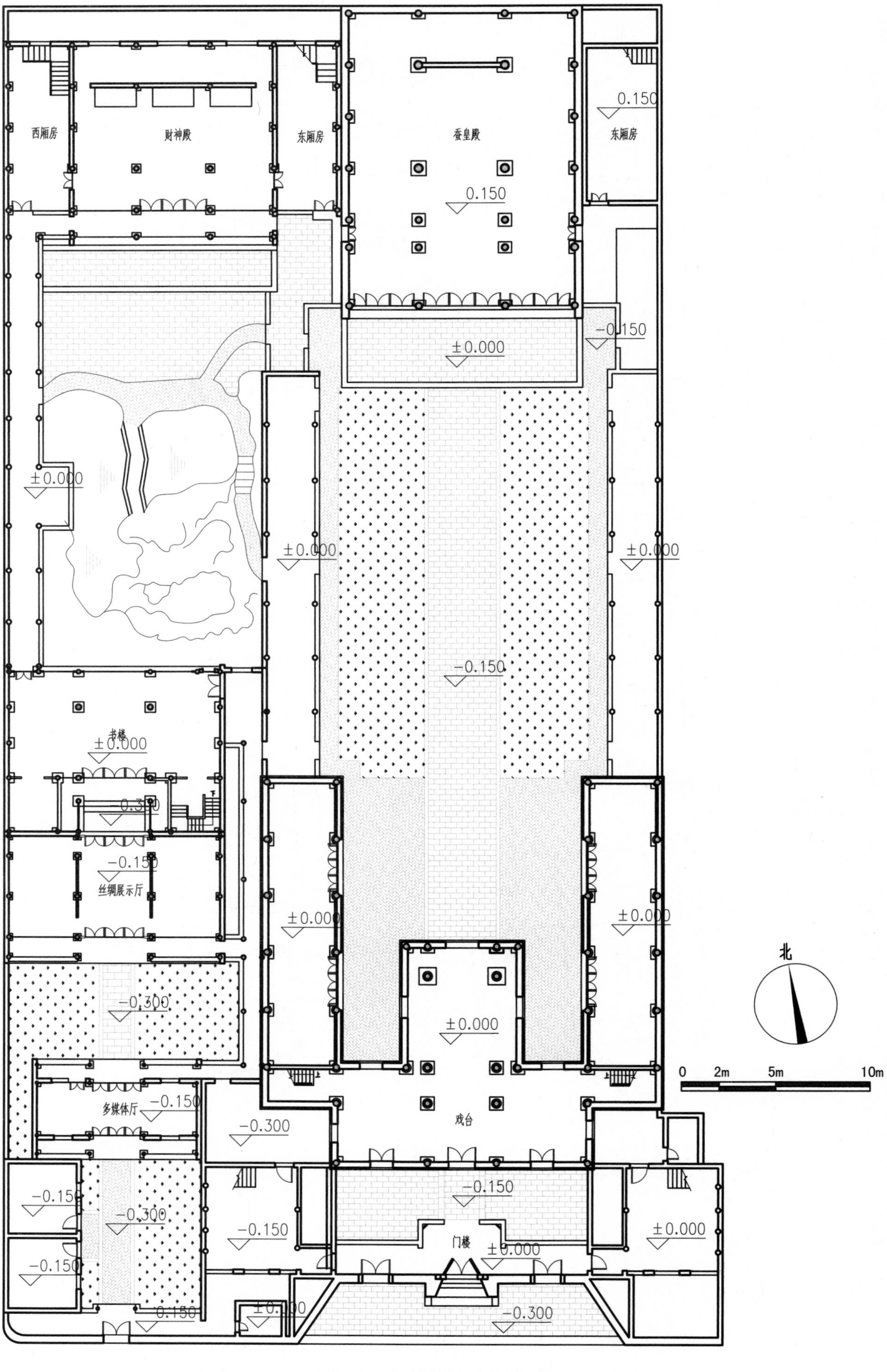
西厢房
财神殿
东厢房
蚕皇殿
东厢房
0.150
0.150
-0.150
±0.000
±0.000
±0.000
±0.000
-0.150
书楼
±0.000
-0.300
-0.150
丝绸展示厅
±0.000
±0.000
北
±0.000
-0.300
0
2m
5m
10m
多媒体厅
-0.150
-0.300
戏台
-0.150
-0.150
-0.300
-0.150
-0.150
±0.000
门楼
±0.000
-0.150
-0.150
±0.000
-0.300

图 2　先蚕祠一层平面图

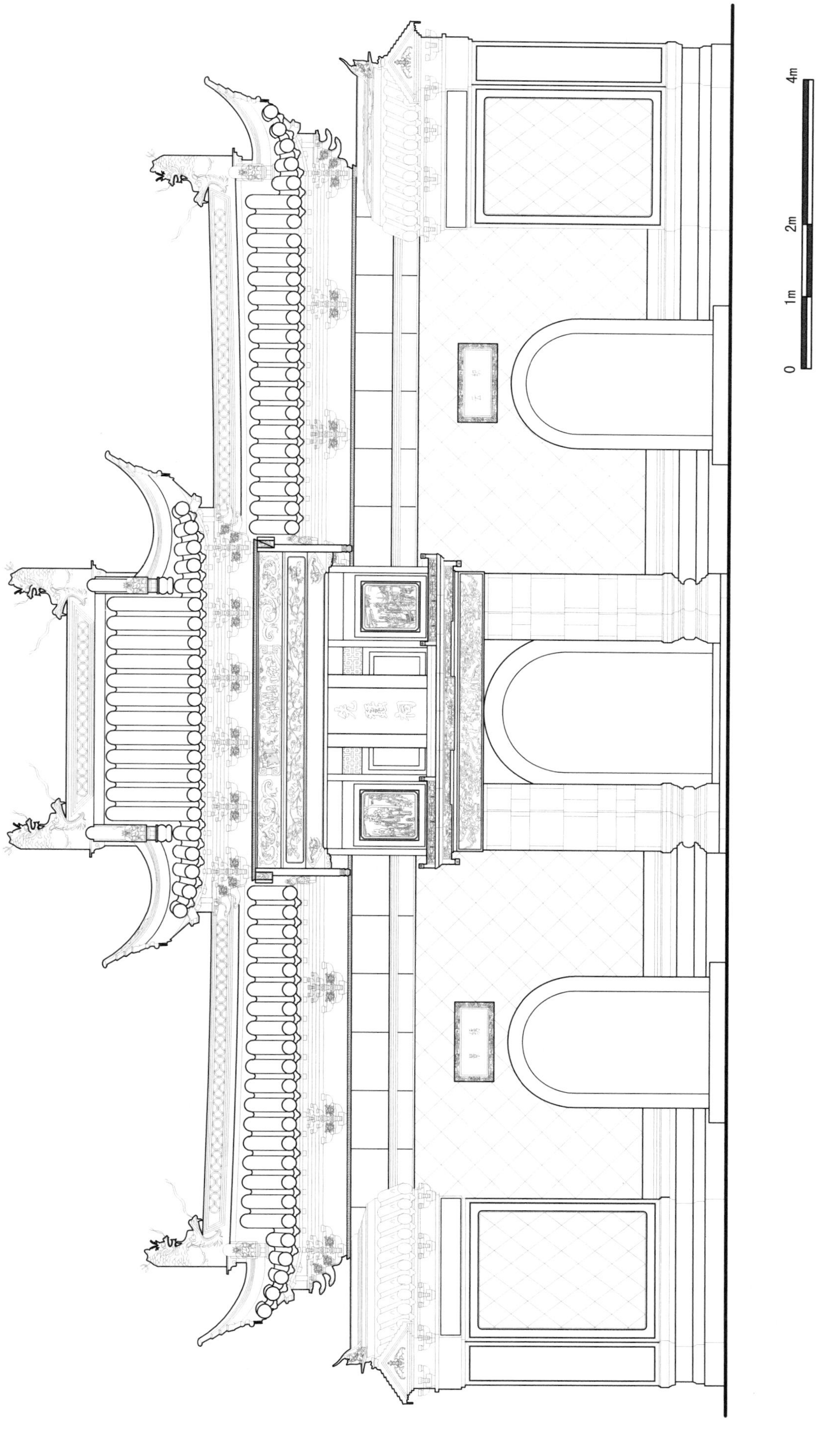

图3 门楼南立面图

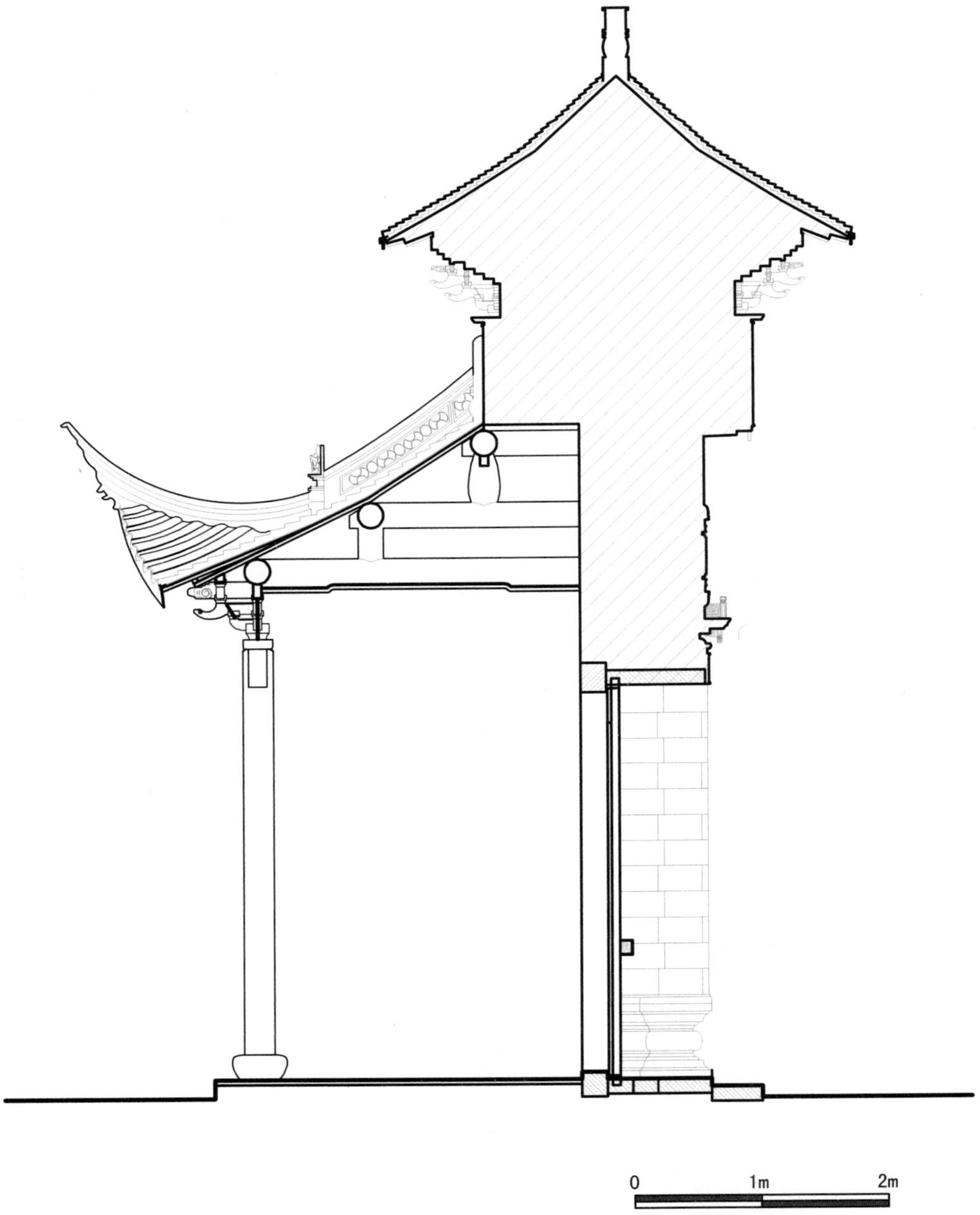

图 4　门楼横剖面图

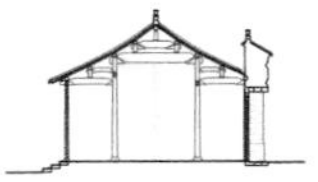

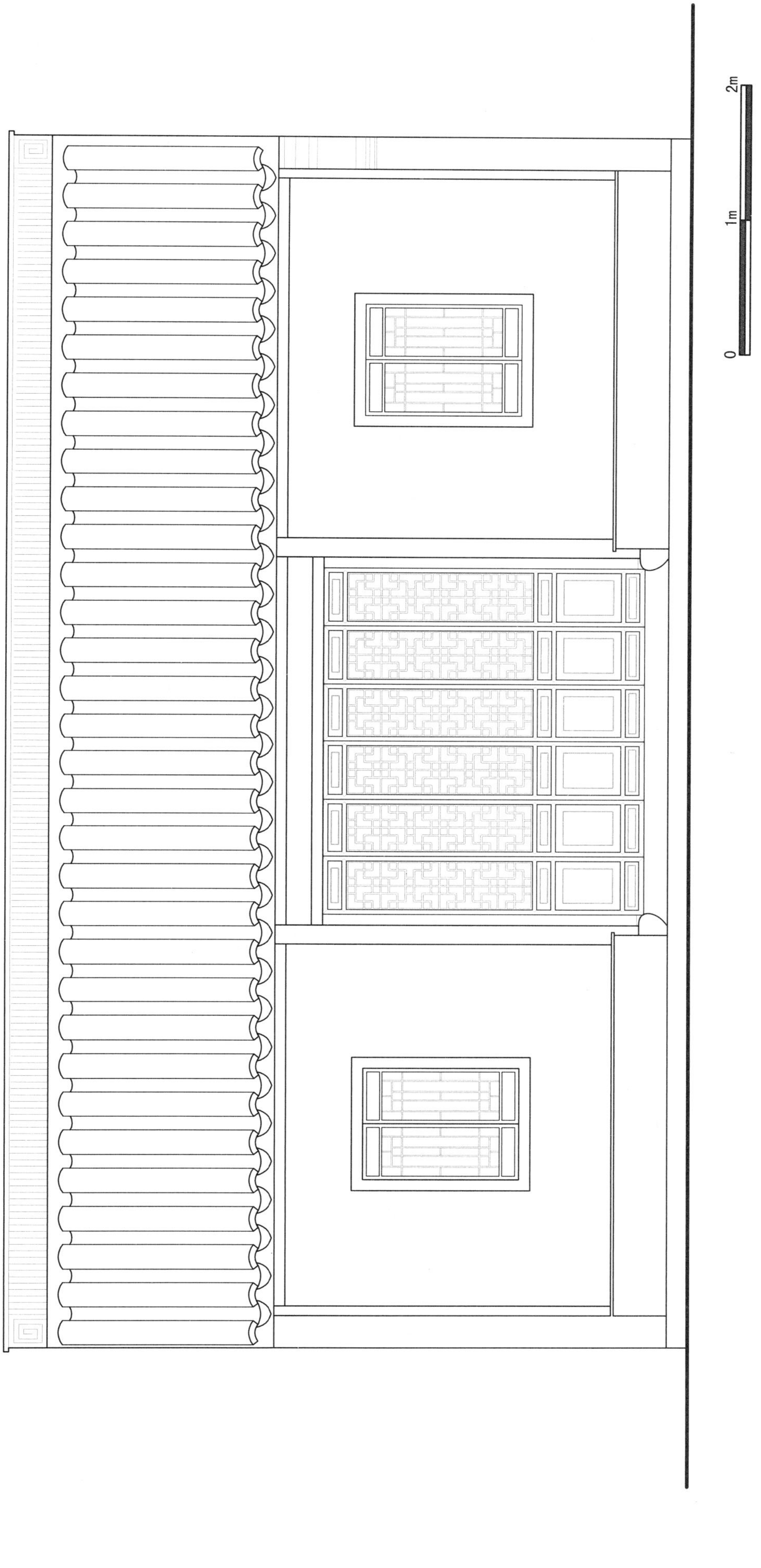

图 5　多媒体厅南立面图

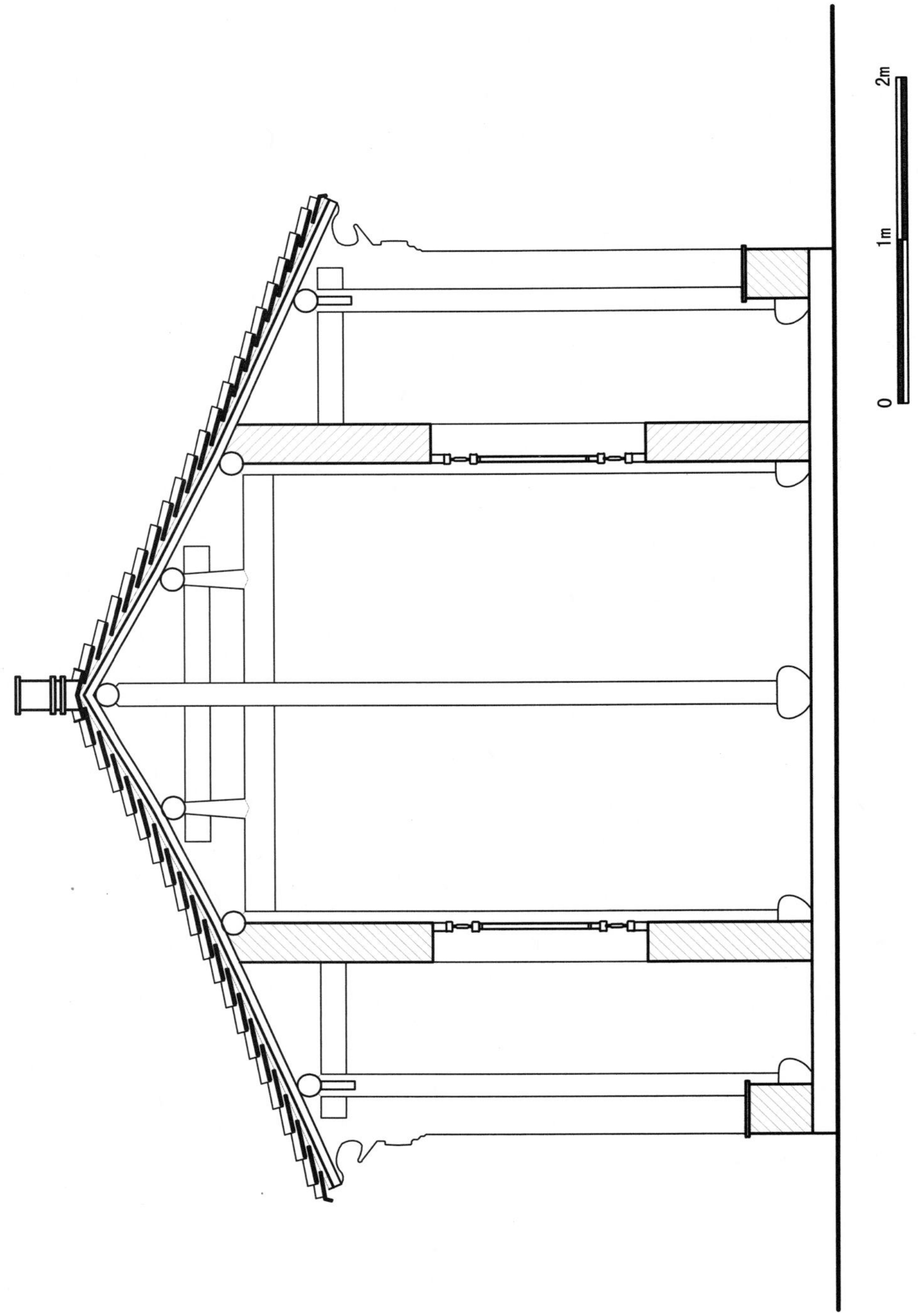

图6　多媒体厅横剖面图

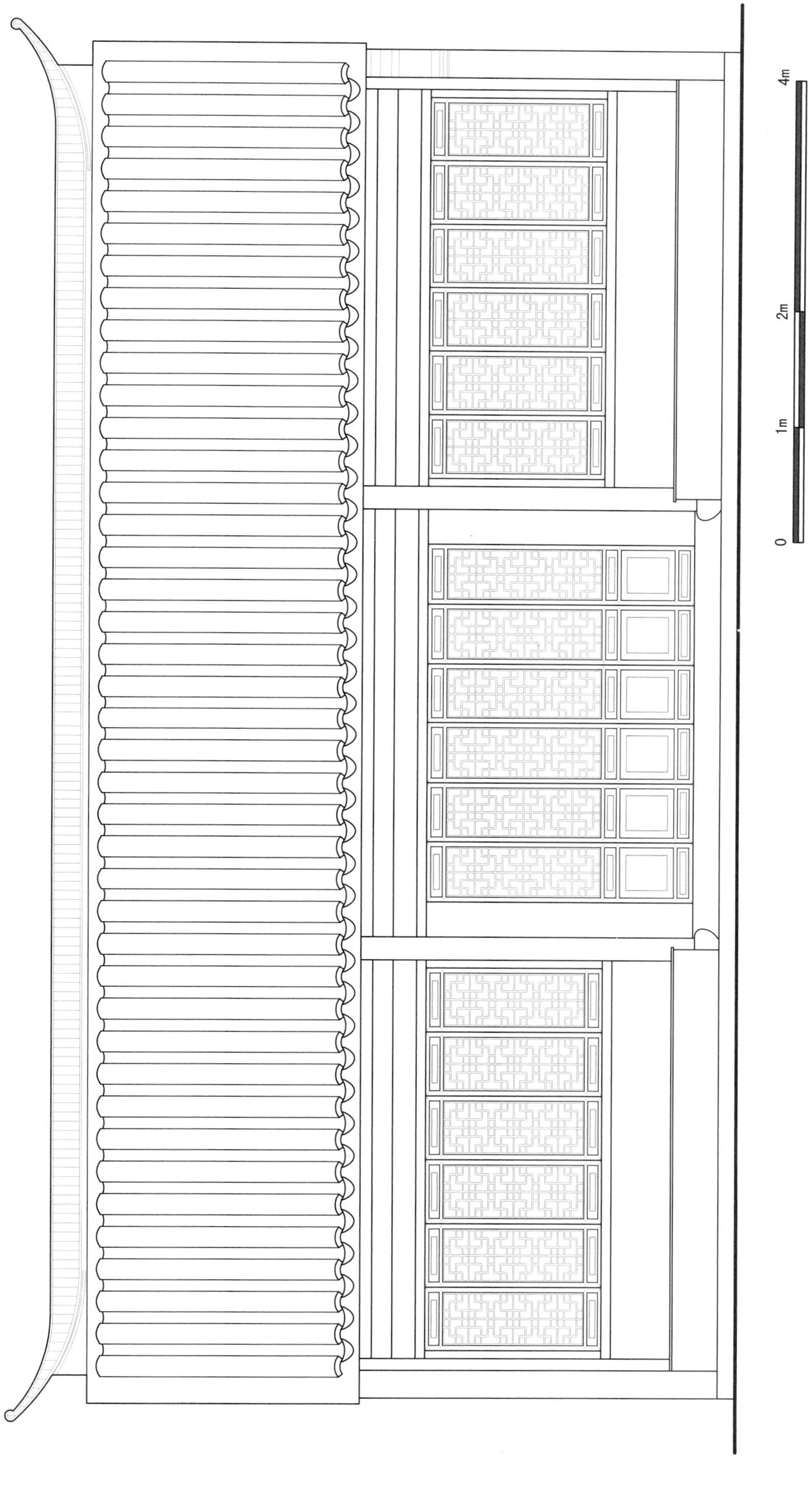

图 7 丝绸展示厅南立面图

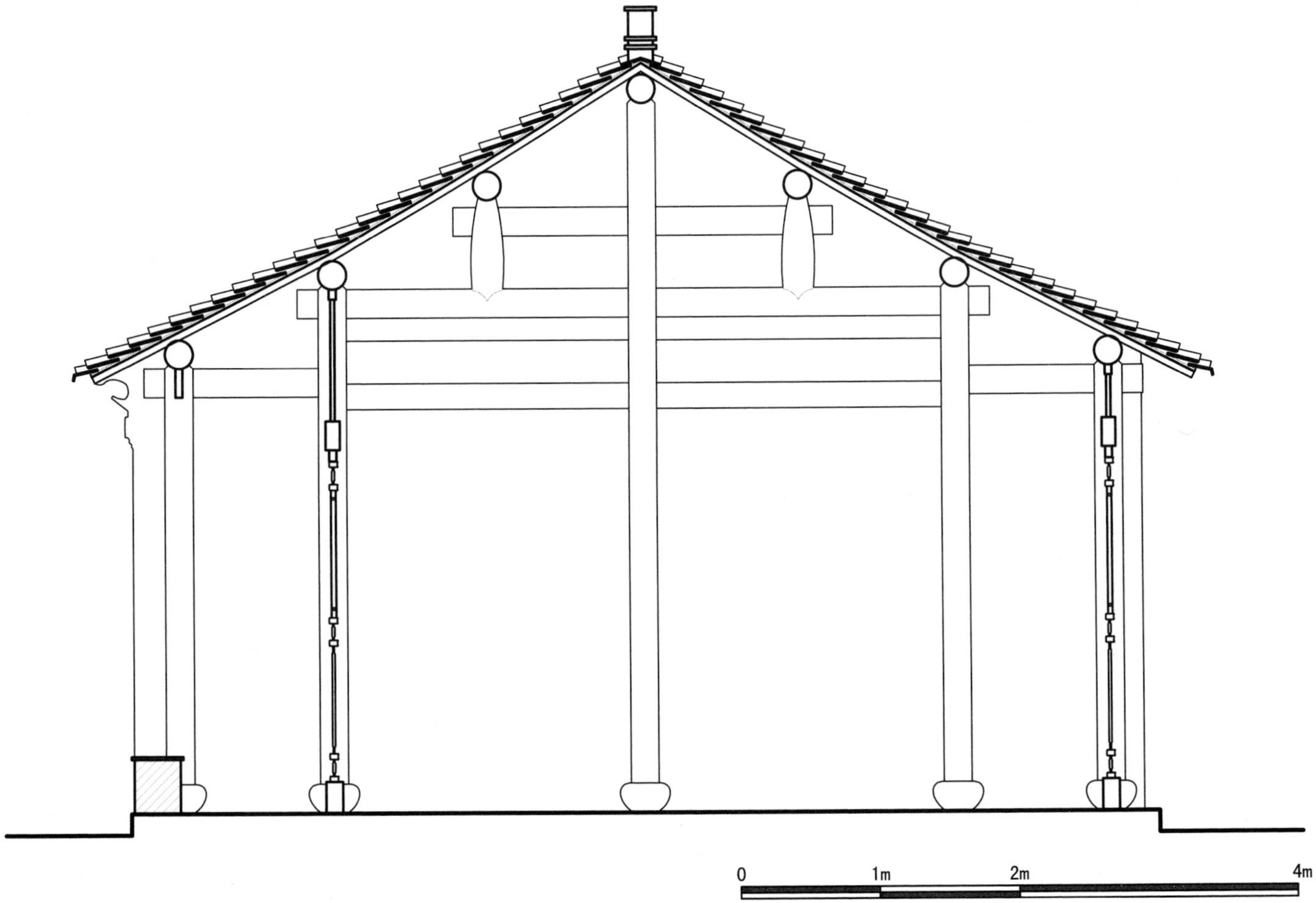

图 8　丝绸展示厅横剖面图

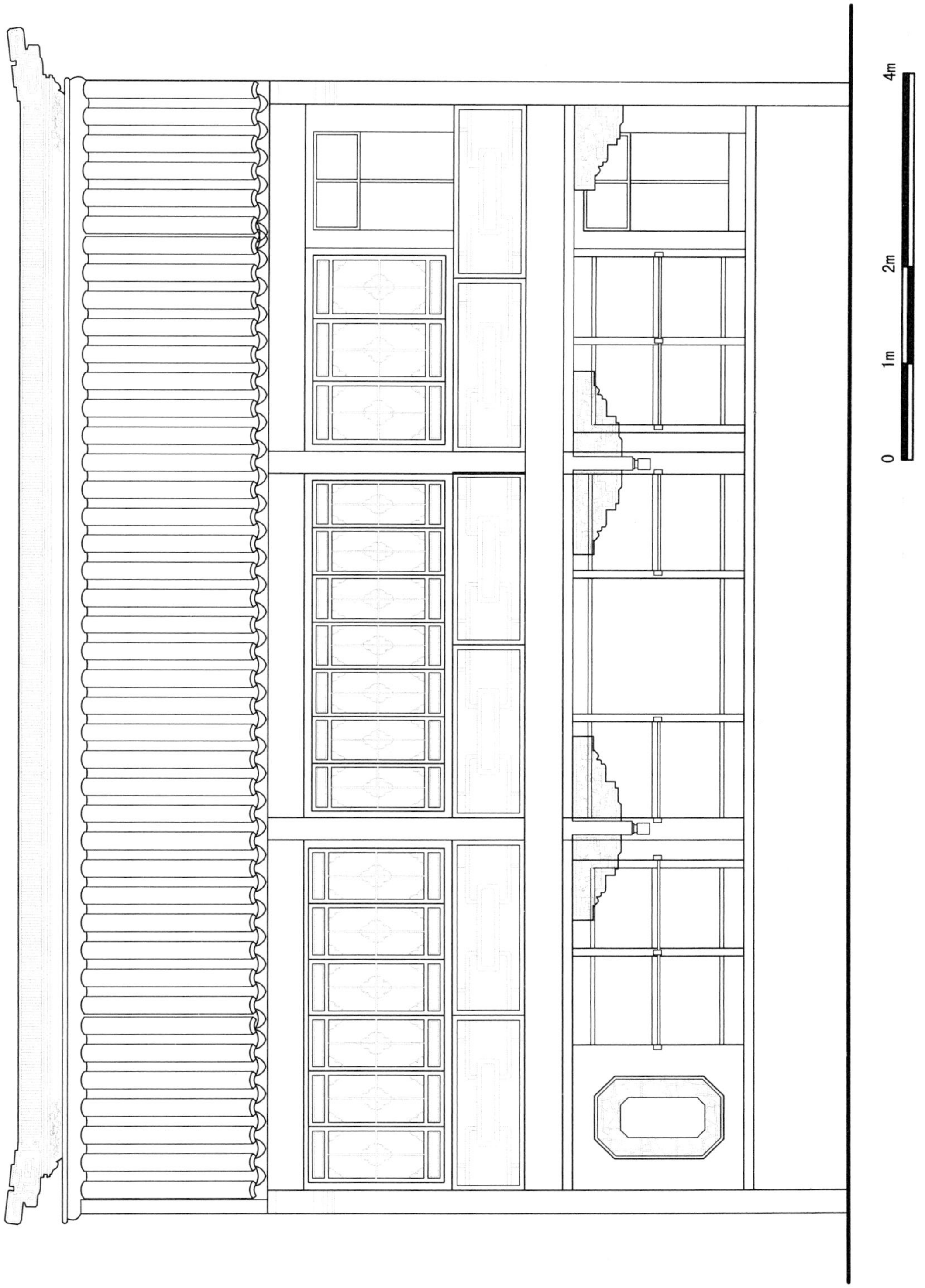

图9　书楼北立面图

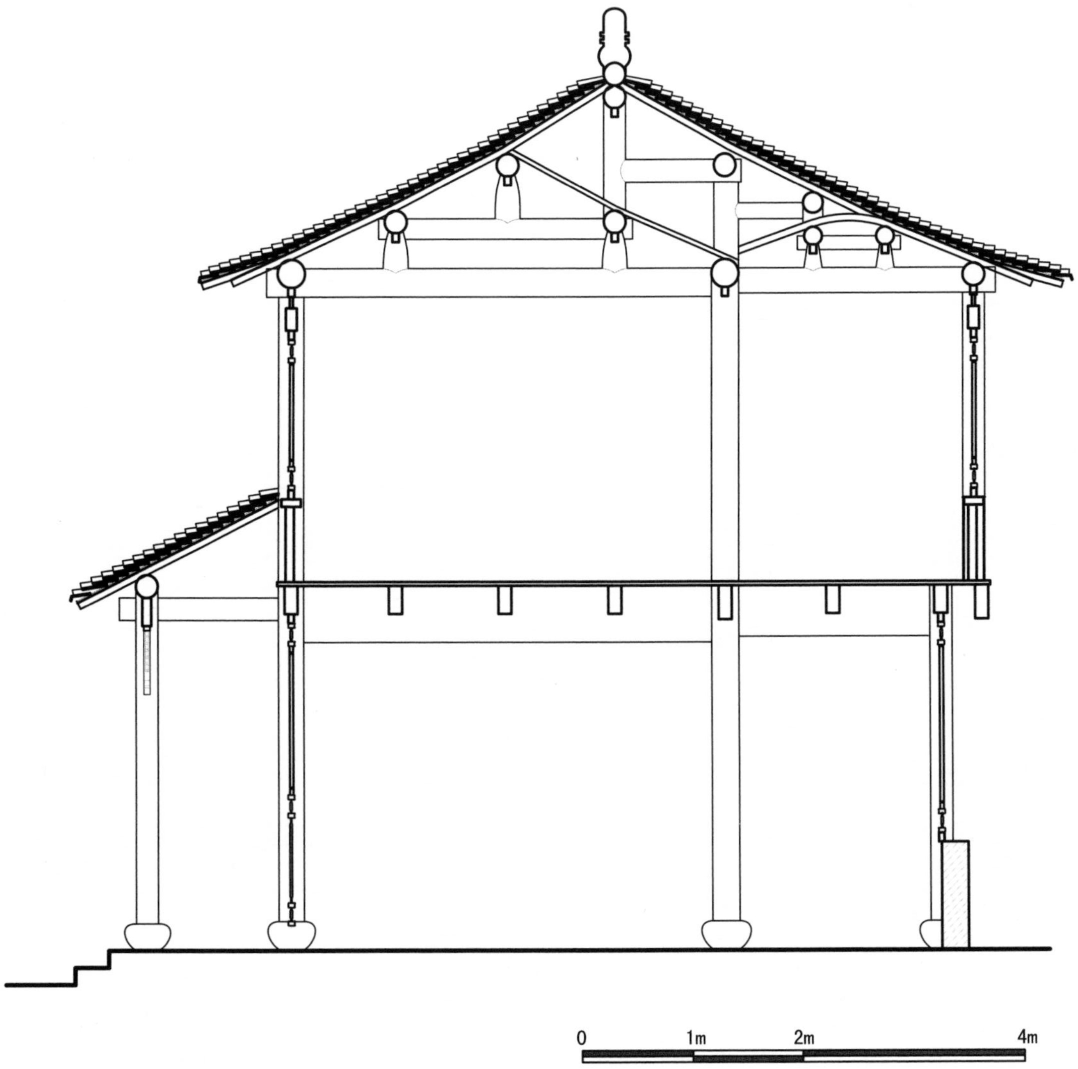

图 10　书楼横剖面图

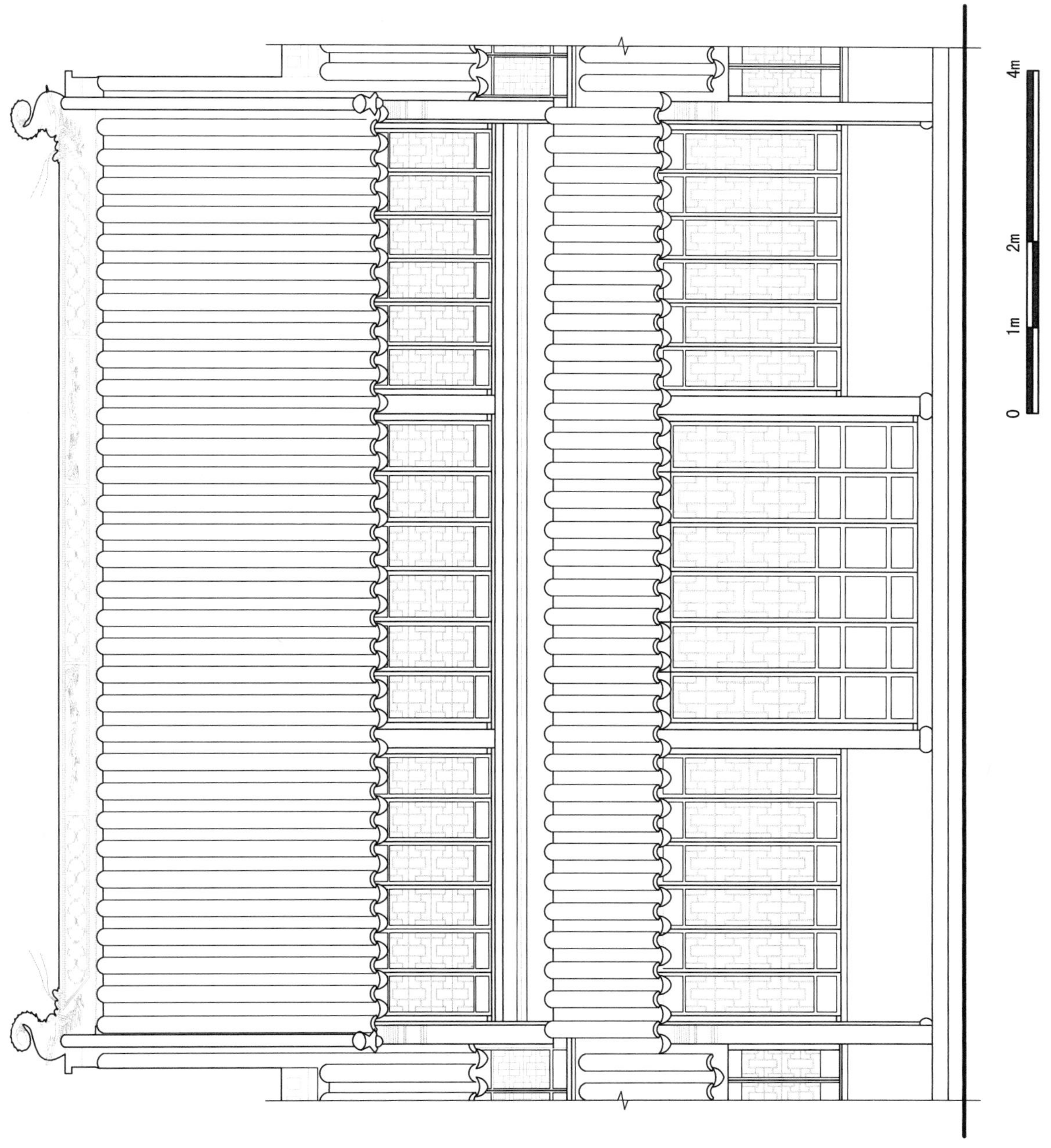

图 11　财神殿南立面图

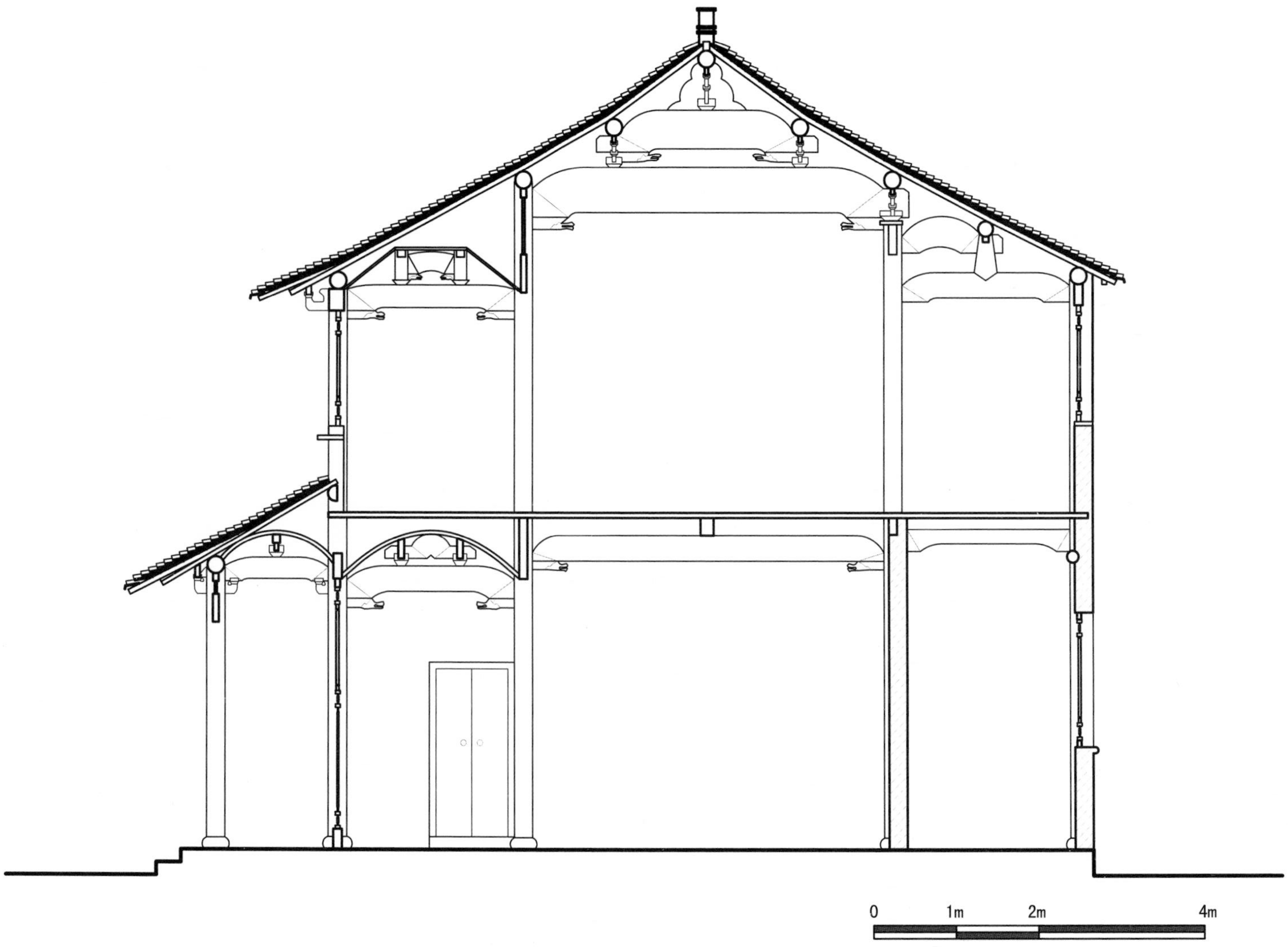

图 12　财神殿横剖面图

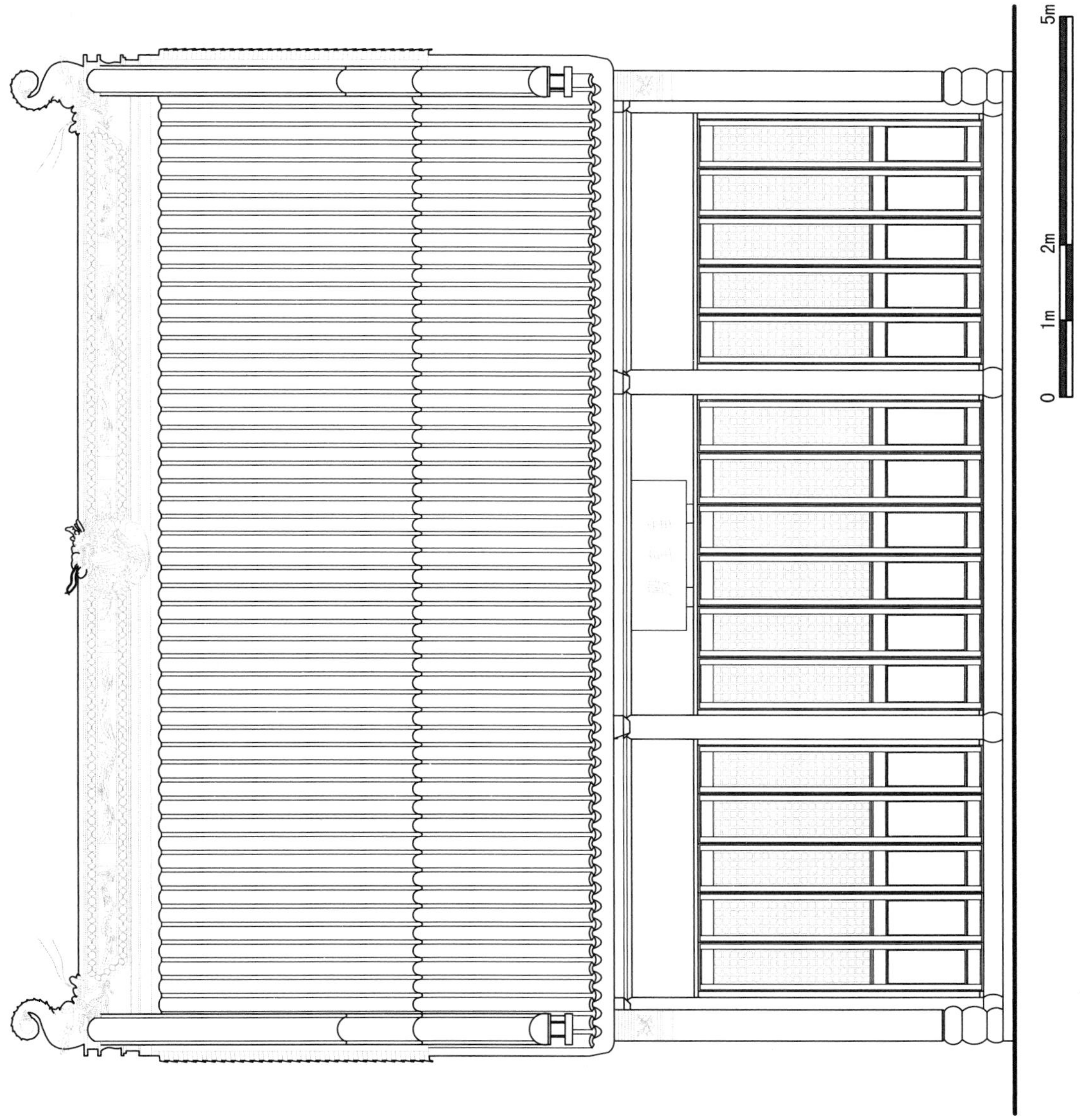

图 13　蚕皇殿立面图

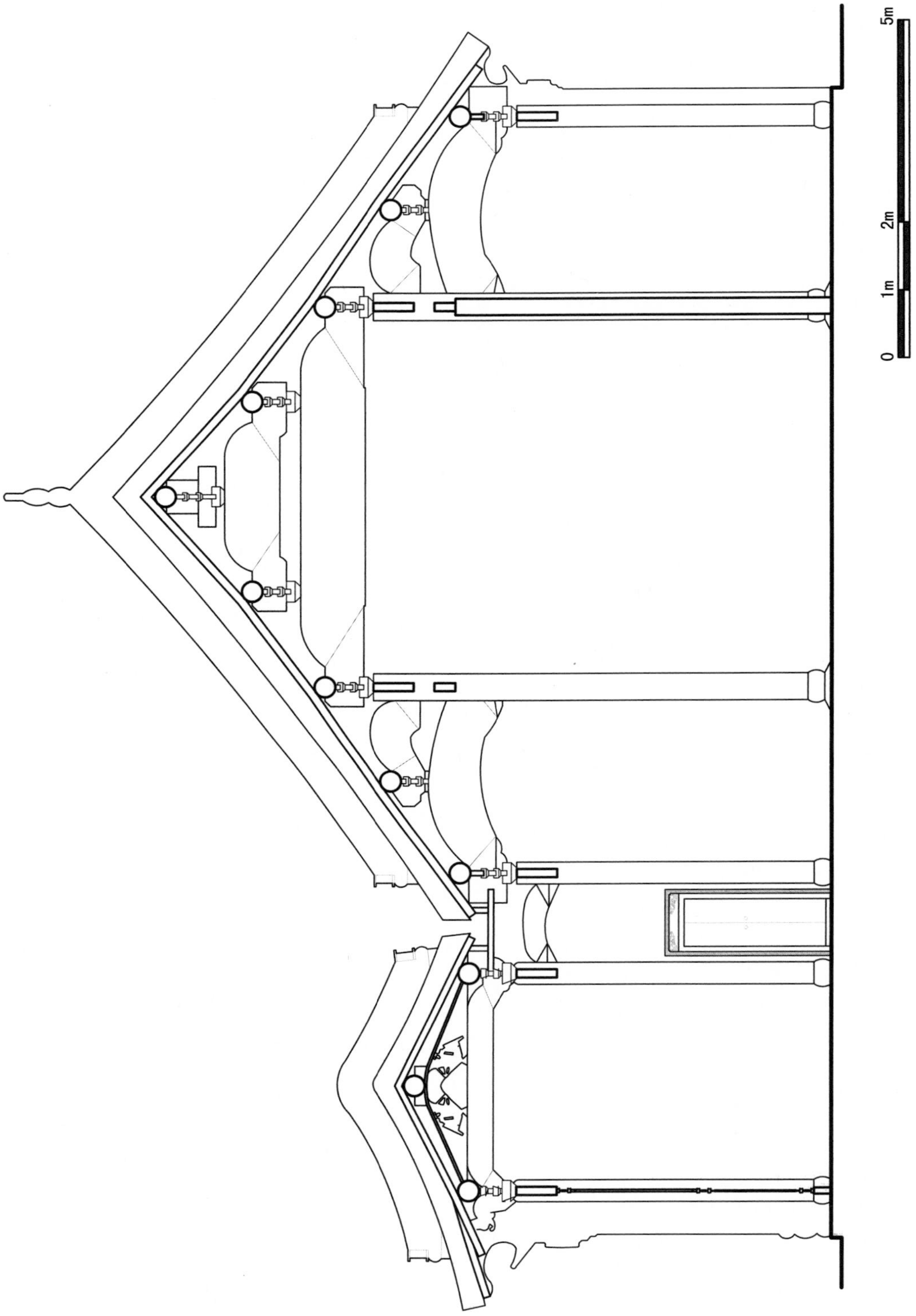

图 14　蚕皇殿横剖面图

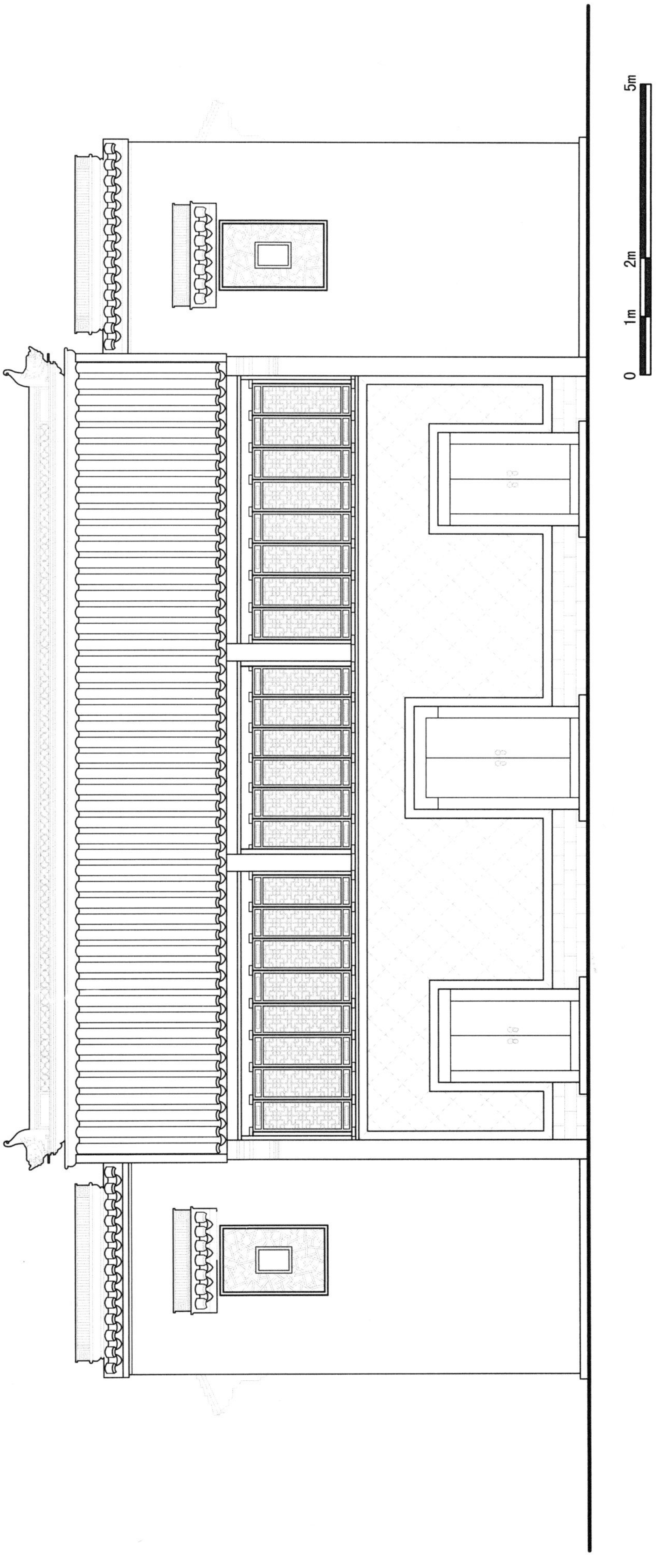

图15　戏台南立面图

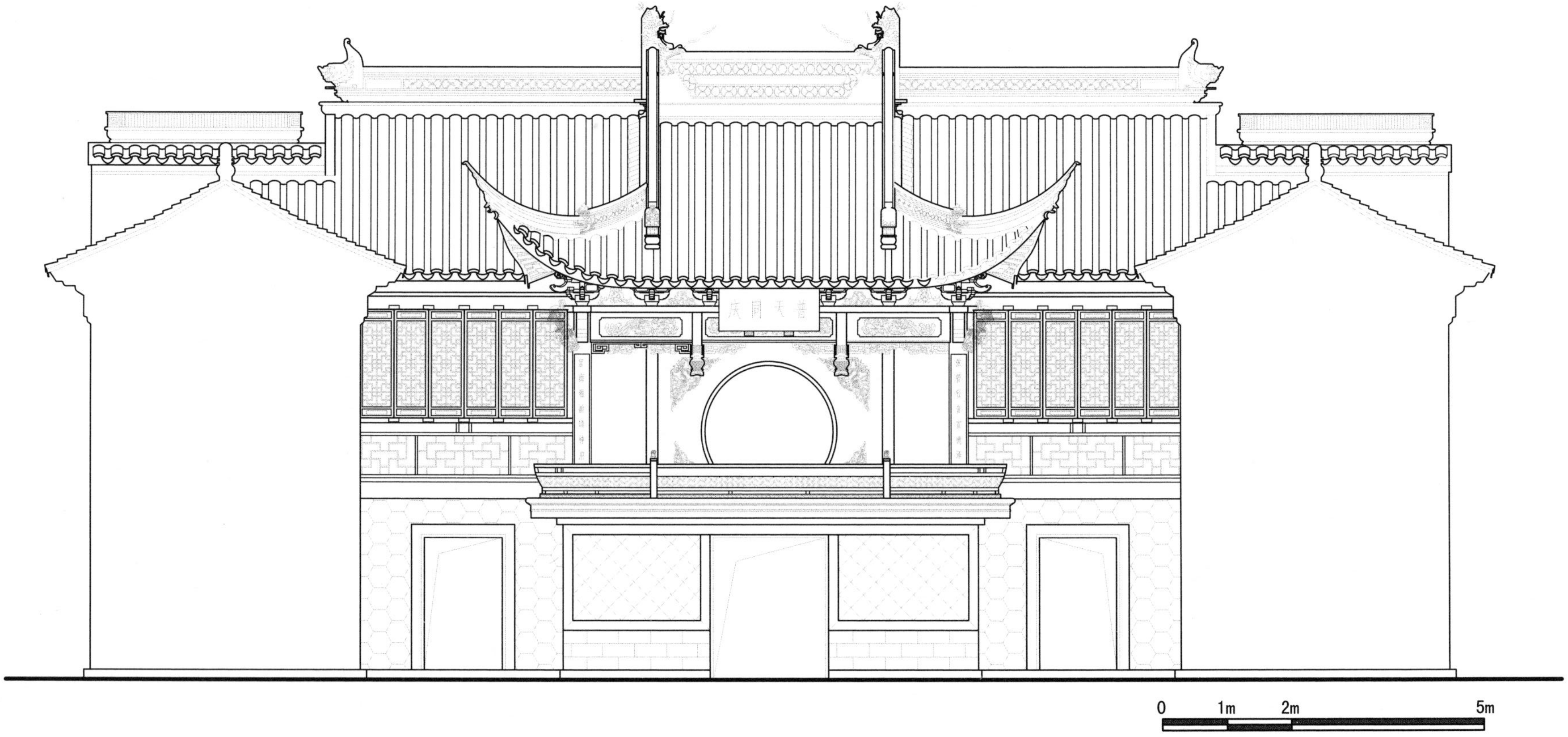

图16 戏台北立面图

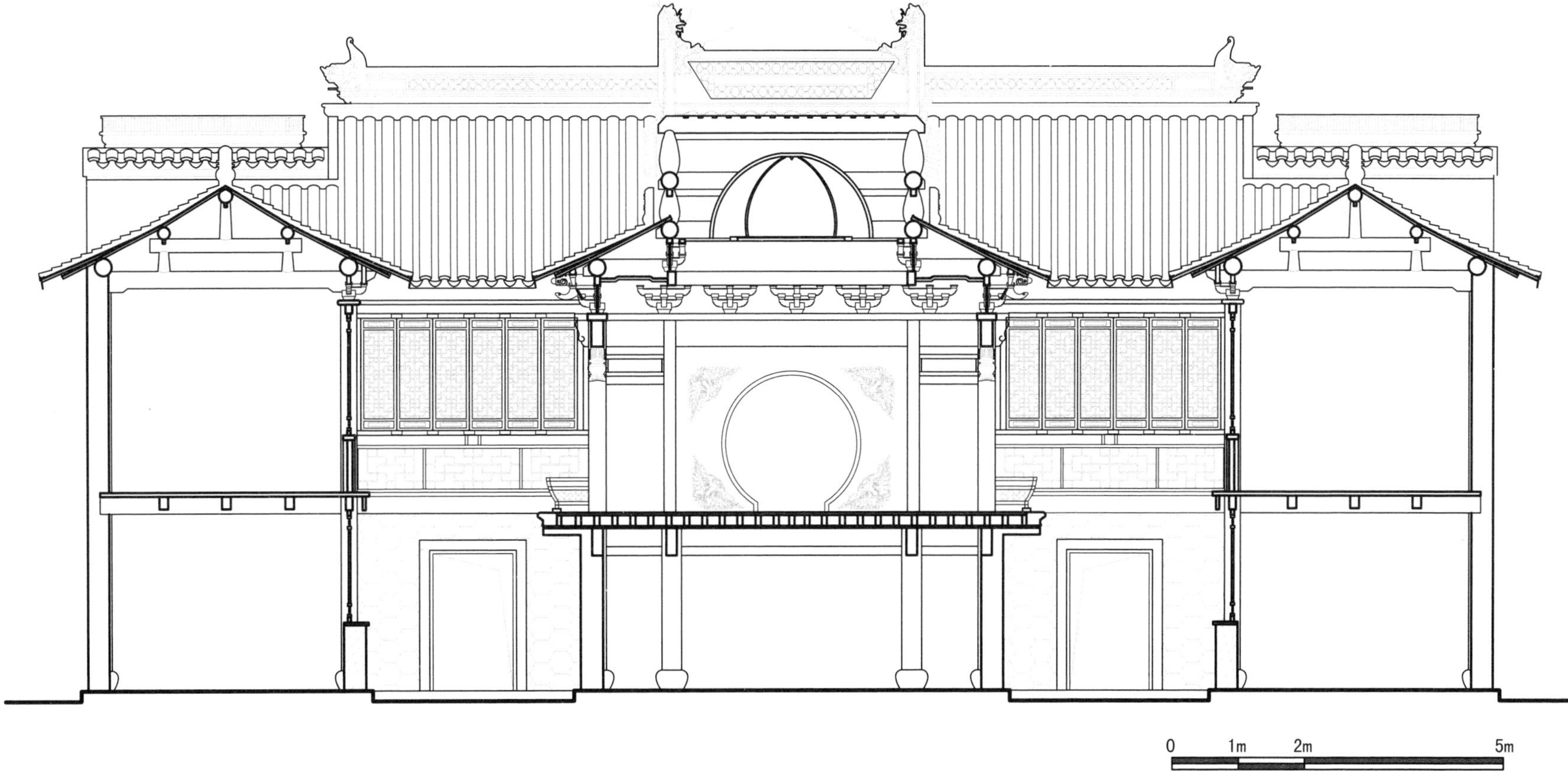

图 17　戏台横剖面图

盛泽镇：市保单位——培元公所卅周年纪念井

培元公所卅周年纪念井，建于民国十五年（1926年），位于盛泽镇花园街牧童湾。井四周砌有围墙，井口为一混凝土浇制的方形水箱，高2.13米，长5.29米，宽4.82米，分布面积为176.64平方米。此井为纪念培元公所建置三十年而筑，为当时较为先进的“自流井”（机井），俗称洋井；其西北角立有“培元公所卅年纪念井”花岗石界碑，为近代书法家唐驼手迹。

2012年列为吴江市文物保护单位。2014年7月，由苏州市人民政府明确为市文物保护单位。保护范围：东、南、西、北至界墙。建控范围：东、南至保护范围外9米，西至牧童湾弄西侧，北至保护范围外7米。

另：培元公所是由安徽徽州商人汪菊如在1819年投资建设，即绸业公所，亦称绸业会馆。该公所器宇轩昂，前三进是关帝庙（丝绸生意人信奉的是关公），前两进在20世纪30年代毁于大火，三进的后面是西式花园加上民国建筑，1981拆除。如今仅存一处为盛泽老百姓建造的免费供水的洋井，是一典型的民国遗存。

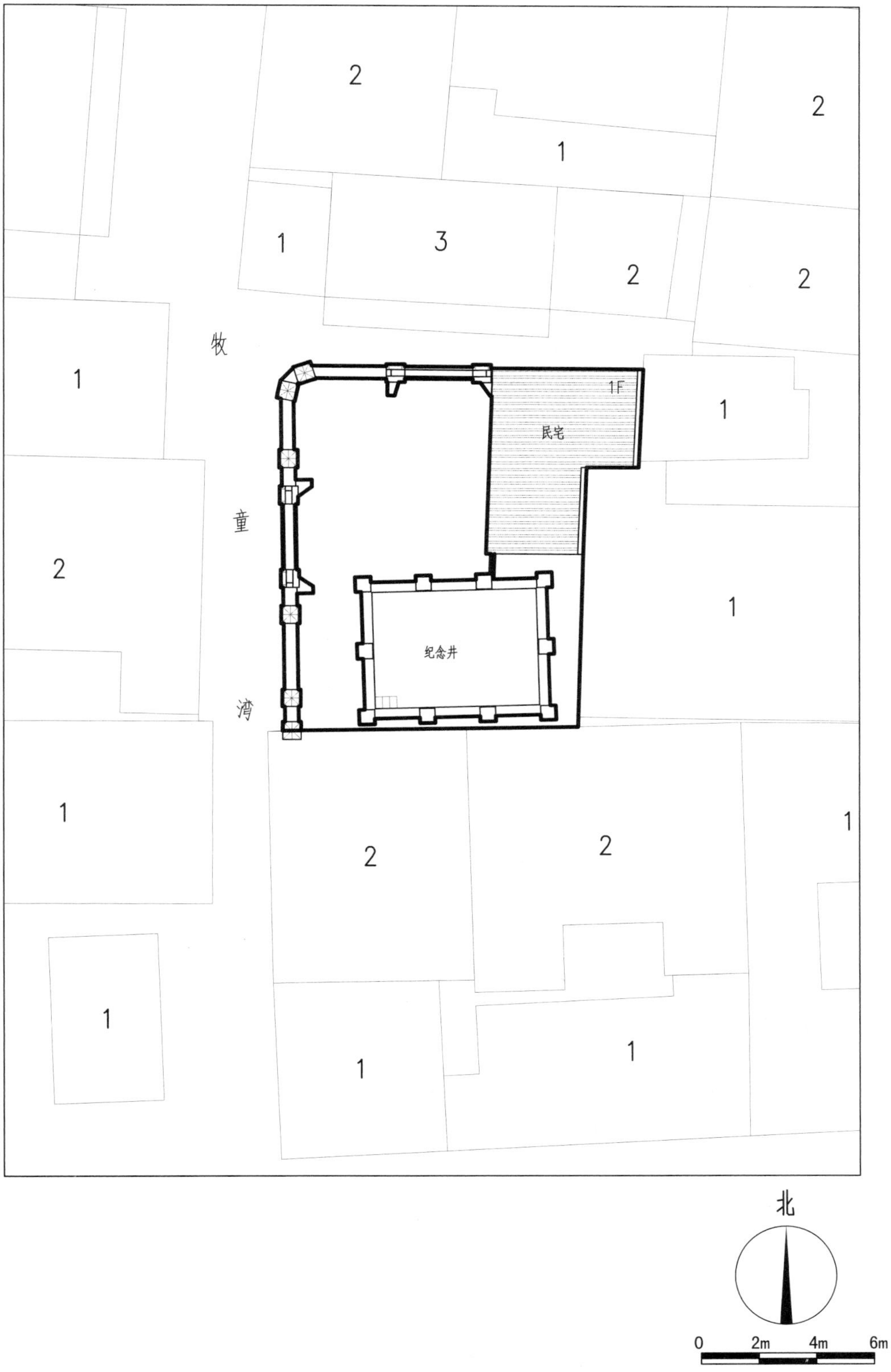

图 1　培元公所卅周年纪念井总平面图

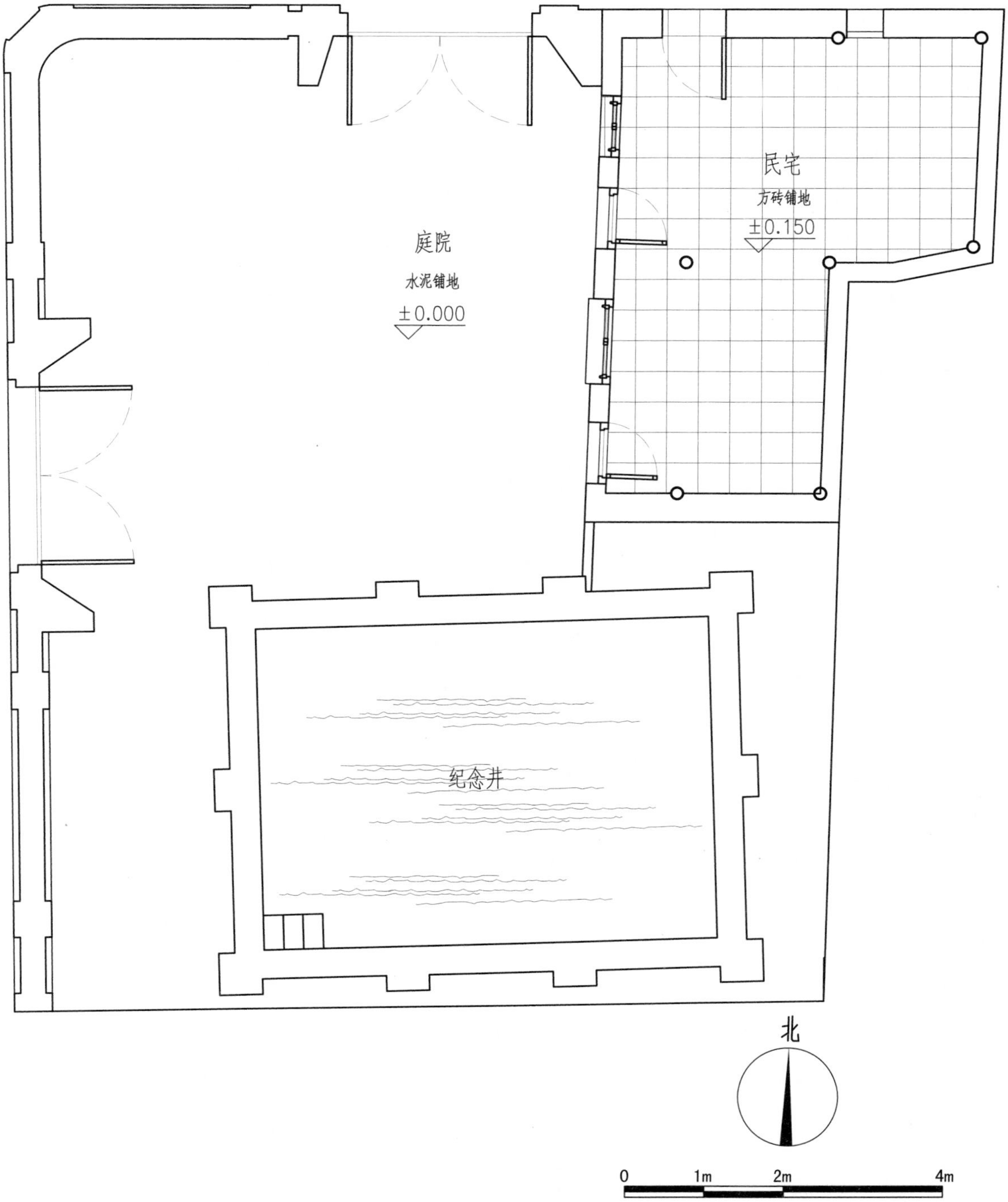
庭院
水泥铺地
±0.000
民宅
方砖铺地
±0.150
纪念井
北
0
1m
2m
4m

图 2　一层总平面图

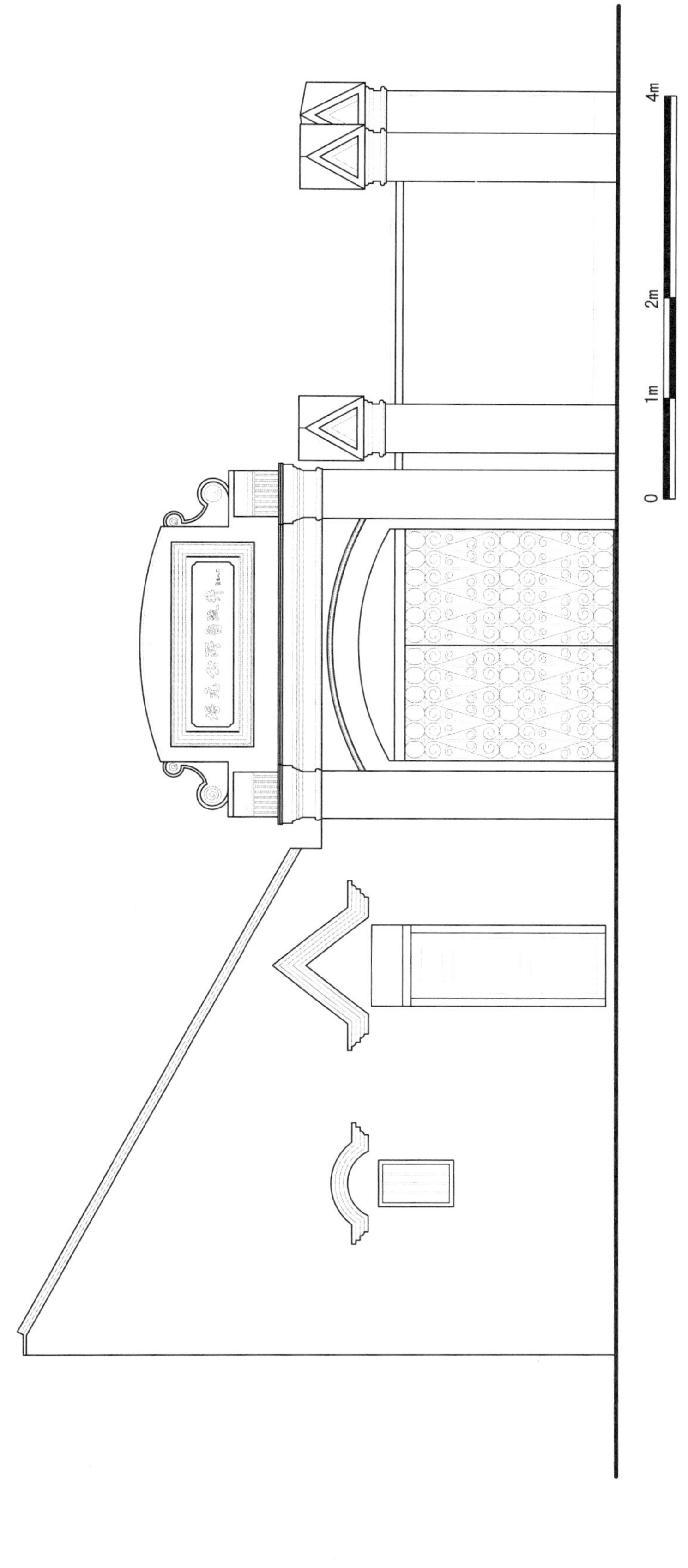

图3　北立面图

图4　西立面图

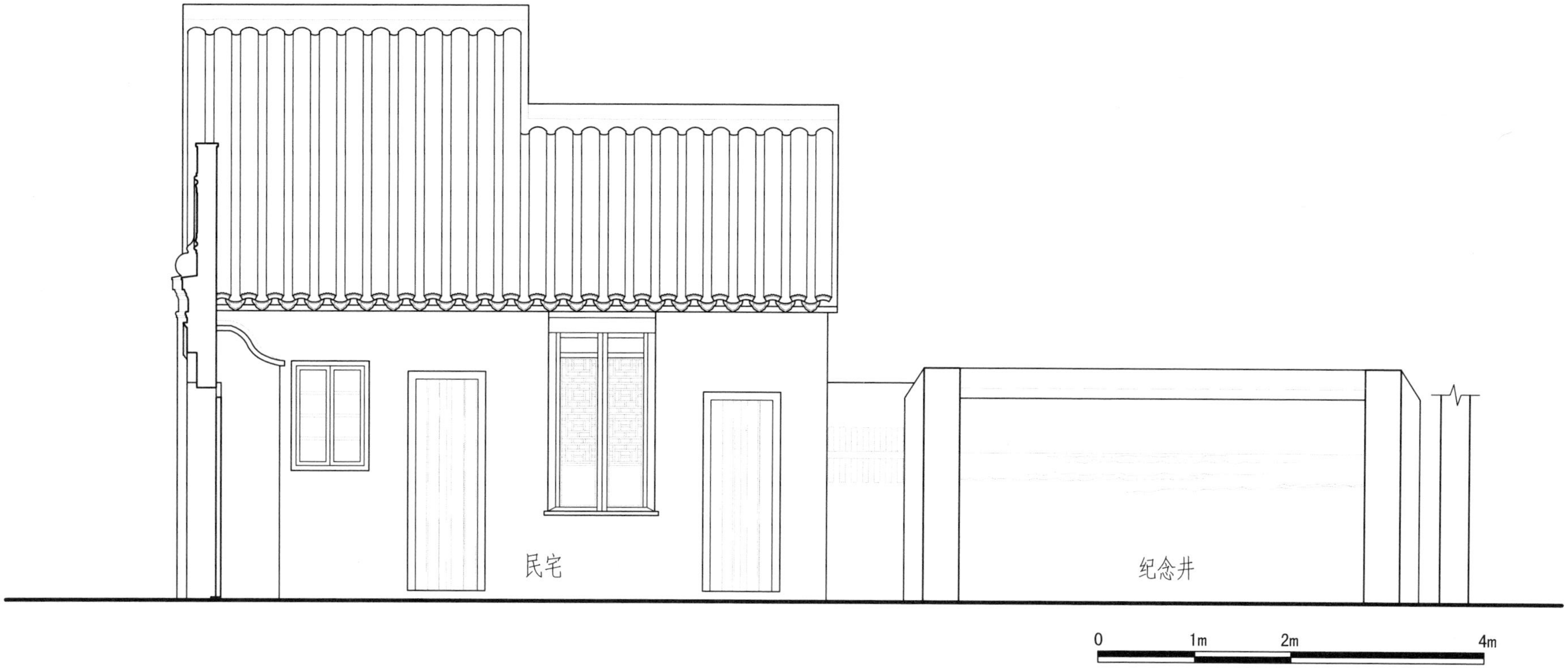

图 5　总纵剖面图

盛泽镇：市保单位——带福桥

带福桥，俗呼搭北桥。位于盛泽镇东港村，东西走向，跨东港河。明天启四年（1642 年）建，清乾隆三十三年（1768 年）重建，同治十年（1871 年）修。

该桥拱形单孔，花岗石构筑，拱券采用联锁法砌置。桥长 23.8 米，宽 3.2 米，跨度 8 米，矢高 3.88 米。桥面石两侧刻有“重建带福桥”桥名。石栏望柱头雕莲瓣。天盘石刻有如意图案。桥身南北楹联石镌刻对联，桥联分别为：“规模上应天星瑞，清明平分水月光”；“彩虹遥落文澜起，乌鹊高飞旺气生”。

2012 年列为吴江市文物保护单位。2014 年 7 月，由苏州市人民政府明确为市文物保护单位。保护范围：桥四周各 10 米。

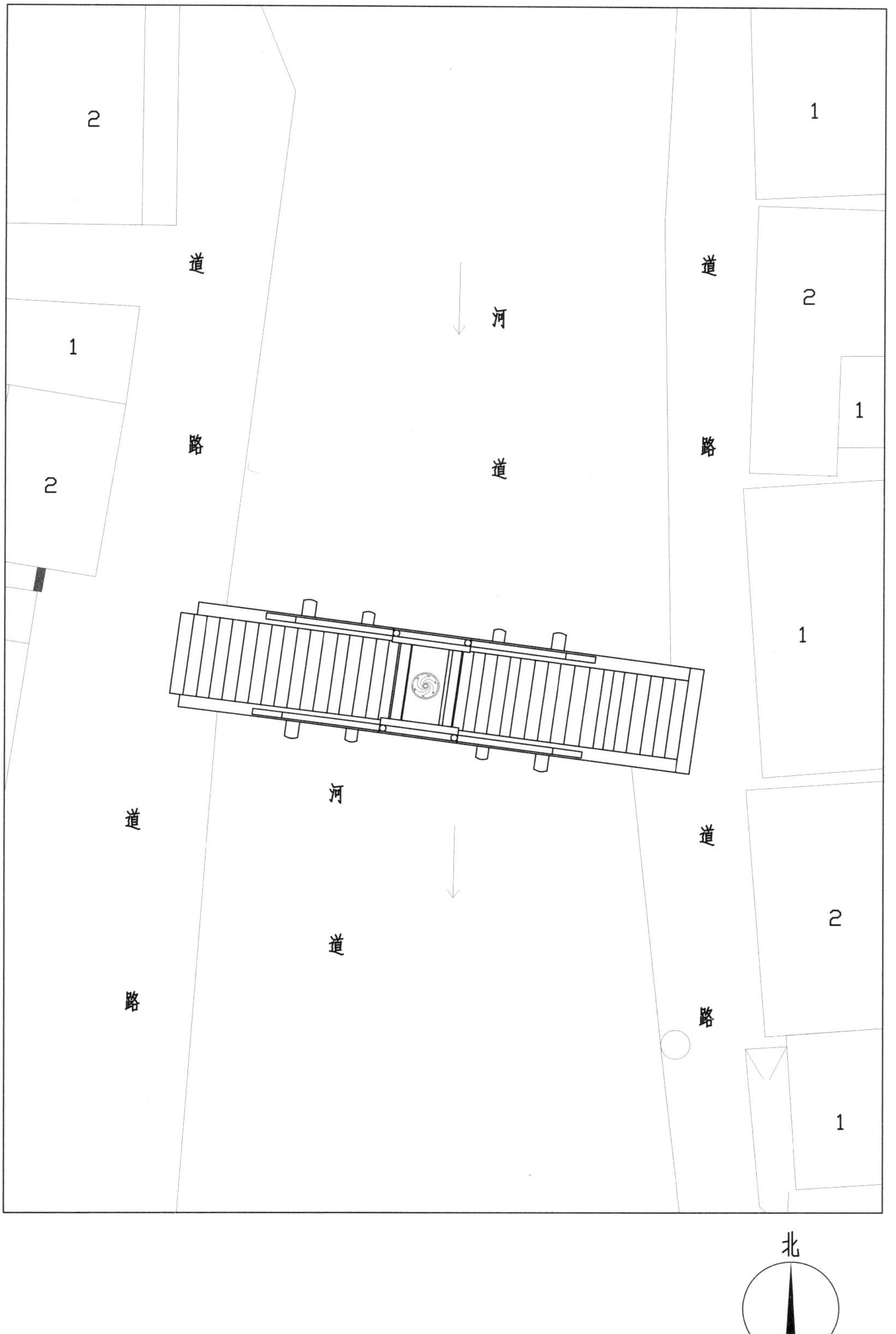

图 1　带福桥总平面图

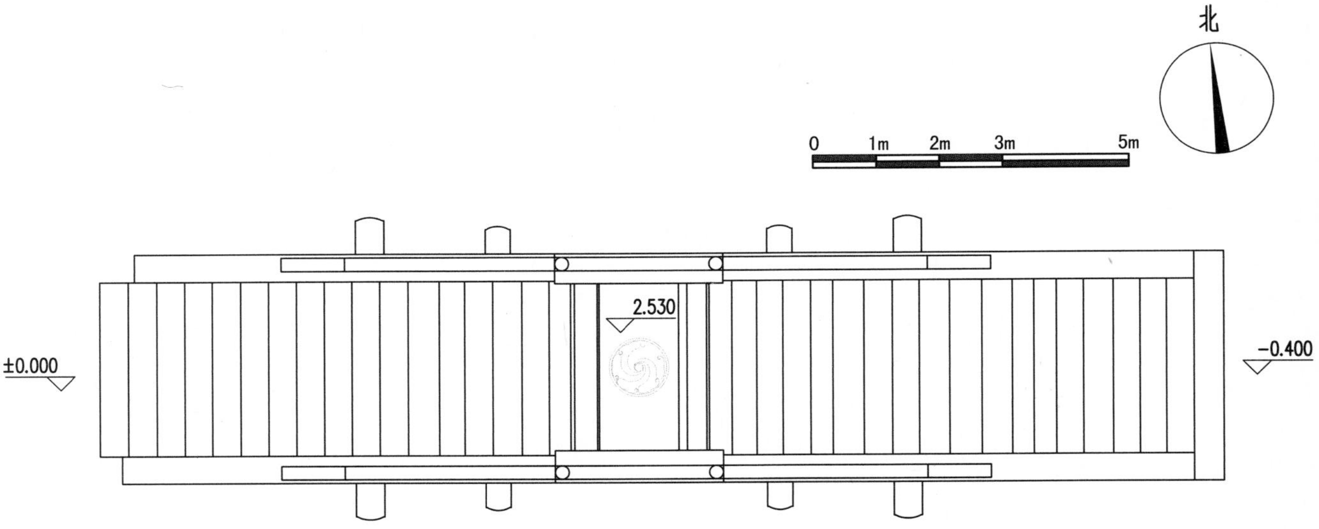

图 2　带福桥平面图

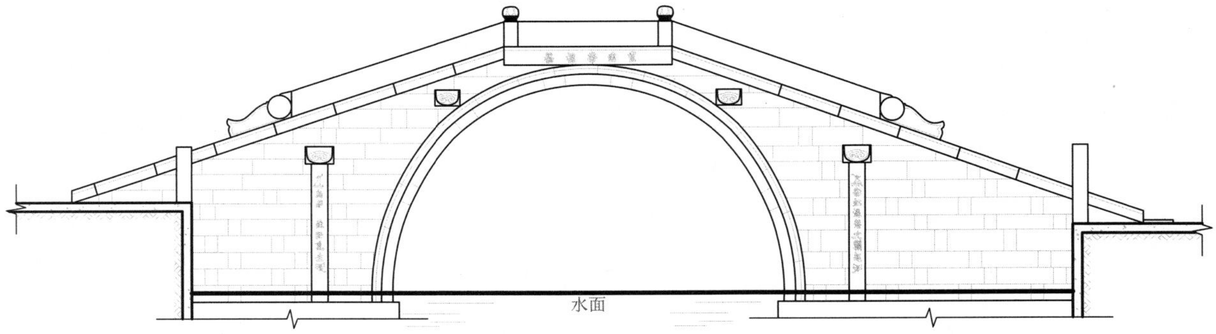

图 3　带福桥立面图

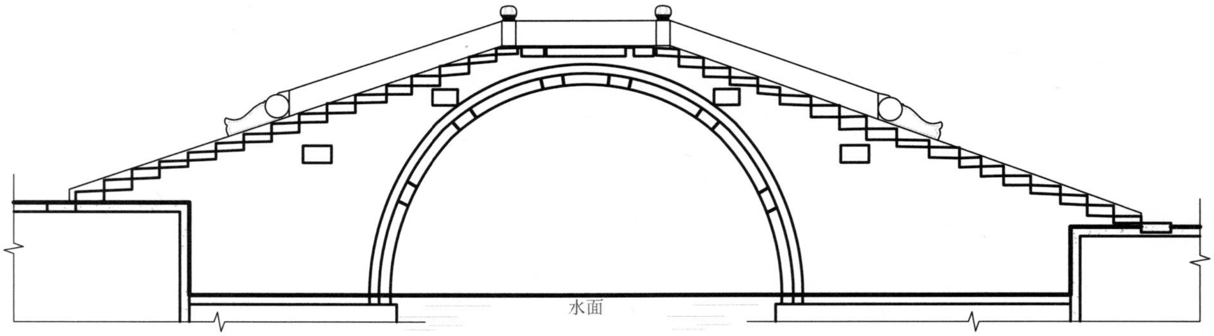

图 4　带福桥剖面图

盛泽镇：市保单位——仁寿桥

仁寿桥，位于盛泽镇红洲村前庄，东西走向，跨东港上（浪）河。建于民国。

该桥为梁式三孔石桥，花岗石构筑，桥墩为金刚墙砌法，此做法在吴江地区非常少见。桥长 25.6 米，宽 2.2 米，中孔跨度 5.1 米，高 3.14 米。中孔桥面石两侧中部刻有“仁寿桥”桥名，两端配以花饰图案。

2012 年列为吴江市文物保护单位。2014 年 7 月，由苏州市人民政府明确为市文物保护单位。保护范围：桥四周各 10 米。

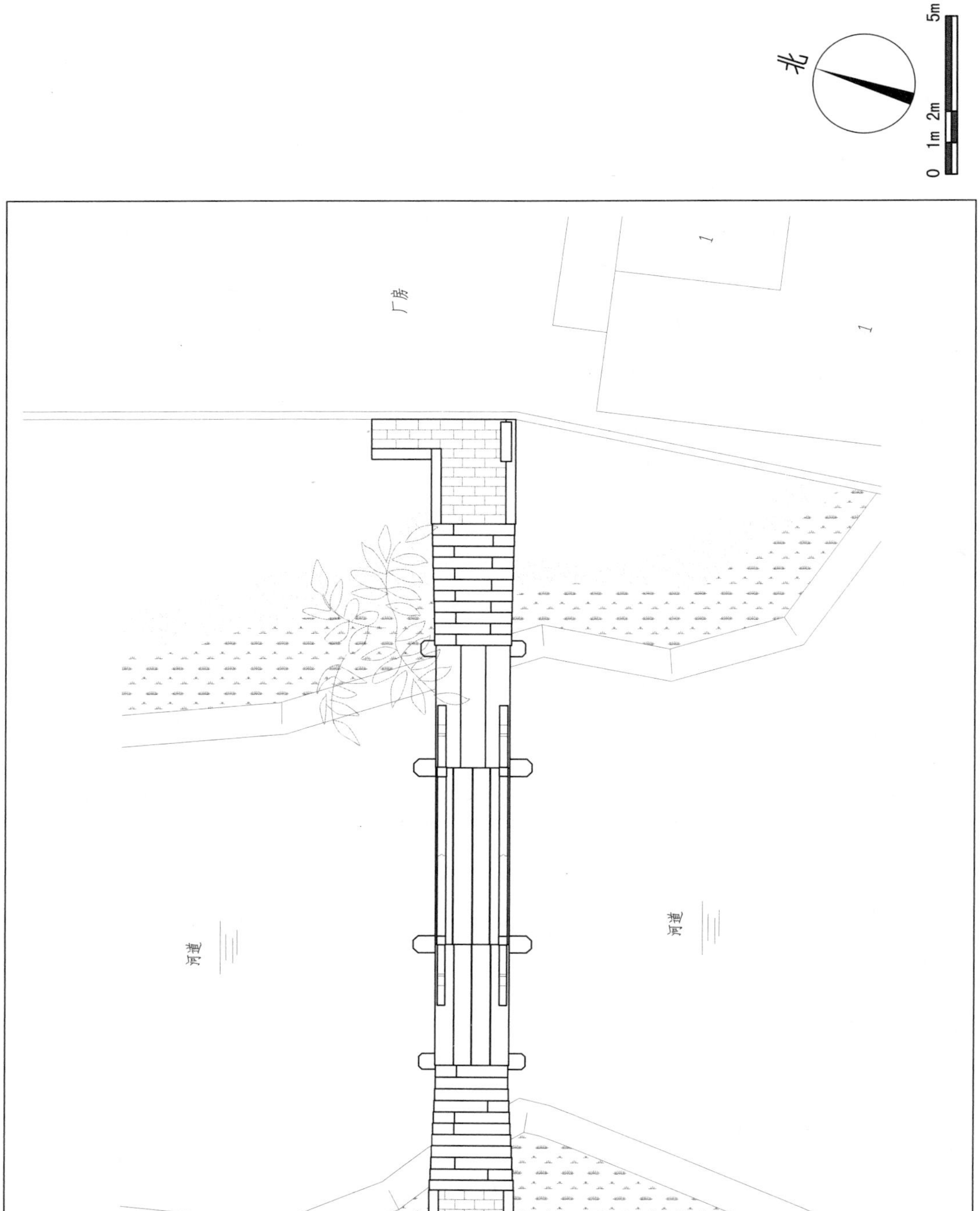

图1 仁寿桥总平面图

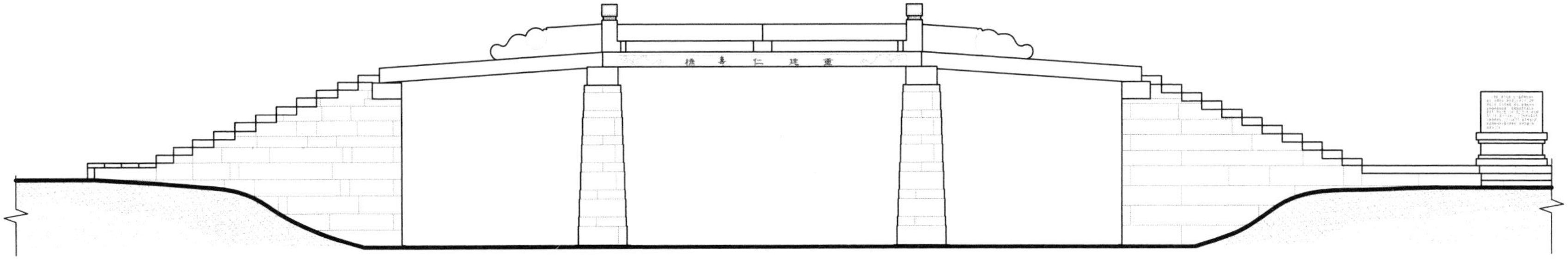

图 2　仁寿桥南立面图

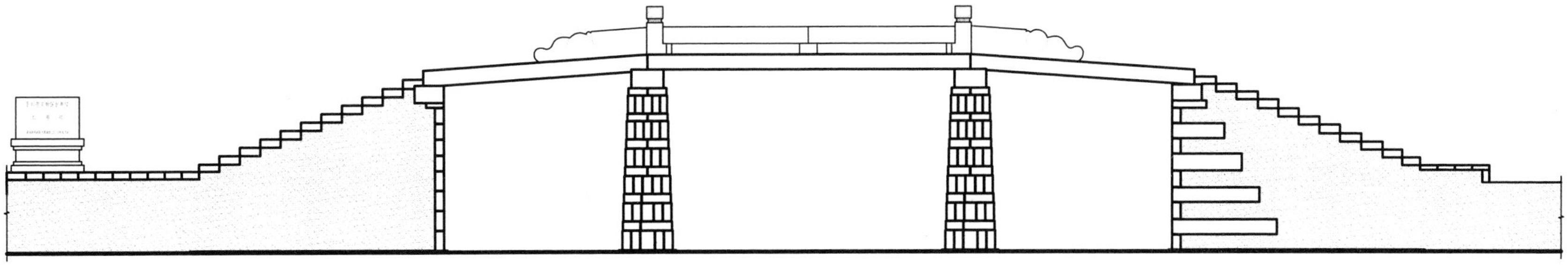

图 3　仁寿桥剖面图

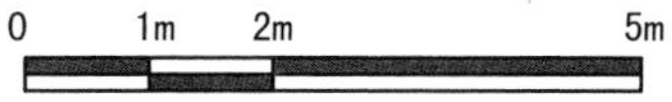

盛泽镇：市保单位——如意桥

如意桥，位于盛泽镇盛虹村豆腐港，跨豆腐港，东西走向。清康熙六十一年（1722年）始建，至雍正十一年（1733年）竣工，后代修建未详。

该桥拱形单孔，花岗石构筑，拱券采用联锁法砌置。桥长25.2米，中宽3.4米，西堍宽4.4米，东堍宽5.2米，跨度7.1米，矢高4.35米。“如意桥”桥名雕刻在石栏板正中。桥顶配以狮头望柱。接近收头石处配以莲瓣望柱。桥面石两侧中部刻有如意图案。天盘石刻有花草图案。南北两侧楹联石镌刻对联，桥联分别为：“天际霓虹千岁古，望中烟火万家新”；“虹垂野岸祥光合，烟锁江村佳气浮”。

2014年7月公布为苏州市文物保护单位。保护范围：四周各10米。

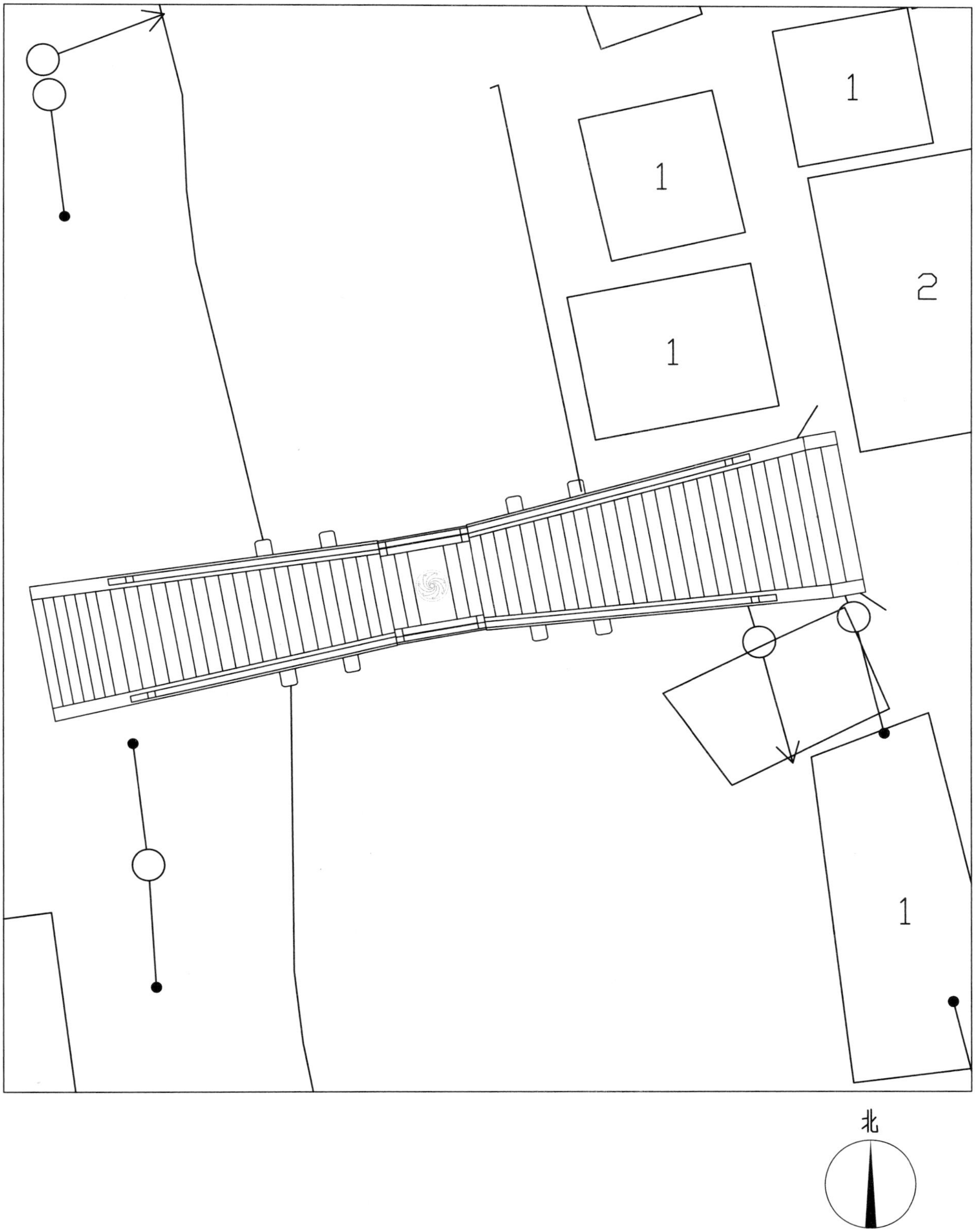

图 1　如意桥总平面图

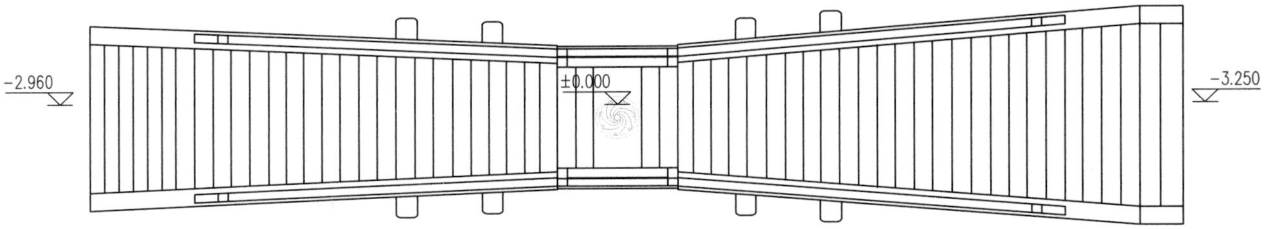

图 2　如意桥平面图

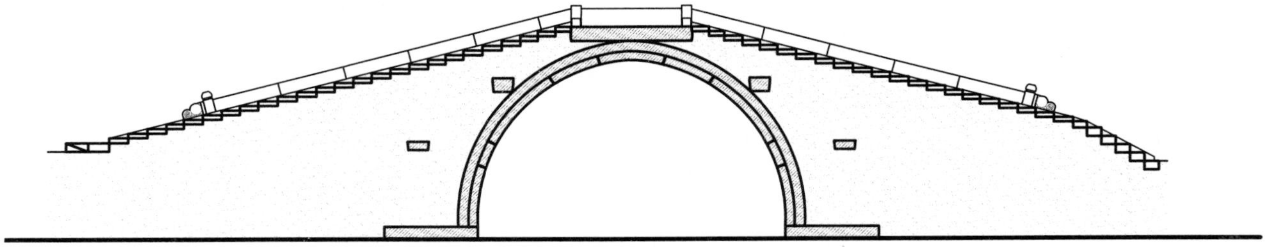

图 3　如意桥剖面图

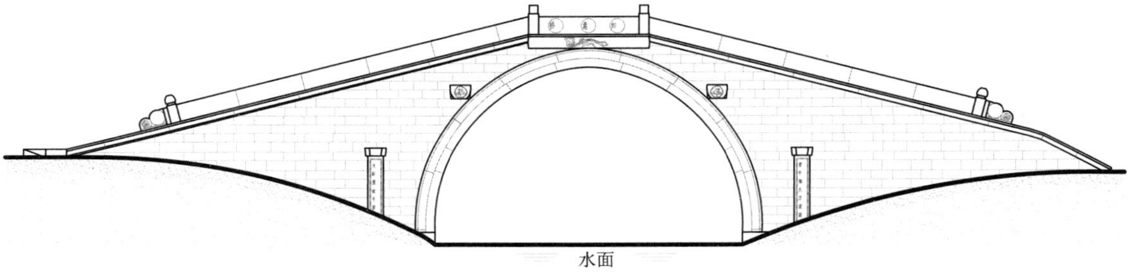

图 4　如意桥南立面图

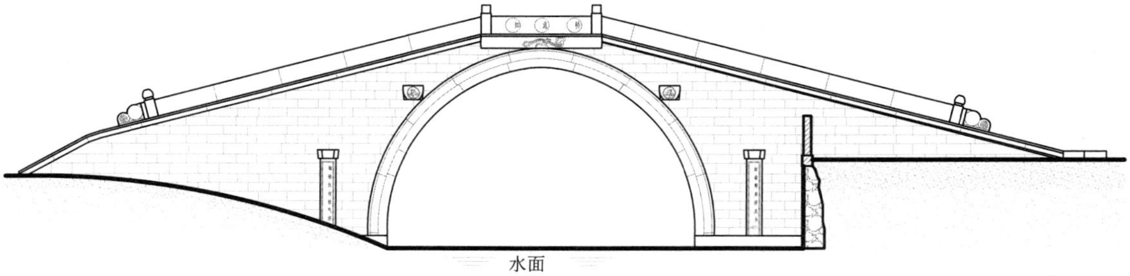

图 5　如意桥北立面图

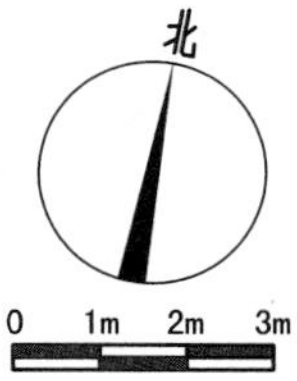

盛泽镇：市保单位——沈家绸行旧址

沈家绸行旧址，又称昇记绸行，建于清代，位于盛泽镇花园社区北分金弄29号。该建筑吸收了皖派、浙派元素，与盛泽地方建筑形式完美融合，形成独特的地方建筑特色。

建筑坐北朝南，小青瓦硬山顶，面阔五间，共三进楼厅，建筑面积约640.5平方米。

现第一进西次间、梢间已拆除，存三楼三底，正间仅东侧留有砖细飞砖式垛头，东次间、梢间檐口留有抛枋。其余二、三进五楼五底带两厢，保存完整。二、三进檐口飞椽做法，后包檐且均为内四界、前双步、后廊川结构，圆作梁架，中贴抬梁式，边贴穿斗式。第二进后檐墙有砖雕门楼一座，单坡硬山顶，字碑处书“履蹈無訾”。该建筑构件雕饰精美，二、三进扁作荷包梁、轩梁、大承重均有雕花。

2014年7月公布为苏州市文物保护单位。保护范围：四周至界墙。建控范围：东至南十字弄，南至北分金弄，西至步瀛弄，北至十字弄。

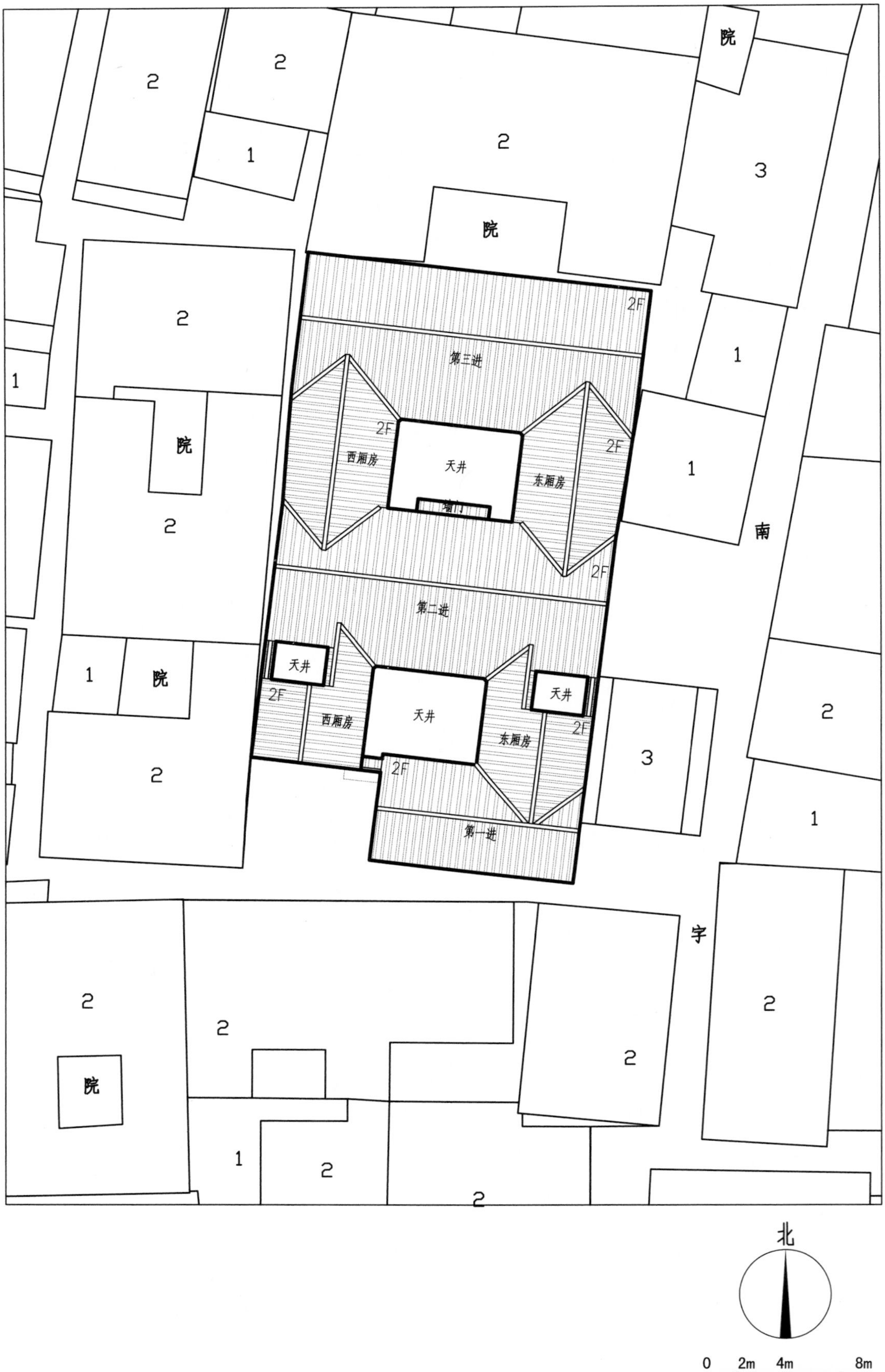

院
2
2
1
2
3
院
2F
2
第三进
1
1
2F
院
西厢房
天井
东厢房
2F
1
2
墙门
南
2F
第二进
1
院
天井
天井
2F
西厢房
天井
东厢房
2F
2
2
3
2F
1
第一进
宇
2
2
2
2
院
1
2
2
北
0
2m
4m
8m

图 1　沈家绸行旧址总平面图

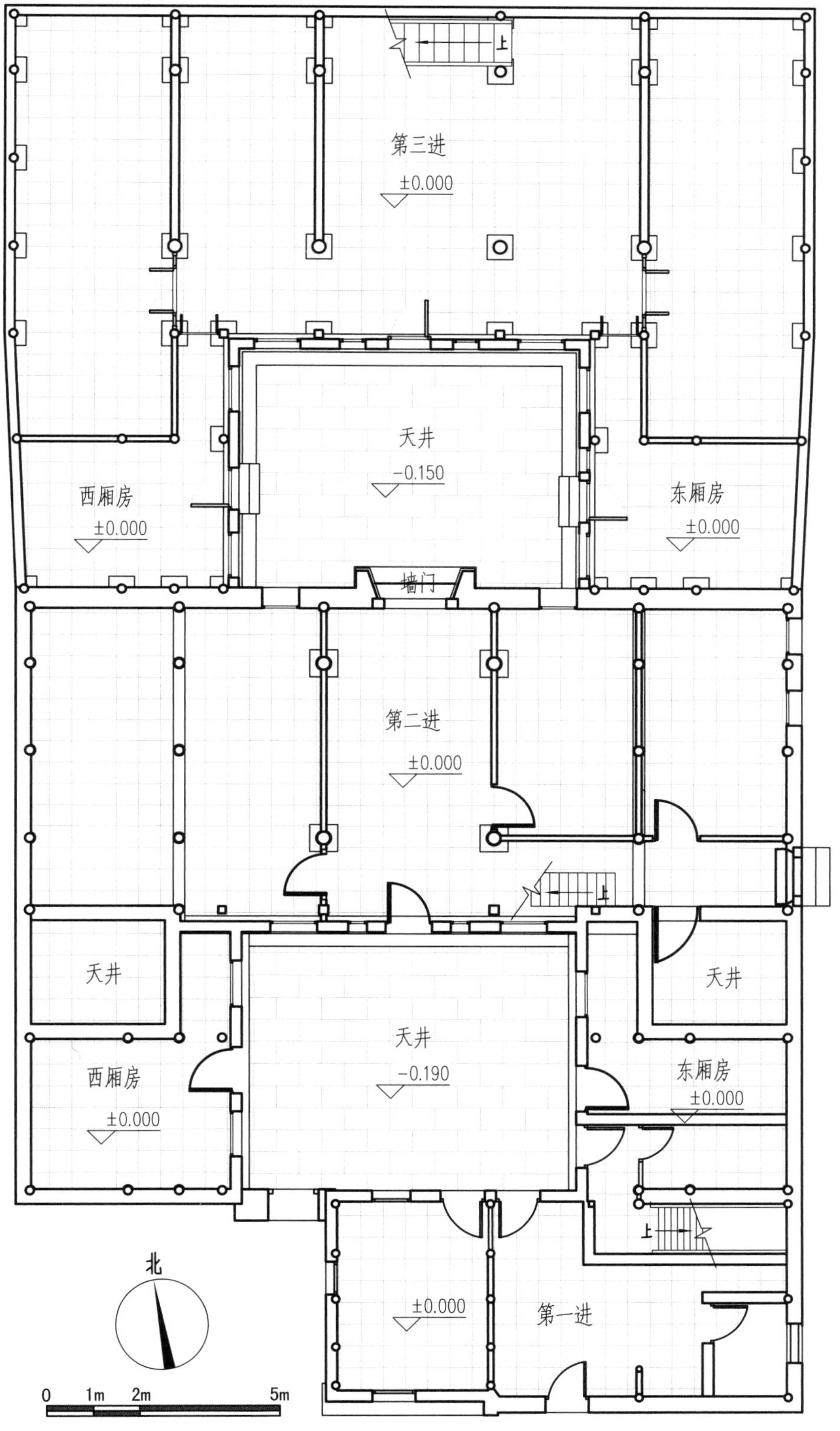
第三进
±0.000
上
天井
-0.150
西厢房
±0.000
东厢房
±0.000
墙门
第二进
±0.000
上
天井
天井
天井
-0.190
西厢房
±0.000
东厢房
±0.000
上
±0.000
第一进
北
0
1m
2m
5m

图 2 一层总平面图

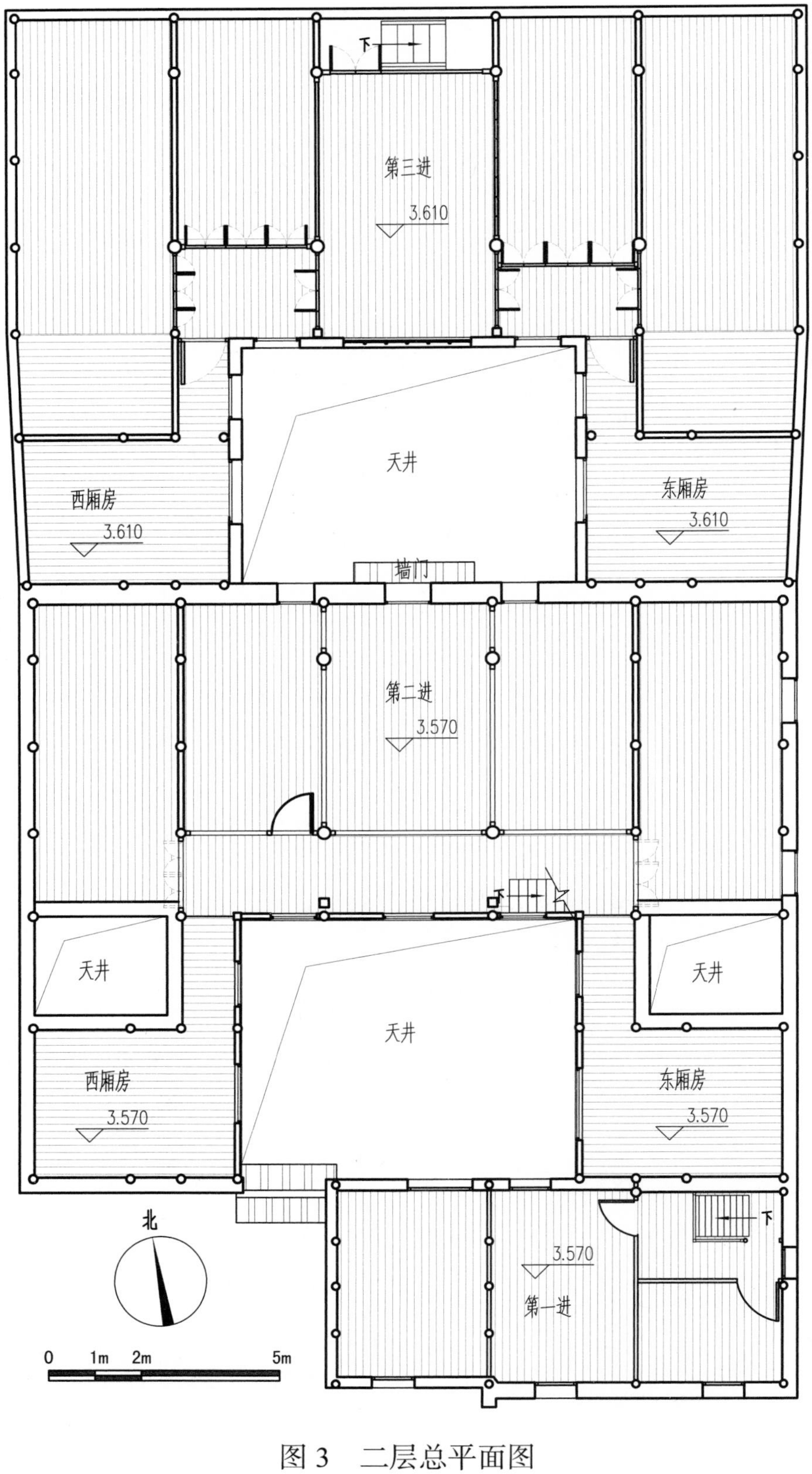

第三进
3.610
西厢房
3.610
天井
东厢房
3.610
墙门
第二进
3.570
天井
天井
天井
西厢房
3.570
东厢房
3.570
3.570
第一进
下
下
北
0
1m
2m
5m

图 3　二层总平面图

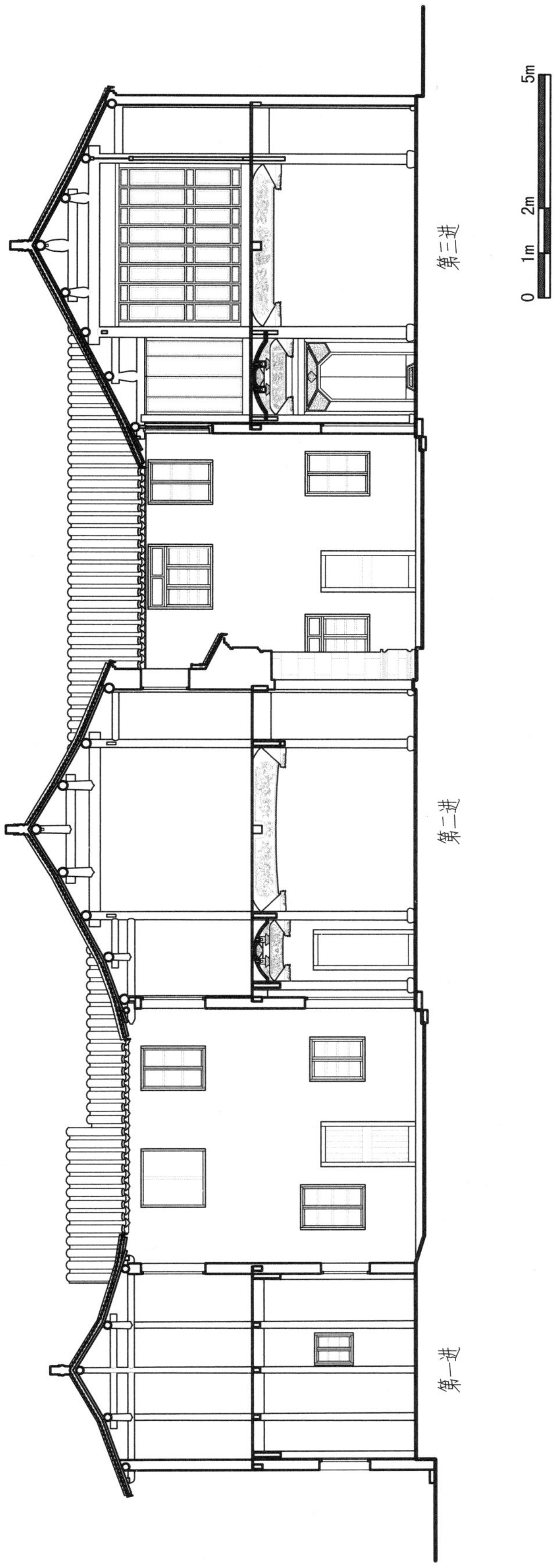

图 4　总横剖面图

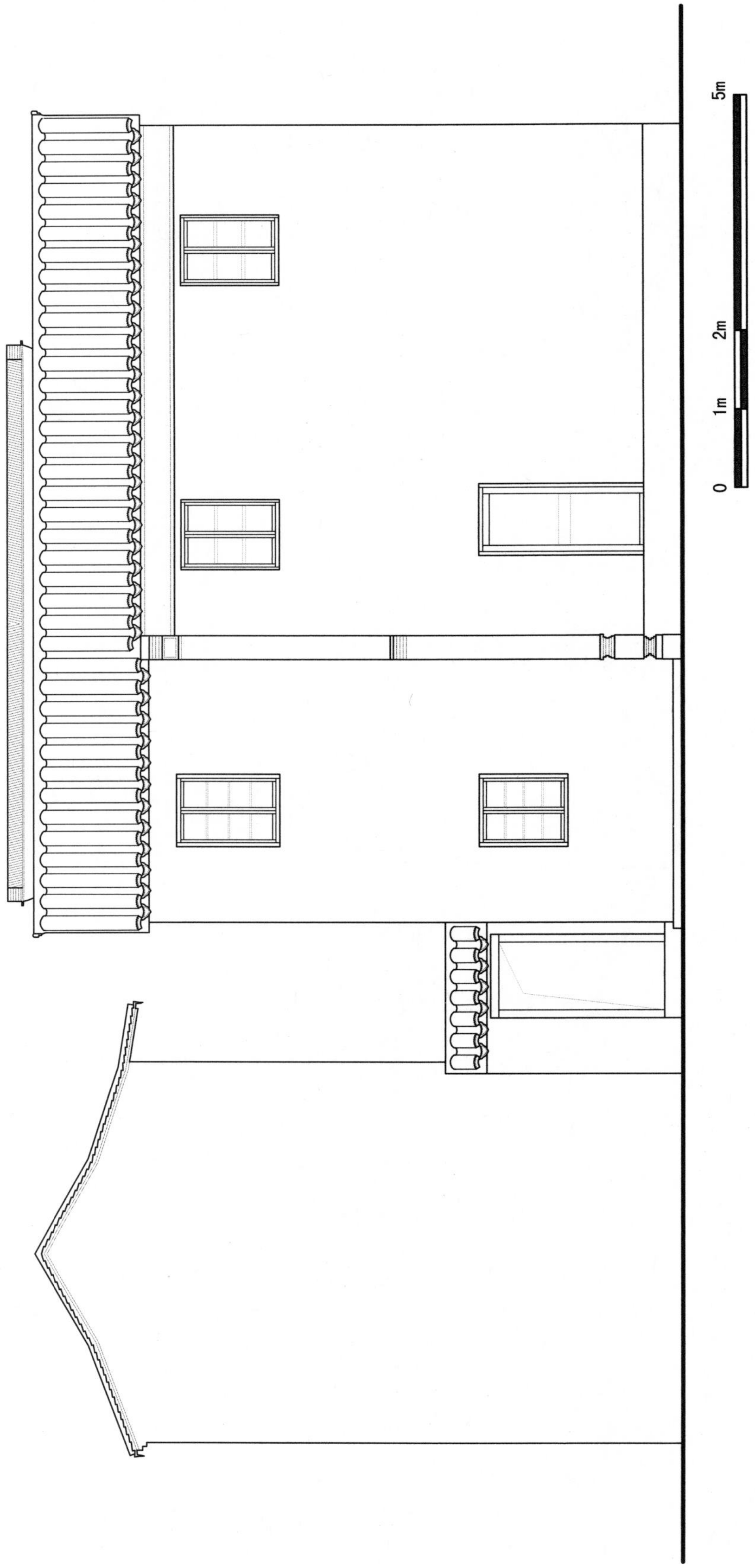

图5 第一进南立面图

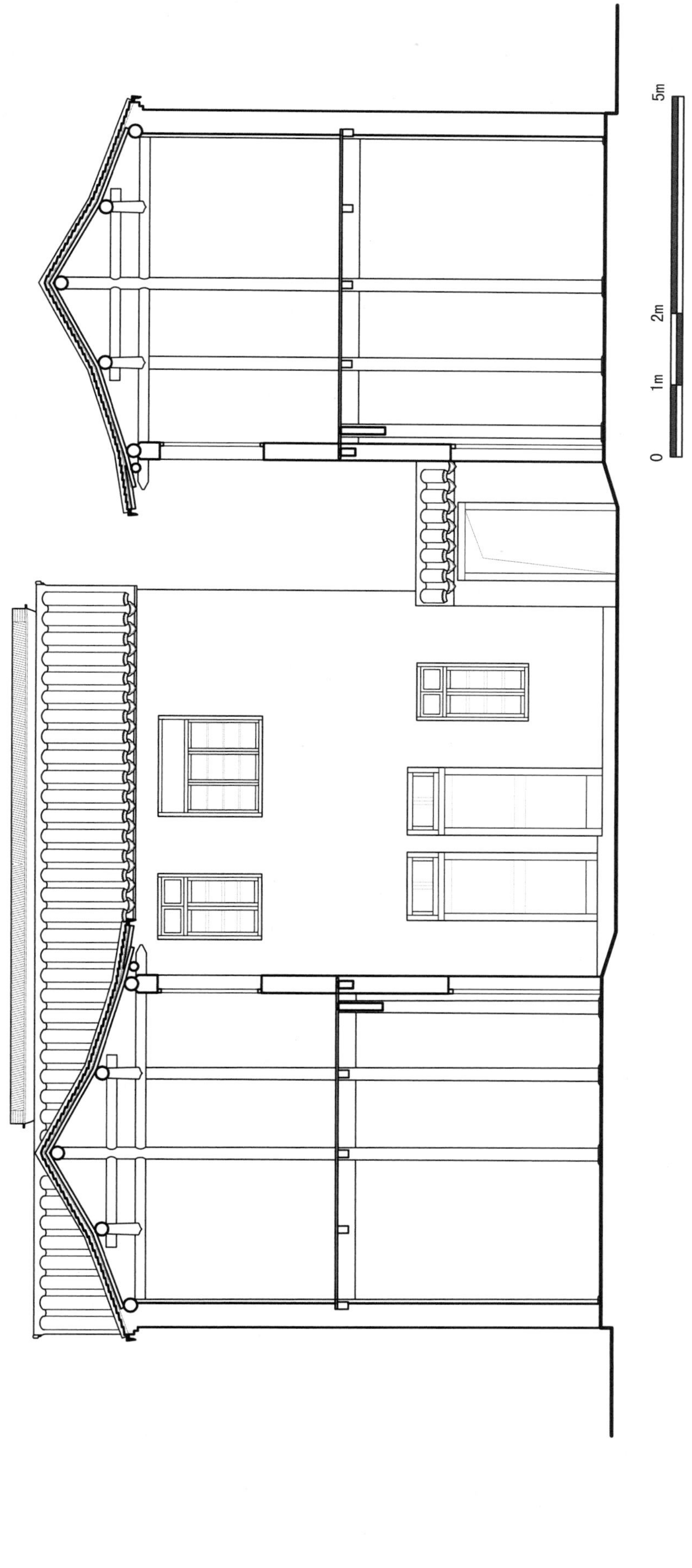

图6 第一进北立面图

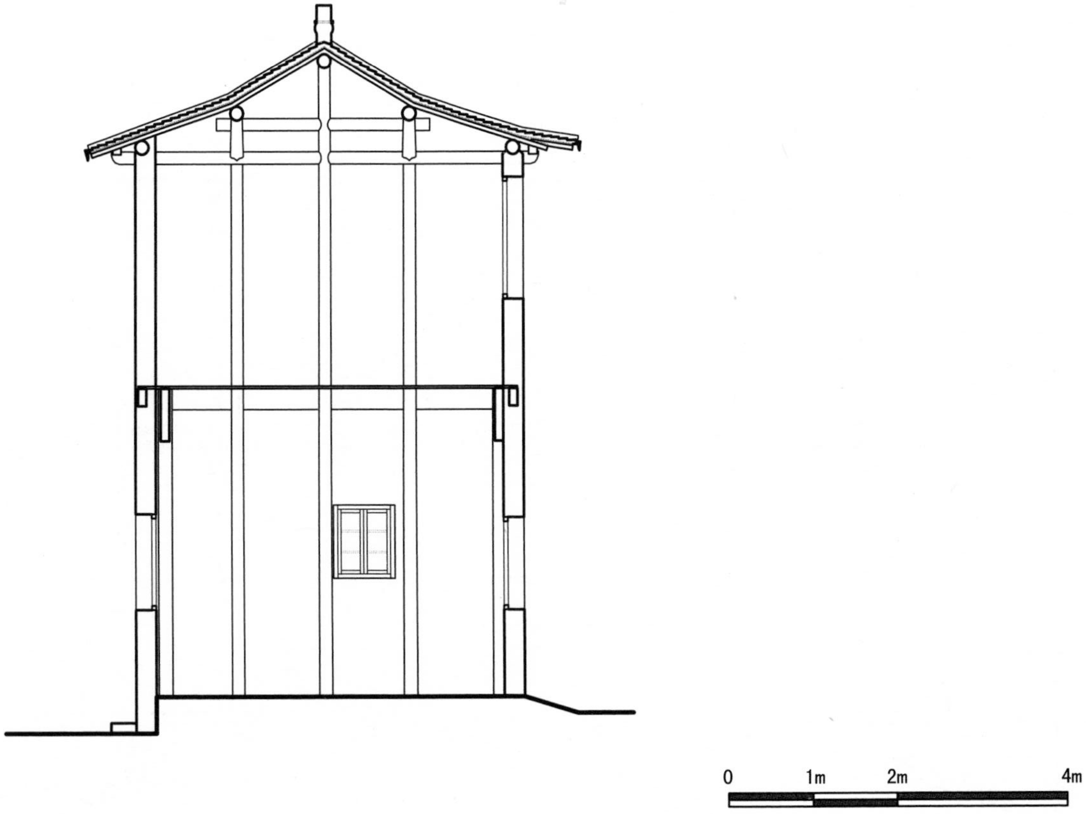

图 7　第一进横剖面图

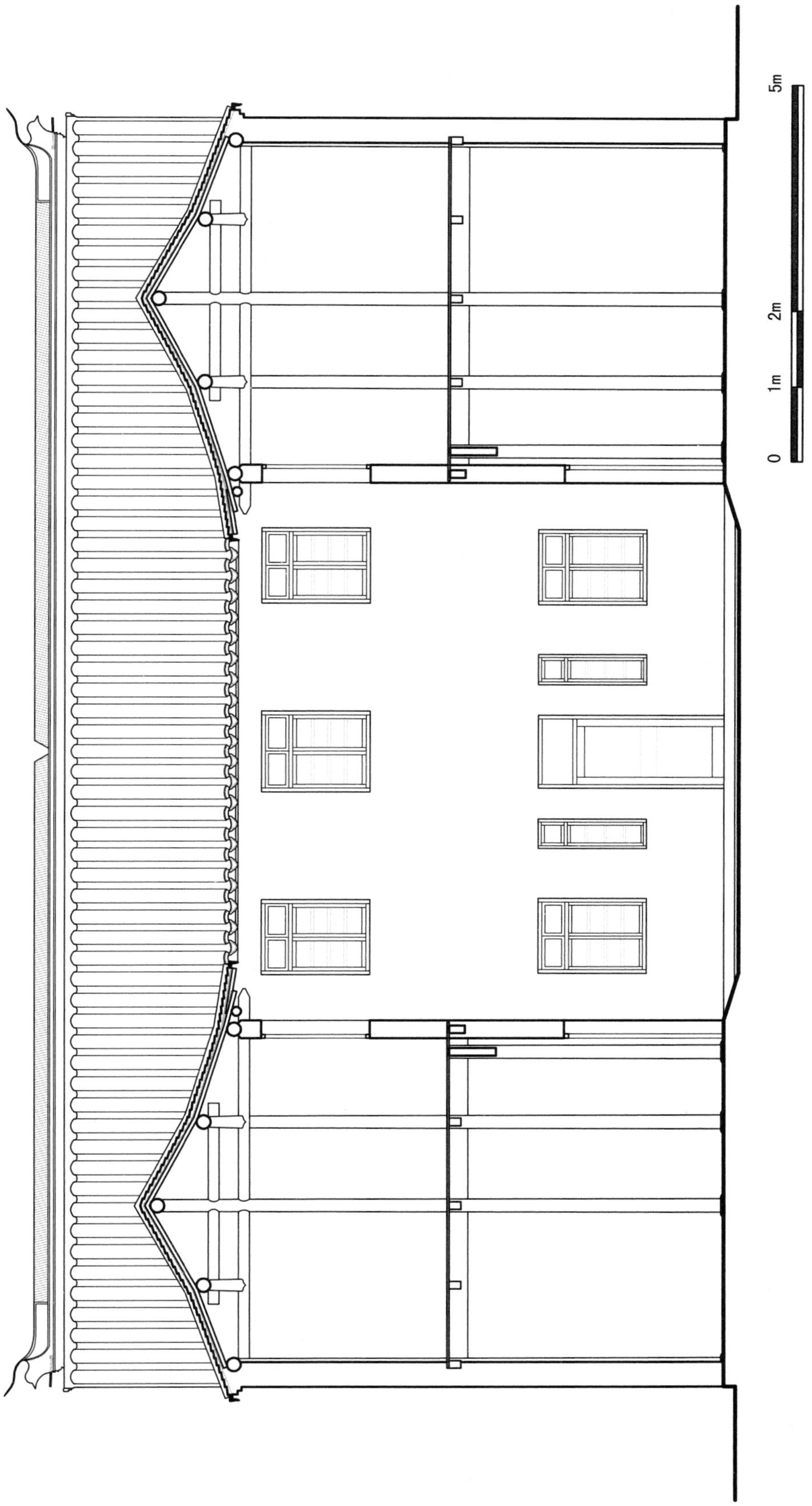

图 8 第二进南立面图

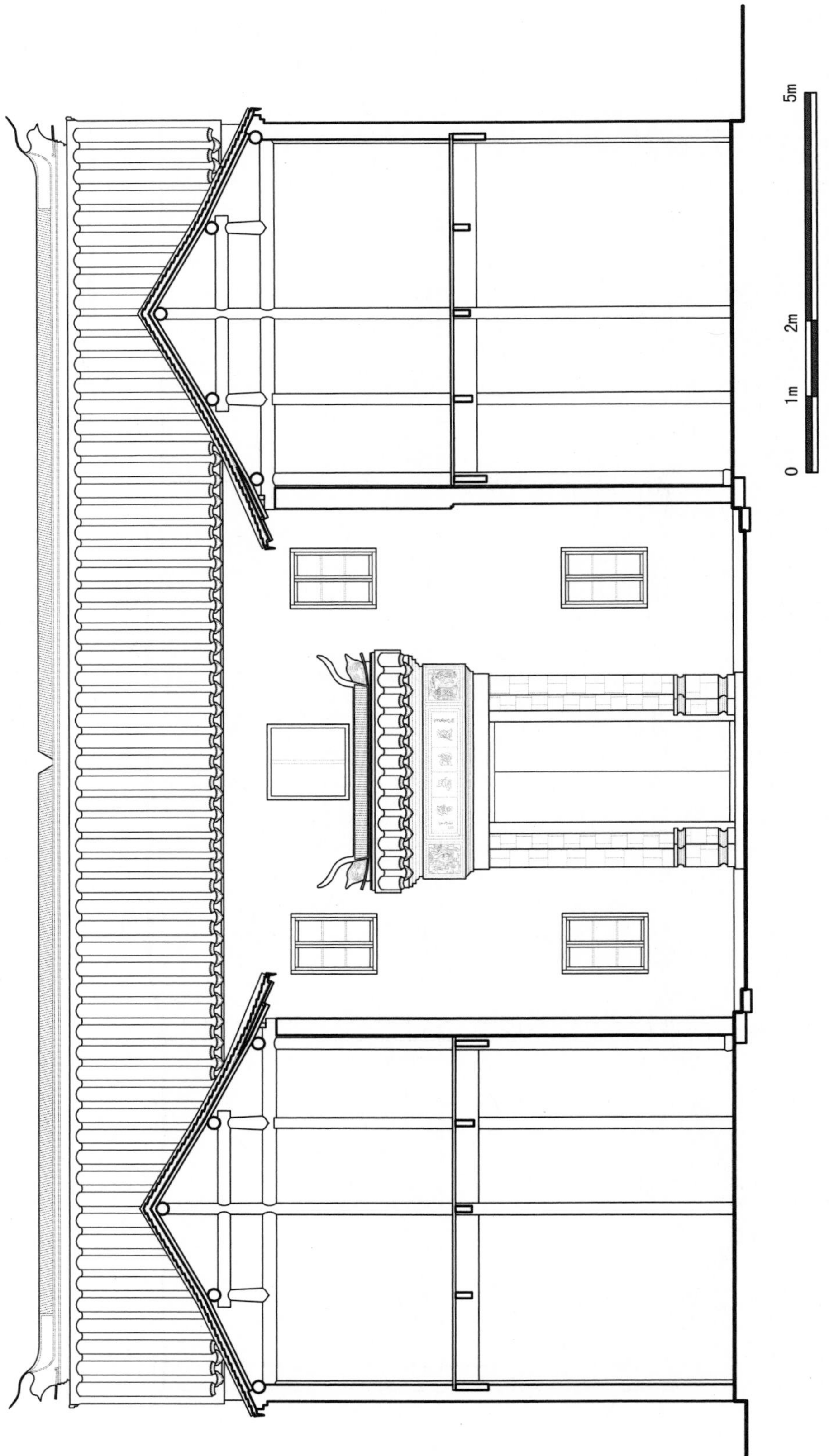

图 9　第二进北立面图

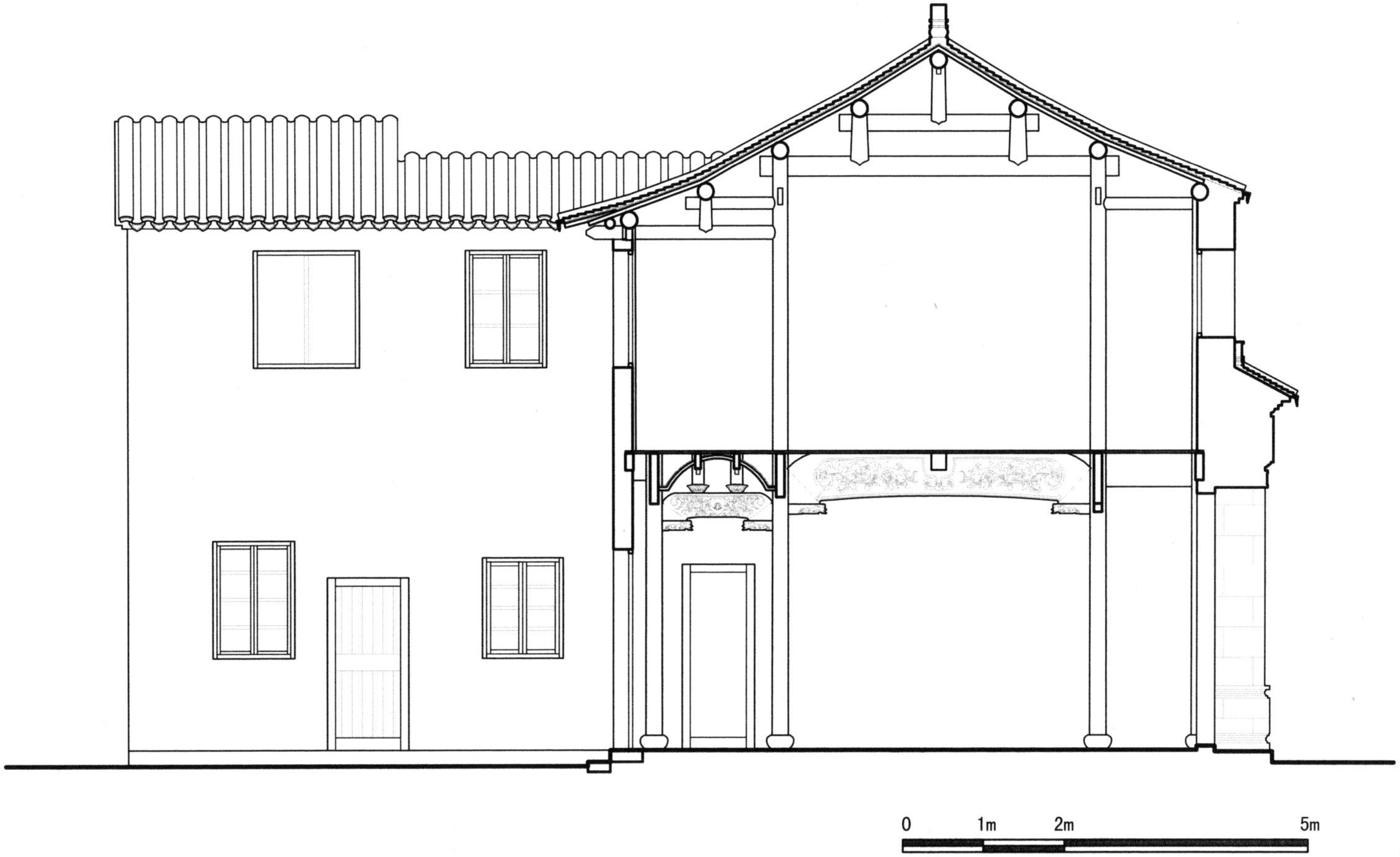

图 10　第二进横剖面图

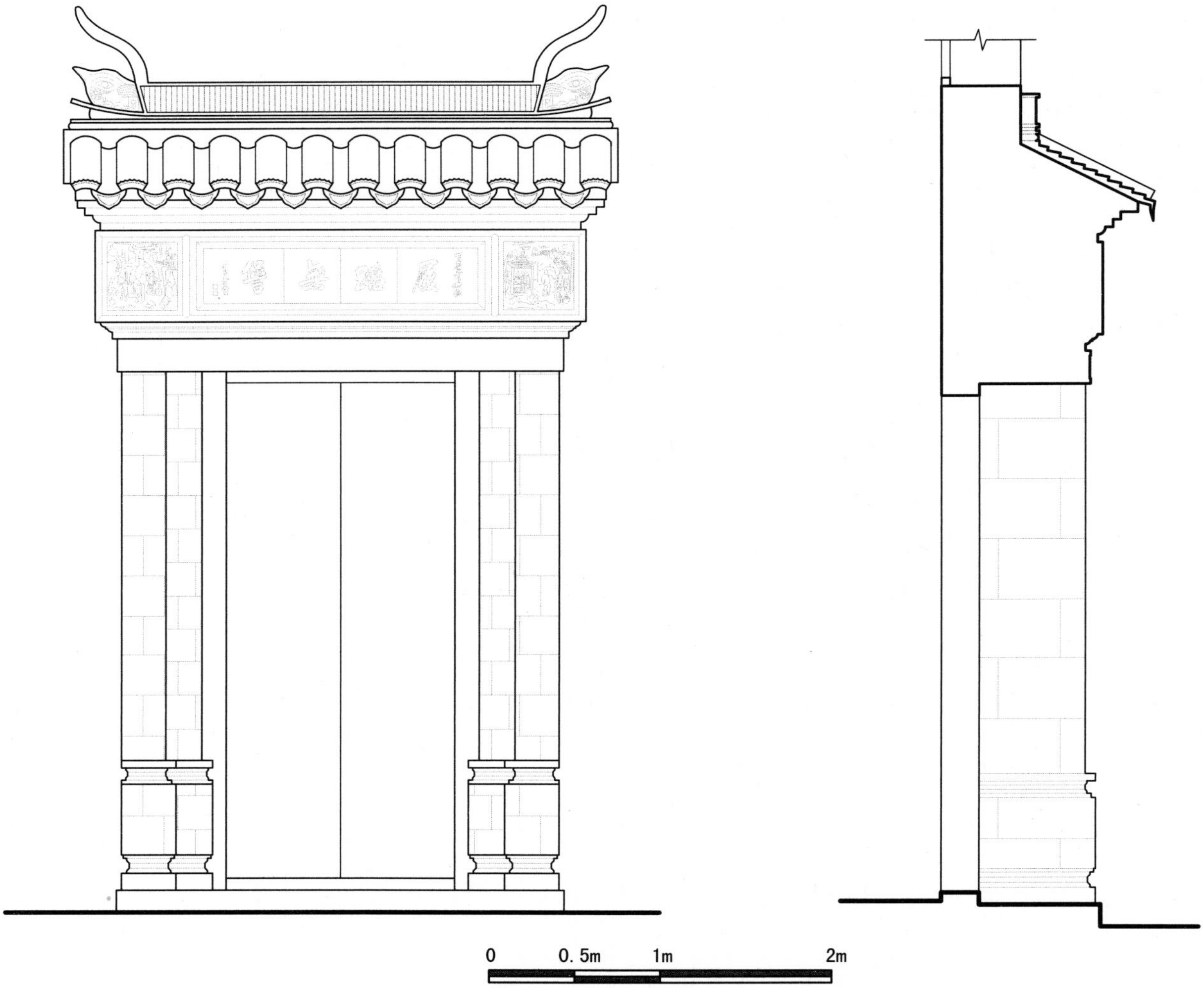

图 11　第二进后墙门楼详图

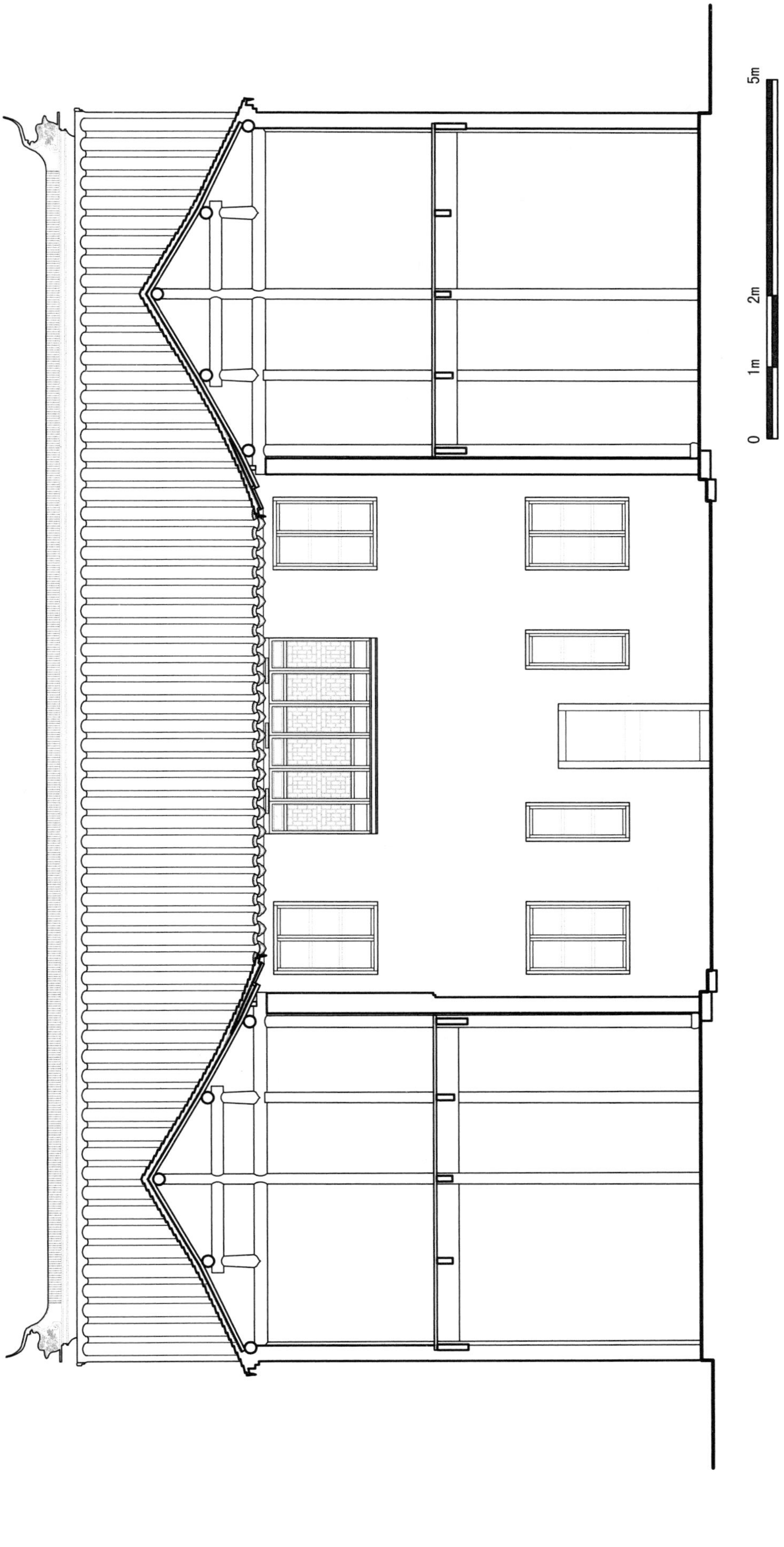

图12　第三进南立面图

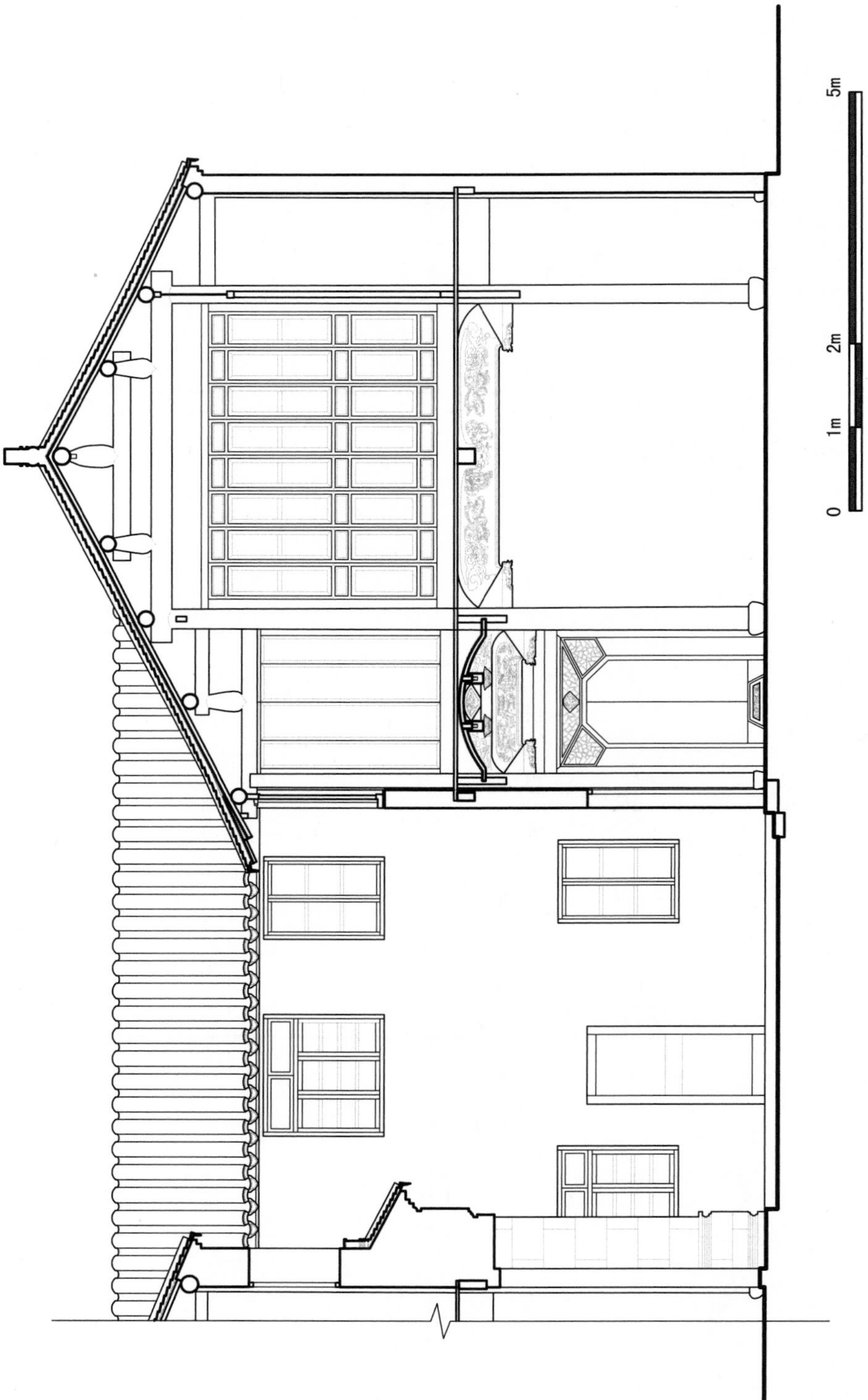

图 13 第三进横剖面图

黎里镇：市保单位——芦墟跨街楼

芦墟跨街楼，又名骑街楼，位于芦墟社区，建于清中叶至民国时期芦墟老街的商家民宅几乎全部朝向市河建造，店面临街，街面到河边的驳岸上亦建造房屋，其上层与正屋相连，跨街楼由此得名，也形成了水乡古镇的建筑特色。

抗日战争时期，日军放火烧掉大片民房，特别是西中街损失惨重。现保存完好的除许氏跨街楼、沈氏跨街楼、西栅跨街楼外，尚有东南街司浜北端、东南街铜匠湾、西南街南洋旅馆、南袁家浜北岸、西北街洪昌板桥以北到牙防所等五段。

许氏跨街楼，该宅坐落于芦墟东西市河、南北市河交汇处，坐西朝东。许宅由许晓山的父辈从清末开始建造，民国初年（约 1915 年）竣工。临河是芦墟镇唯一的淌水河埠，正屋为四进五开间，连同后埭附属房舍，大小近百间。现第一进为店面房，内四界前双廊后双步结构，圆作梁架。后几进和楼上为民居住所。第一进楼层跨街而过，形成颇具特色的跨街楼，第二进正厅为挑高单层建筑。天井门楼雕刻损毁。宅南北两侧均置有备弄。北侧备弄原名西裕弄，现名西安弄。

沈氏跨街楼，位于芦墟镇市河南段东岸，东南街 54 号，原主人沈泳霓（1884—1932 年）、沈泳裳（1885—1951 年），兄弟二人于清光绪二十七年（1901 年）双中同科秀才。该宅建于民国十二年（1923 年），坐东面西，面向市河，背临后河（已填没）。占地 1379 平方米，共四进五开间。正门前建有八字河埠，跨街楼大体完好，南侧备弄已与正屋横向连通。第一进船厅，正中设两落水河埠，船厅与第二进门屋构架成跨街楼。面阔五间 22.4 米，进深八界 12.2 米，檐口高度 5.9 米，内四界前后双步结构，圆作梁架。二进楼厅，前出两厢后接门楼，面阔五间 20.9 米，进深八界 10.8 米，檐口高度 5.5 米，内四界前后双步结构，圆作梁架。砖雕门楼单坡歇山顶，尚好，但浮雕被毁，题额“棣萼联辉”，意示清光绪二十七年（1901 年）沈氏兄弟同科考中秀才。三进楼厅，前出两厢并连以连廊围合成蟹眼天井，后筑门楼，面阔五间 19.3 米，进深九界 10.3 米，内四界前后双步，双步前又筑一枝香轩结构，圆作梁架。砖雕门楼，双坡硬山顶，上、下枋浮雕卷草纹样，左右兜肚深刻人物戏文，字碑处额“吴兴世泽”，反映沈氏祖籍吴兴（今浙江湖州），现砖雕因建阳台外观受到影响。四进后厅，面阔五间 19.6 米，进深八界 8.8 米，檐口高度 3.2 米，后包檐，内四界前双廊后双步结构，圆作梁架。第二、三、四进天井均以石板铺设，南北两边的封火墙基本完好。沿河三间建筑，通面阔 31 米，进深 10.2 米，檐口高度 6 米，后包檐，甘蔗脊。2005 年 1 月列为吴江市文物保护单位。

西栅跨街楼，全长约 50 米，共有三个单体建筑连成一片。跨街楼东段、中段建于晚清，西段建于民国。整个跨街楼群中，怀德堂的王宅约占据一半左右。民居 1，面阔三间 8.8 米，进深六界 7.3 米，檐口高度 4.9 米，六界用攒金结构，圆作梁架，中贴抬梁式，边贴脊柱落地。民居 2，面阔七间 21.8 米，进深五界 6.1 米，檐口高度 4.3 米，后包檐，内四界前廊川结构，圆作梁架，中贴抬梁式，边贴脊柱落地。

2014 年 7 月公布为苏州市文物保护单位。保护范围：北至观音桥、南至檀家桥、东西至河道跨街楼界墙。建控范围：保护范围外 30 米。

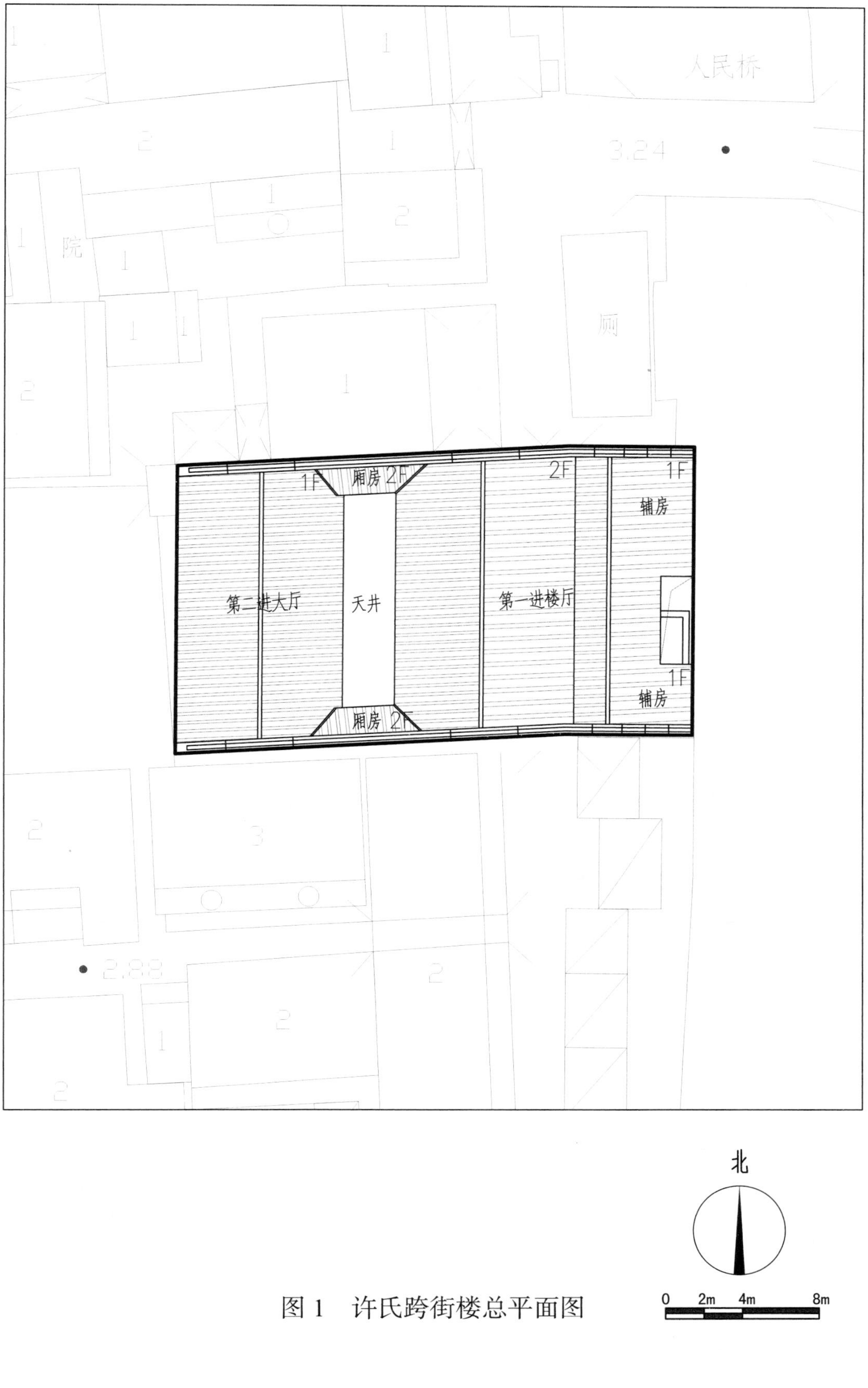
人民桥
3.24
院
厕
厢房 2F
1F
2F
1F
辅房
第二进大厅
天井
第一进楼厅
1F
辅房
厢房 2F
2.88
北
0 2m 4m 8m

图 1　许氏跨街楼总平面图

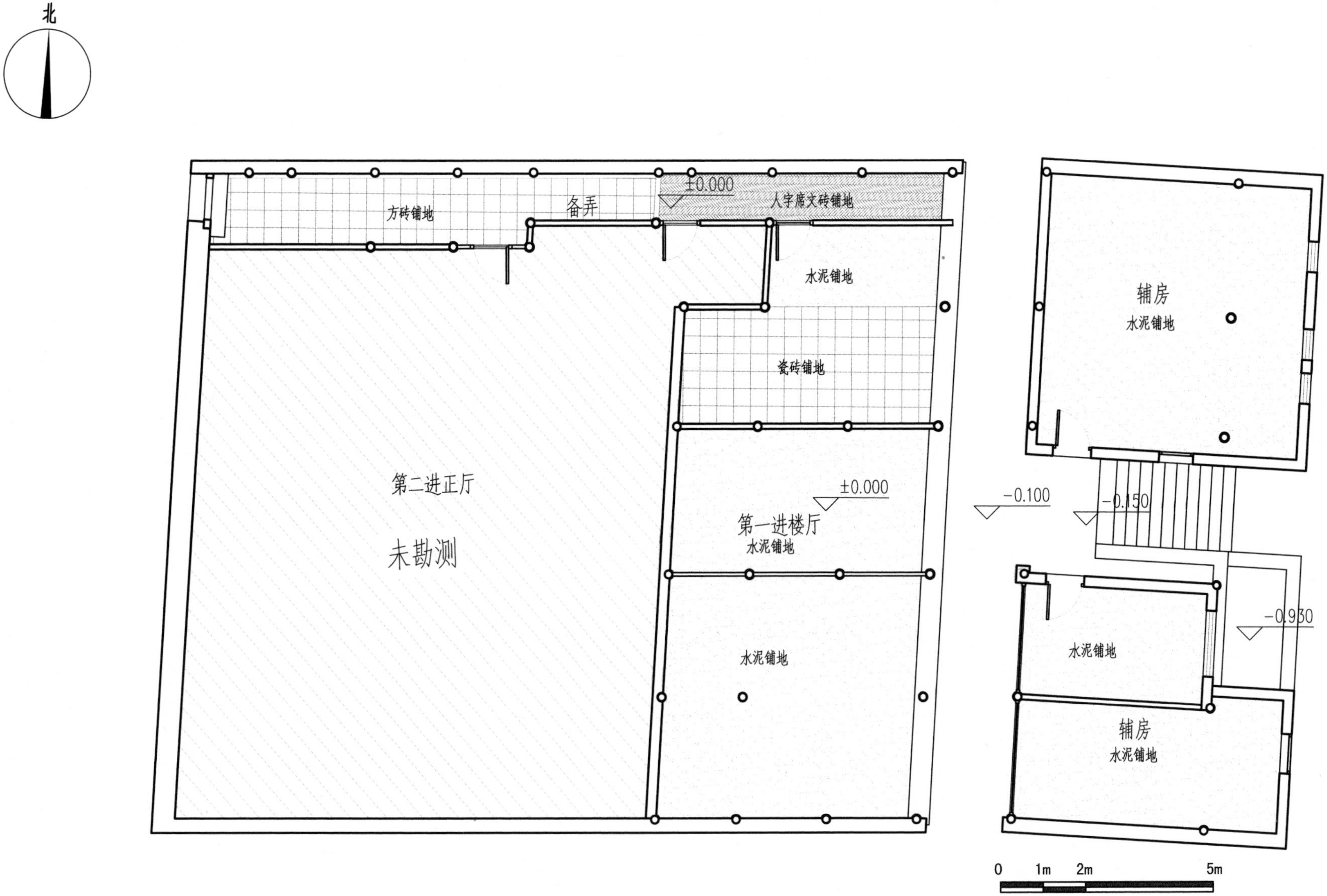
北
±0.000
方砖铺地
备弄
人字席文砖铺地
水泥铺地
瓷砖铺地
第二进正厅
未勘测
±0.000
第一进楼厅
水泥铺地
水泥铺地
辅房
水泥铺地
-0.100
-0.150
-0.930
水泥铺地
辅房
水泥铺地
0
1m
2m
5m

图 2　许氏跨街楼一层平面图

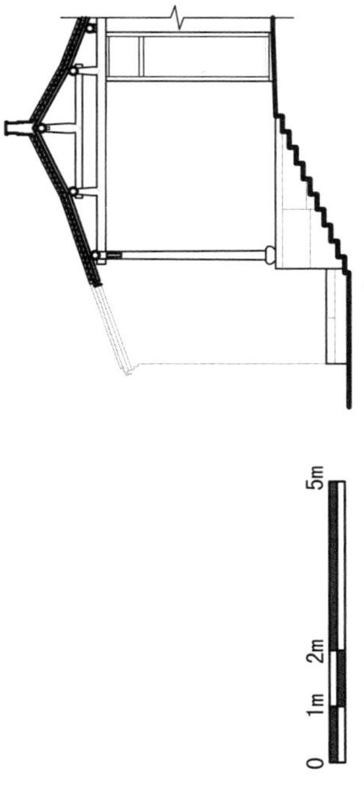

图 3　许氏跨街楼铺房横剖面图

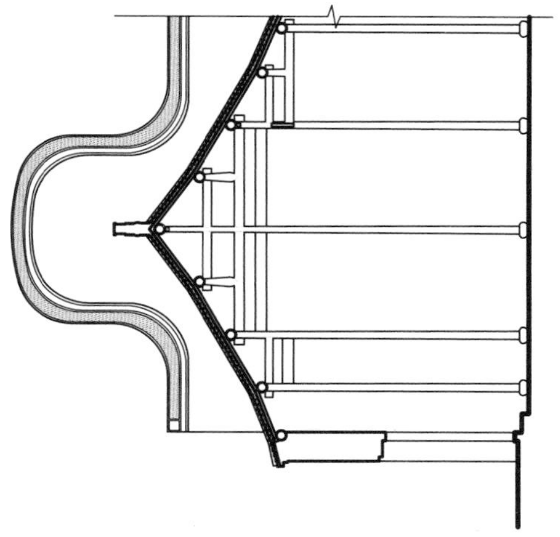

图 4　许氏跨街楼大厅横剖面图

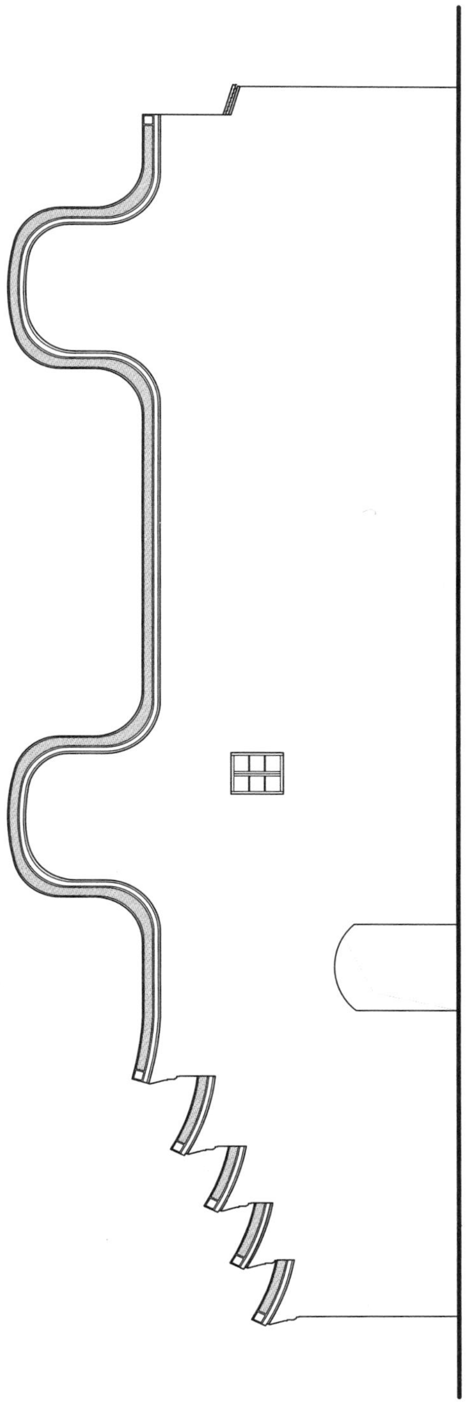

图 5　许氏跨街楼北立面图

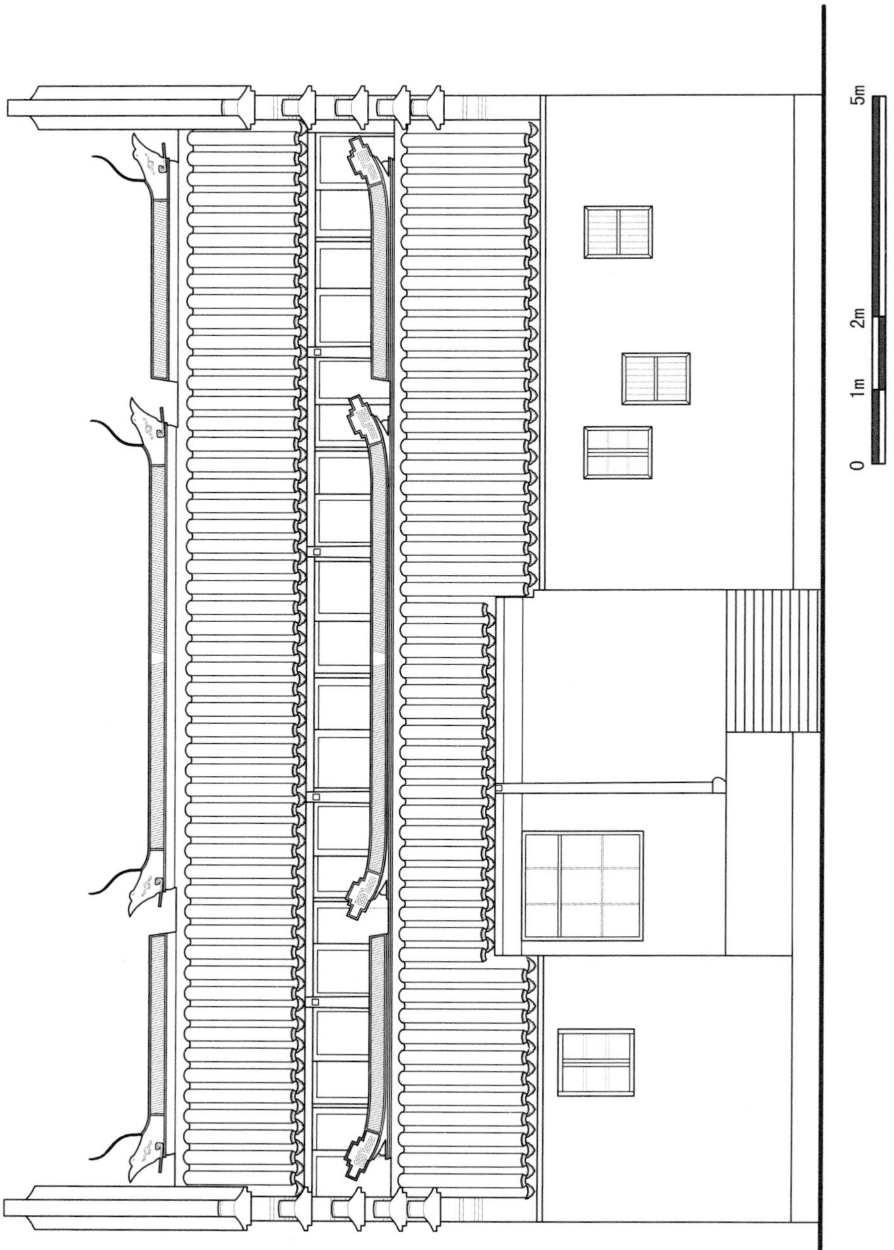

图 6　许氏跨街楼第一进东立面图

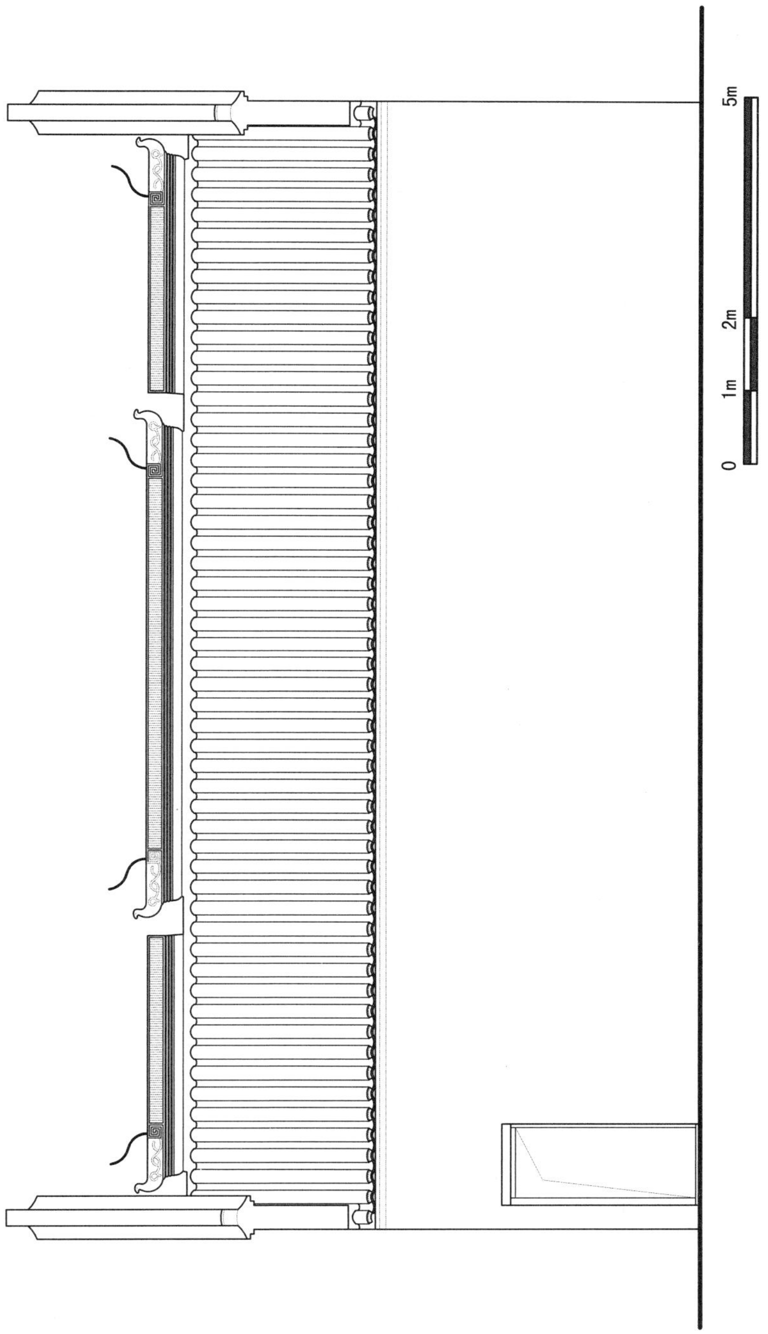

图7 许氏跨街楼第二进西立面图

图 8　沈氏跨街楼总平面图

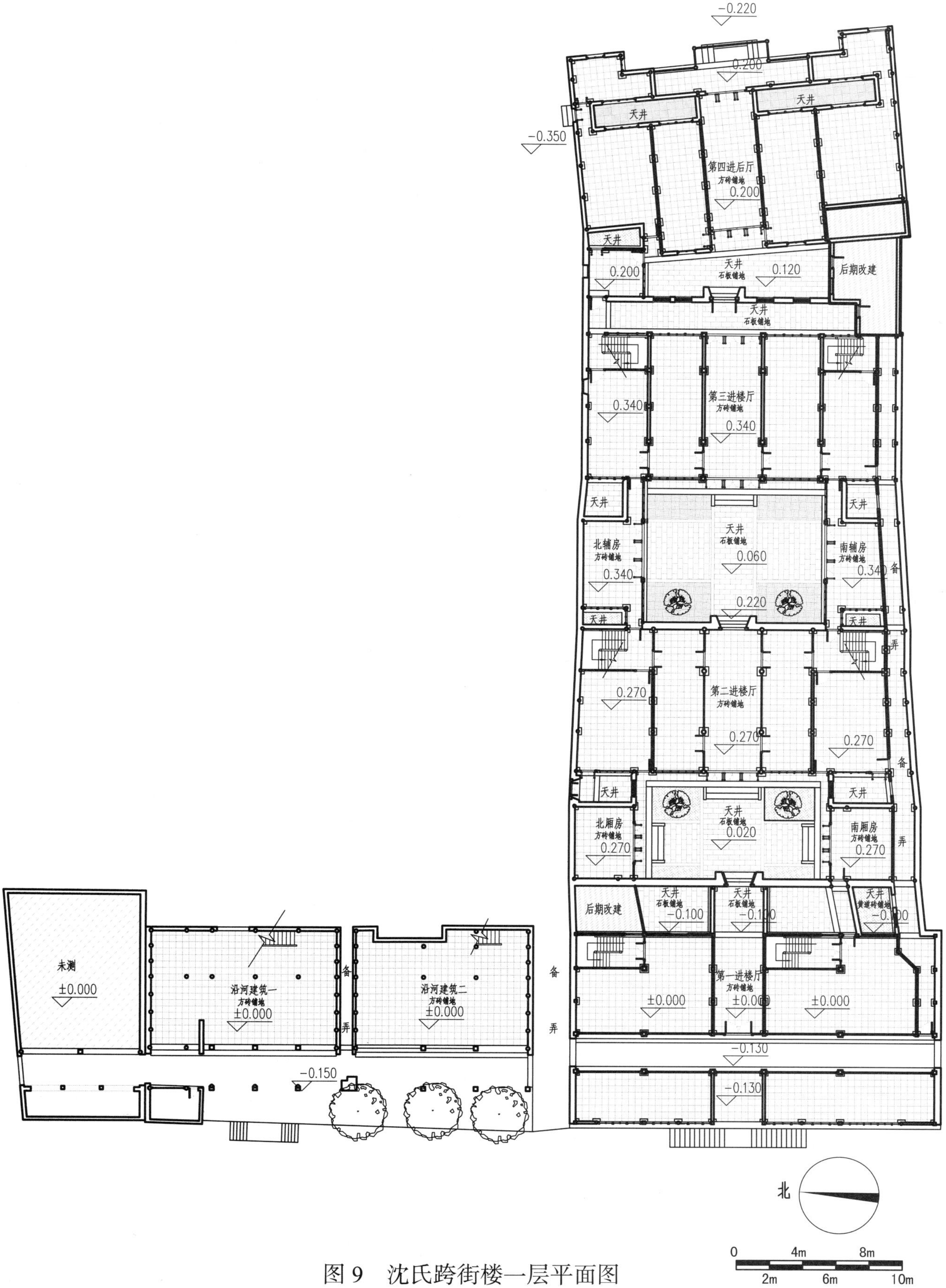

图 9　沈氏跨街楼一层平面图

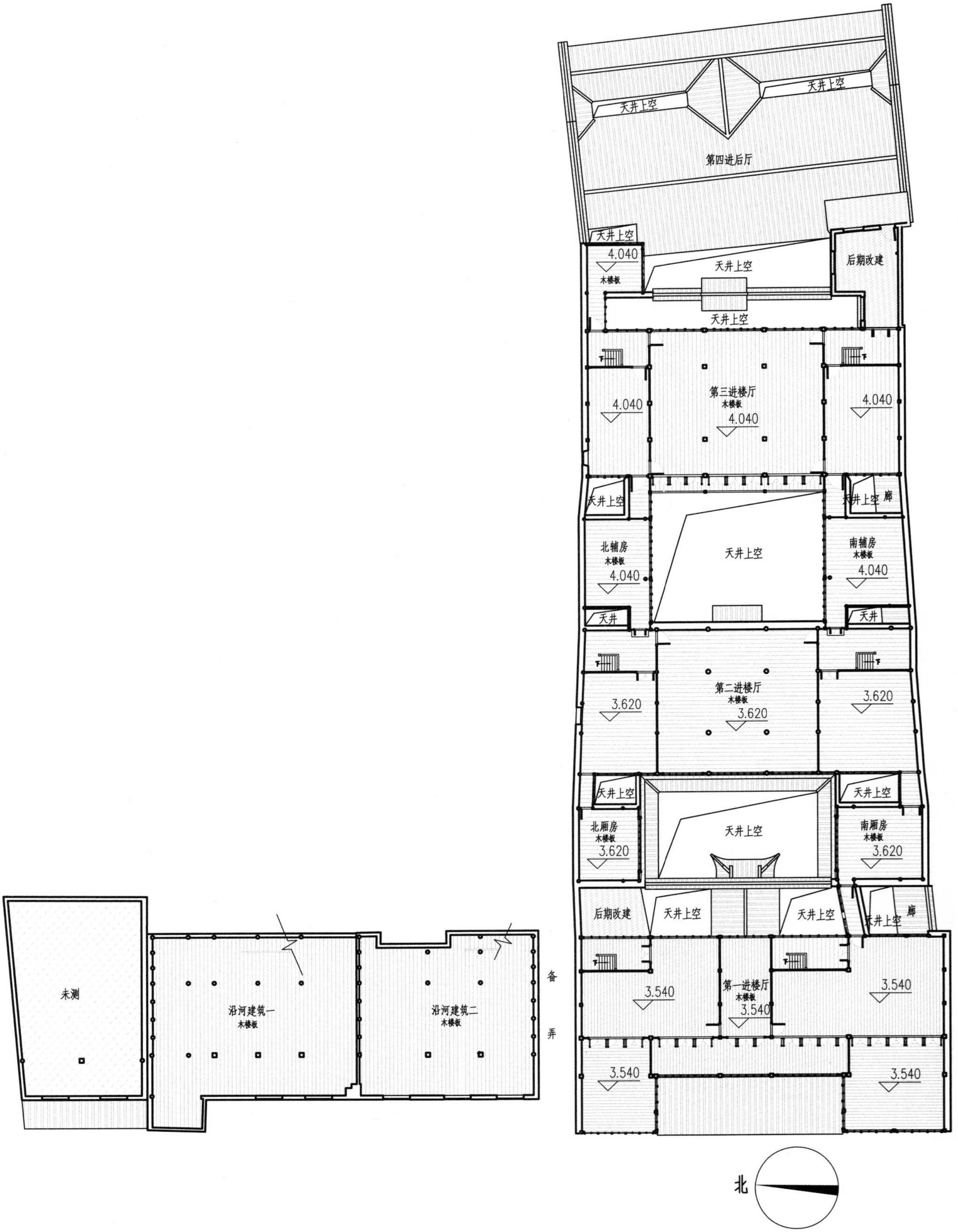
天井上空
天井上空
第四进后厅
天井上空
4.040
木楼板
天井上空
后期改建
天井上空
第三进楼厅
木楼板
4.040
4.040
4.040
天井上空
天井上空
廊
北辅房
木楼板
4.040
天井上空
南辅房
木楼板
4.040
天井
天井
第二进楼厅
木楼板
3.620
3.620
3.620
天井上空
天井上空
北厢房
木楼板
3.620
天井上空
南厢房
木楼板
3.620
后期改建
天井上空
天井上空
天井上空
廊
第一进楼厅
木楼板
3.540
3.540
3.540
3.540
3.540
未测
沿河建筑一
木楼板
沿河建筑二
木楼板
备
弄
北
0
4m
8m
2m
6m
10m

图 10　沈氏跨街楼二层平面图

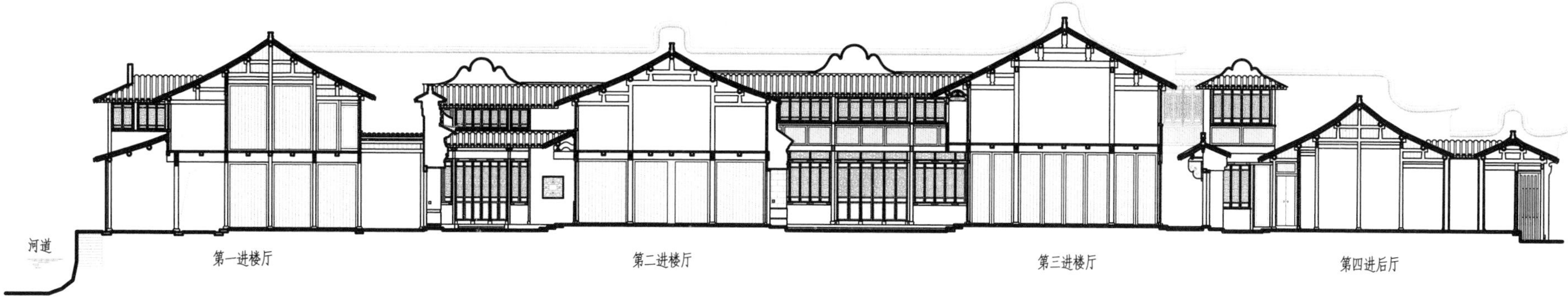
河道
第一进楼厅
第二进楼厅
第三进楼厅
第四进后厅

图 11　沈氏跨街楼总横剖面图

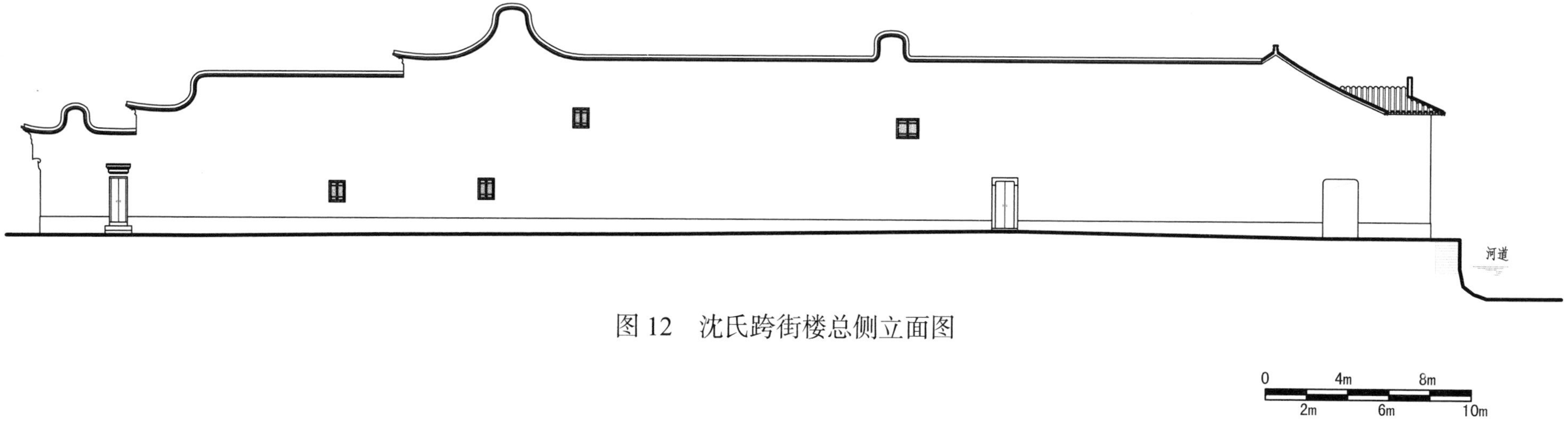
河道
0
4m
8m
2m
6m
10m

图 12　沈氏跨街楼总侧立面图

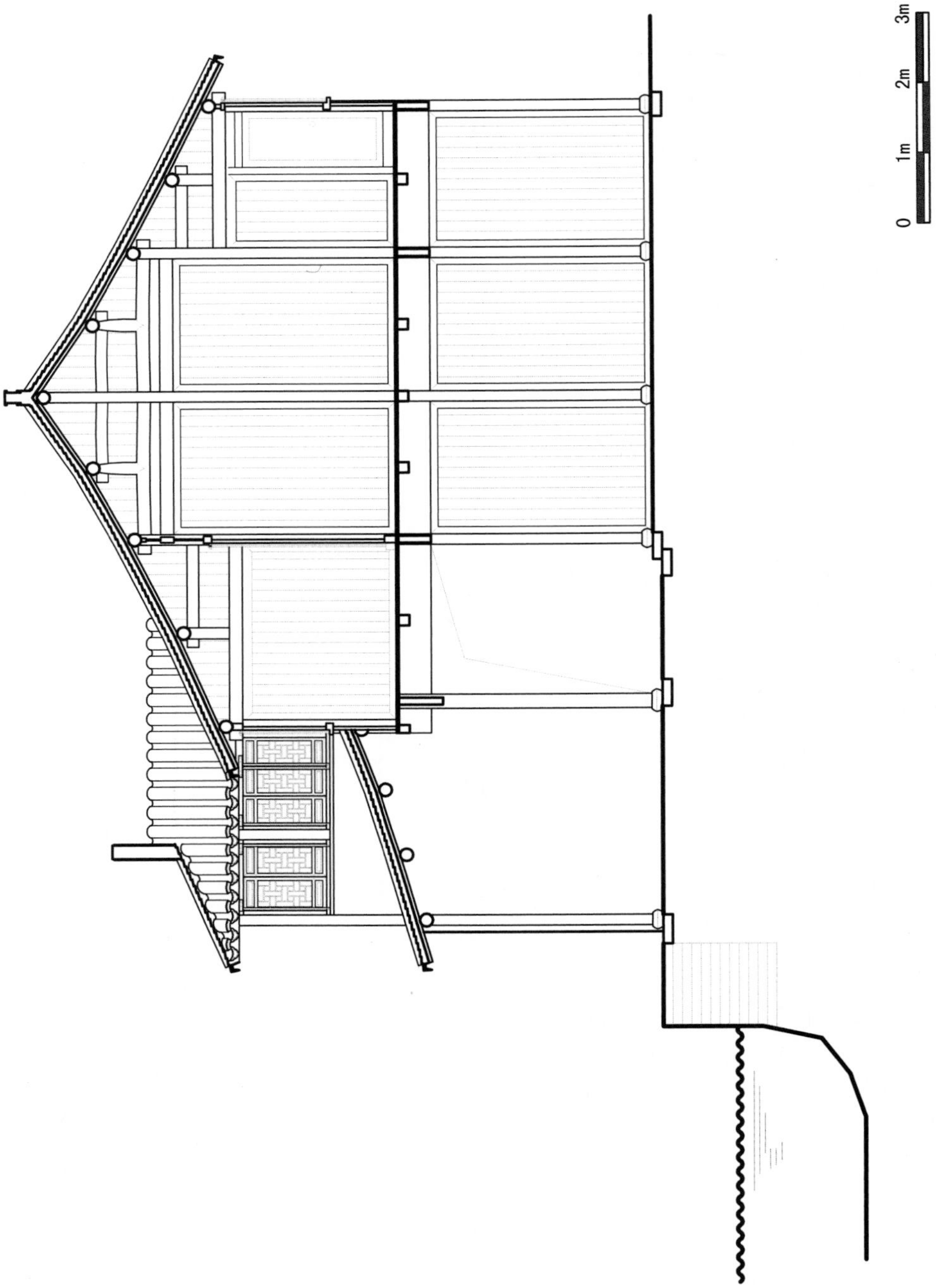

图 13　沈氏跨街楼第一进楼厅横剖面图

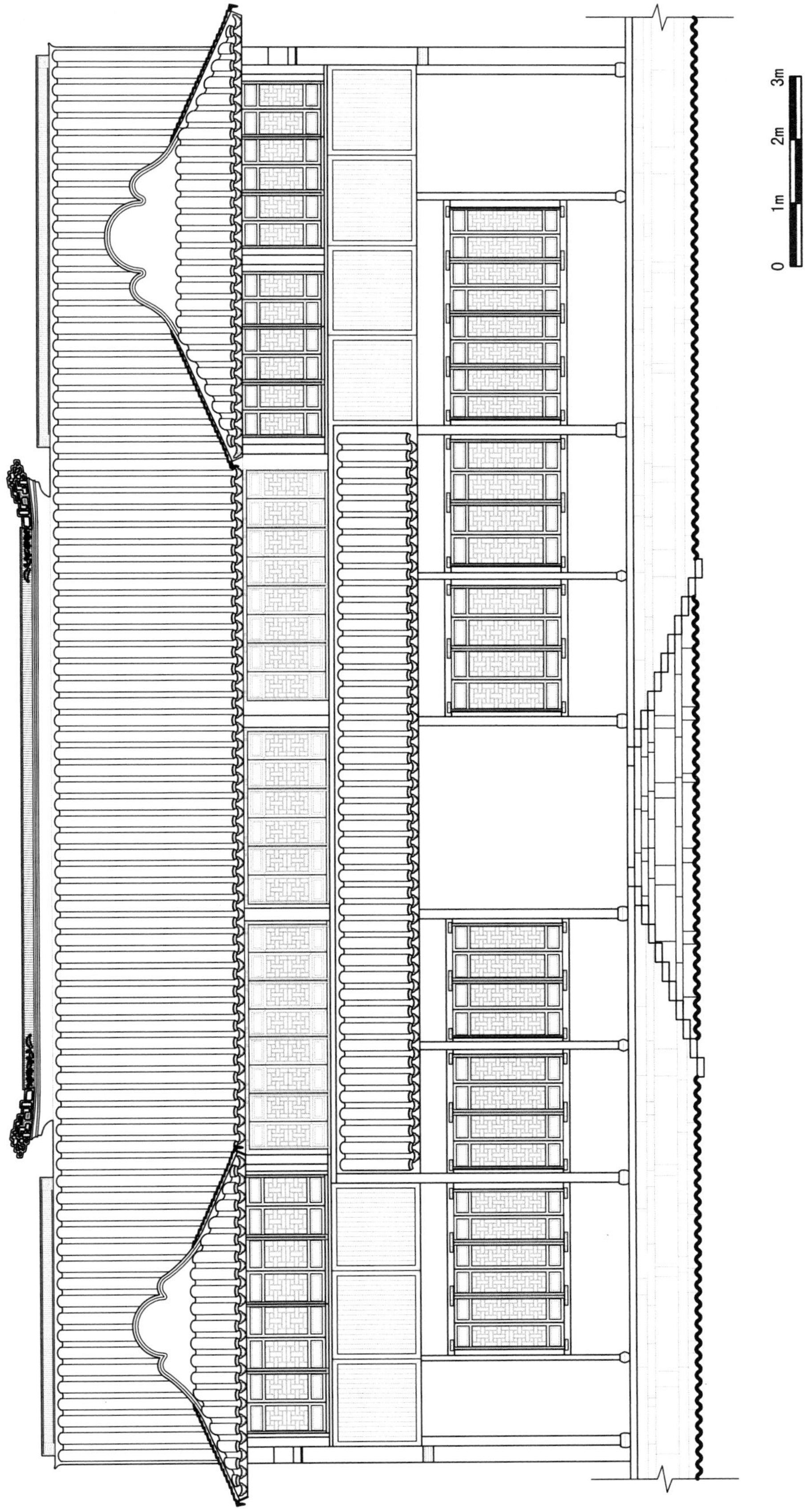

图 14　沈氏跨街楼第一进楼厅东立面图

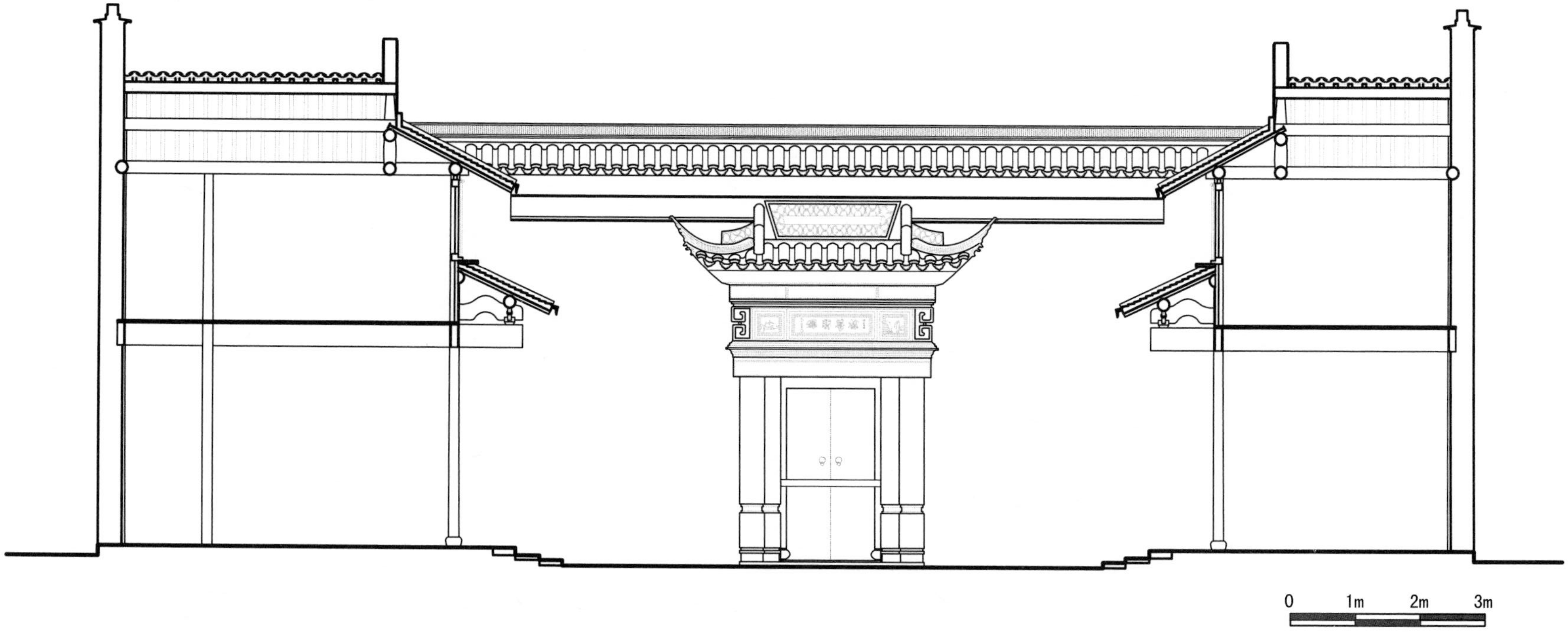

图 15　沈氏跨街楼第二进厢房横剖面图

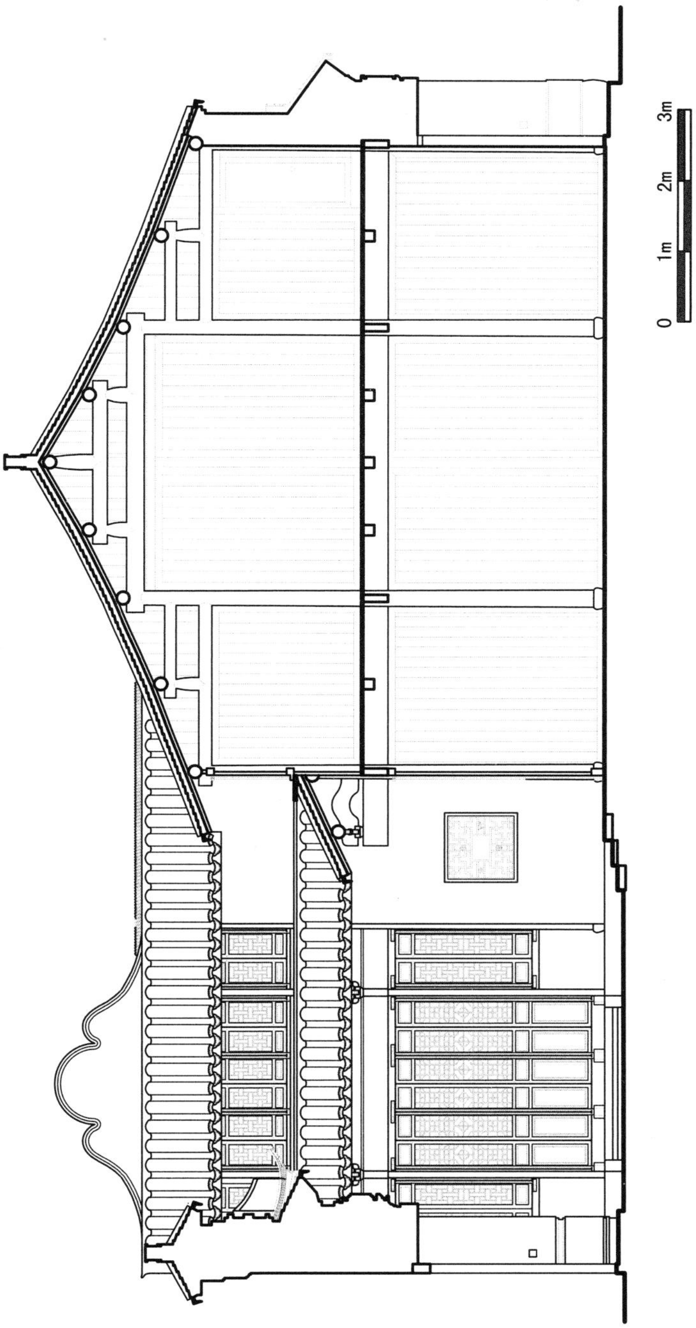

图16　沈氏跨街楼第二进楼厅横剖面图

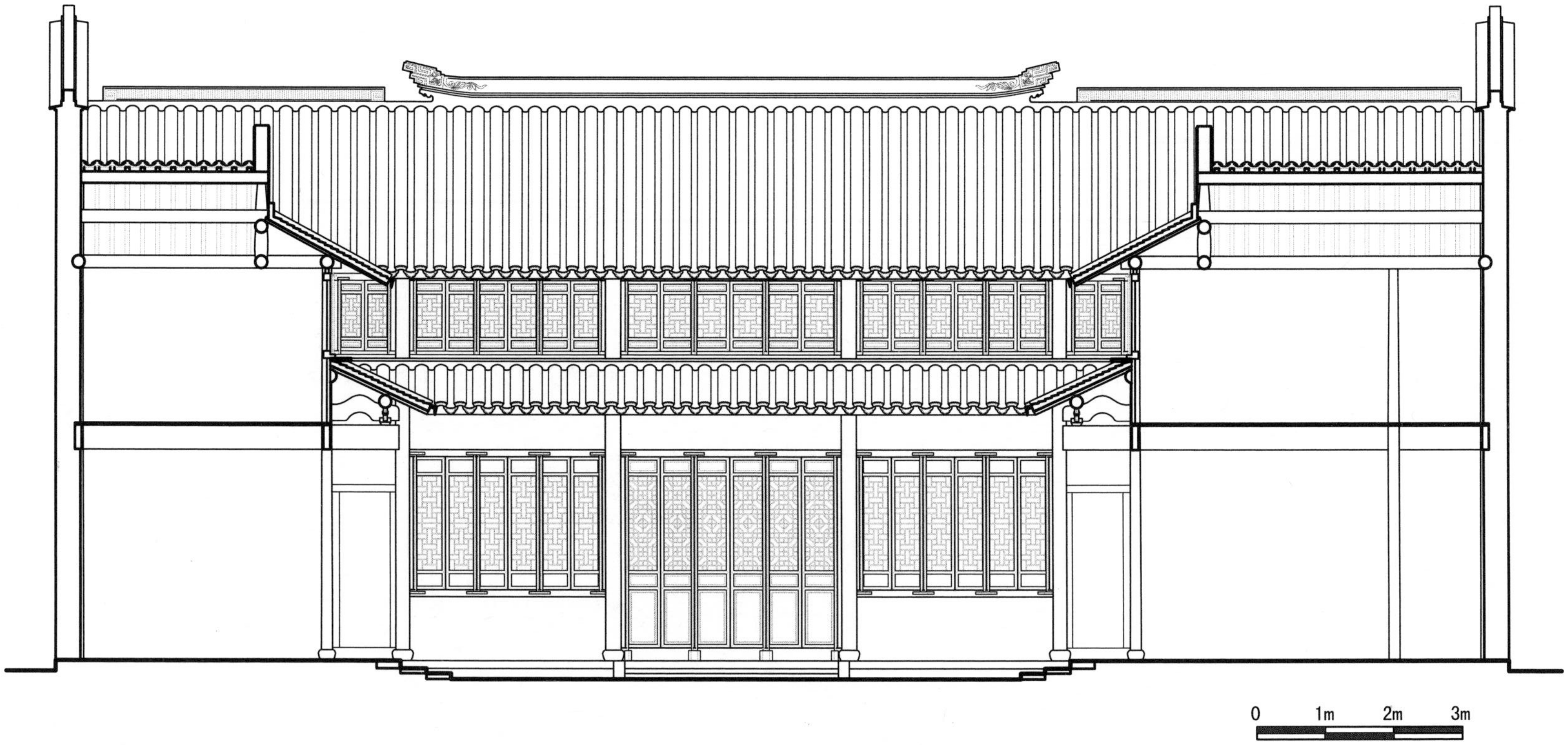

图 17　沈氏跨街楼第二进楼厅西立面图

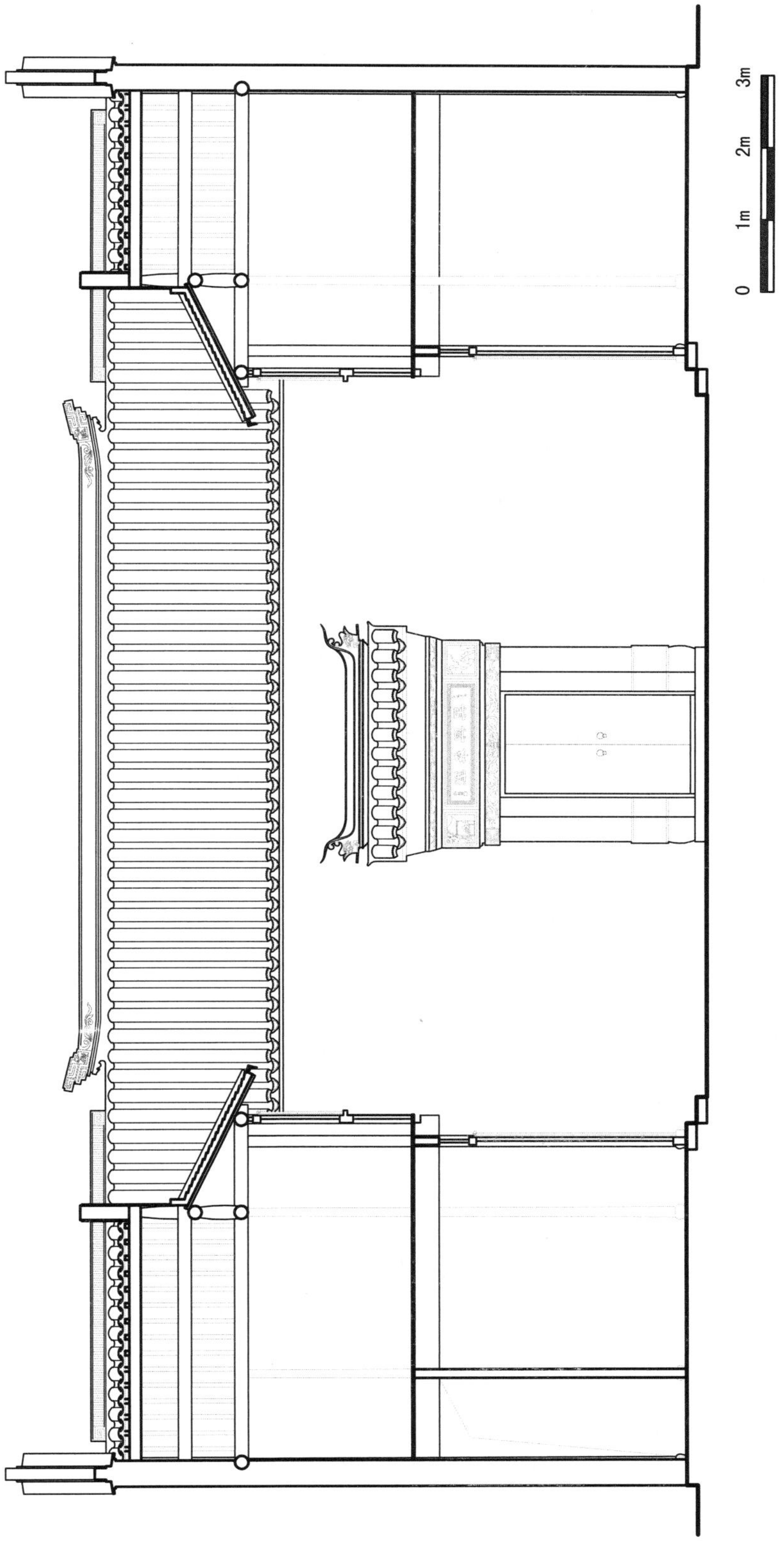

图 18　沈氏跨街楼第三进厢房横剖面图

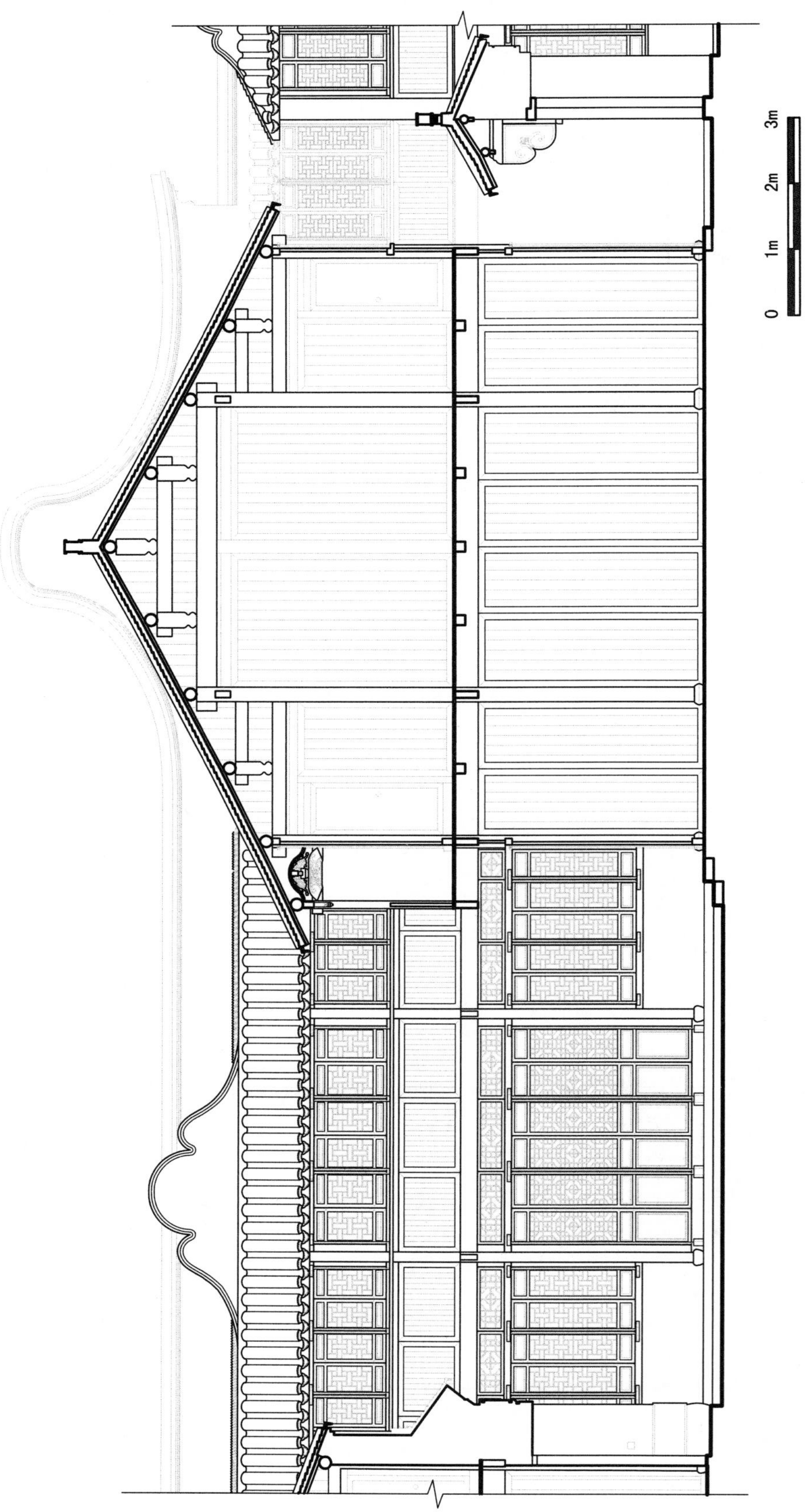

图 19　沈氏跨街楼第三进楼厅横剖面图

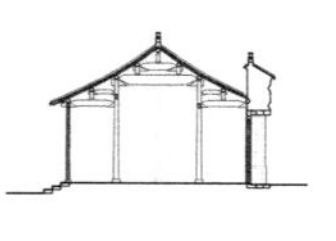

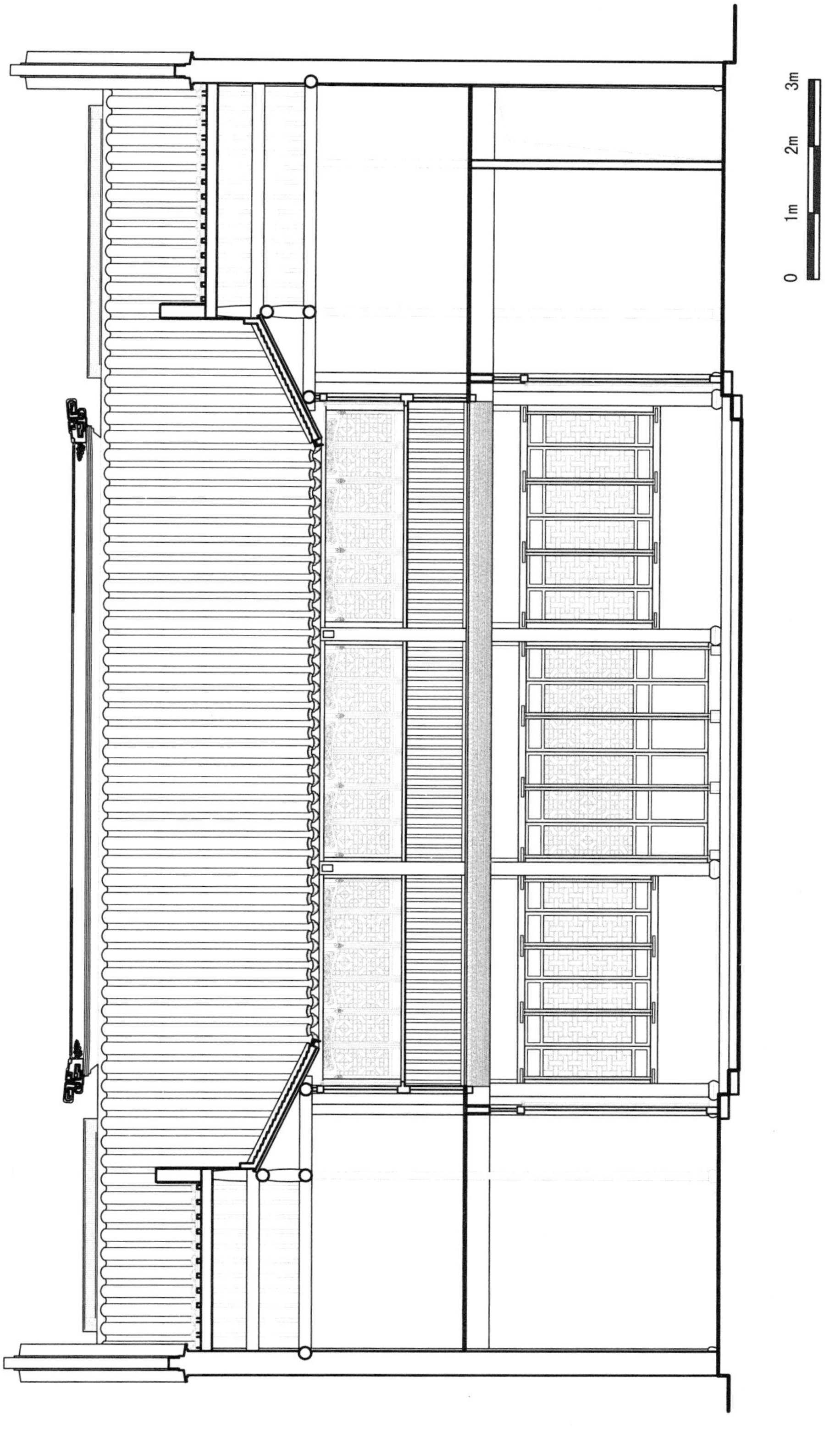

图20 沈氏跨街楼第三进楼厅西立面图

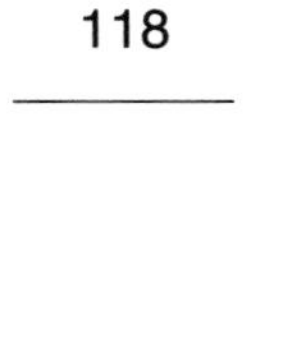

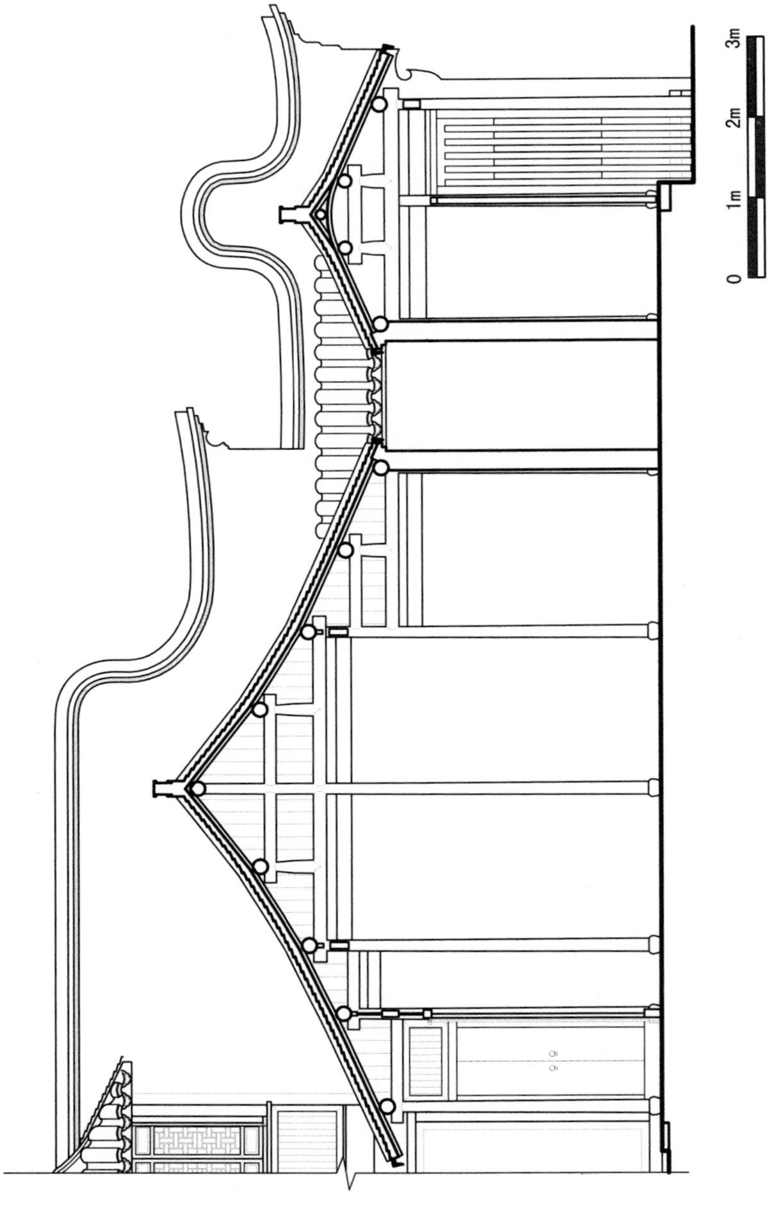

图 21　沈氏跨街楼第四进后厅横剖面图

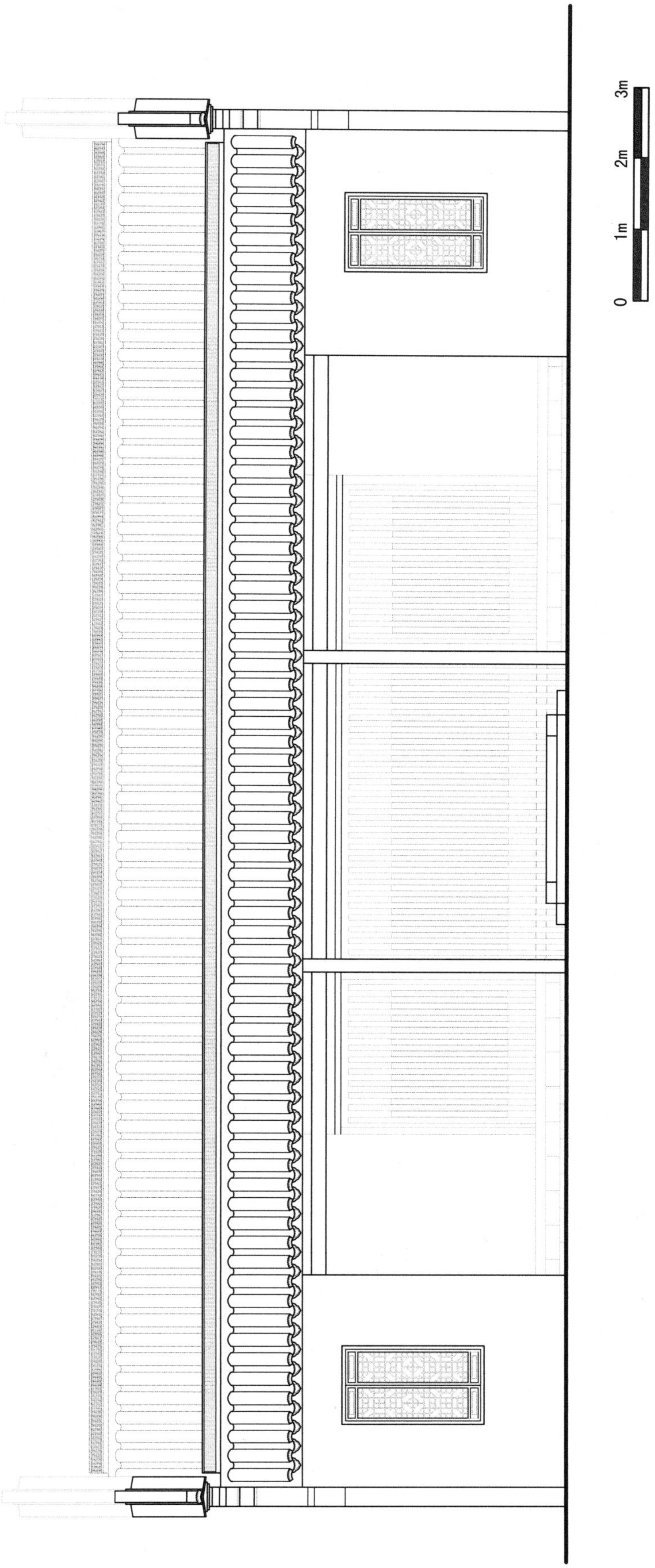

图 22　沈氏跨街楼第四进后厅东立面图

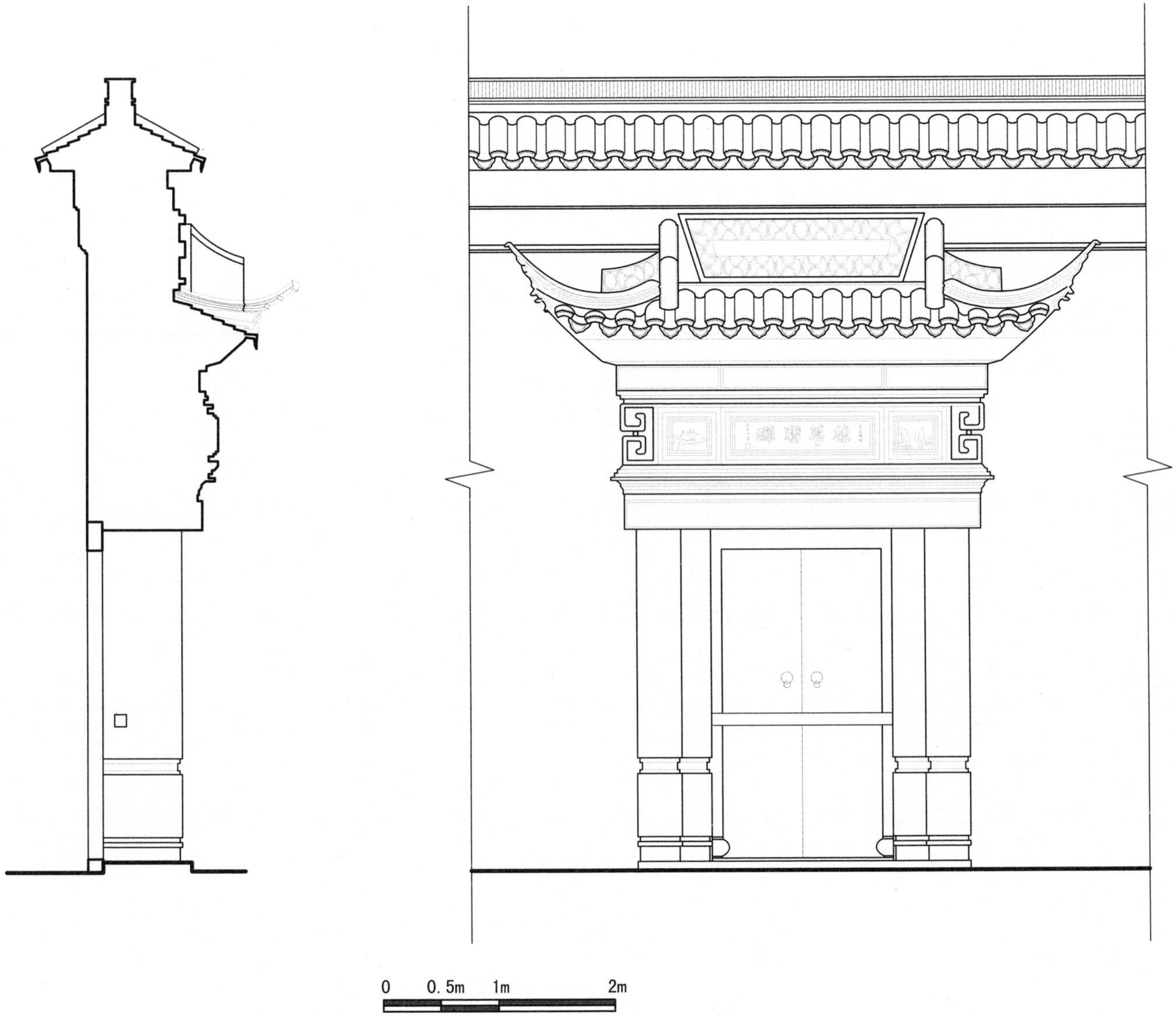

图 23　沈氏跨街楼第二进门楼详图

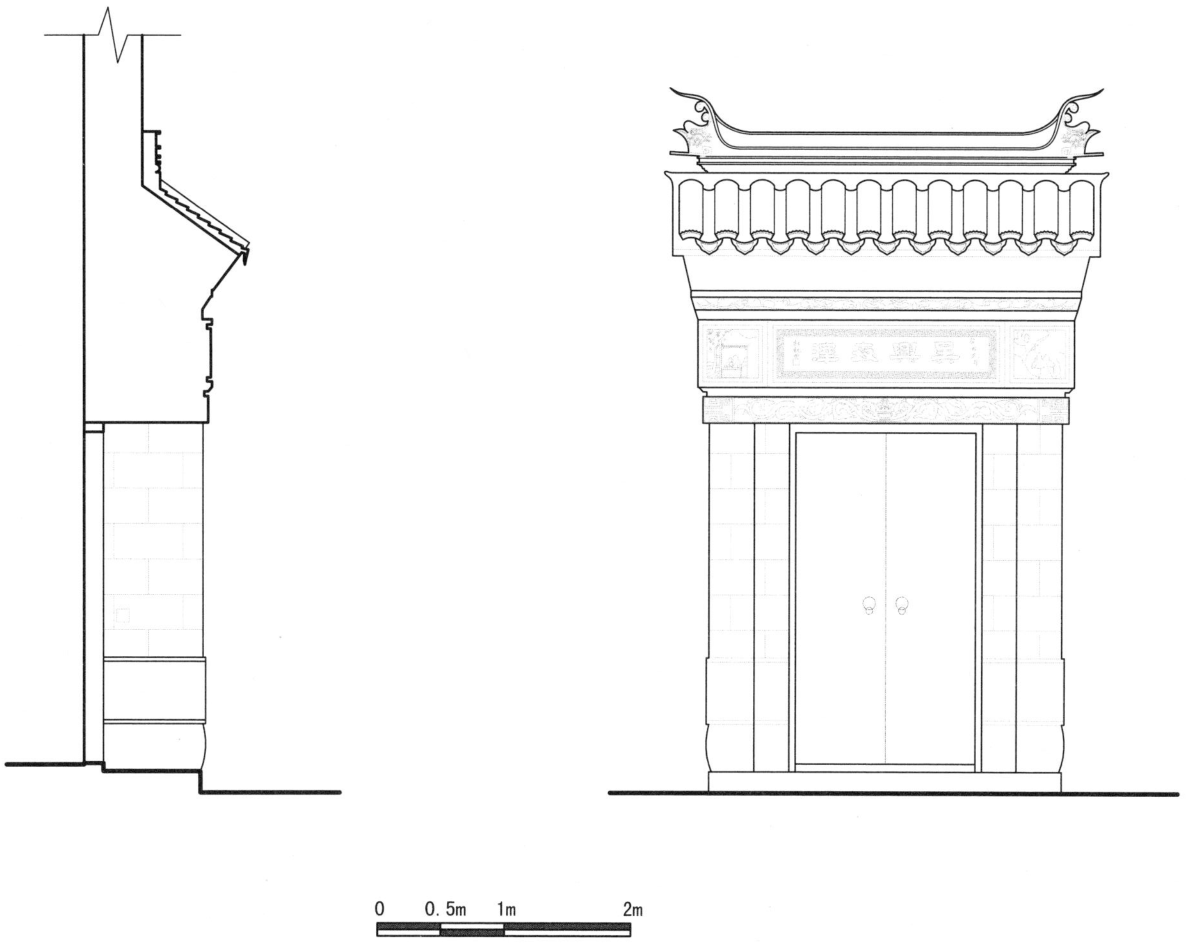

图 24　沈氏跨街楼第三进门楼详图

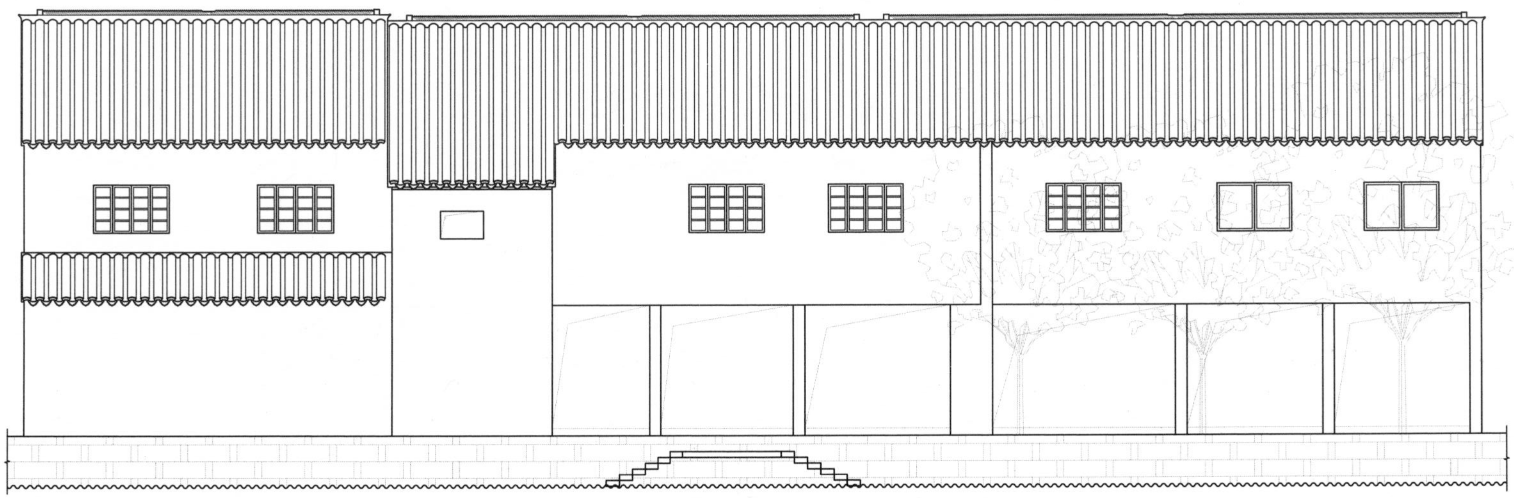

图 25　沈氏跨街楼沿河建筑立面图

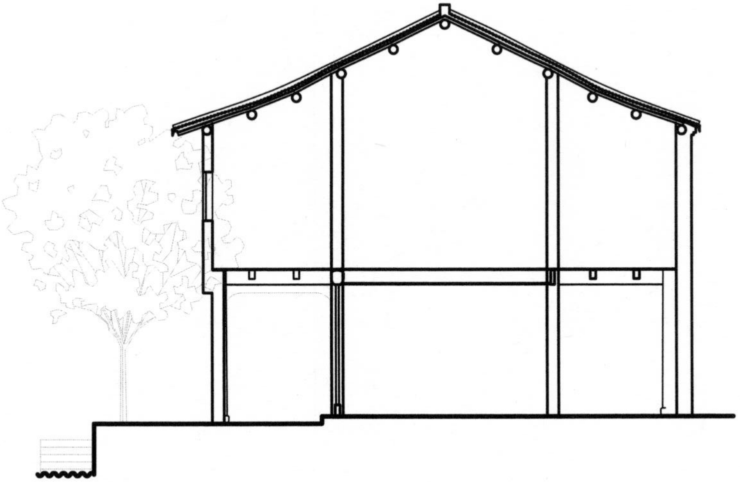

图 26　沈氏跨街楼沿河建筑横剖面图

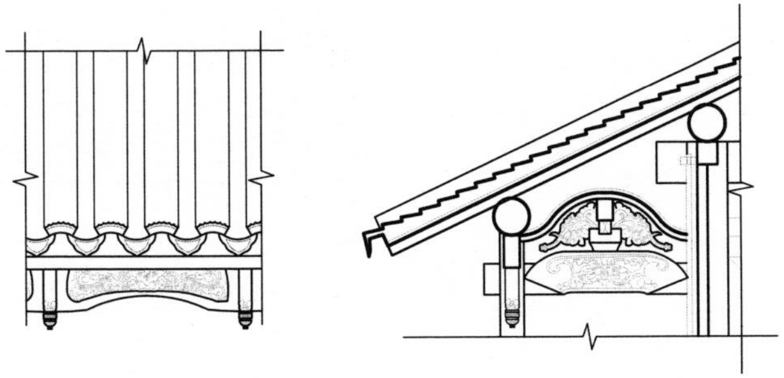

图 27　沈氏跨街楼第三进檐口详图

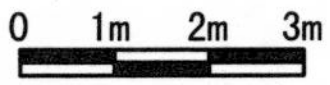

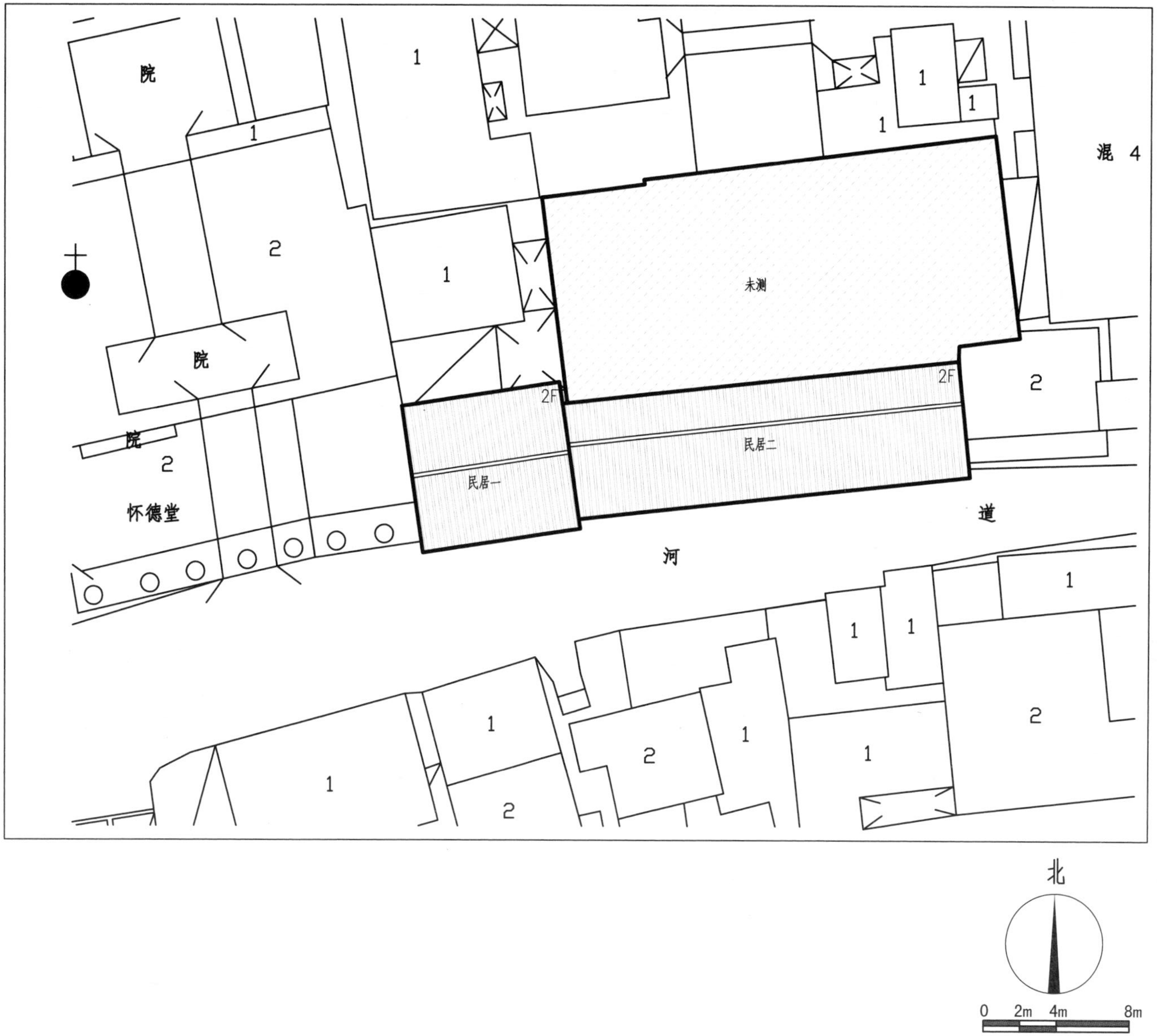

图 28　西栅跨街楼总平面图

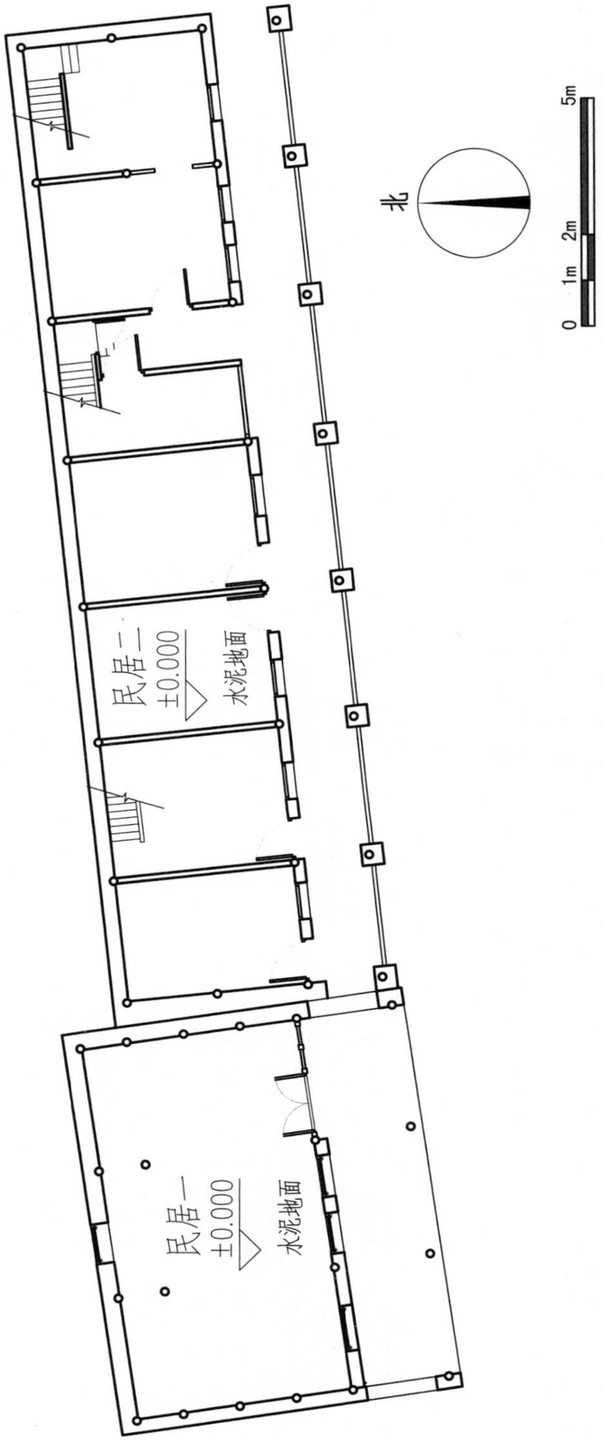
民居二
±0.000
水泥地面
民居一
±0.000
水泥地面
北
0
1m
2m
5m

图 29　西栅跨街楼一层平面图

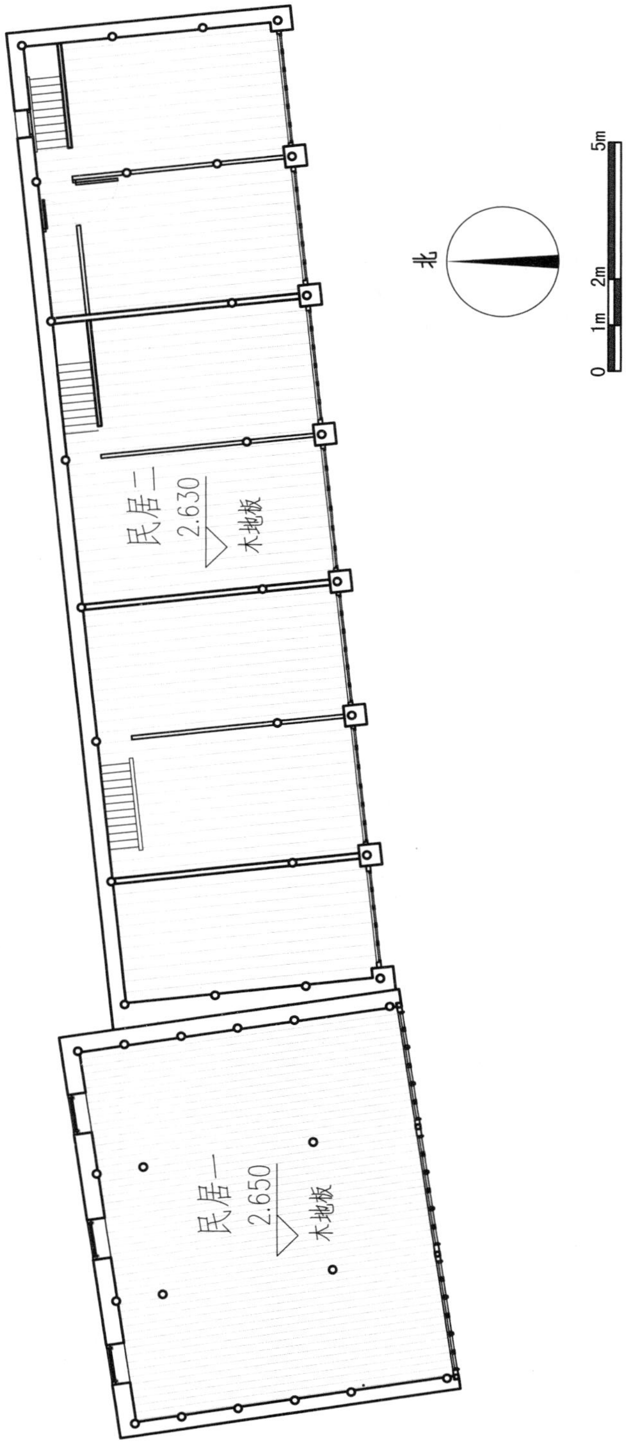
北
0
1m
2m
5m
民居二
2.630
木地板
民居一
2.650
木地板

图 30　西栅跨街楼二层平面图

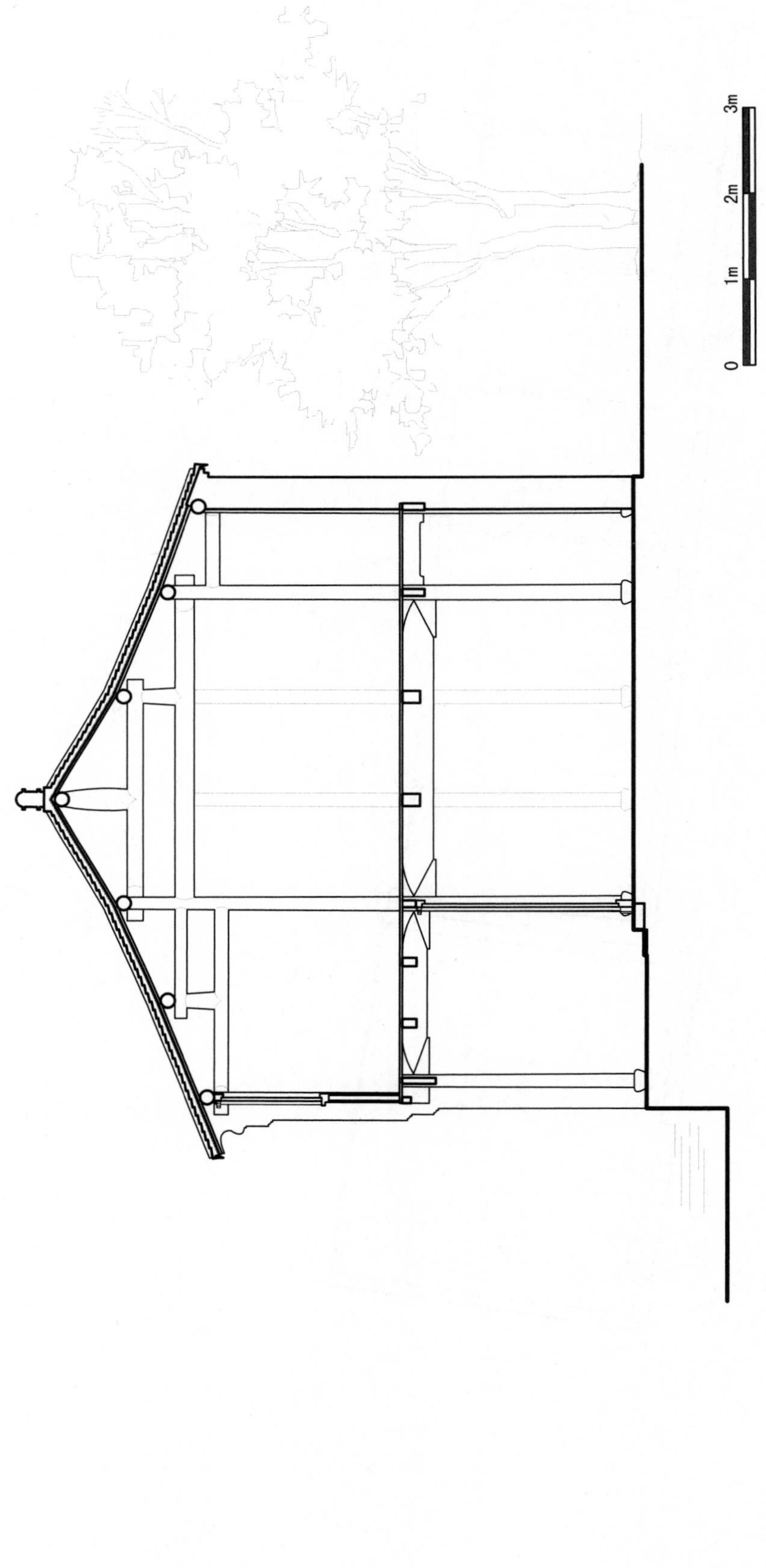

图 31　西栅跨街楼民居—横剖面图

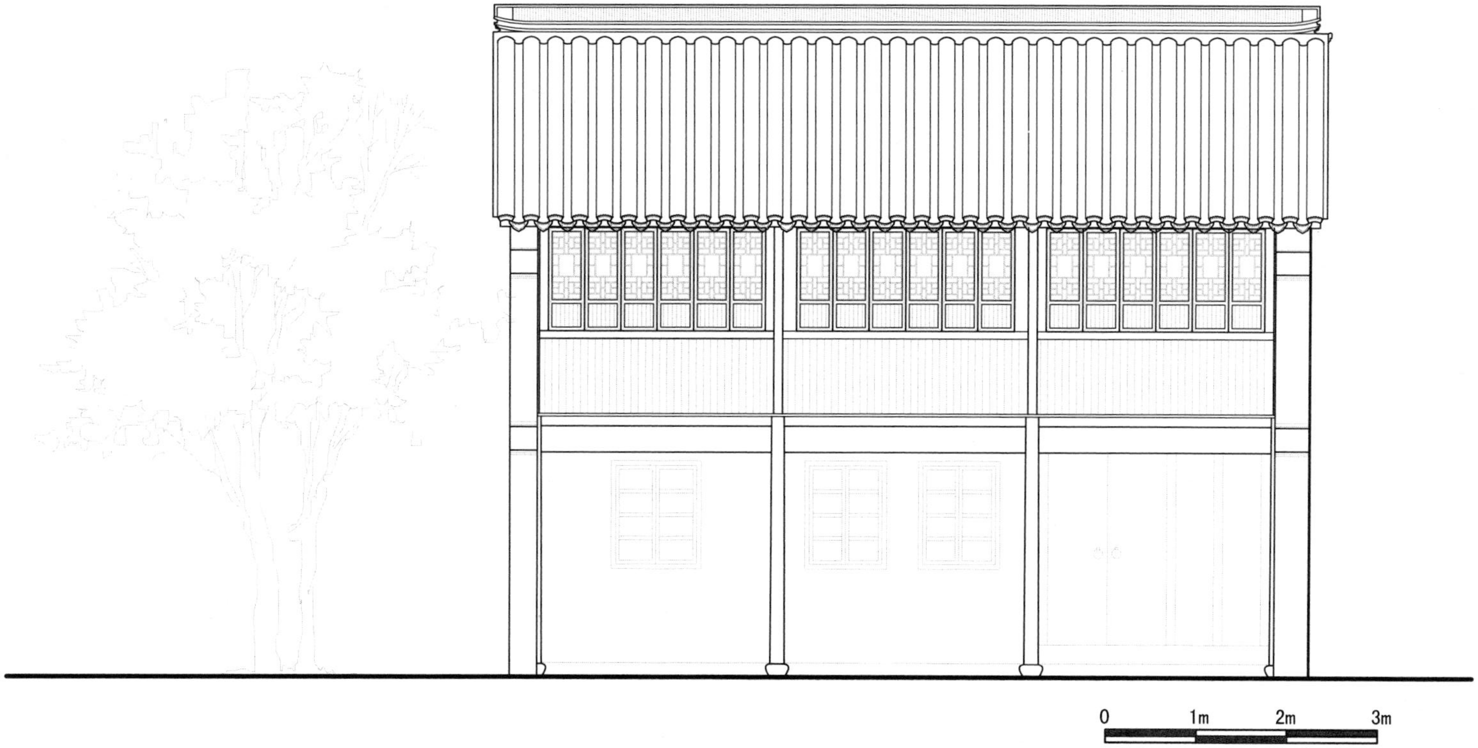

图 32　西栅跨街楼民居—南立面图

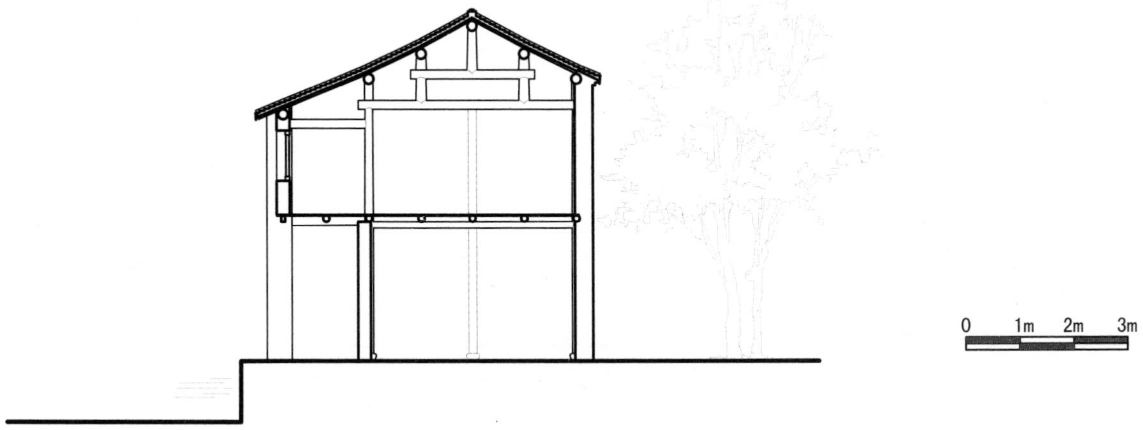

图 33　西栅跨街楼民居二横剖面图

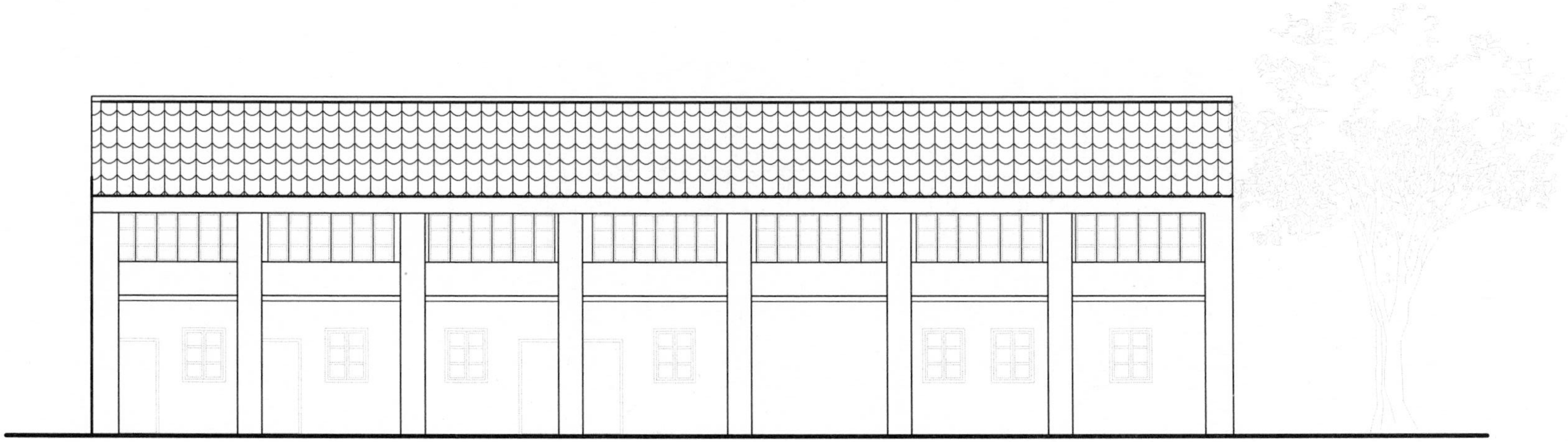

图 34　西栅跨街楼民居二南立面图

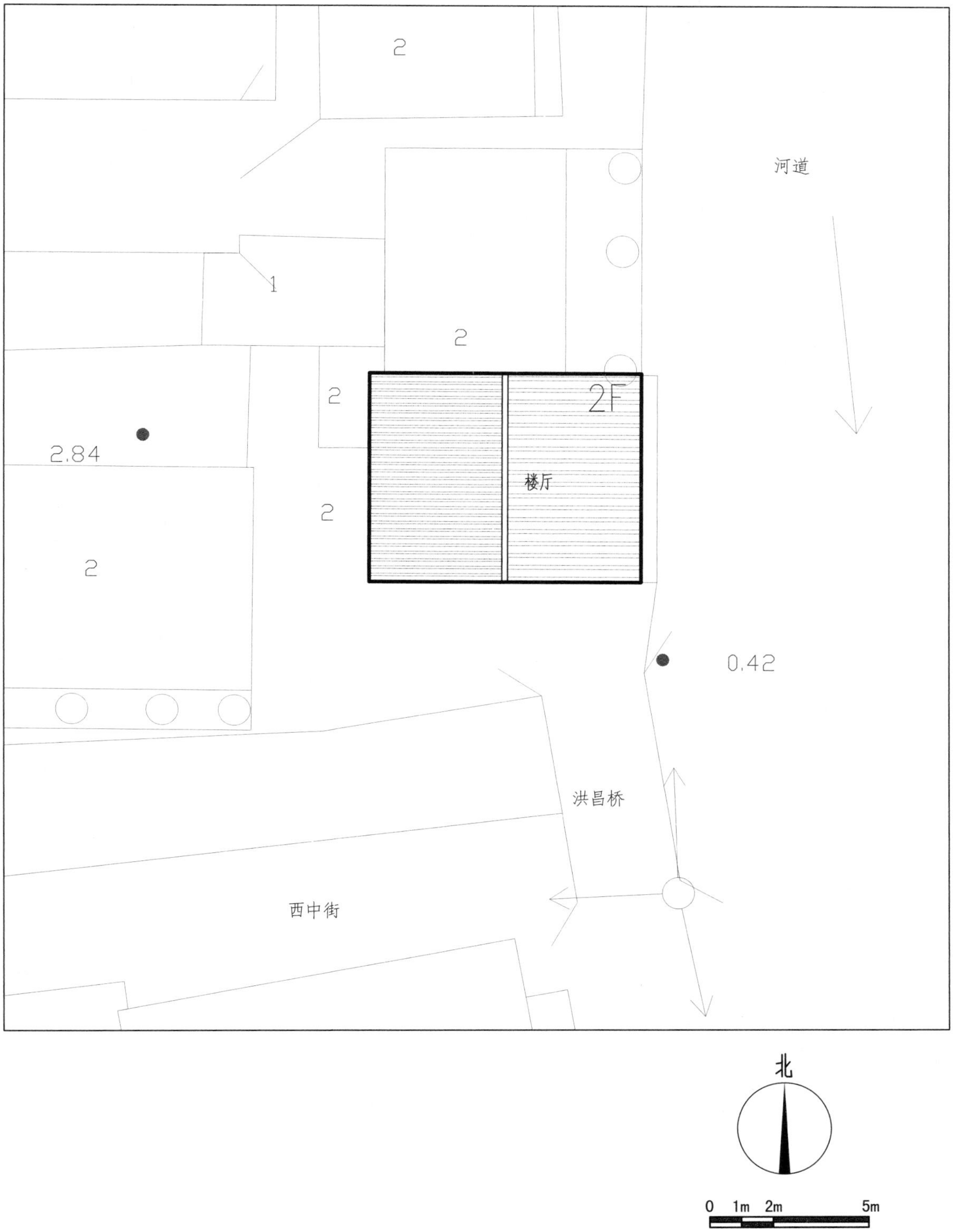

图 35　洪昌跨街楼总平面图

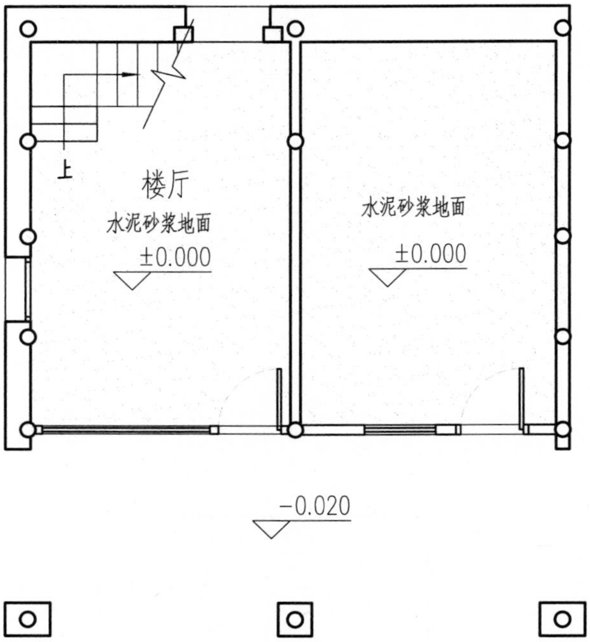

图 36　洪昌跨街楼一层平面图

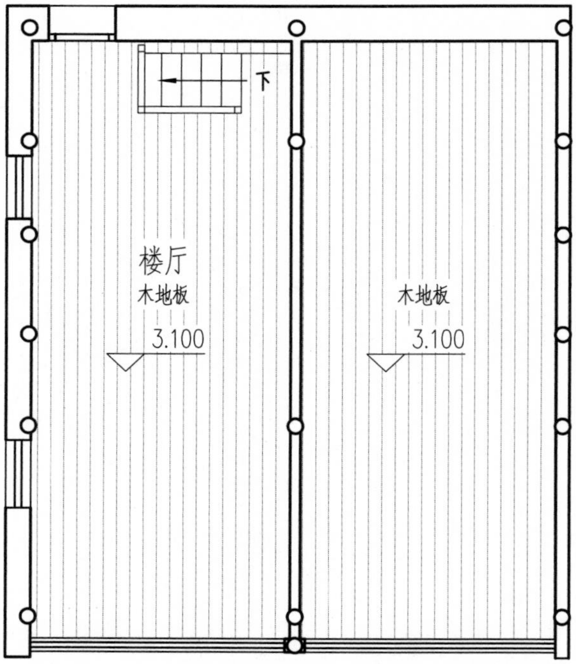

图 37　洪昌跨街楼二层平面图

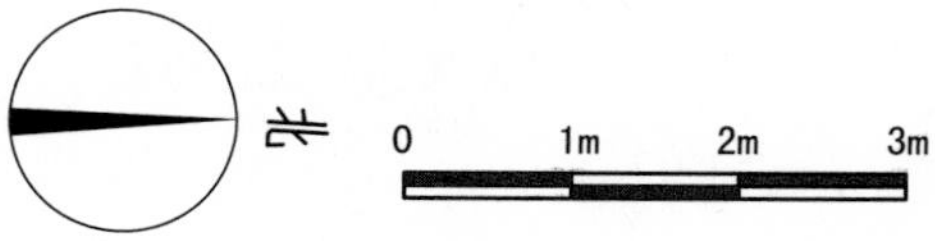

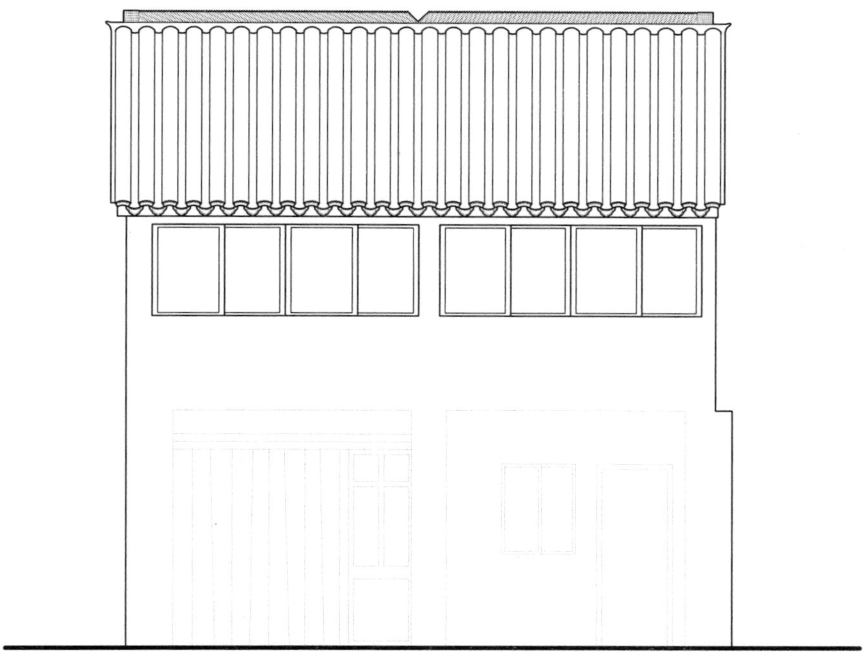

图 38　洪昌跨街楼楼厅东立面图

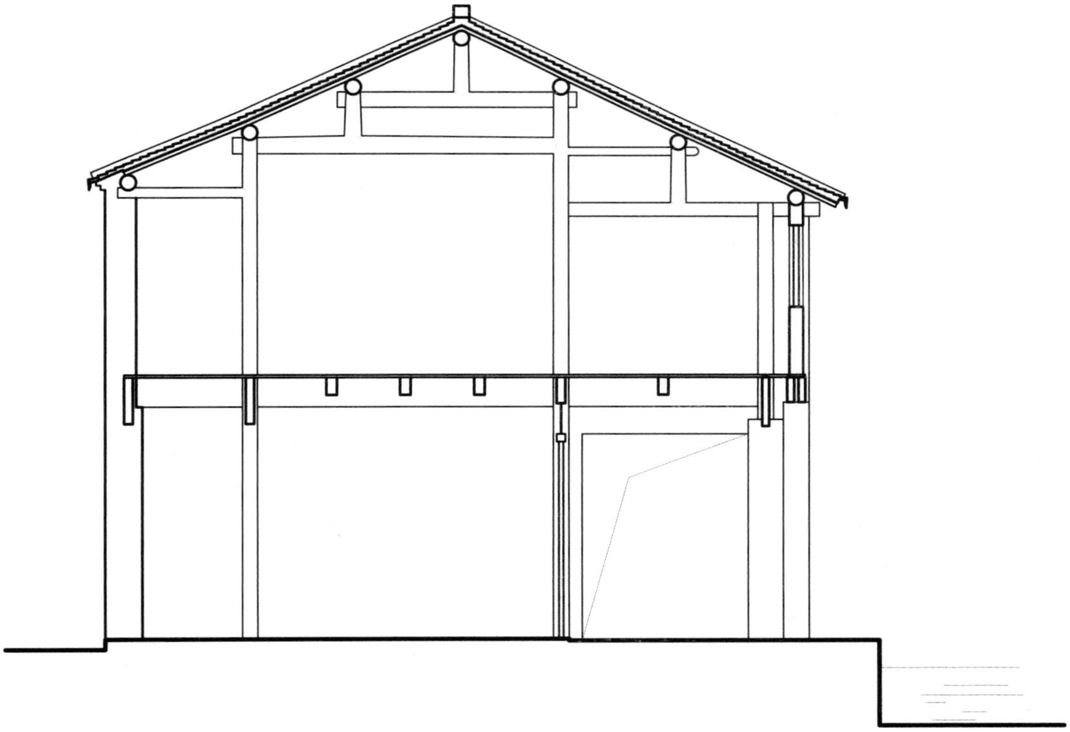

图 39　洪昌跨街楼楼厅横剖面图

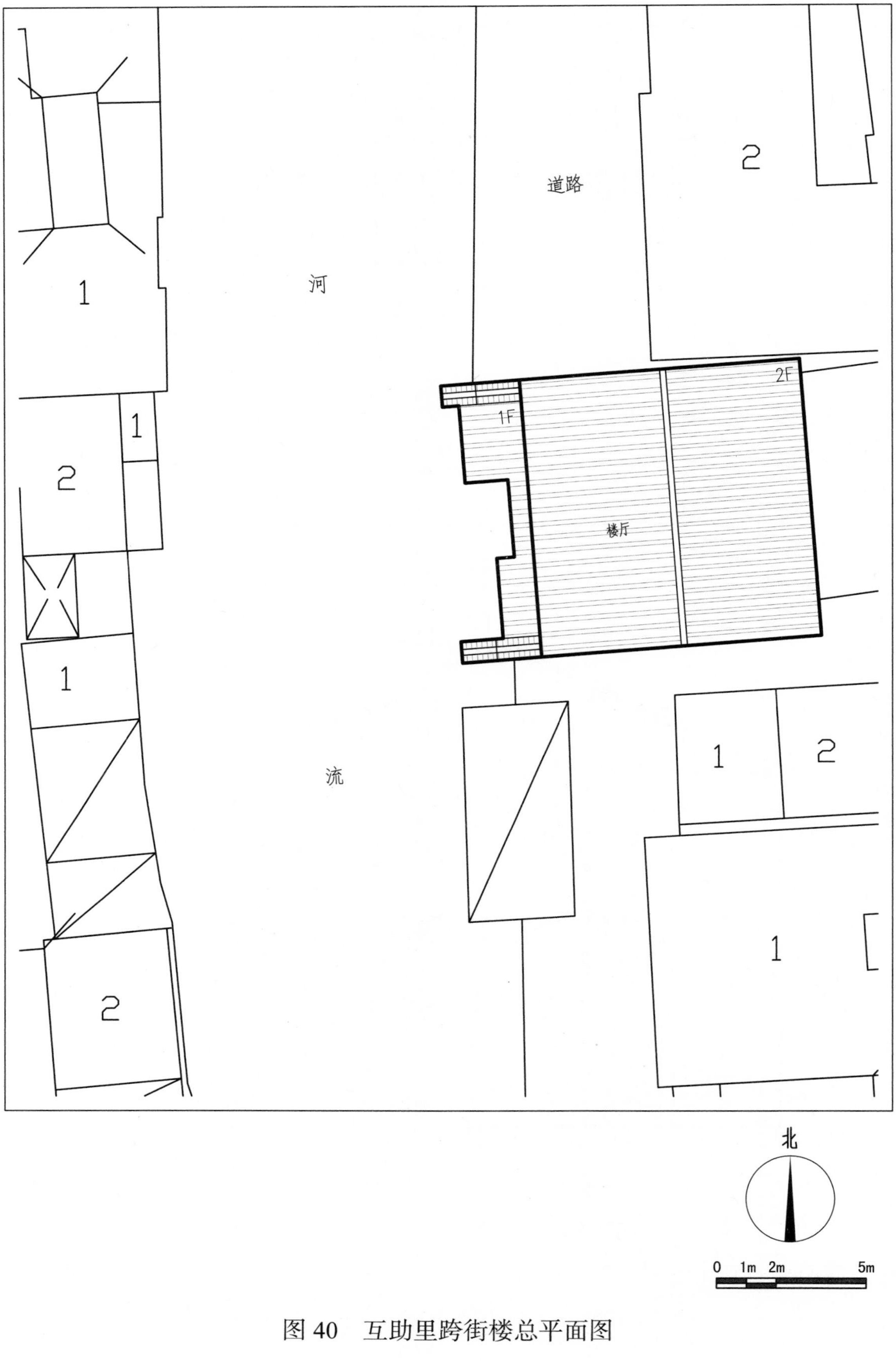

图 40　互助里跨街楼总平面图

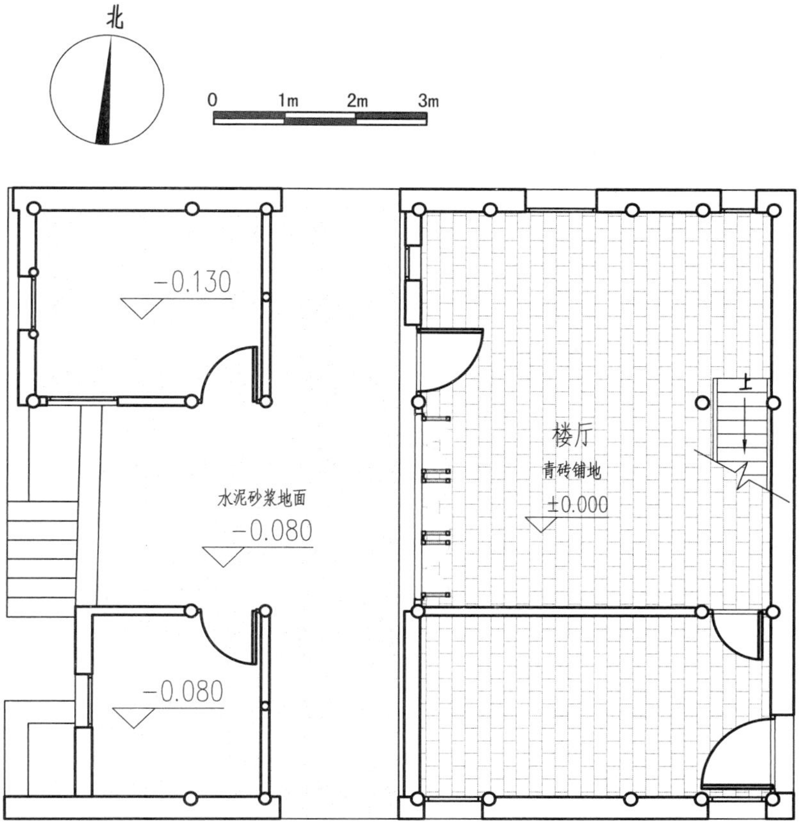

图 41　互助里跨街楼一层平面图

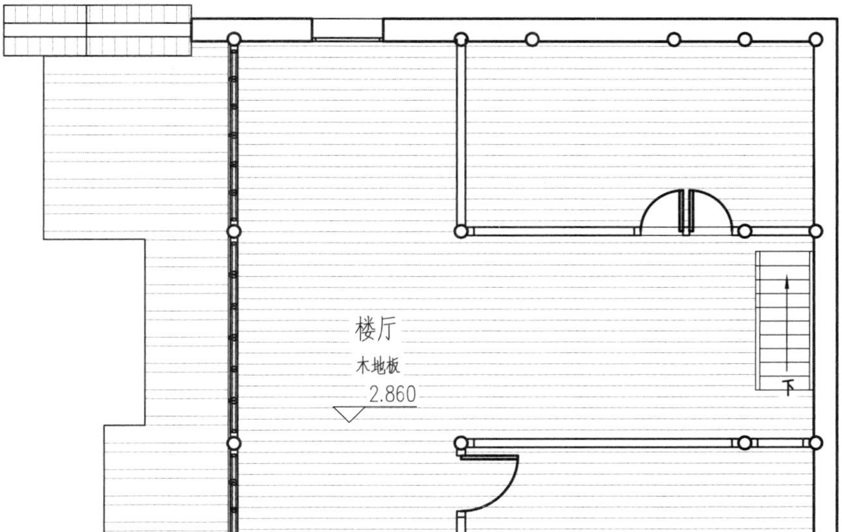

图 42　互助里跨街楼二层平面图

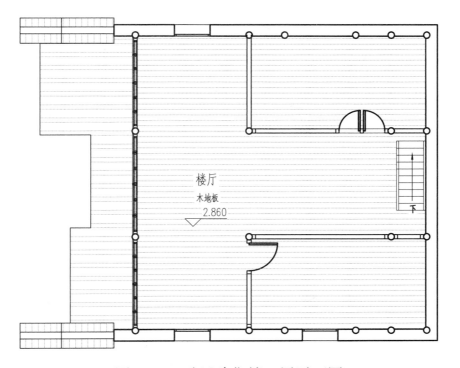

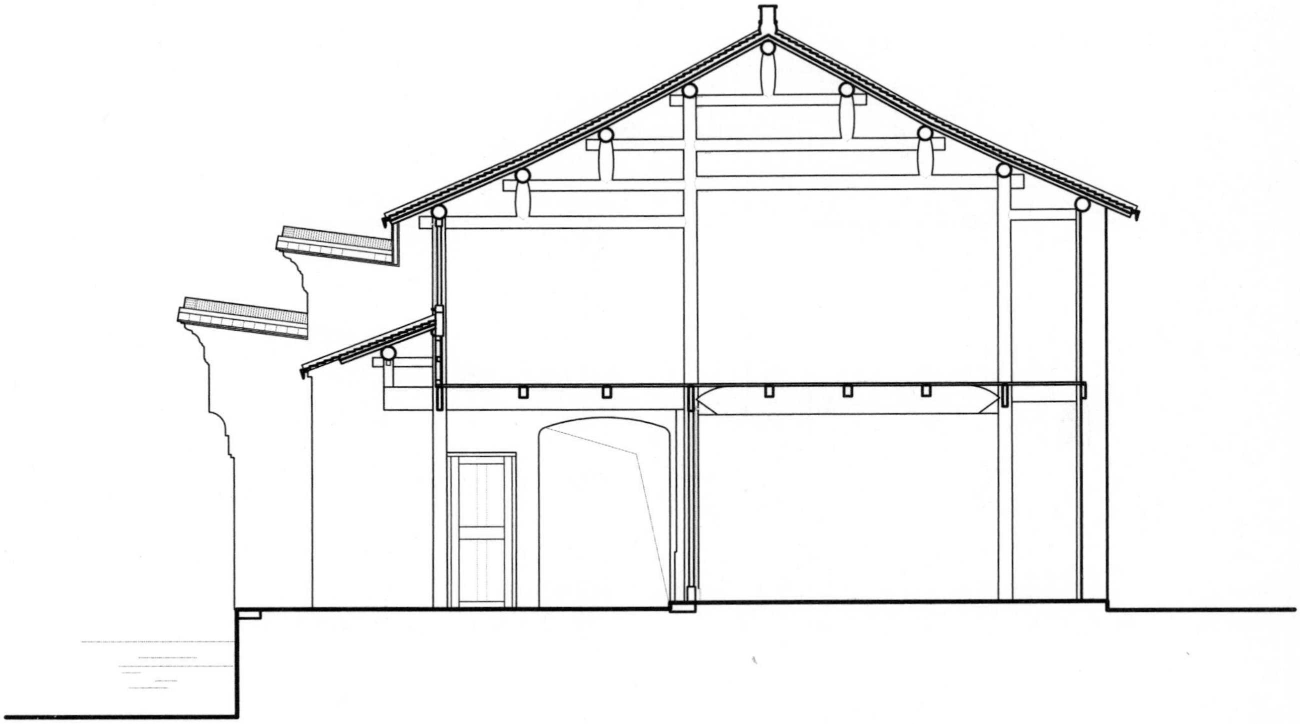

图 43　互助里跨街楼总横剖面图

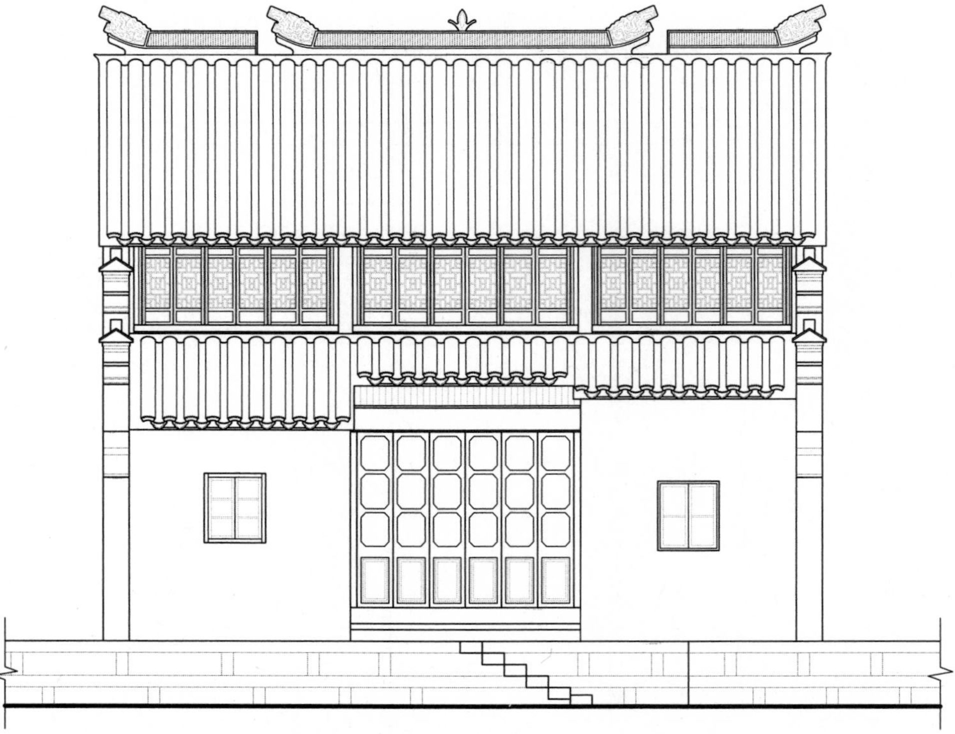

图 44　互助里跨街楼南立面图

0　1m　2m　3m

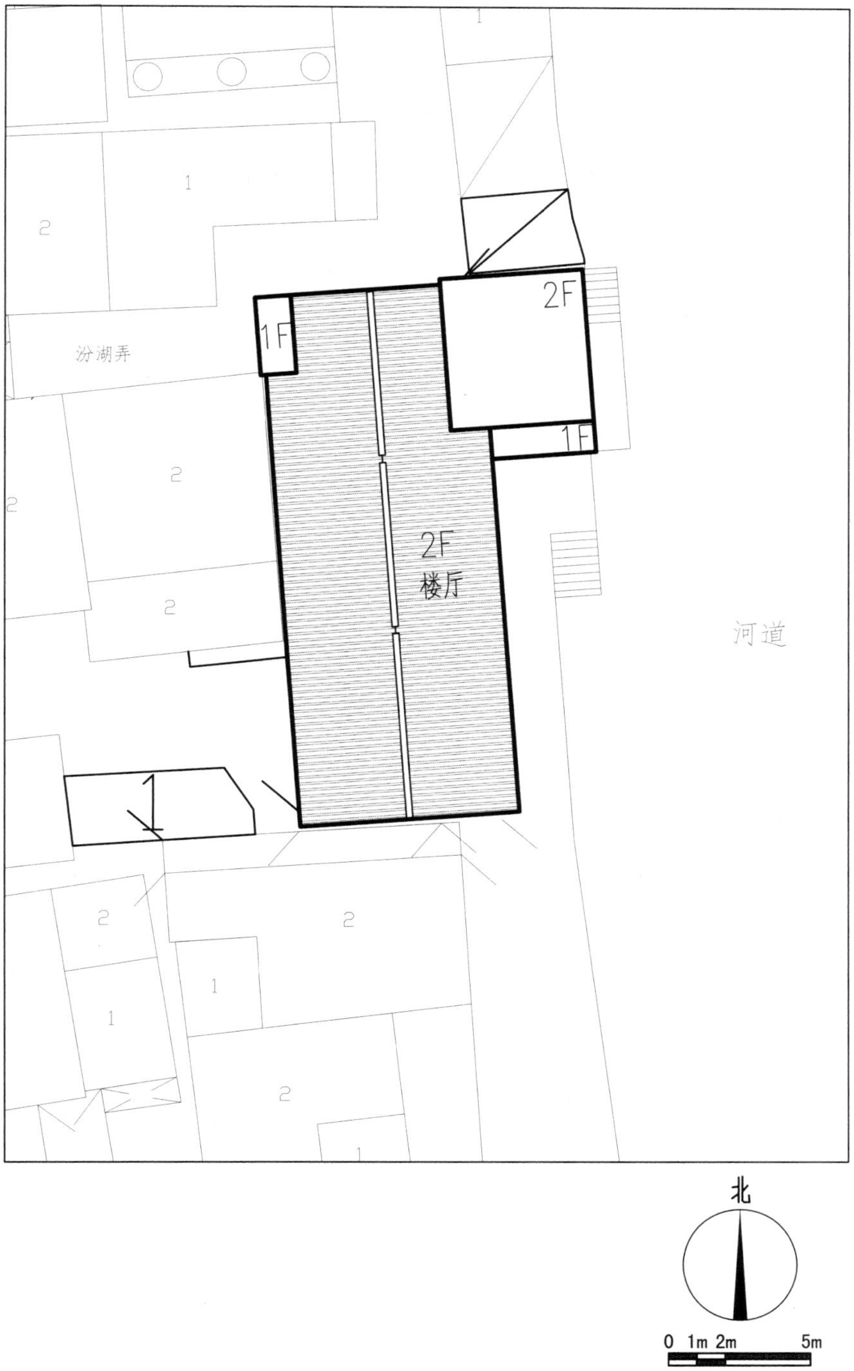
1
1
2
汾湖弄
1F
2F
1F
2
2
2
2F
楼厅
河道
1
2
2
1
1
2
1
北
0 1m 2m 5m

图 45 建新里跨街楼总平面图

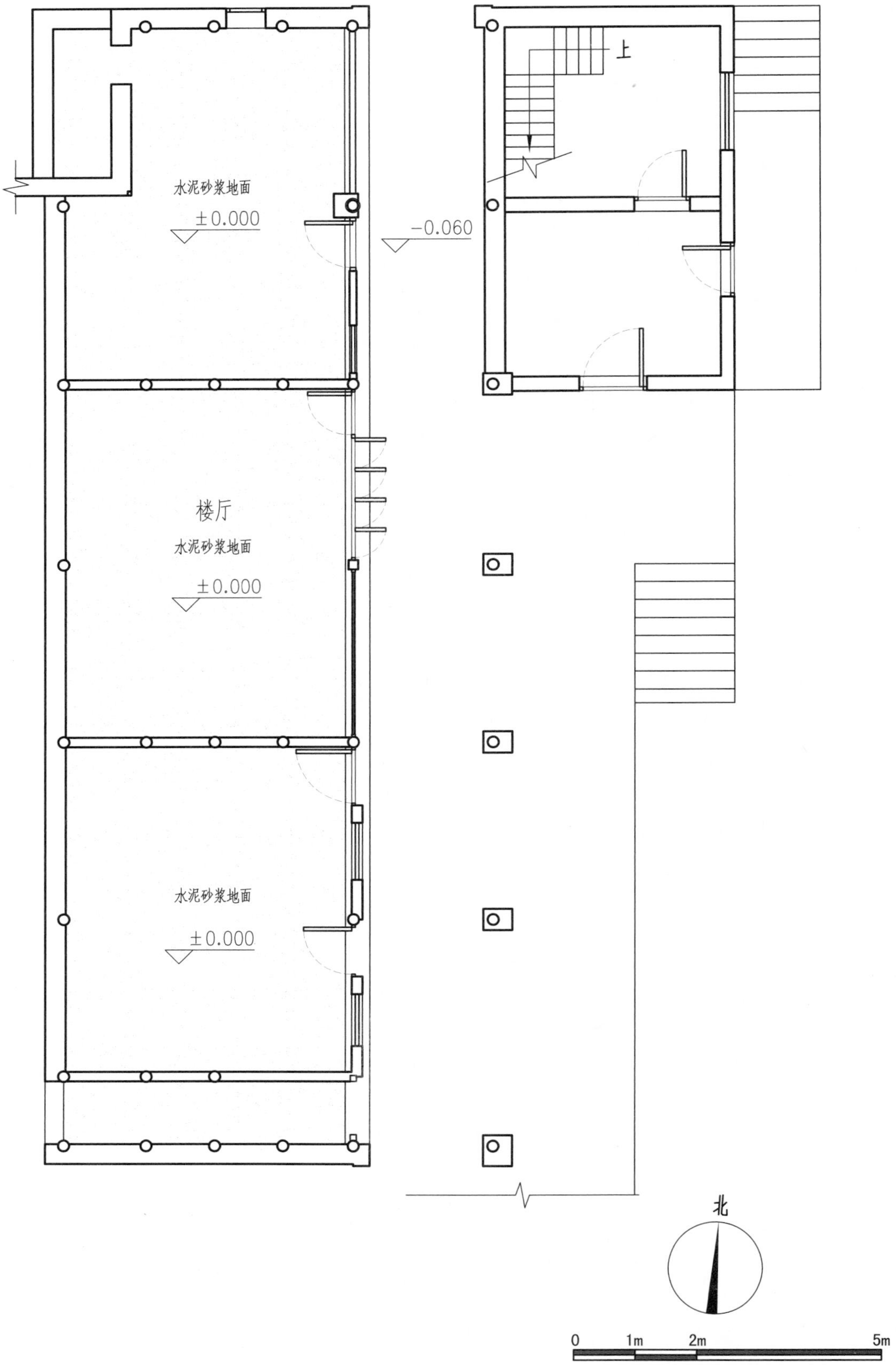
水泥砂浆地面
±0.000
-0.060
上
楼厅
水泥砂浆地面
±0.000
水泥砂浆地面
±0.000
北
0
1m
2m
5m

图 46　建新里跨街楼一层平面图

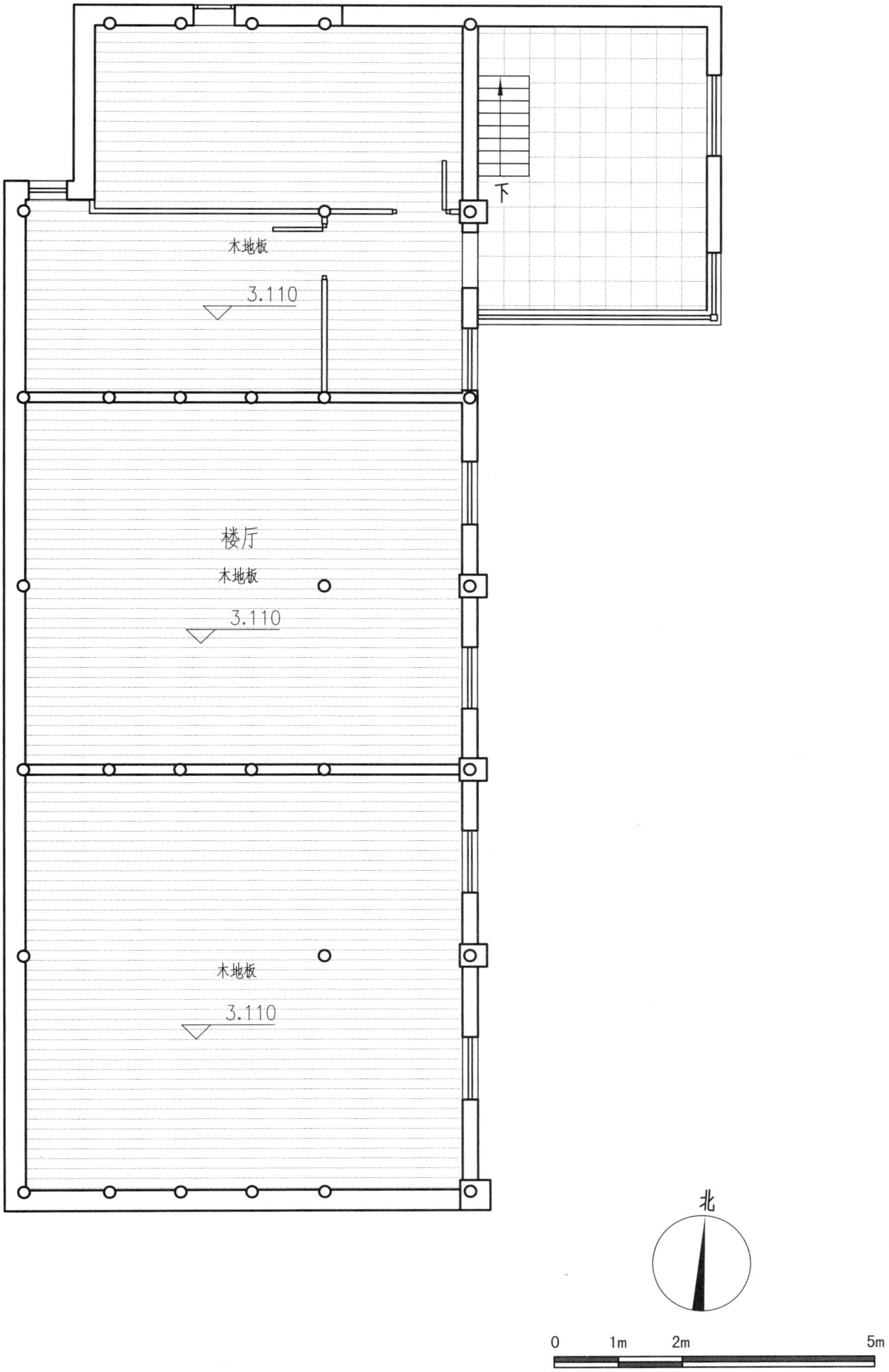
下
木地板
3.110
楼厅
木地板
3.110
木地板
3.110
北
0
1m
2m
5m

图 47　建新里跨街楼二层平面图

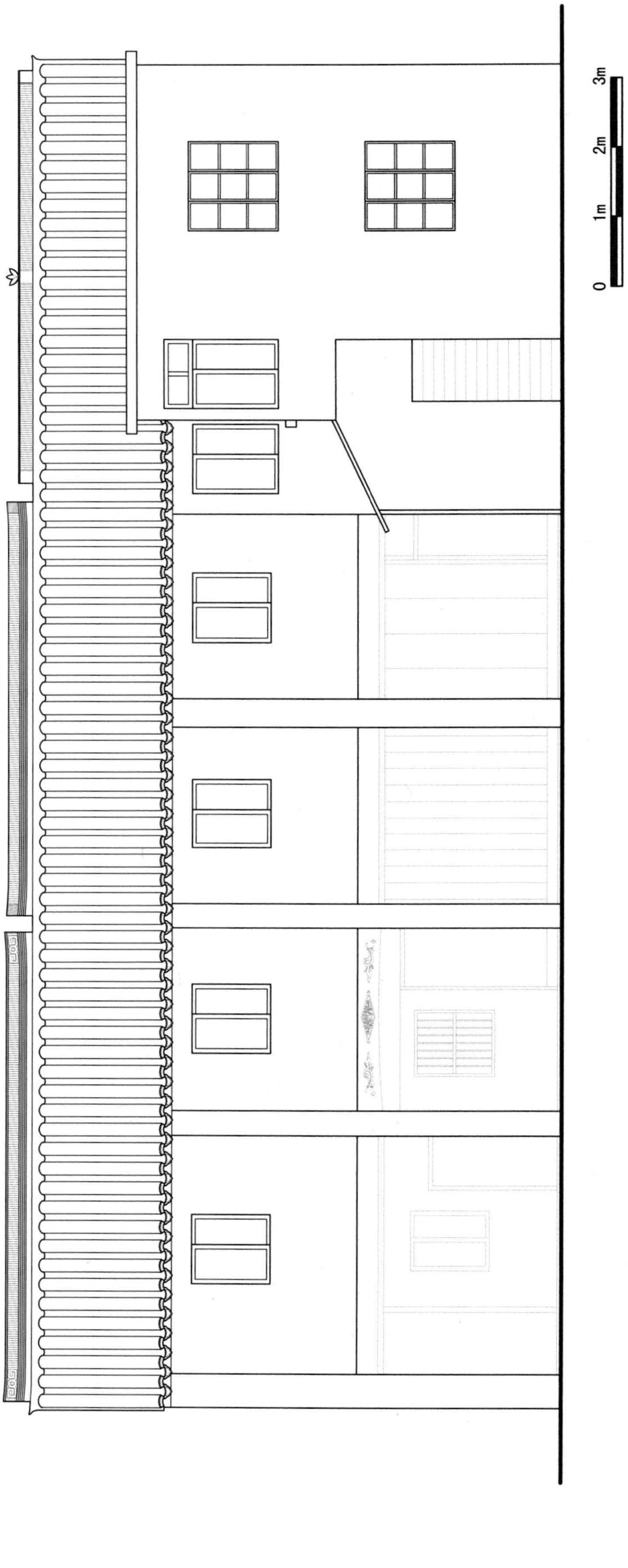

图48　建新里跨街楼楼厅东立面图

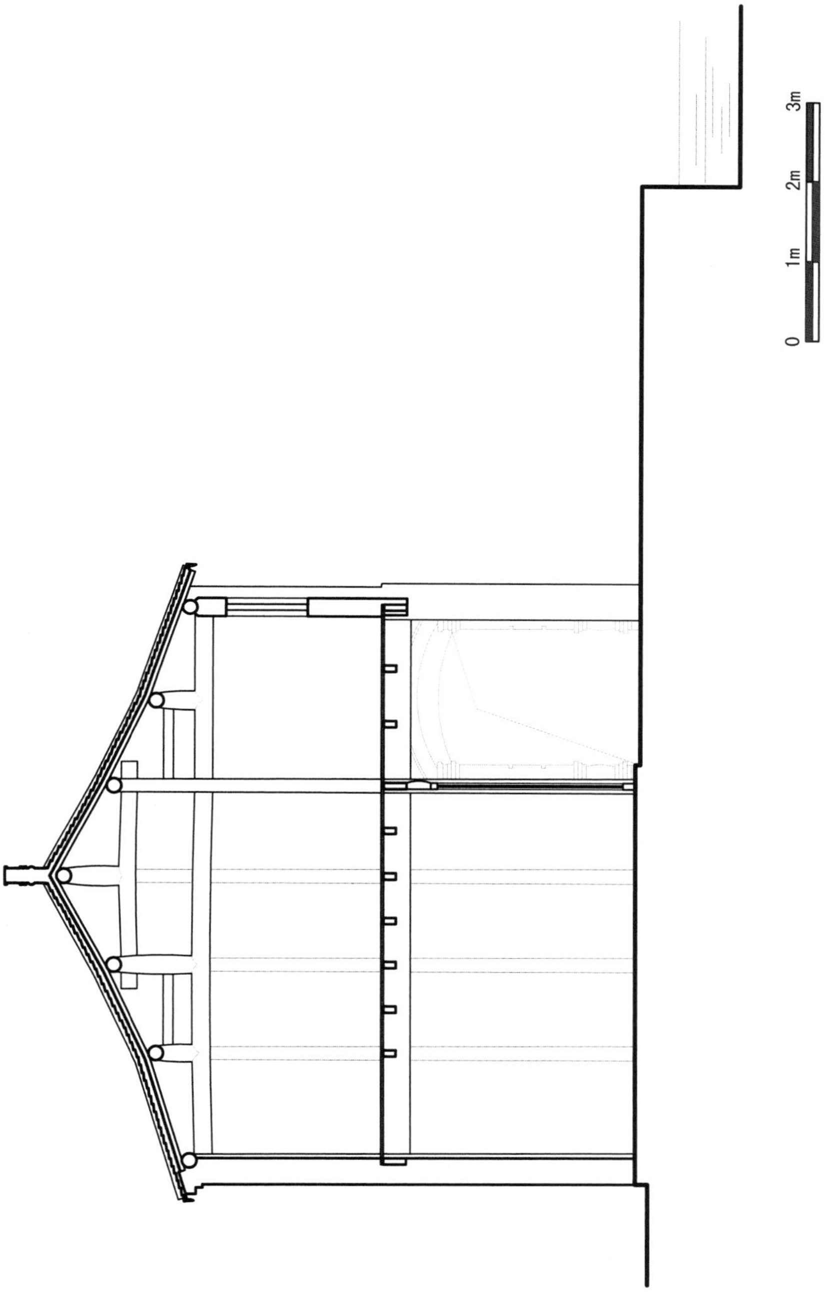

图 49　建新里跨街楼楼厅横剖面图

图 50　石牌里跨街楼总平面图

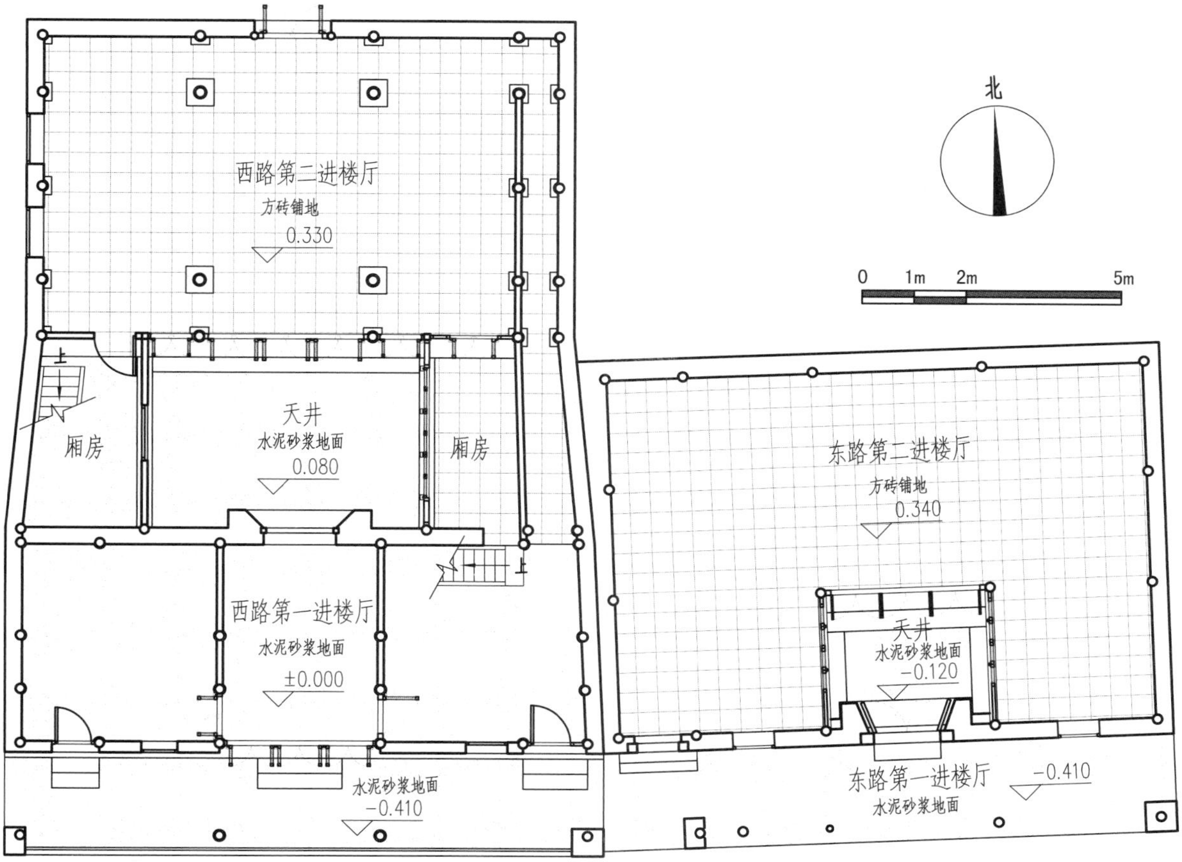
北
0
1m
2m
5m
西路第二进楼厅
方砖铺地
0.330
上
厢房
天井
水泥砂浆地面
0.080
厢房
东路第二进楼厅
方砖铺地
0.340
上
西路第一进楼厅
水泥砂浆地面
±0.000
天井
水泥砂浆地面
−0.120
水泥砂浆地面
−0.410
东路第一进楼厅
−0.410
水泥砂浆地面

图 51　石牌里跨街楼一层平面图

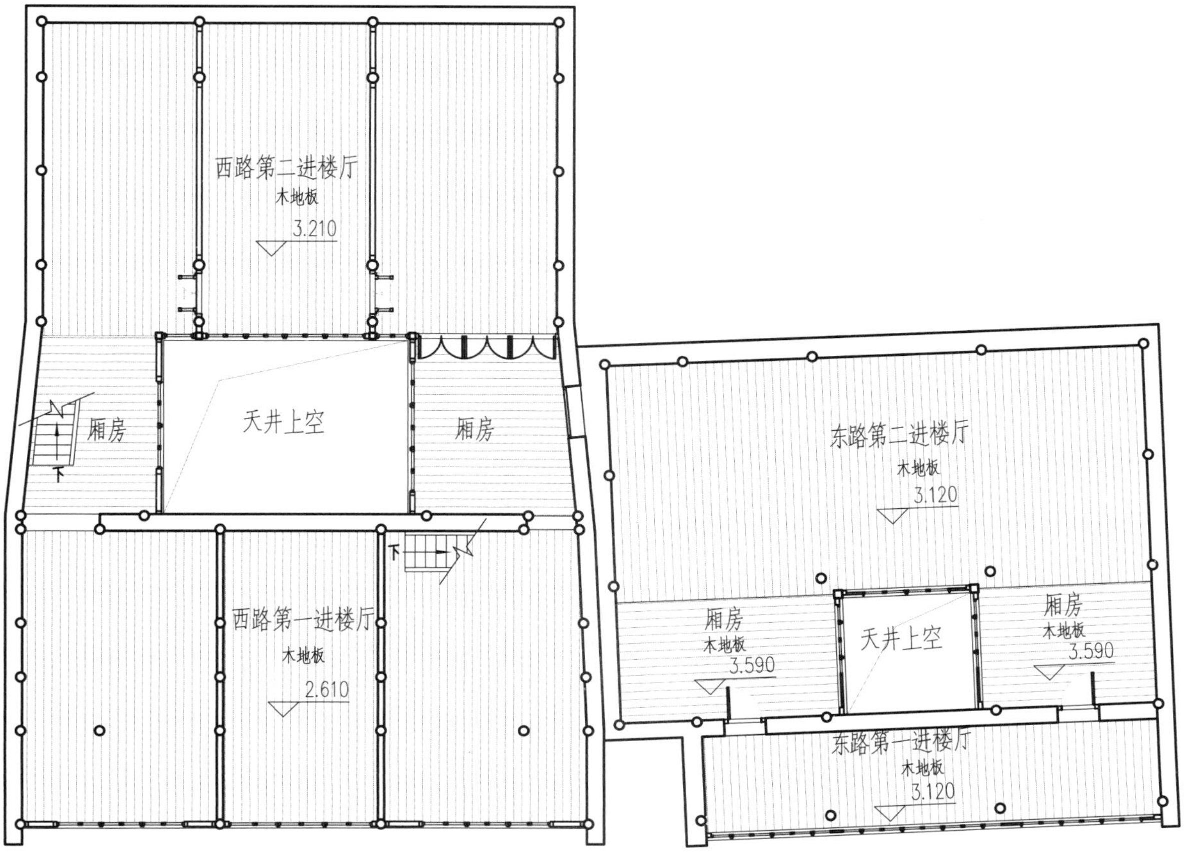
西路第二进楼厅
木地板
3.210
厢房
天井上空
厢房
下
东路第二进楼厅
木地板
3.120
下
西路第一进楼厅
木地板
2.610
厢房
木地板
3.590
天井上空
厢房
木地板
3.590
东路第一进楼厅
木地板
3.120

图 52　石牌里跨街楼二层平面图

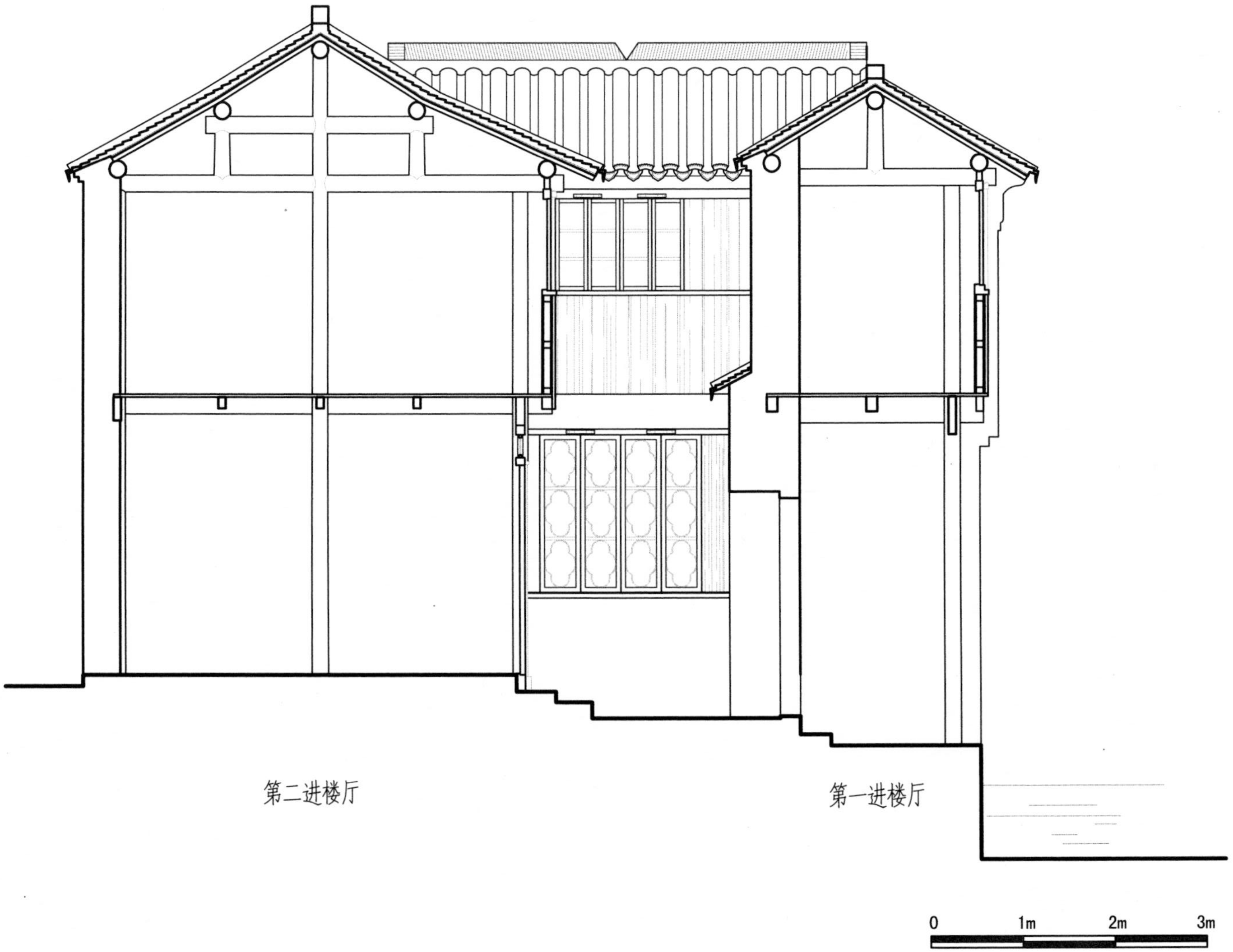

图 53　石牌里跨街楼东路总横剖面图

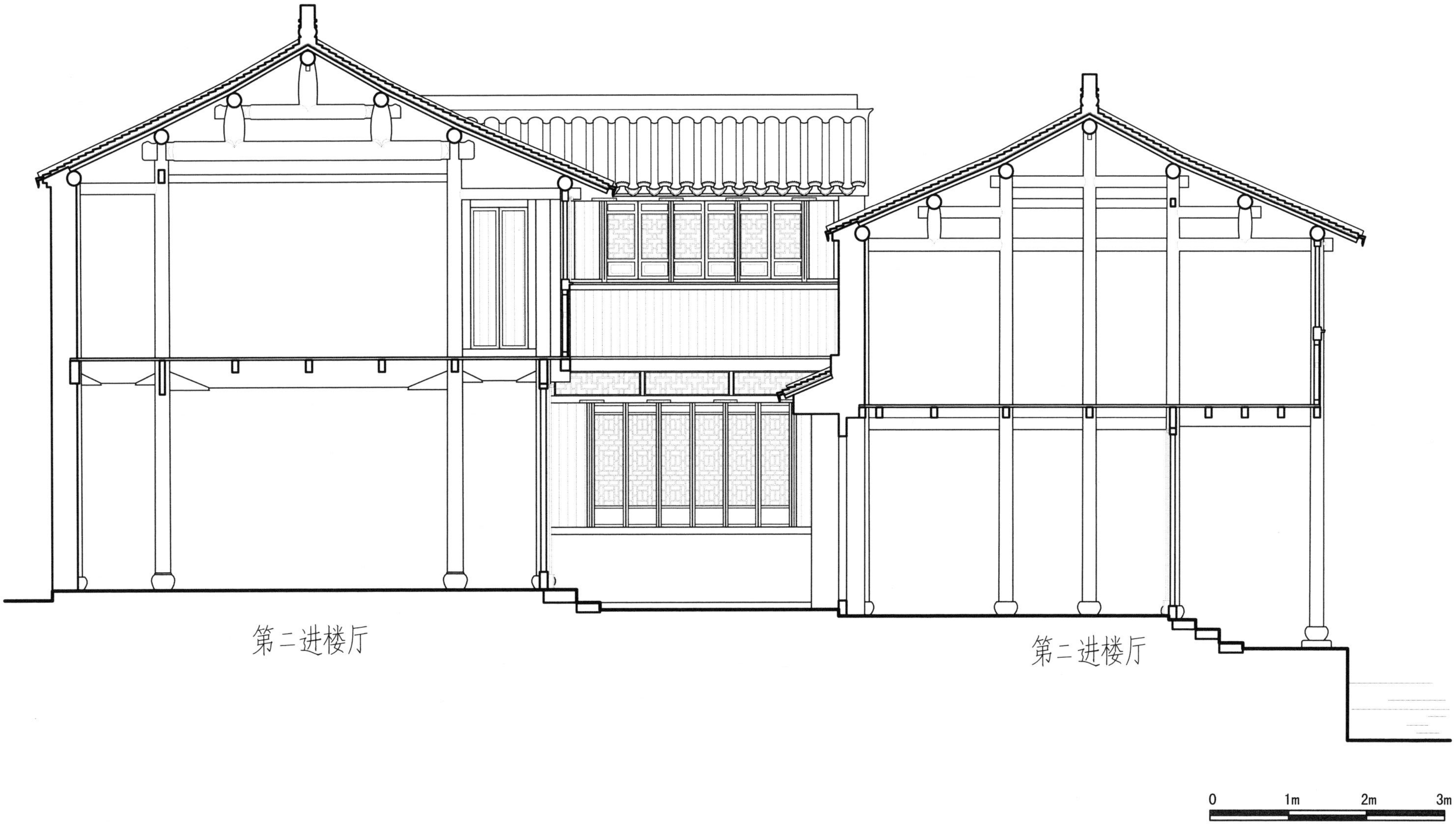

图 54　石牌里跨街楼西路总横剖面图

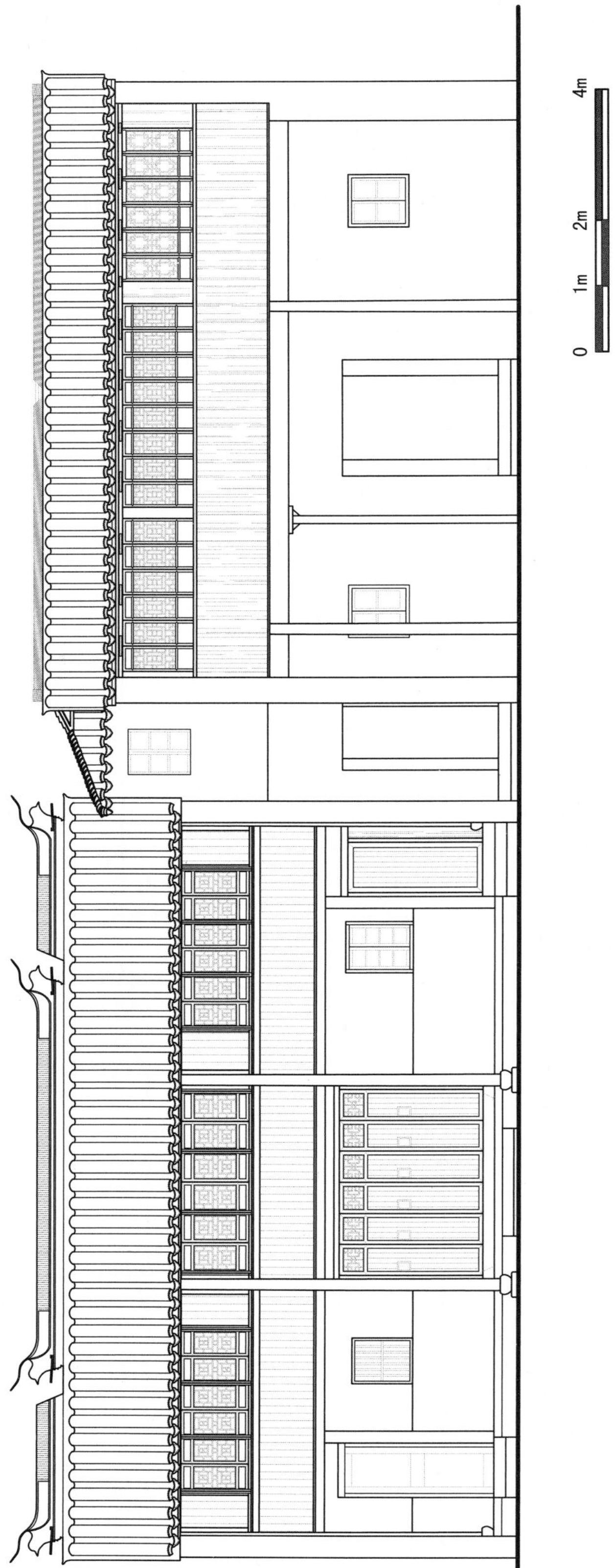

图 55　石牌里跨街楼南立面图

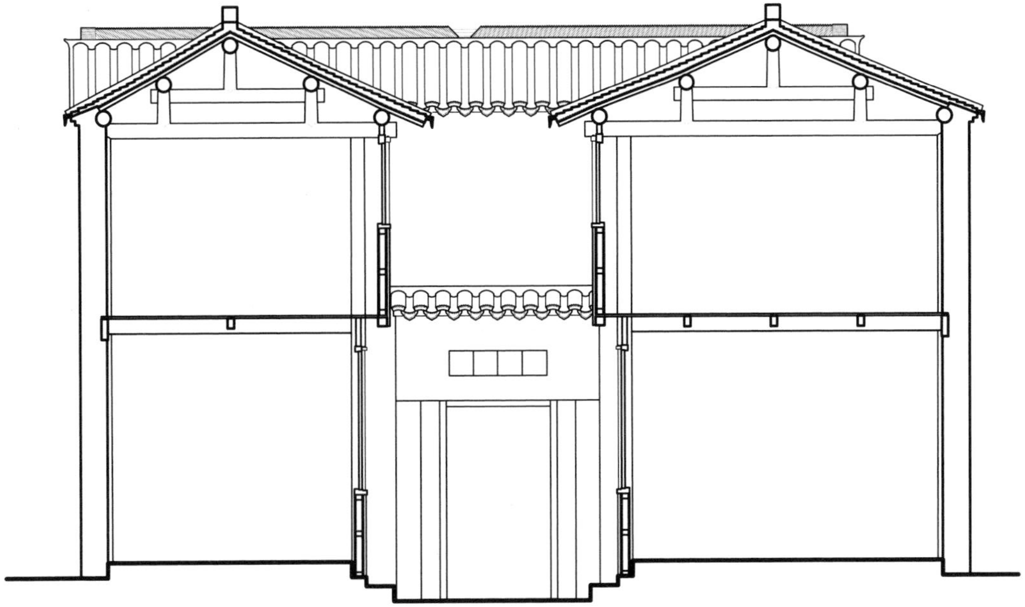

图 56　石牌里跨街楼东路第一进楼厅北立面图

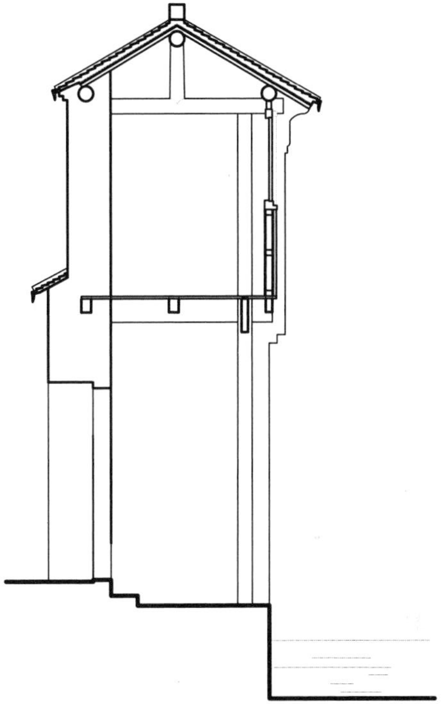

图 57　石牌里跨街楼东路第一进楼厅横剖面图

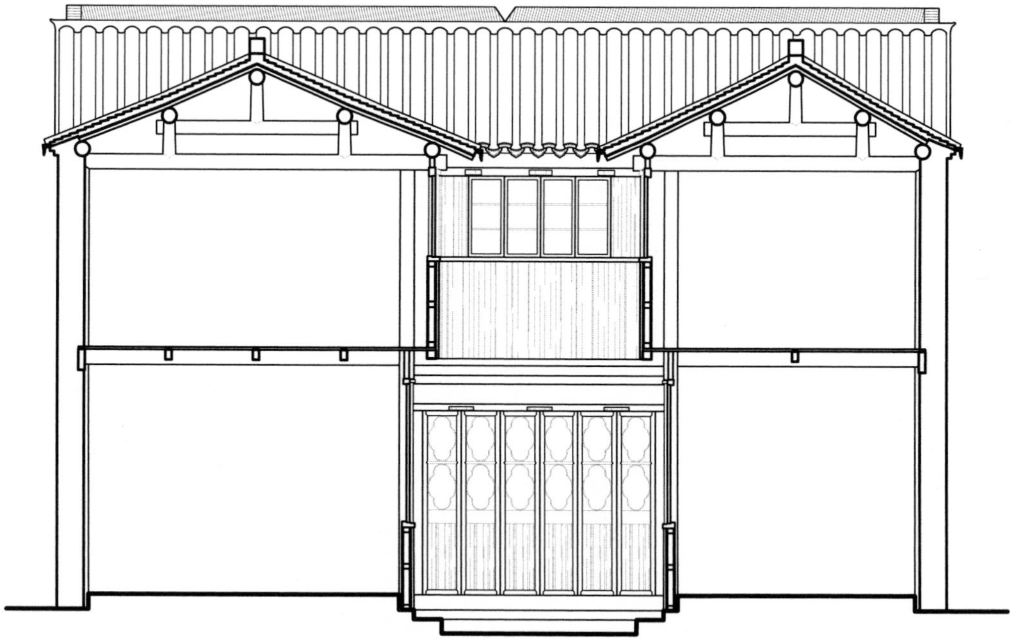

图 58　石牌里跨街楼东路第二进楼厅南立面图

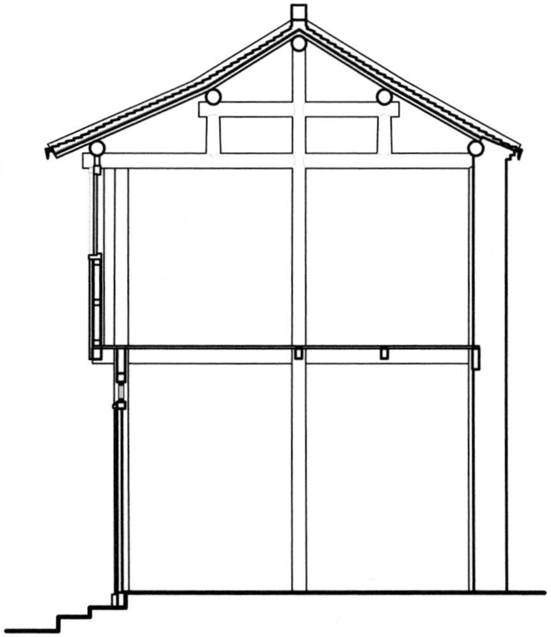

图 59　石牌里跨街楼东路第二进楼厅南立面图

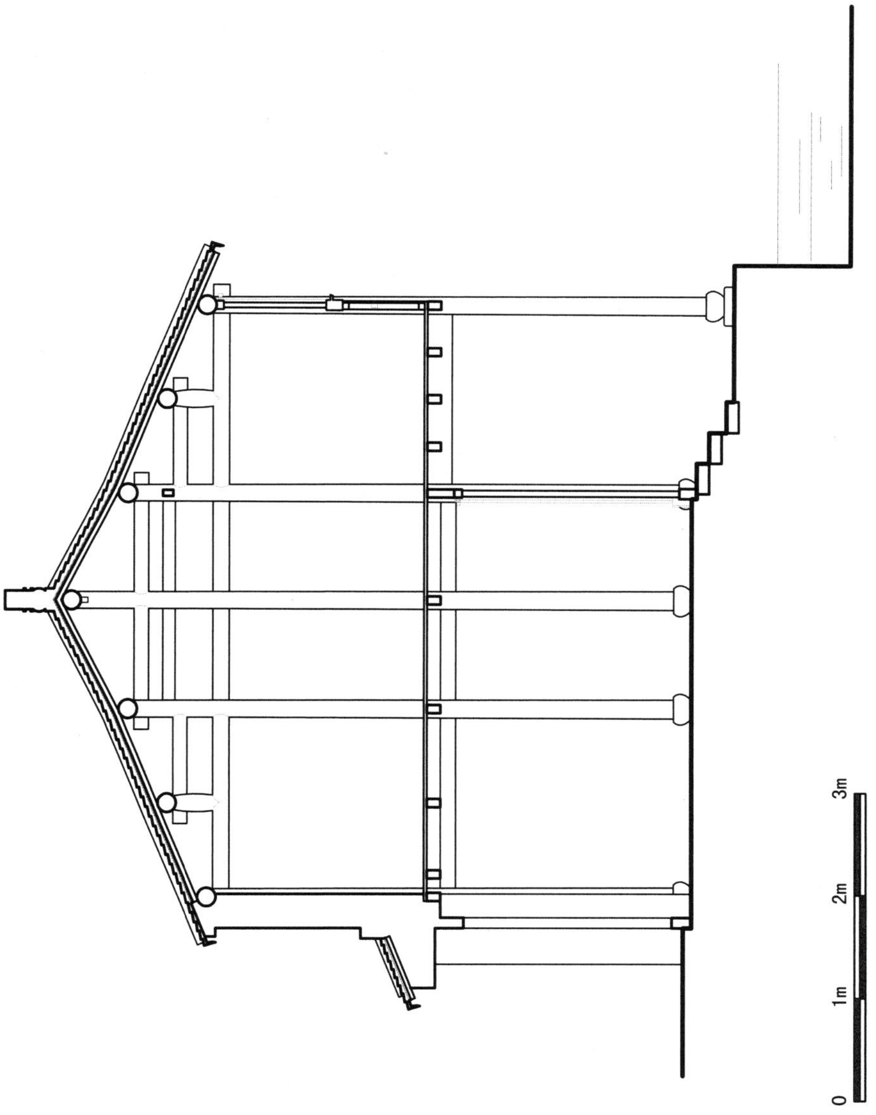

图 60　石牌里跨街楼西路第一进楼厅横剖面图

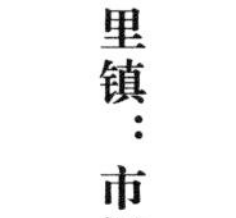

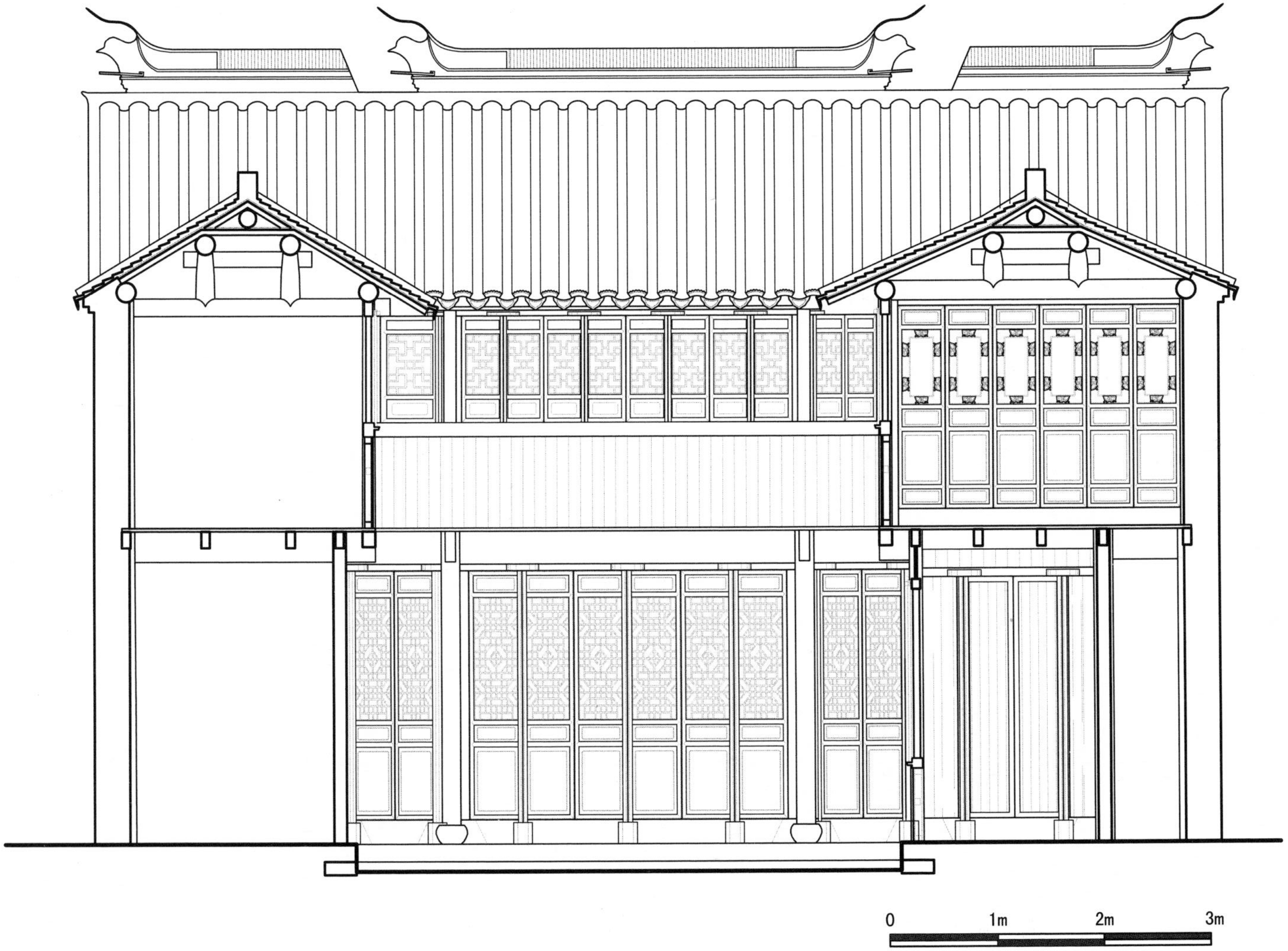

图 61　石牌里跨街楼西路第二进楼厅南立面图

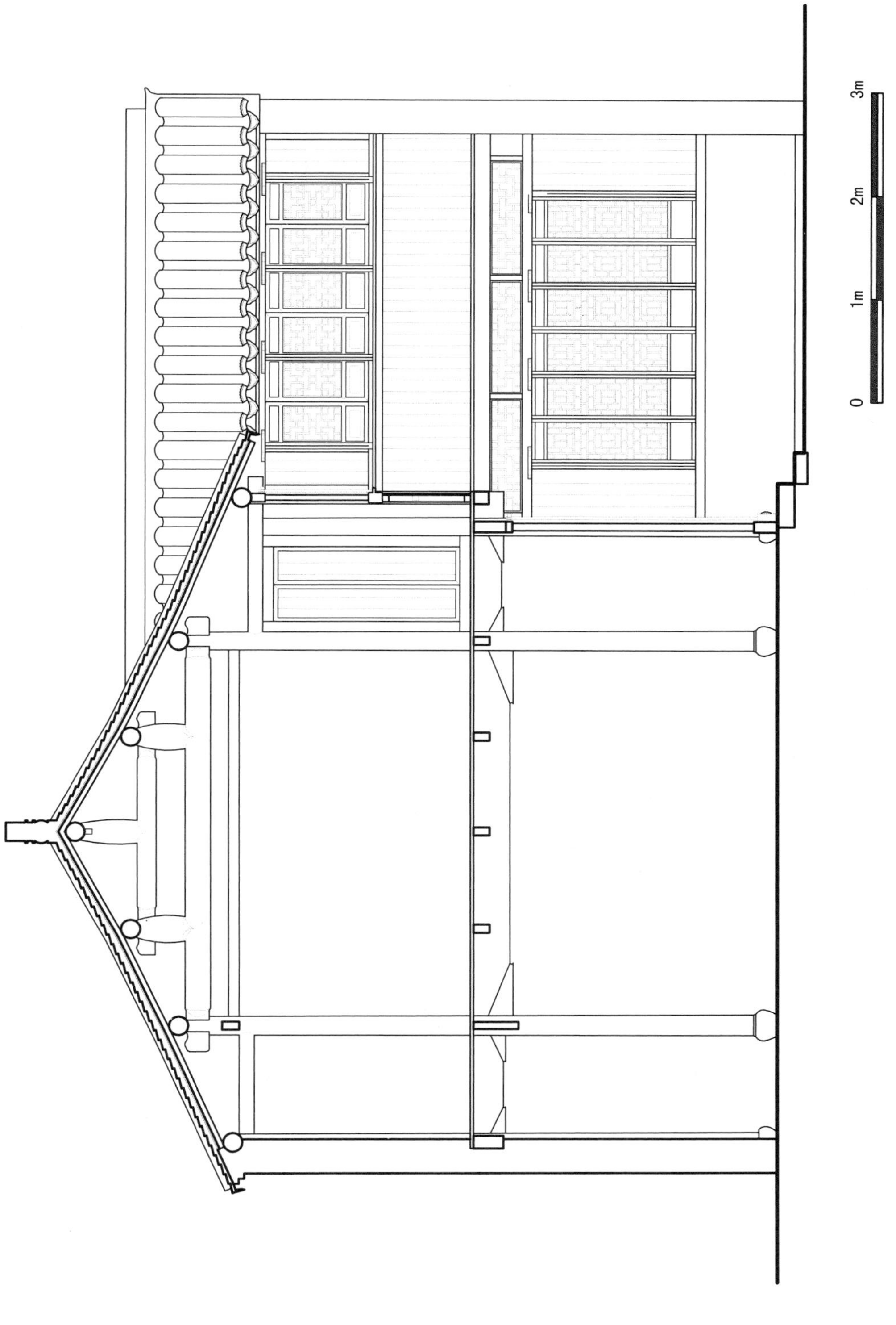

图 62　石牌里跨街楼西路第二进楼厅横剖面图

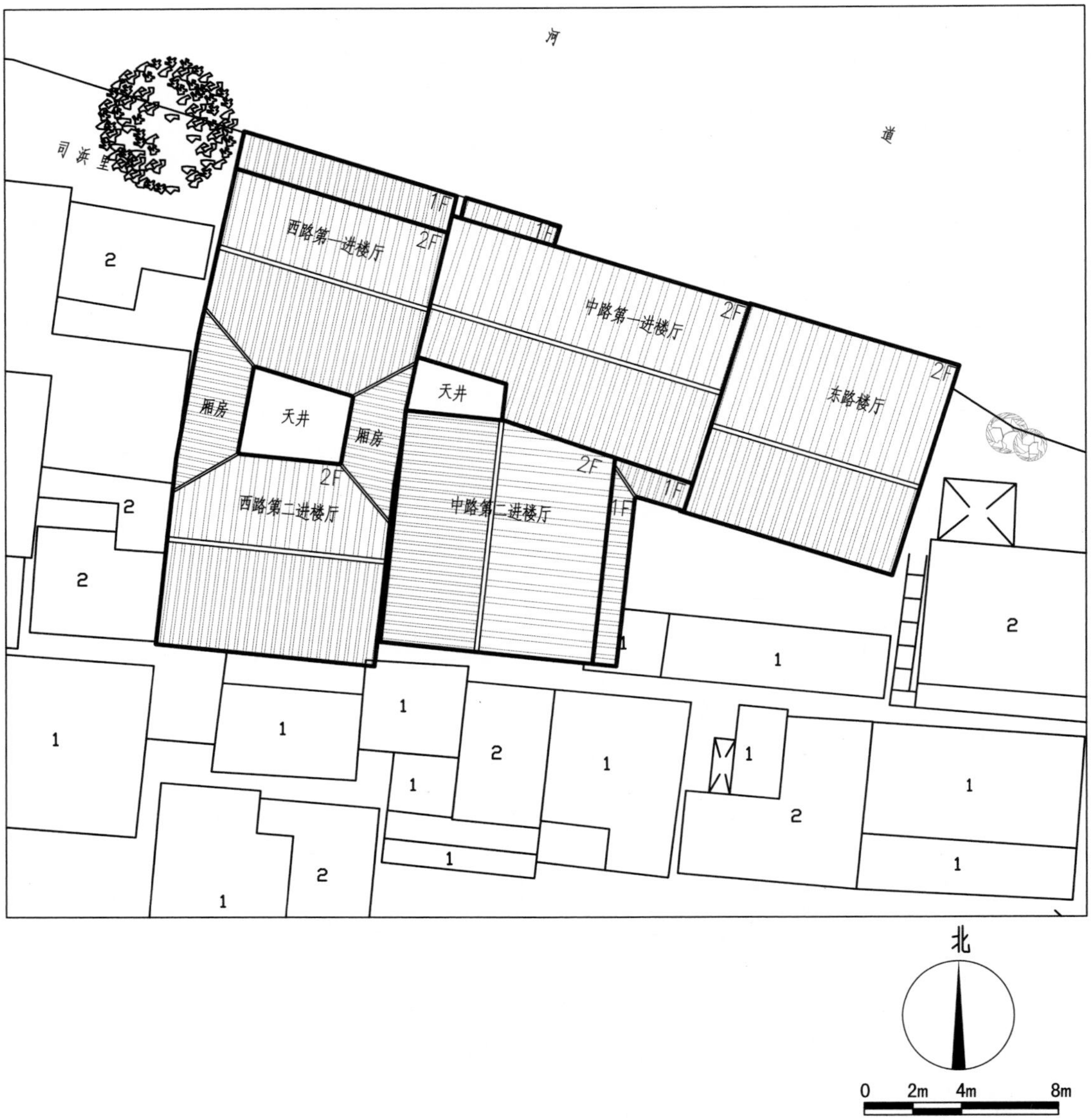

河
道
司浜里
西路第一进楼厅
中路第一进楼厅
东路楼厅
天井
厢房
西路第二进楼厅
中路第二进楼厅
1F
2F
北
0 2m 4m 8m

图 63　司浜里跨街总平面图

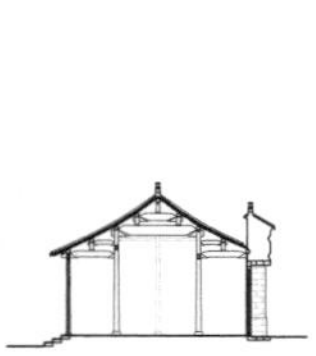

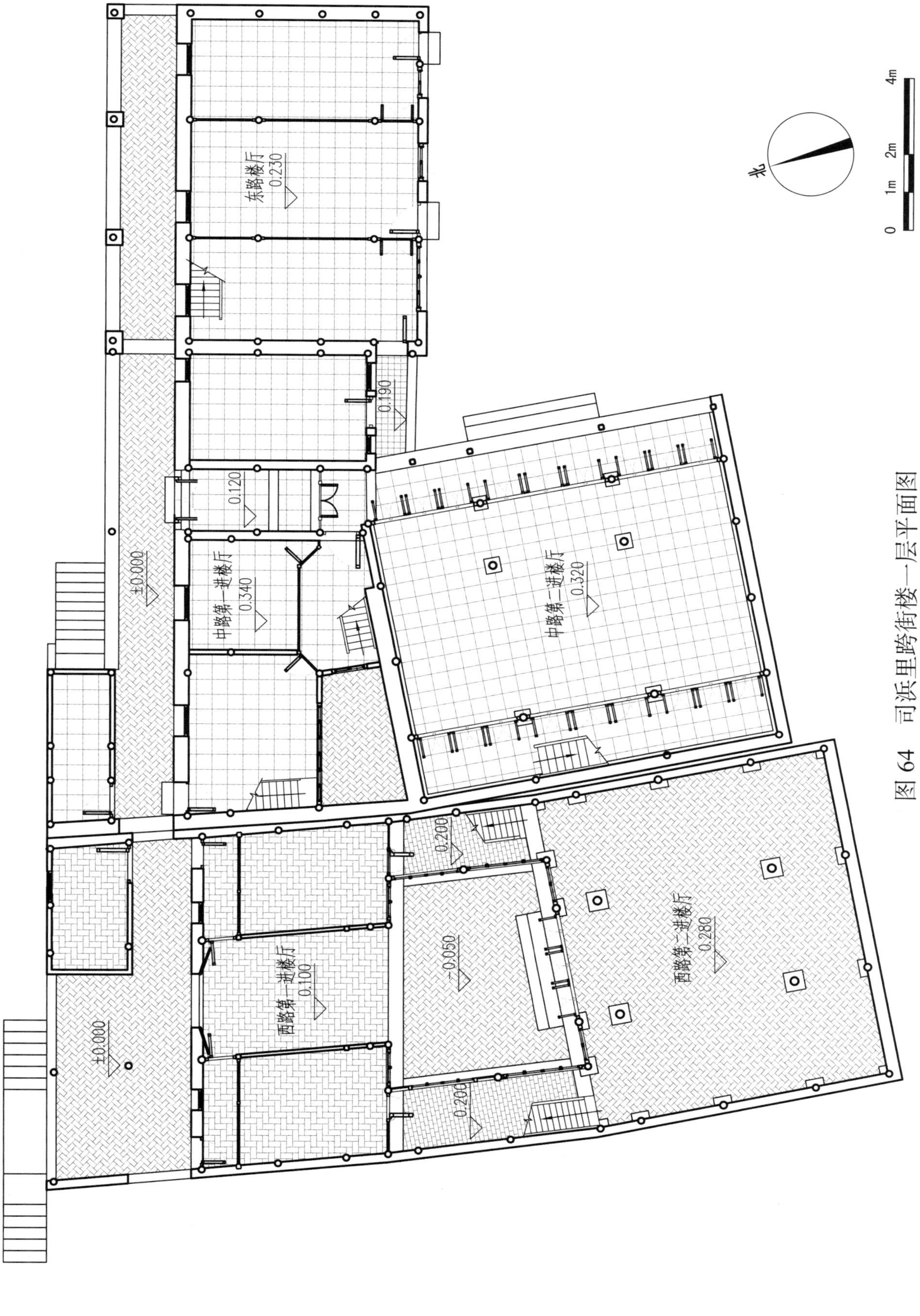

图64 司浜里跨街楼一层平面图

西路第一进楼厅
2.730
中路第一进楼厅
3.640
东路楼厅
3.380
天井上空
天井上空
2.730
2.930
中路第二进楼厅
3.550
西路第二进楼厅
3.010
北
0
1m
2m
4m

图 65　司浜里跨街楼二层平面图

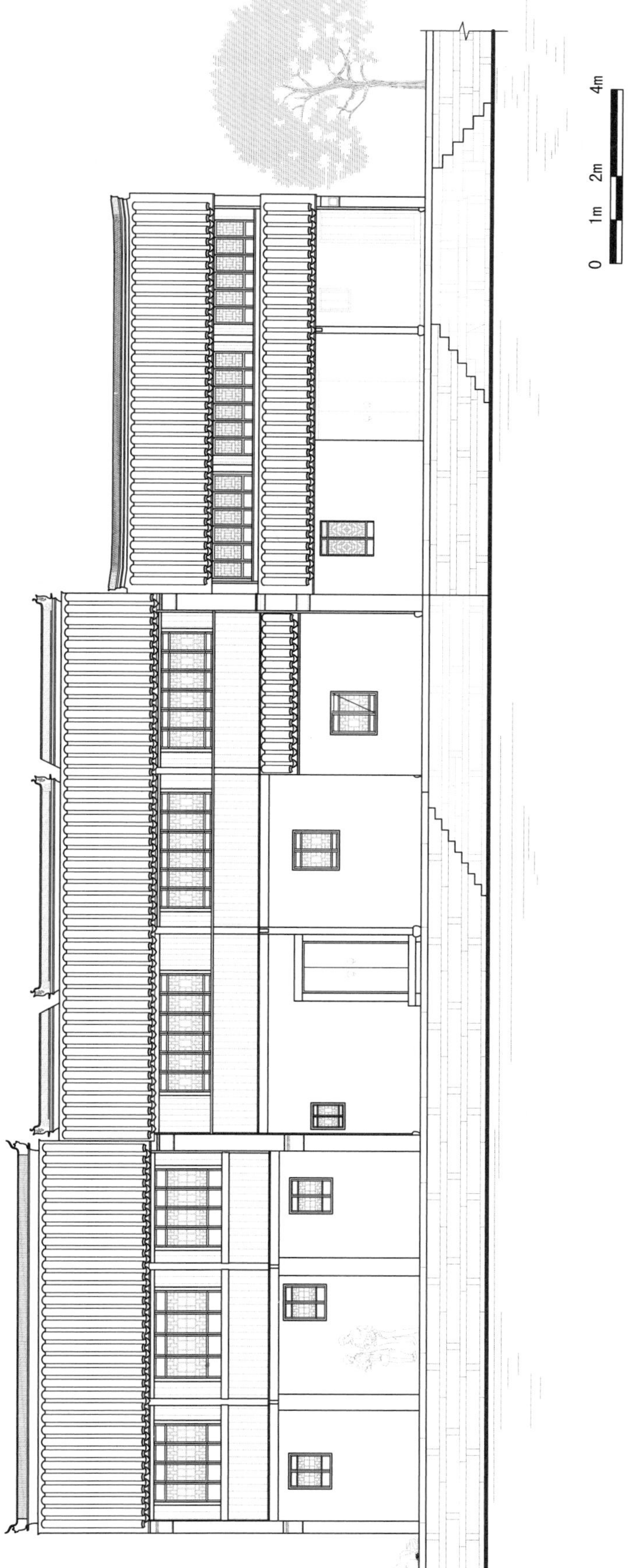

图66 司浜里跨街楼沿河建筑立面图

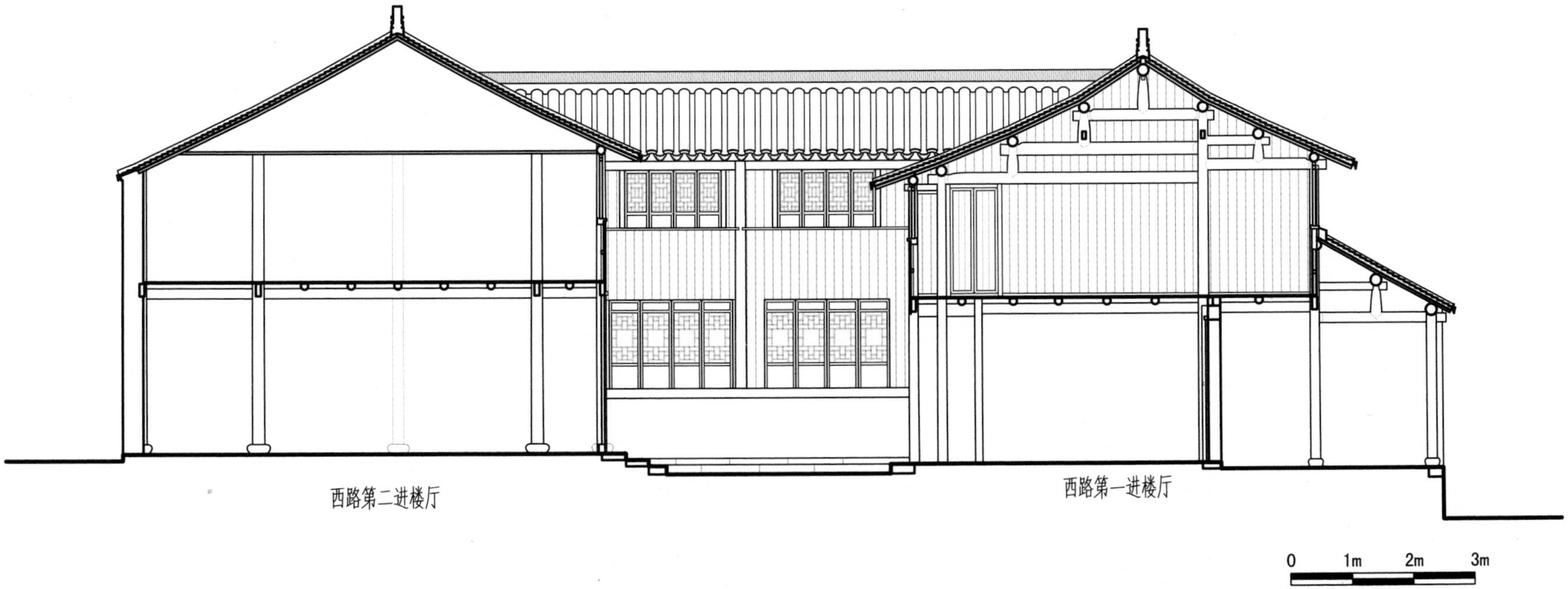
西路第二进楼厅
西路第一进楼厅
0
1m
2m
3m

图 67　司浜里跨街楼西路剖面图

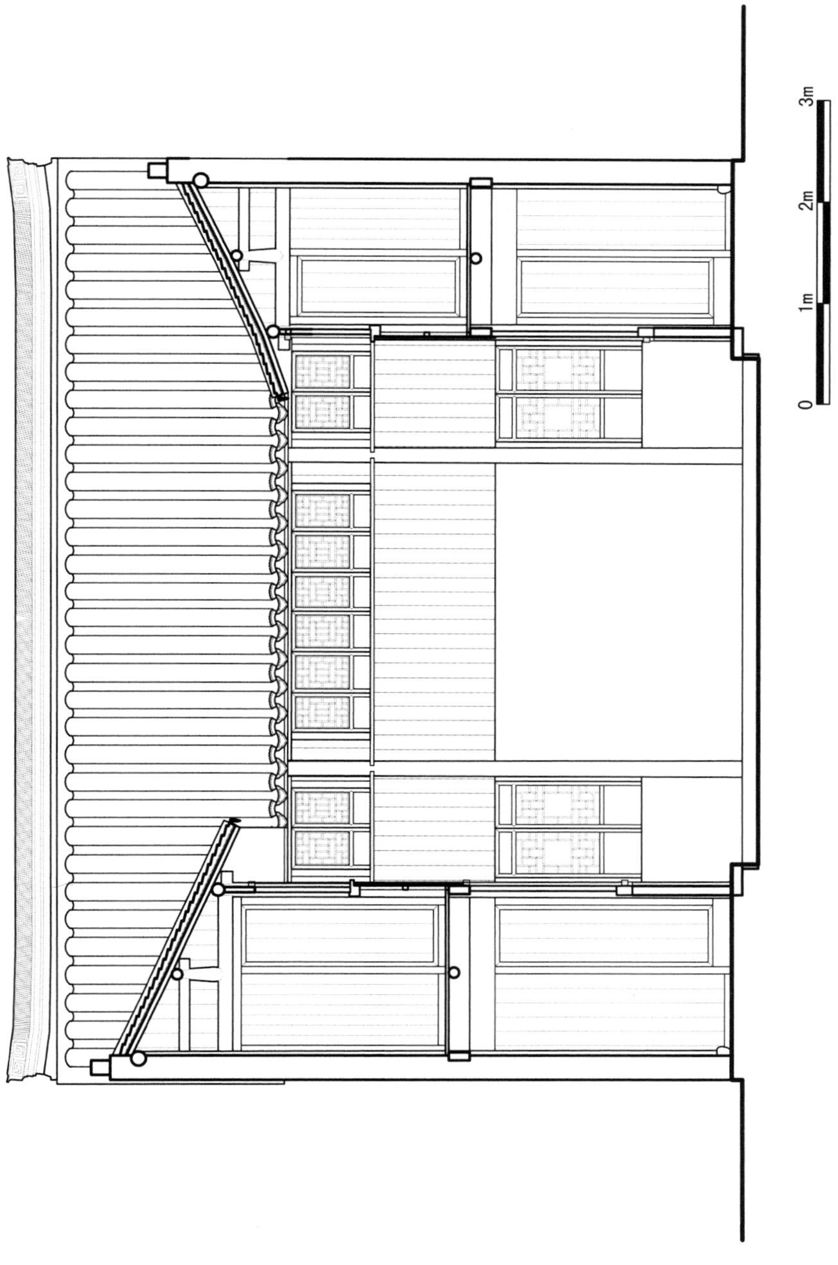

图 68 司浜里跨街楼西路第一进南立面图

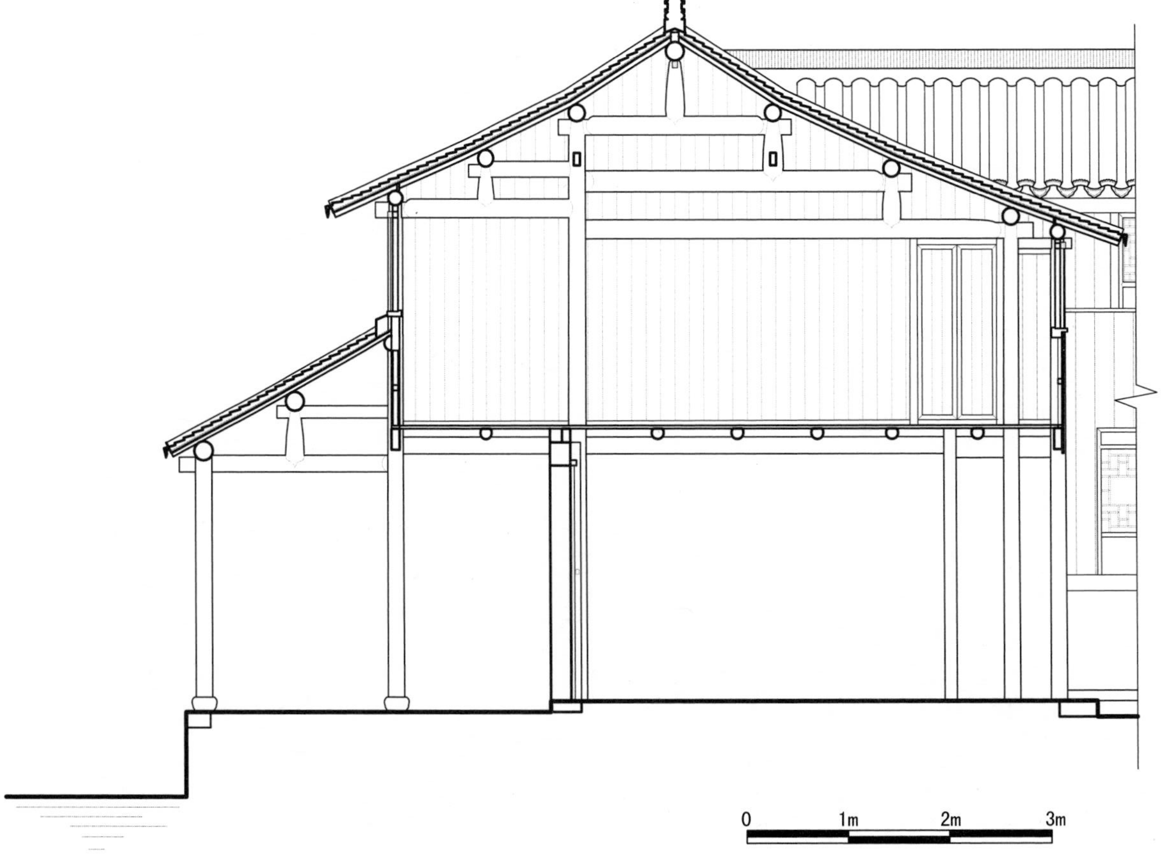

图 69　司浜里跨街楼西路第一进剖面图

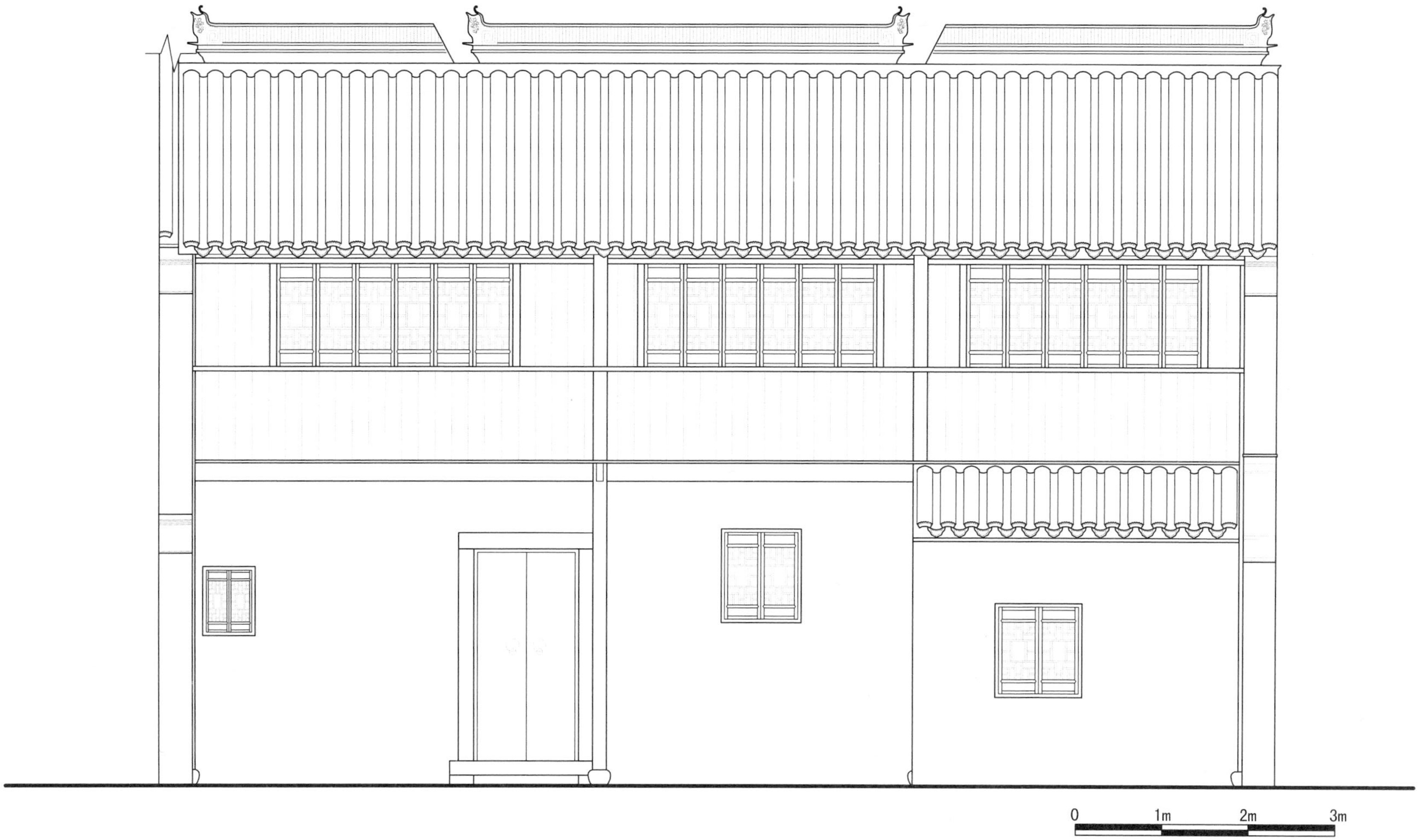

图 70　司浜里跨街楼中路第一进楼厅北立面图

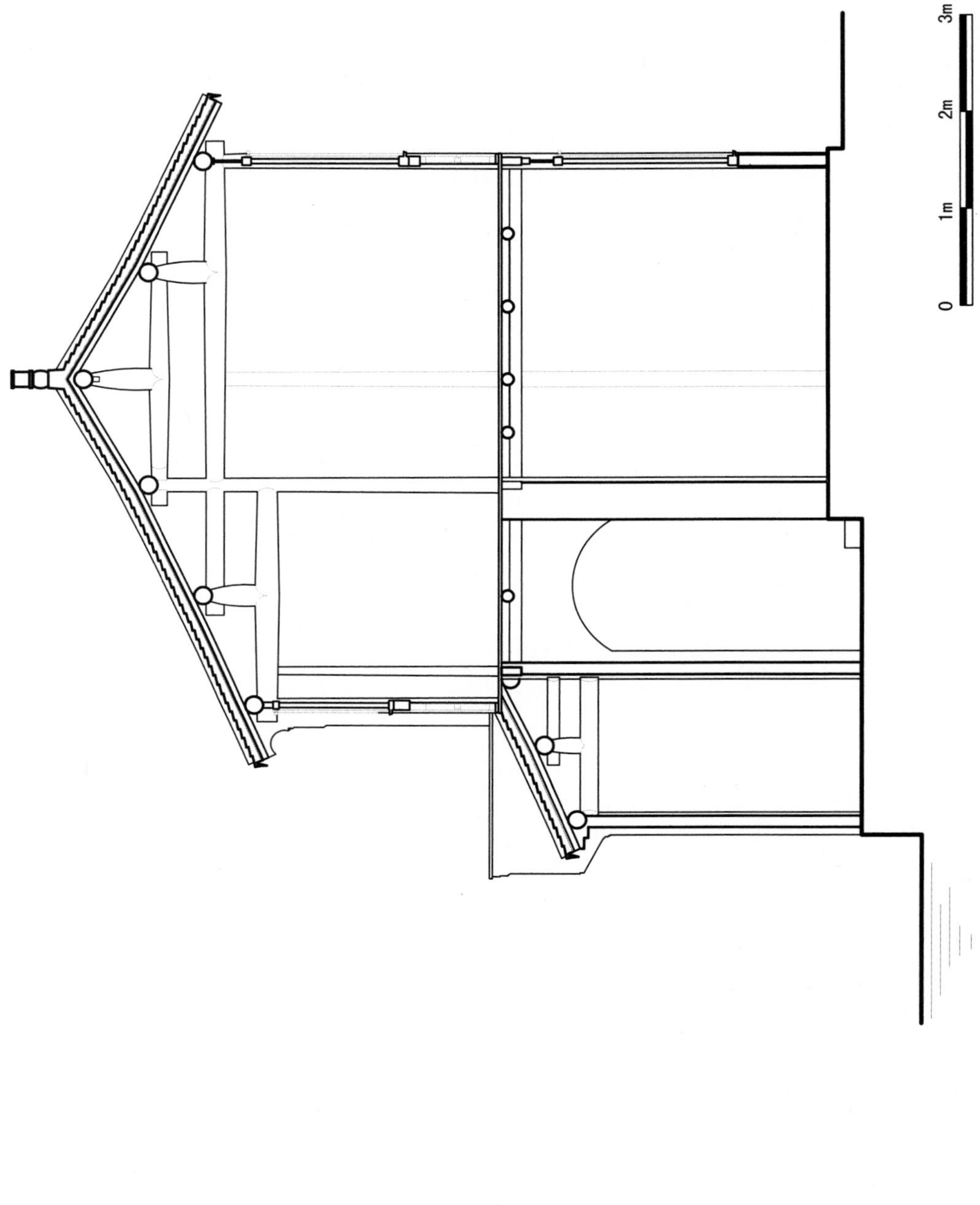

图 71　司浜里跨街楼中路第一进楼厅剖面图

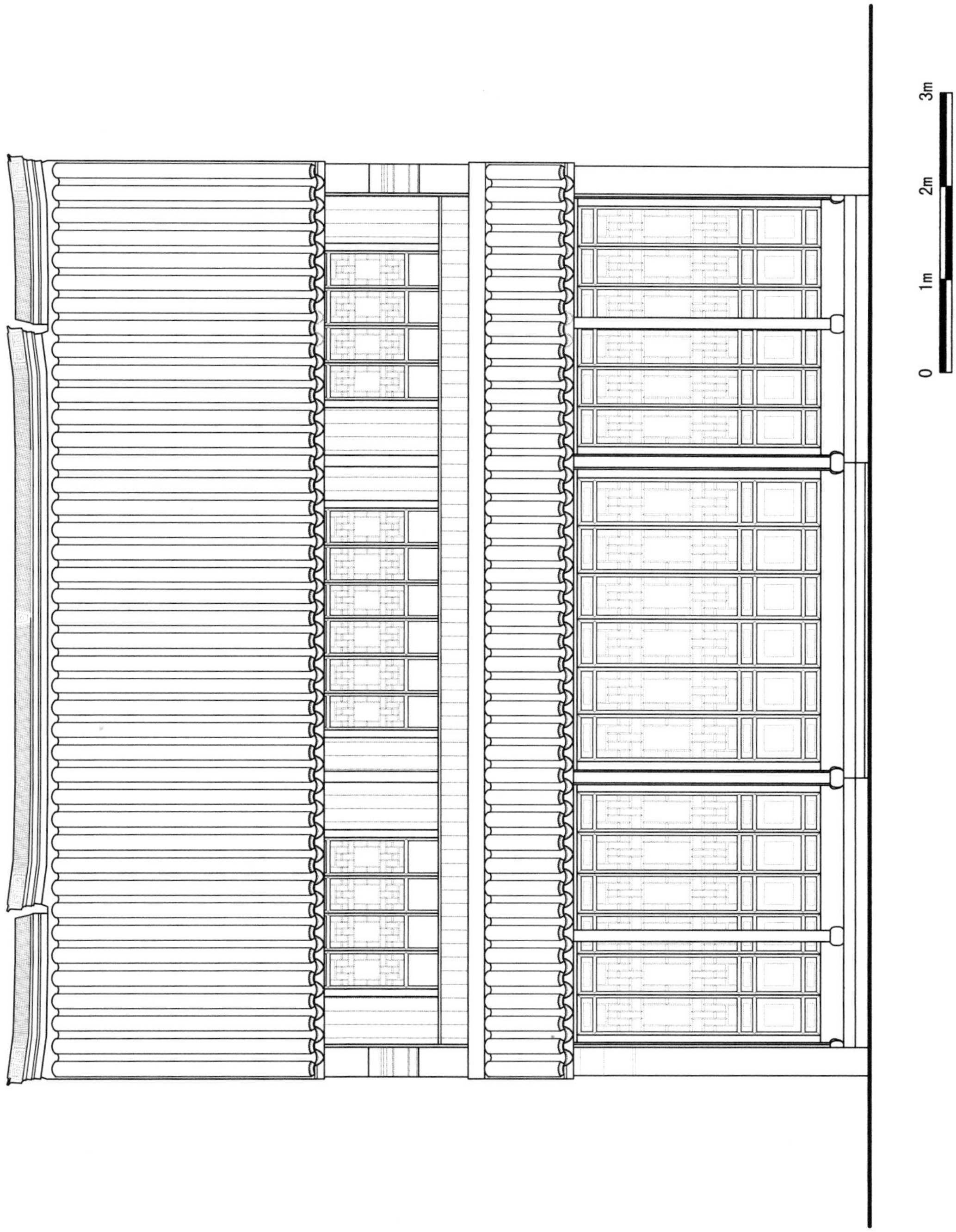

图 72　司浜里跨街楼中路第二进楼厅东立面图

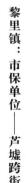

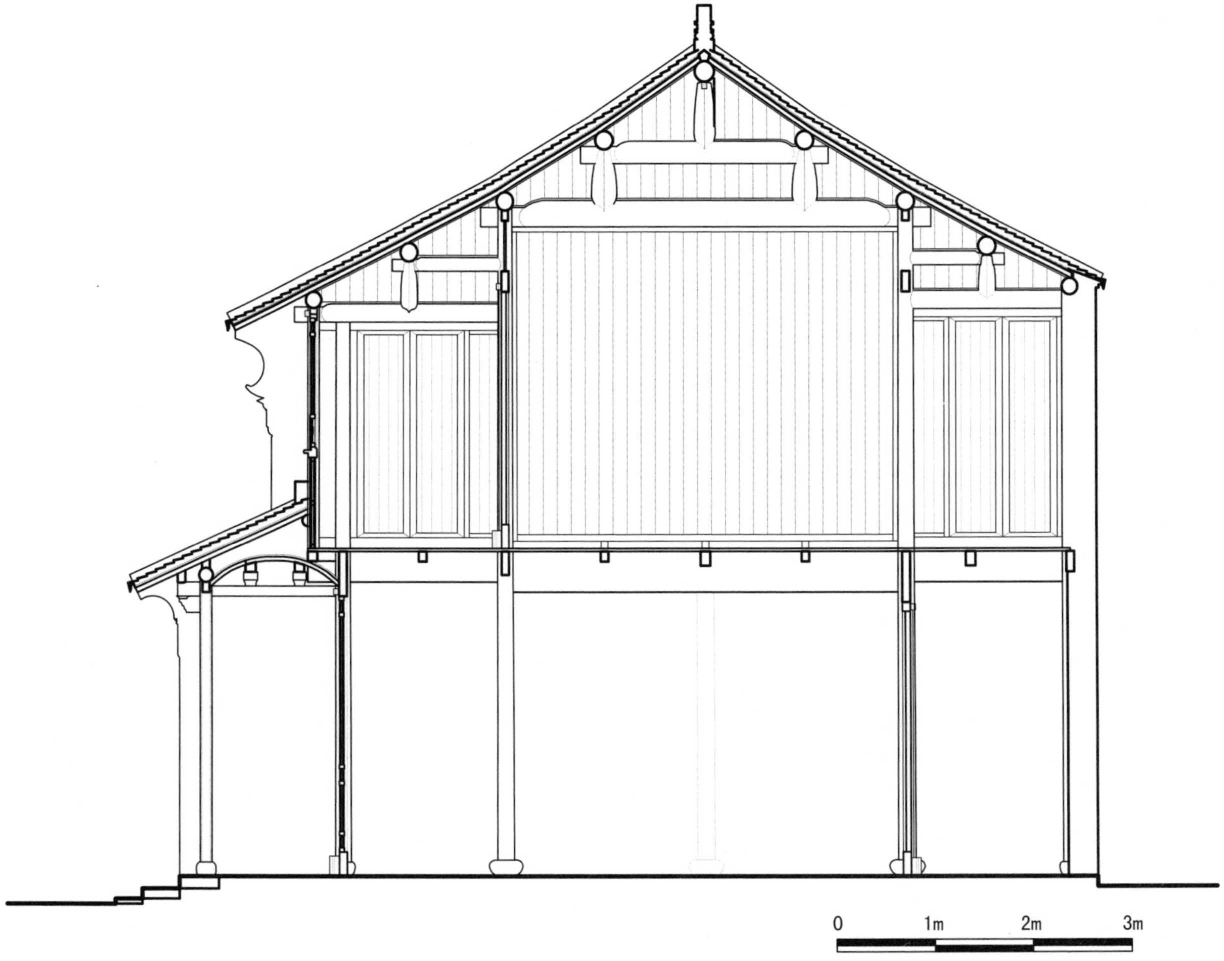

图 73　司浜里跨街楼第二进楼厅剖面图

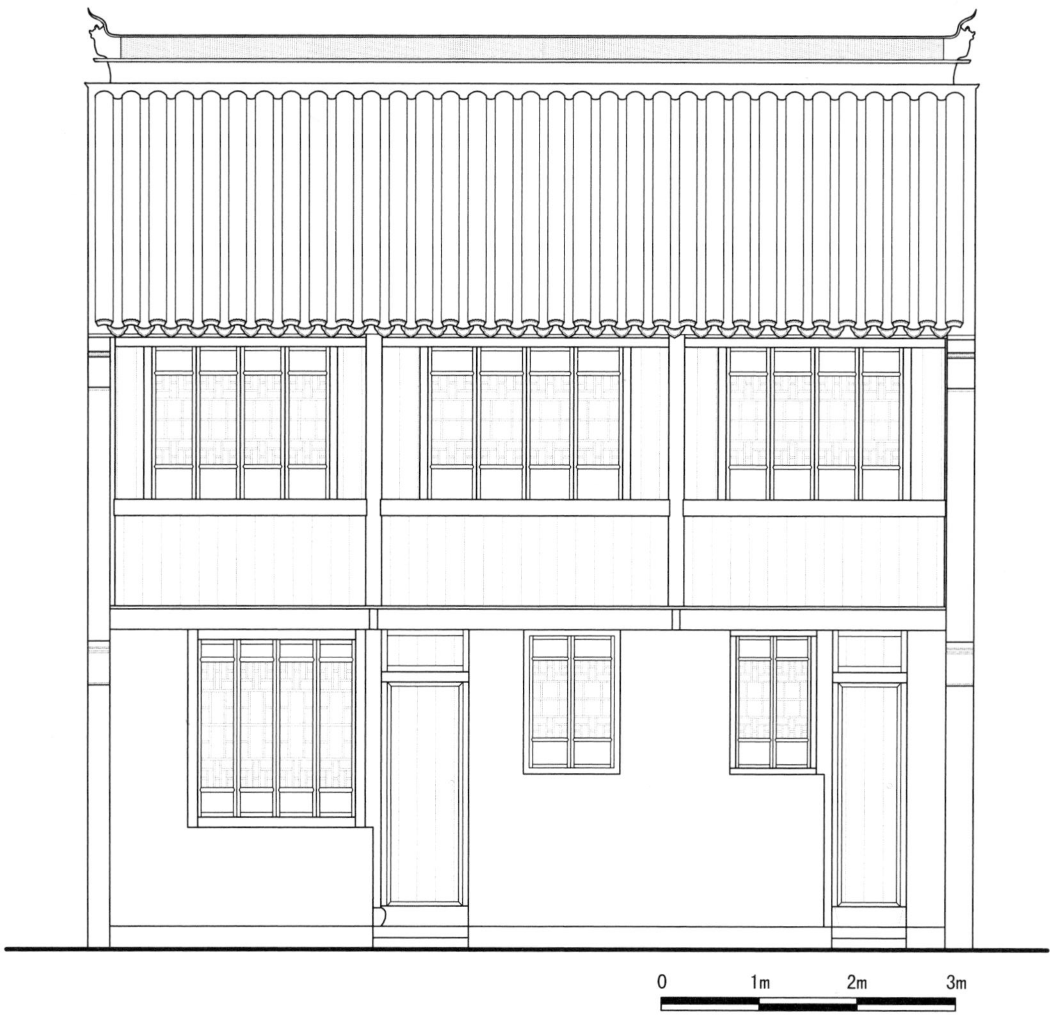

图 74　司浜里跨街楼东路楼厅南立面图

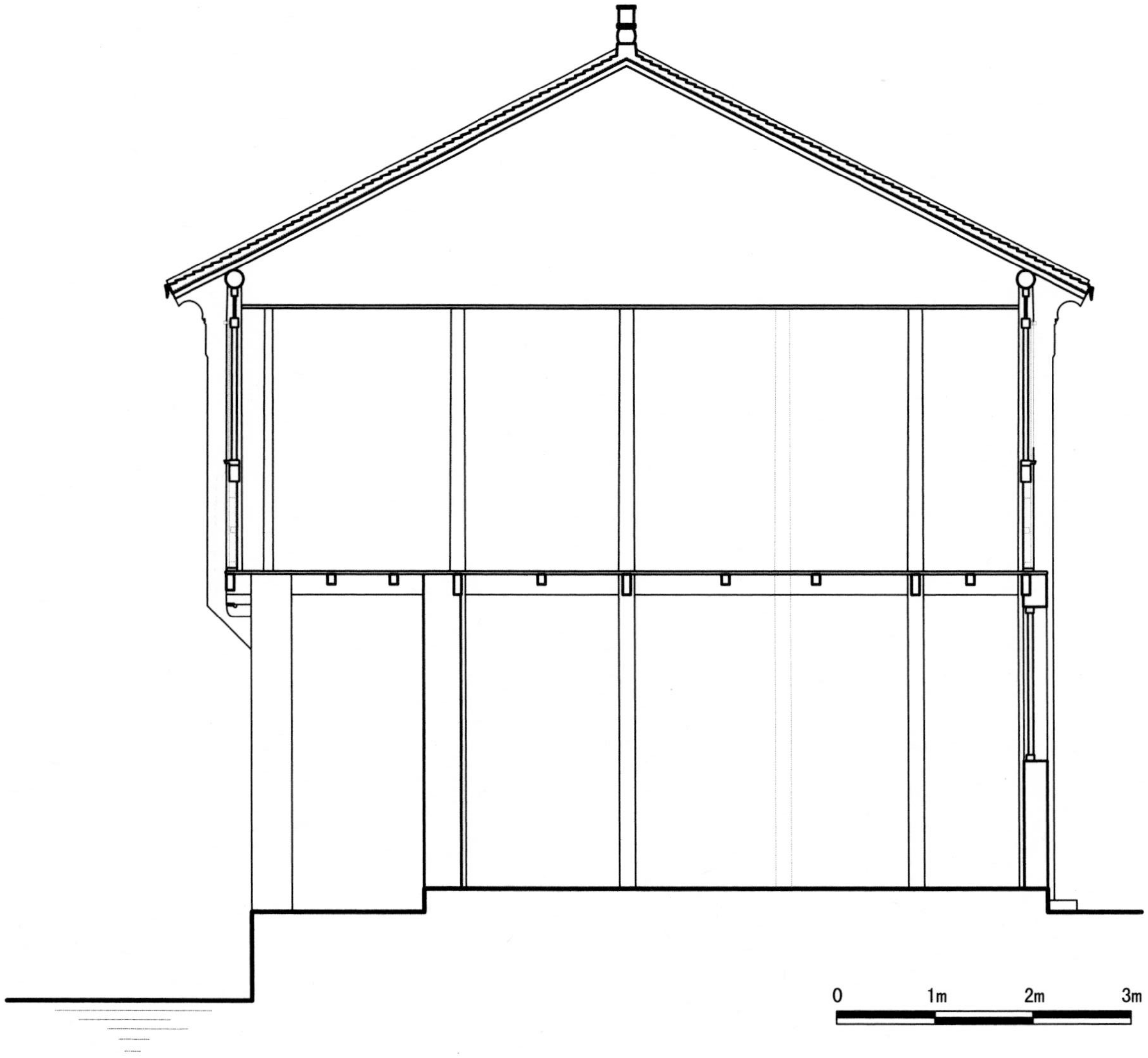

图 75　司浜里跨街楼东路楼厅剖面图

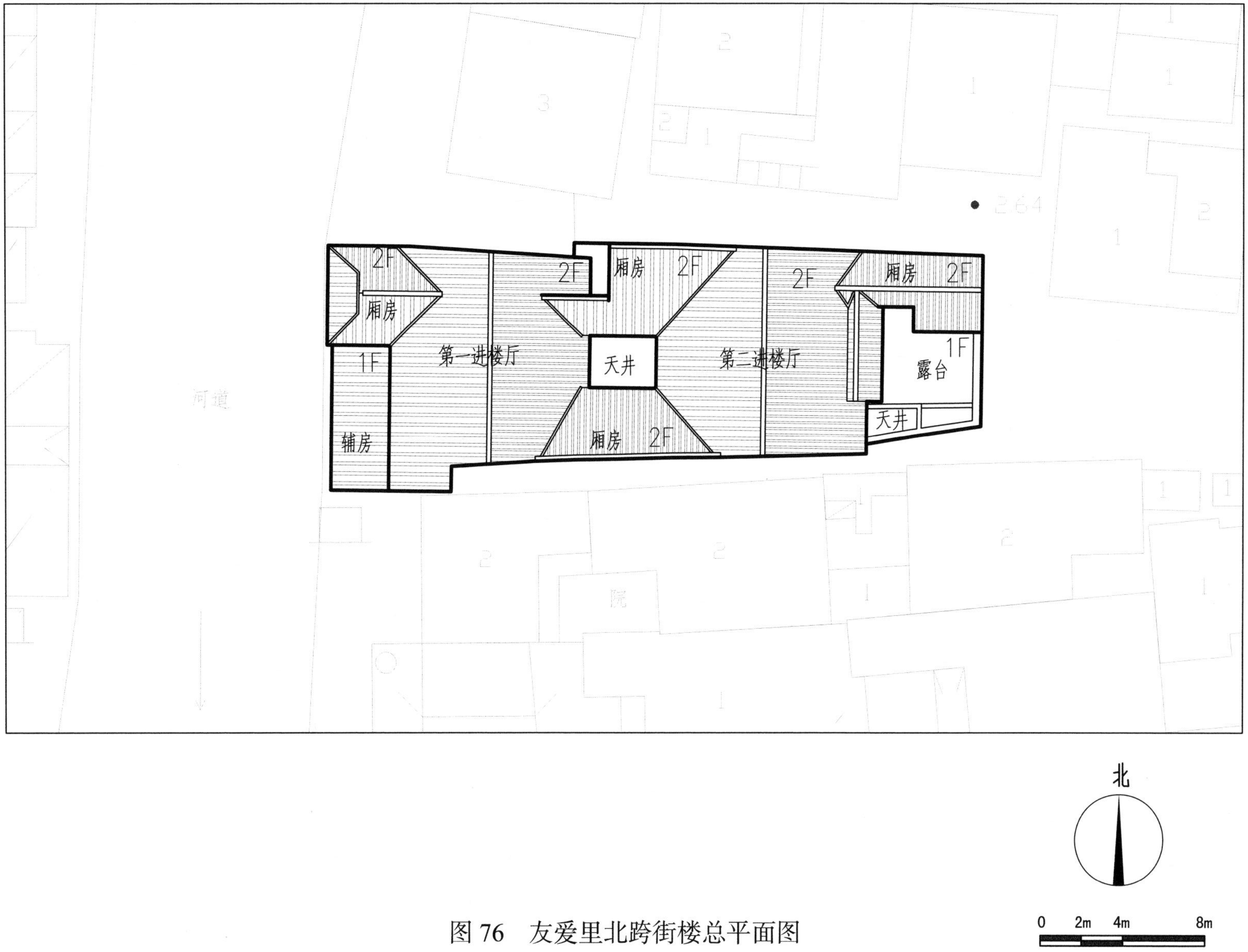

图 76　友爱里北跨街楼总平面图

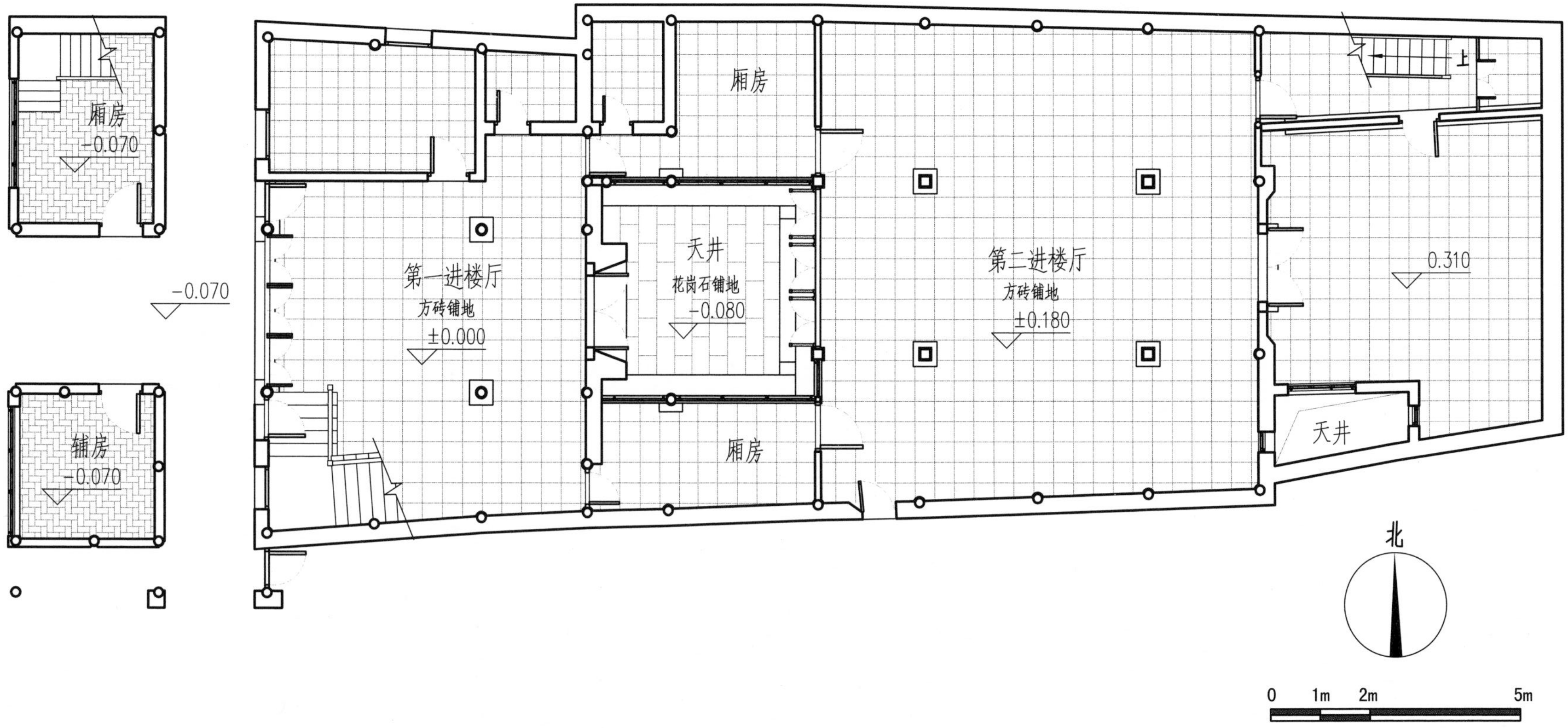
厢房
-0.070
铺房
-0.070
-0.070
第一进楼厅
方砖铺地
±0.000
厢房
天井
花岗石铺地
-0.080
厢房
第二进楼厅
方砖铺地
±0.180
上
0.310
天井
北
0
1m
2m
5m

图 77　友爱里北跨街楼一层平面图

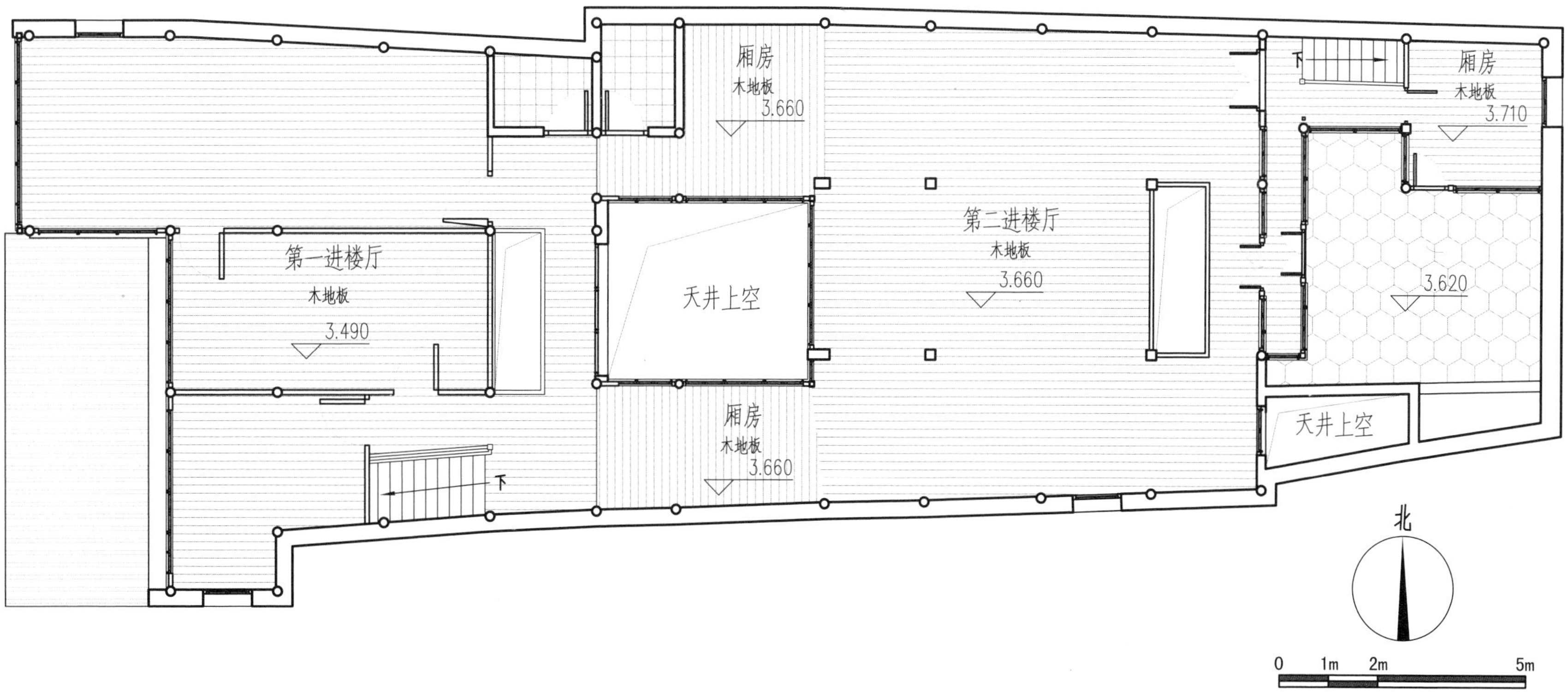
厢房
木地板
3.660
厢房
木地板
3.710
第一进楼厅
木地板
3.490
天井上空
第二进楼厅
木地板
3.660
3.620
厢房
木地板
3.660
天井上空
下
下
北
0
1m
2m
5m

图 78　友爱里北跨街楼二层平面图

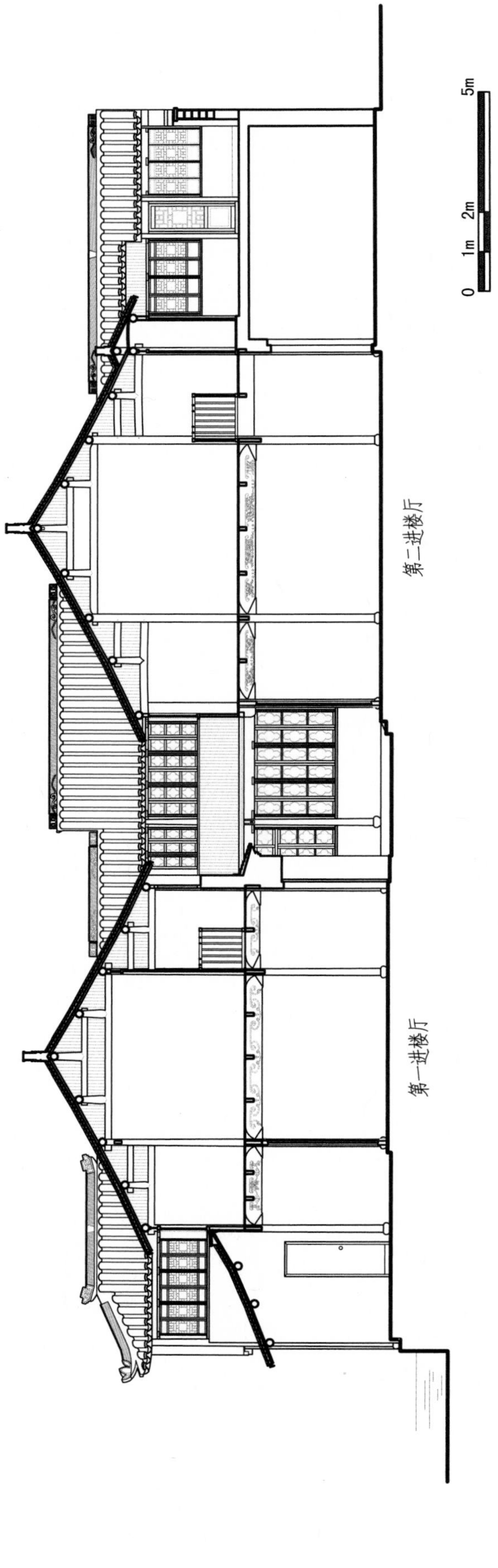

图 79　友爱里北跨街楼总横剖面图

图 80　友爱里北跨街楼第一进楼厅西立面图

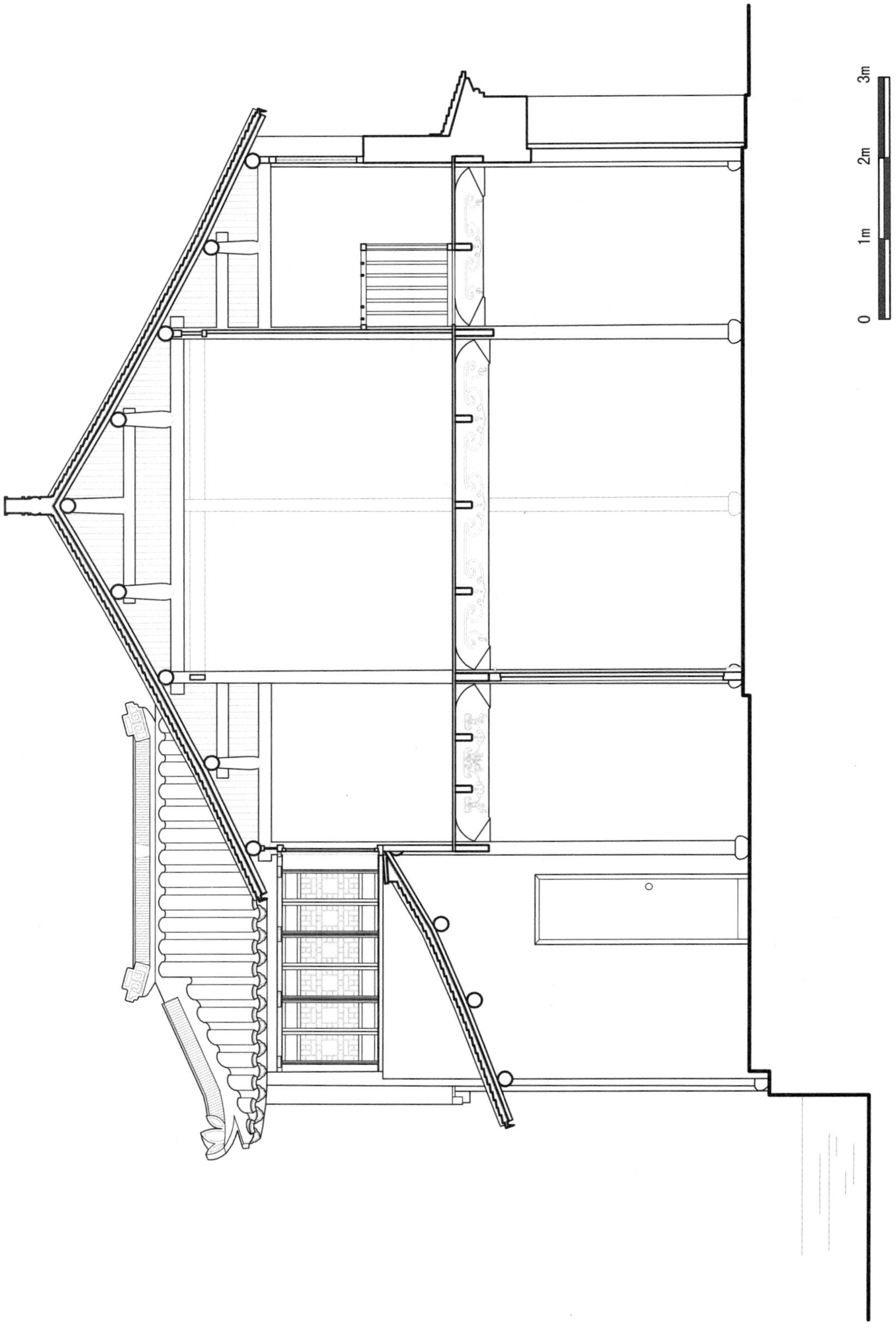

图 81　友爱里北跨街楼第一进楼厅横剖面图

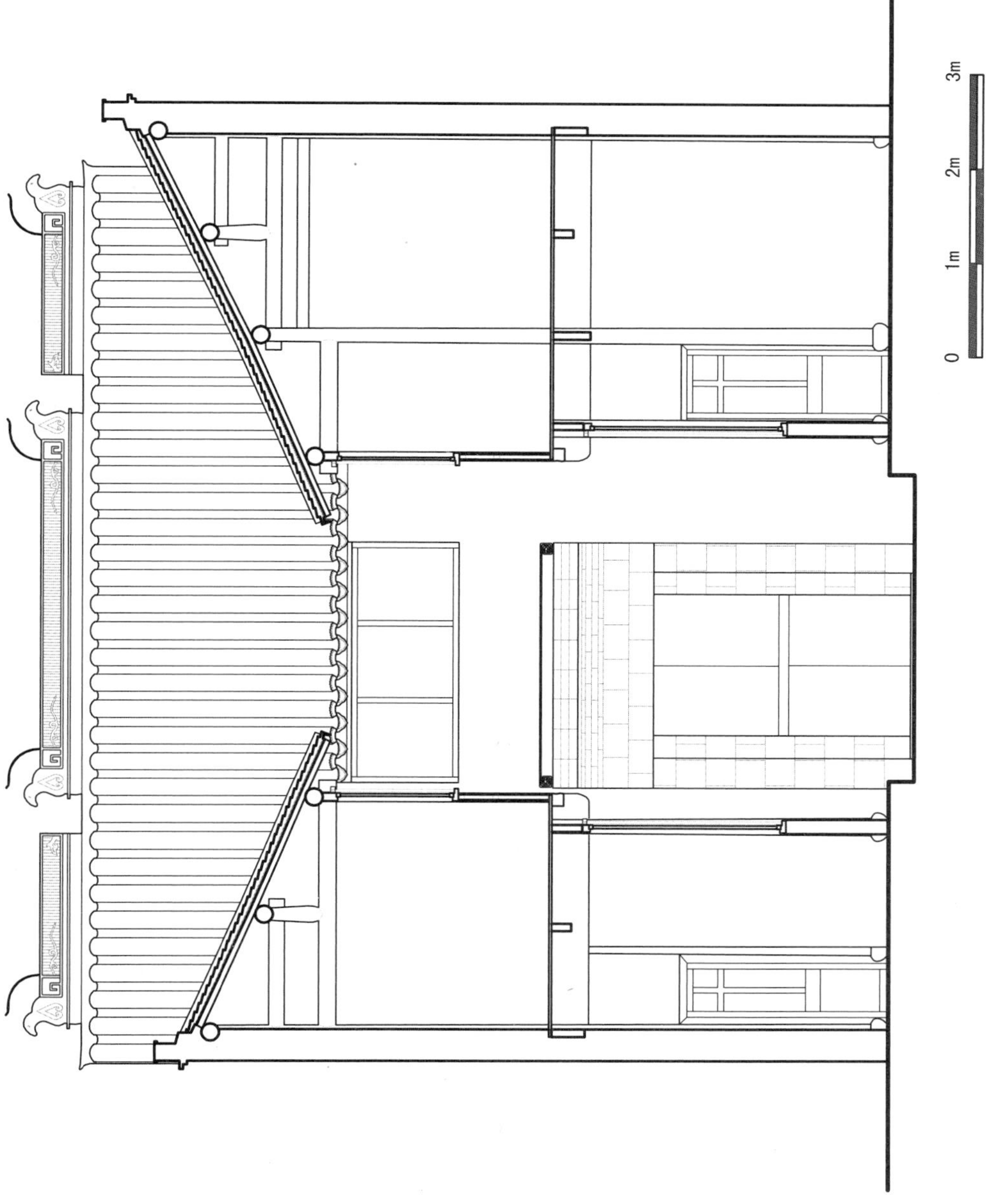

图 82　友爱里北跨街楼第一进楼厅东立面图

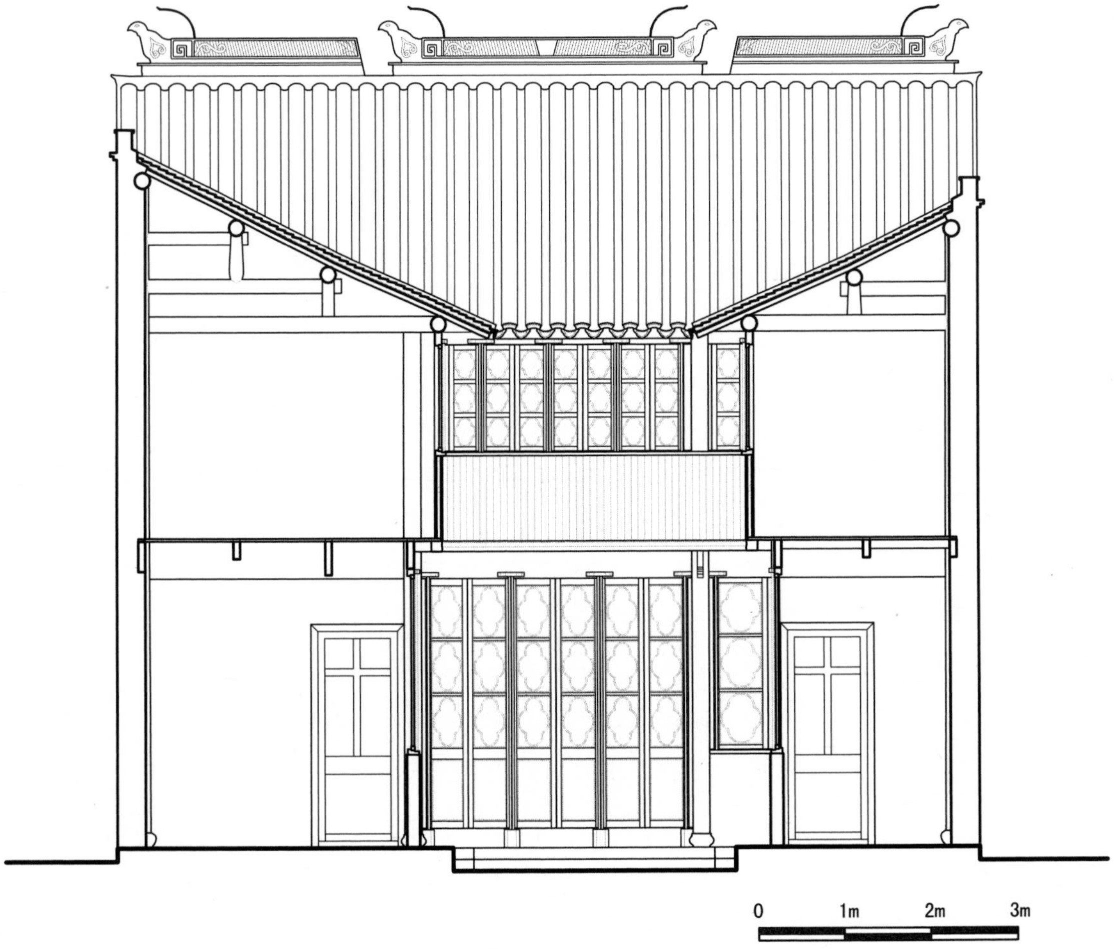

图 83　友爱里北跨街楼第二进楼厅西立面图

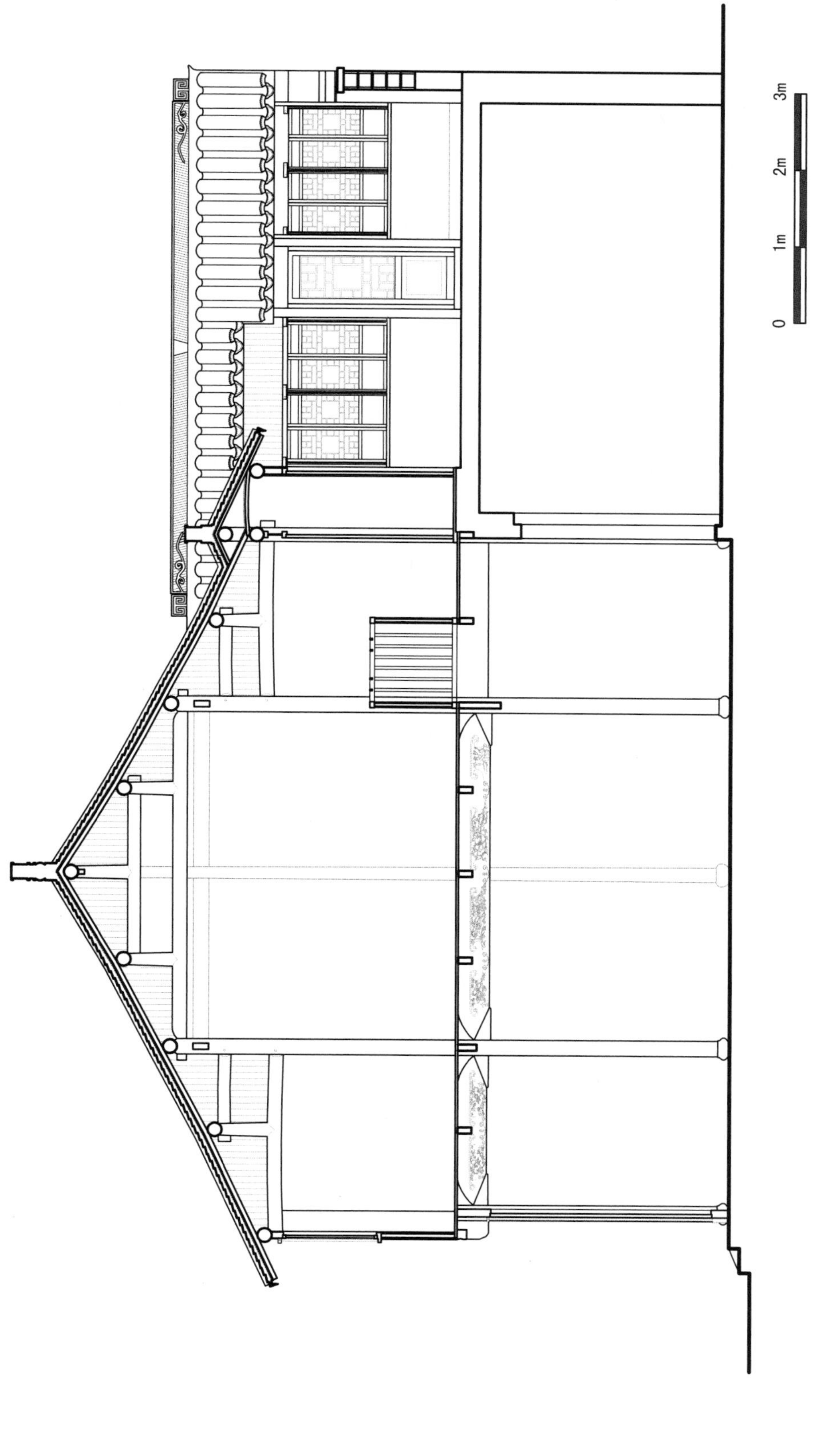

图 84　友爱里北跨街楼第二进楼厅横剖面图

图 85　友爱里北跨街楼第二进楼厅东横剖面图

图 86　友爱里跨街楼总平面图

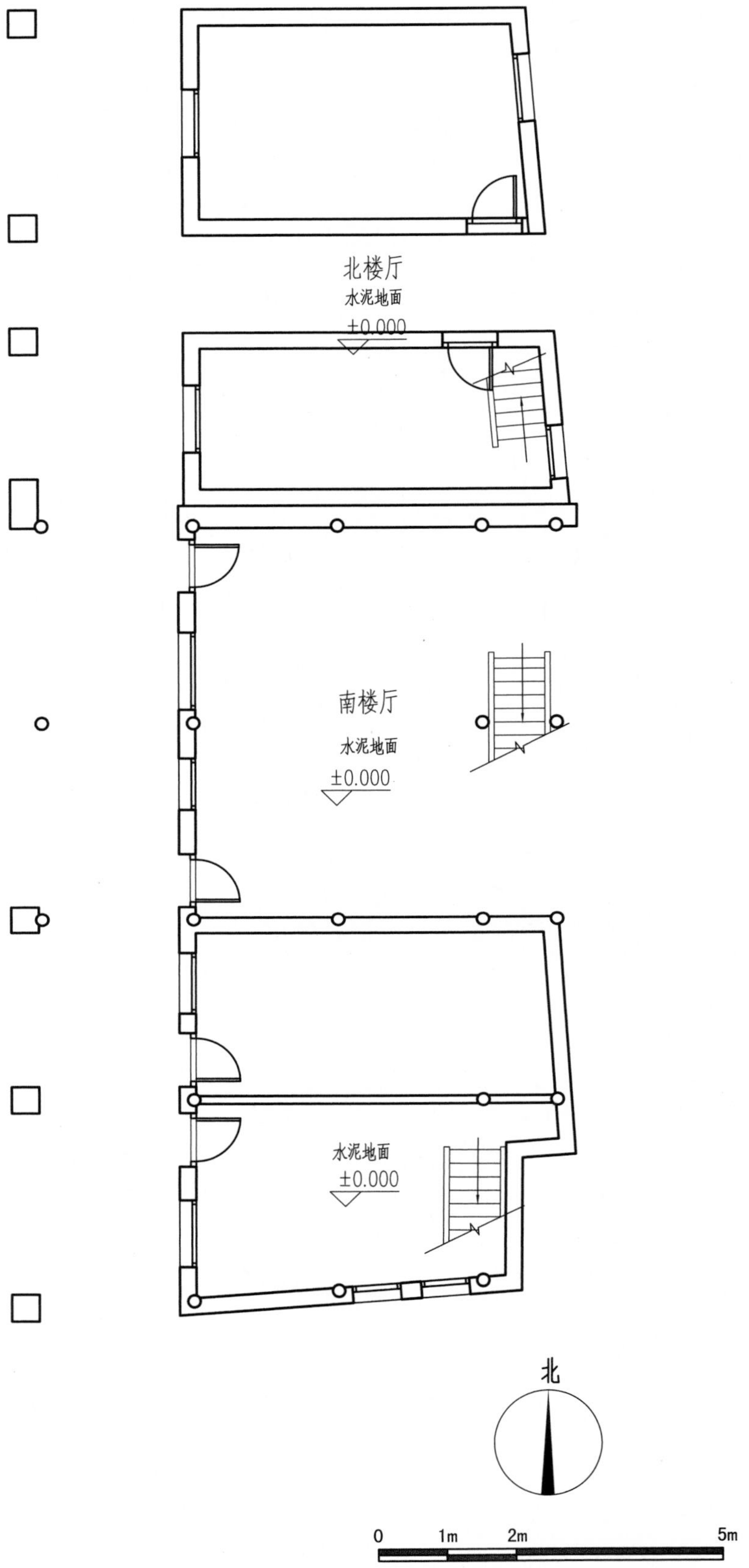
北楼厅
水泥地面
±0.000
南楼厅
水泥地面
±0.000
水泥地面
±0.000
北
0
1m
2m
5m

图 87　友爱里跨街楼一层平面图

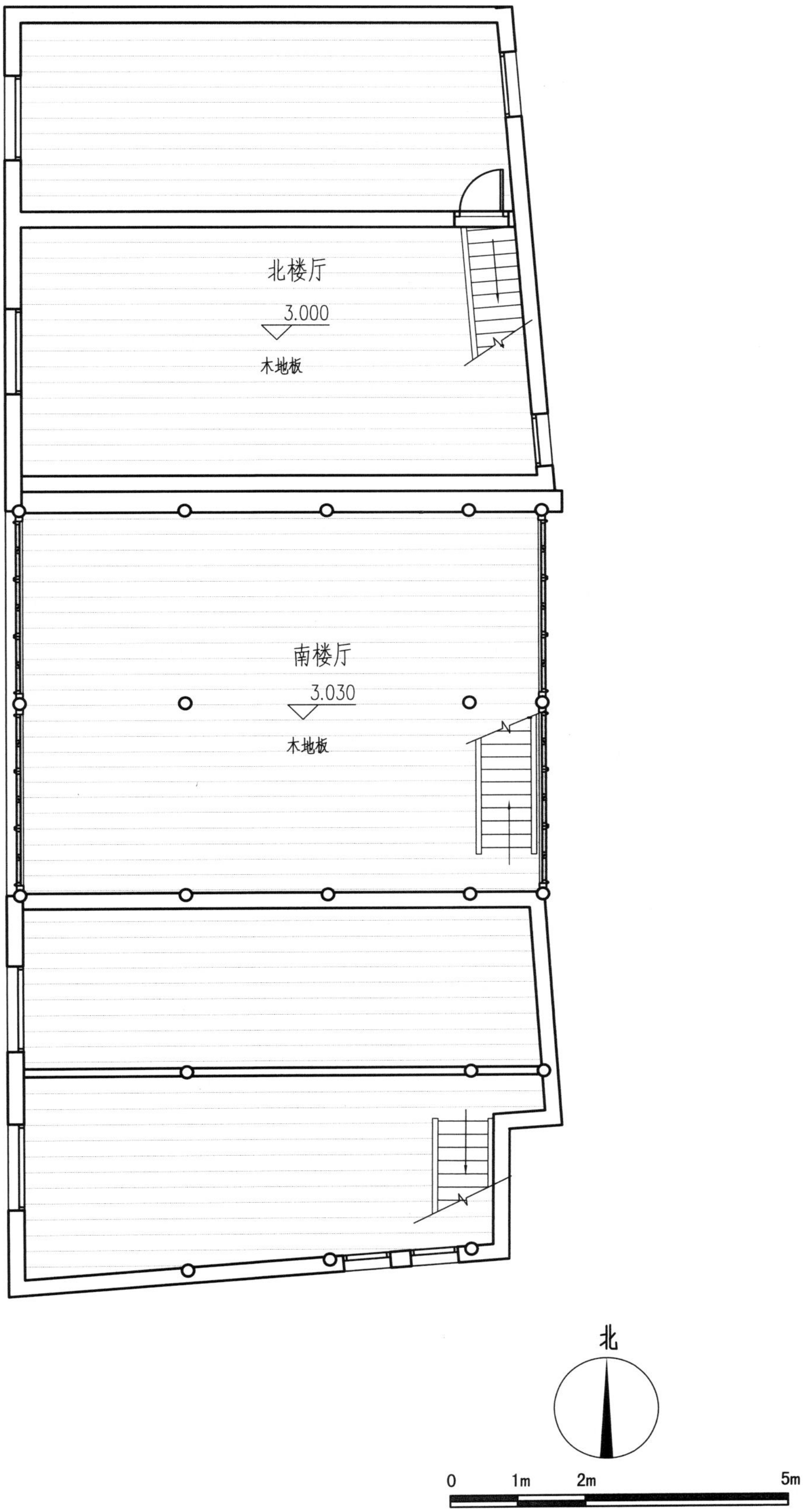
北楼厅
3.000
木地板
南楼厅
3.030
木地板
北
0
1m
2m
5m

图 88　友爱里跨街楼二层平面图

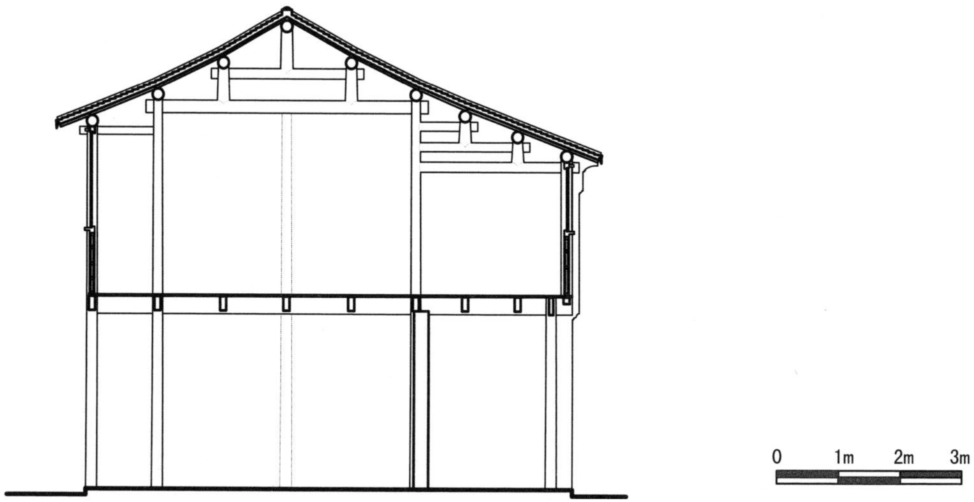

图 89　南街厅横剖面图

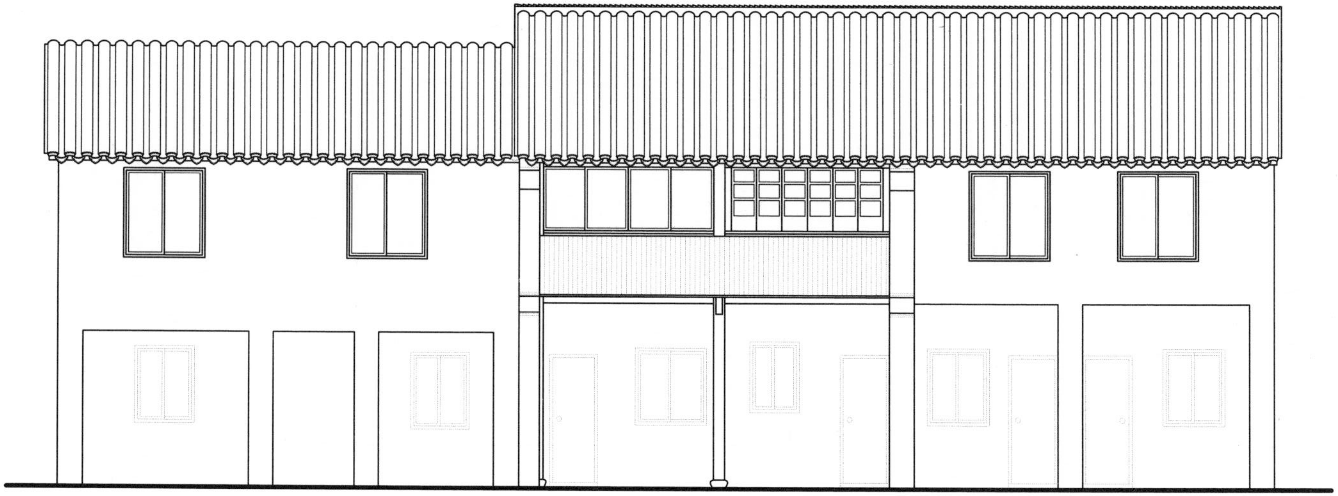

图 90　友爱里跨街楼西立面图

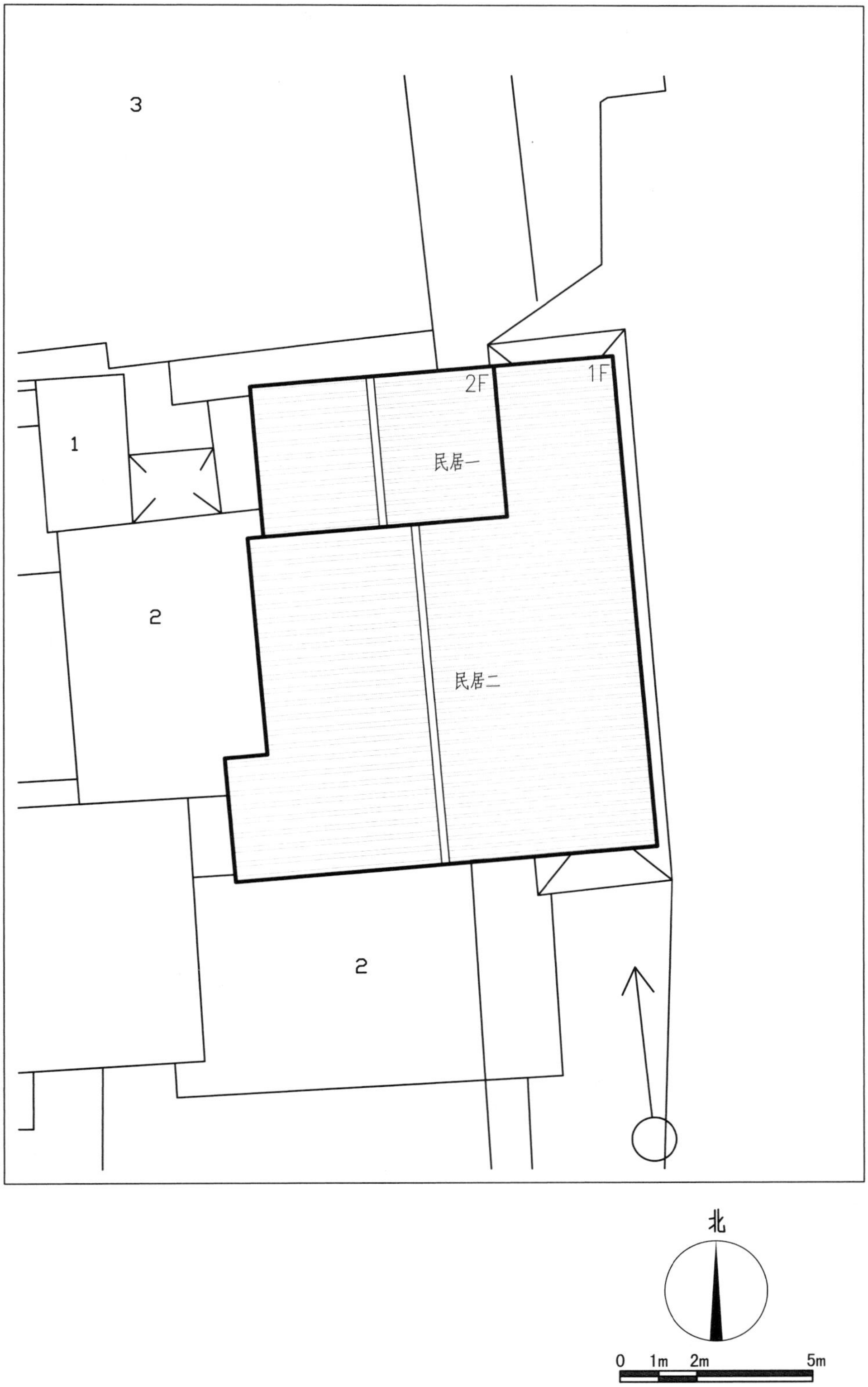

图 91　詹家弄南跨街楼总平面图

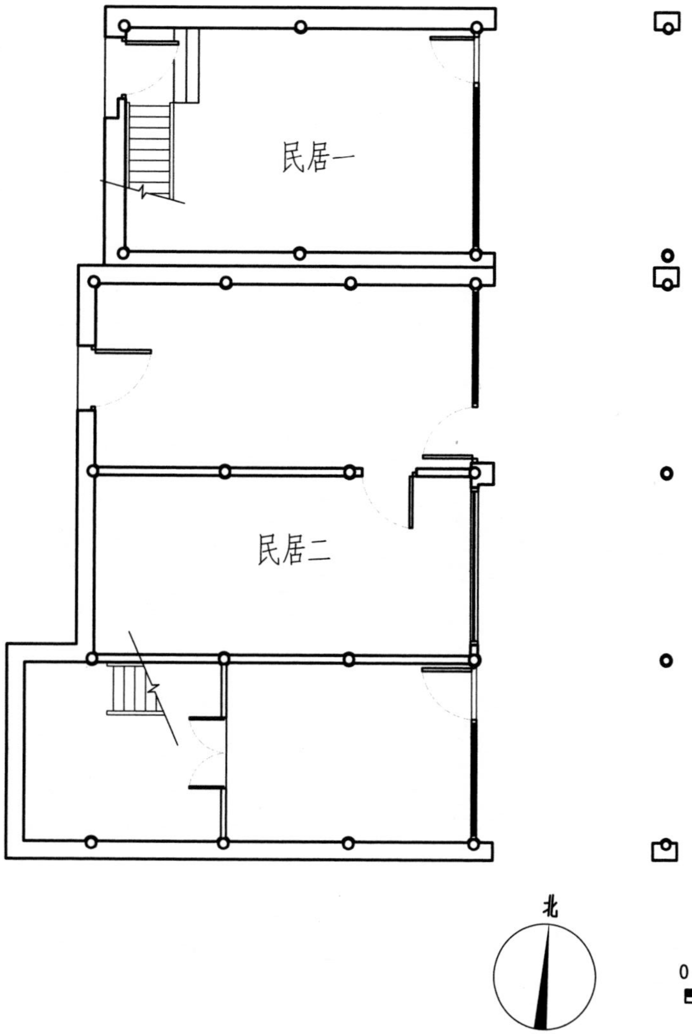
民居一
民居二
北

图 92　詹家弄南跨街楼一层平面图

1F
民居一
民居二
0
1m
2m
5m

图 93　詹家弄南跨街楼二层平面图

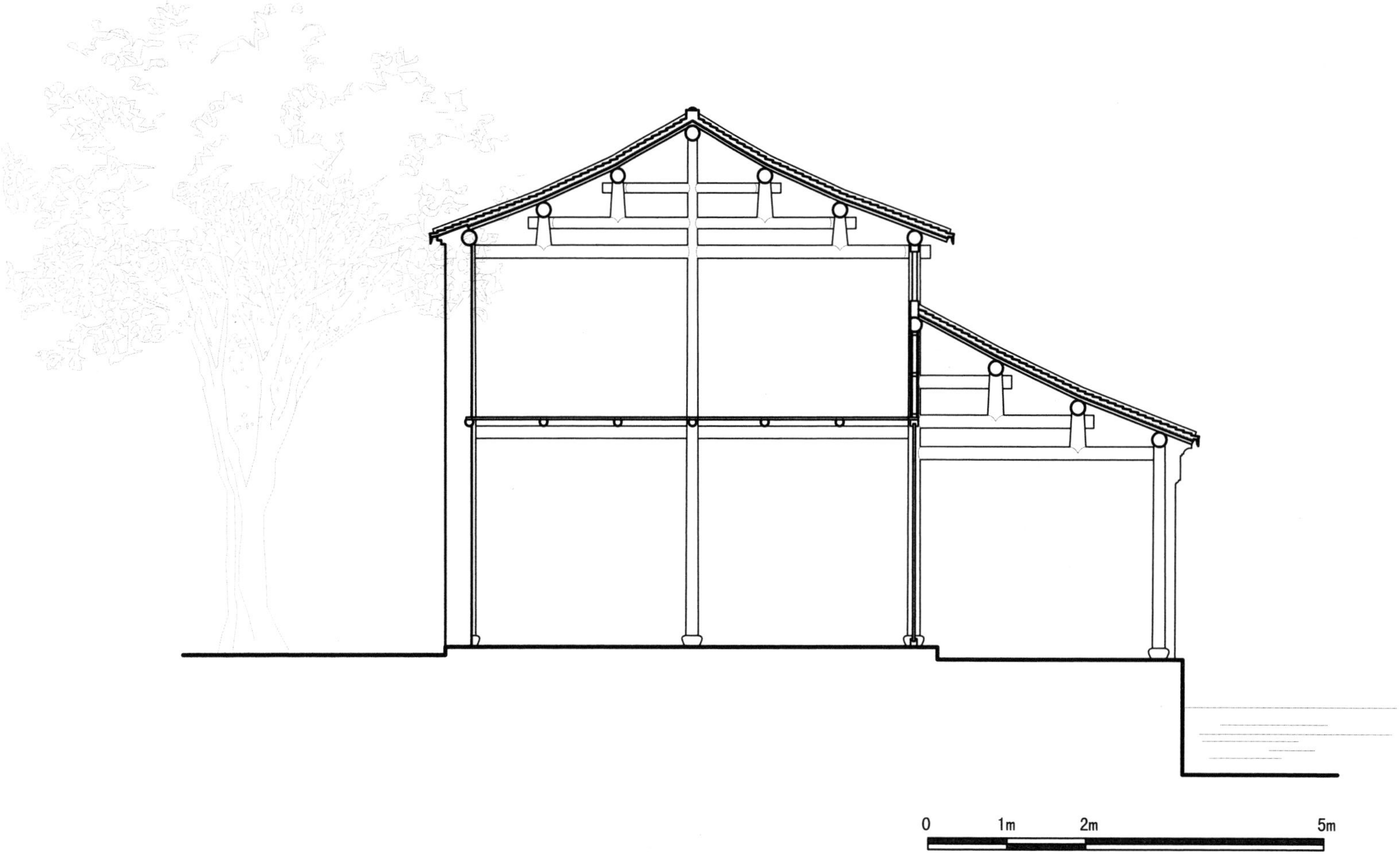

图 94　詹家弄南跨街楼民居一横剖面图

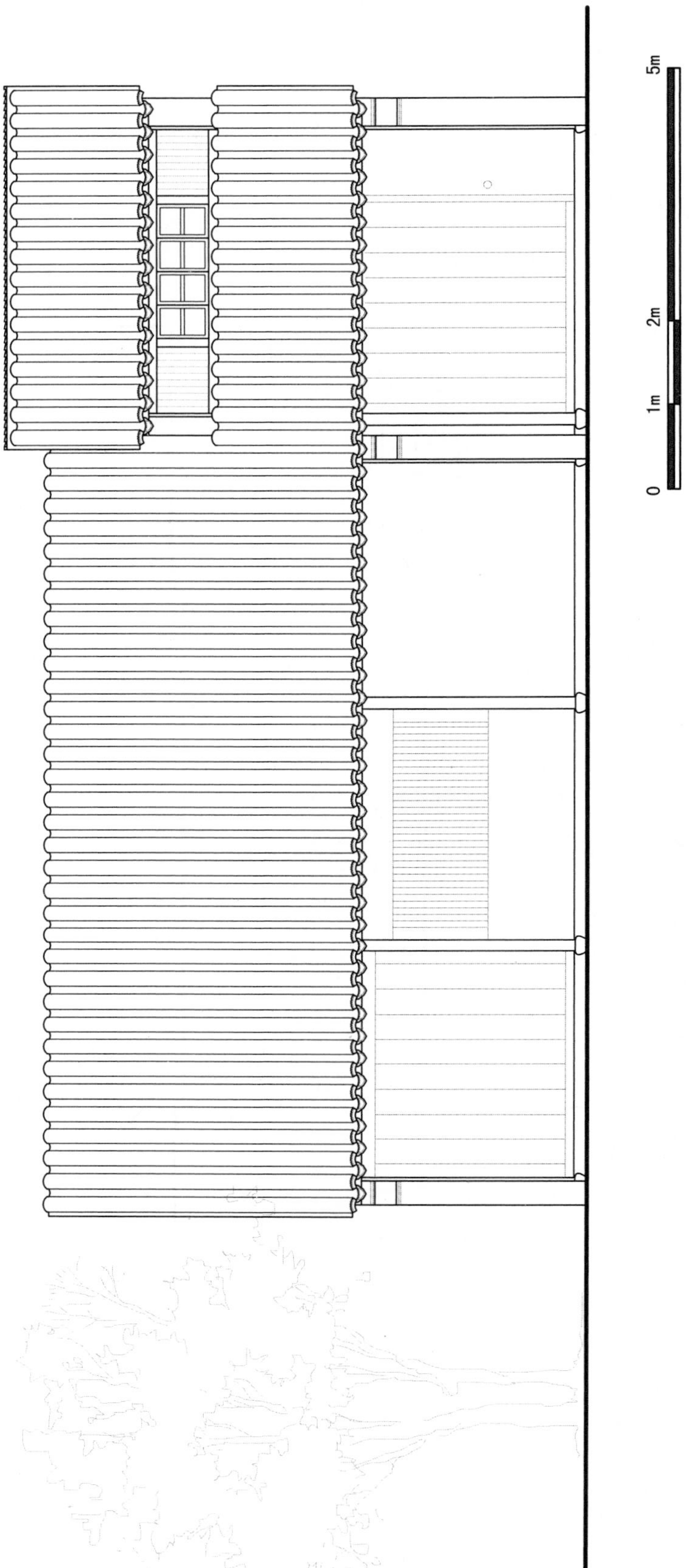

图 95 詹家弄南跨街楼东立面图

黎里镇：市保单位——毛家弄毛宅

毛家弄毛宅，位于黎里镇中心街毛家弄，由明代进士毛衢翻建于明代，其后人于清代重建。

该宅坐北朝南，硬山顶，原有七进，现存六进。每进面阔三间，东侧附备弄。前五进，除第三进外其余均为楼厅（第一进原为商铺，第二至五进为民居），后一进为平屋（现空置），属公产。整个建筑保存较完整，荷包梁、轩梁、眉川、双步、山界梁及大梁等构件雕刻非常精细，具有典型江南民居的建筑特色。

第三进大厅建筑完整，后出抱厦接门楼，前两侧连廊。面阔三间 7.6 米，进深九界 10.4 米，依次为一枝香轩、船篷轩、内四界，后双步结构，扁作梁架，中贴抬梁式，边贴穿斗式。厅后墙门施斗六升仿木砖雕牌科，上枋雕刻“梅兰竹菊”，字牌题额“刚经柔史”，左右肚兜分别深雕人物戏文，下枋浮雕卷草纹。回纹挂落，两侧垂莲柱，柱头浮雕如意纹。

第四、五进为走马堂楼。四进面阔三间 8.6 米，进深九界 11.2 米，依次为前双步、廊川、内四界、后双步结构，圆作梁架，中贴抬梁式，边贴穿斗式。檐墙后有砖雕门楼一座，字碑处书“联萼增辉”。五进副檐轩楼厅，面阔三间 8.6 米，进深八界 10.9 米，内四界前后双步结构，圆作梁架，中贴抬梁式，边贴穿斗式。五进天井中存砖雕门楼一座，字碑处书“临渠问泉”，下枋、兜肚、上枋全为素面，檐下较为简洁。

2014 年 7 月公布为苏州市文物保护单位。保护范围：四周至界墙。建控范围：东至保护范围外 15 米，南至市河北岸，西至保护范围外 10 米，北至保护范围外 5 米。

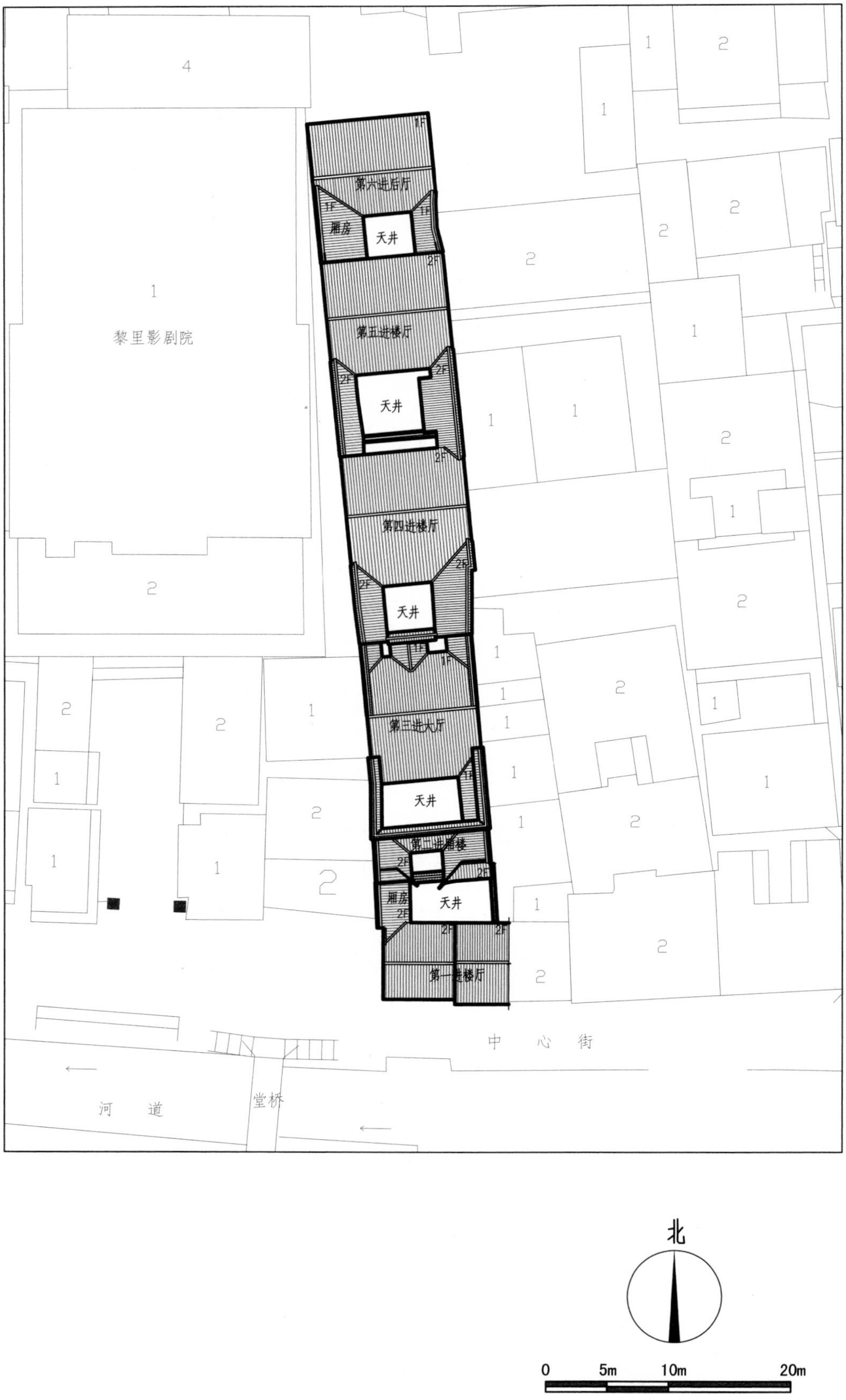

图 1　毛家弄毛宅总平面图

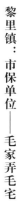

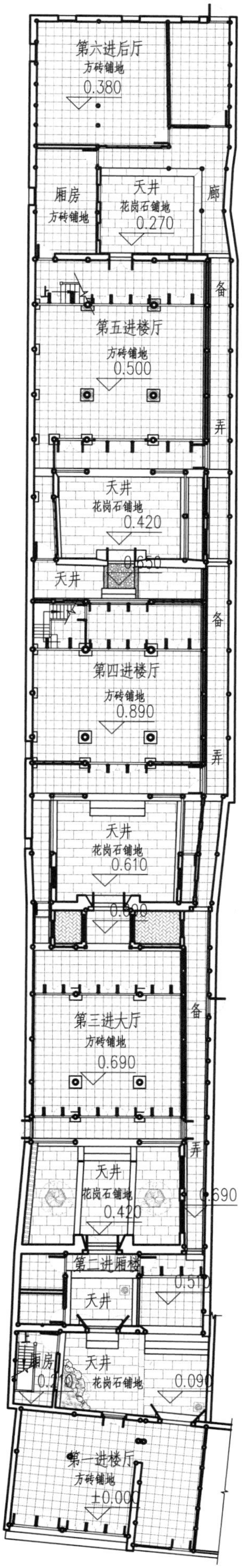

第六进后厅
方砖铺地
0.380
厢房
方砖铺地
天井
花岗石铺地
0.270
廊
备
第五进楼厅
方砖铺地
0.500
弄
天井
花岗石铺地
0.420
天井
备
第四进楼厅
方砖铺地
0.890
弄
天井
花岗石铺地
0.610
备
第三进大厅
方砖铺地
0.690
弄
天井
花岗石铺地
0.420
0.690
第二进厢楼
0.510
天井
厢房
0.270
天井
花岗石铺地
0.090
第一进楼厅
方砖铺地
±0.000

图 2　一层平面图

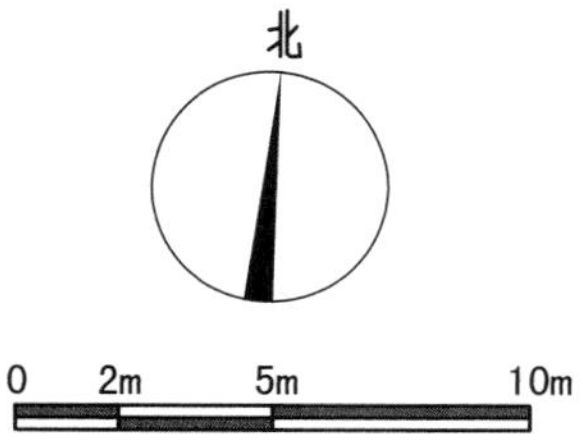

北
0
2m
5m
10m

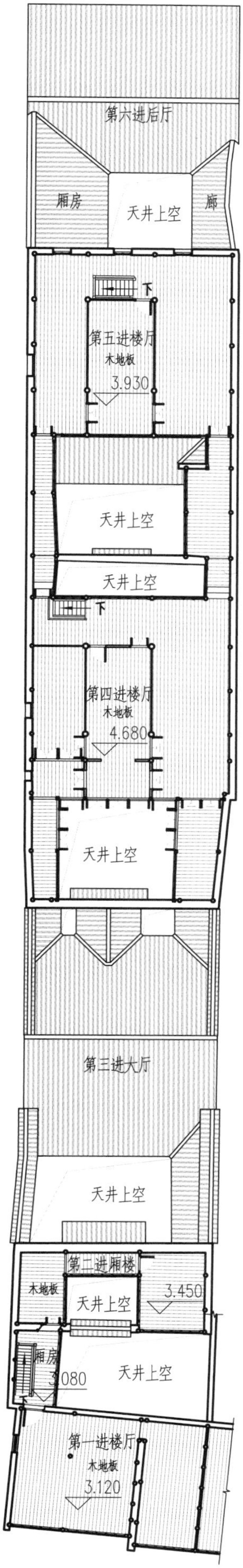

第六进后厅
厢房
天井上空
廊
下
第五进楼厅
木地板
3.930
天井上空
天井上空
下
第四进楼厅
木地板
4.680
天井上空
第三进大厅
天井上空
第二进厢楼
木地板
天井上空
3.450
厢房
3.080
天井上空
第一进楼厅
木地板
3.120

图 3　二层平面图

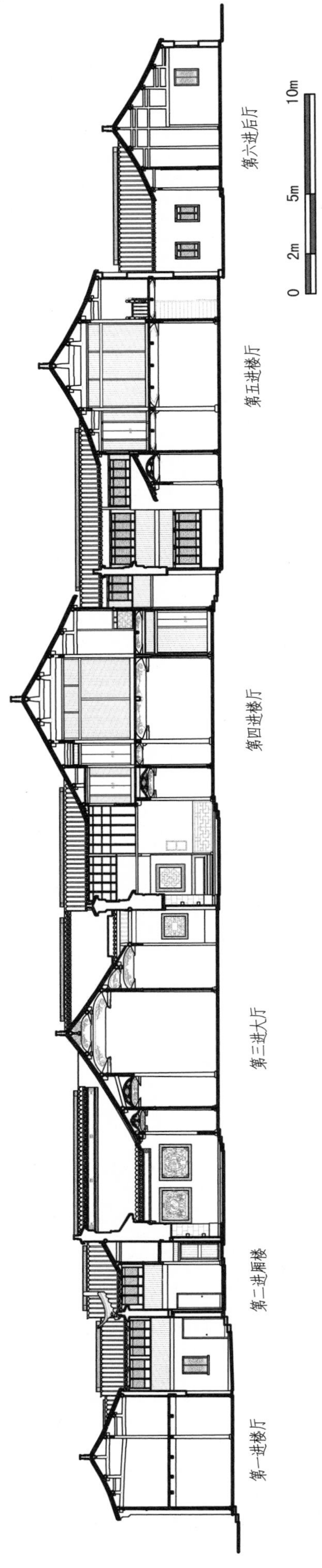
第六进后厅
第五进楼厅
第四进楼厅
第三进大厅
第二进厢楼
第一进楼厅
0
2m
5m
10m

图4　总横剖面图

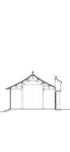

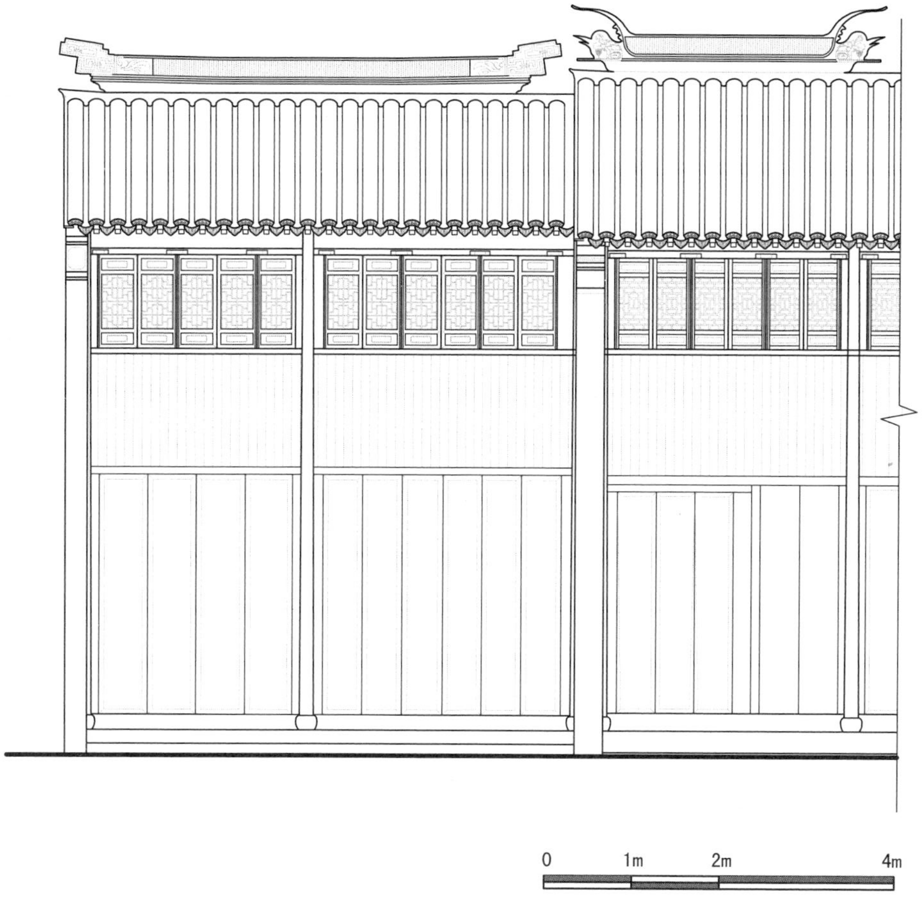

图 5　第一进楼厅正立面图

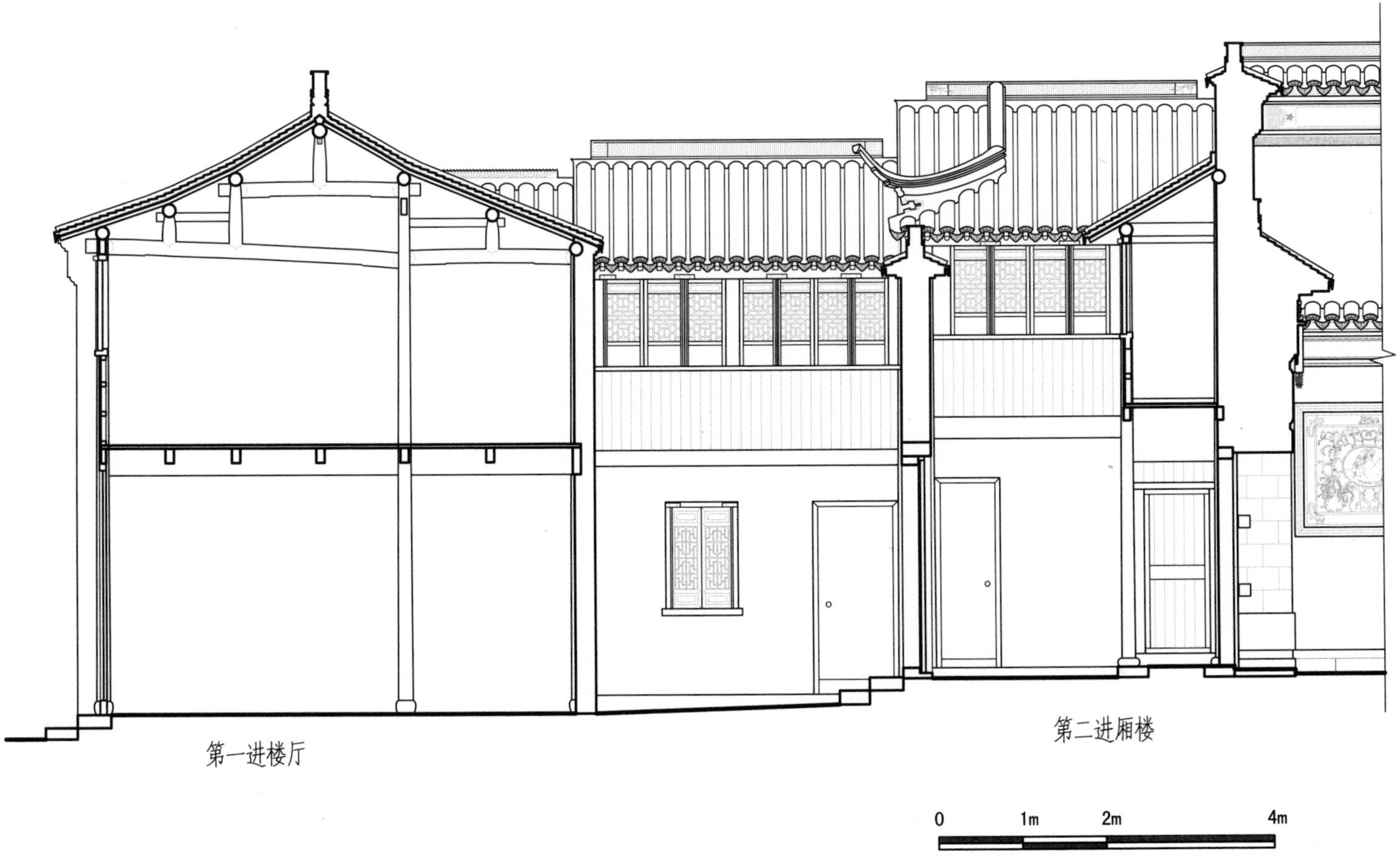

图 6　第一进楼厅和第二进厢楼横剖面图

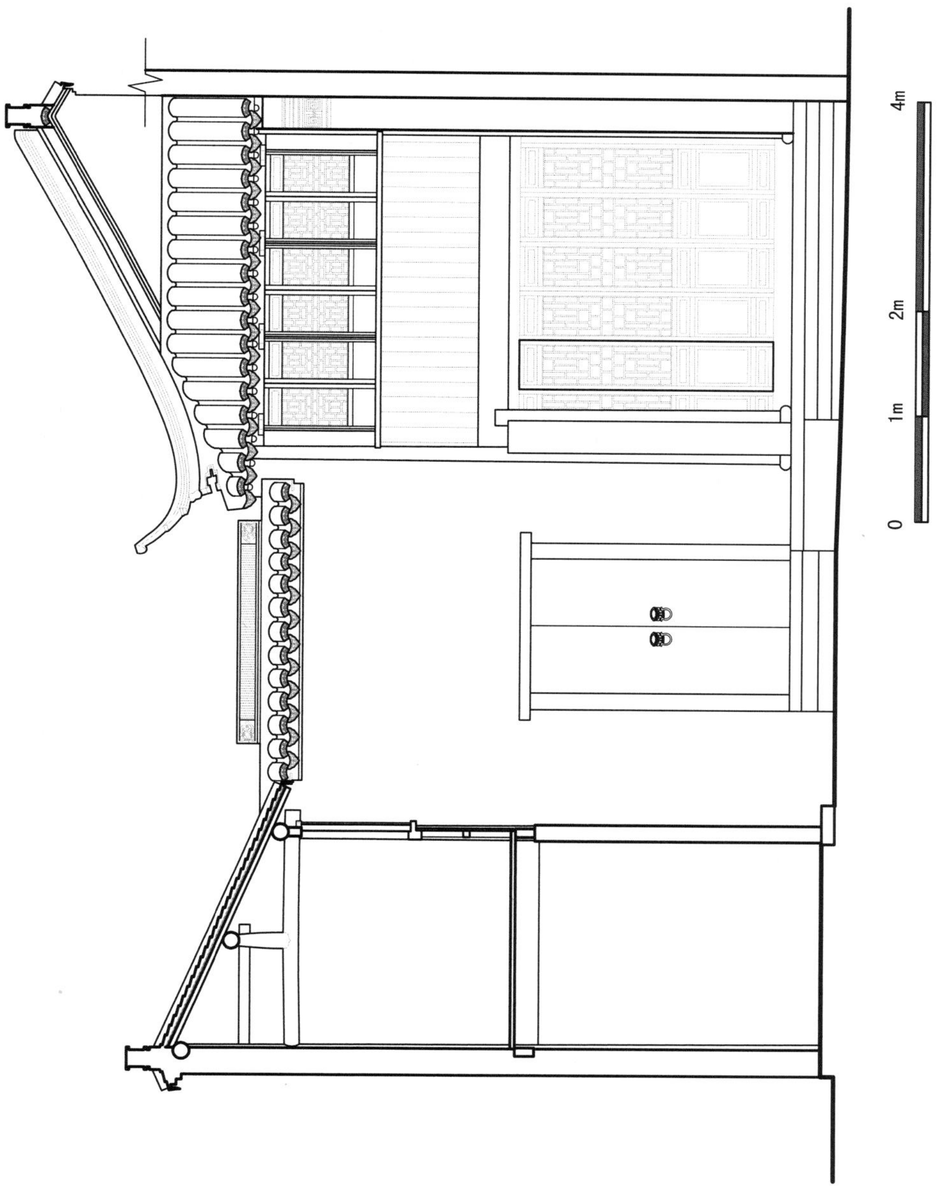

图 7　第二进厢楼正立面图

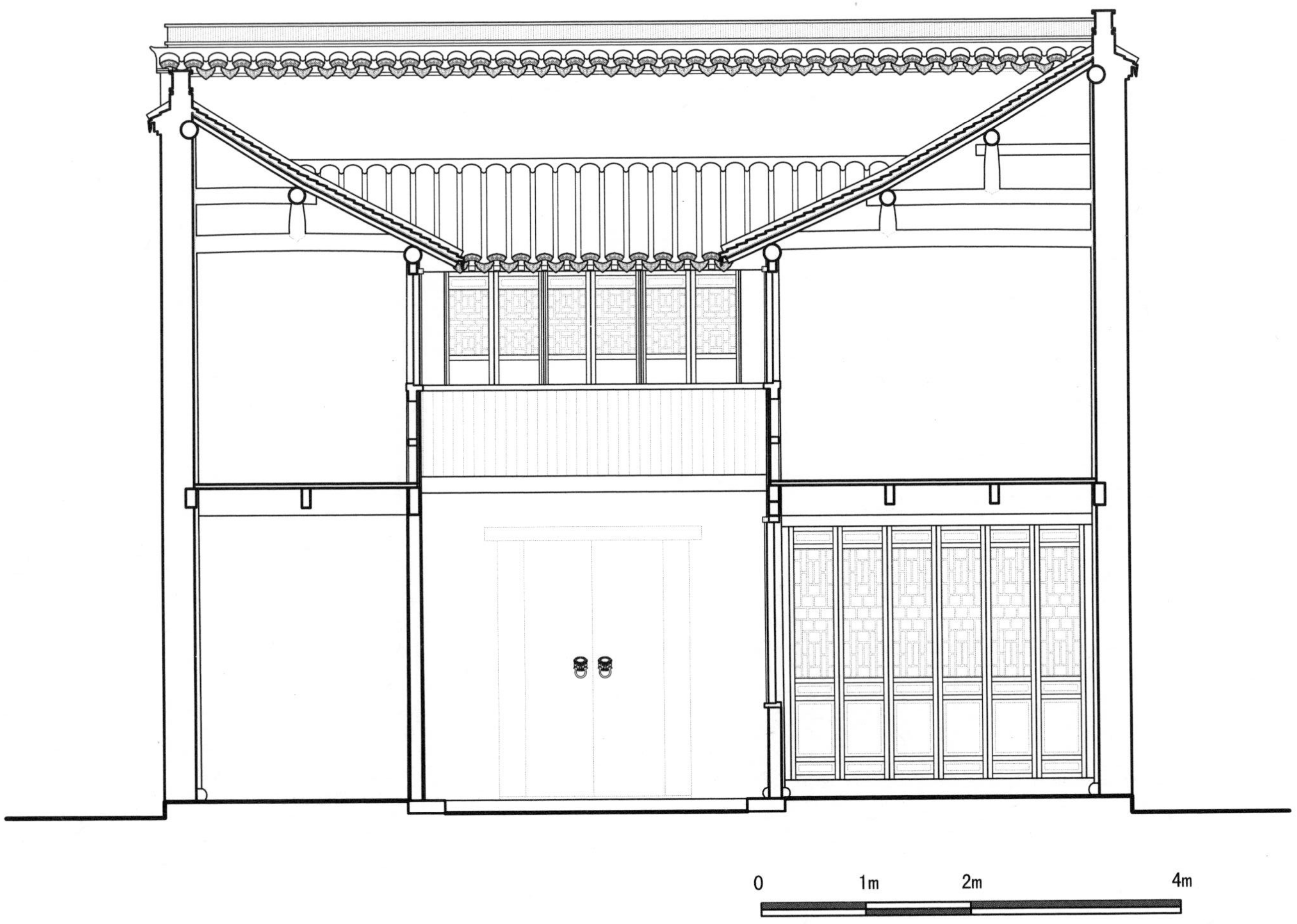

图 8　第二进厢楼纵剖面图

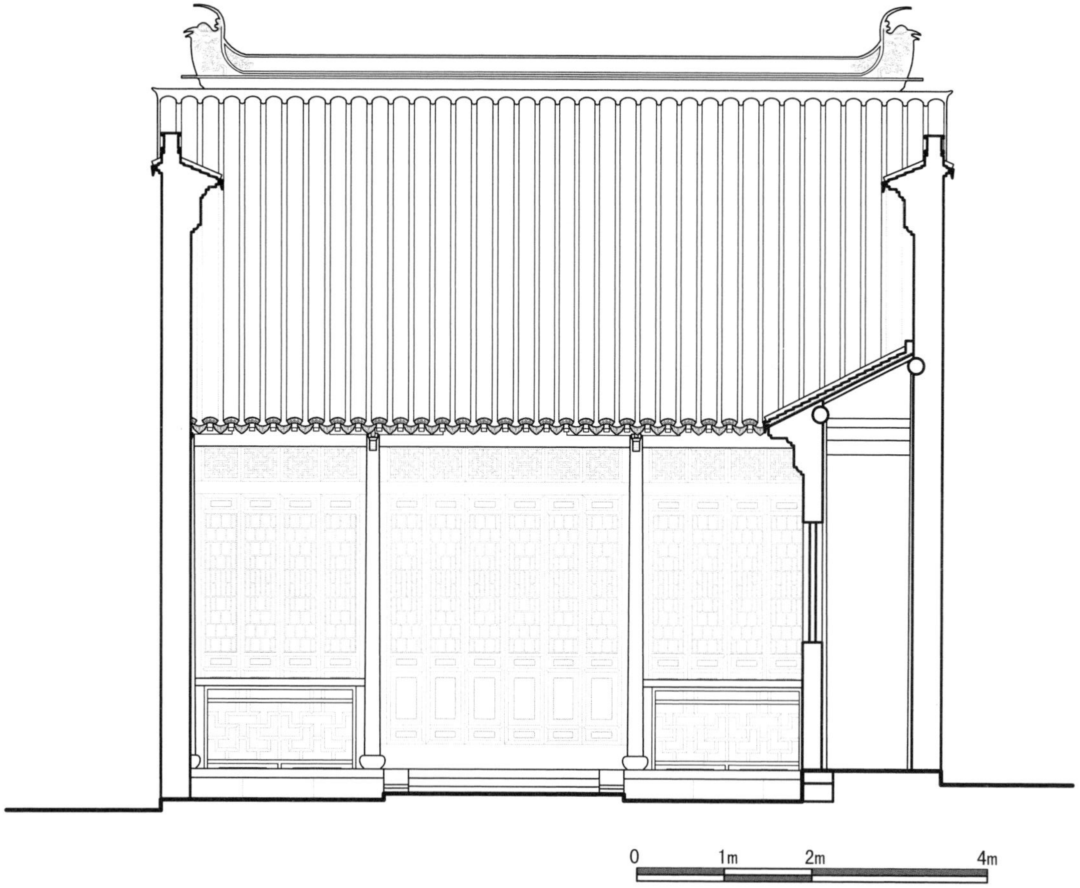

图 9　第三进大厅正立面图

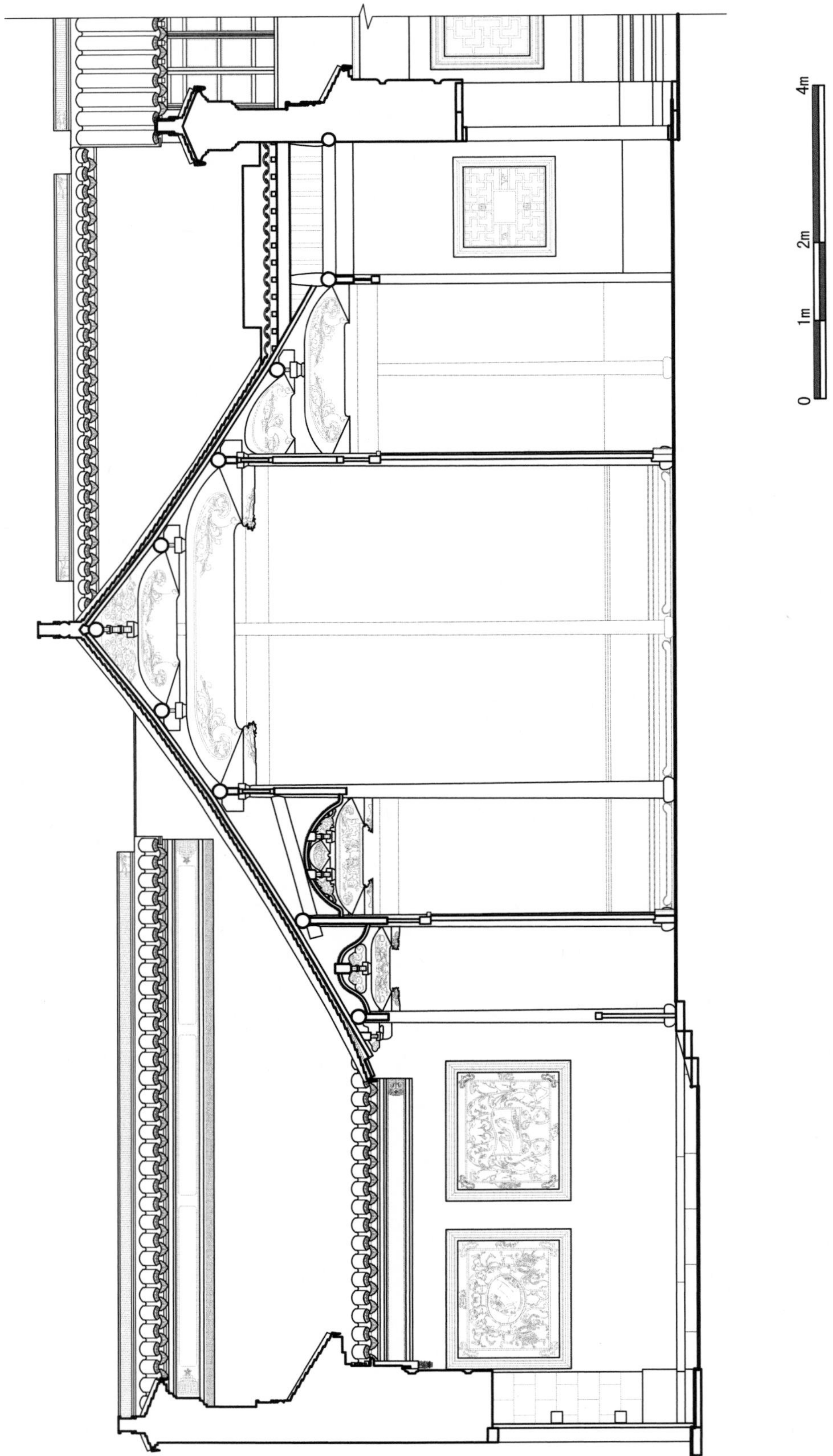

图 10 第三进大厅横剖面图

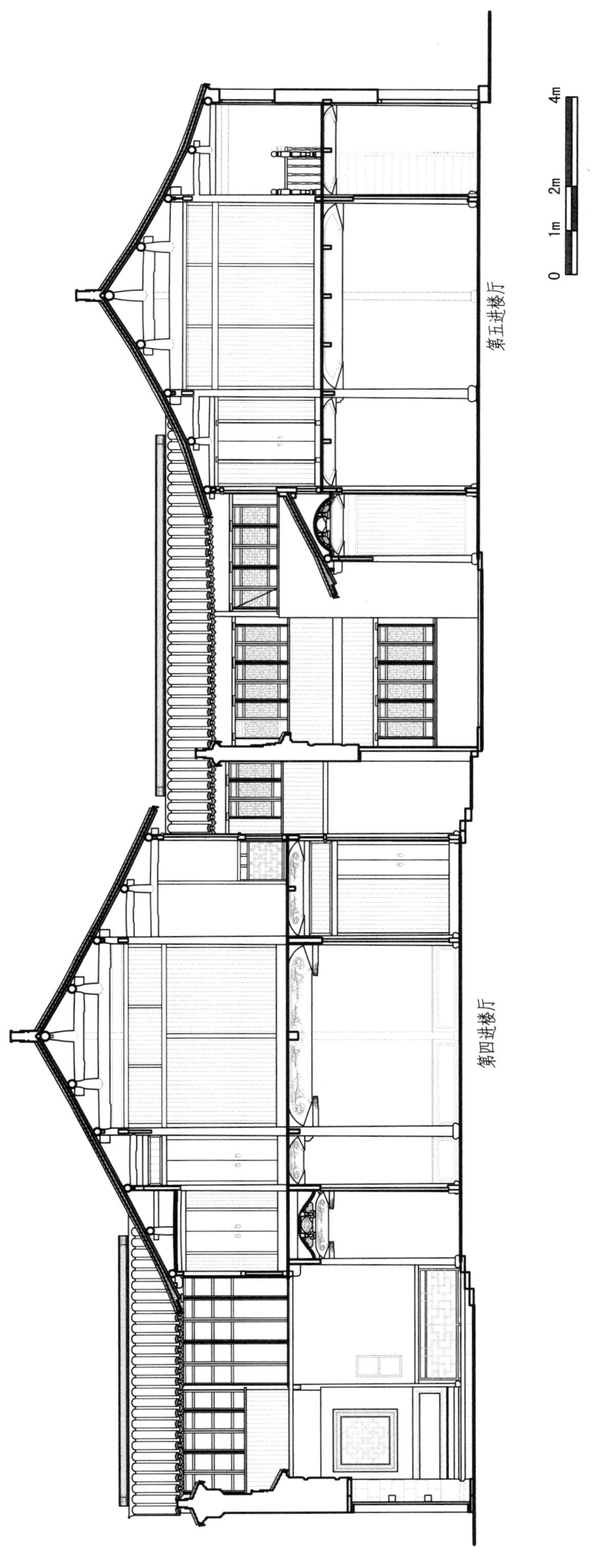

图 11　第四进和第五进楼厅横剖面图

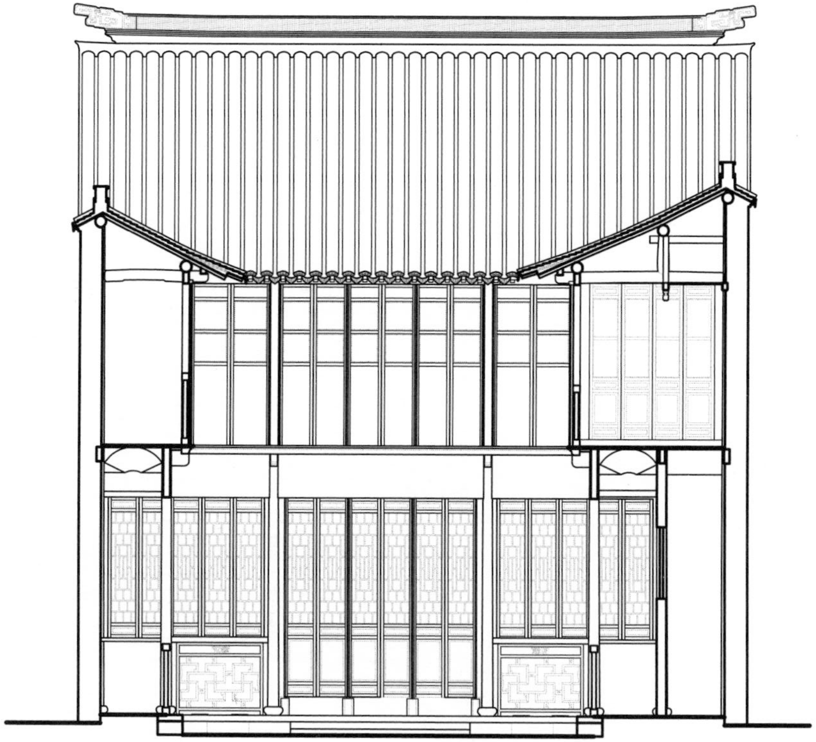

图 12　第四进楼厅正立面图

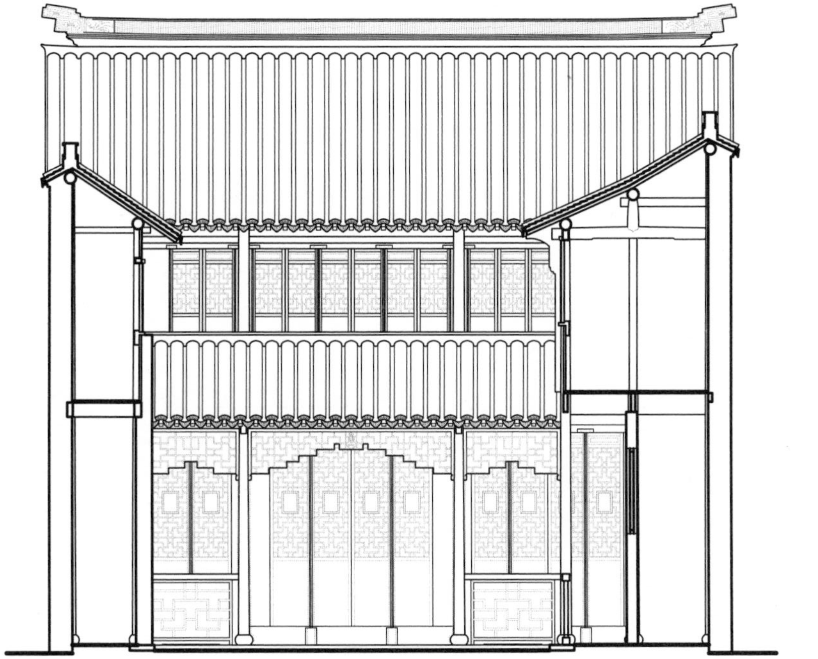

图 13　第五进楼厅正立面图

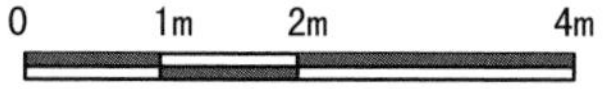

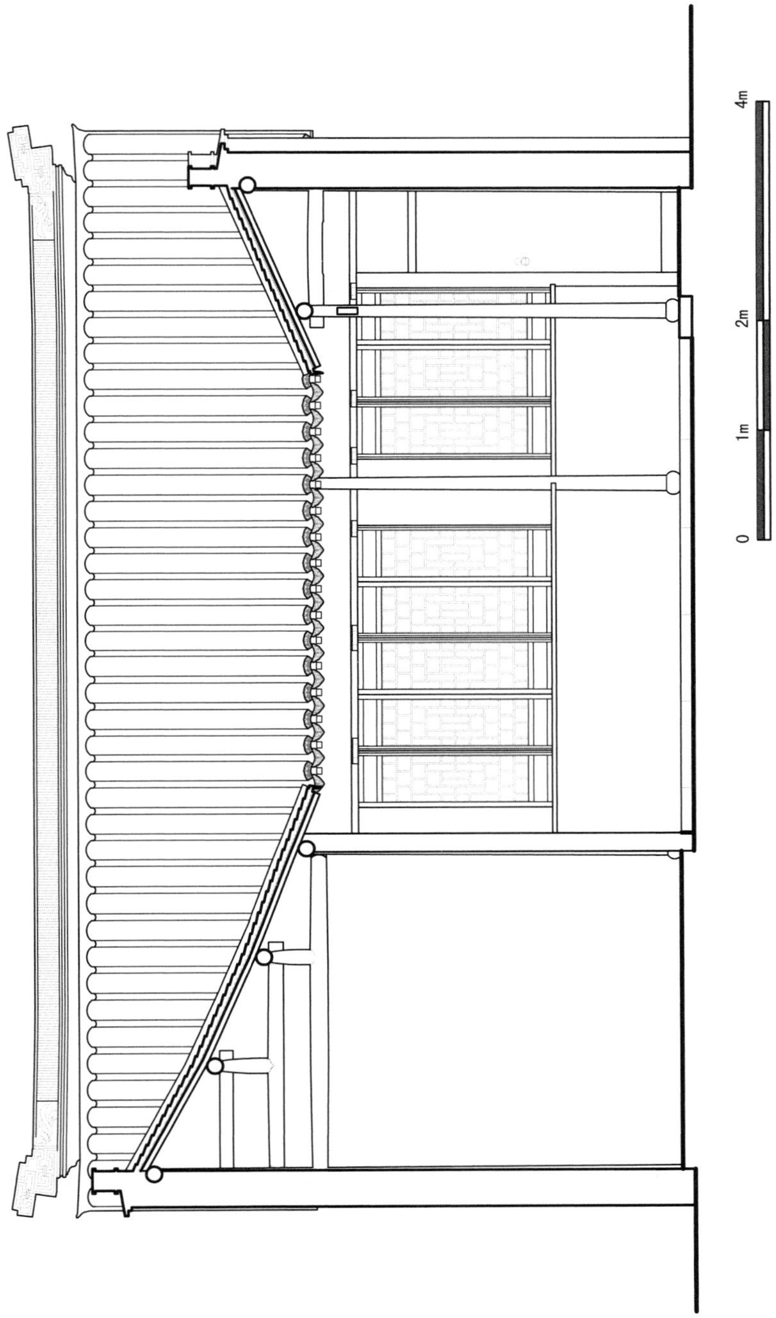

图 14　第六进后厅正立面图

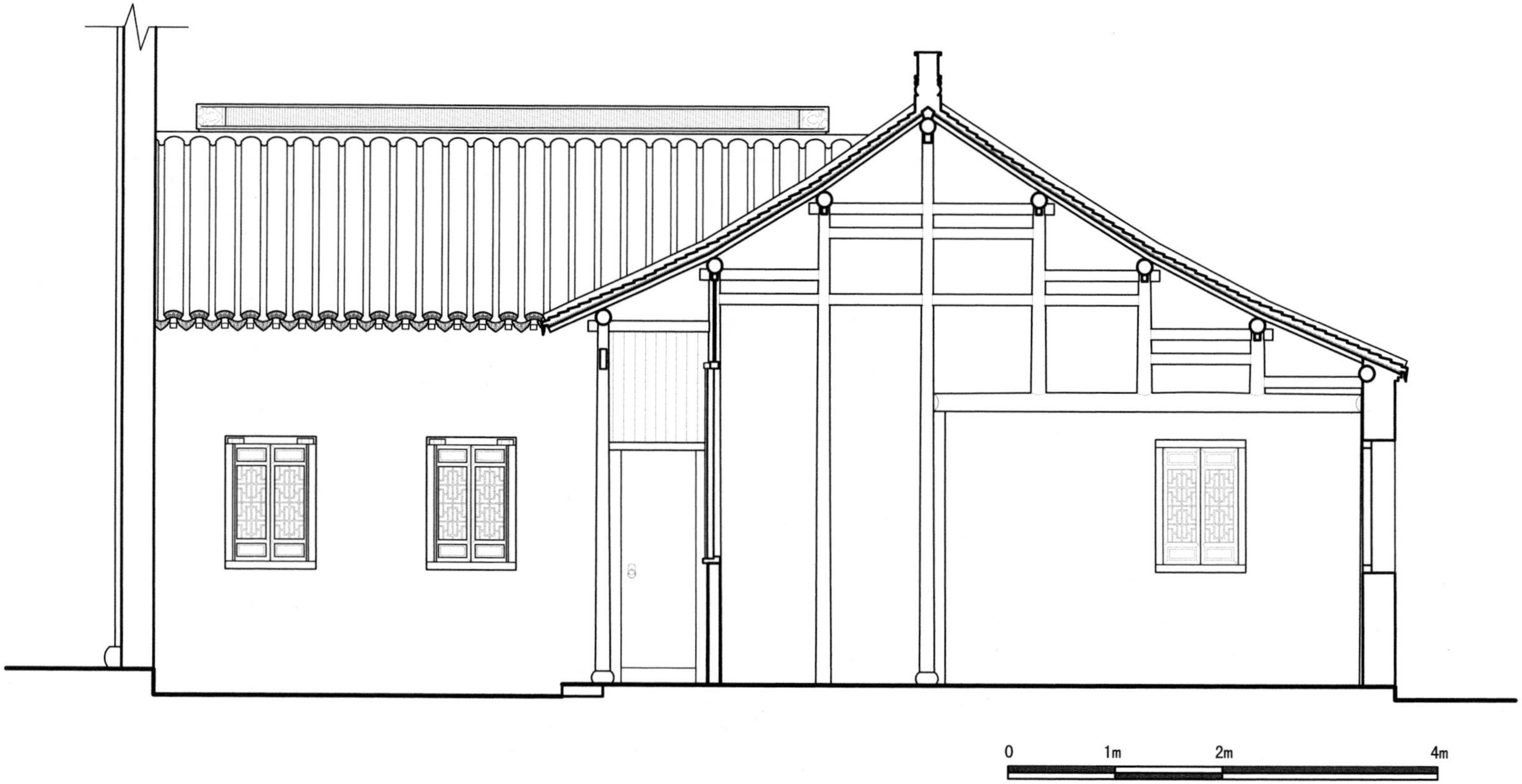

图 15　第六进后厅横剖面图

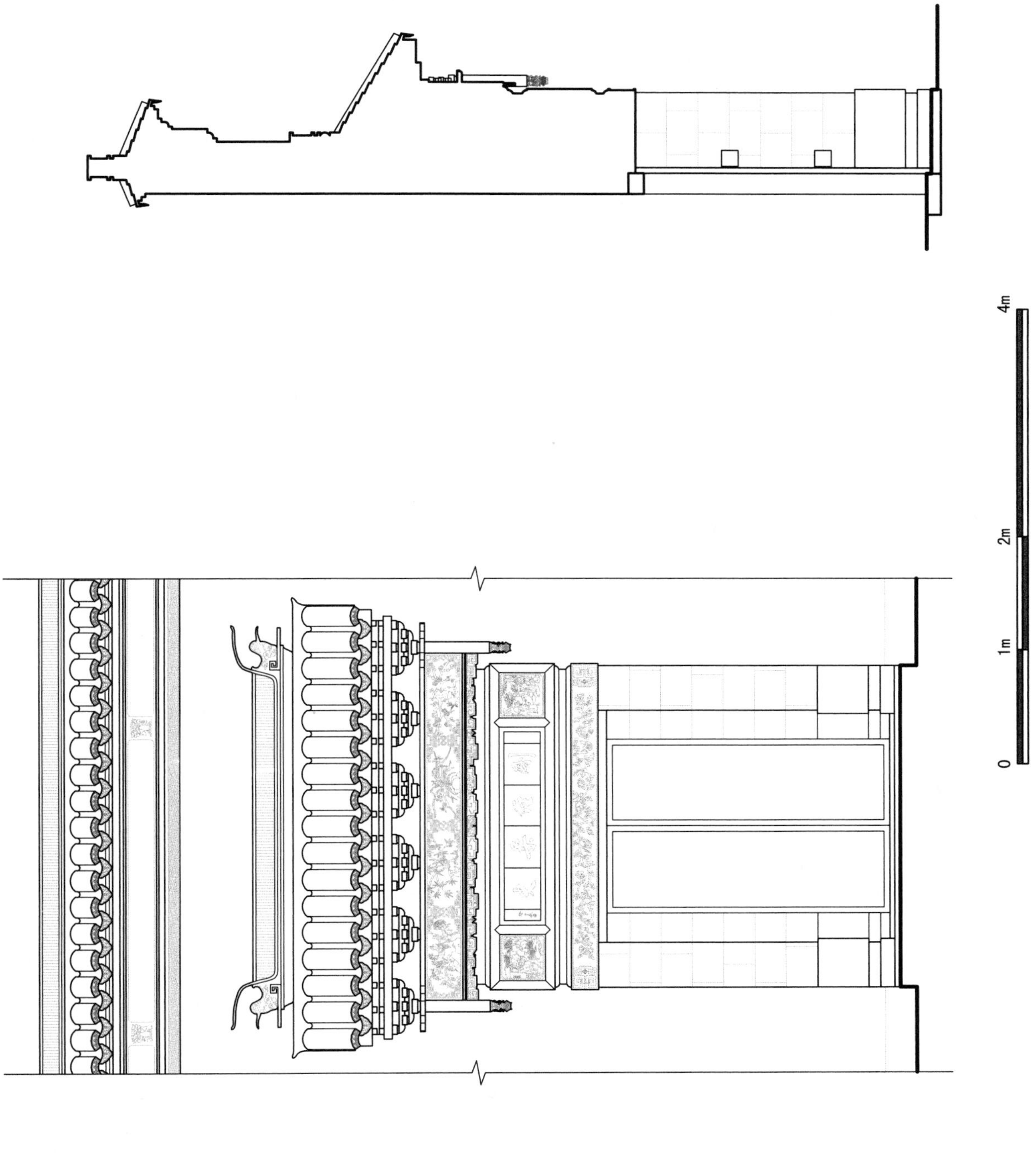

图16　第二进门楼详图

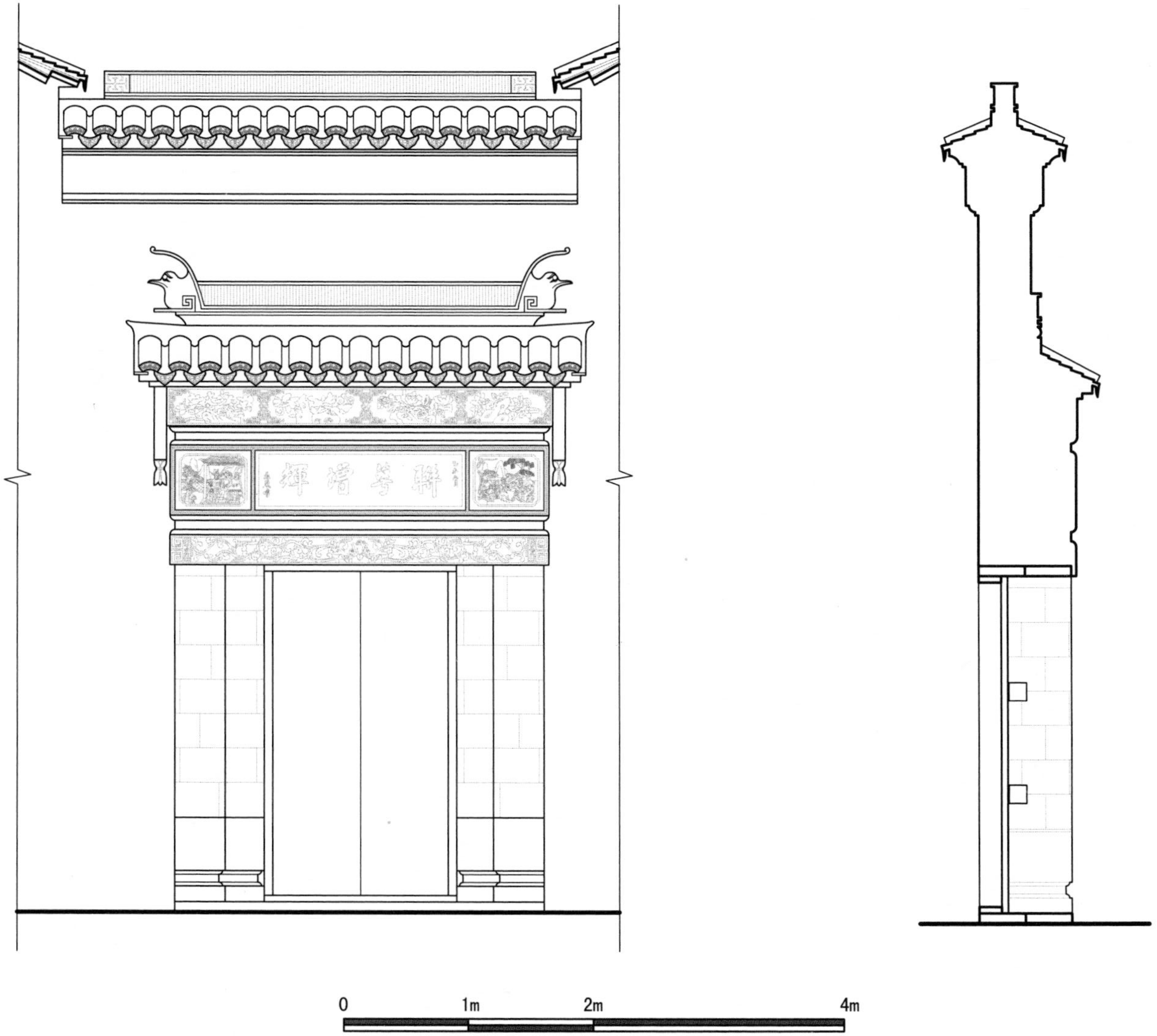

图 17　第四进门楼详图

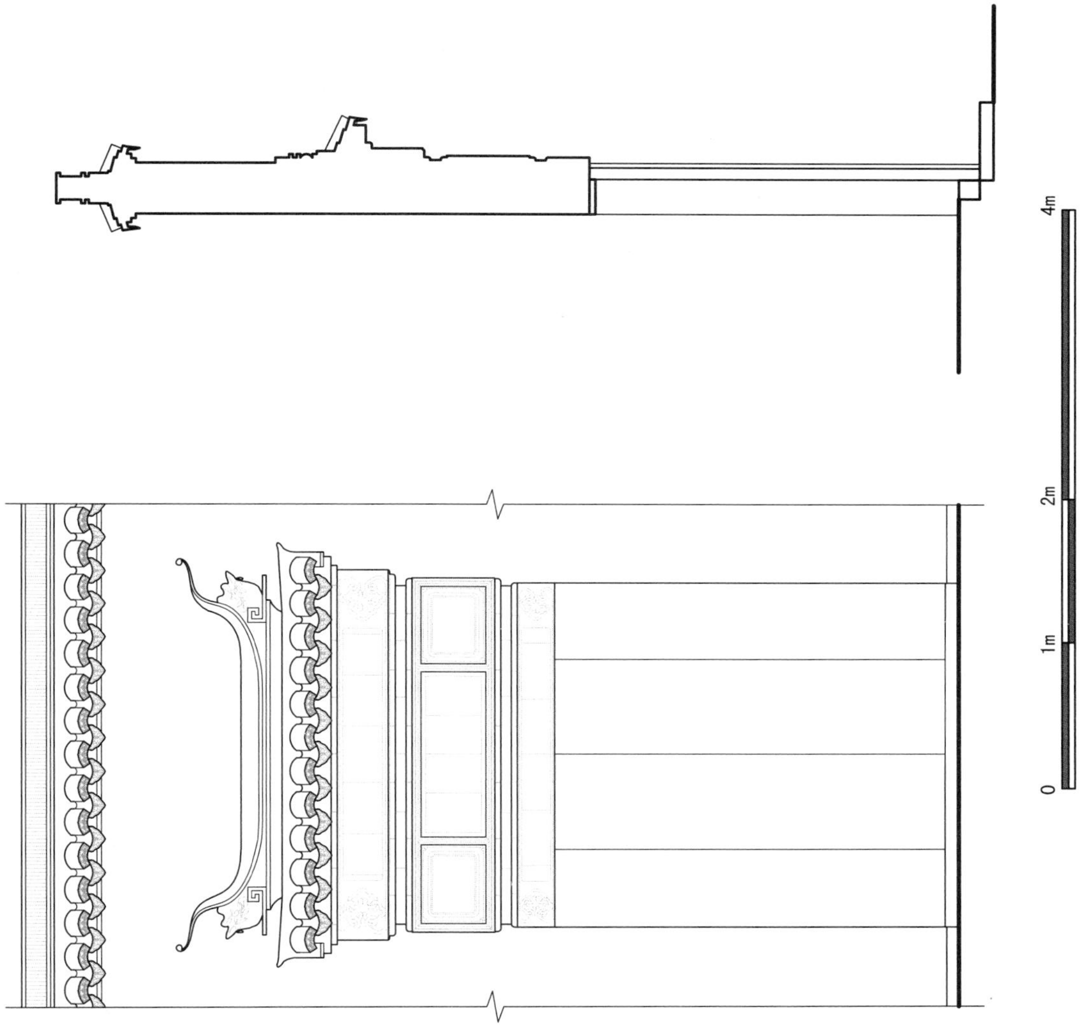

图18　第五进门楼详图

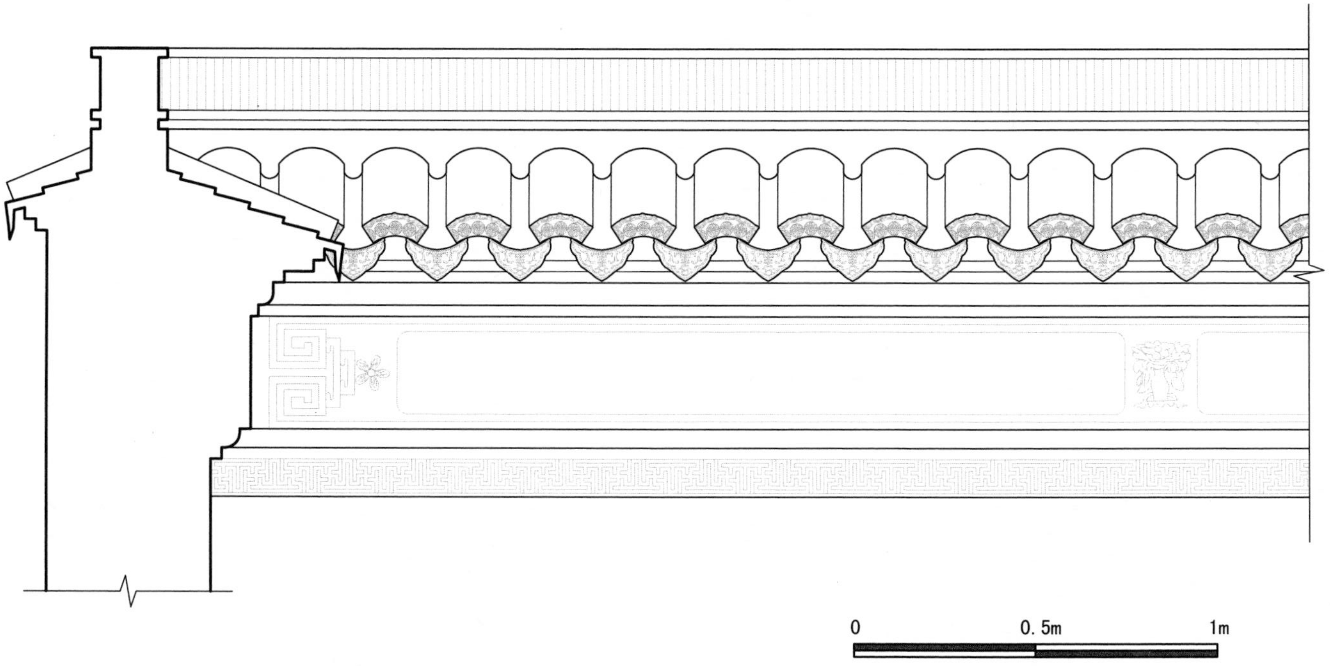

图 19　第二进抛坊大样图

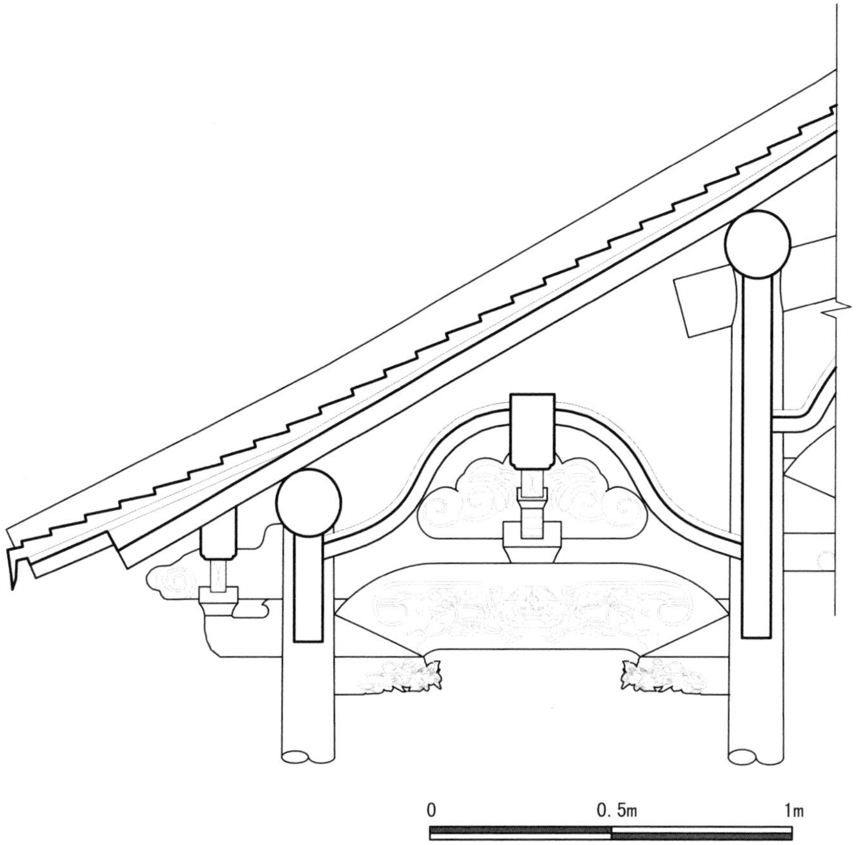

图 20　第三进大厅檐口大样图

黎里镇：市保单位——中心街王宅

中心街王宅，位于中心街中王家弄内，为清代道光年间的建筑群落。该宅坐北朝南，原为三开间五进，现存四进，东侧备弄，各进房屋均有改建，总面积 554.83 平方米。

第一进面阔三开间，后期复建。

第二进大厅经翻建，保持原结构，前出两厢后接门楼。面阔三间 12.7 米，进深七界 8.8 米，内四界、前船篷轩、后廊川结构，扁作梁架，中贴抬梁式，边贴穿斗式，檐口飞椽做法。门楼单坡歇山顶，斗三升仿木斗拱，上枋、肚兜、下枋均有雕刻。

第三进面阔三开间 10.3 米，进深八界 9.5 米，内四界、后双步，前筑船篷轩结构，扁作梁架，中贴抬梁式，边贴穿斗式，檐口飞椽做法，一斗六升云头挑梓桁，梁架雕刻、挂落均保存完好，装折还保留有蛎壳窗，檐墙后接硬山顶斗六升砖雕门楼。

第四进骑廊轩楼厅，三楼三底，面阔三开间 9.9 米，进深六界 7.3 米，内四界前后廊川结构，圆作梁架，中贴抬梁式，边贴穿斗式，轩梁、大承重均有雕花。

1994 年列为吴江市文物保护单位。保护范围：四周至界墙。建控范围：东至中汝家弄西侧，南至河北岸，西至保护范围外 15 米，北至保护范围外 10 米。

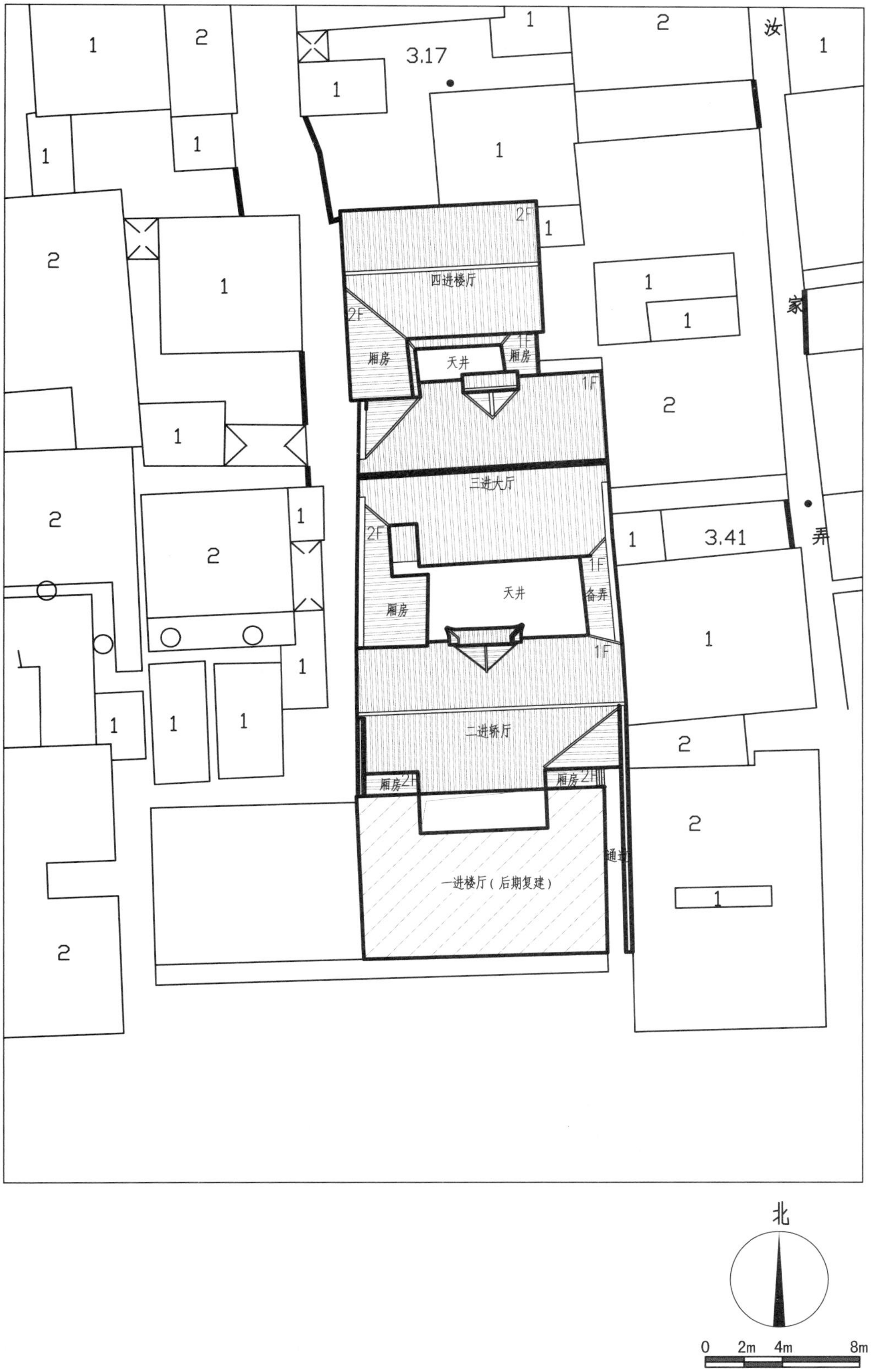

图 1　中心街王宅总平面图

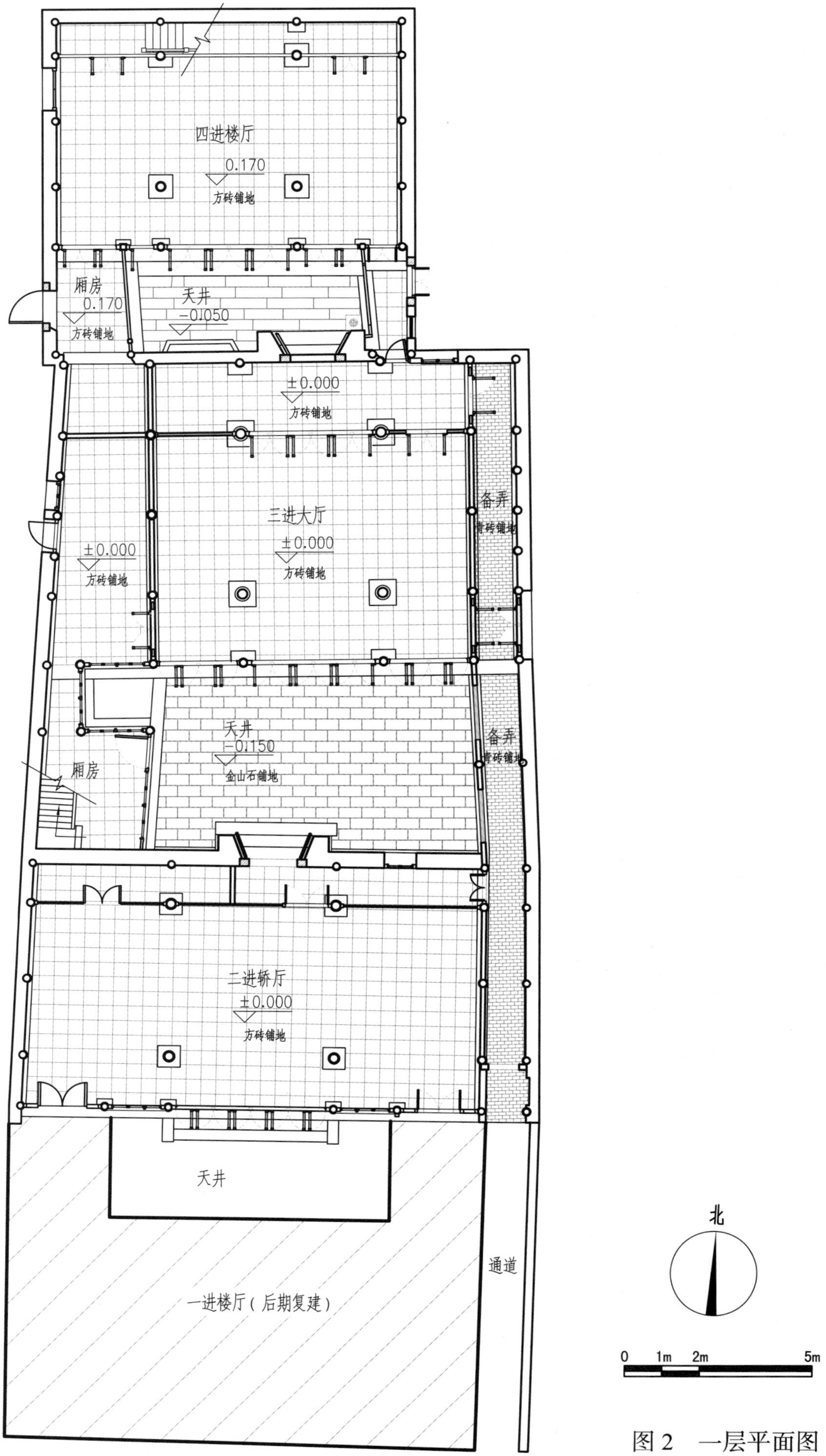
四进楼厅
0.170
方砖铺地
厢房
0.170
方砖铺地
天井
-0.050
±0.000
方砖铺地
三进大厅
±0.000
方砖铺地
±0.000
方砖铺地
备弄
青砖铺地
天井
-0.150
金山石铺地
厢房
备弄
青砖铺地
二进轿厅
±0.000
方砖铺地
天井
通道
一进楼厅（后期复建）
北
0 1m 2m 5m

图 2　一层平面图

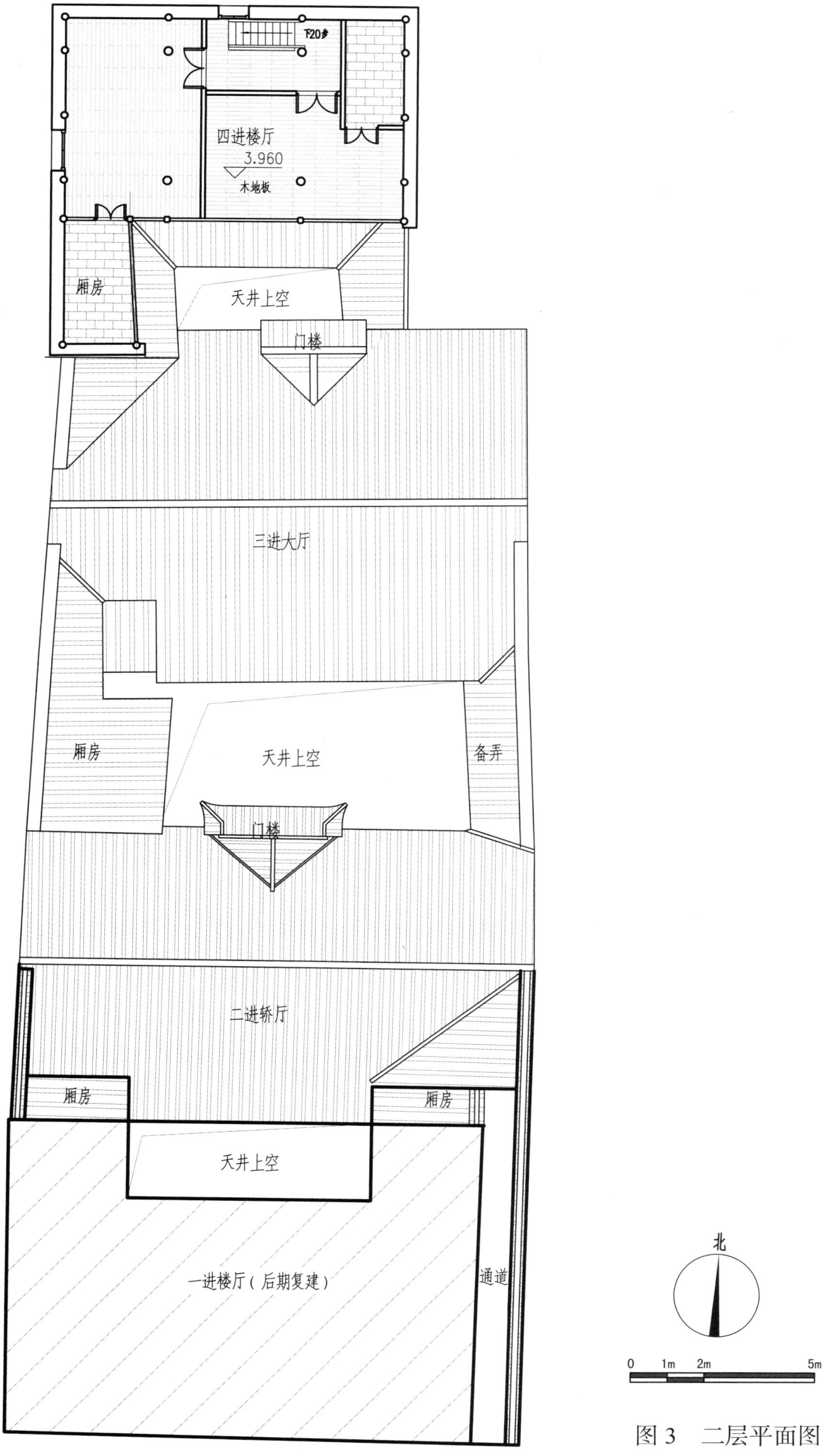
下20步
四进楼厅
3.960
木地板
厢房
天井上空
门楼
三进大厅
厢房
天井上空
备弄
门楼
二进轿厅
厢房
厢房
天井上空
一进楼厅（后期复建）
通道
北
0
1m
2m
5m
图3　二层平面图

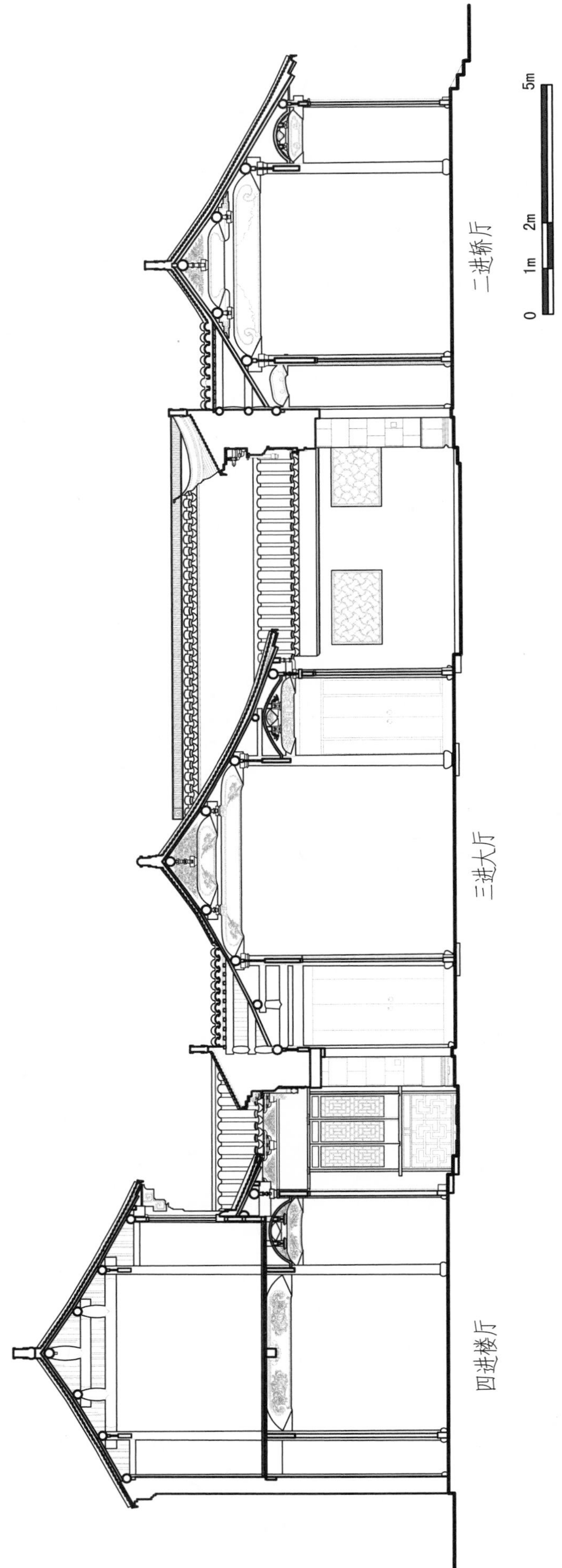

图4　总横剖面图

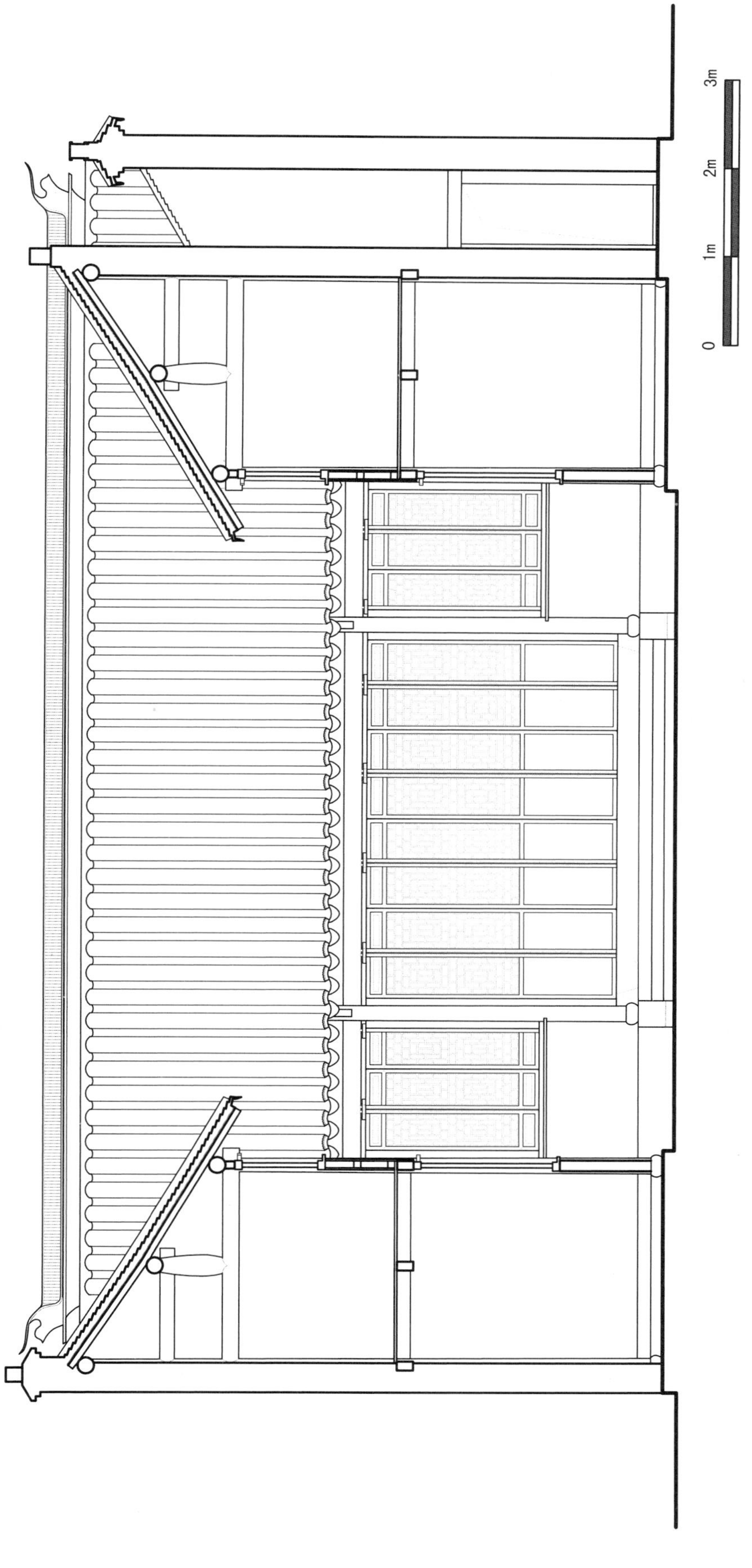

图 5　轿厅南立面图

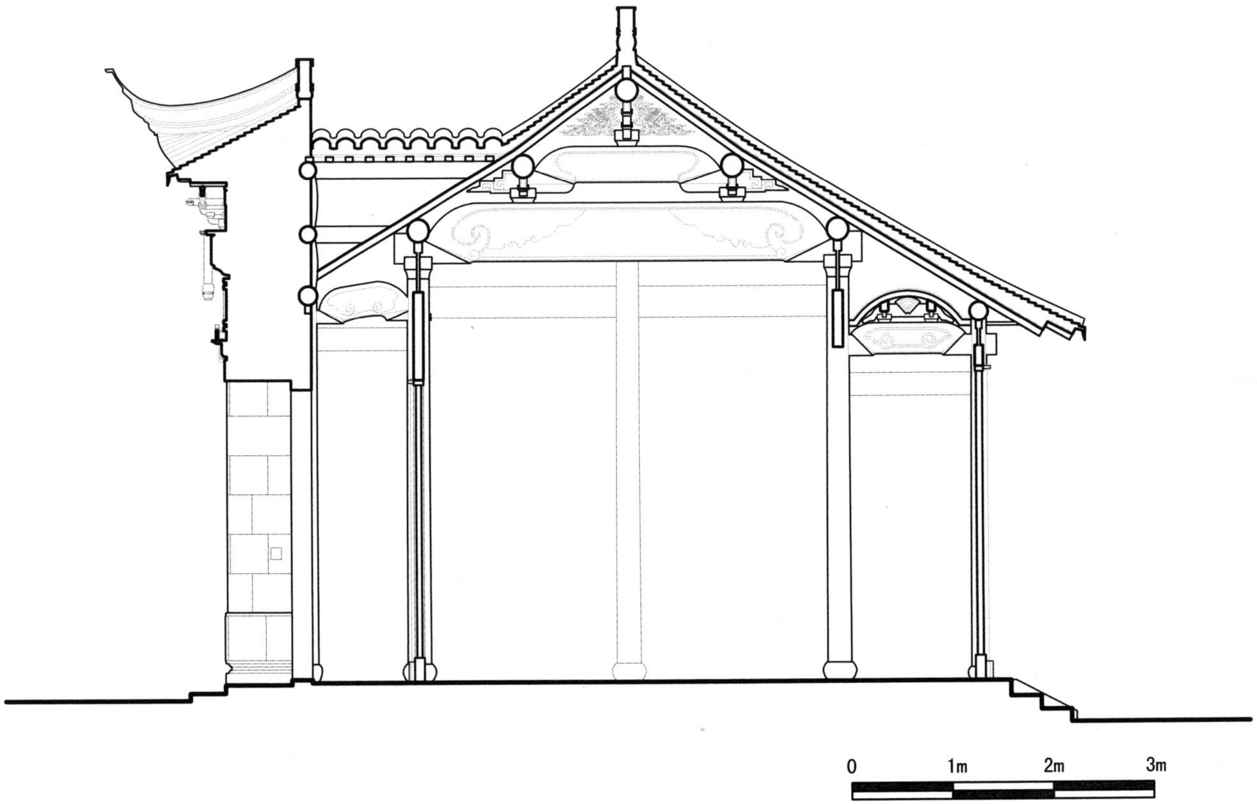

图 6　轿厅横剖面图

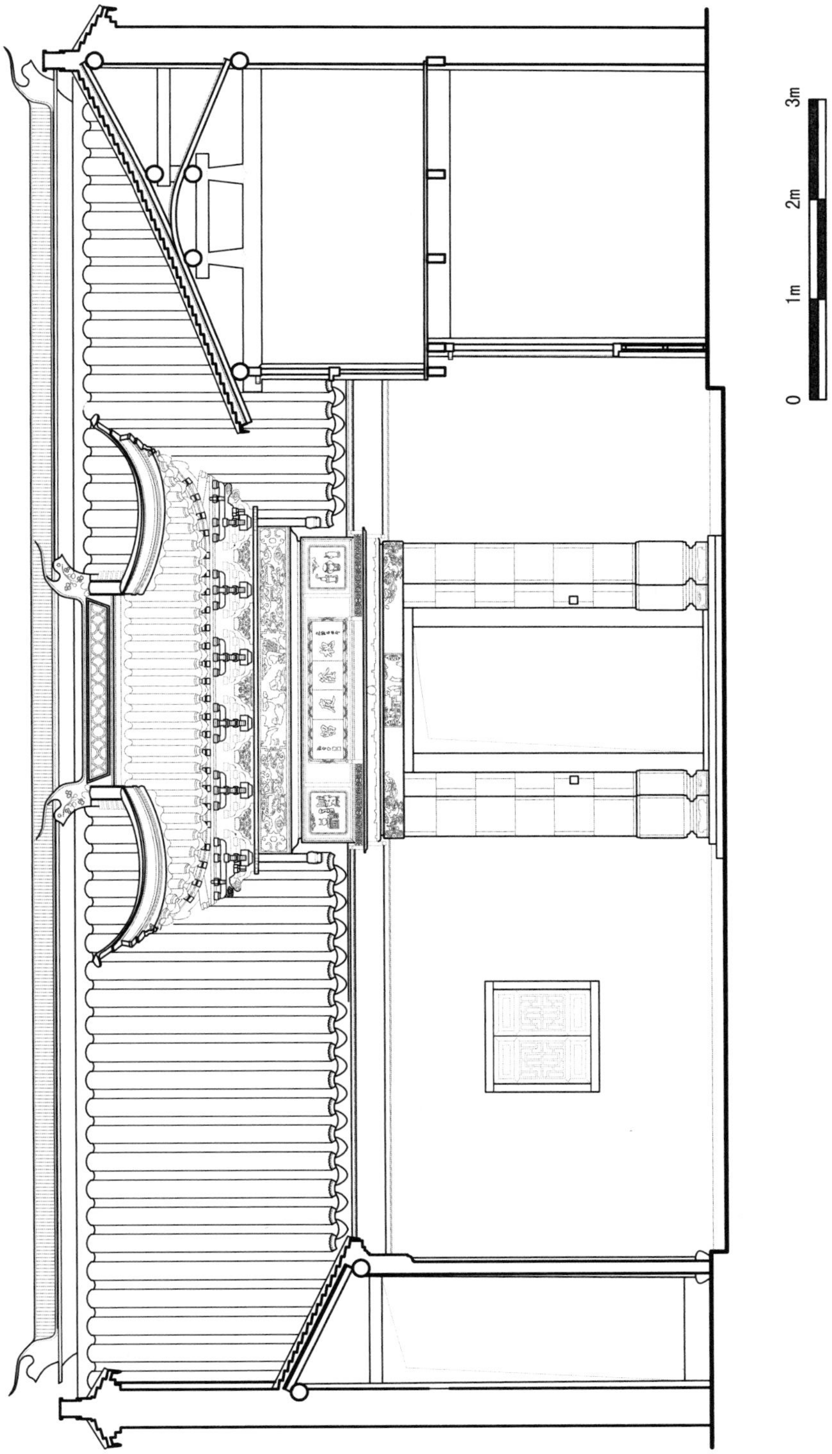

图 7 轿厅北立面图

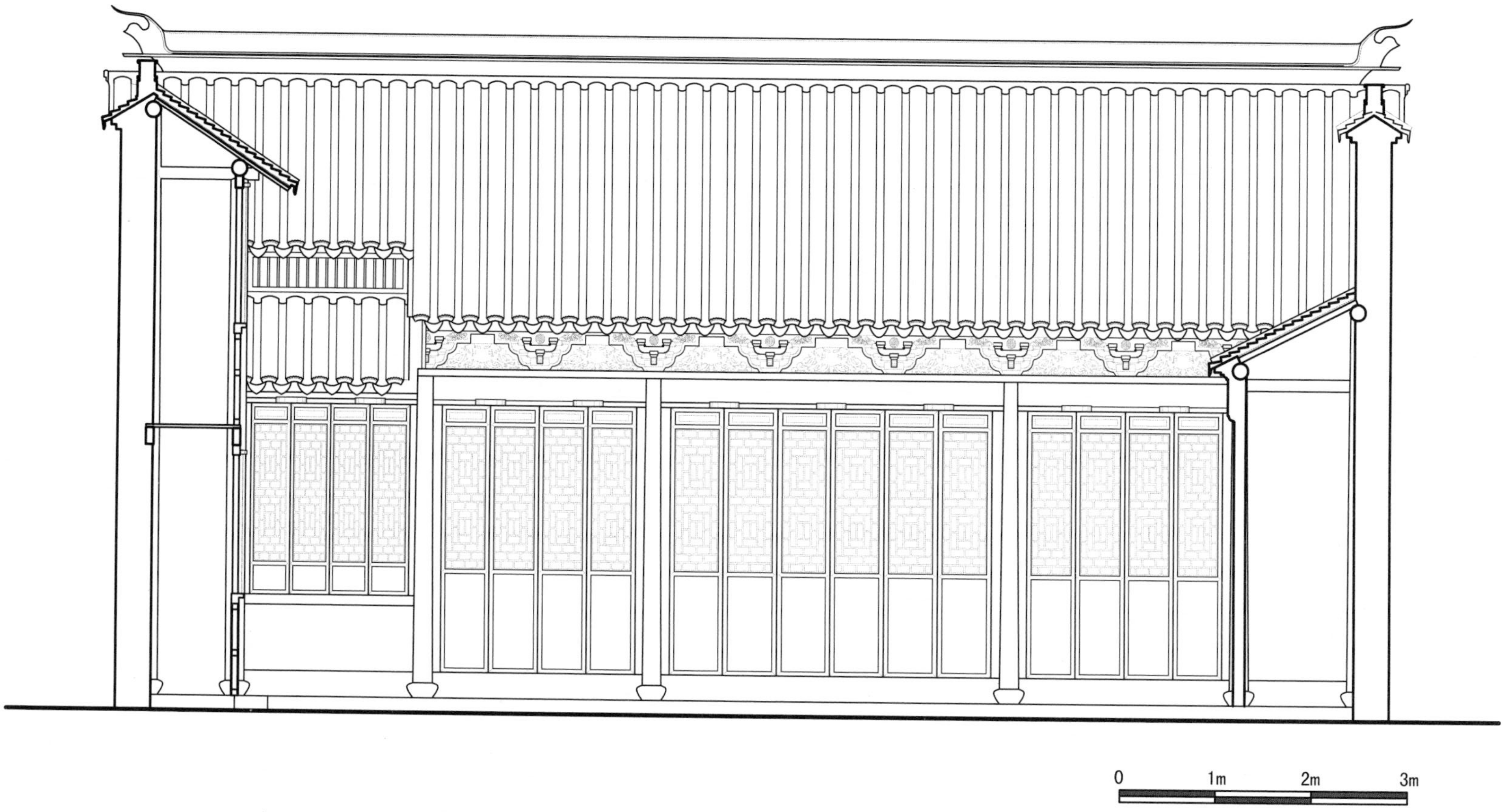

图 8　大厅南立面图

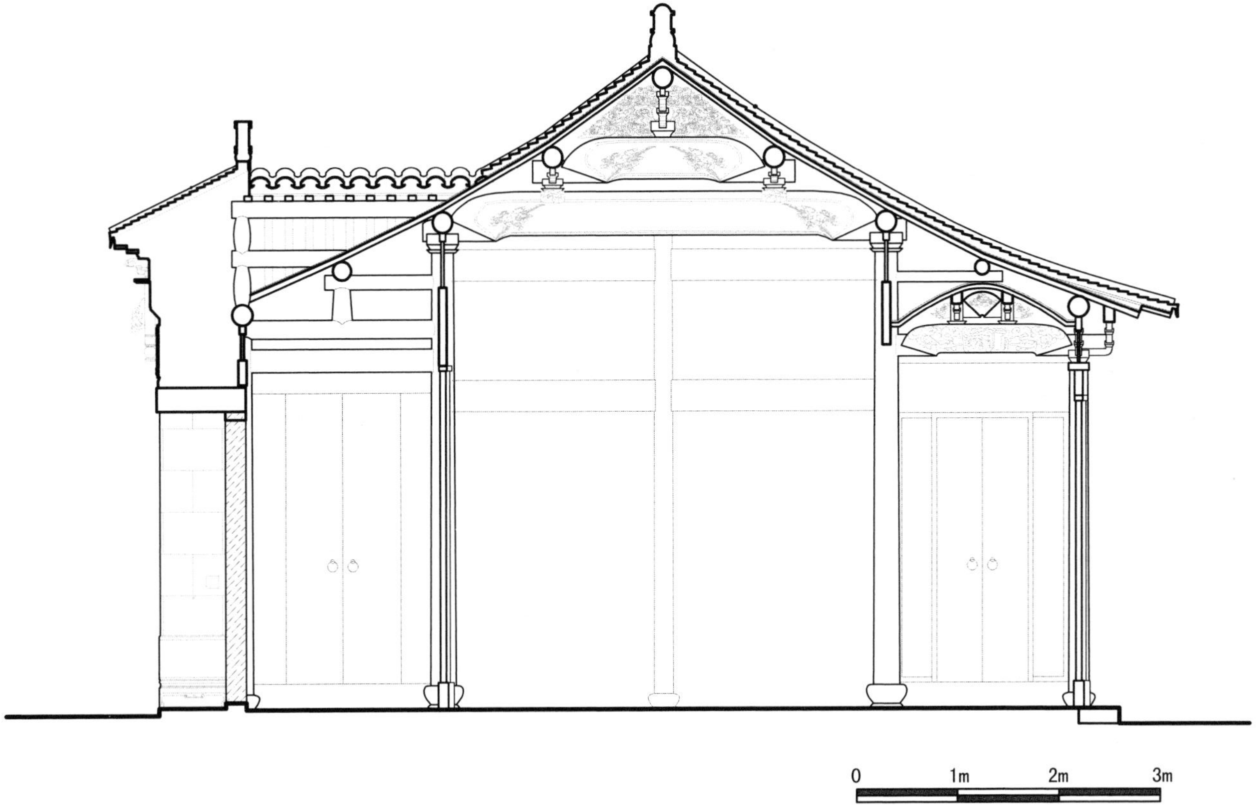

图 9　大厅横剖面图

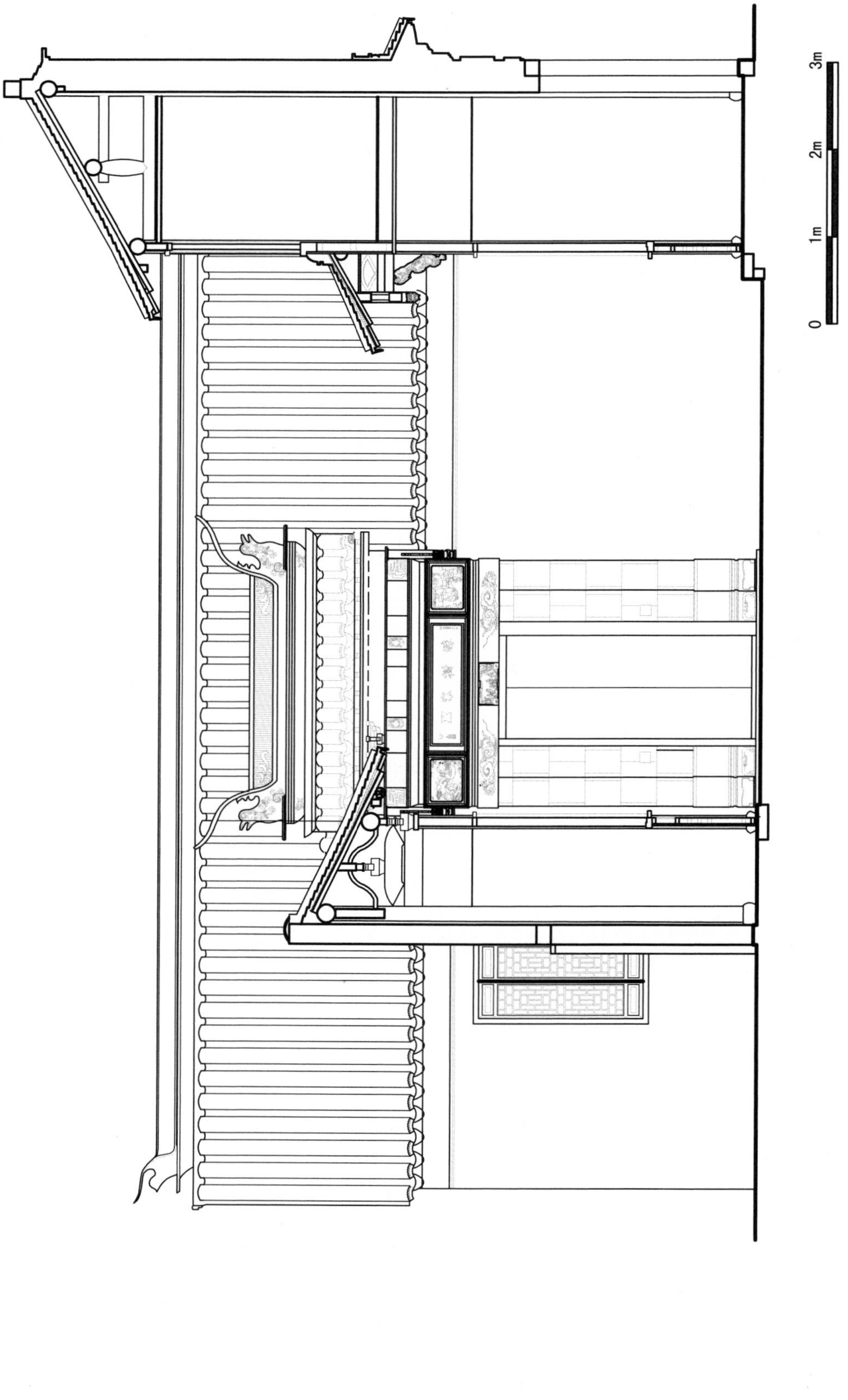

图 10　大厅北立面图

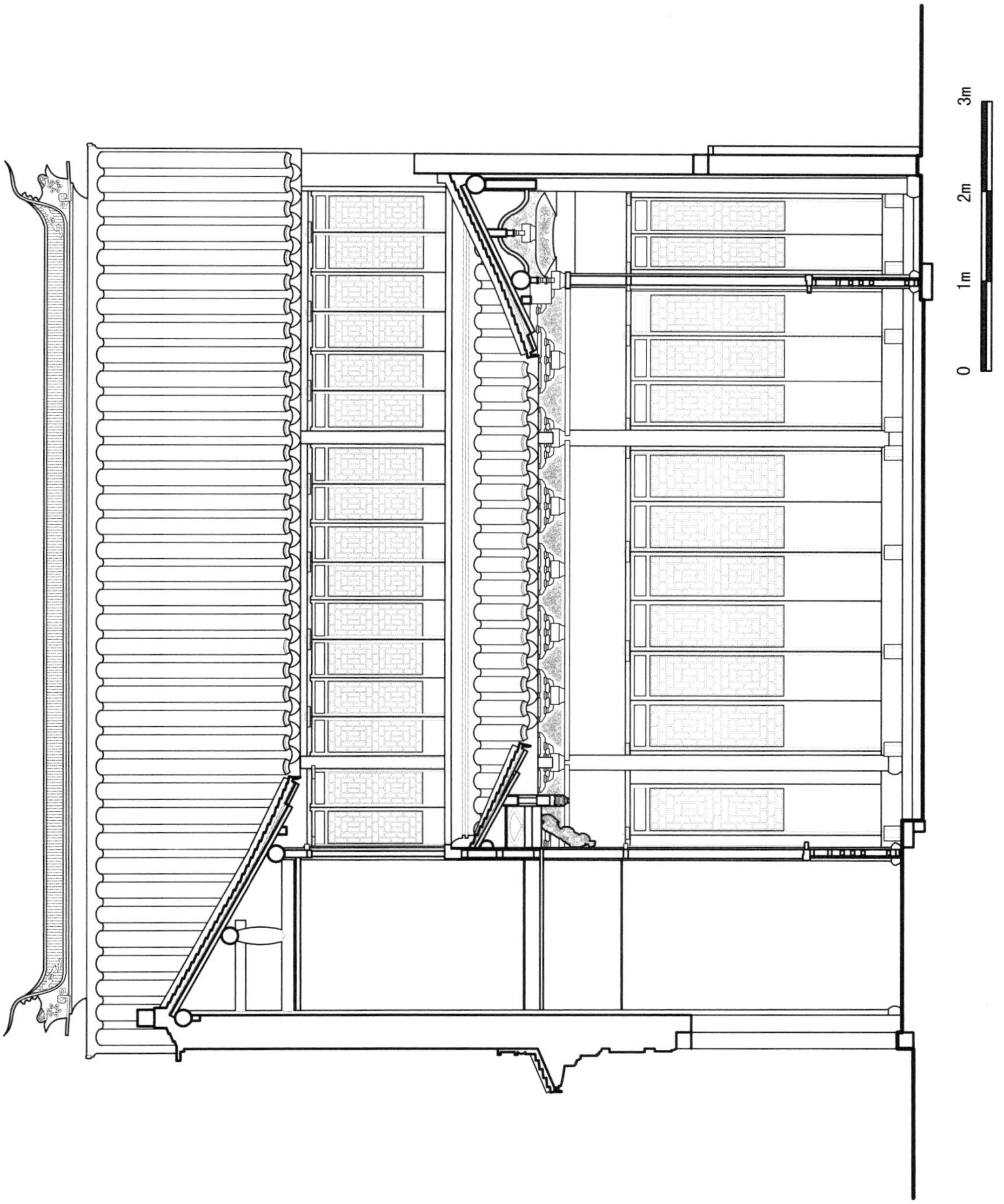

图11 楼厅南立面图

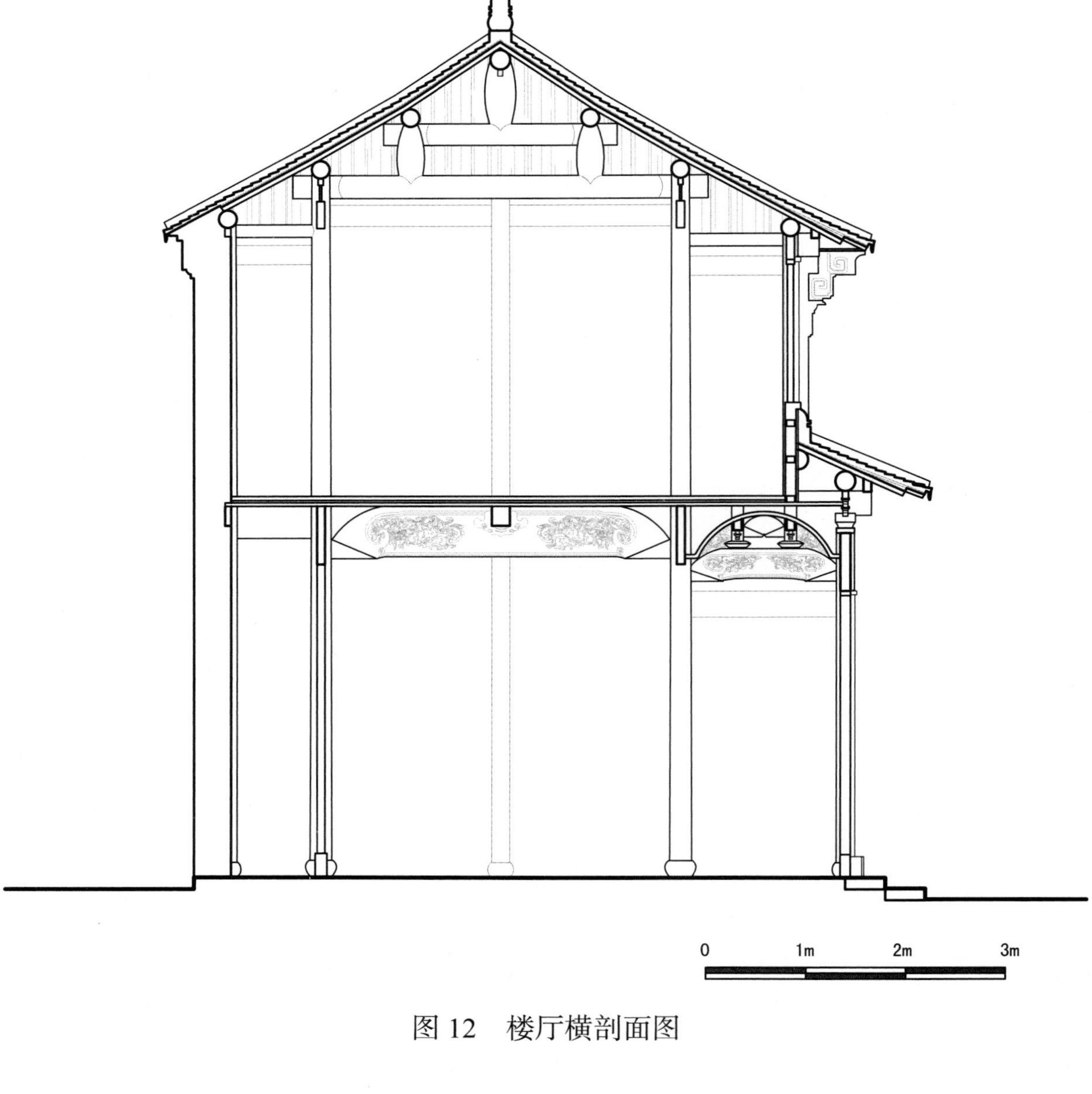

图 12　楼厅横剖面图

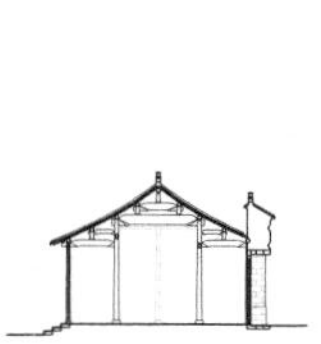

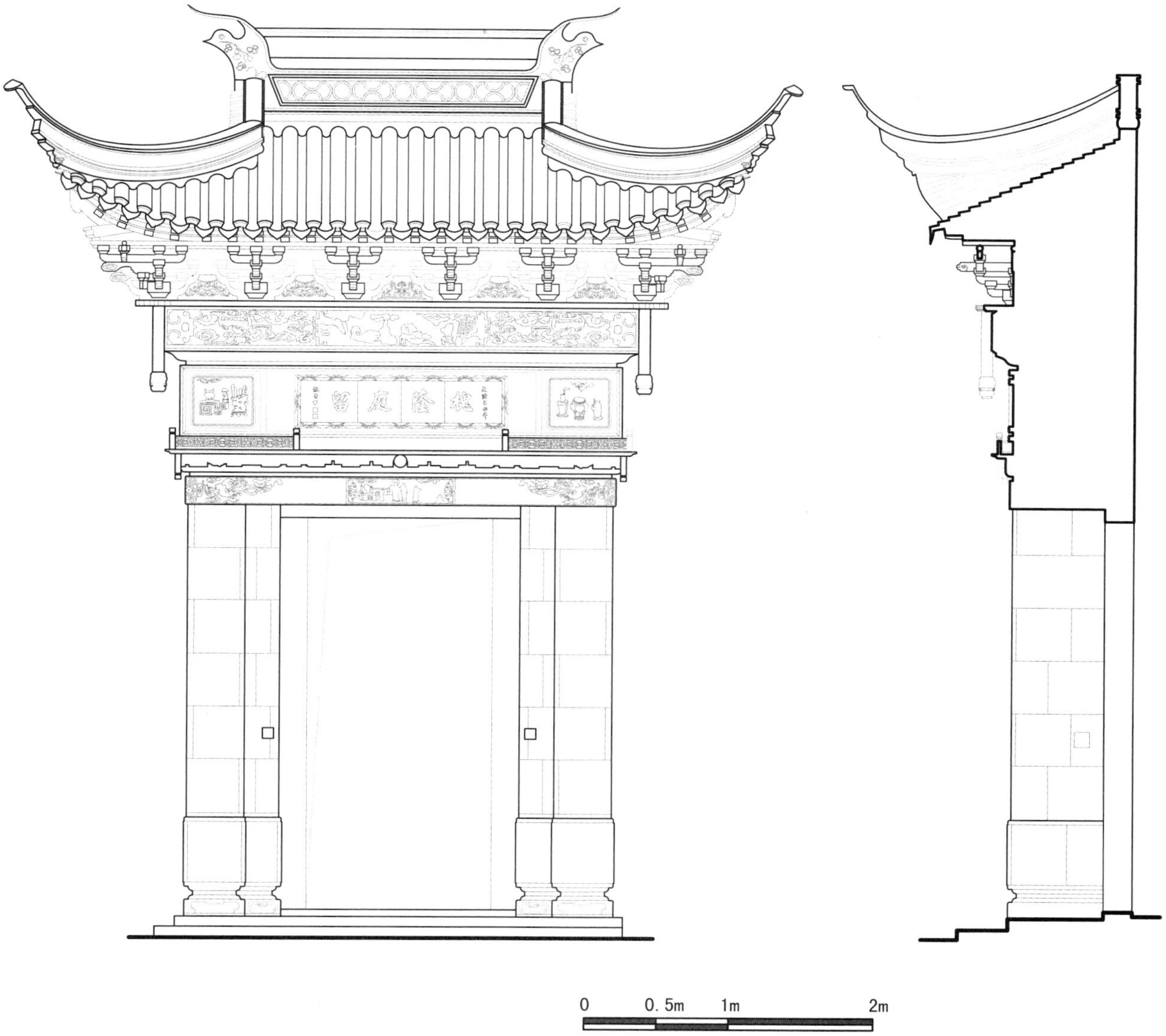

图 13　轿厅门楼详图

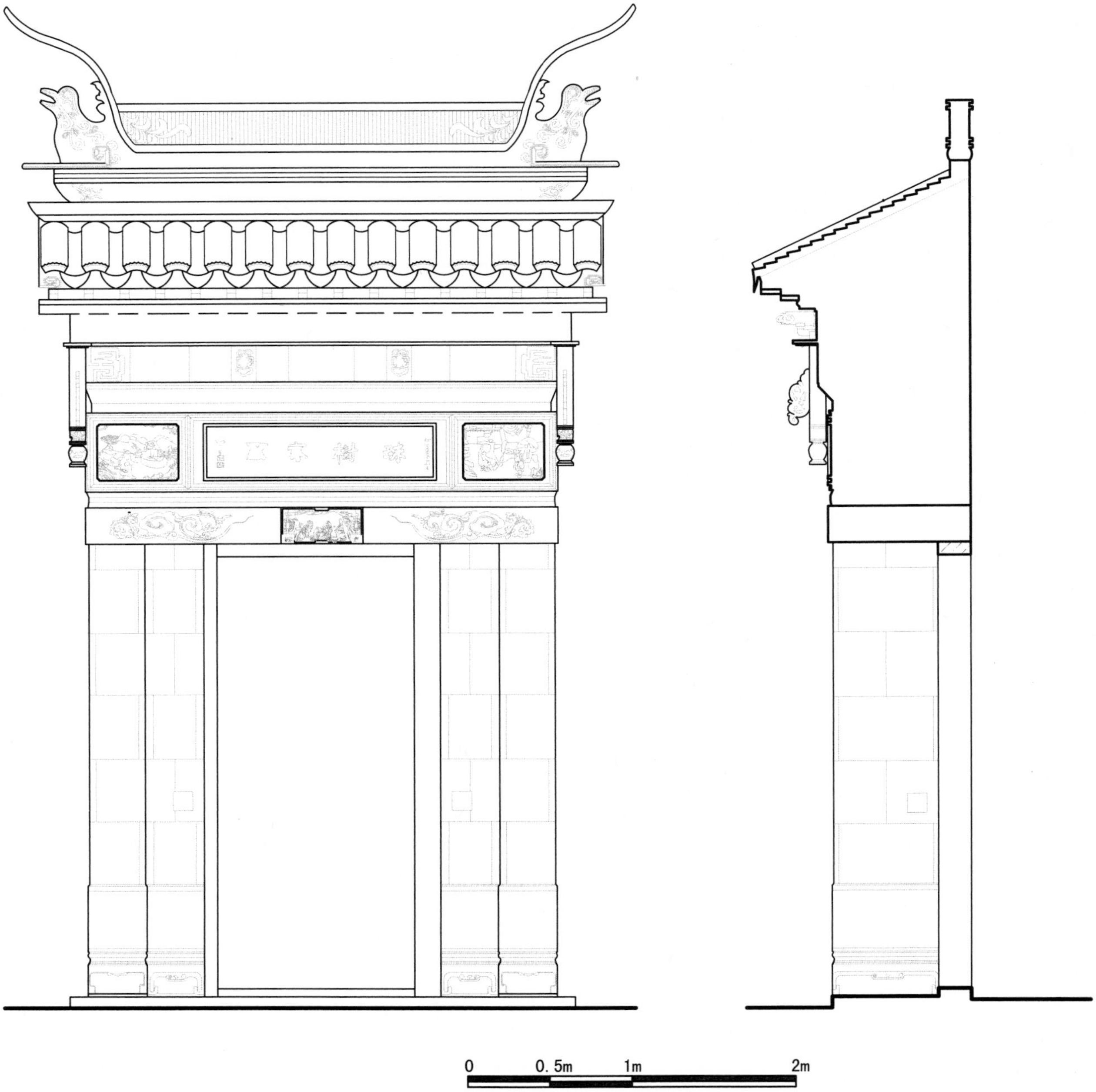

图 14　大厅门楼详图

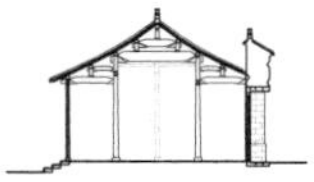

黎里镇：市保单位——王家弄王宅

王家弄王宅，位于黎里镇中心街 25 号，由黎里秀才王燮卿翻建于清道光年间。清光绪二十九年（1903 年），王燮卿夫人倪寿芝在王宅创办了黎里第一所私立学校“求我蒙塾”。

王倪寿芝，早年肄业上海城东女校选科，返黎里后投身教育事业，创办求吾蒙塾，后长期主持学校工作。

该宅坐北朝南，现存四进，均为三开间，东侧备弄。

一进楼厅，面阔三间 10.7 米，进深六界 7.8 米。六界三柱攒金结构，前出双步，圆作梁架。后檐墙接门楼，单坡硬山顶。左右两侧兜肚深雕人物戏文，下枋浮雕卷草纹样，回纹挂落。

二进大厅，面阔三间 10.3 米，进深八界 9.1 米。内四界前后双步结构，圆作梁架。中贴抬梁式，边贴穿斗式。檐墙施斗六升仿木砖雕牌科，单坡硬山顶，左右两侧兜肚深雕人物戏文，下枋浮雕花草纹样。

第三进保存最为完整，副檐轩楼厅，后出抱厦接门楼，两侧蟹眼天井。面阔三间 10.8 米，进深八界 11.9 米。内四界前后双步结构，圆作梁架，中贴抬梁式，边贴穿斗式。檐下轩结构为一枝香轩，大承重前筑船篷轩。轩梁、承重、长窗均有雕刻，建筑构件保存完好。檐墙接斗三升砖雕门楼，单坡硬山顶，两侧兜肚、下枋均有雕刻。

第四进，骑廊轩楼厅，后包檐。面阔三间 10.9 米，进深六界 9.2 米，内四界前后廊川结构，圆作梁架，中贴抬梁式，边贴穿斗式。底层大承重前筑船篷轩。荷包梁、轩梁、大承重均有雕花。

2014 年 7 月公布为苏州市文物保护单位。保护范围：四周至界墙。建控范围：东至保护范围外 10 米，南至市河北岸，西至保护范围外 15 米，北至保护范围外 10 米。

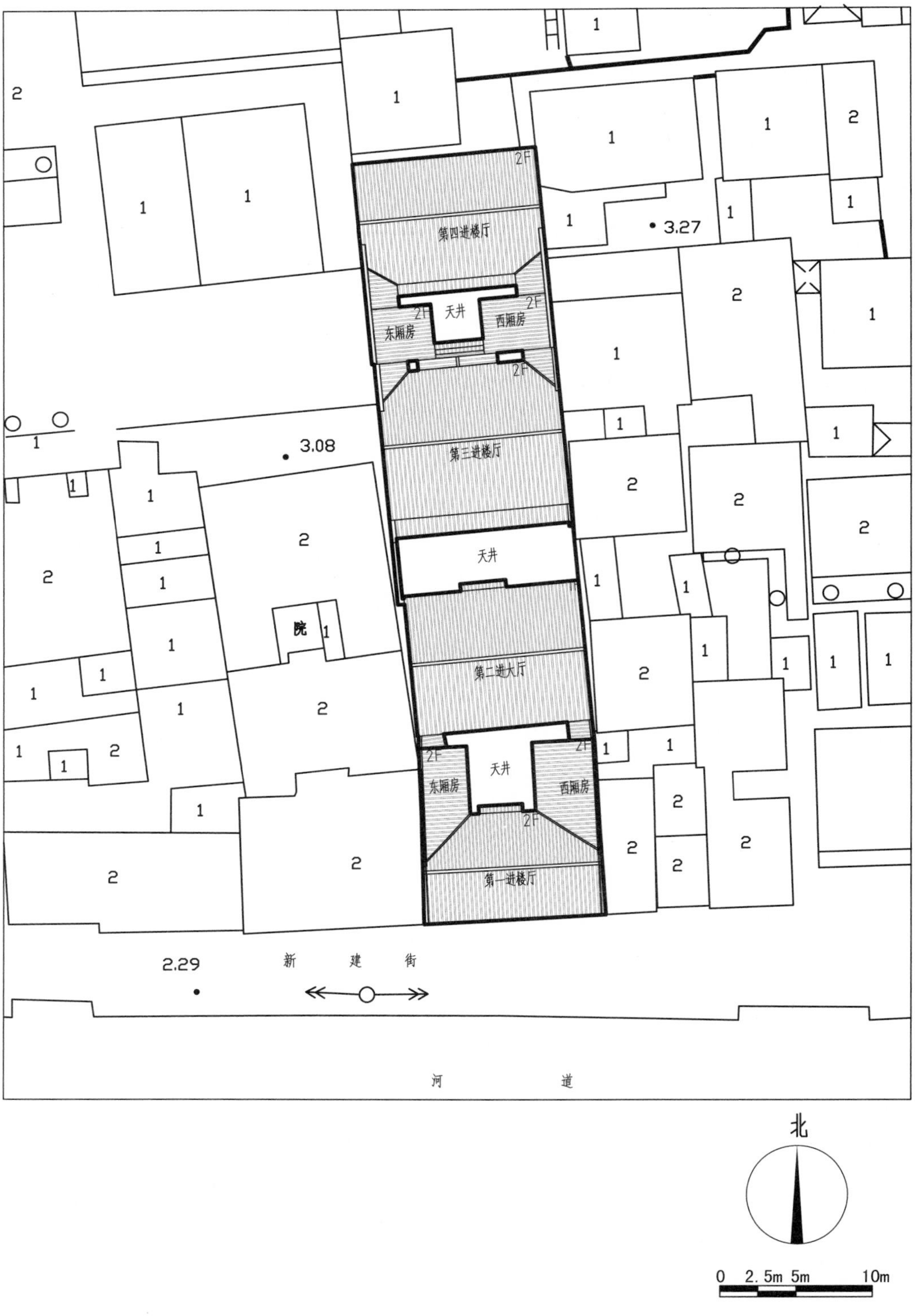
第四进楼厅
天井
东厢房
西厢房
第三进楼厅
天井
第二进大厅
天井
东厢房
西厢房
第一进楼厅
3.27
3.08
2.29
院
新　建　街
河　道
北
0 2.5m 5m 10m

图 1　王家弄王宅总平面图

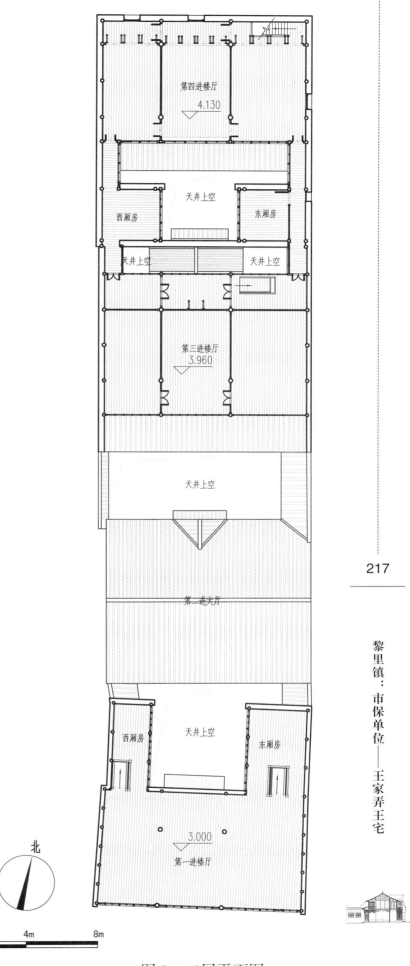

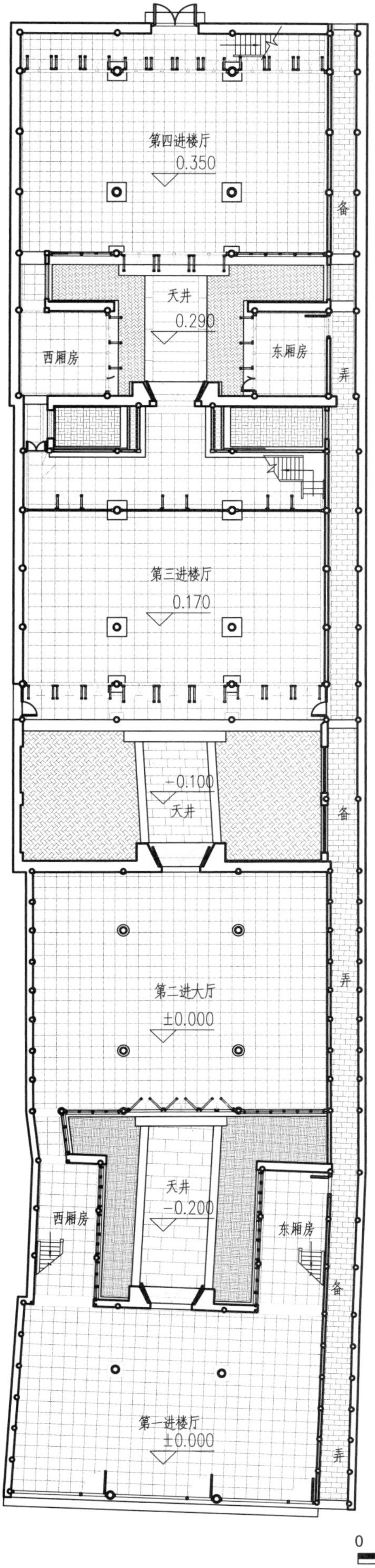
第四进楼厅
0.350
天井
0.290
西厢房
东厢房
第三进楼厅
0.170
-0.100
天井
第二进大厅
±0.000
天井
-0.200
西厢房
东厢房
第一进楼厅
±0.000
备
弄
备
弄
备
弄

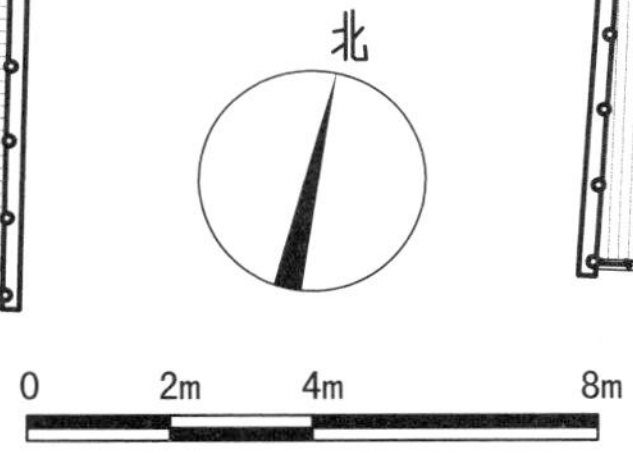
北
0
2m
4m
8m

图 2　一层平面图

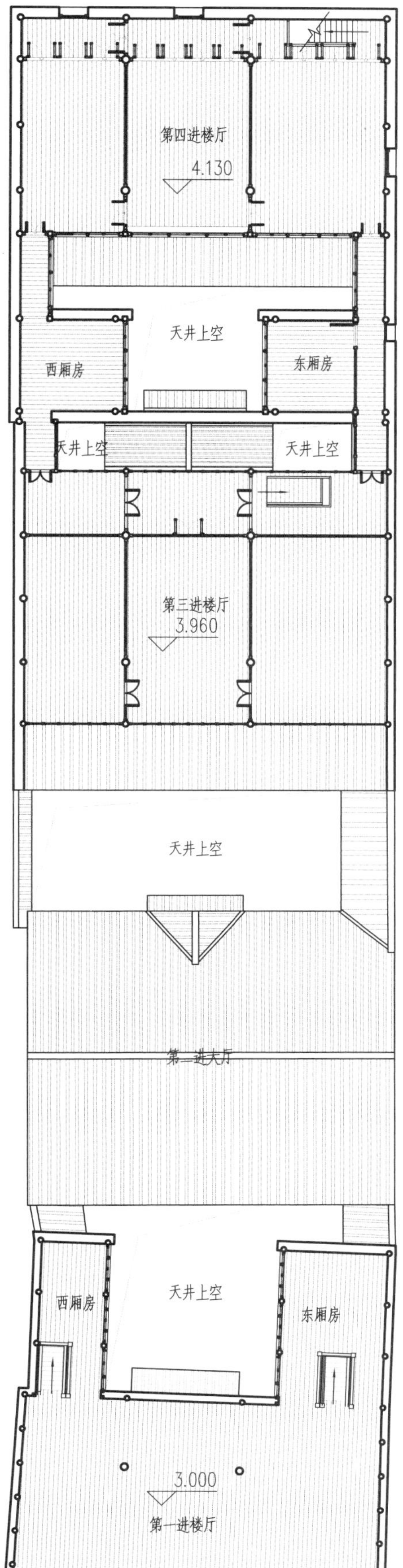
第四进楼厅
4.130
天井上空
西厢房
东厢房
天井上空
天井上空
第三进楼厅
3.960
天井上空
第二进大厅
天井上空
西厢房
东厢房
3.000
第一进楼厅

图 3　二层平面图

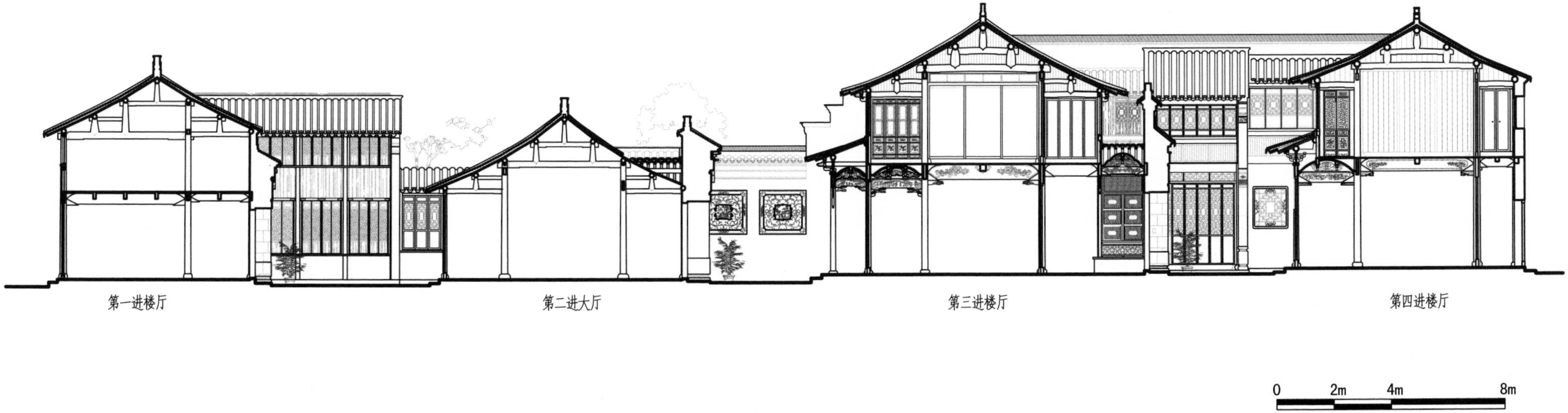
第一进楼厅
第二进大厅
第三进楼厅
第四进楼厅
0
2m
4m
8m

图 4　总横剖面图

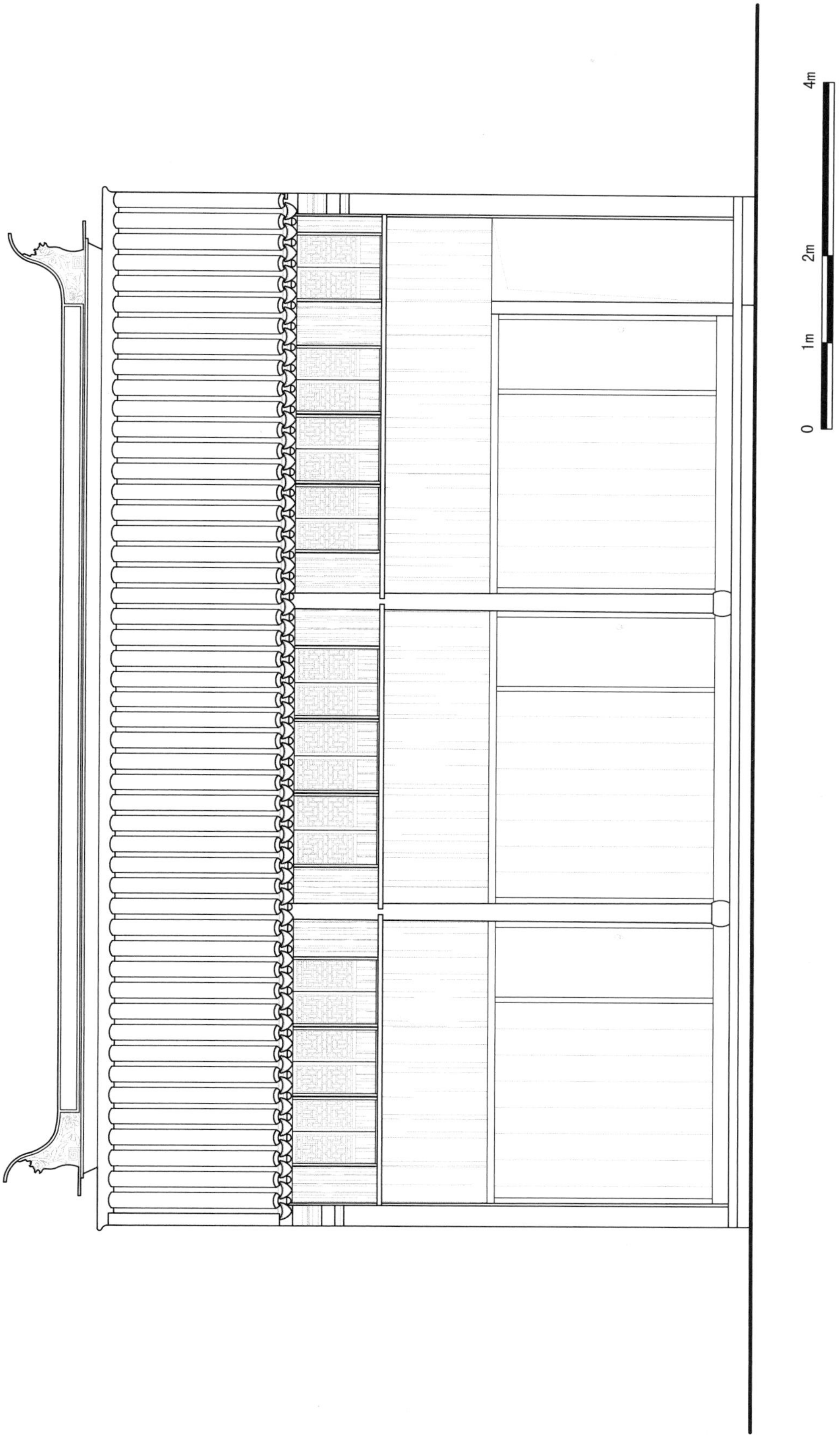

图 5　第一进楼厅南立面图

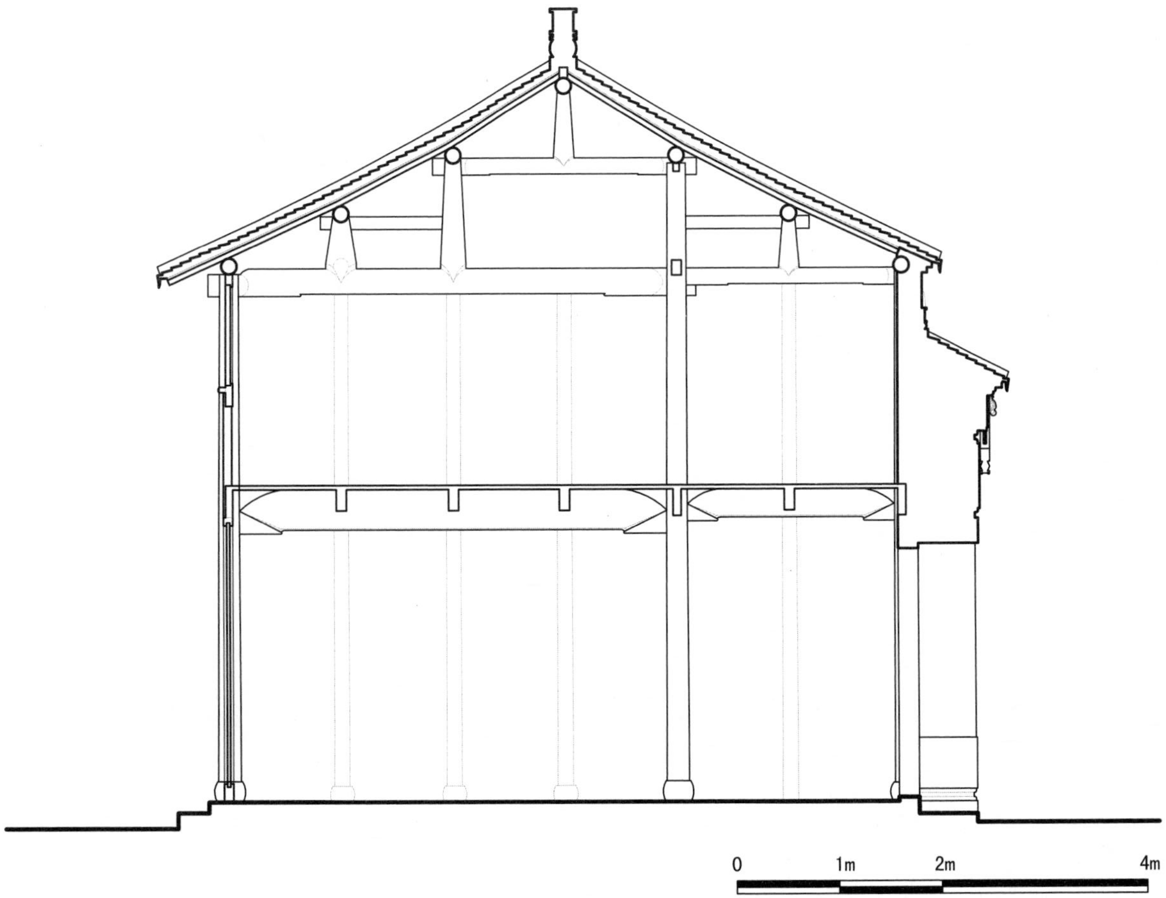

图 6　第一进楼厅剖面图

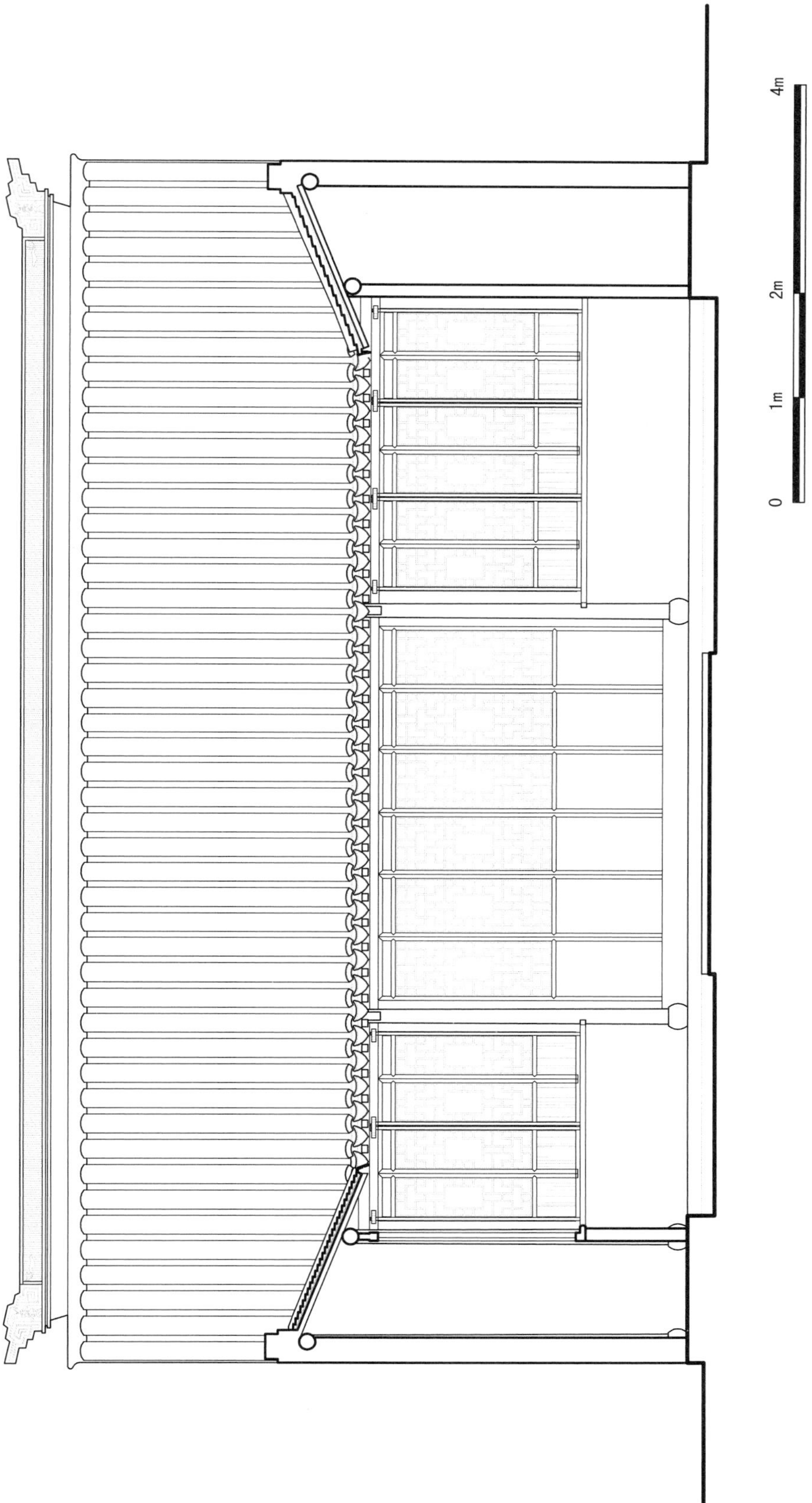

图 7　第二进大厅南立面图

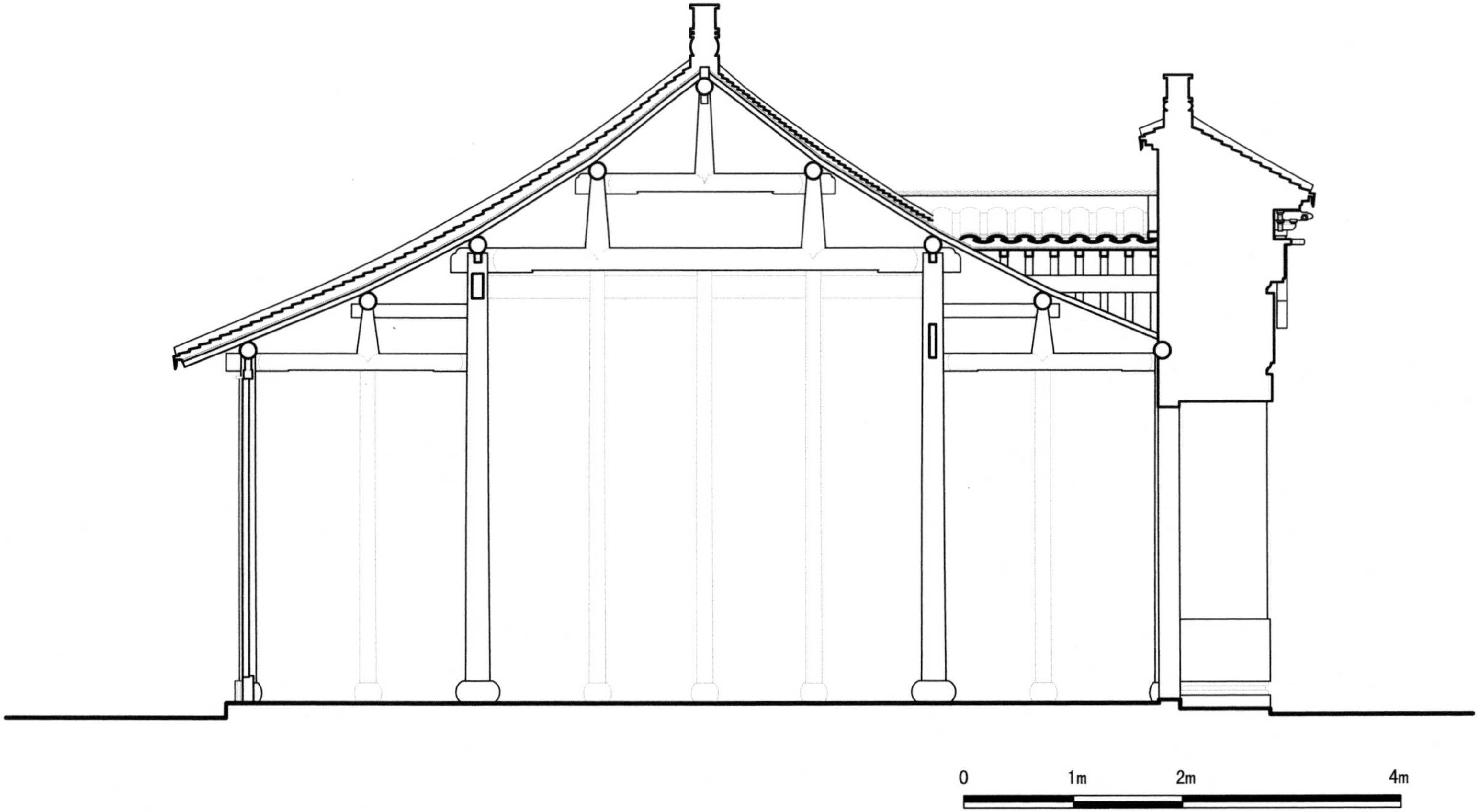

图 8　第二进大厅剖面图

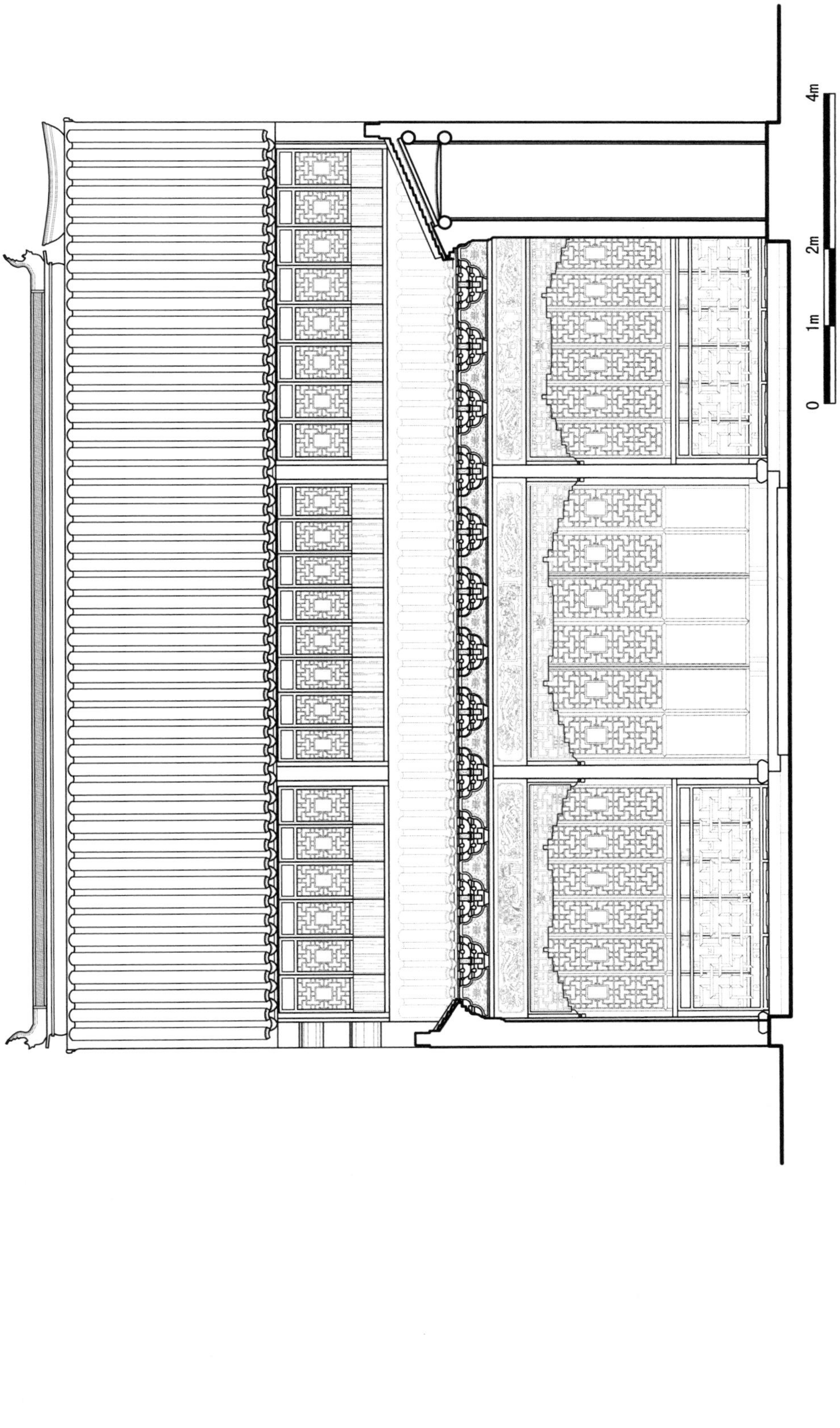

图 9　第二进楼厅南立面图

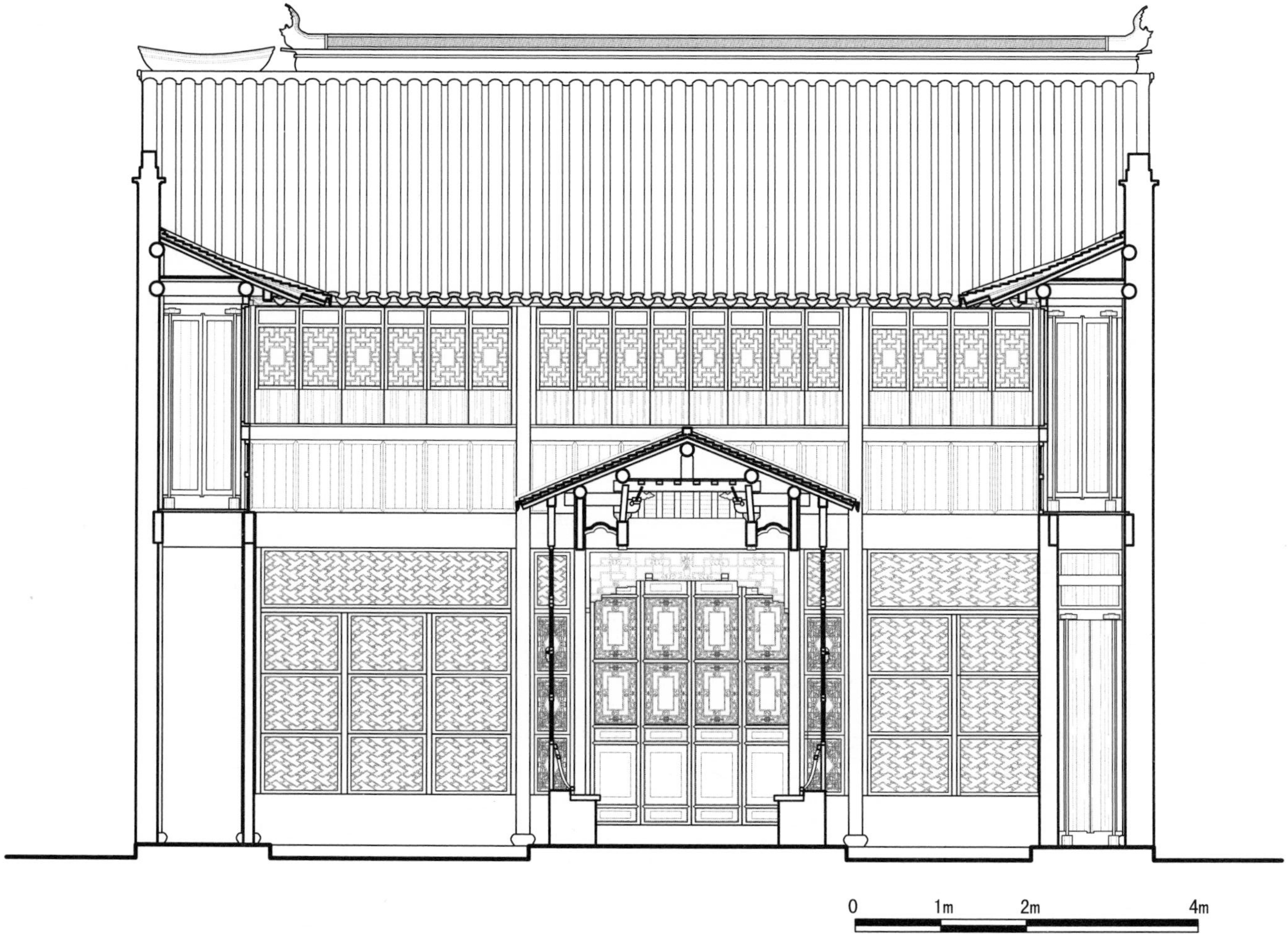

图 10　第三进楼厅北立面图

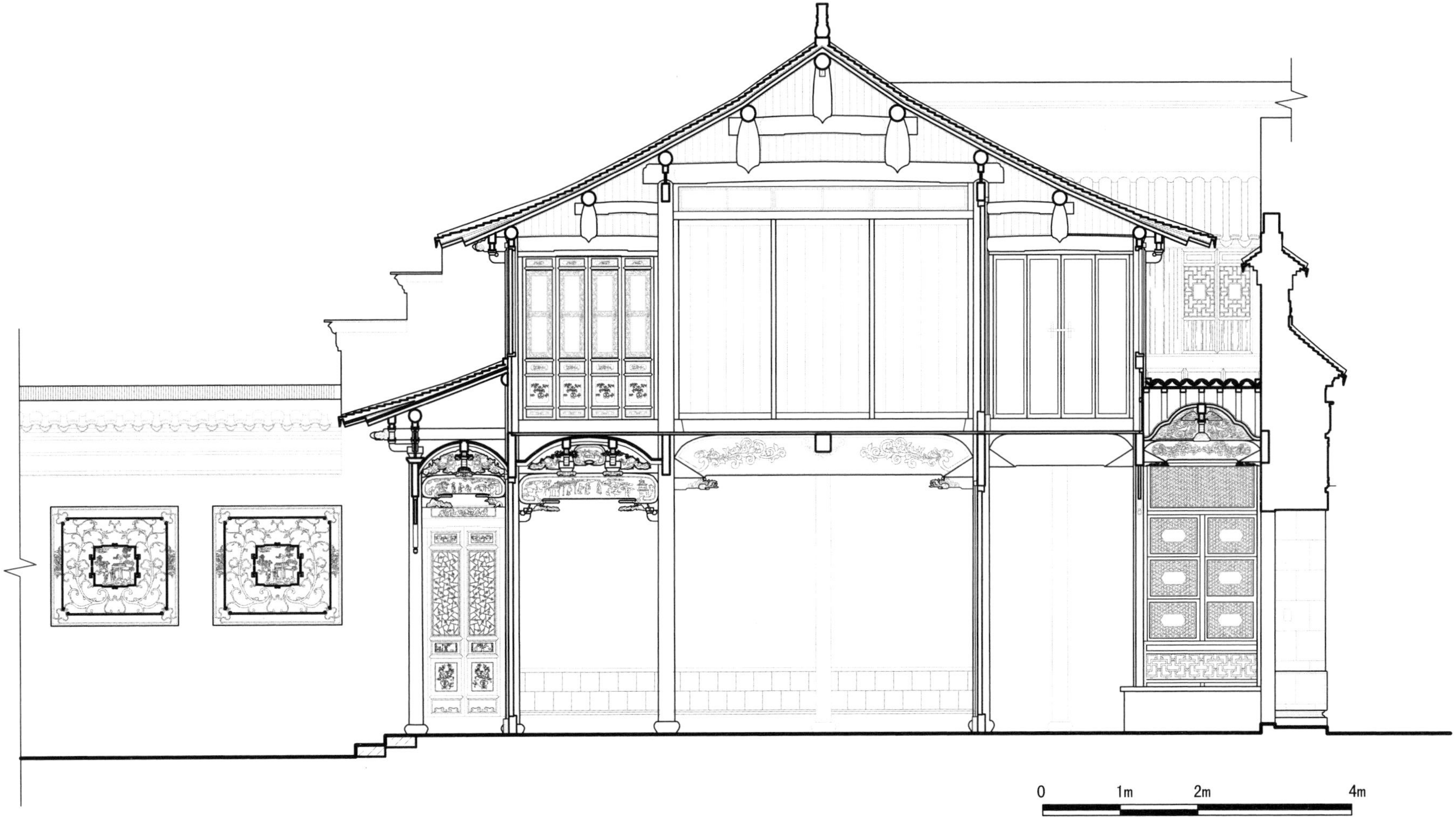

图 11　第三进楼厅剖面图

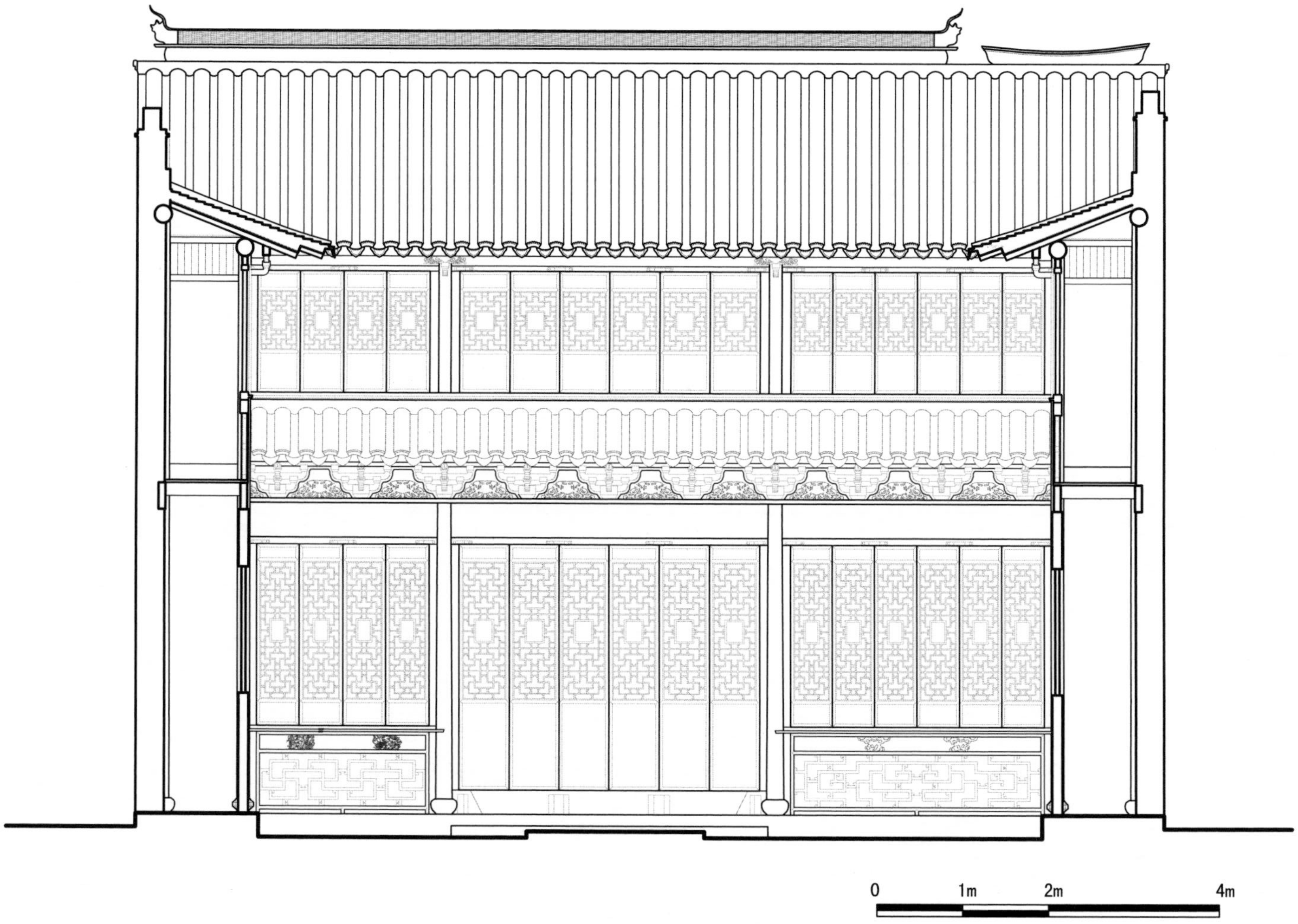

图 12　第四进楼厅南立面图

图 13　第四进楼厅剖面图

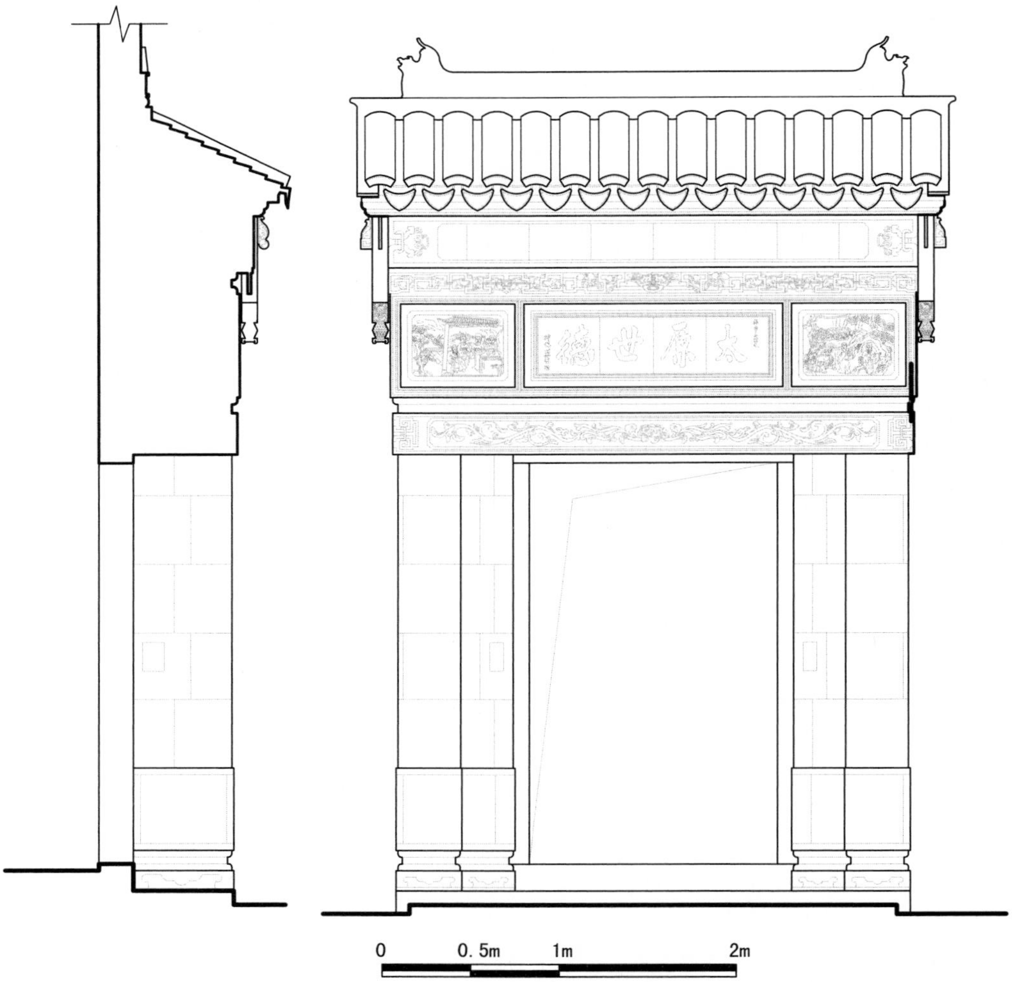

图 14　第一进楼厅门楼详图

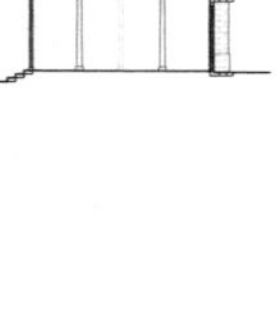

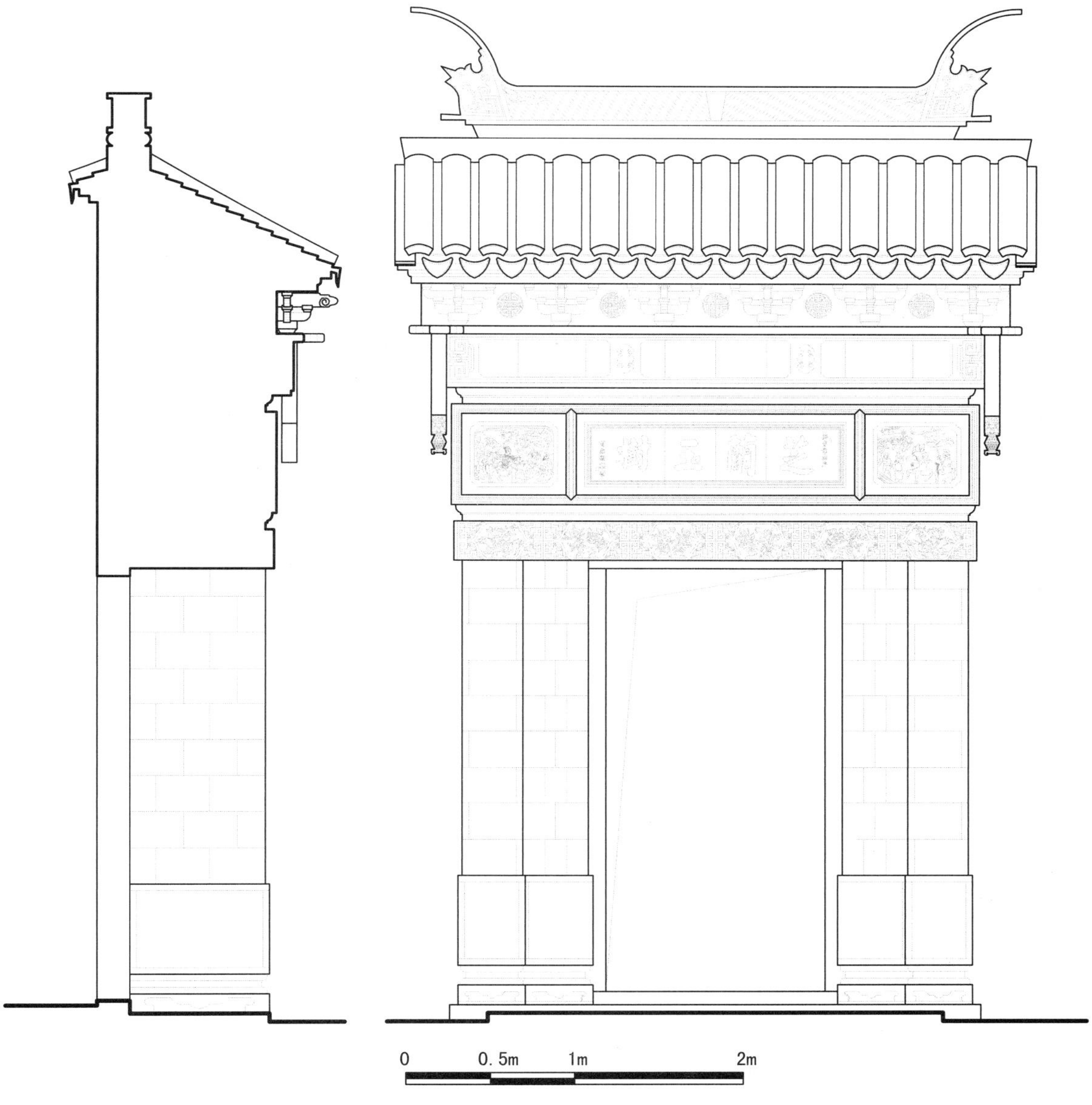

图 15　第二进大厅门楼详图

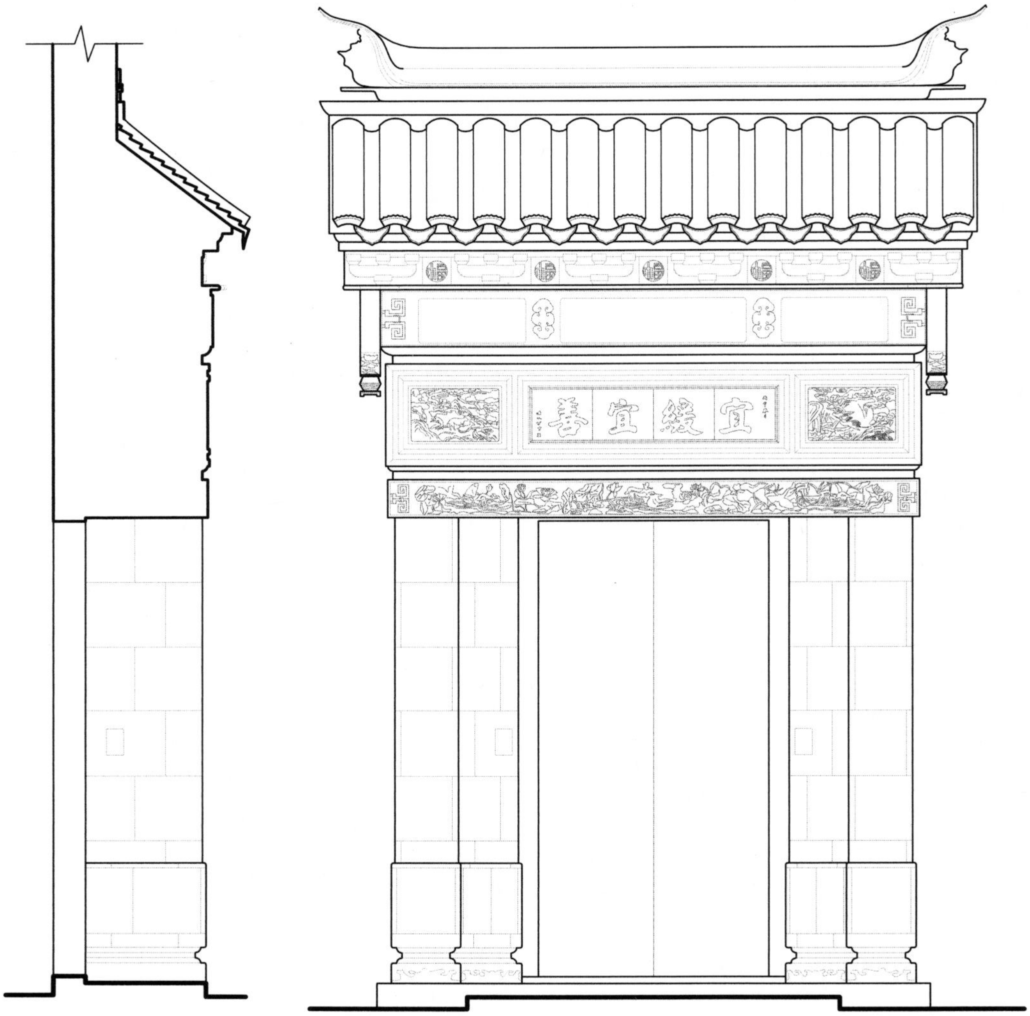

0 0.5m 1m 2m

图 16 第三进楼厅门楼详图

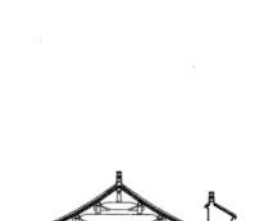

黎里镇：市保单位——芦墟泰丰路陆宅

芦墟泰丰路陆宅位于芦墟泰丰路西段。泰丰路因陆泰丰米行而得名。

陆宅原为芦墟豪绅陆荣光府第（陆荣光，字映澄，号觉庐。原籍浙江嘉禾，祖辈移居芦墟东栅。至清光绪年间，陆荣光之父陆厚斋已具经济实力。秀才出身的陆荣光继承祖业，更有发展，拥陆泰丰米行。1920 年，从英国引进一台 52 匹马力的柴油机，首度用机械动力碾米，为吴江第一，并拖带发电机，向全镇供照明用电。19 世纪末，陆荣光与黄西卿发起成立芦墟米业公所），始建于民国初年（陆荣光聘请吴县香山匠人营造“陆泰丰”，即现在的陆宅）。宅内原有亭子、假山、池塘、九曲桥等，楼厅有匾额“樟院流芬”，现均无存。新中国成立后，陆宅先后为区公所、人民公社、乡政府、玩具厂、文化站等机关单位所用，第一进楼厅当时底层是评弹书场，楼上是图书馆。

陆宅主体建筑坐西朝东，共三进，由大厅、前楼厅、后楼厅组成。总用地面积 1273.9 平方米，总建筑面积 1044.7 平方米。

第一进大厅，面阔三间带一次间共 14.5 米，进深七界 8.55 米，东侧正立面设有廊棚至前院墙，廊棚宽 2.3 米，为抬梁式木构架，小青瓦屋面，砖细吴王靠坐槛，万川式挂落装饰。大厅屋面采用小青瓦铺设，上筑哺鸡脊，内部梁架为扁作穿斗式木构架，后檐口挑云头托梓桁，正间采用方形木柱，门窗均为十字海棠式花格长窗。室内为方砖铺地，室外天井满铺人字形黄道砖。

大厅背面南侧设有连廊连接第二进前楼厅，前楼厅面阔五开间，共 16.6 米，进深十界约 8.9 米，北侧带有约 1 米宽备弄贯通后两进建筑，西侧连有南北两处厢房，院内种有香樟。建筑一层采用方砖铺地，东侧外廊为青砖砌筑拱形立柱，正间青砖砌筑拱形门券，设双扇实拼木门，二层采用木地板铺设，东侧外廊处采用方砖铺设，花瓶式木栏杆围挡。建筑采用传统小青瓦屋面，三段式哺鸡脊，梁架为穿斗式木构架，前后檐挑云头托梓桁，后檐二层出挑。门窗除一层西立面采用十字海棠式花格长短窗外，其余均为十字型方格玻璃门窗。

第三进后楼厅面阔五开间 17.3 米，进深八界 8.9 米，西侧连有两处平房。正立面为包檐墙做法，墙体正间居中筑有砖雕门楼一座，上书“贻厥嘉猷”字碑，门窗均为十字型方格玻璃门窗，局部装饰有圆拱形彩色玻璃。

后两进楼厅承重，梁枋等构件均雕刻有精美花草及人物图案，建筑风格为典型民国时期中西合璧的建筑形式。

2012 年列为吴江市文物保护单位。2014 年 7 月，由苏州市人民政府明确为市文物保护单位。保护范围：四周至界墙。建控范围：东至保护范围外 25 米，南至保护范围外 15 米，西至东北街，北至泰丰路。

图 1　泰丰路陆宅总平面图

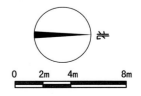

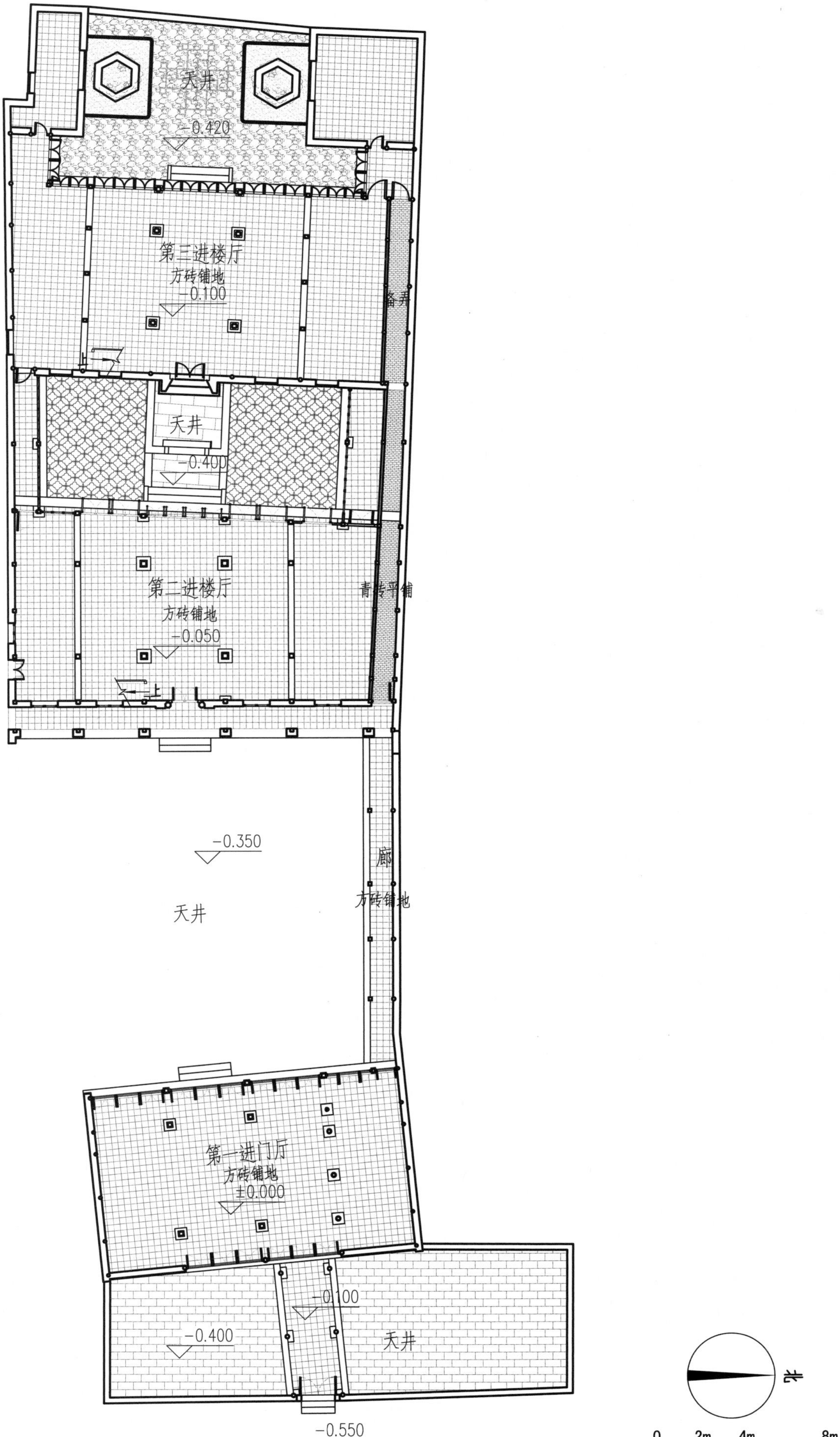
天井
−0.420
第三进楼厅
方砖铺地
−0.100
备弄
上
天井
−0.400
第二进楼厅
方砖铺地
−0.050
青砖平铺
上
−0.350
天井
廊
方砖铺地
第一进门厅
方砖铺地
±0.000
−0.100
−0.400
天井
−0.550
北
0 2m 4m 8m

图 2　泰丰路陆宅一层平面图

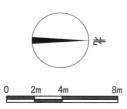

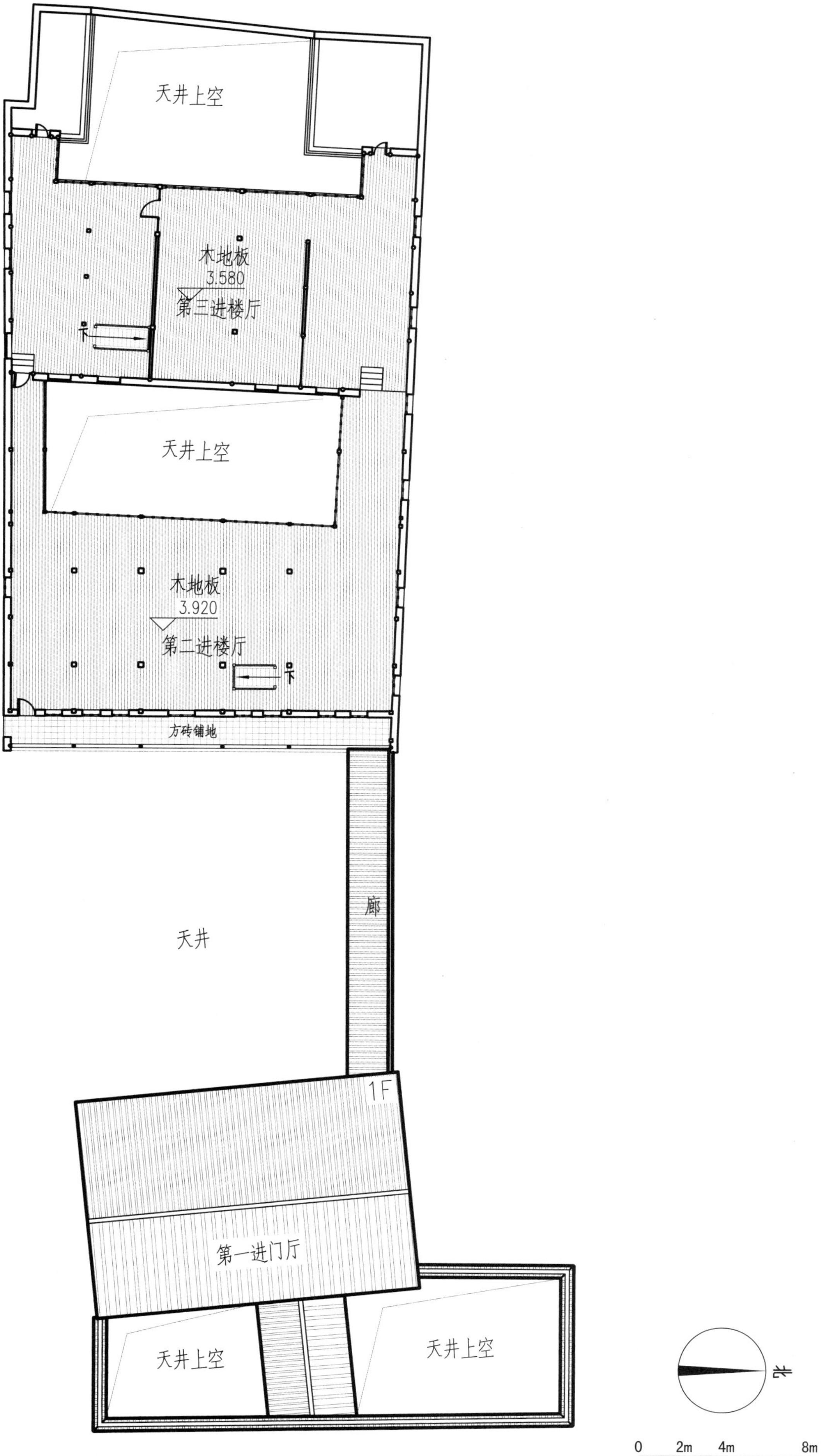
天井上空
木地板
3.580
第三进楼厅
下
天井上空
木地板
3.920
第二进楼厅
下
方砖铺地
廊
天井
1F
第一进门厅
天井上空
天井上空
北
0
2m
4m
8m

图 3　泰丰路陆宅二层平面图

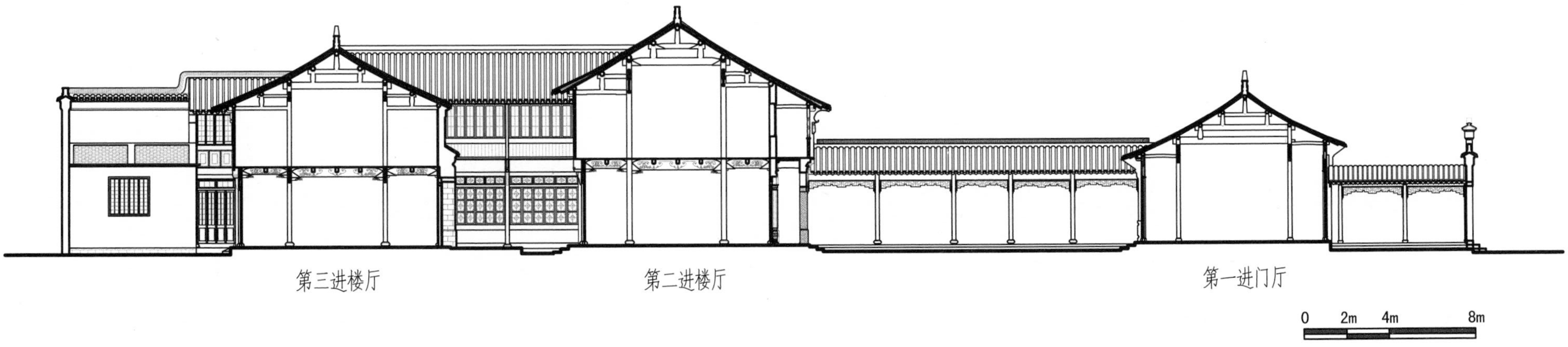
第三进楼厅
第二进楼厅
第一进门厅
0
2m
4m
8m

图 4　总横剖面图

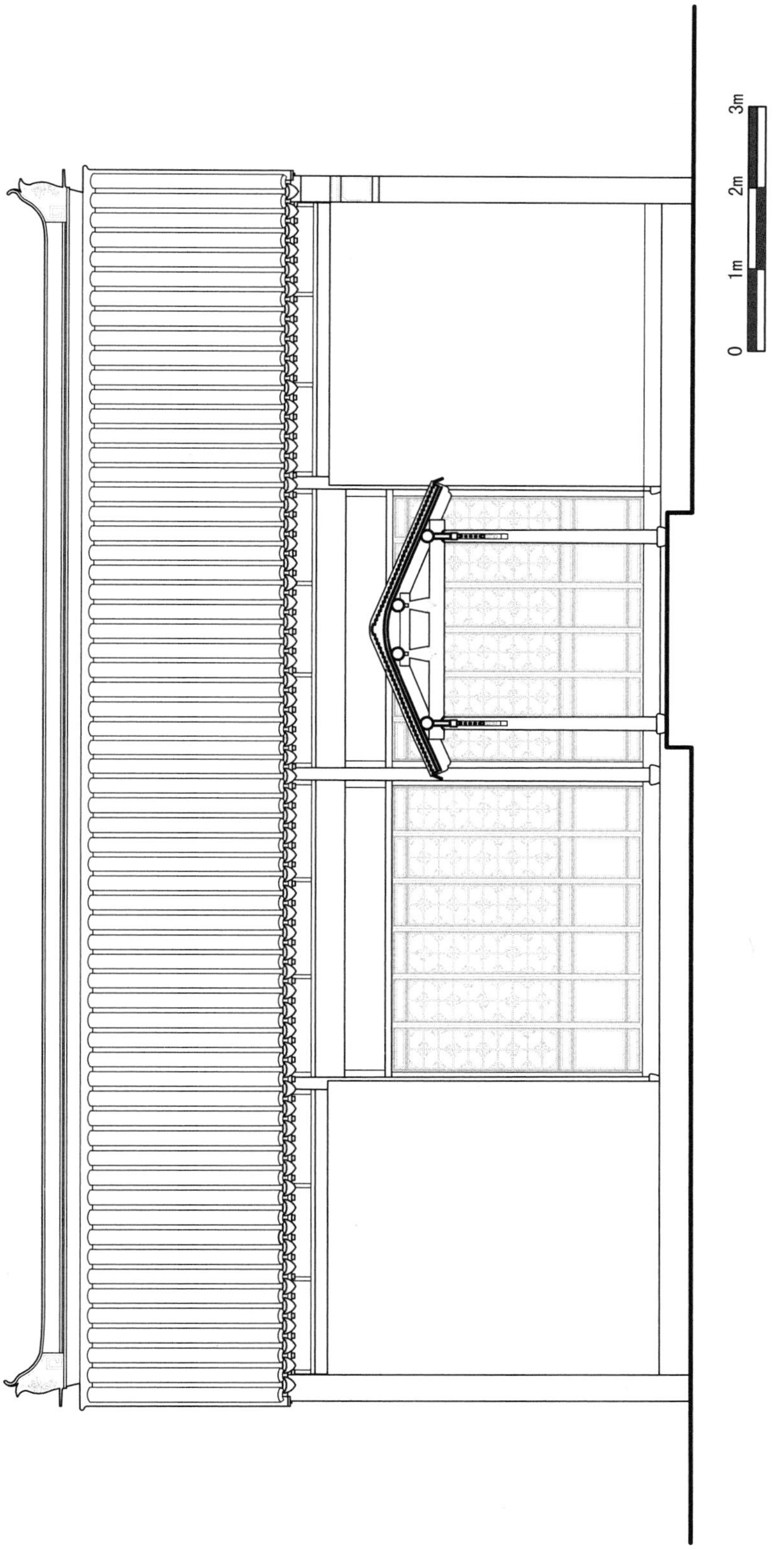

图5 第一进门厅东立面图

图 6　第一进门厅西立面图

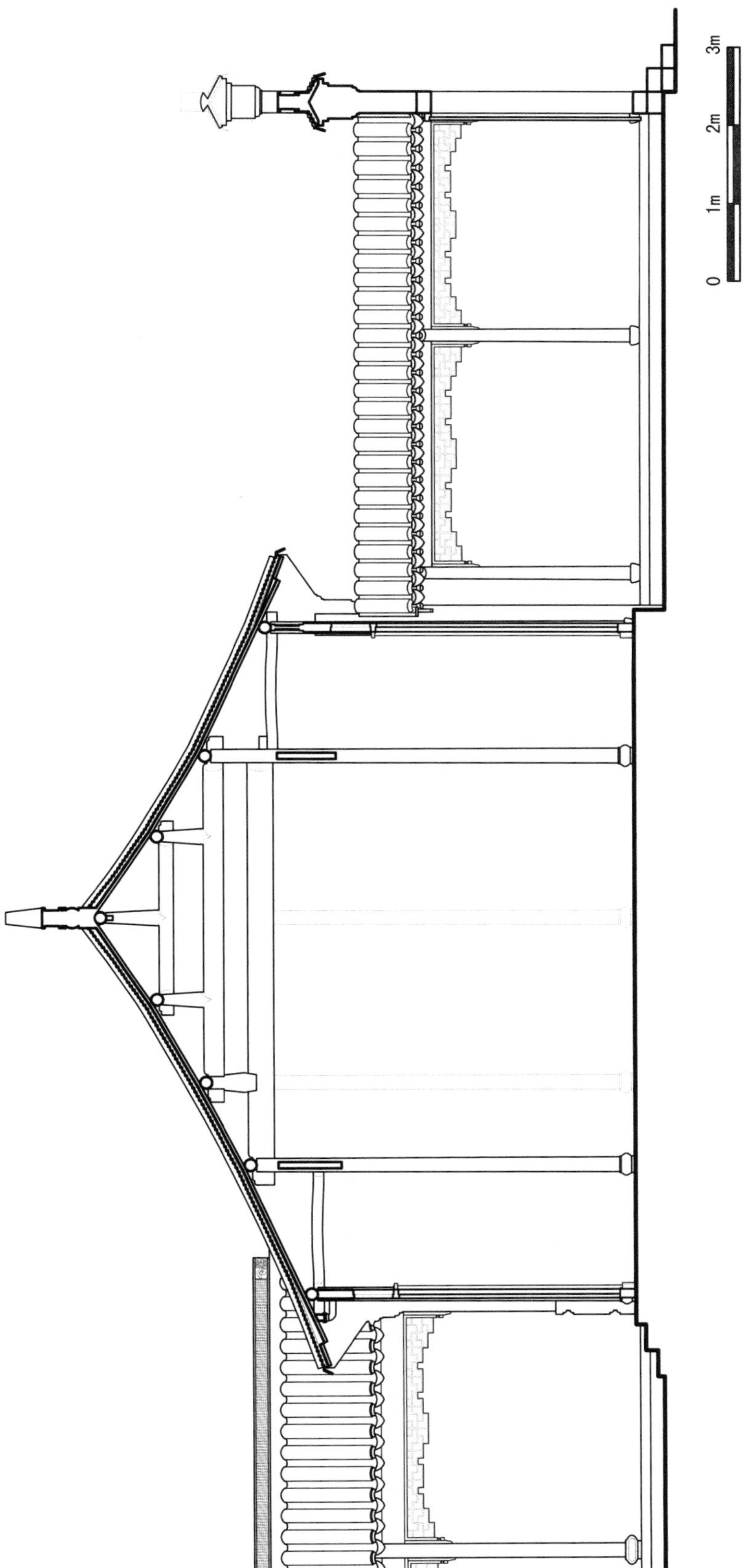

图7　第一进门厅横剖面图

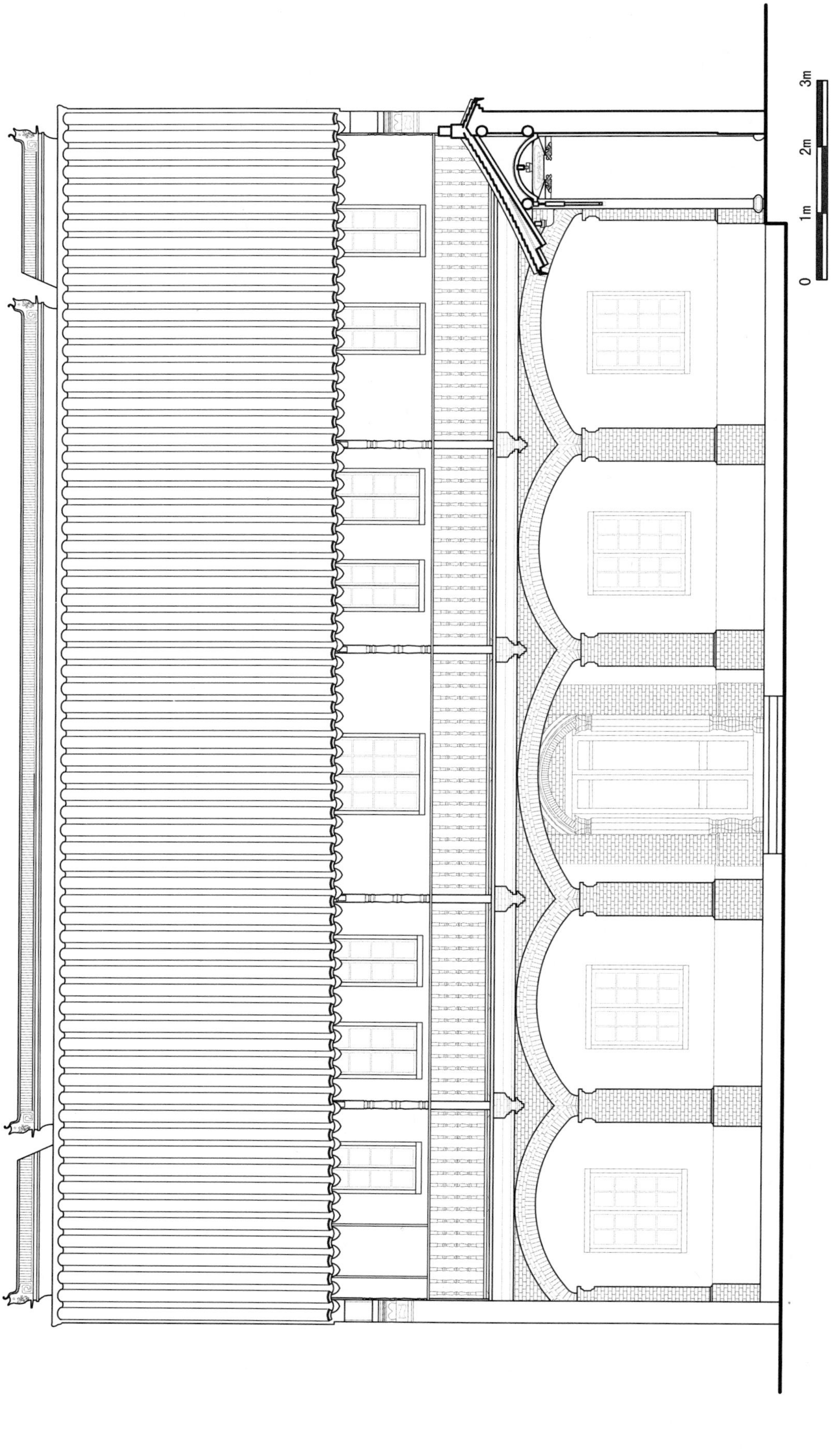

图8 第二进楼厅东立面图

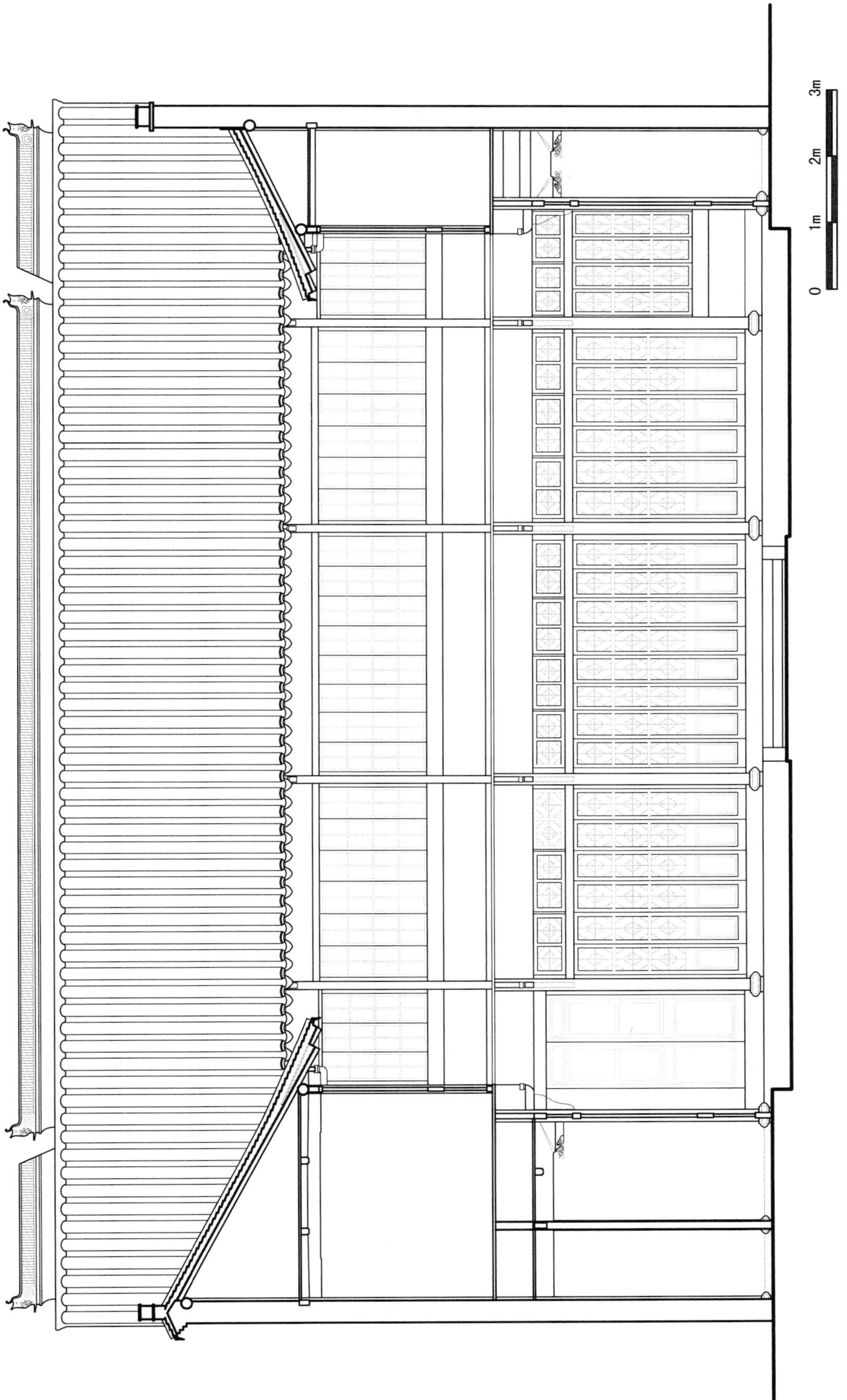

图 9 第二进楼厅西立面图

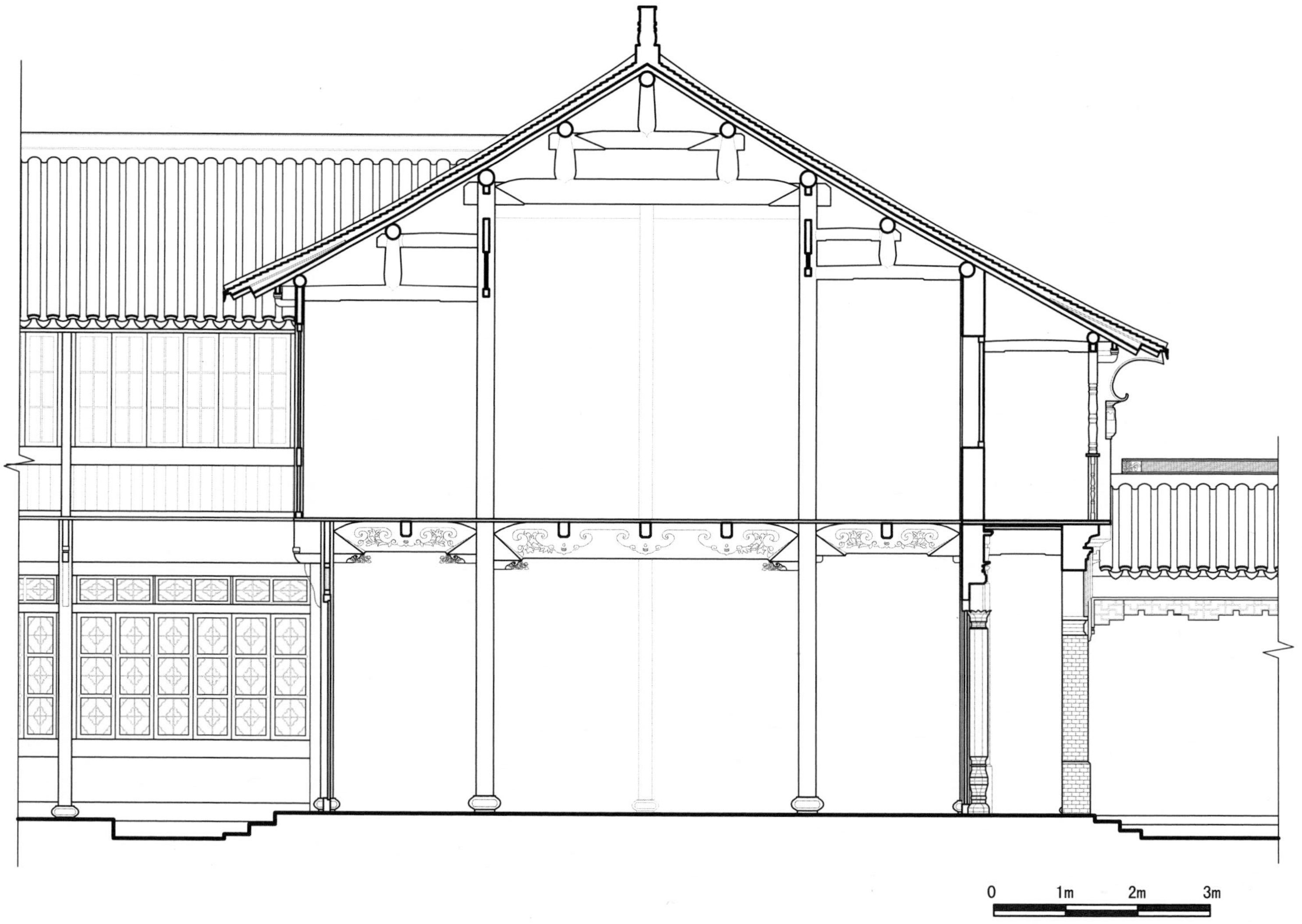

图 10　第二进楼厅横剖面图

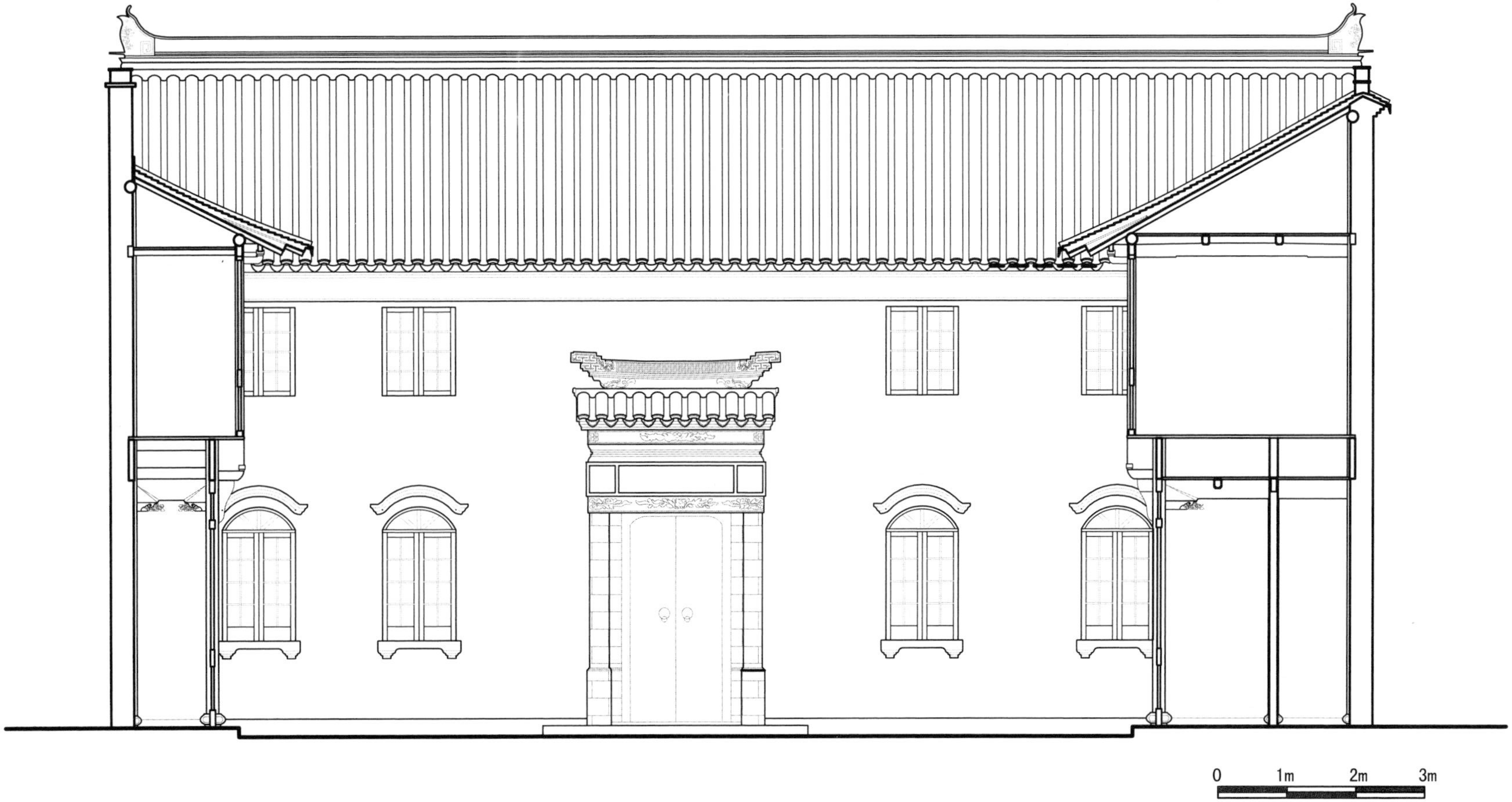

图 11　第二进楼厅横剖面图

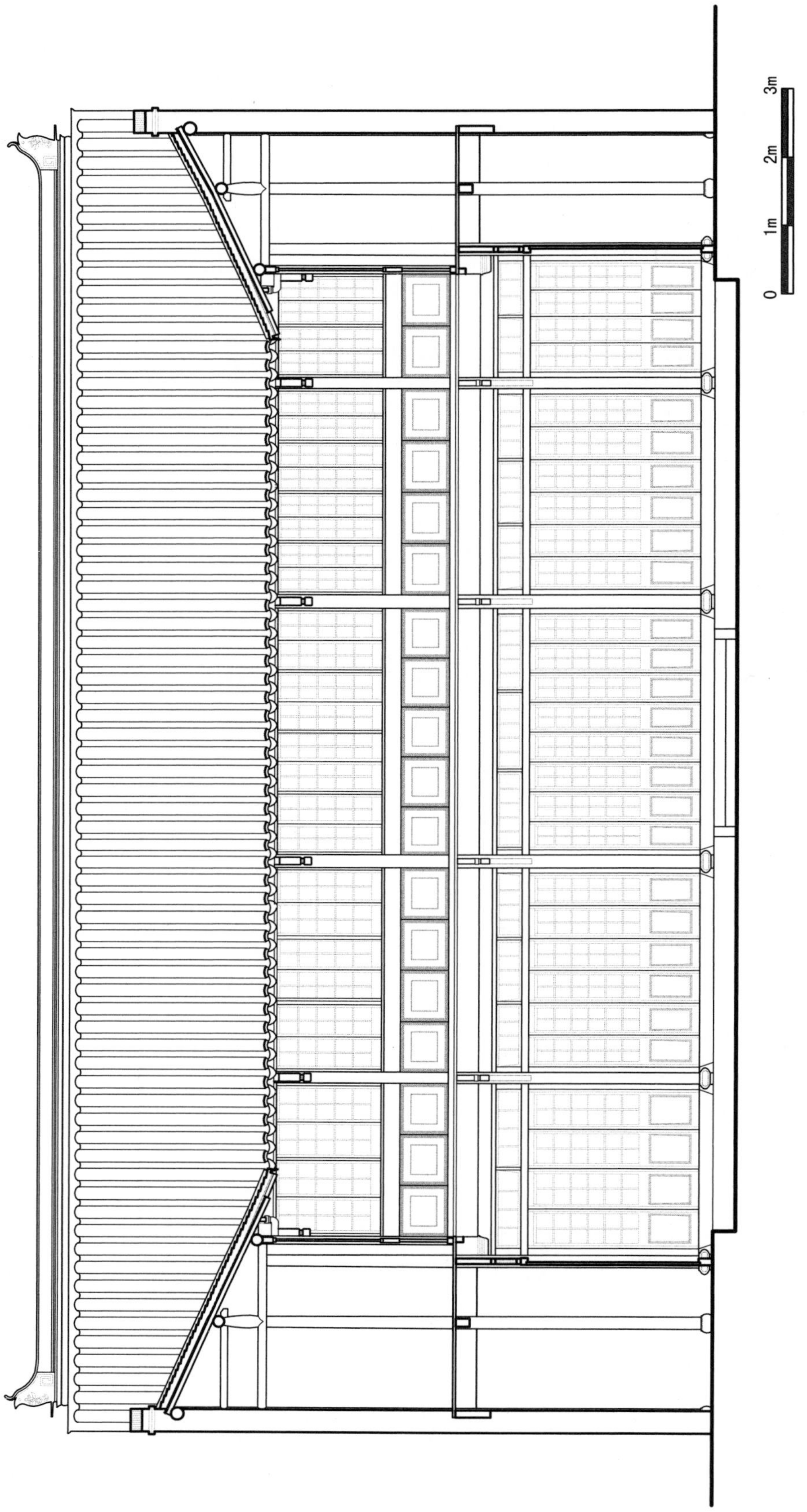

图12 第二进楼厅西立面图

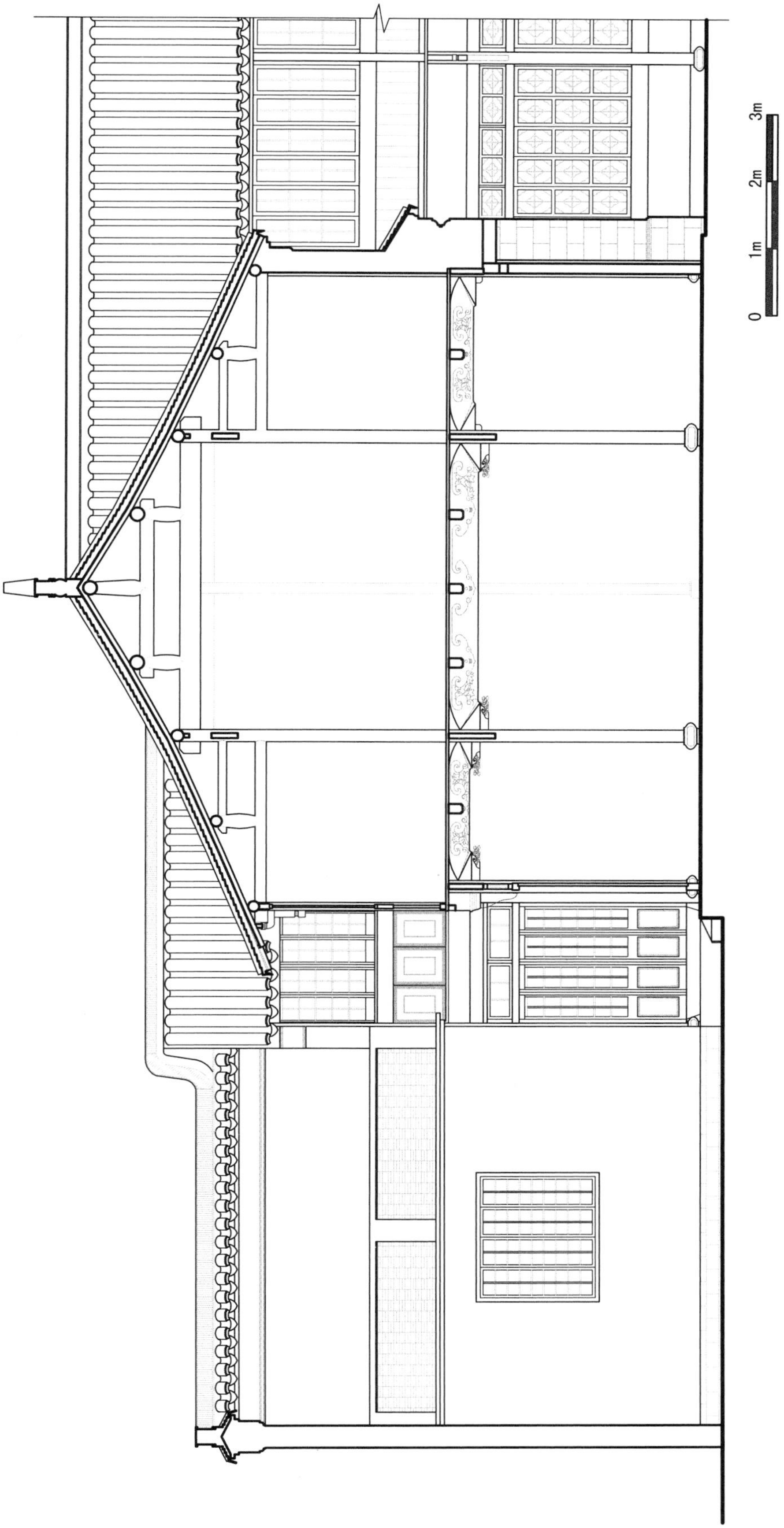

图 13　第二进楼厅横剖面图

黎里镇：市保单位——丁家弄丁宅

丁家弄丁宅，位于黎里镇南新街南丁家弄 7 号。坐北朝南，共五进，均面阔三间，西有备弄。丁宅第一进由画家丁志英于民国十年（1921 年）改造，是典型的民国早期建筑，二至五进为清代建筑。

第一进，西出厢楼，后接门楼。面阔三间 9.9 米，进深八界 8.6 米，内四界前后双步结构，底层承重前有雀宿檐，圆作梁架，中贴抬梁式，边贴脊柱落地。后檐处存一清水红砖方柱门楼，上部拱圈内饰有水泥灰沙花卉图案，后檐墙上有“博雅家风”四字砖刻门额，辛酉年（1921 年）冬日书。

第二进楼厅，面阔三间 10.2 米，进深八界 9.5 米，内四界前后双步结构，圆作梁架。中贴抬梁式，边贴脊柱落地。牛腿等构件雕刻精美，厢房存蛎壳窗，构件保存完好。

第三进辅房，面阔三间 7.7 米，进深六界 7.7 米，内四界前后廊川，圆作梁架。中贴抬梁式，边贴脊柱落地，门窗均后期。

第四进楼厅，后出两厢，楼厅面阔三间 7.3 米，进深六界 6.5 米，内四界前后廊川，圆作梁架，中贴抬梁式，边贴穿斗式。厢房为三步结构。

第五进楼厅，面阔三间 7.4 米，进深五界 6.3 米，内四界前廊，圆作梁架，中贴抬梁式，边贴穿斗式。后包檐两侧垛头，门窗后期。

2014 年 7 月公布为苏州市文物保护单位。保护范围：四周至界墙。建控范围：东至保护范围外 20 米，南至保护范围外 5 米，西至保护范围外 25 米，北至市河南岸。

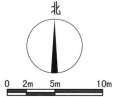

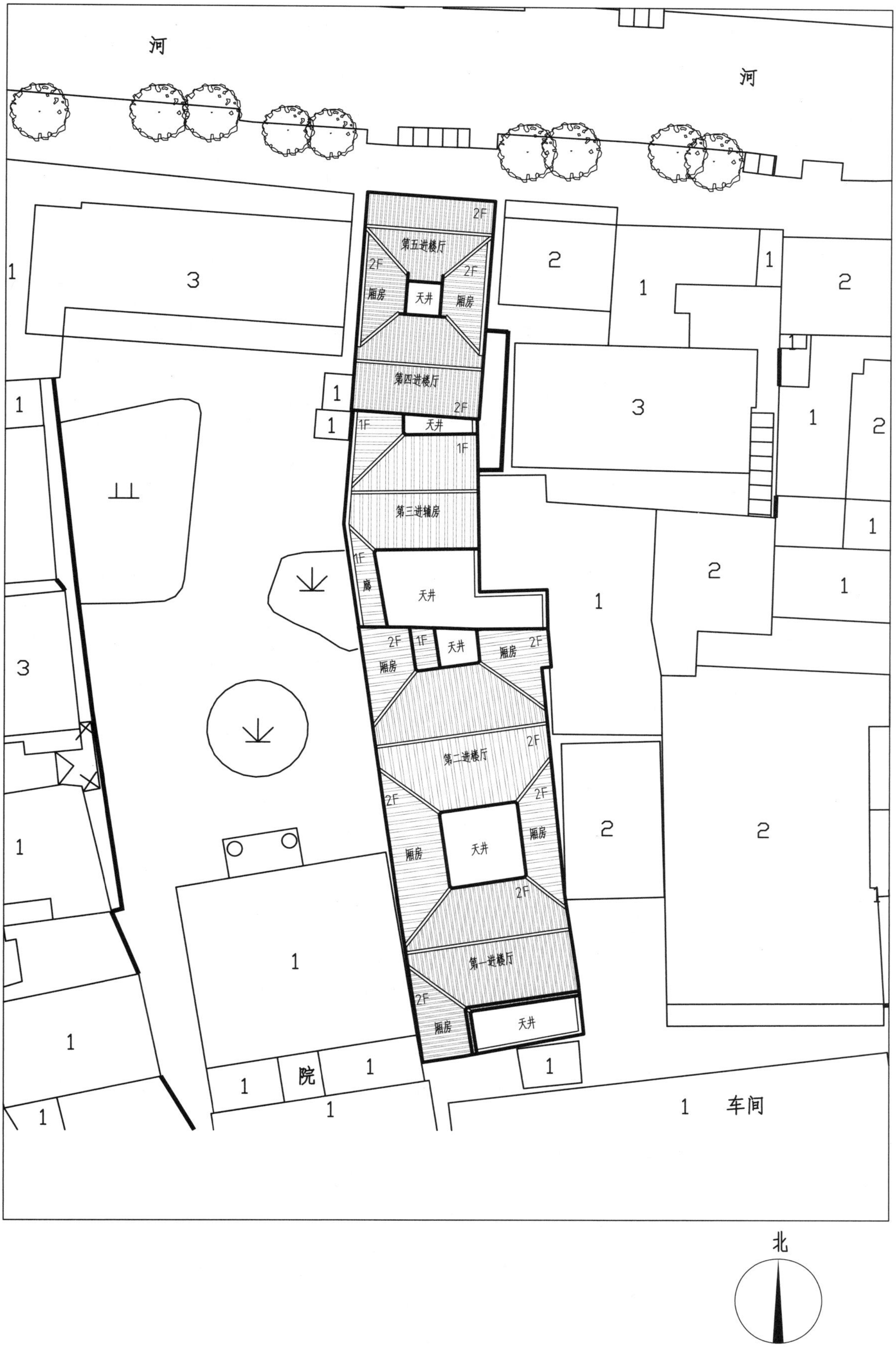
河
河
第五进楼厅
2F
厢房
天井
第四进楼厅
1F
第三进辅房
廊
第二进楼厅
第一进楼厅
院
车间
北
0 2m 5m 10m

图1 丁家弄丁宅总平面图

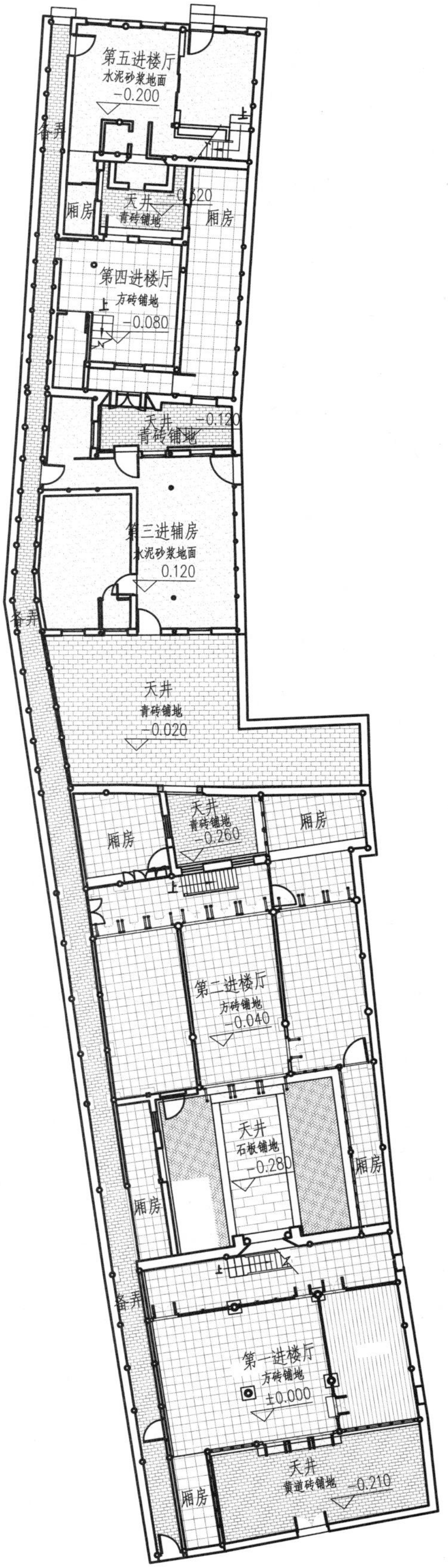

第五进楼厅
水泥砂浆地面
-0.200
备弄
厢房
天井
-0.320
青砖铺地
厢房
第四进楼厅
方砖铺地
-0.080
天井
-0.120
青砖铺地
第三进铺房
水泥砂浆地面
0.120
备弄
天井
青砖铺地
-0.020
厢房
天井
青砖铺地
-0.260
厢房
第二进楼厅
方砖铺地
-0.040
天井
石板铺地
-0.280
厢房
厢房
备弄
第一进楼厅
方砖铺地
±0.000
天井
黄道砖铺地
-0.210
厢房

图2　一层平面图

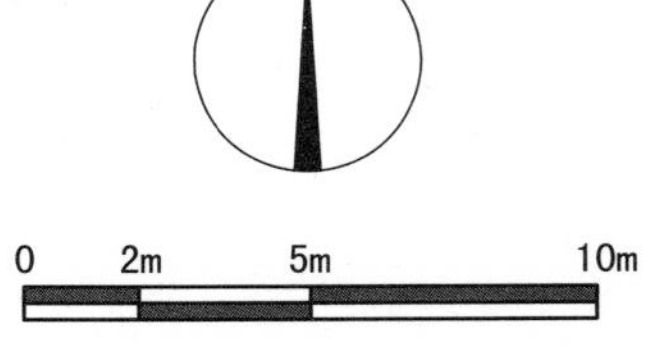

北
0
2m
5m
10m

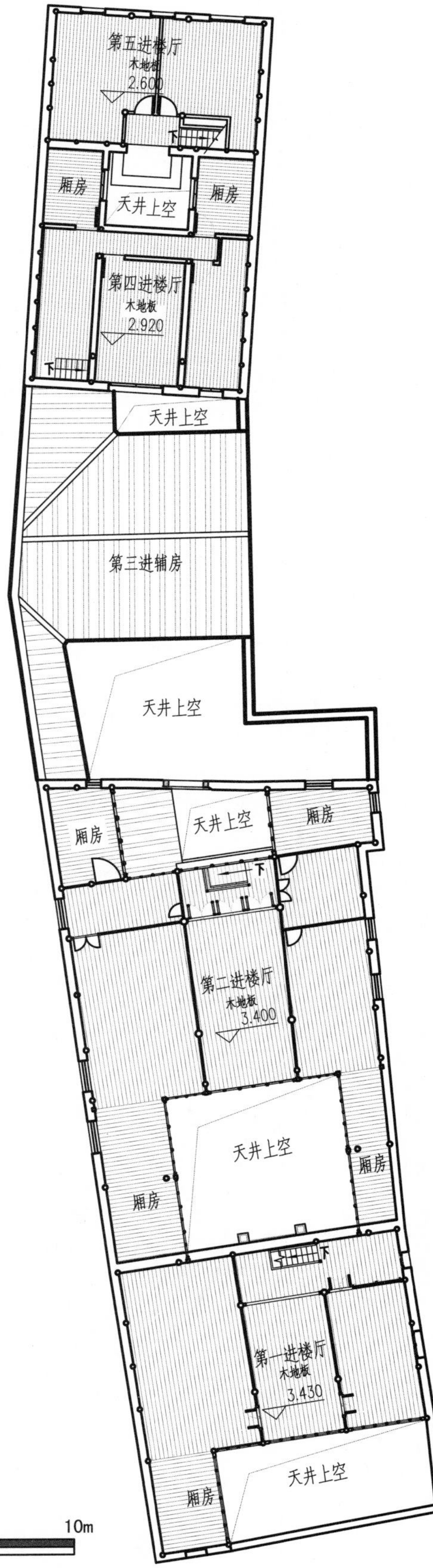

第五进楼厅
木地板
2.600
厢房
天井上空
厢房
第四进楼厅
木地板
2.920
天井上空
第三进铺房
天井上空
厢房
天井上空
厢房
第二进楼厅
木地板
3.400
天井上空
厢房
厢房
第一进楼厅
木地板
3.430
厢房
天井上空

图3　二层平面图

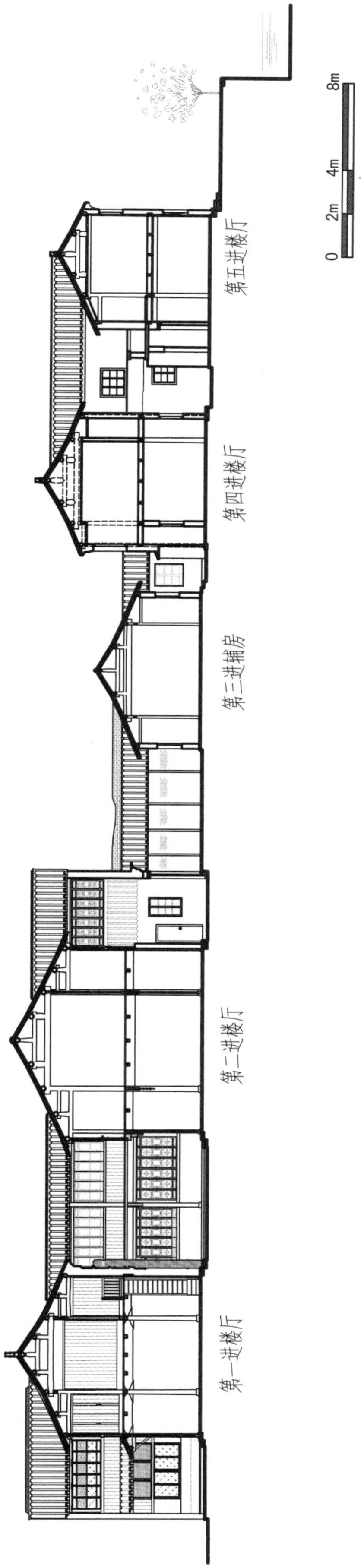
第一进楼厅
第二进楼厅
第三进辅房
第四进楼厅
第五进楼厅
0
2m
4m
8m

图 4　总横剖面图

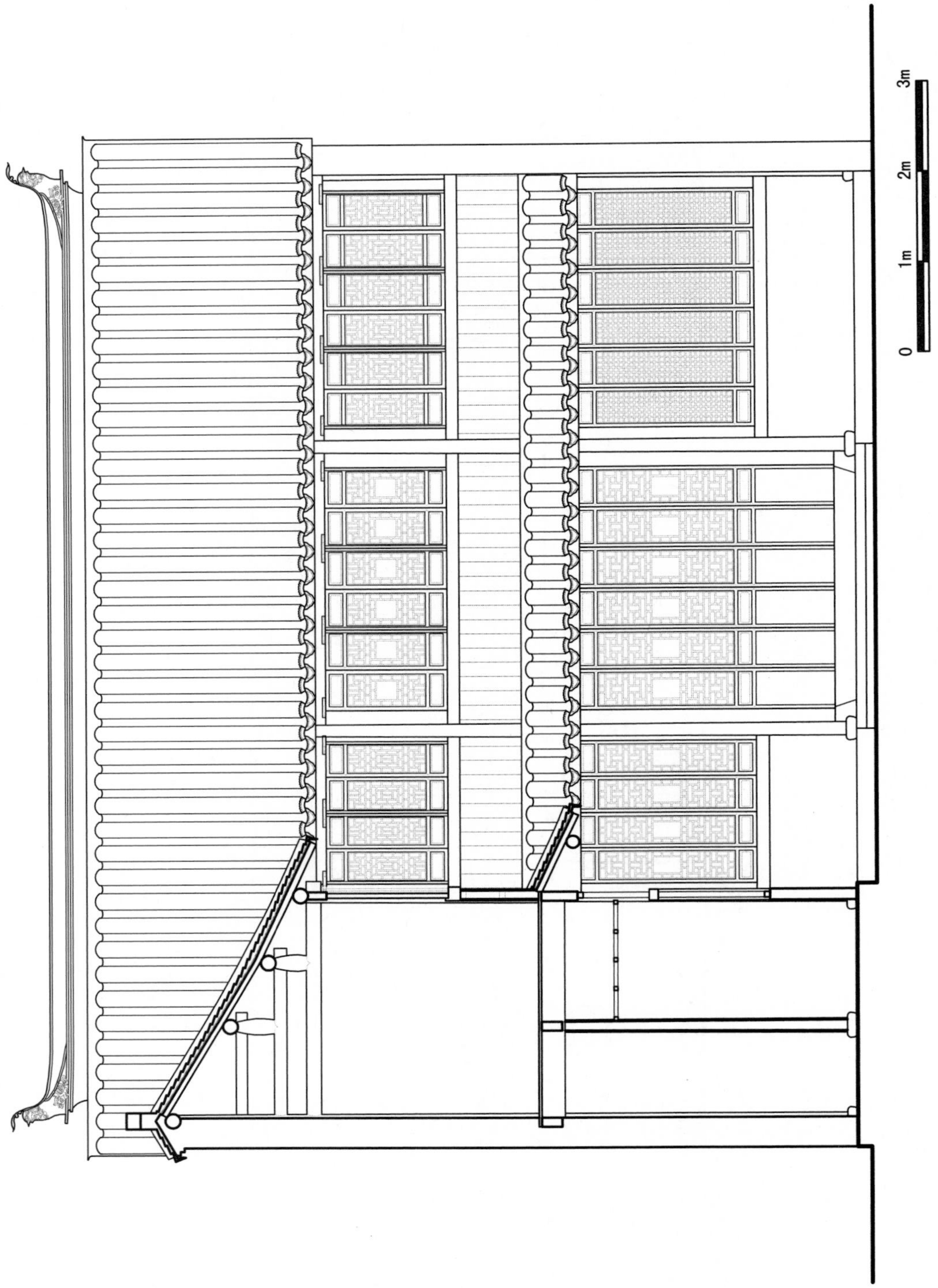

图5 第一进楼厅南立面图

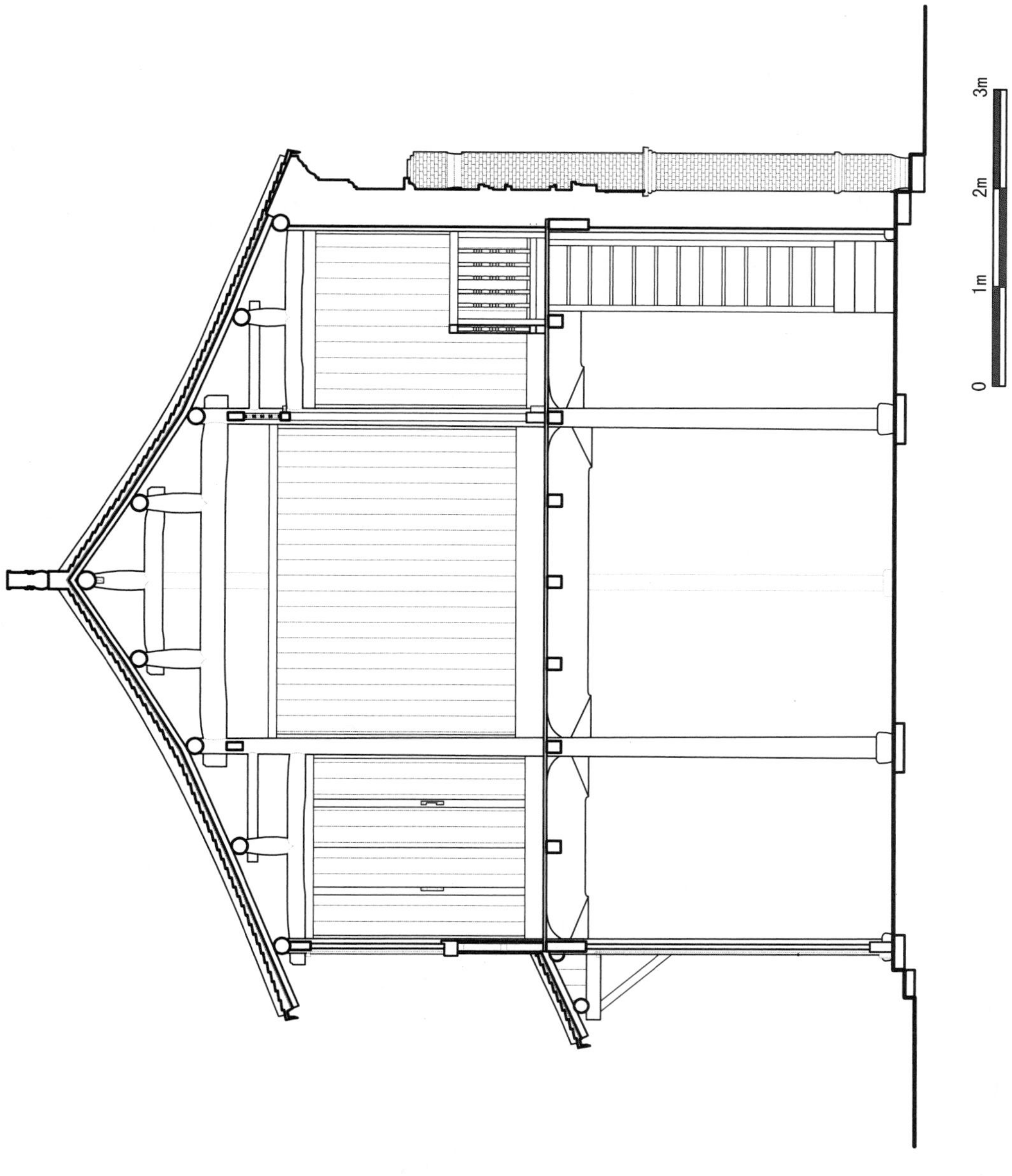

图6 第一进楼厅横剖面图

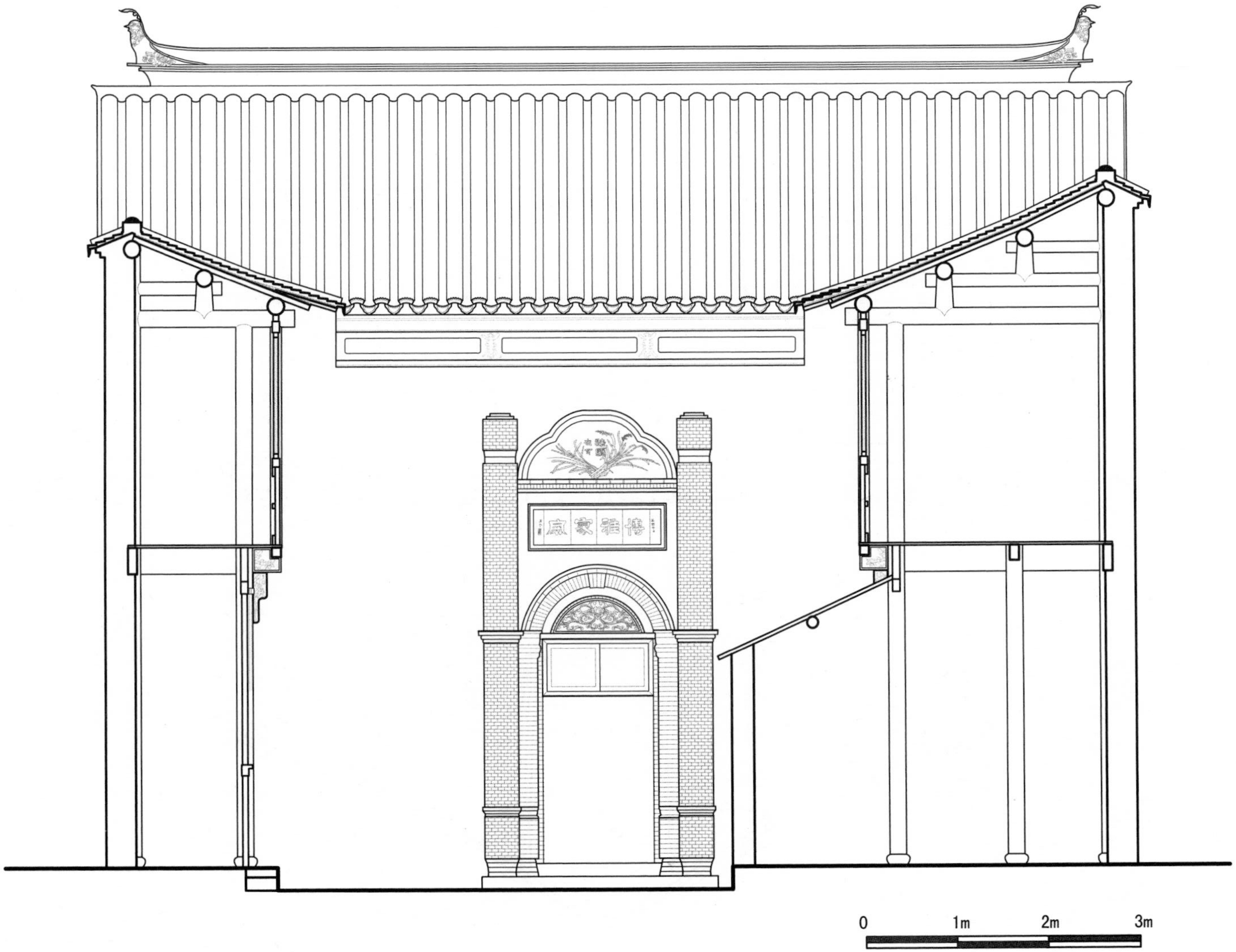

图 7　第一进楼厅北立面图

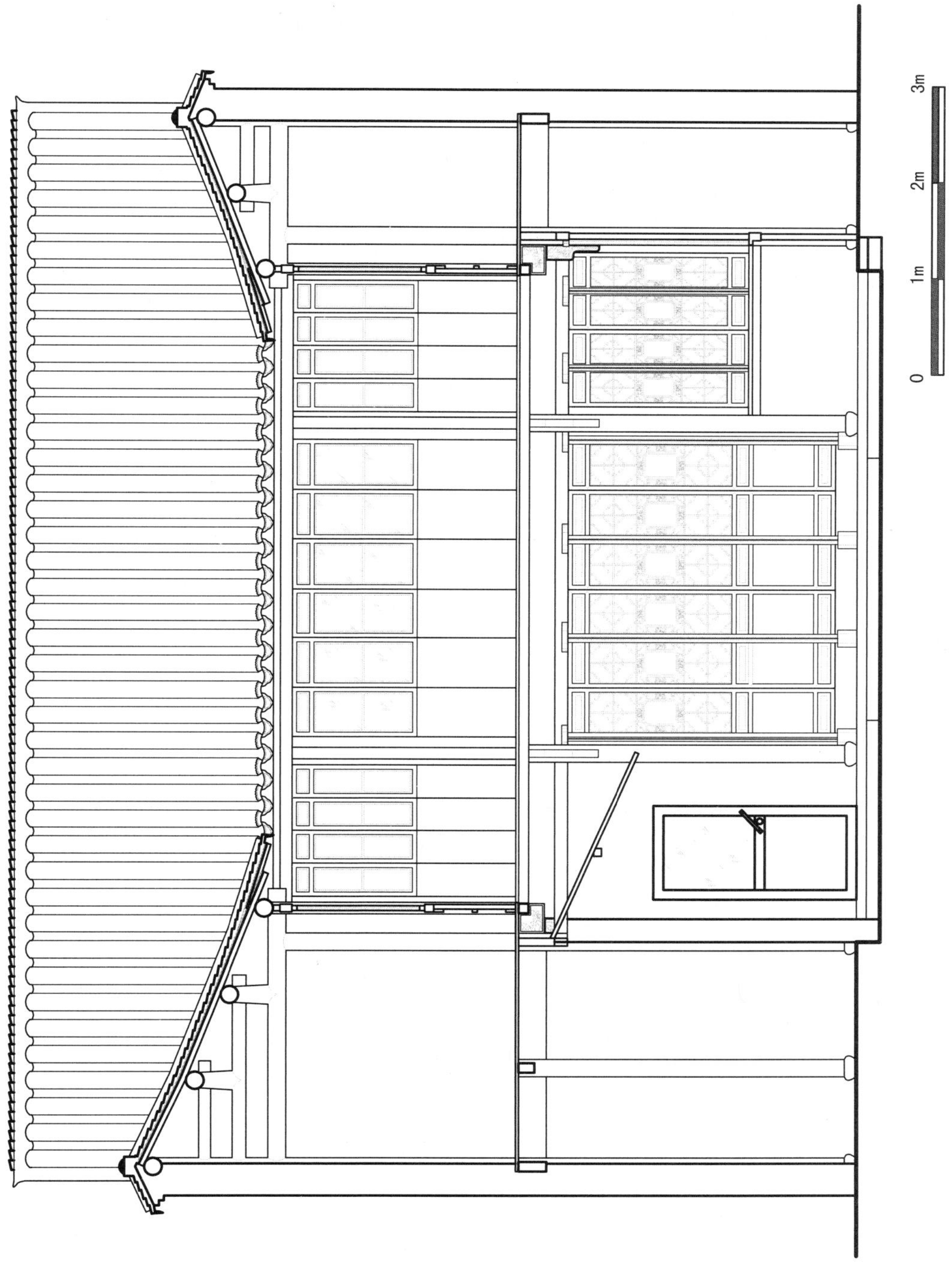

图 8 第二进楼厅南立面图

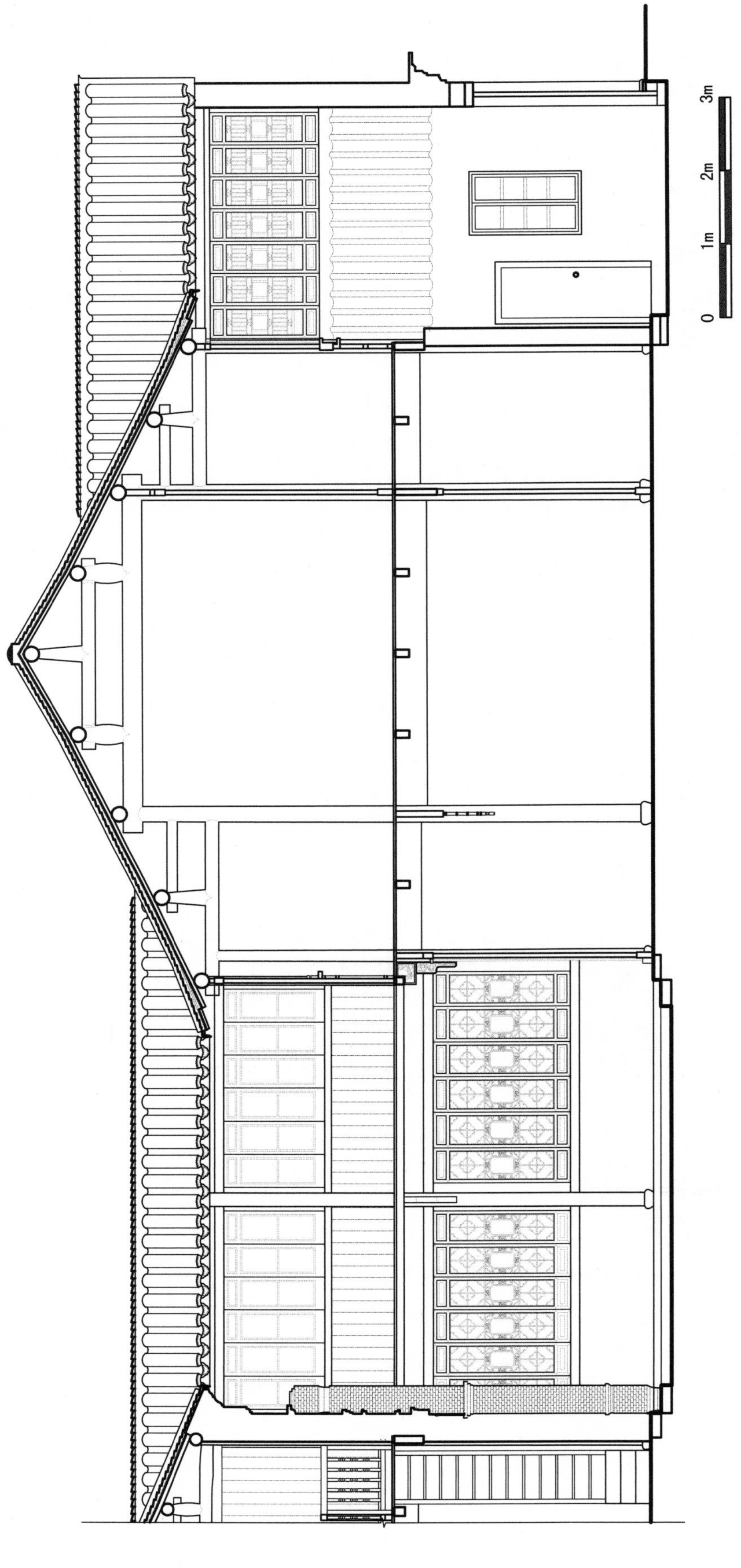

图9　第二进楼厅横剖面图

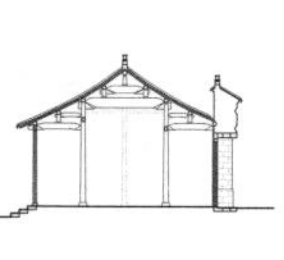

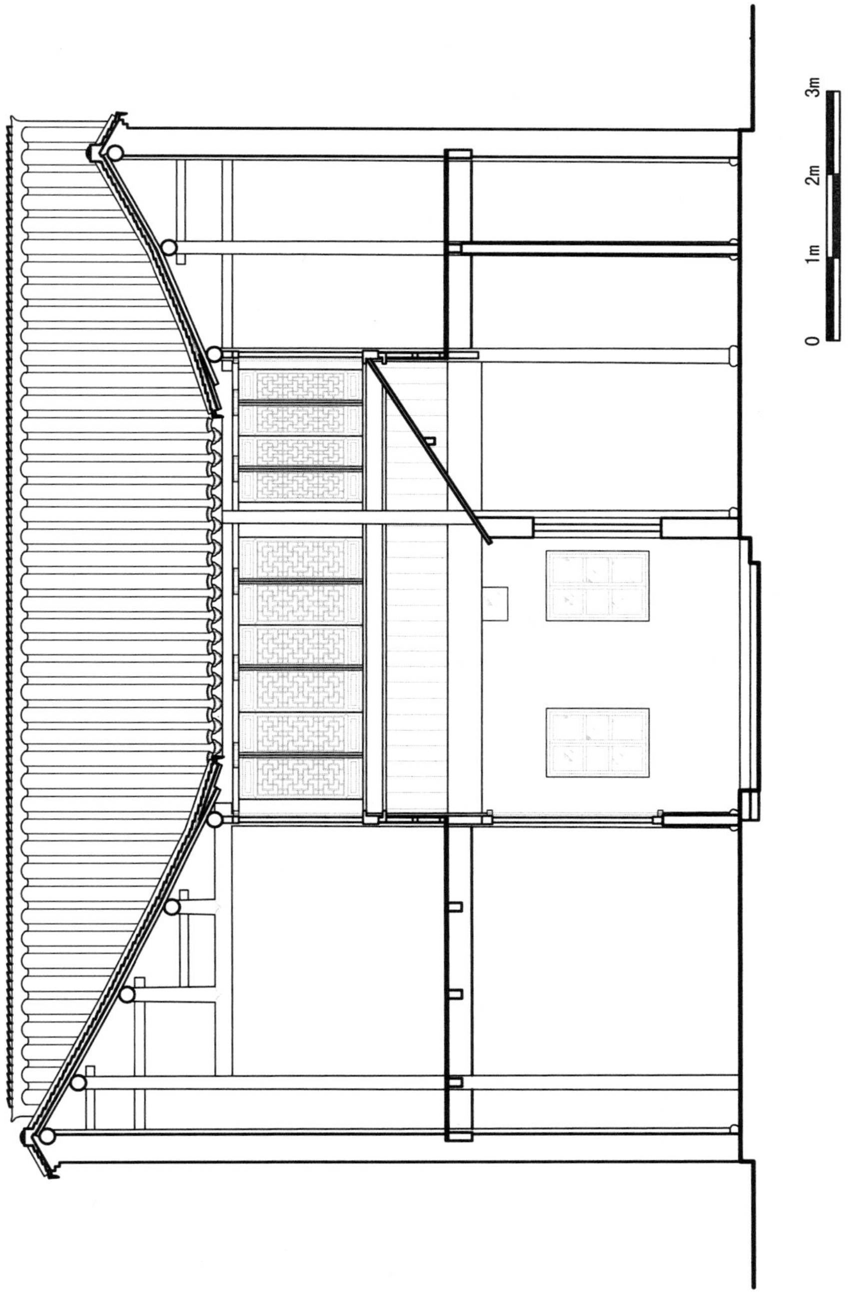

图 10　第二进楼厅北立面图

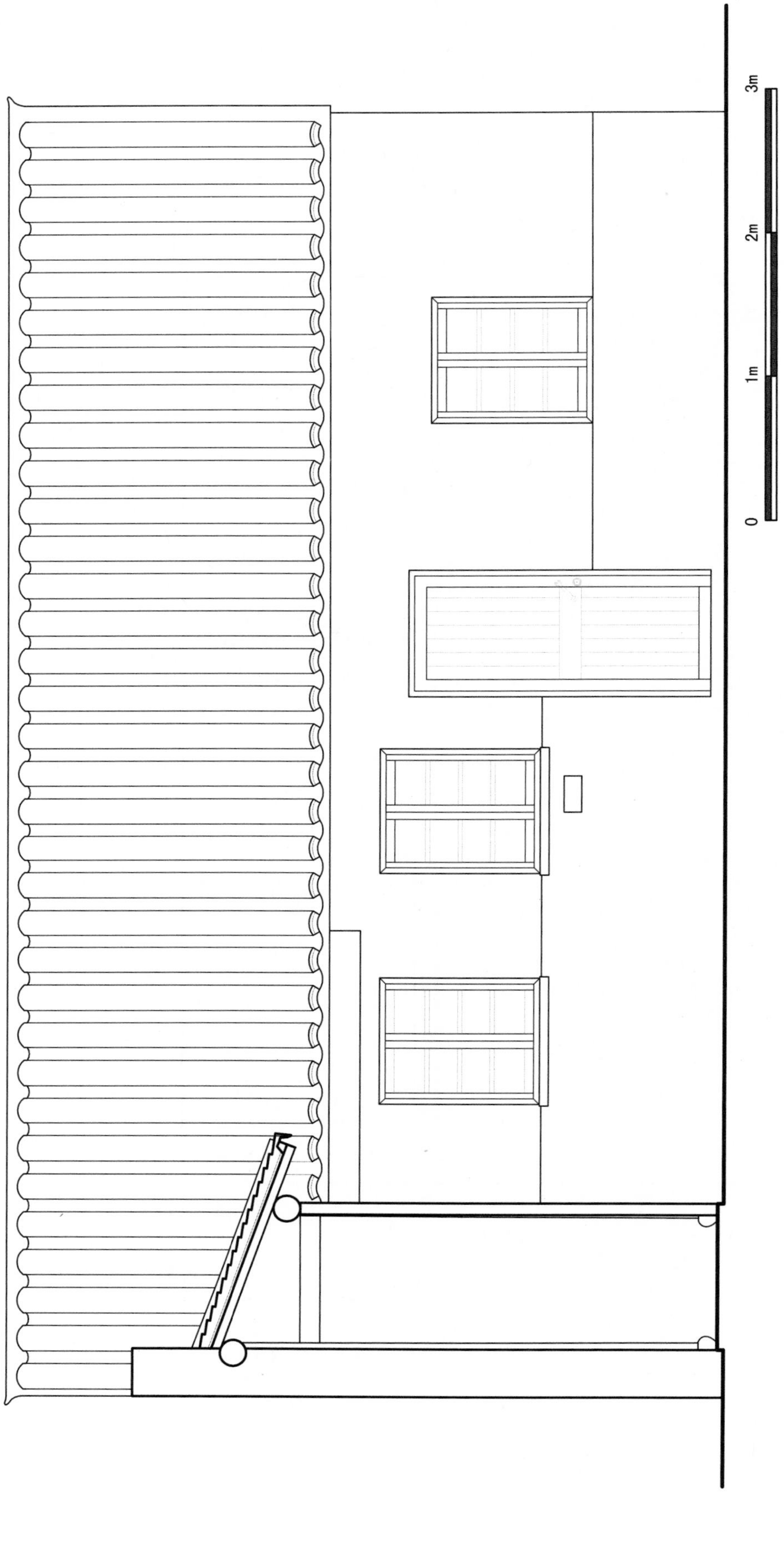

图 11　第三进辅房南立面图

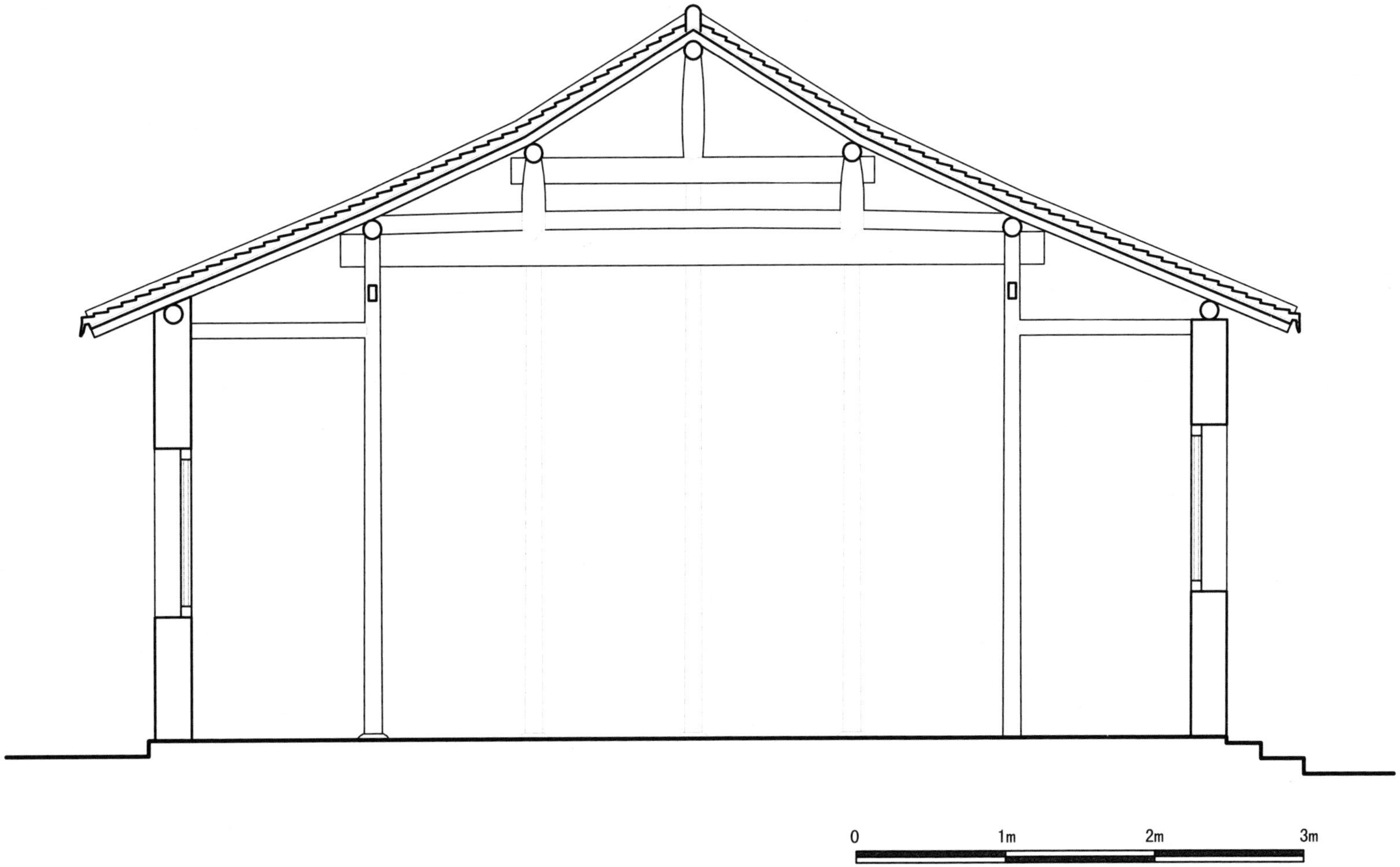

图 12　第三进辅房横剖面图

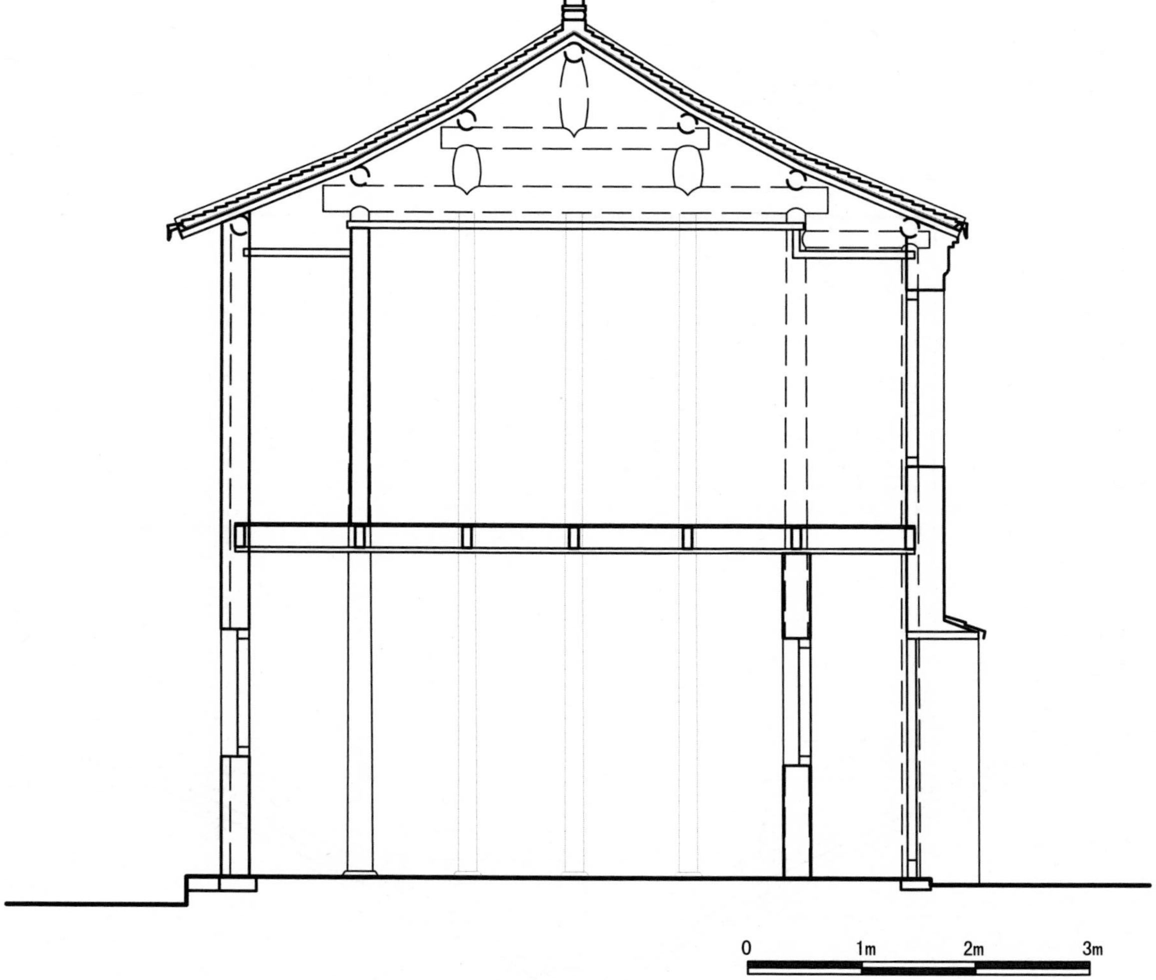

图 13　第四进楼厅横剖面图

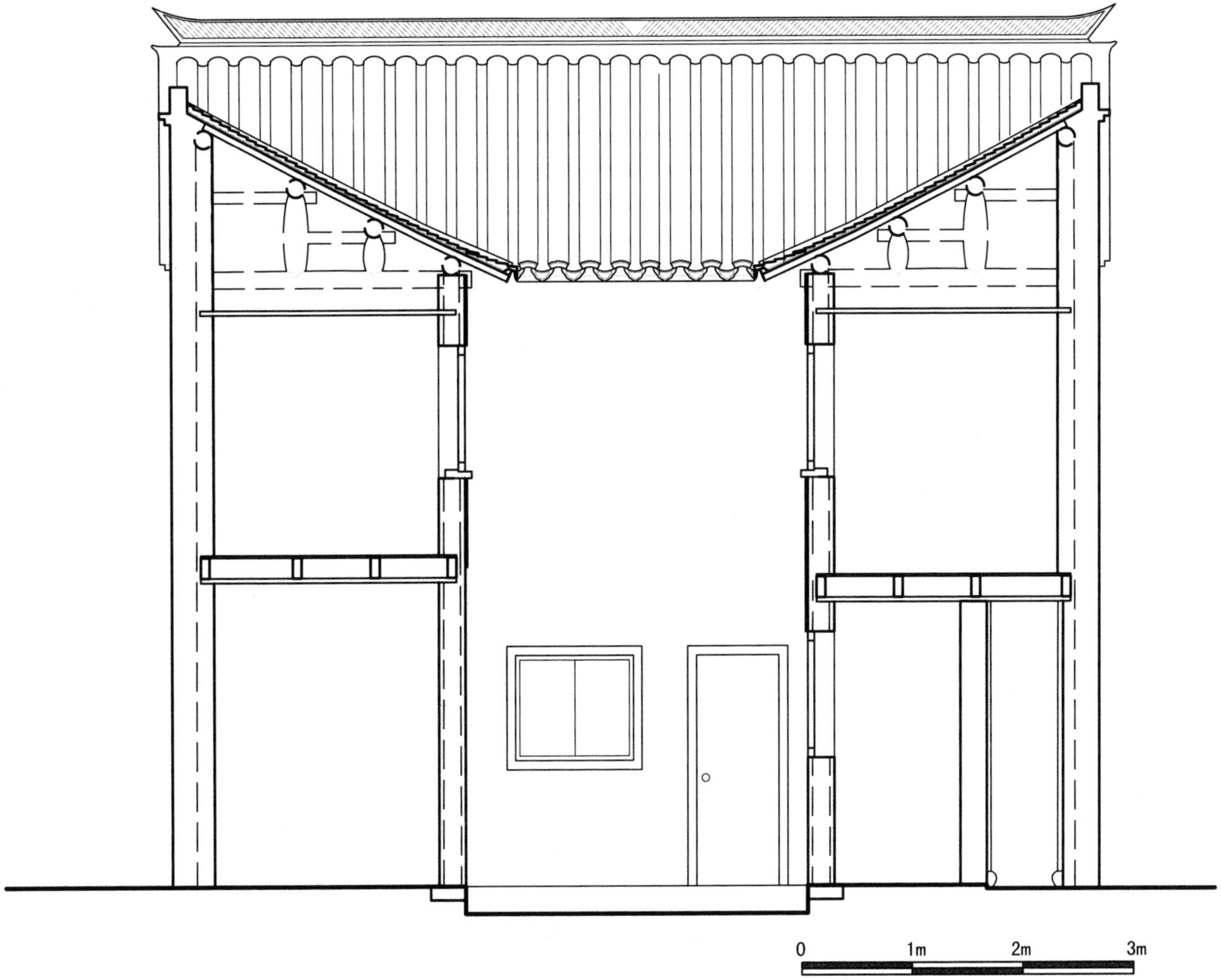

图 14　第四进楼厅北立面图

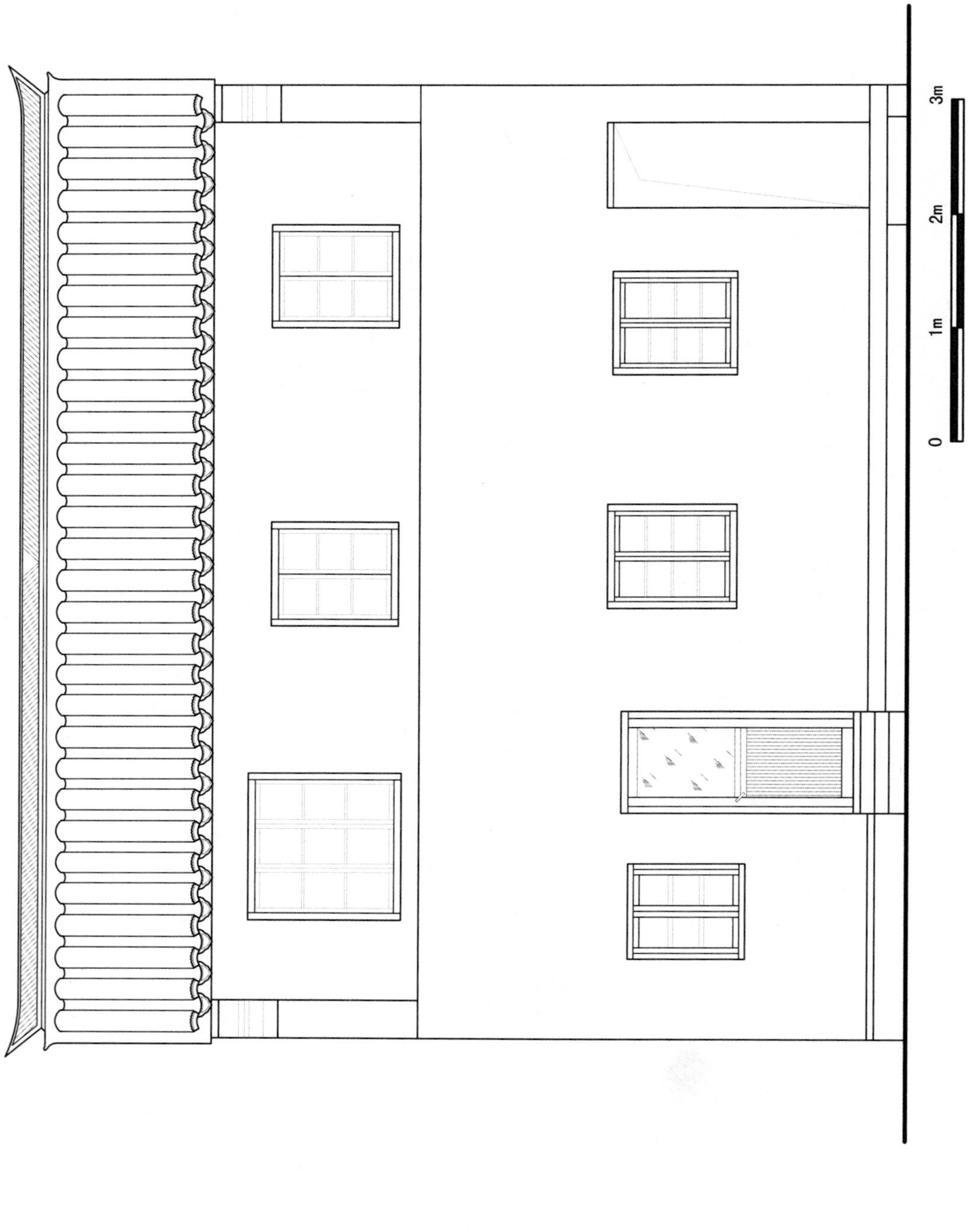

图 15　第五进楼厅北立面图

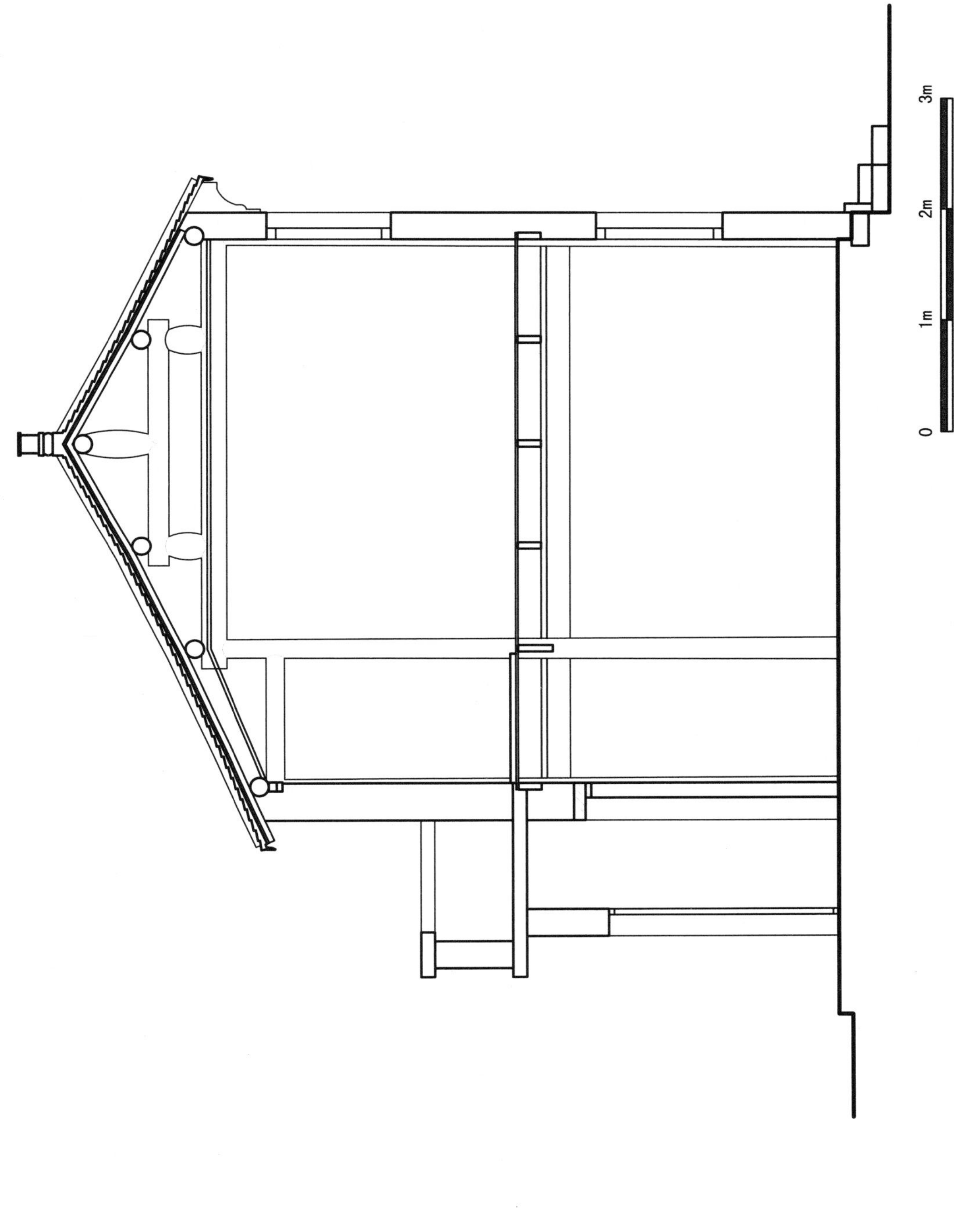

图16　第五进楼厅横剖面图

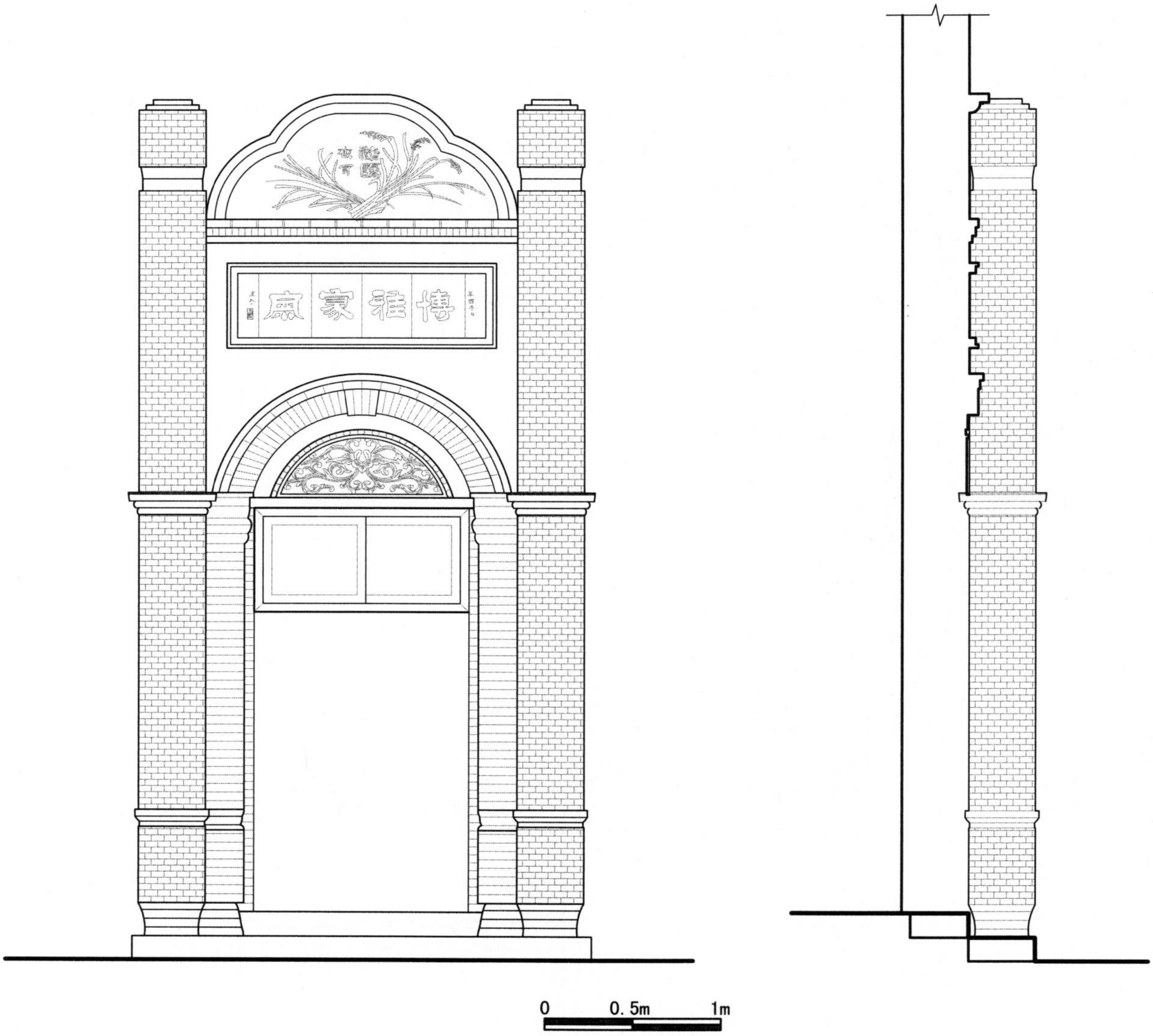

图 17　门楼详图

黎里镇：市保单位——问心堂药店

问心堂药店，位于黎里镇中心街，近堂桥。开设于同治十年（1871 年），是黎里镇上唯一的百年以上的中药老店。

问心堂主体建筑坐北朝南，一路三进，分别由前楼厅、大厅、后楼厅组成，东侧为备弄连通前后三进建筑。总用地面积 360.7 平方米，总建筑面积 554 平方米。建筑均为穿斗式木结构，小青瓦屋面，屋脊式样除后楼厅为纹头脊外其余均为哺鸡脊。

前楼厅高两层，面阔三间 11.6 米，进深六界 6.4 米，中帖攒金做法，后金童柱落地，北侧连有东、西两厢房。正间设三开六合实拼木板门，两边间为三开六合书条式花格短窗。一层地面铺设 400 毫米 ×400 毫米方砖，二层为实木地板铺设，厚 30 毫米。天井为人字形青砖铺地；

大厅为一层，面阔三间 10.8 米，进深八界 7.3 米。正间设三开六合书条嵌凌式花格长窗，两边间为三开六合书条嵌凌式花格短窗。步柱下设有鼓墩、覆盆。北墙筑有混水泥塑门楼一座，砖细勒脚，纹头脊粉饰卷草花纹。

后楼厅高两层，面阔三间 10.8 米，进深七界 7.6 米，南侧连有东、西两厢房。东侧，除两侧厢房一层为万字短窗外其余均为书条式长短窗。室内一层地面铺设 400 毫米 ×400 毫米方砖，二层为 30 毫米厚木地板铺设。室外天井为花岗岩石条铺地。

2012 年列为吴江市文物保护单位。2014 年 7 月，由苏州市人民政府明确为市文物保护单位。保护范围：四周至界墙。建控范围：东至小弄以东，西至保护范围外 6～16 米，南至市河，北至保护范围外 4～20 米。

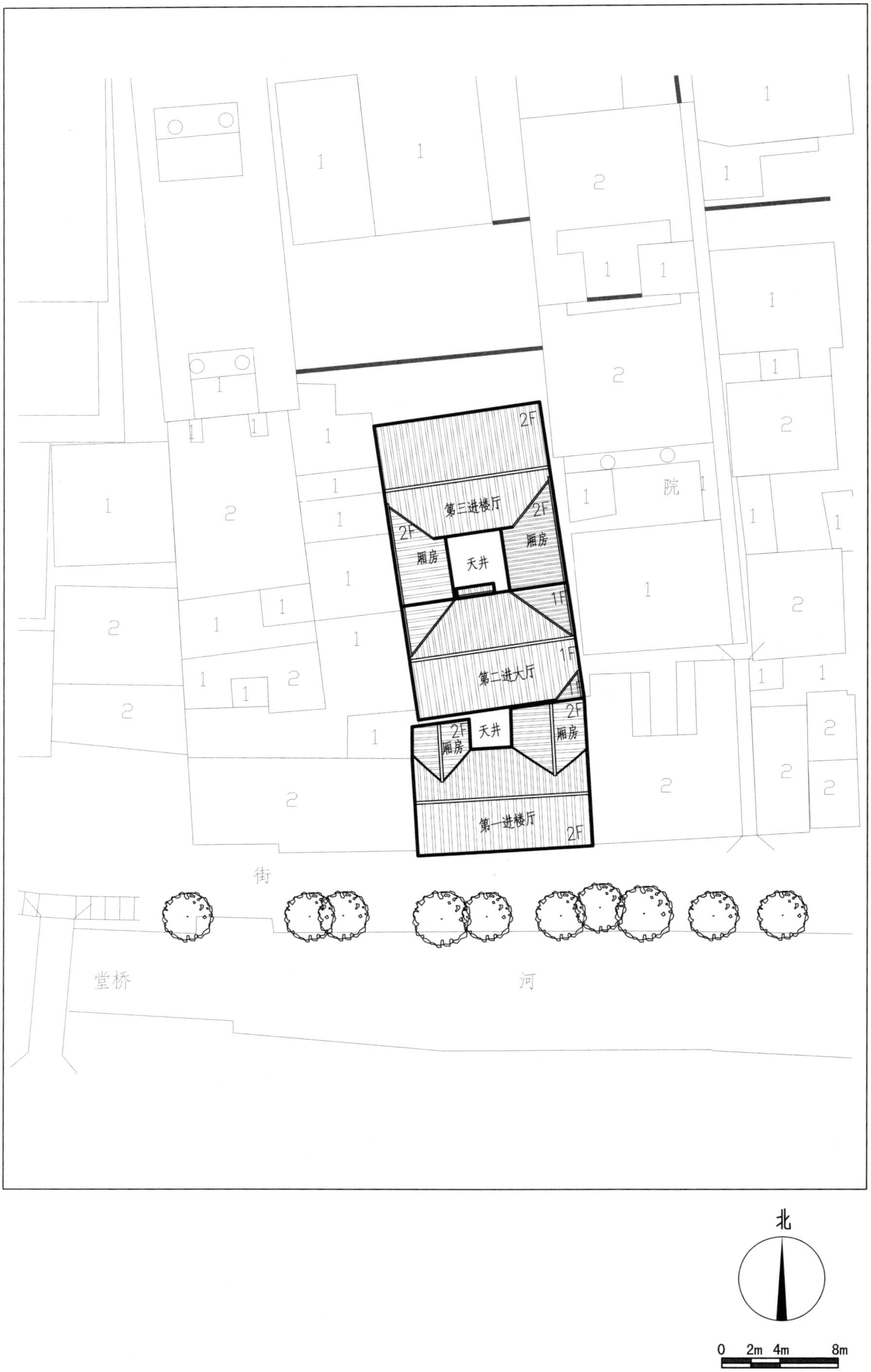

图 1　问心堂药店总平面图

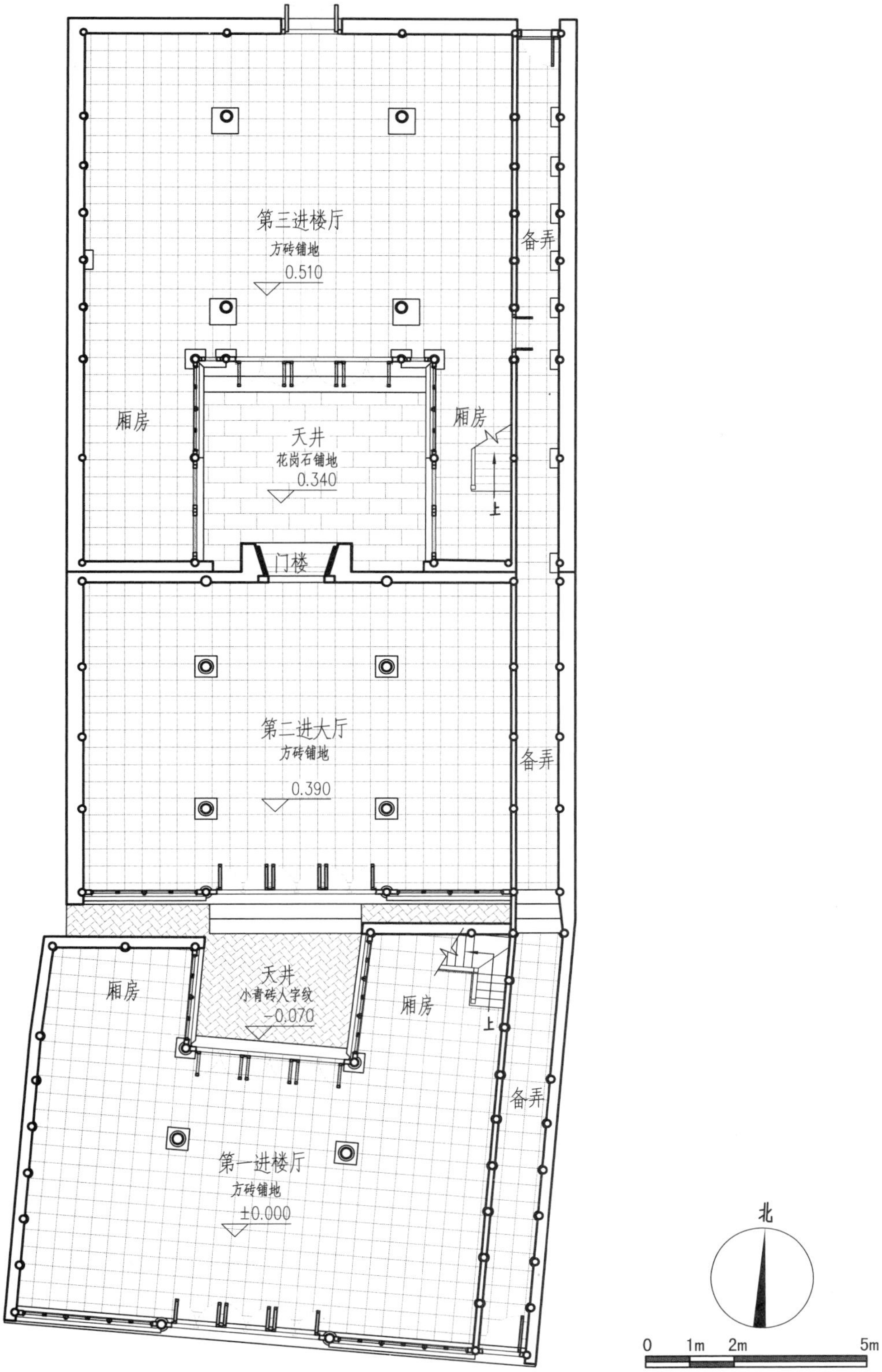
第三进楼厅
方砖铺地
0.510
备弄
厢房
天井
花岗石铺地
0.340
厢房
上
门楼
第二进大厅
方砖铺地
0.390
备弄
厢房
天井
小青砖人字纹
-0.070
厢房
上
备弄
第一进楼厅
方砖铺地
±0.000
北
0
1m
2m
5m

图 2　一层平面图

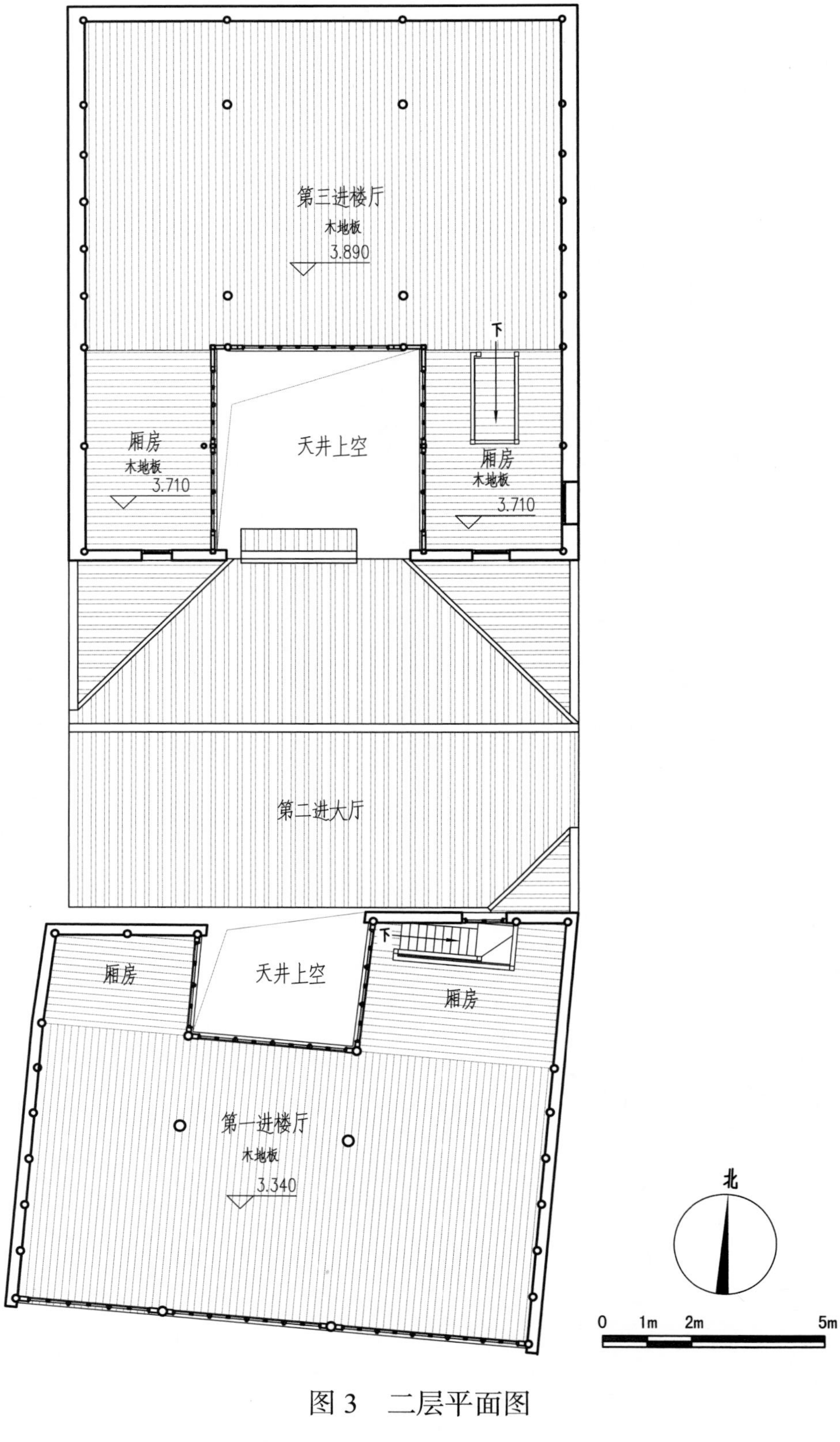
第三进楼厅
木地板
3.890
下
厢房
木地板
3.710
天井上空
厢房
木地板
3.710
第二进大厅
下
厢房
天井上空
厢房
第一进楼厅
木地板
3.340
北
0 1m 2m 5m

图 3　二层平面图

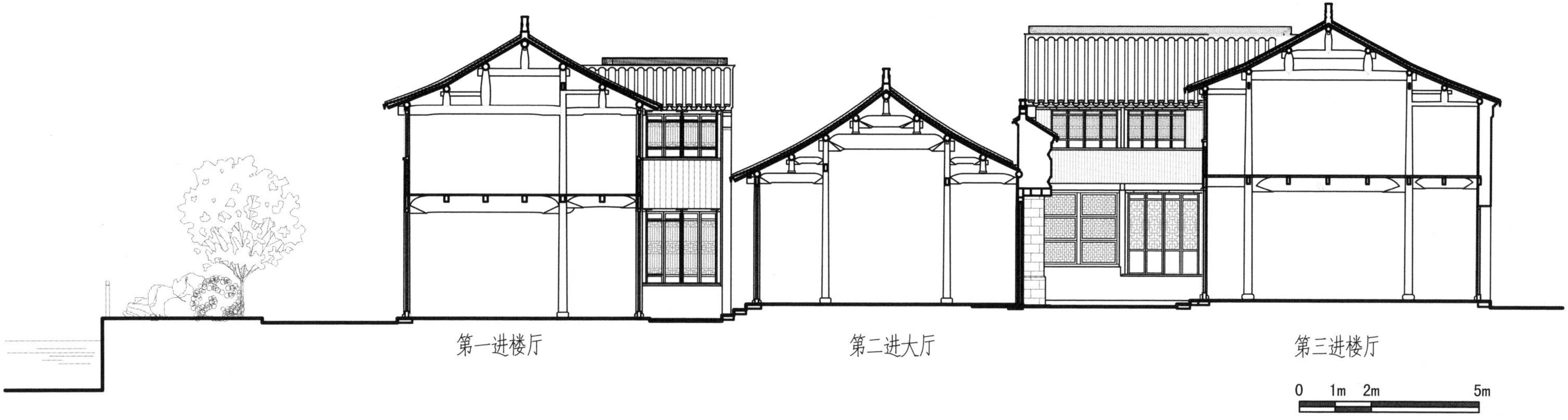
第一进楼厅
第二进大厅
第三进楼厅
0 1m 2m 5m

图 4　总横剖面图

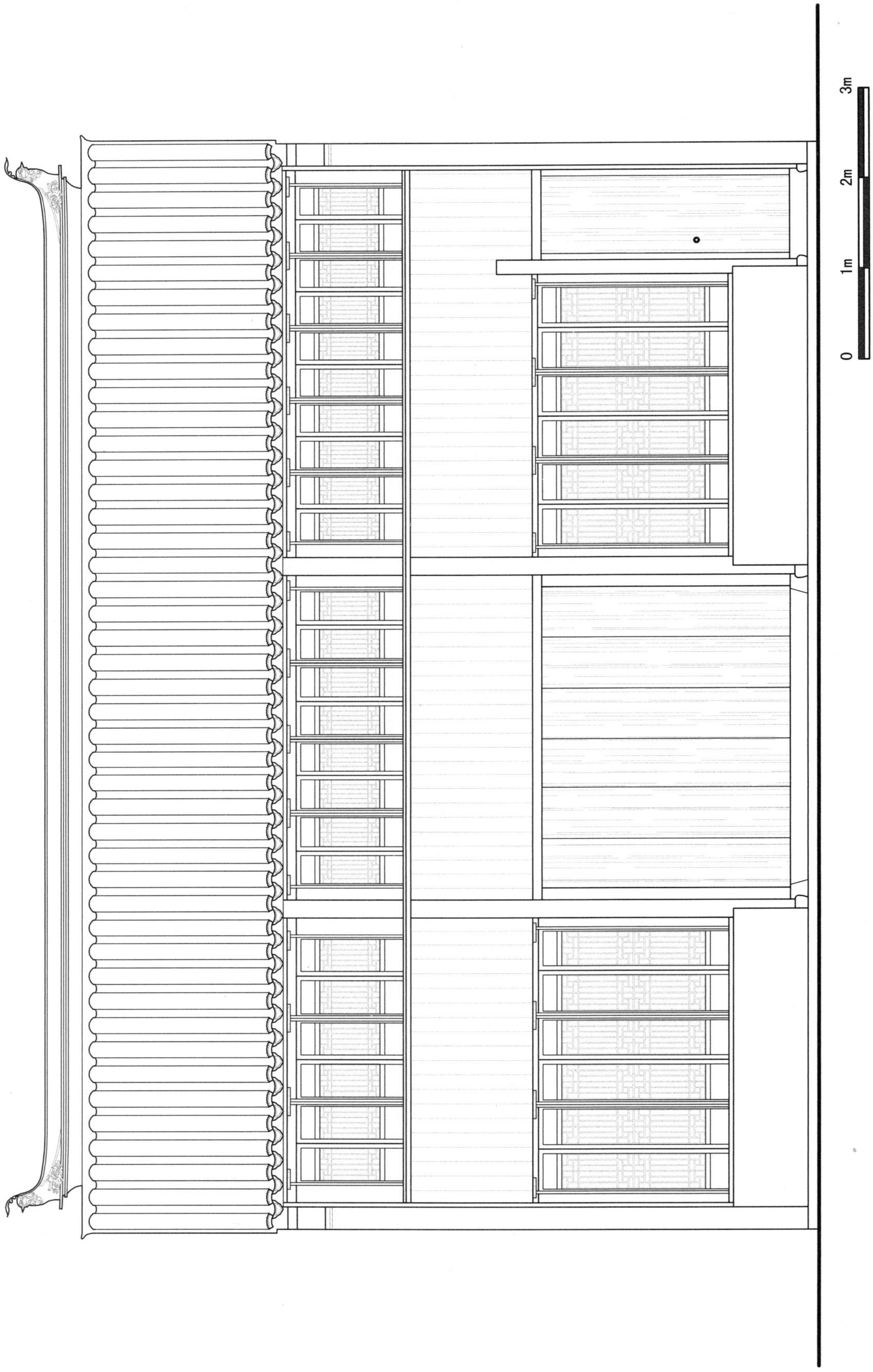

图 5　第一进楼厅南立面图

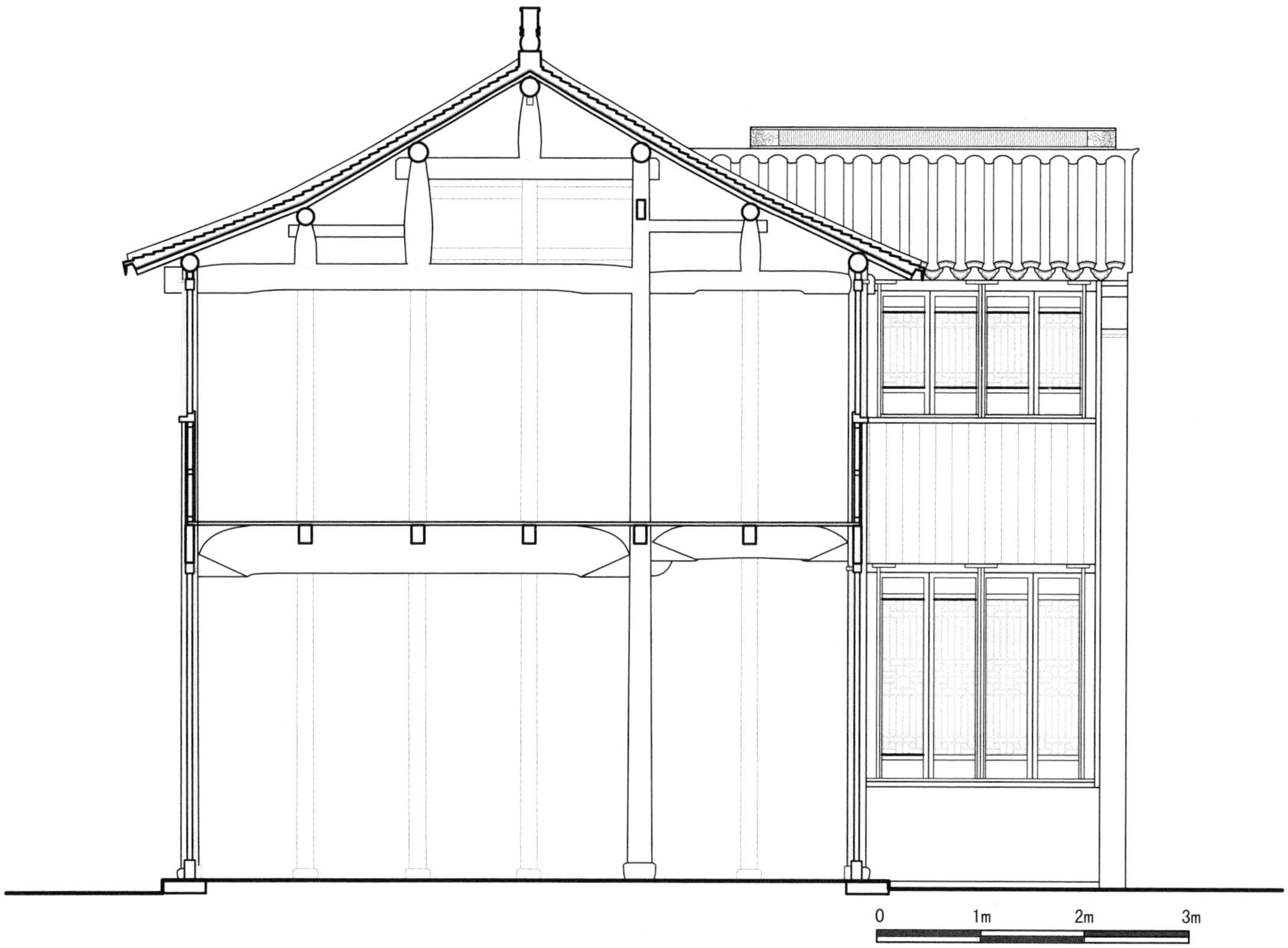

图 6　第一进楼厅横剖面图

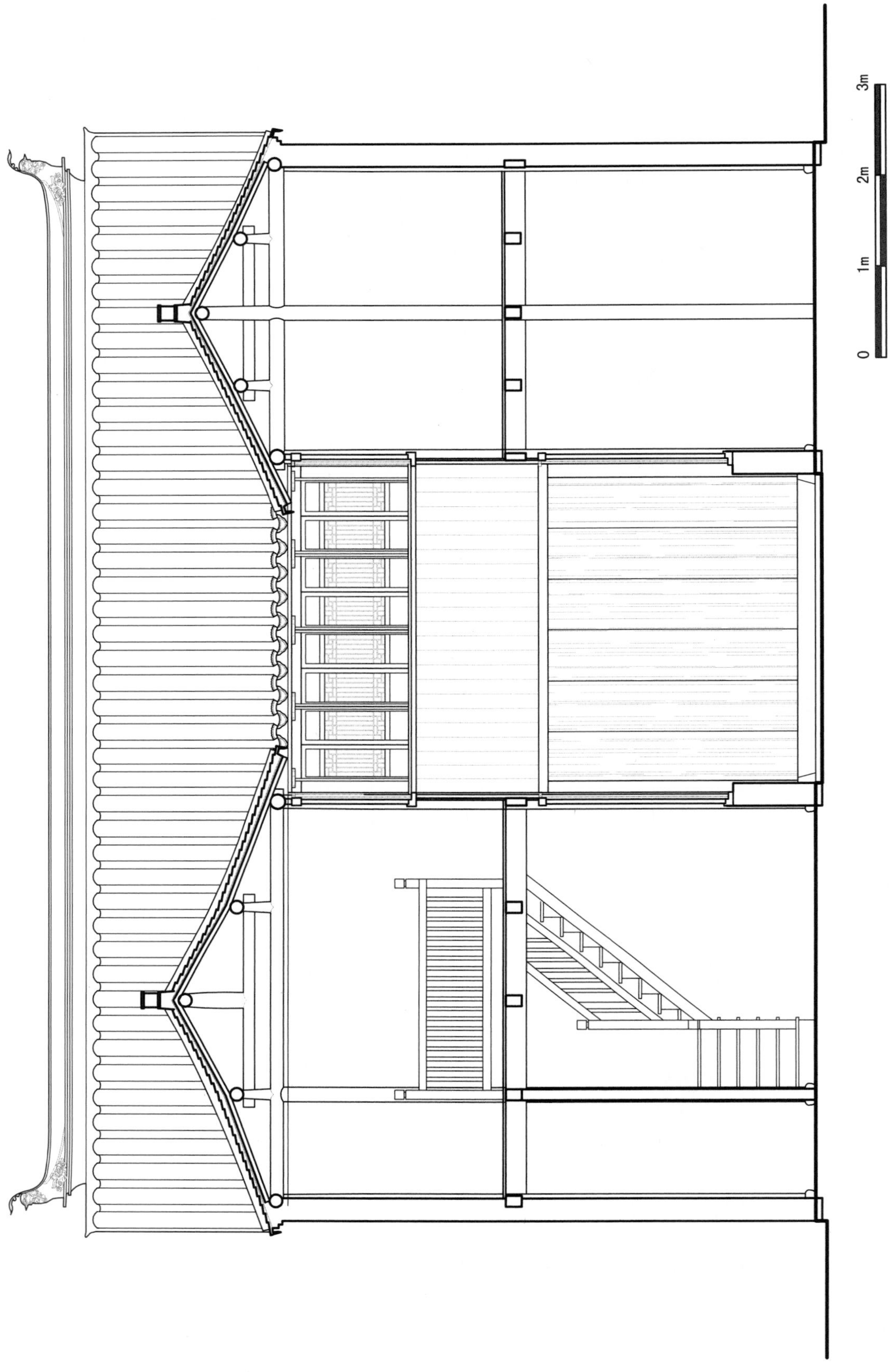

图7 第一进楼厅北立面图

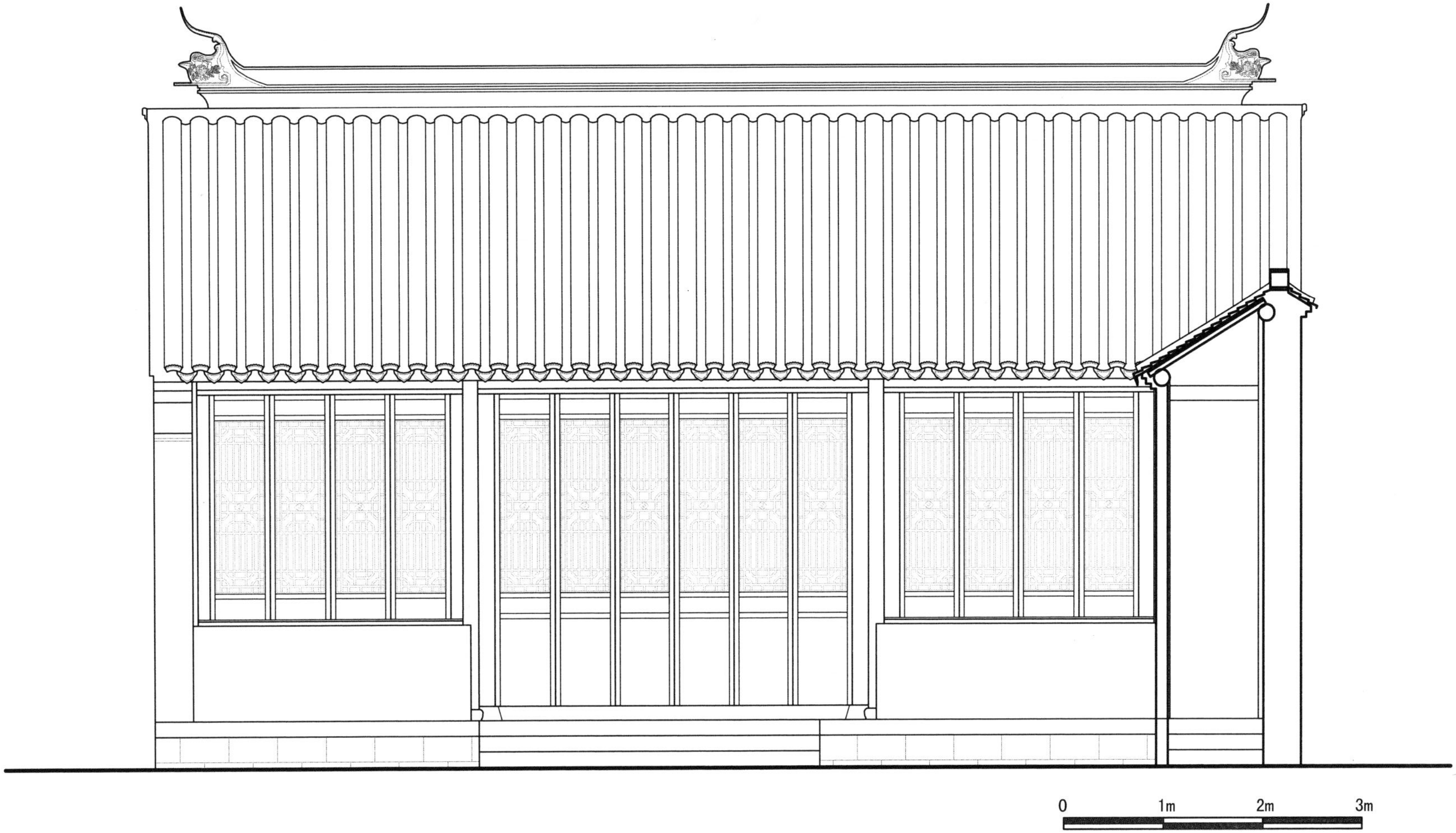

图 8　第二进大厅南立面图

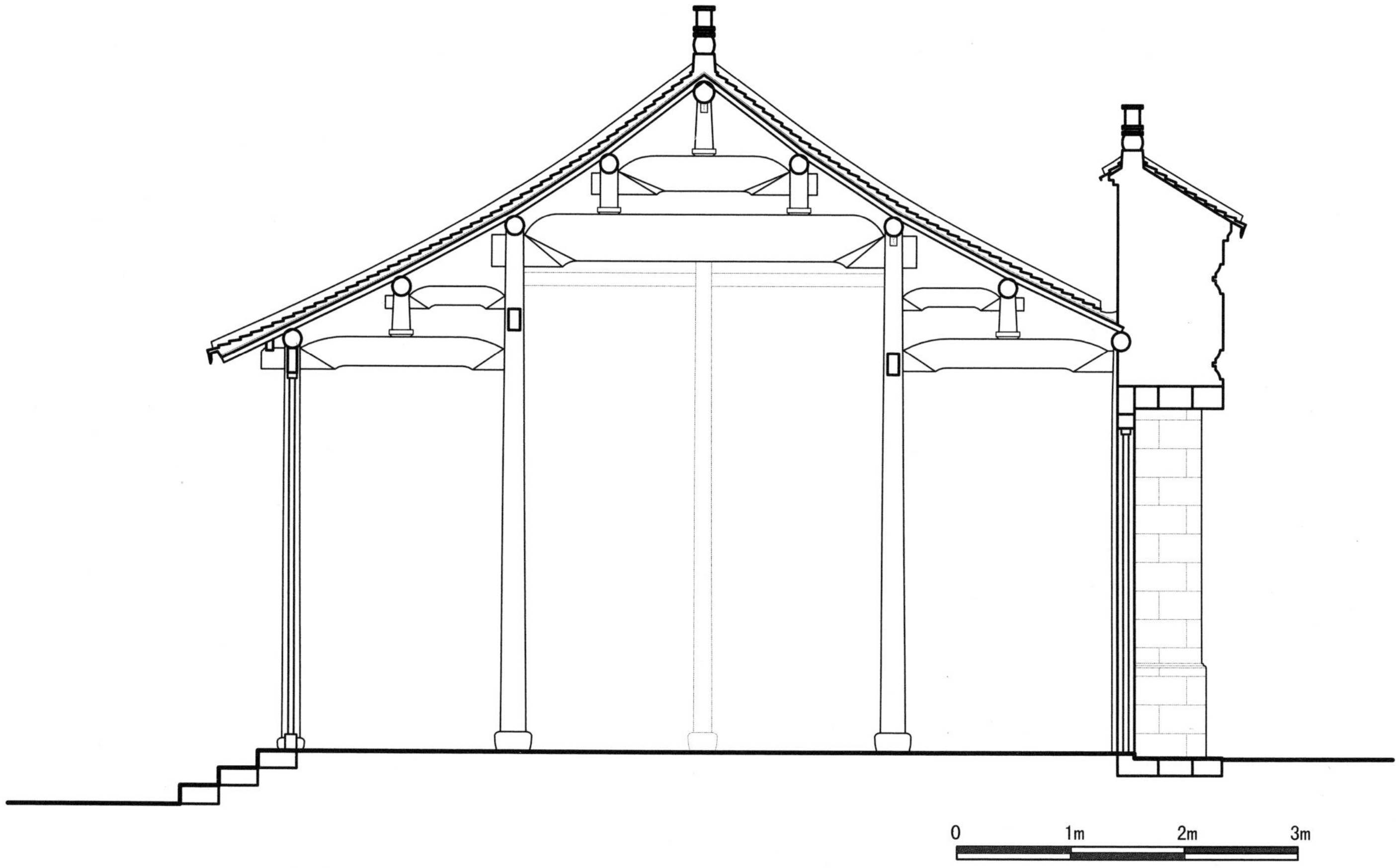

图 9　第二进大厅横剖面图

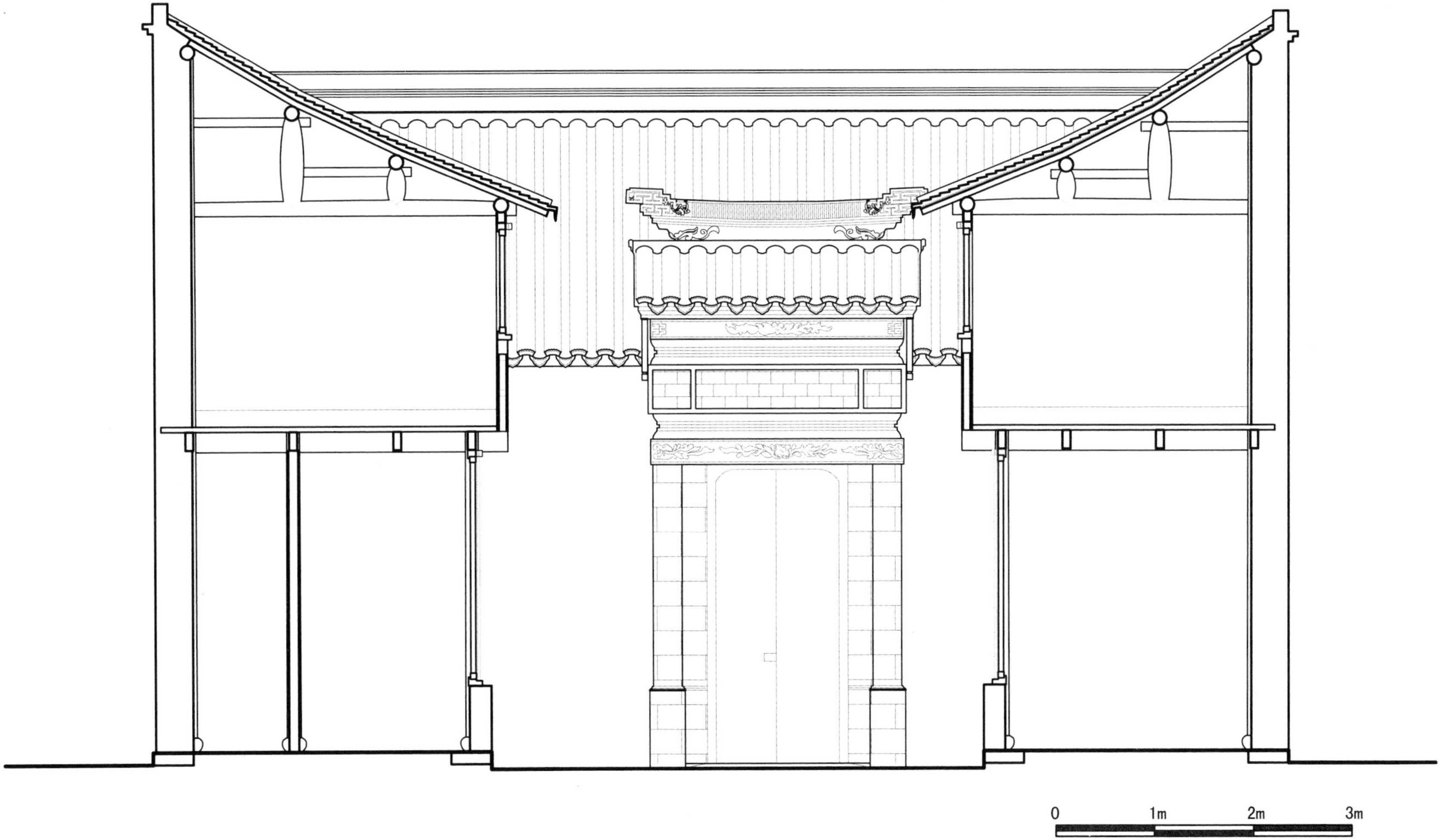

图 10　第二进大厅北立面图

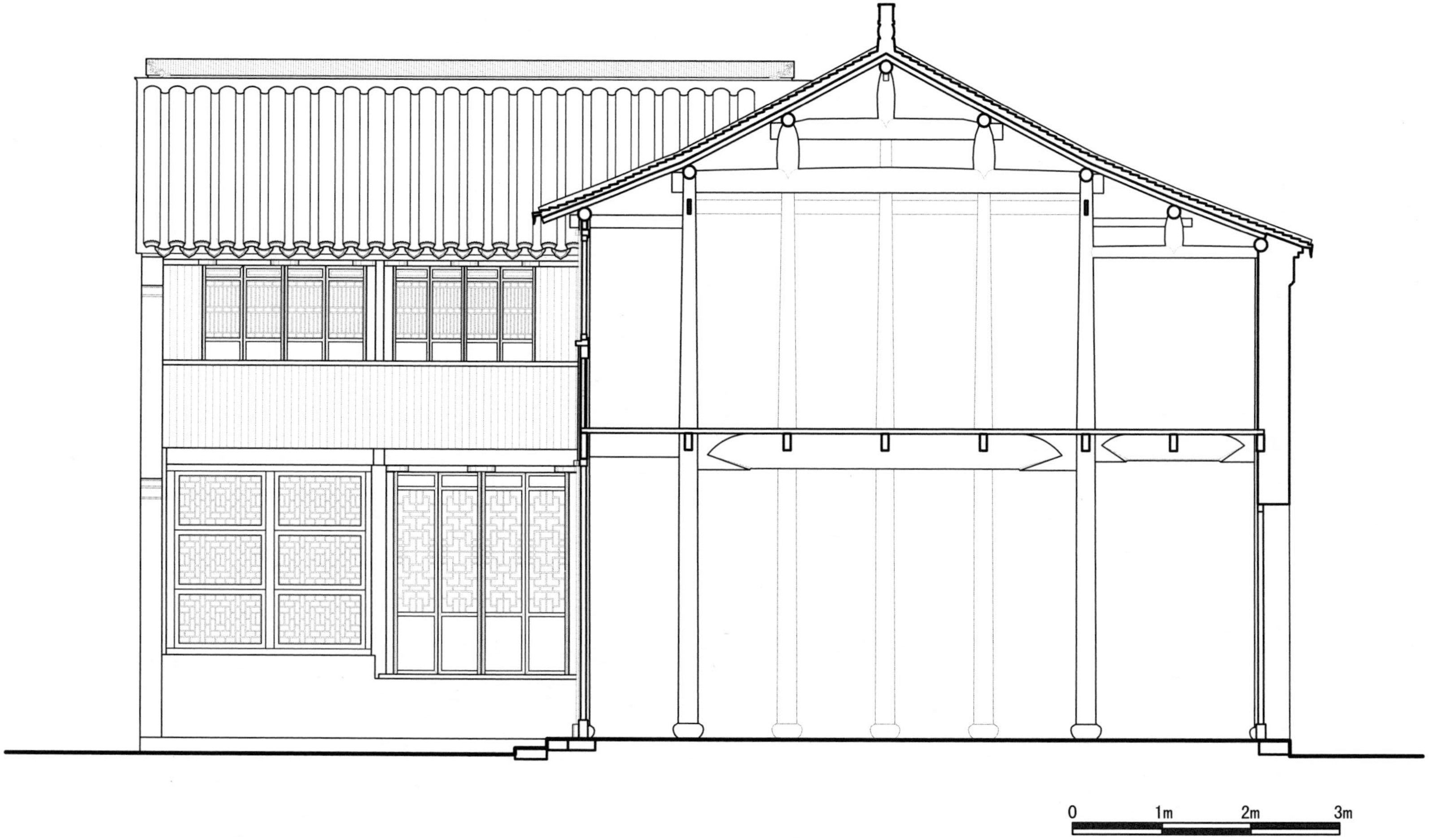

图 11　第三进楼厅横剖面图

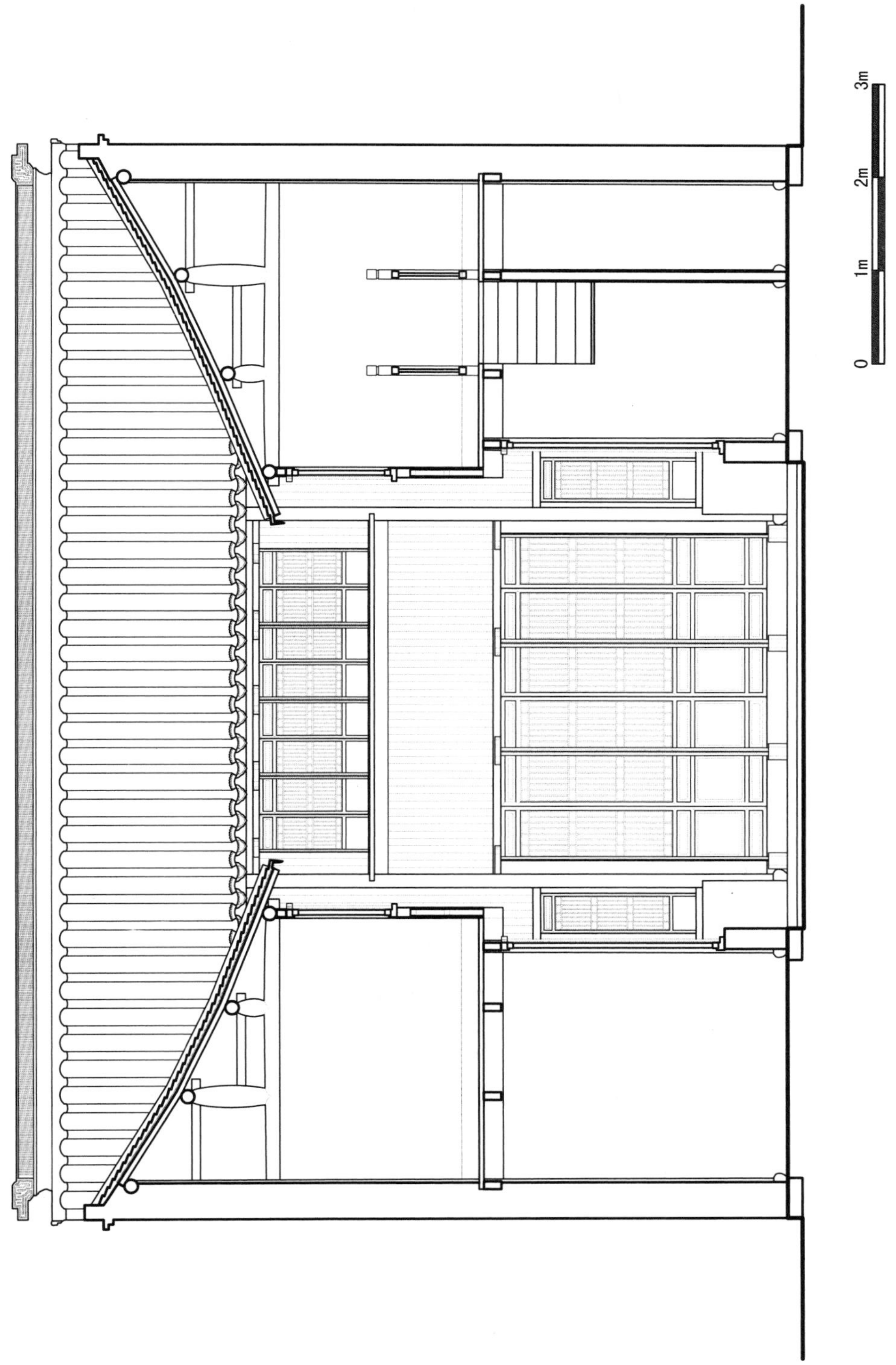

图 12　第三进楼厅南立面图

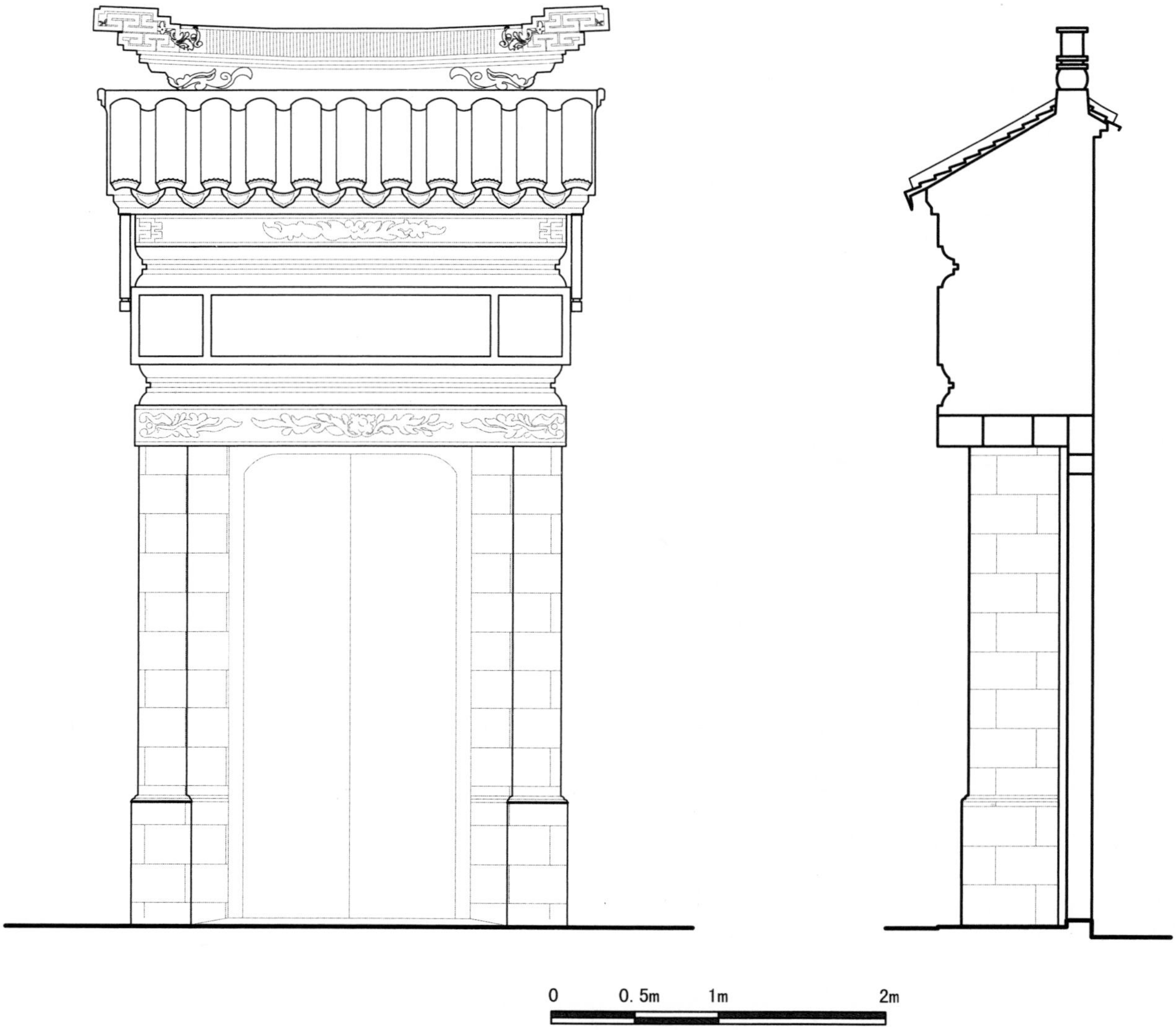

图 13　门楼详图

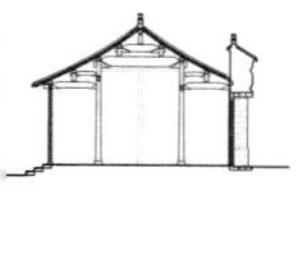

黎里镇：市保单位——闻诗堂

闻诗堂，位于黎里镇黎花街闻诗堂弄5号，建于清道光年间（1821—1850年），是黎里长田人进士殷寿彭、殷寿臻兄弟的住宅。

清道光年间，黎里北长田村殷家有两兄弟，兄殷寿彭（约1810—1872年）弟殷寿臻（约1812—1872年），聪慧好学，分别在15和16岁得中秀才，得入吴江县学读书资格，但经济负担不起。后两人住在镇上殷家弄的族叔家，为方便学习并向人请教。兄弟俩在此朗诗读文之声，萦绕弄堂，直至夜深。道光十二年（1832年）兄长考中举人，八年后，进士试获二甲第一名。弟也在道光十九年（1839年）考上举人，五年后考上进士。族叔一家常忆起弟兄两读书时光，于是将正厅更名为闻诗堂，将殷家弄更名为闻诗堂弄。

该宅坐北朝南，分东西两路，两路间筑有备弄，是一座较大的建筑群落。

西路第一进，副檐轩楼厅，面阔四间13.7米，进深九界9.8米，楼厅檐口高度4.8米，雌毛脊，二层明瓦短窗，一层塞板门。内四界前后廊川结构，圆作梁架，各贴均脊柱落地，后包檐。副檐轩，三步结构，圆作梁架。

西路第二进轿厅，为后期改建，无历史痕迹。

主体建筑“闻诗堂”在西路第三进，即大厅，面阔三间10.1米，进深八界11.6米，脊桁高6.5米，檐口高度3.8米，飞椽做法，蒲鞋头云头挑梓桁，硬山顶。内四界、前双廊，后双步结构，扁作梁架。中贴抬梁式，边贴脊柱落地。梁施彩画，长窗十四扇尚完整，满天星式，各夹堂板及裙板均有雕花，原有蠡壳，现不存。

西路第四进楼厅，面阔三间11.2米，进深六界8米，檐口高度5.3米，硬山，内四界前后廊川结构，扁作梁架，中贴抬梁式，边贴穿斗式。后檐墙施门楼，单坡硬山顶。

西路第五进楼厅，副檐轩楼厅，面阔三间12.1米，进深六界9.8米，檐口高度6.1米，后包檐，内四界前后廊川结构，圆作梁架。中贴抬梁式，边贴穿斗式。

西路第六进楼厅，面阔三间10.4米，进深五界5.3米，檐口高度5.9米，后包檐。内四界，后廊川结构，圆作梁架，中贴抬梁式，边贴脊柱落地。

西路第六进辅房，面阔两间 5.7 米，进深六界 6.3 米。中贴抬梁式，边贴穿斗式。方砖铺地。

西路第七进西楼厅，面阔三间 9.7 米，进深六界 7.1 米，檐口高度 5.8 米，后包檐。雀宿檐扁作，廊川结构。内部梁架不详，中贴抬梁式，边贴穿斗式。

西路第七进东楼厅，西出厢楼，面阔 6.9 米，进深六界 7.1 米。内四界前后廊川结构，圆作梁架，边贴穿斗式。方砖铺地。

东路第一进楼厅，前后带厢房，面阔一间 4.3 米，进深八界 9.7 米，檐口高度 5.2 米，飞椽做法，后包檐。内四界，前后双廊结构，圆作梁架，穿斗式。

东路第二进楼厅，面阔一间 4.6 米，进深六界 7.5 米，檐口高度 5.7 米，后包檐。内四界前后廊川结构，圆作梁架，穿斗式。

东路第三进，不详。

东路第四进，面阔一间 4 米，进深六界 6.5 米，方砖铺地。

东路第五进楼厅，面阔一间 4 米，进深六界 6.4 米，均木地板。

2012 年列为吴江市文物保护单位。2014 年 7 月，由苏州市人民政府明确为市文物保护单位。保护范围：东至弄堂东侧，南、西、北至界墙。建控范围：东至保护范围外 8～31 米，西至保护范围外 8～24 米，南至市河，北至保护范围外 8 米。

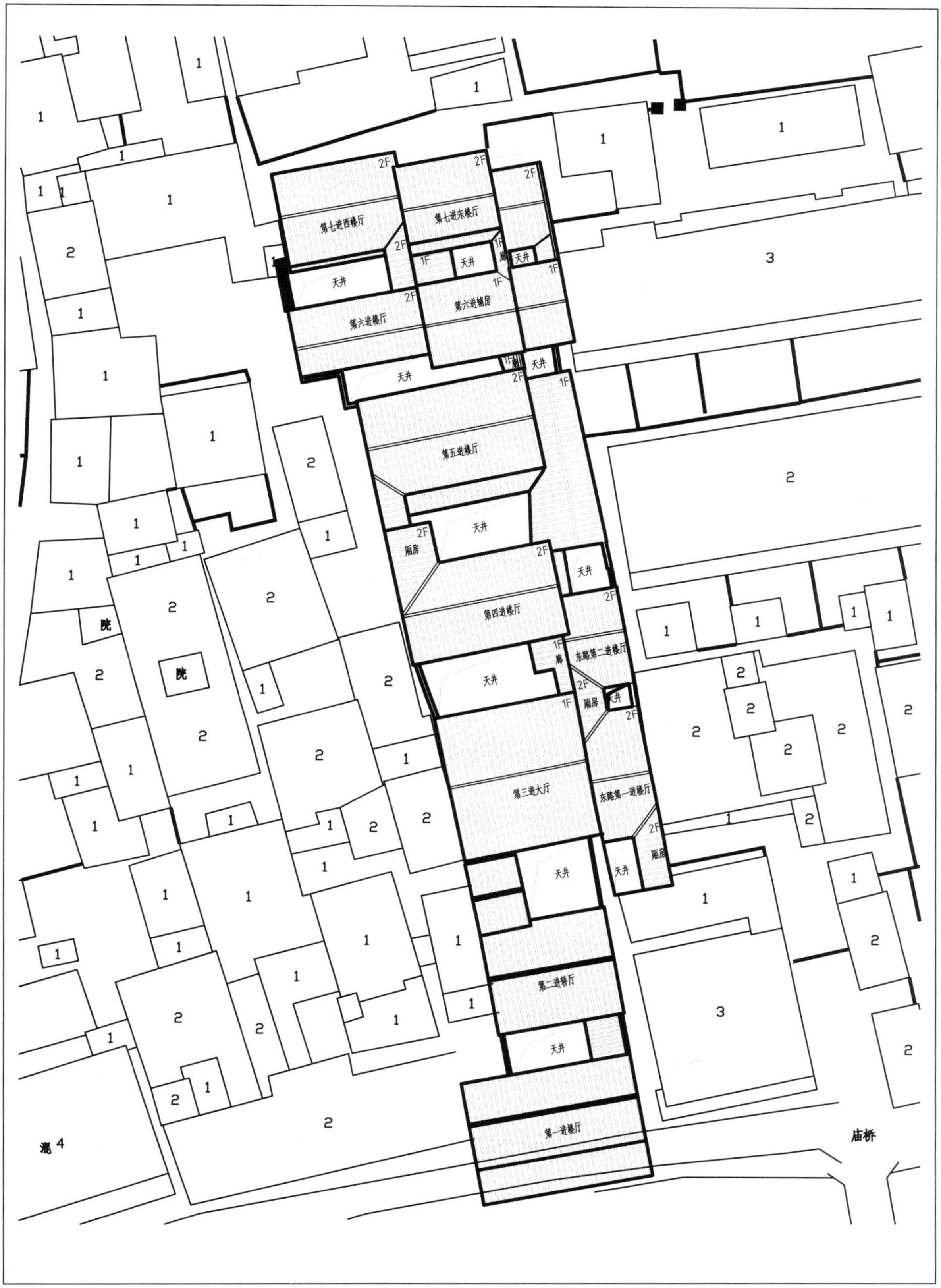
第七进西楼厅
第七进东楼厅
天井
第六进楼厅
第六进辅房
第五进楼厅
厢房
第四进楼厅
东路第二进楼厅
廊
第三进大厅
东路第一进楼厅
第二进楼厅
第一进楼厅
院
庙桥
混 4
2F
1F

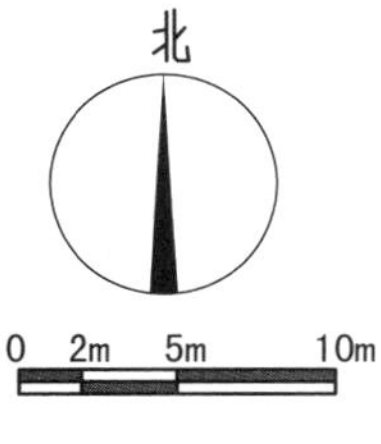
北
0
2m
5m
10m

图 1　闻诗堂总平面图

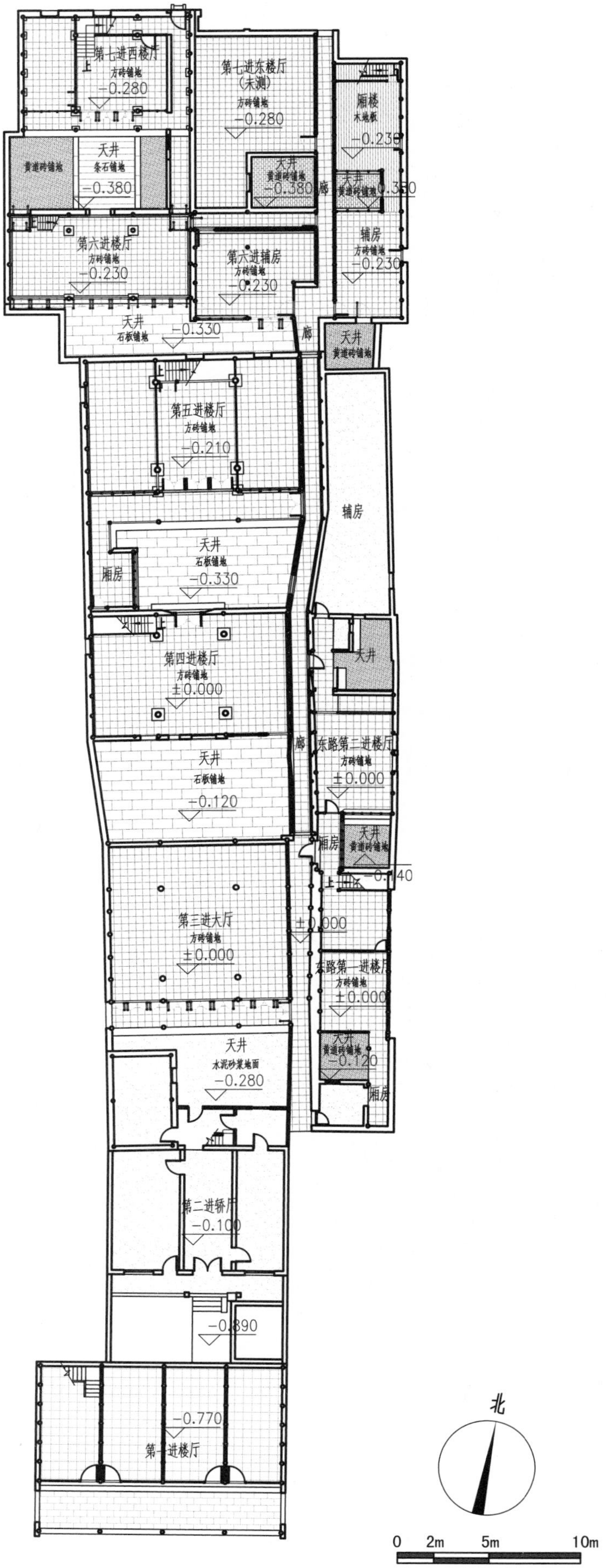
第七进西楼厅
方砖铺地
-0.280
第七进东楼厅
（未测）
方砖铺地
-0.280
厢楼
木地板
-0.230
天井
条石铺地
-0.380
黄道砖铺地
天井
黄道砖铺地
-0.380
廊
天井
黄道砖铺地
-0.350
第六进楼厅
方砖铺地
-0.230
第六进辅房
方砖铺地
-0.230
辅房
方砖铺地
-0.230
天井
石板铺地
-0.330
廊
天井
黄道砖铺地
第五进楼厅
方砖铺地
-0.210
辅房
天井
石板铺地
-0.330
厢房
第四进楼厅
方砖铺地
±0.000
天井
廊
东路第二进楼厅
方砖铺地
±0.000
天井
石板铺地
-0.120
厢房
天井
黄道砖铺地
-0.140
第三进大厅
方砖铺地
±0.000
±0.000
东路第一进楼厅
方砖铺地
±0.000
天井
水泥砂浆地面
-0.280
天井
黄道砖铺地
-0.120
厢房
第二进轿厅
-0.100
-0.890
-0.770
第一进楼厅
北
0 2m 5m 10m

图 2　一层平面图

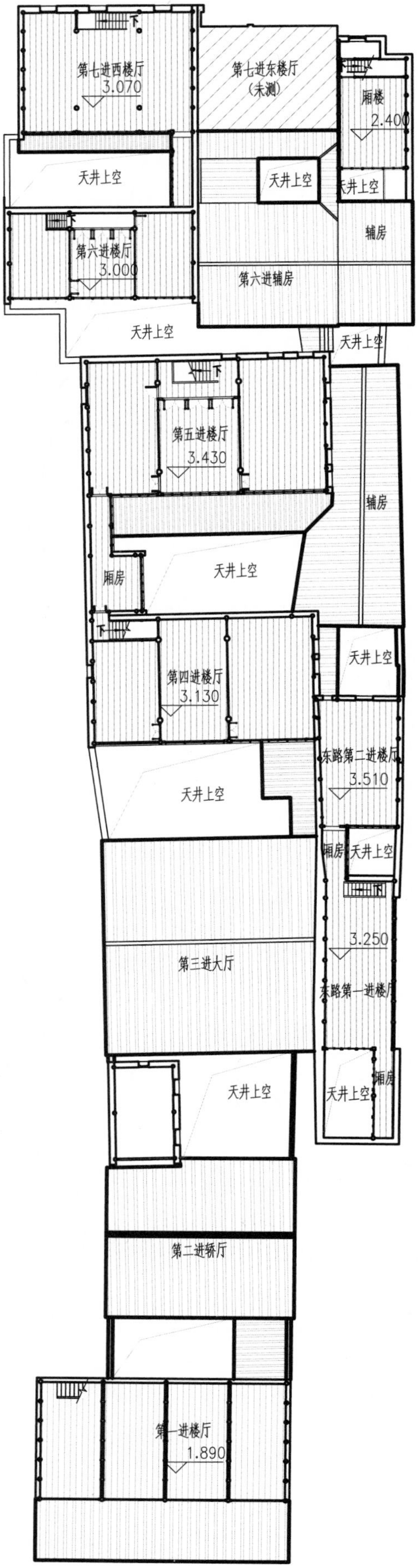
第七进西楼厅
3.070
第七进东楼厅
（未测）
厢楼
2.400
天井上空
天井上空
天井上空
第六进楼厅
3.000
辅房
第六进辅房
天井上空
天井上空
第五进楼厅
3.430
辅房
厢房
天井上空
天井上空
第四进楼厅
3.130
东路第二进楼厅
3.510
天井上空
厢房
天井上空
3.250
第三进大厅
东路第一进楼厅
天井上空
厢房
天井上空
第二进轿厅
第一进楼厅
1.890

图 3　二层平面图

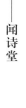

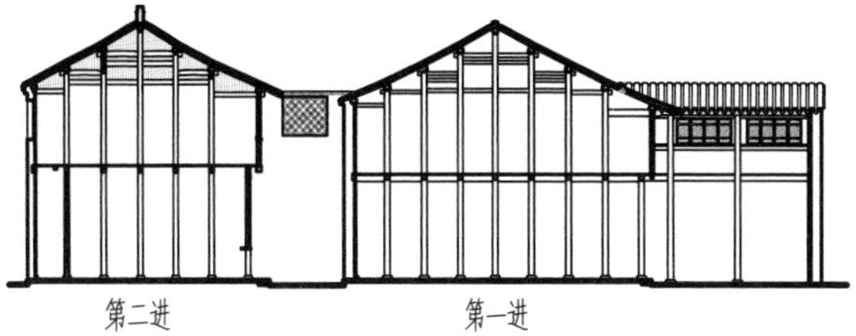
第二进
第一进

图 4　东路第一进和第二进剖面图

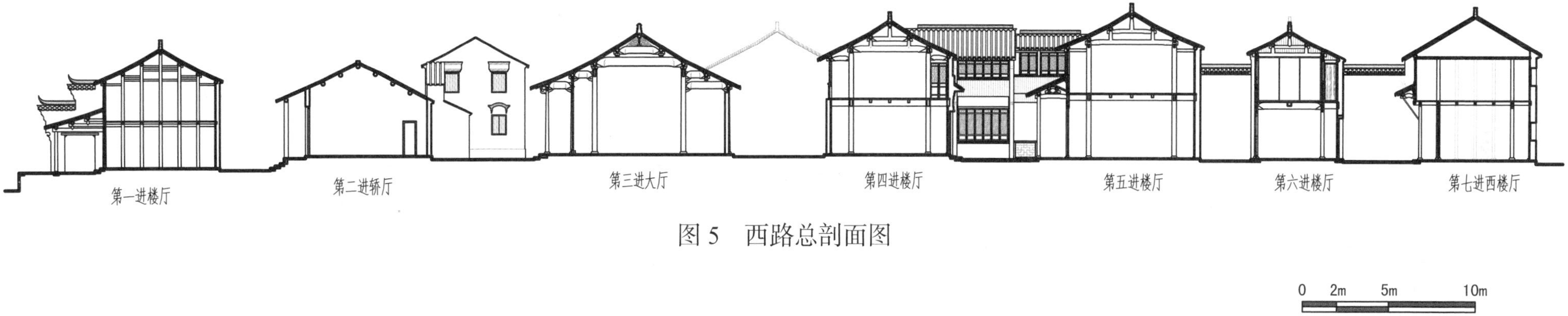
第一进楼厅
第二进轿厅
第三进大厅
第四进楼厅
第五进楼厅
第六进楼厅
第七进西楼厅
0 2m 5m 10m

图 5　西路总剖面图

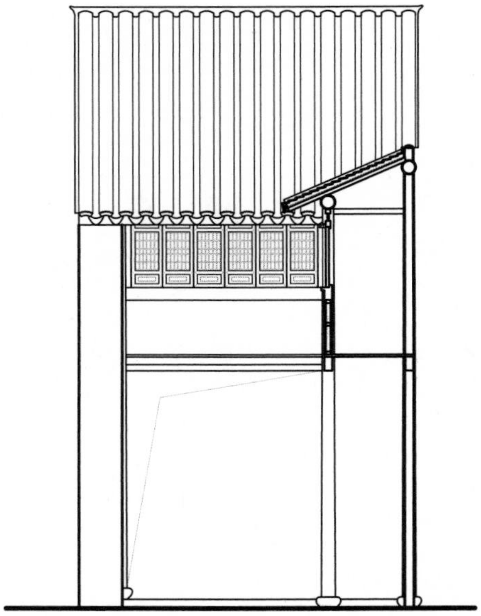

图 6　东路第一进楼厅南立面图

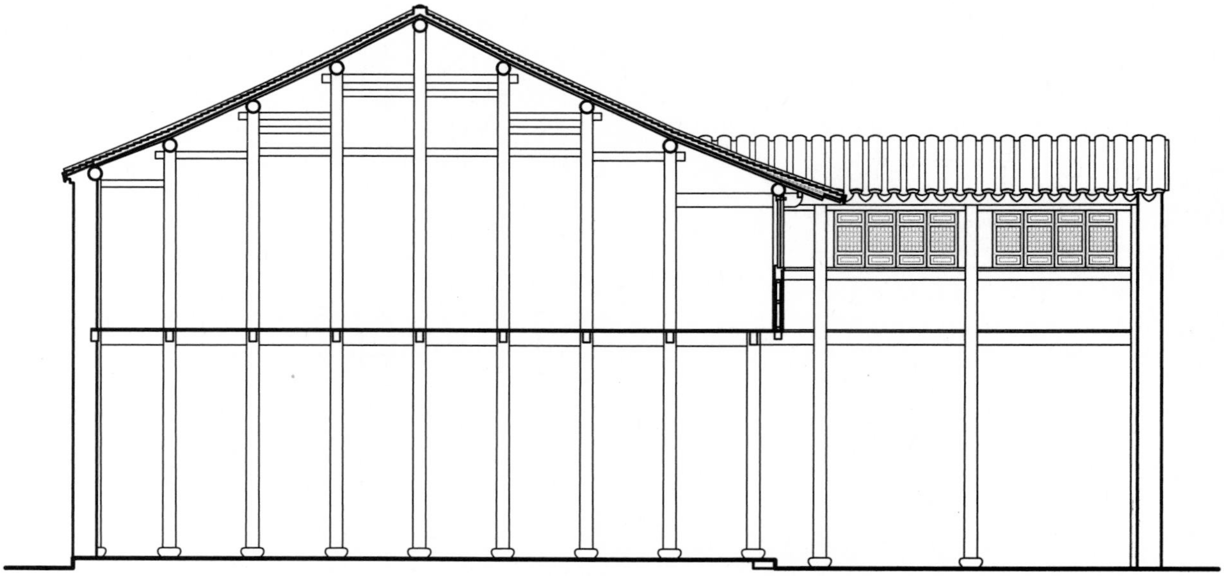

图 7　东路第一进楼厅横剖面图

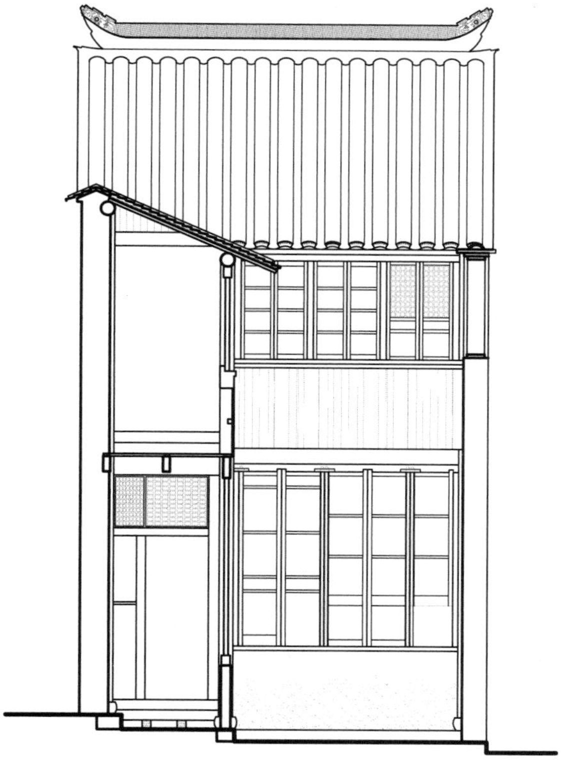

图 8　东路第二进楼厅南立面图

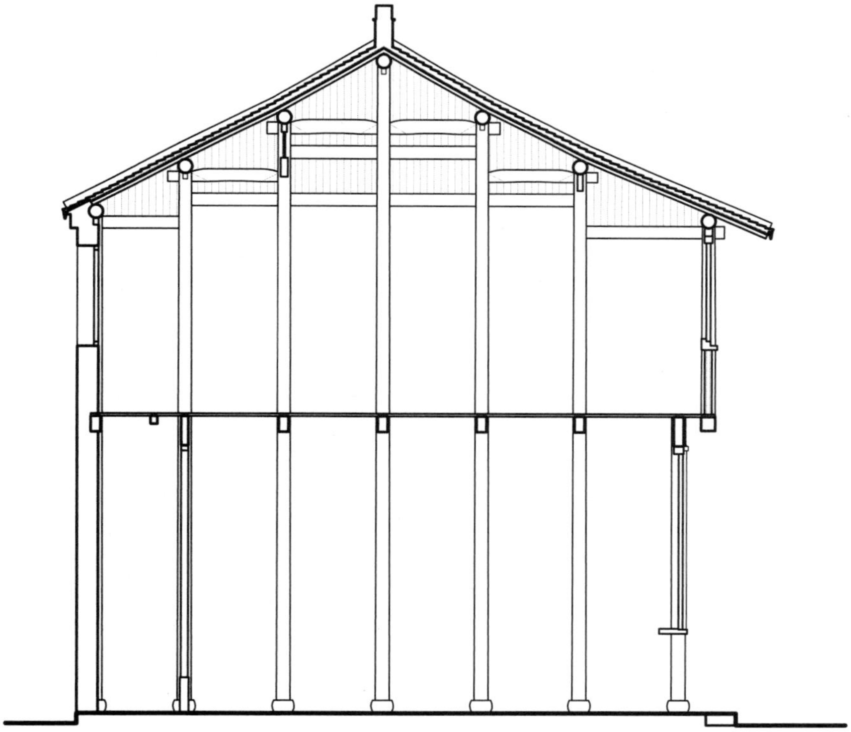

图 9　东路第二进楼厅横剖面图

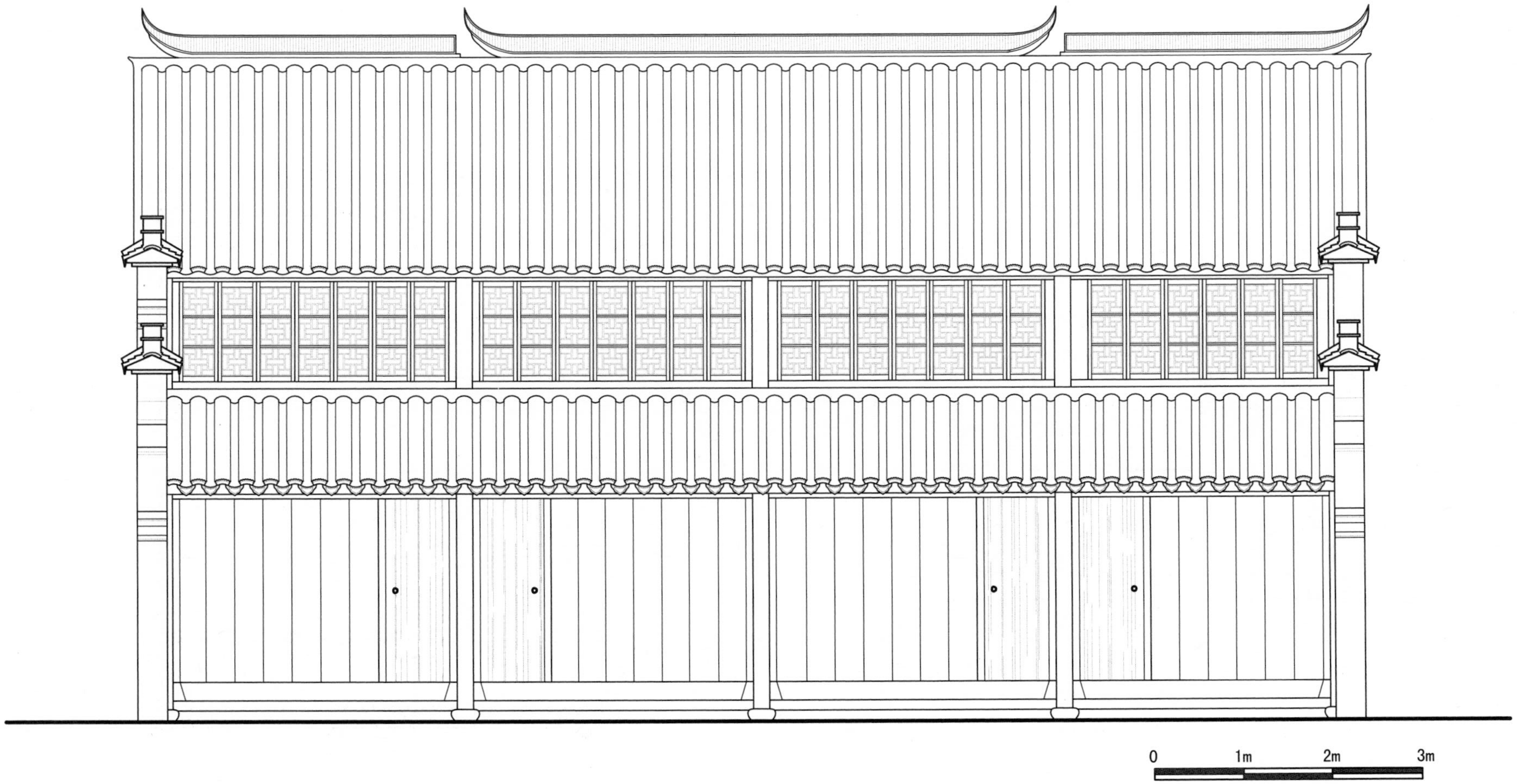

图 10　西路第一进楼厅南立面图

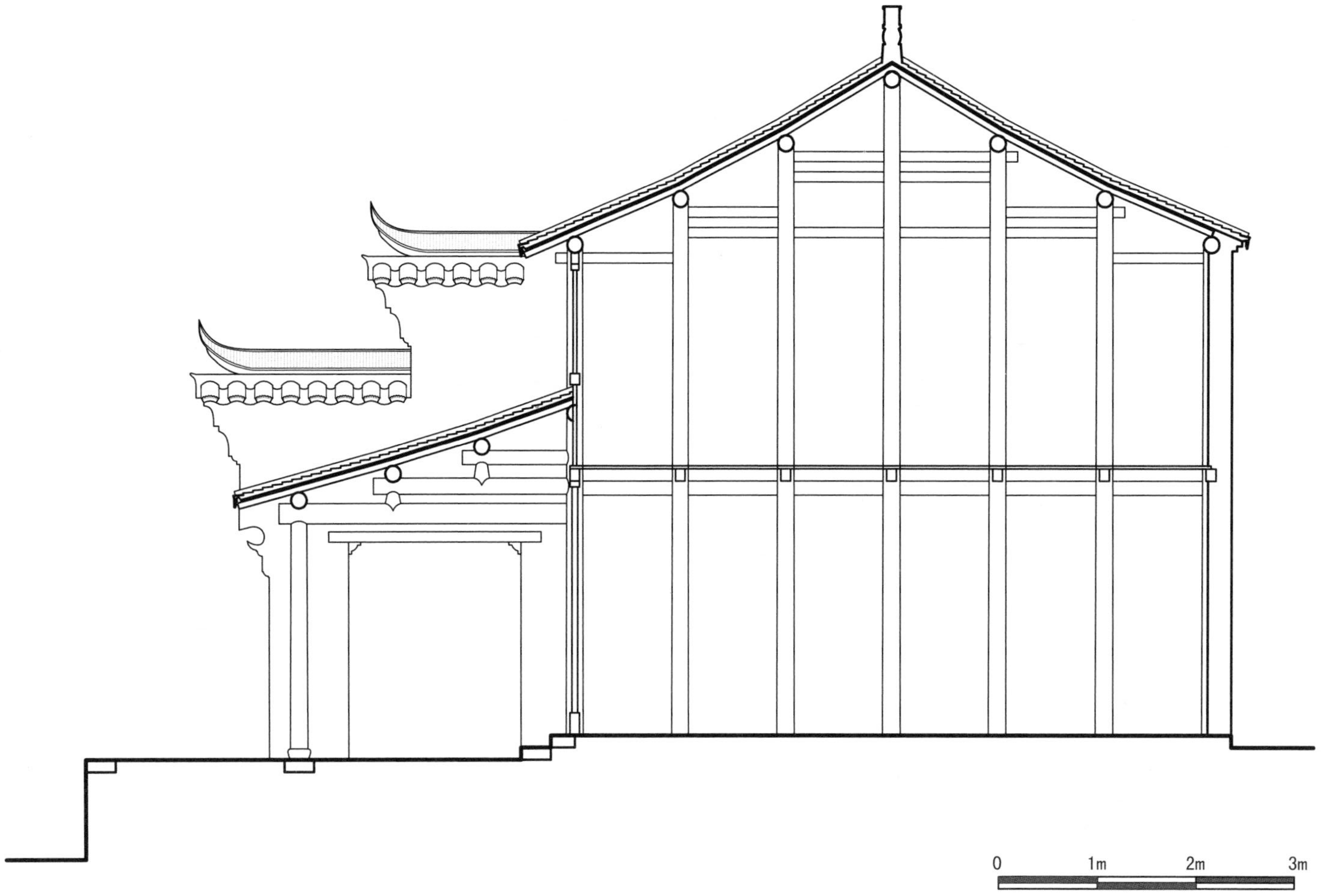

图 11　西路第一进楼厅横剖面图

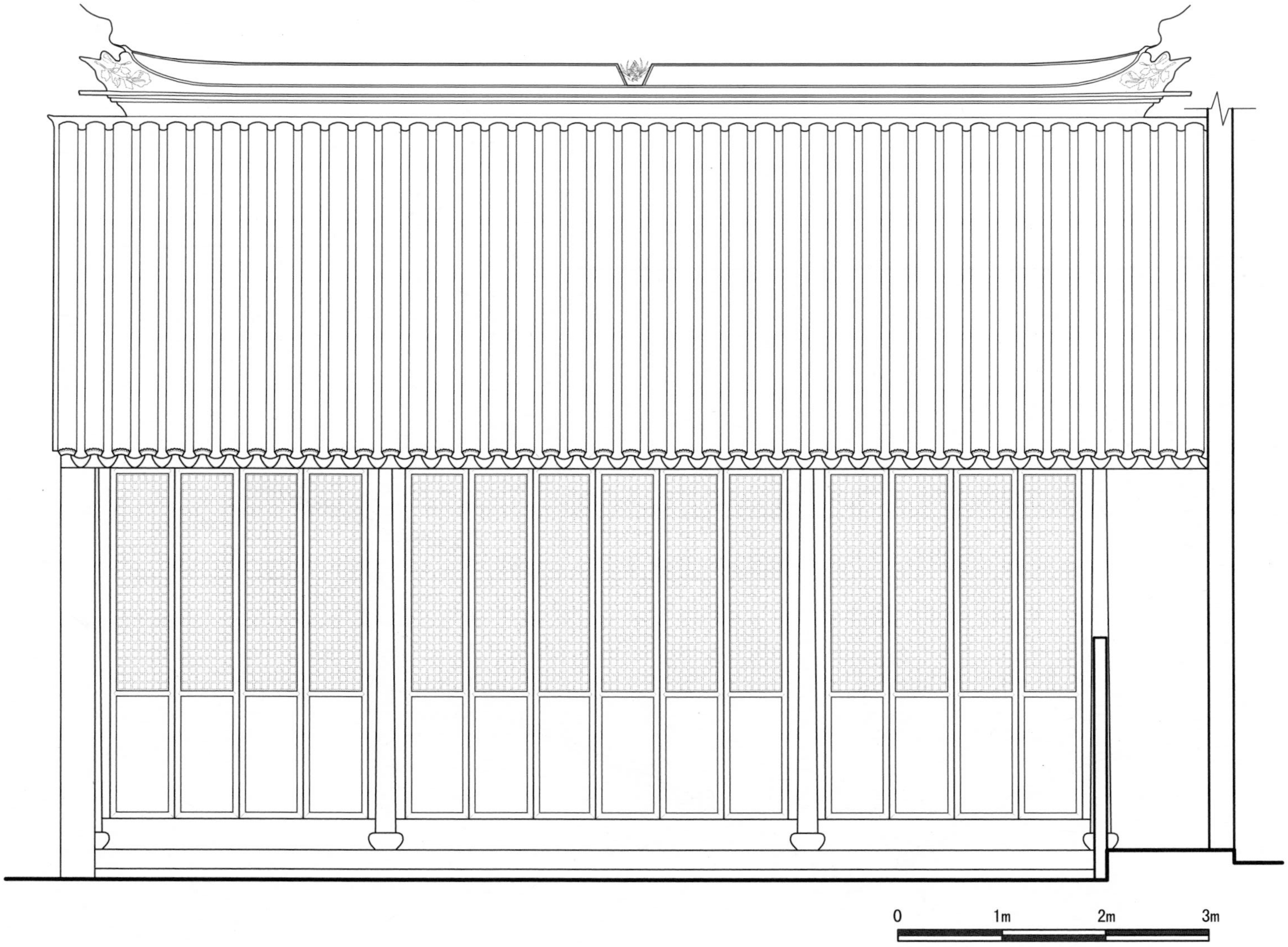

图 12　西路第三进大厅南立面图

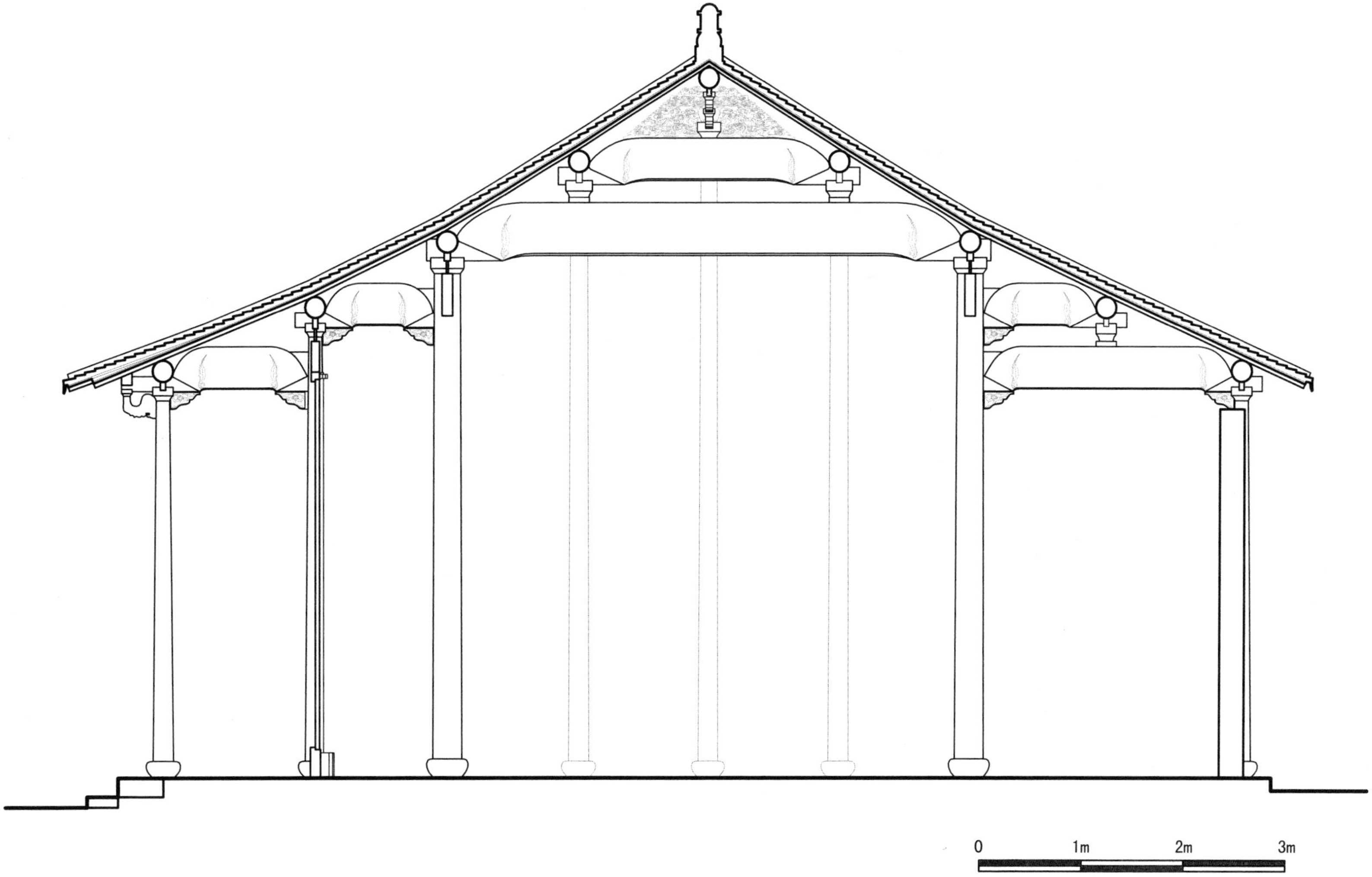

图 13　西路第三进大厅横剖面图

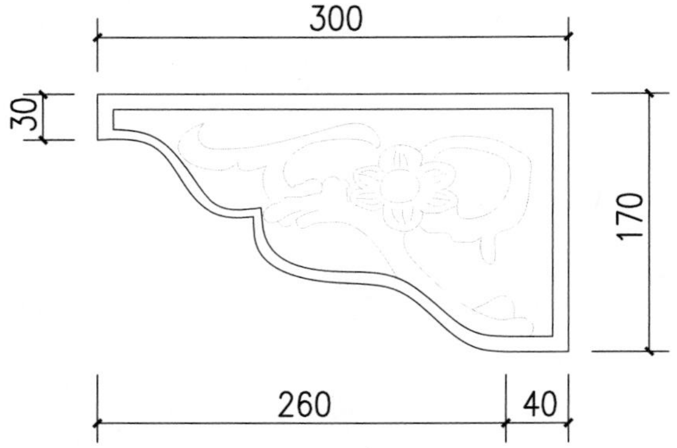

图 14　大厅梁垫大样

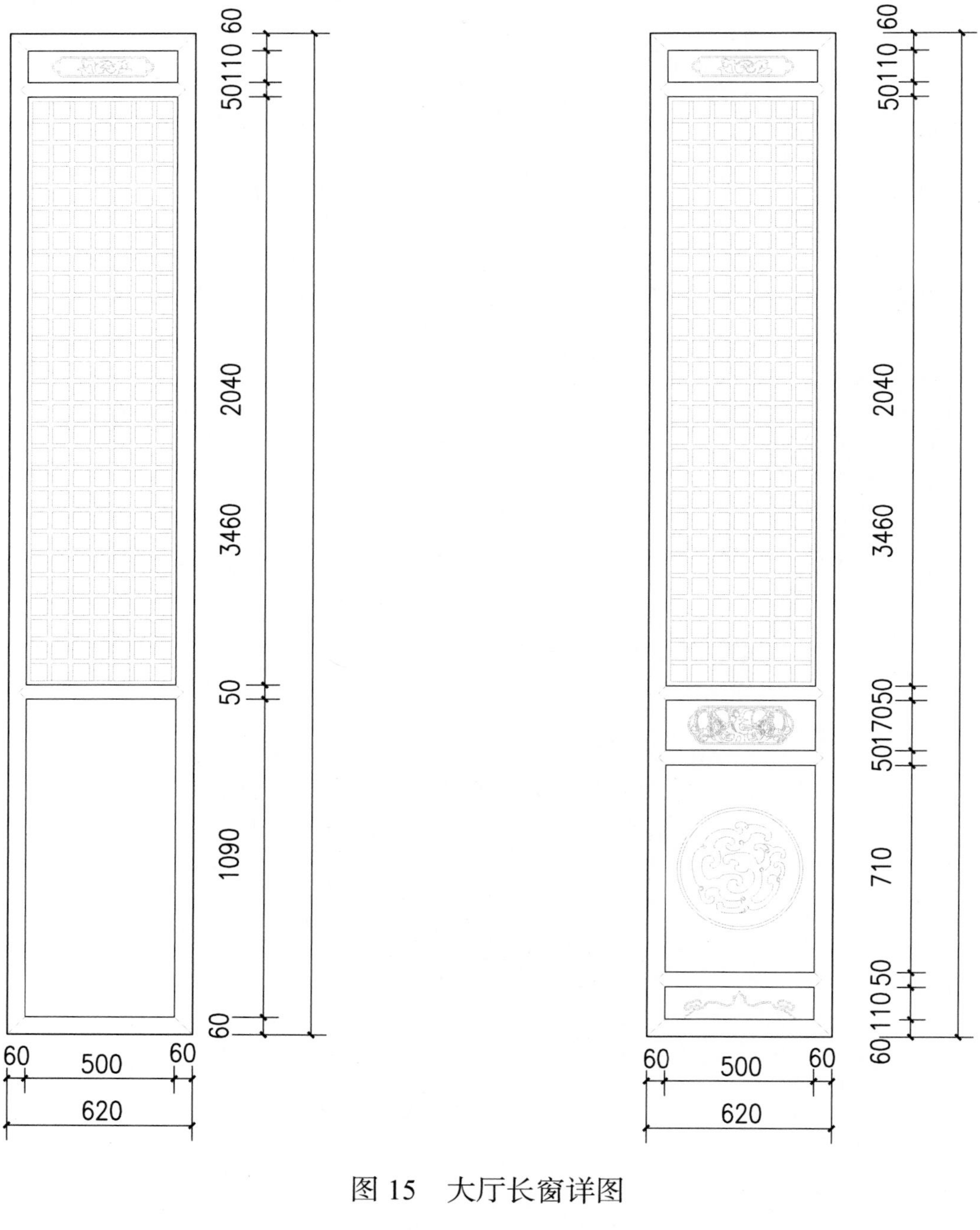

图 15　大厅长窗详图

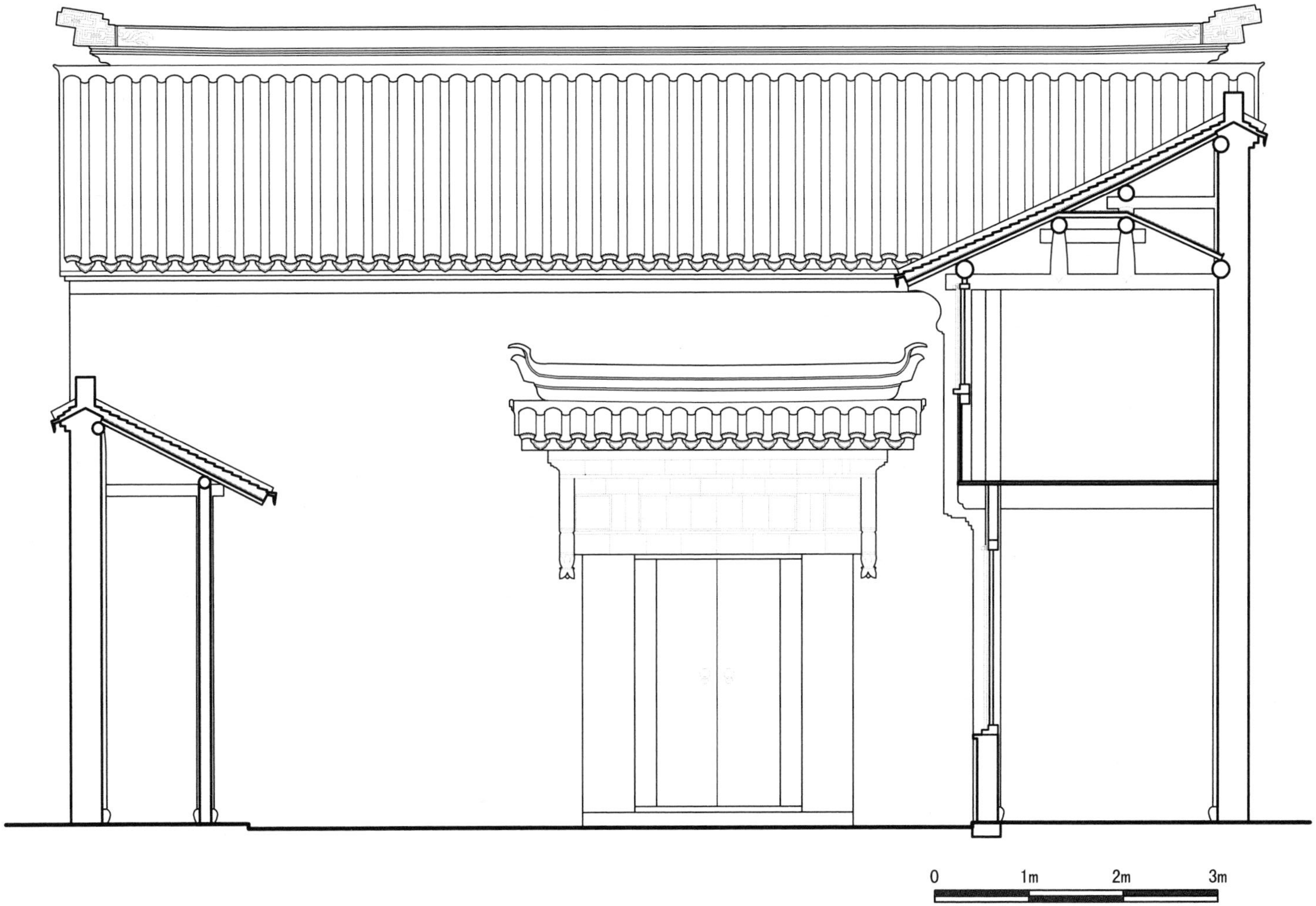

图 16　西路第四进楼厅北立面图

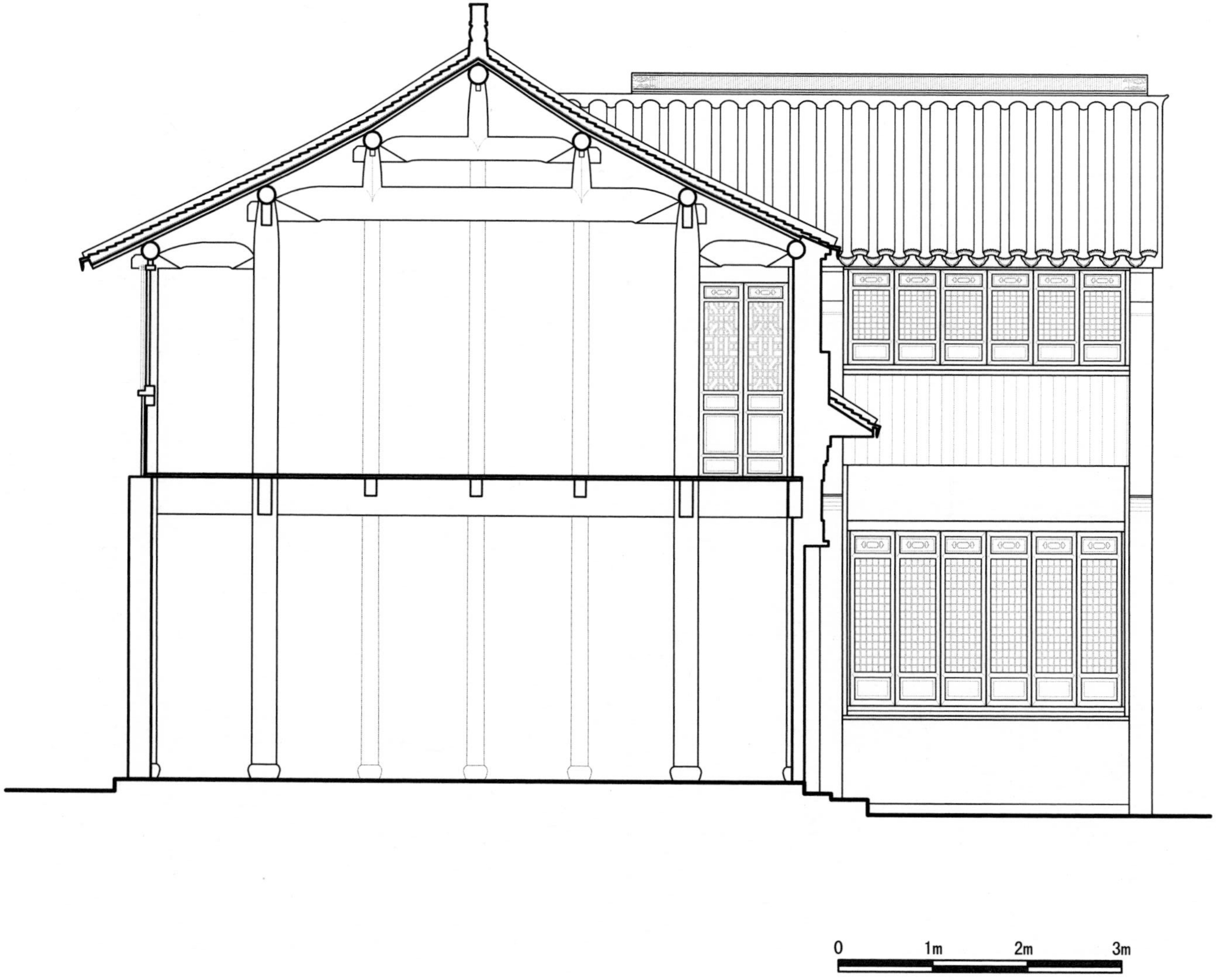

图 17　西路第四进楼厅横剖面图

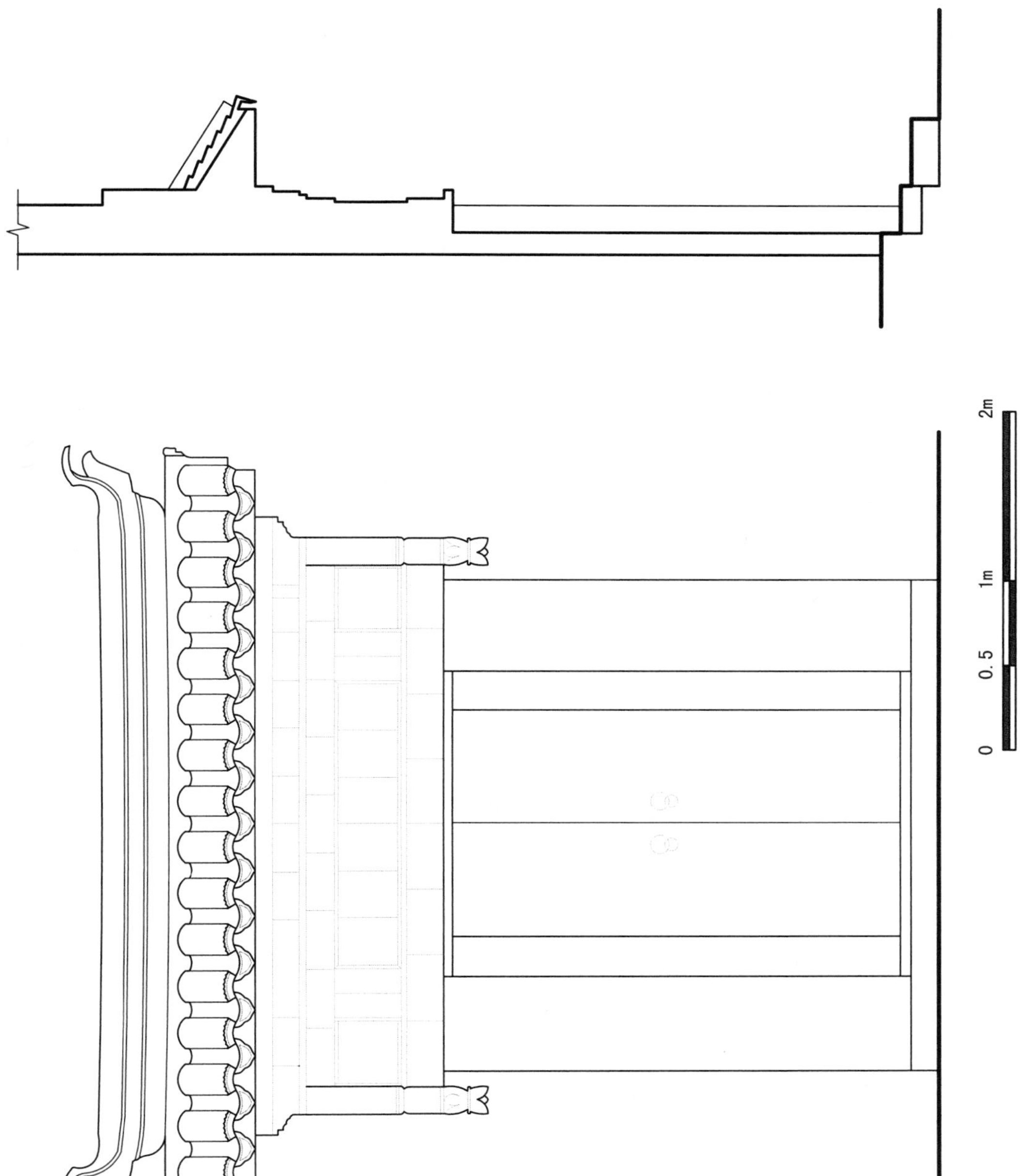

图 18　西路第四进楼厅门楼详图

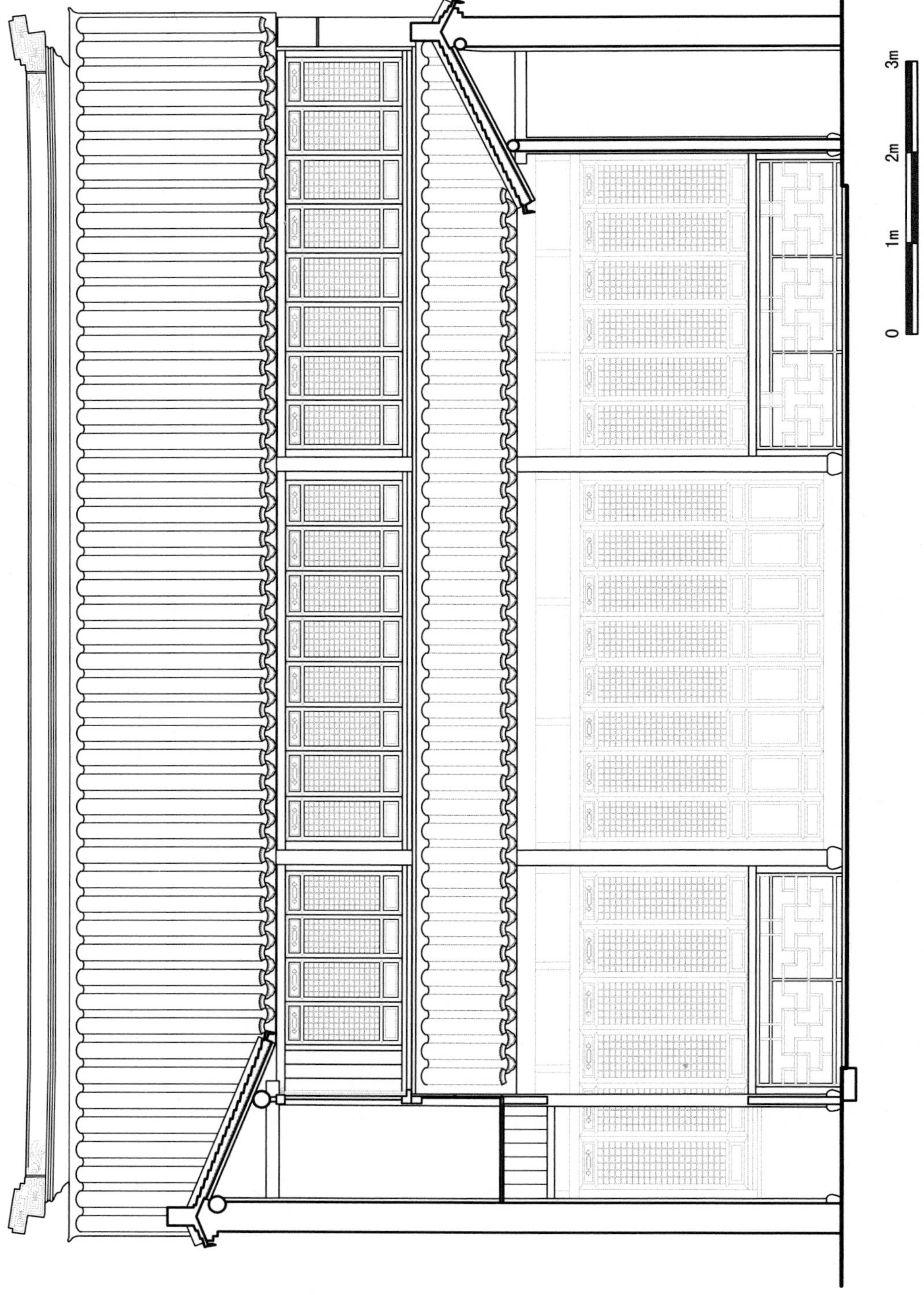

图19　西路第五进楼厅南立面图

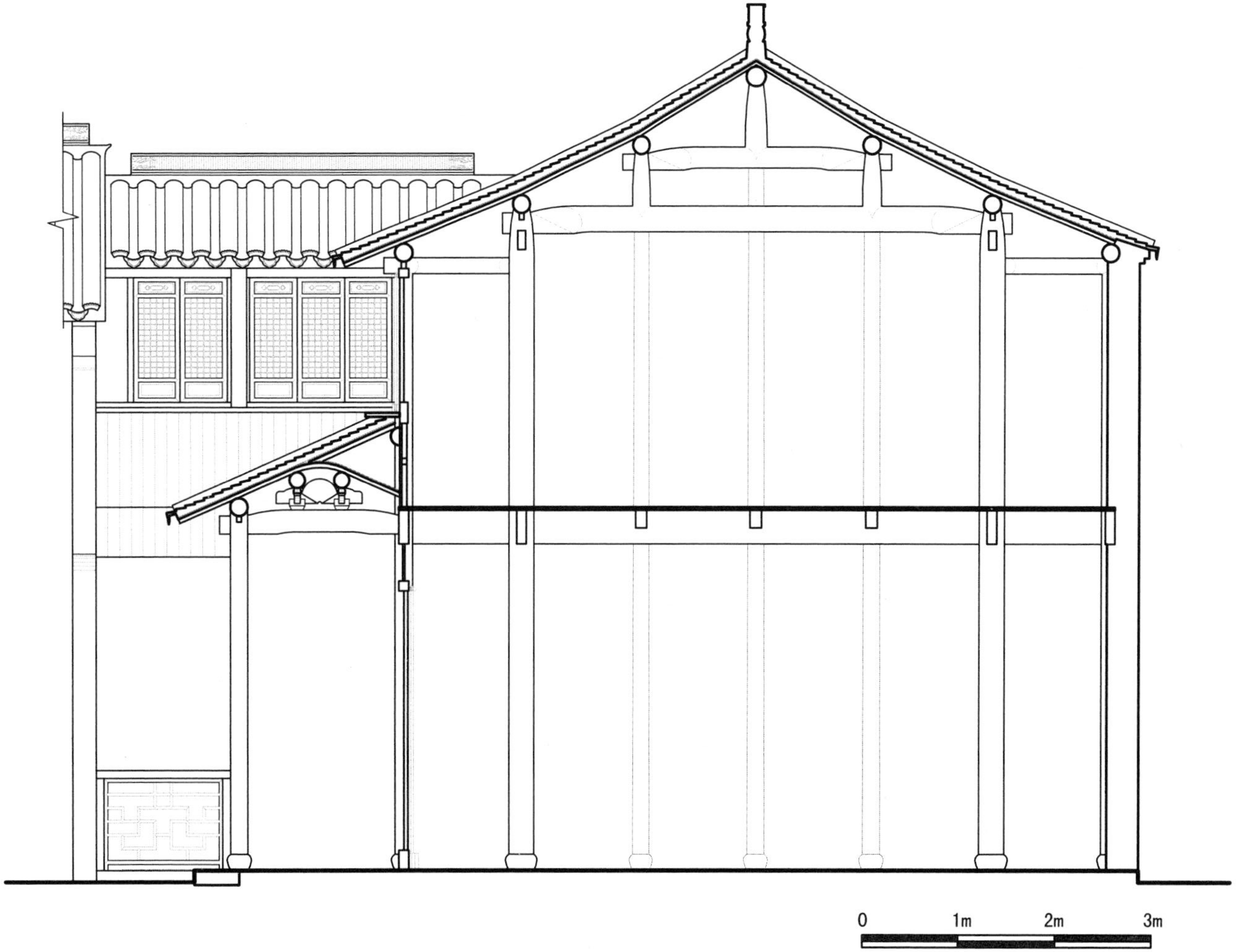

图 20　西路第五进楼厅横剖面图

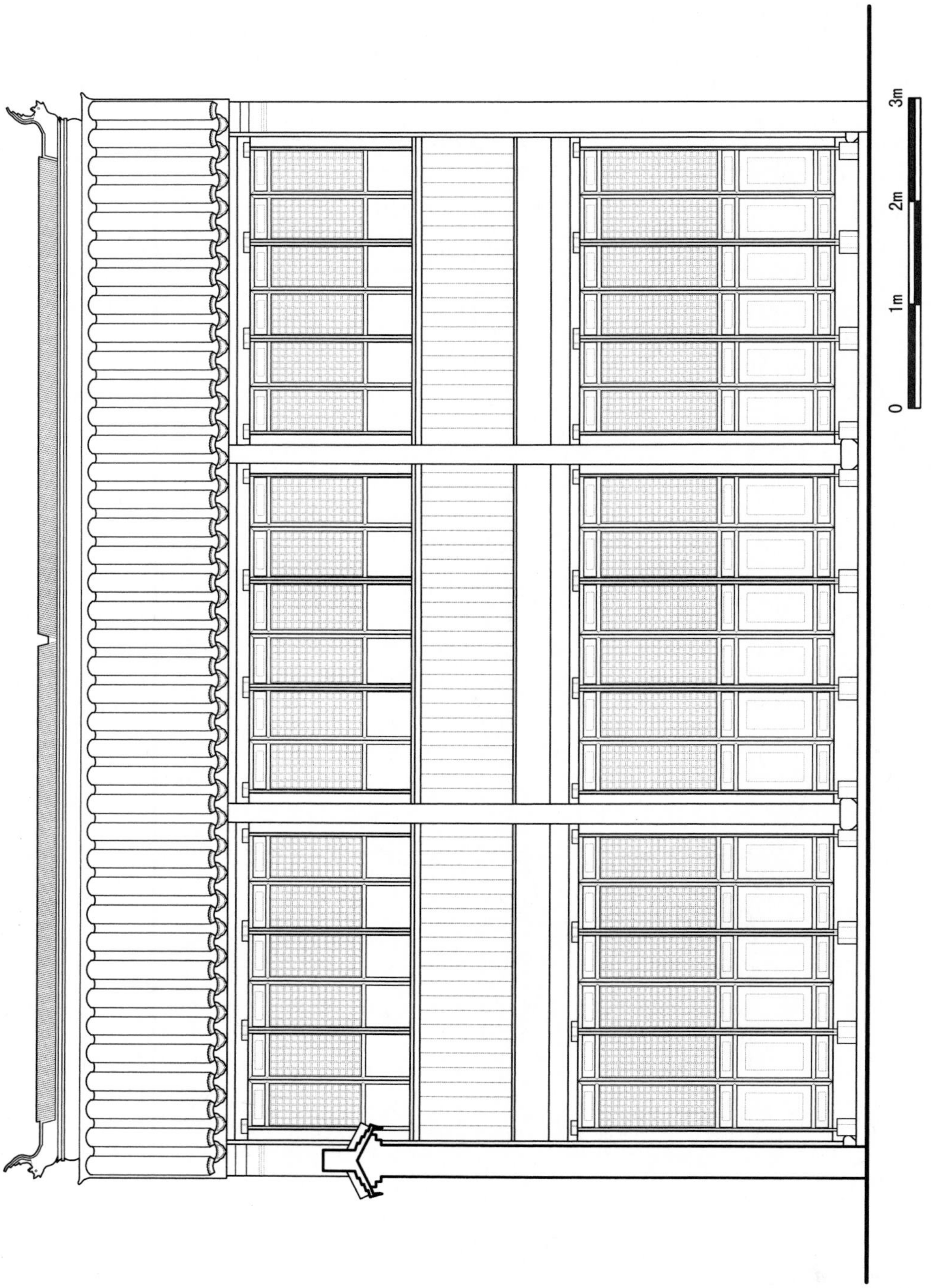

图21　西路第六进楼厅南立面图

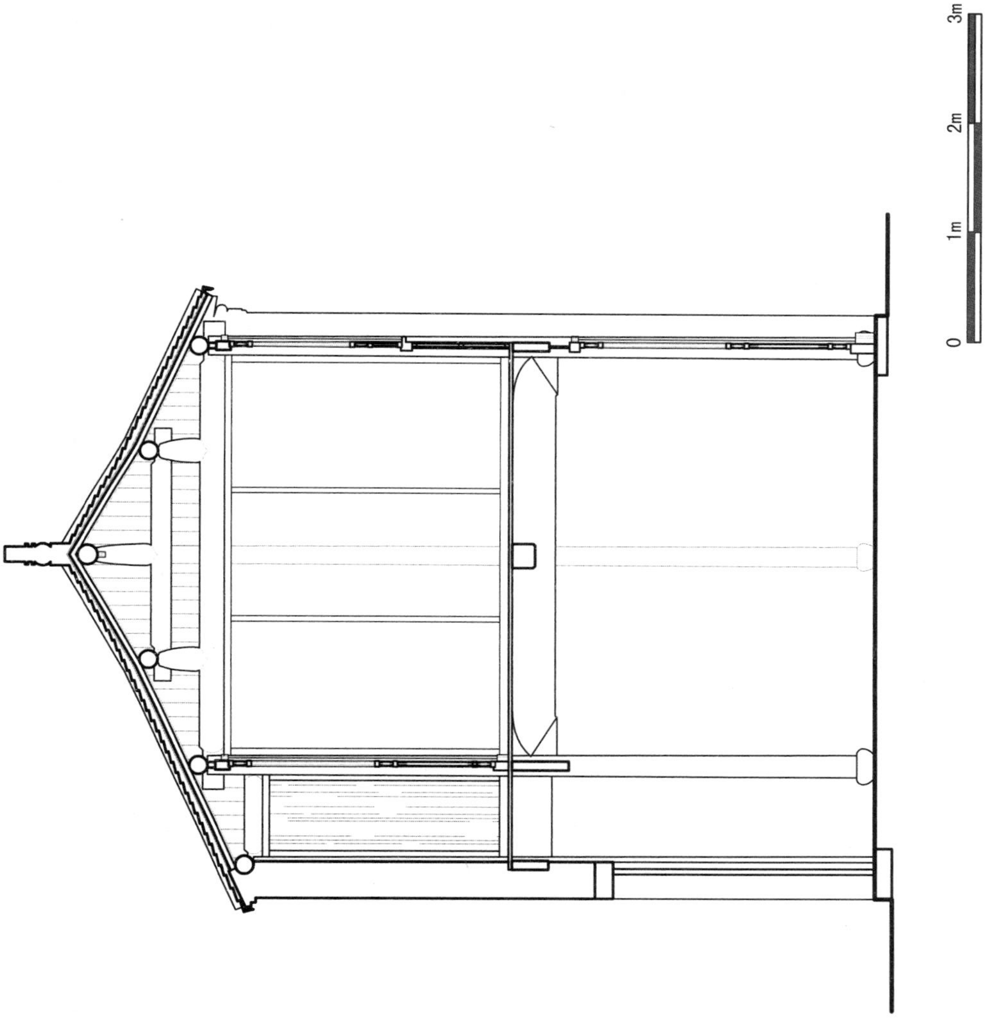

图 22　西路第六进楼厅横剖面图

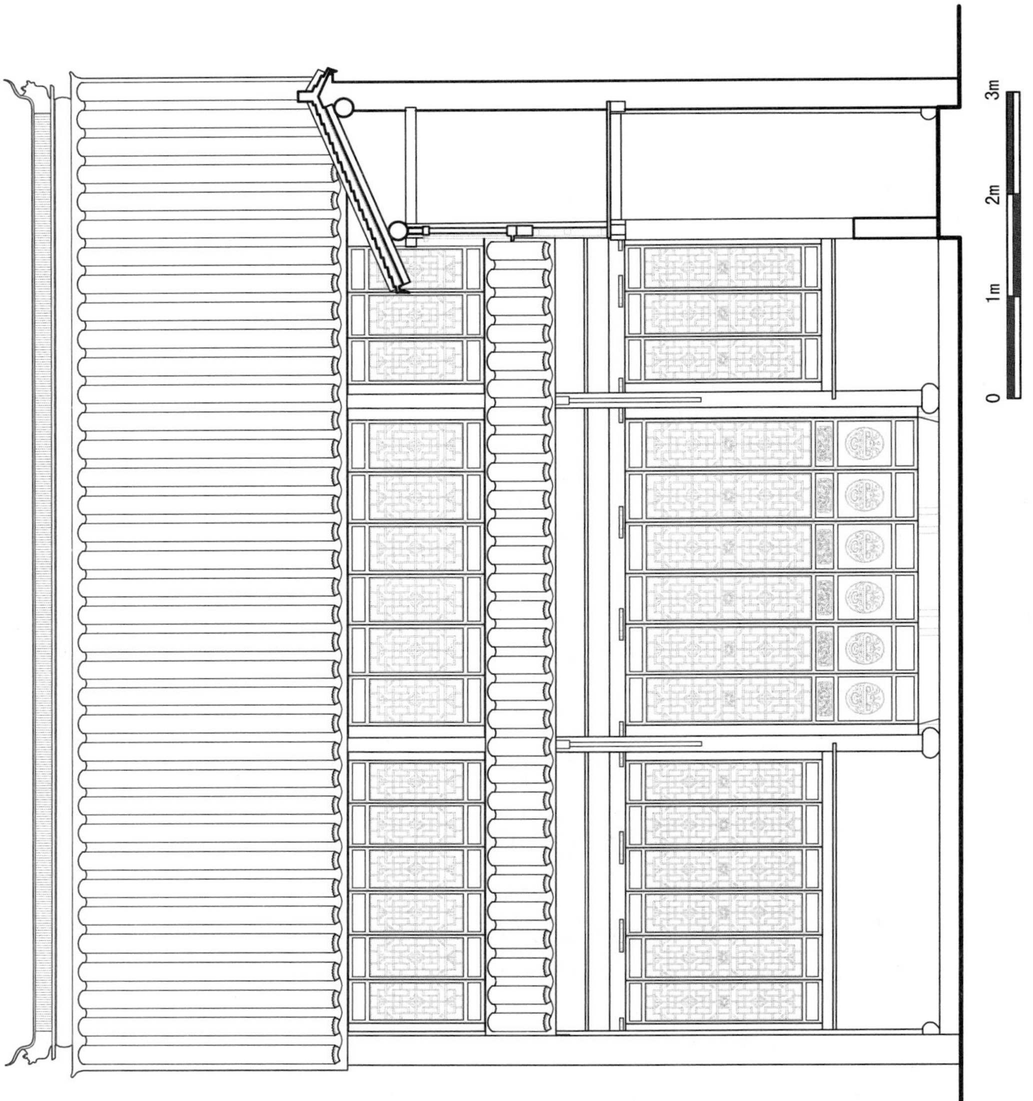

图 23　西路第七进西楼厅南立面图

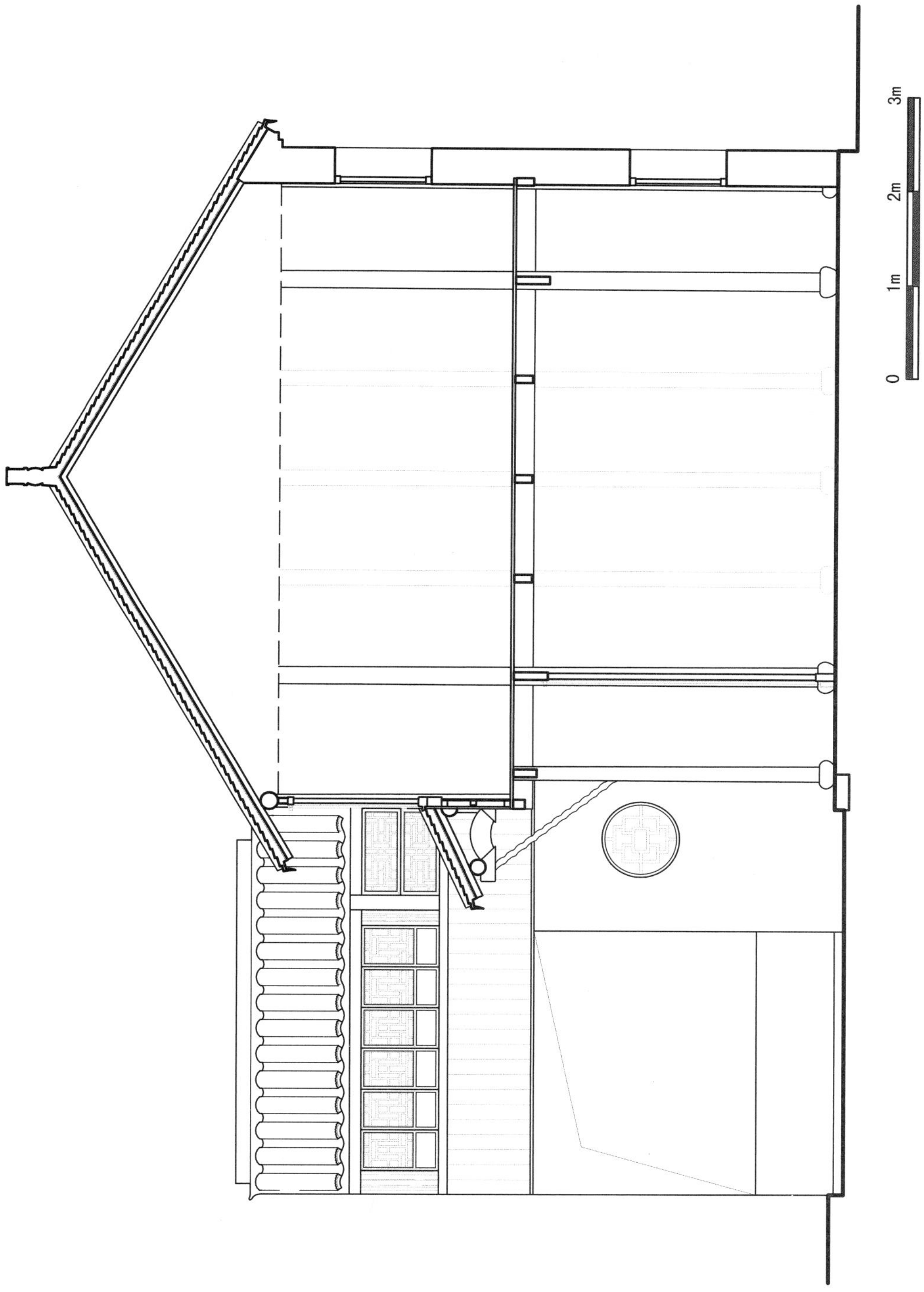

图 24　西路第七进西楼厅横剖面图

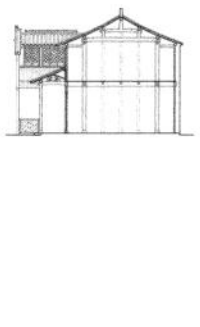

同里镇：市保单位——俞家湾船坊

俞家湾船坊，始建于清乾隆年间（1736—1795年），位于同里镇叶建村俞家湾。吴江为水网地区，以前船坊较多，随着时间推移，此类建筑已十分稀少。俞家湾船坊至今保存完好，具有较高的文物价值。

船坊南北走向，面阔五开间19.9米，进深六界6.2米，檐高2米，水面至船坊顶部高4.4米。由12根花岗岩石柱支撑，山界梁前后双步木架构，青瓦屋面，单檐歇山顶，底部砌石驳岸和河埠，建筑面积115平方米。目前该船坊石柱坚固，梁架稳定，船坊顶的瓦片有部分老化破碎。石木柱梁构筑古朴、用料硕大。船坊外形似“瓦船”，造型活泼，呈现了江南乡土建筑设计灵活自由的特点。

该船坊原为朱氏私产，新中国成立后，船坊归公。近年来，农村船只逐渐减少，该船坊的作用日益减弱，只作储放杂物之用。2012年吴江市文物局出资修缮。

2012年列为吴江市文物保护单位。2014年7月，由苏州市人民政府明确为市文物保护单位。保护范围：船坊本体。建控范围：船坊四周各10米。

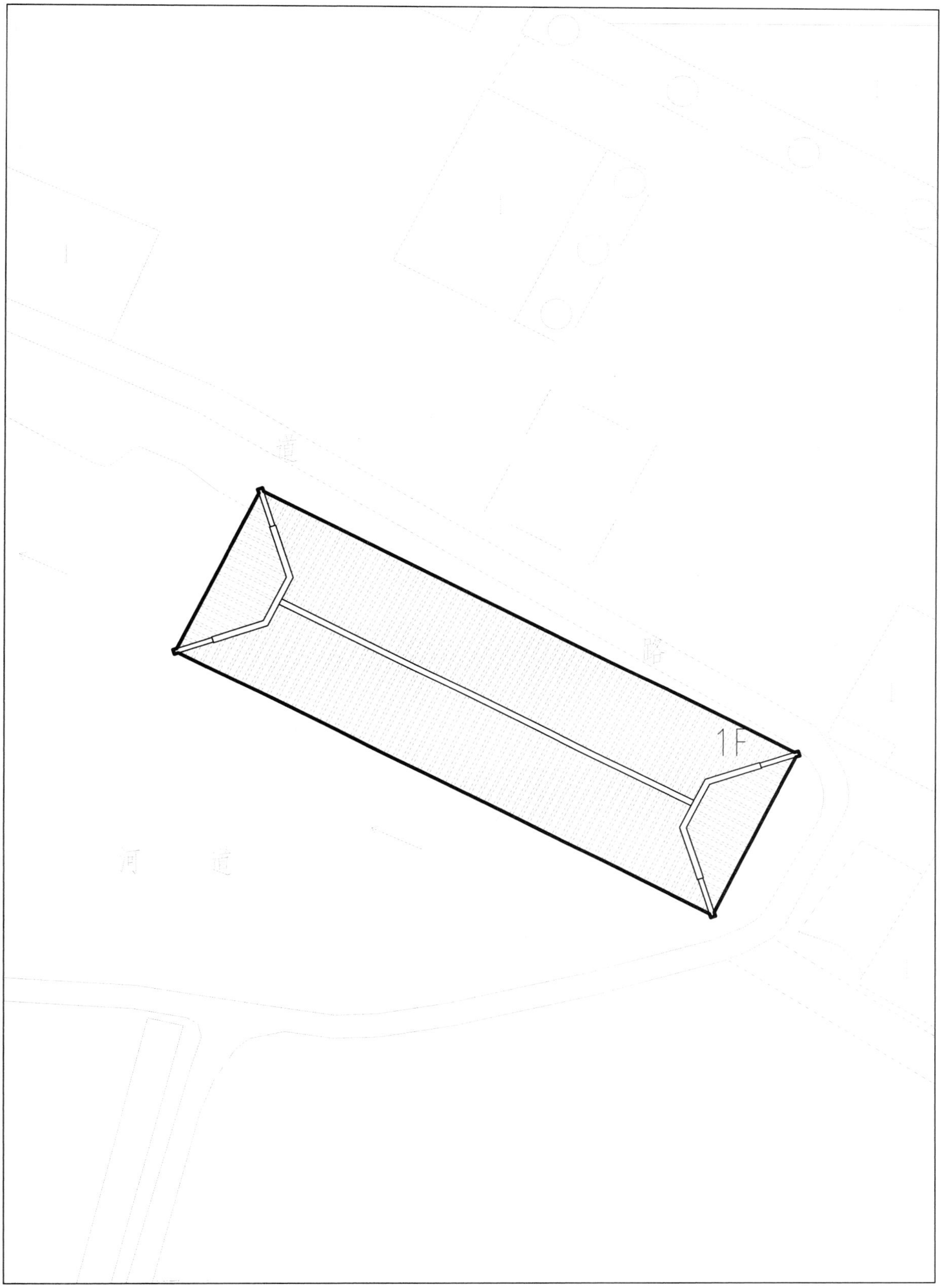

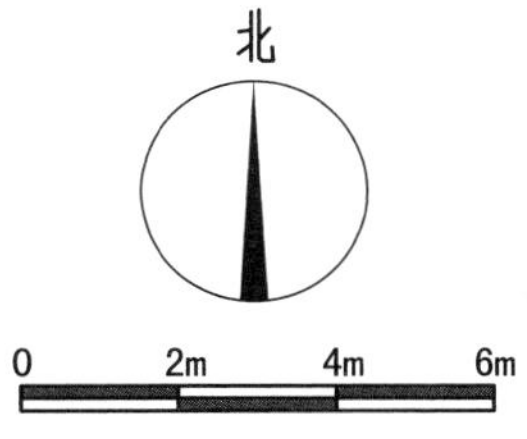

图 1　俞家湾船坊总平面图

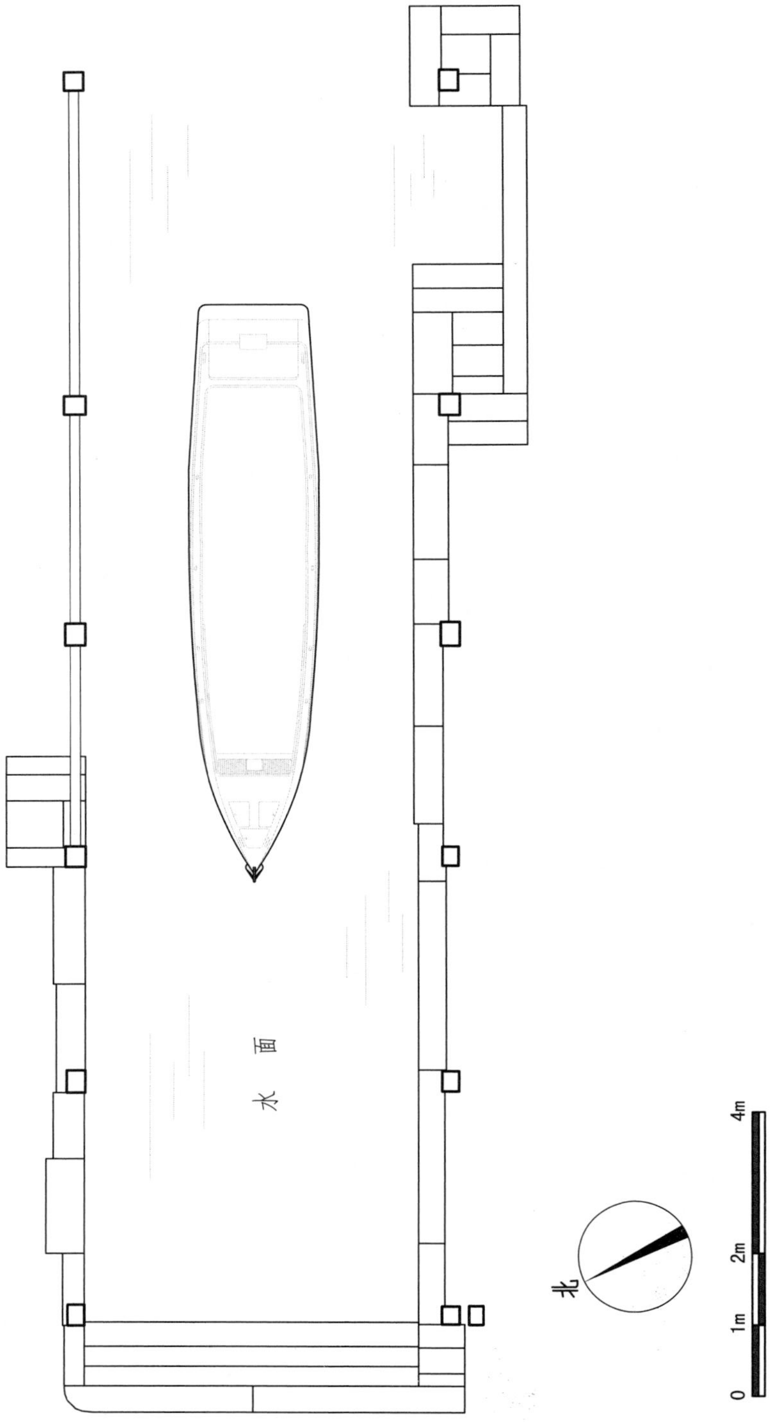

图 2　平面图

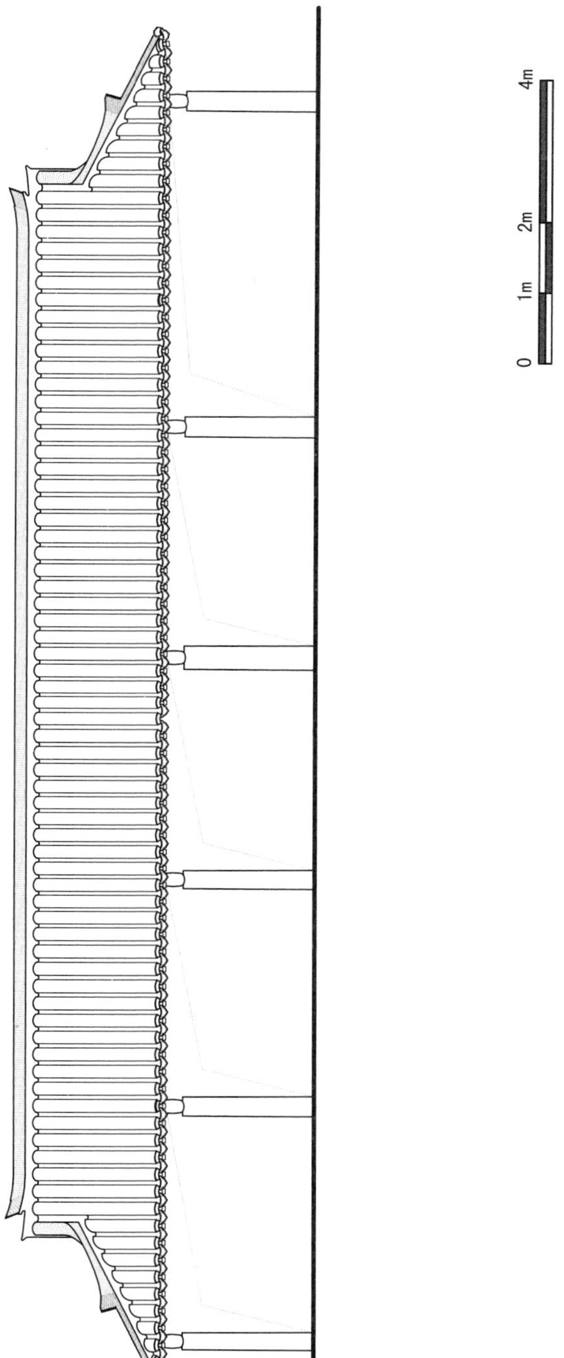

图3　正立面图

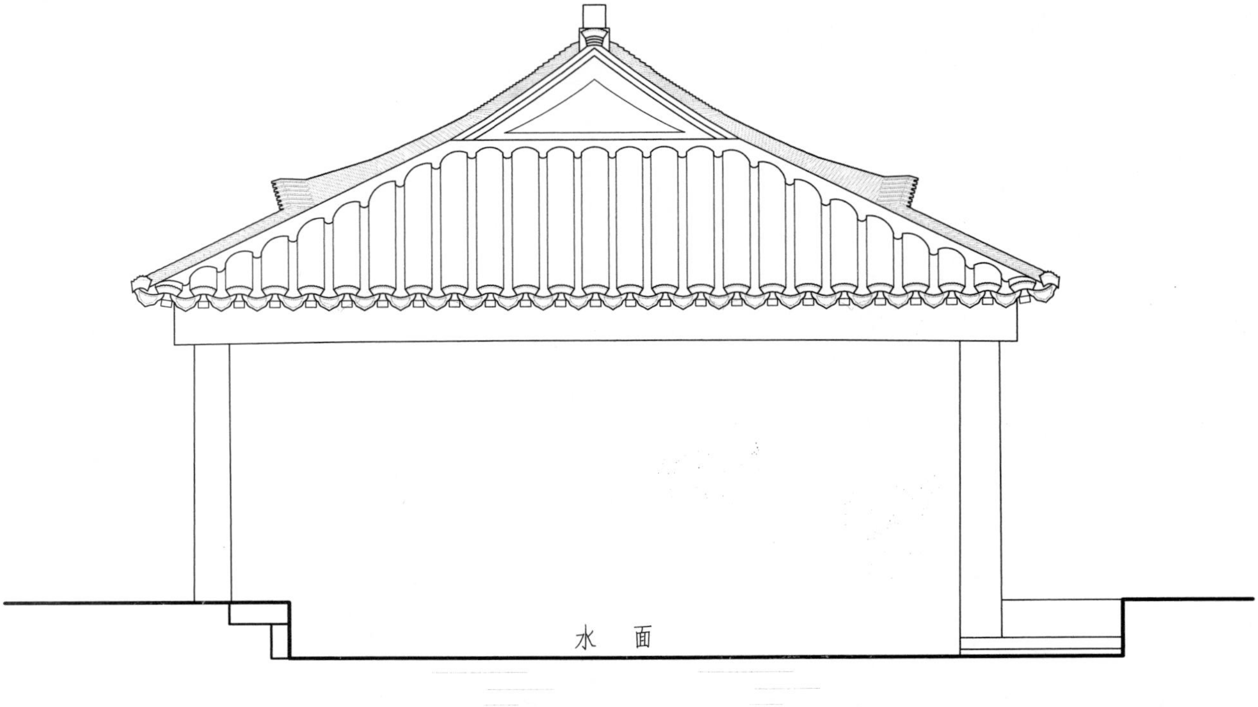

图 4　侧立面图

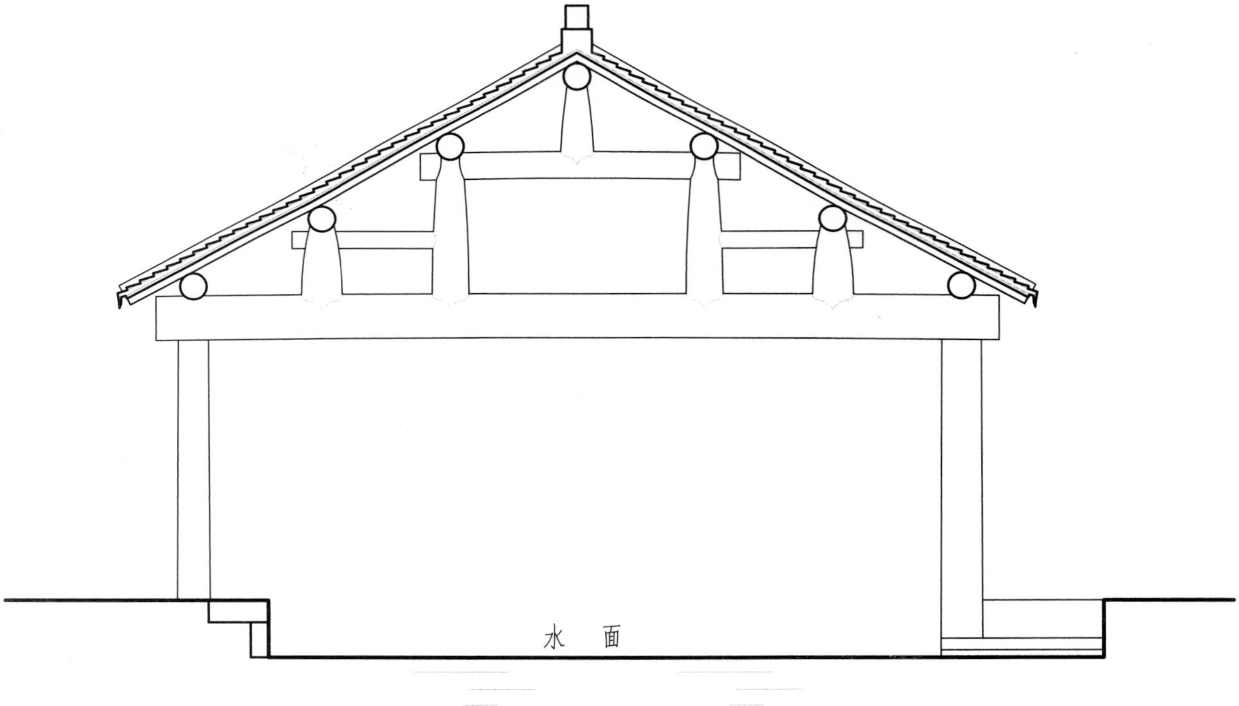

图 5　横剖面图

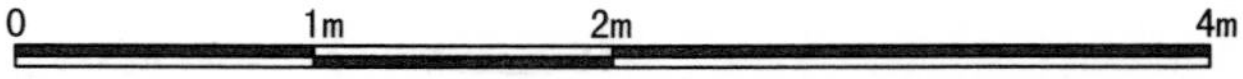

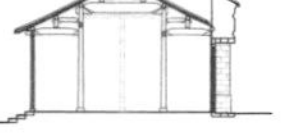

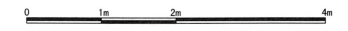

同里镇：市保单位——经笥堂

经笥堂位于同里镇富观街48号，建于民国初期（1912—1915年）。建筑坐北朝南，共四进，整个建筑第一、三、四进都具有鲜明的中西合璧的建筑风格。

第一进墙门间，面阔三开间9.6米，进深六界7.8米，内四界前后廊川结构，圆作梁架，中贴抬梁式，边贴穿斗式。大门外墙面用红砖扁砌，室内外地面高度落差较大，大门前设三步石级，门上拱圈装饰，东部留有备弄。

第二进大厅，前两侧连廊，后出抱厦接门楼，面阔三开间10.3米，进深八界10.3米，檐口云头挑梓桁，内四界后双步，前筑船篷轩结构，扁作梁架，中贴抬梁式，边贴穿斗式。厅内保存有完好的雕梁画栋，棹木雕刻人物山水，山雾云雕刻孔雀，大梁雕刻凤穿牡丹、戏文等。

第三进堂楼，三楼三底，两边带厢楼。面阔三间12.1米，进深八界9.6米，前双廊内四界后双步结构，圆作梁架，中贴抬梁式，边贴穿斗式。石板天井，南有硬山砖雕门楼，兜肚、下枋雕刻人物戏文。

第四进洋楼，六楼六底，砖木结构。面阔六间19.5米，进深9.9米。一层长廊拱圈装饰，二层万川栏杆，上饰挂落。

2014年9月，由苏州市吴江区人民政府公布为苏州市文物保护单位。保护范围：东、南、西、北至界墙。建控范围：东至保护范围外3～8米，西至保护范围外12～16米，南至南旗杆河，北至保护范围外11～18米。

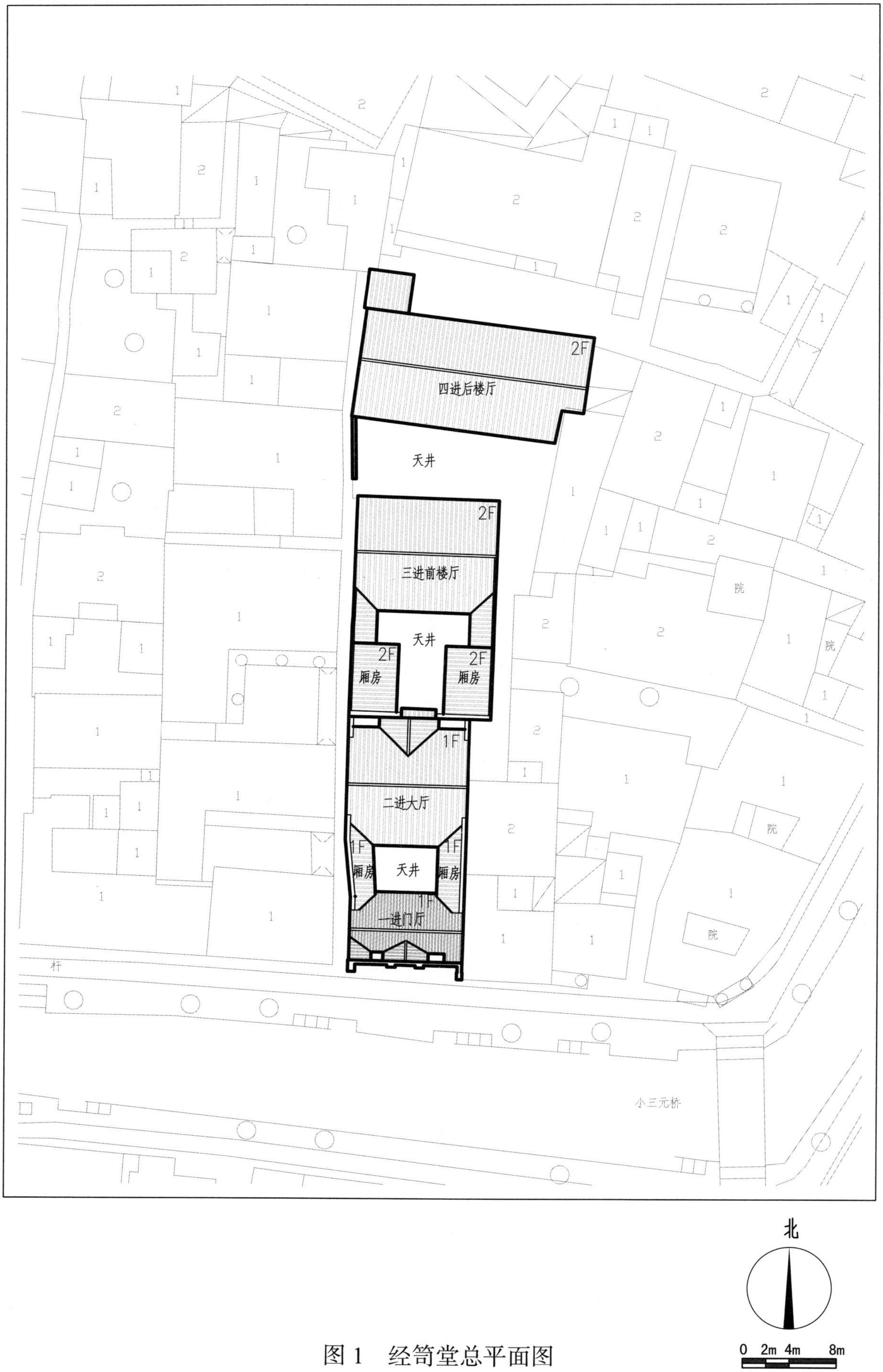
四进后楼厅
2F
天井
三进前楼厅
2F
厢房
2F
厢房
2F
1F
二进大厅
1F
厢房
天井
厢房
1F
一进门厅
小三元桥
北
0 2m 4m 8m

图 1　经笥堂总平面图

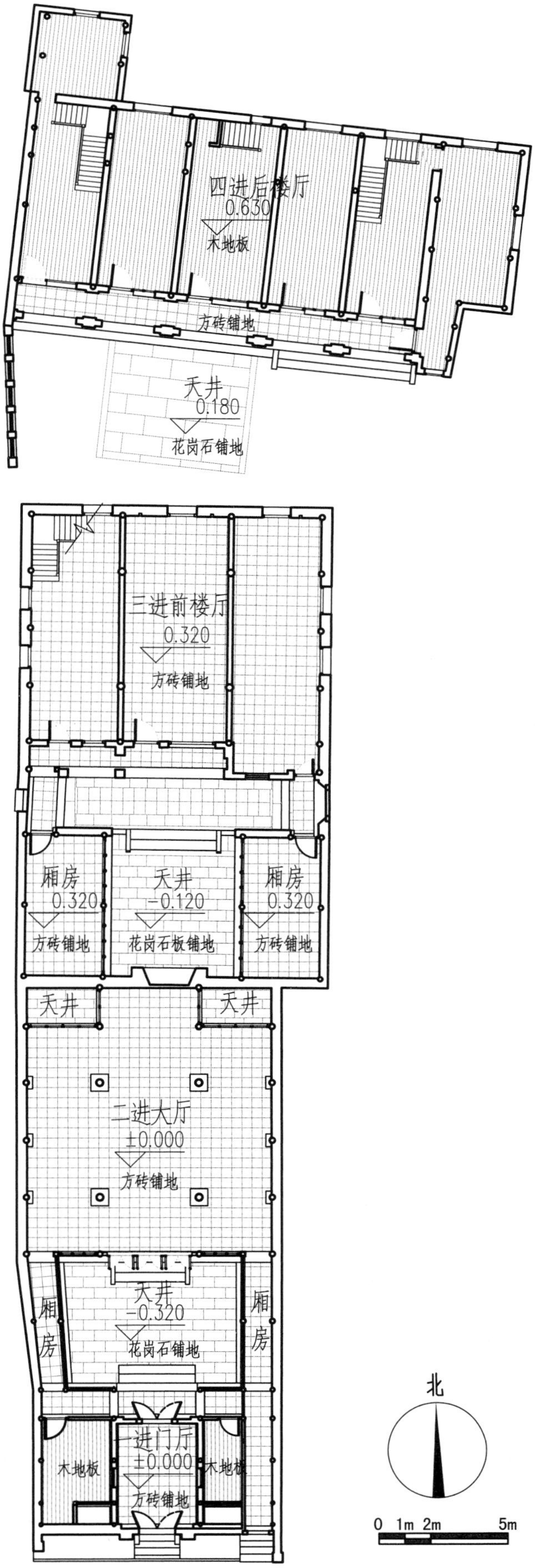
四进后楼厅
0.630
木地板
方砖铺地
天井
0.180
花岗石铺地
三进前楼厅
0.320
方砖铺地
厢房
0.320
方砖铺地
天井
-0.120
花岗石板铺地
厢房
0.320
方砖铺地
天井
天井
二进大厅
±0.000
方砖铺地
厢房
天井
-0.320
花岗石铺地
厢房
一进门厅
±0.000
方砖铺地
木地板
木地板
北
0 1m 2m 5m

图 2　一层平面图

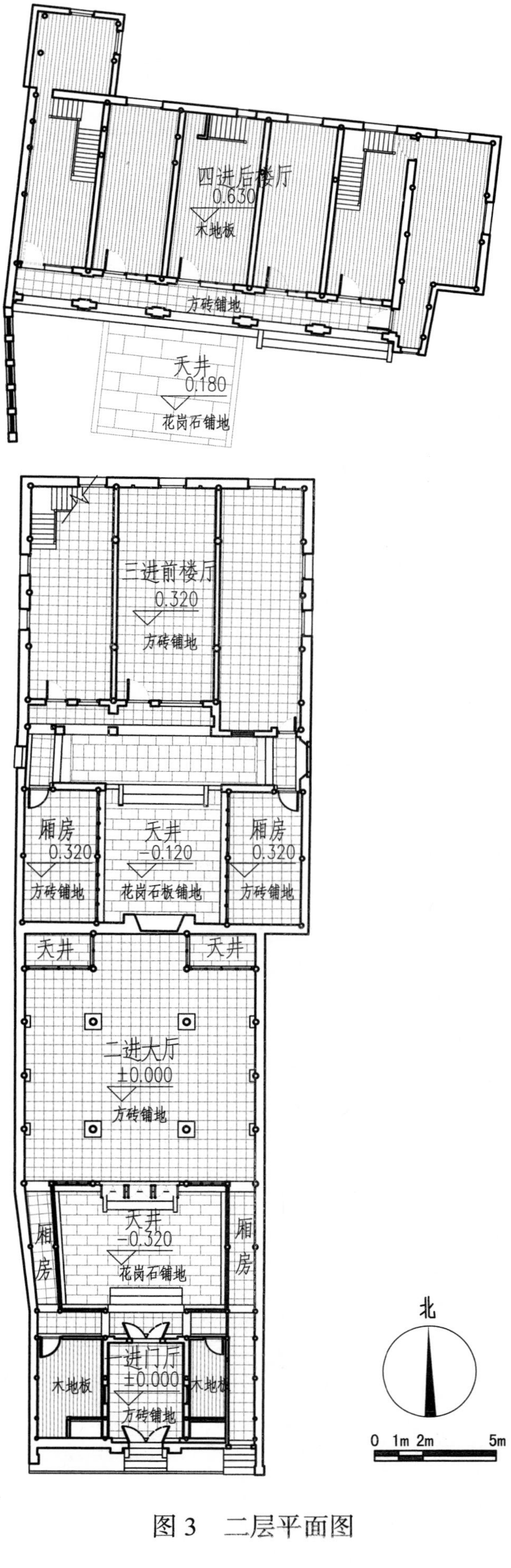
四进后楼厅
0.630
木地板
方砖铺地
天井
0.180
花岗石铺地
三进前楼厅
0.320
方砖铺地
厢房
0.320
方砖铺地
天井
−0.120
花岗石板铺地
厢房
0.320
方砖铺地
天井
天井
二进大厅
±0.000
方砖铺地
厢房
天井
−0.320
花岗石铺地
厢房
一进门厅
±0.000
方砖铺地
木地板
木地板
北
0 1m 2m 5m

图 3　二层平面图

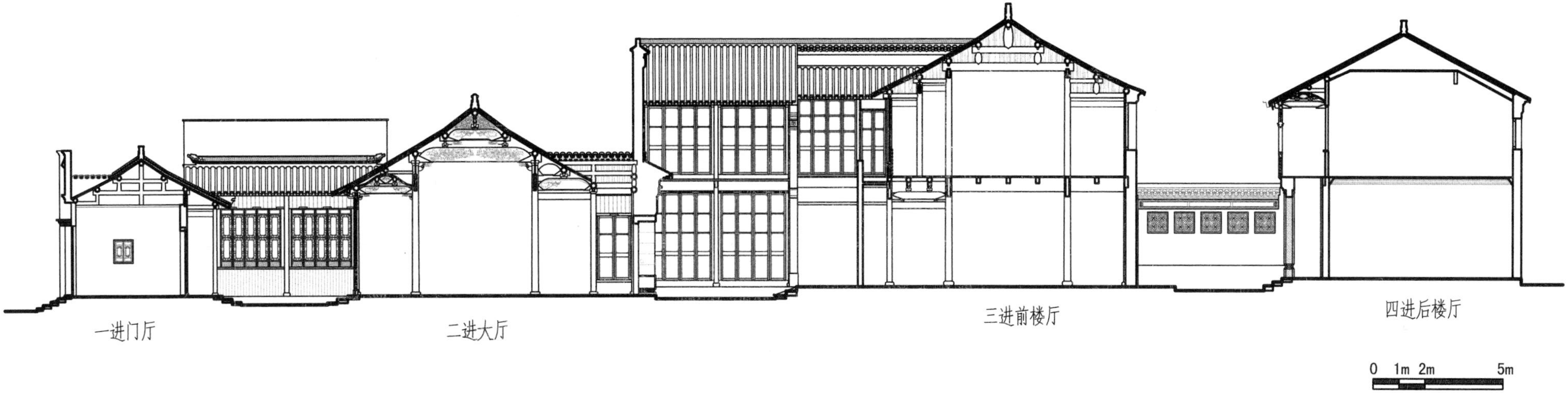
一进门厅
二进大厅
三进前楼厅
四进后楼厅
0 1m 2m 5m

图4 总横剖面图

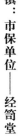

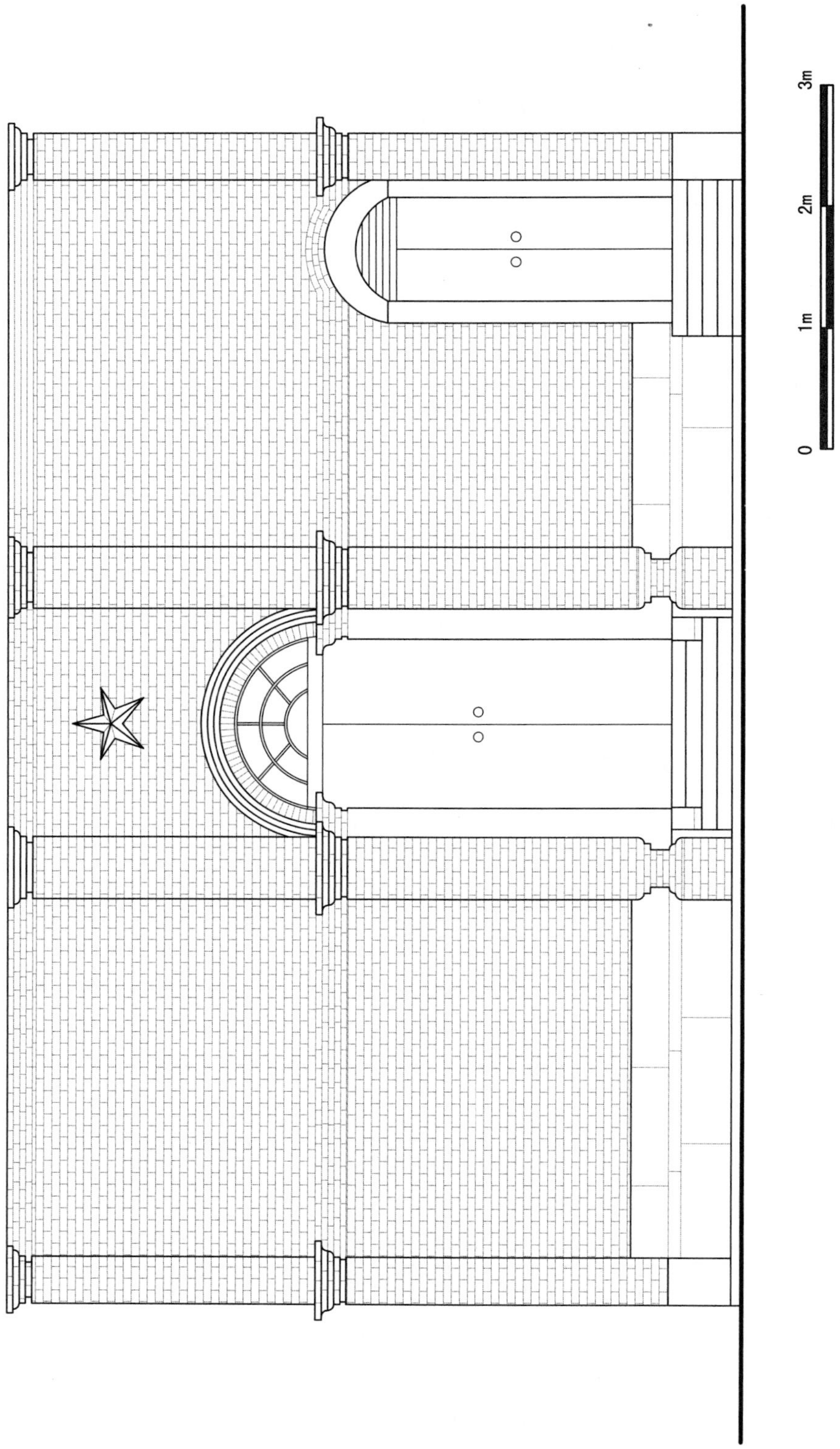

图 5 第一进门厅南立面图

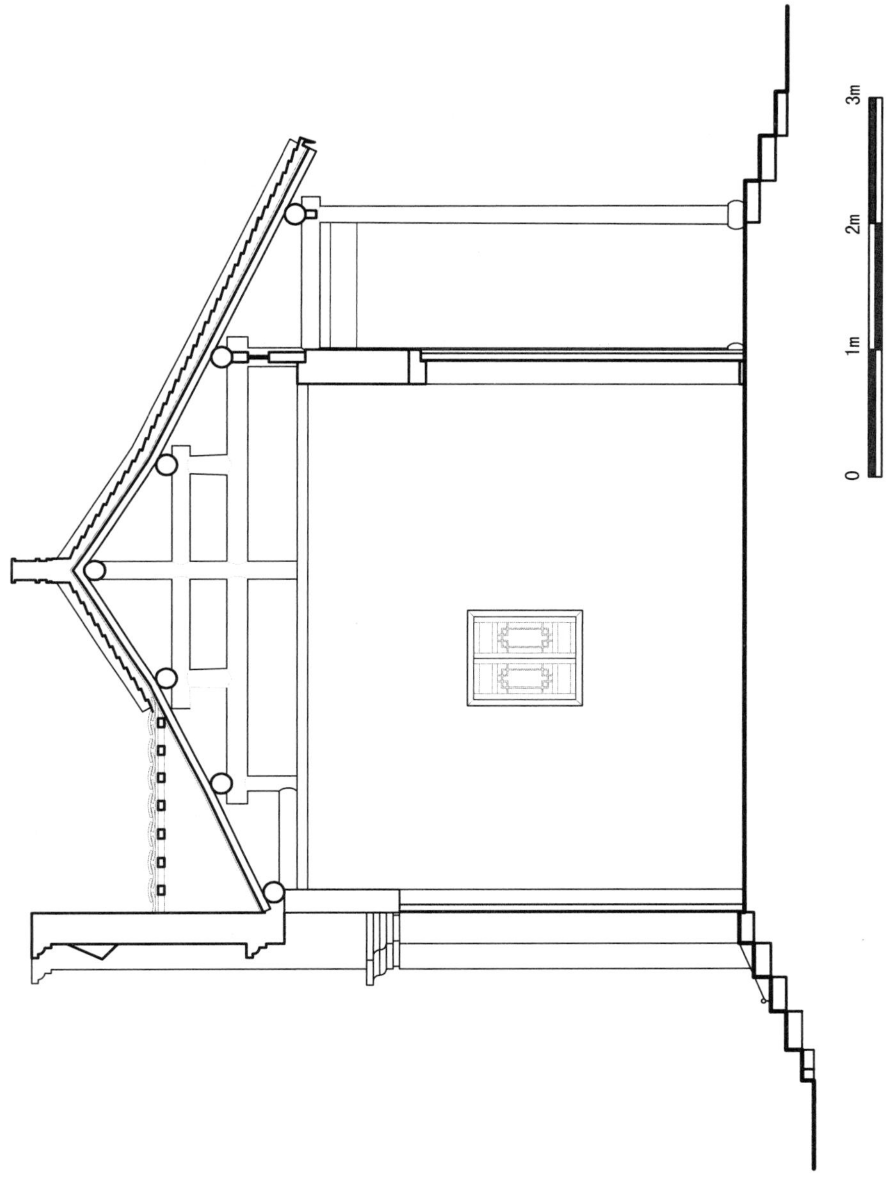

图6　第一进门厅横剖面图

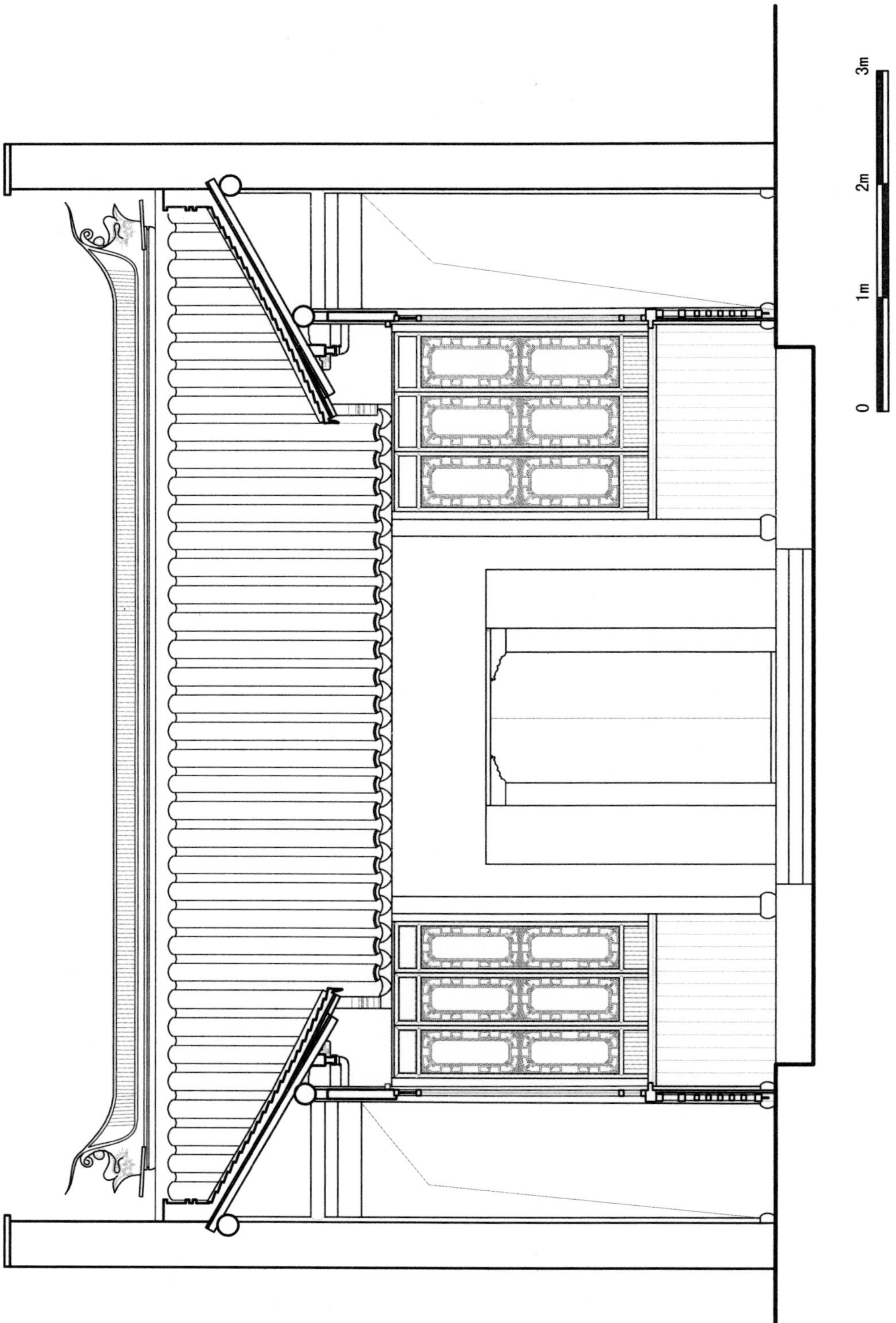

图7 第一进门厅北立面图

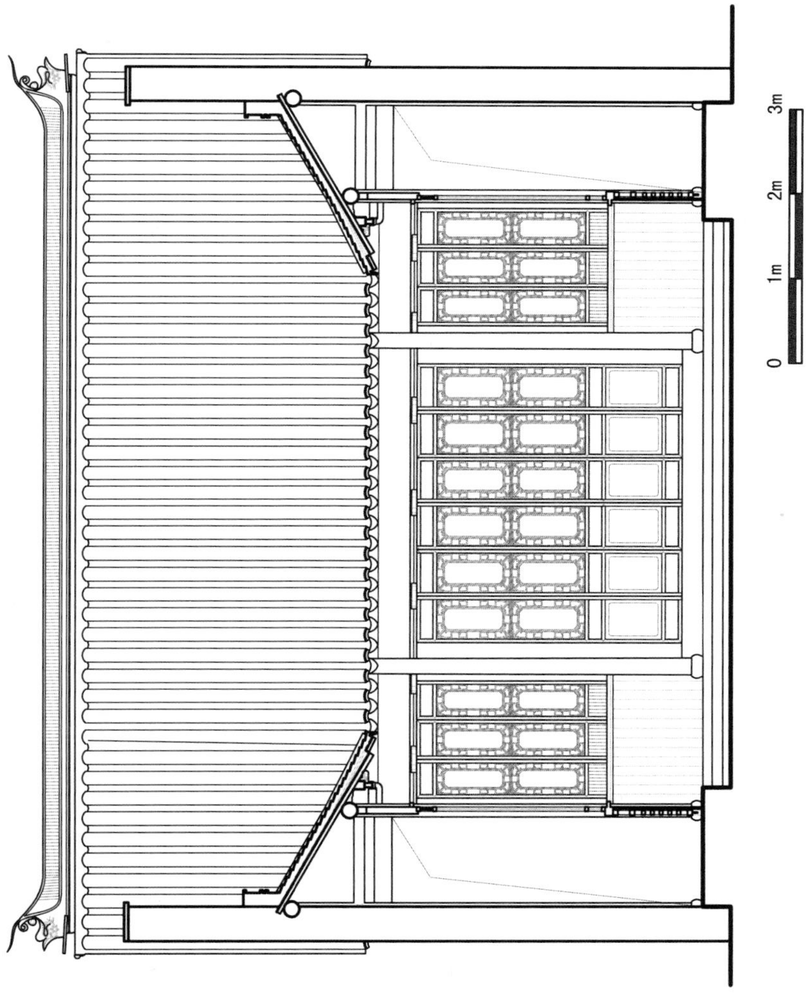

图 8　第二进大厅南立面图

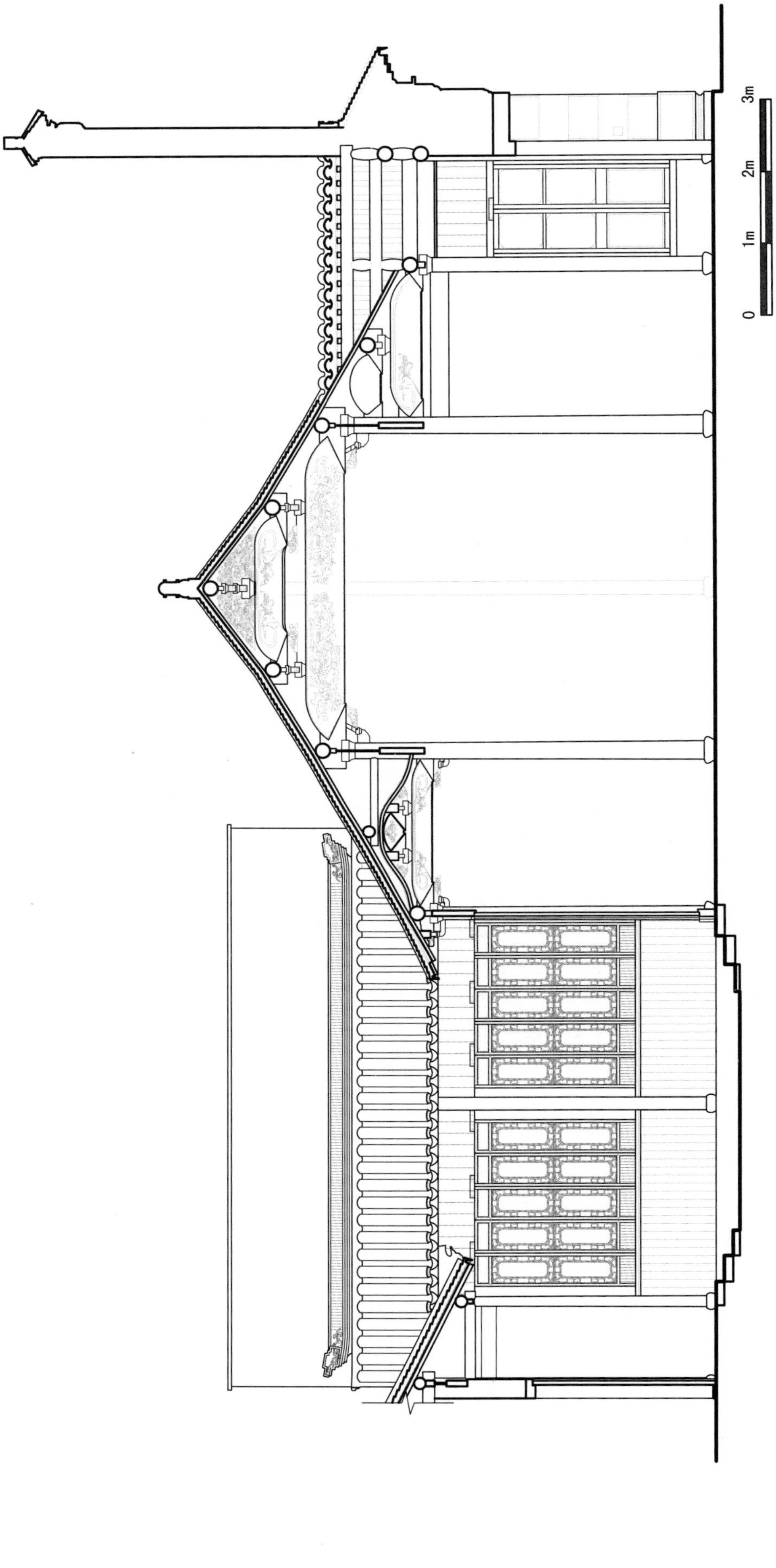

图9 第二进大厅横剖面图

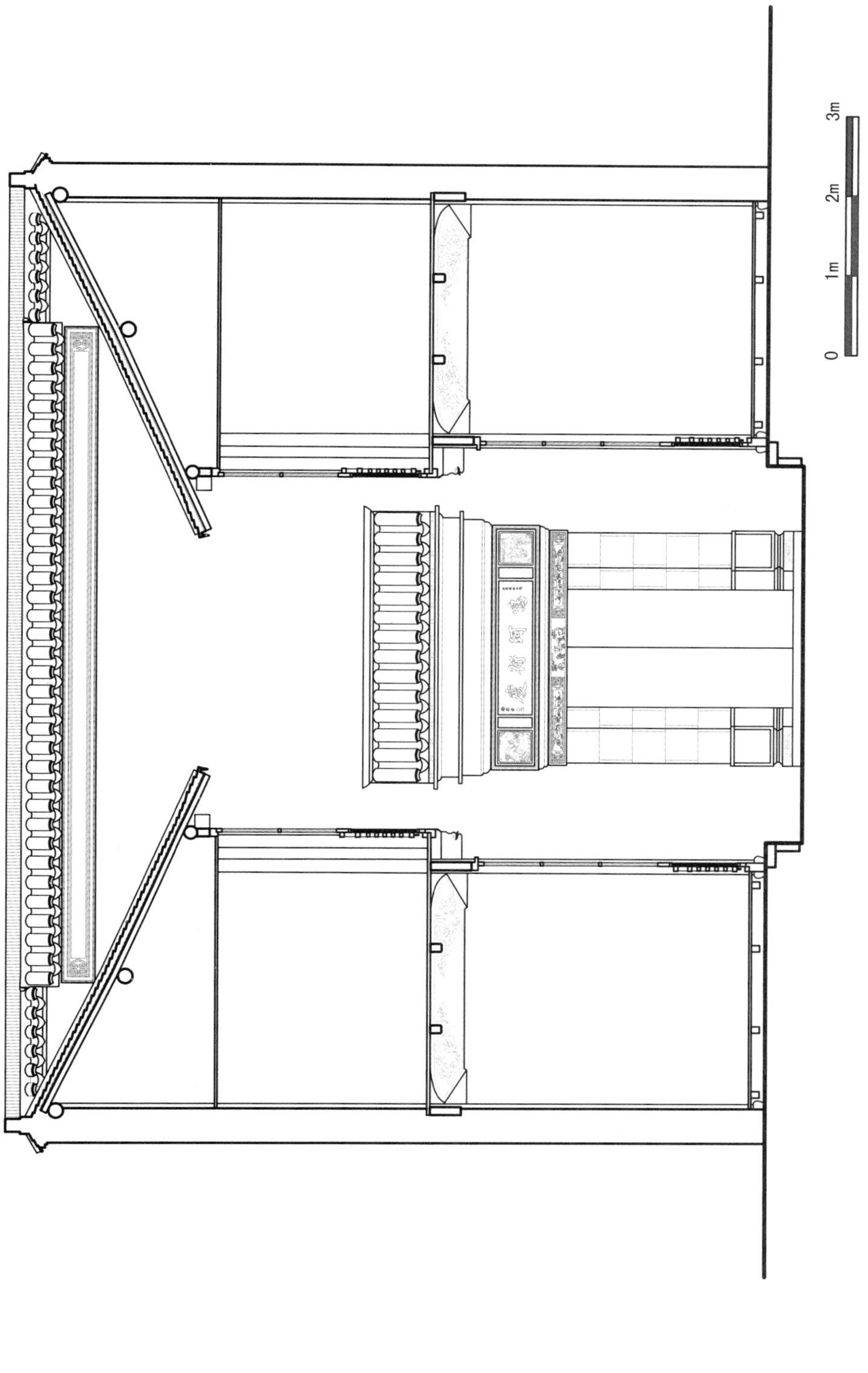

图10　第二进大厅北立面图

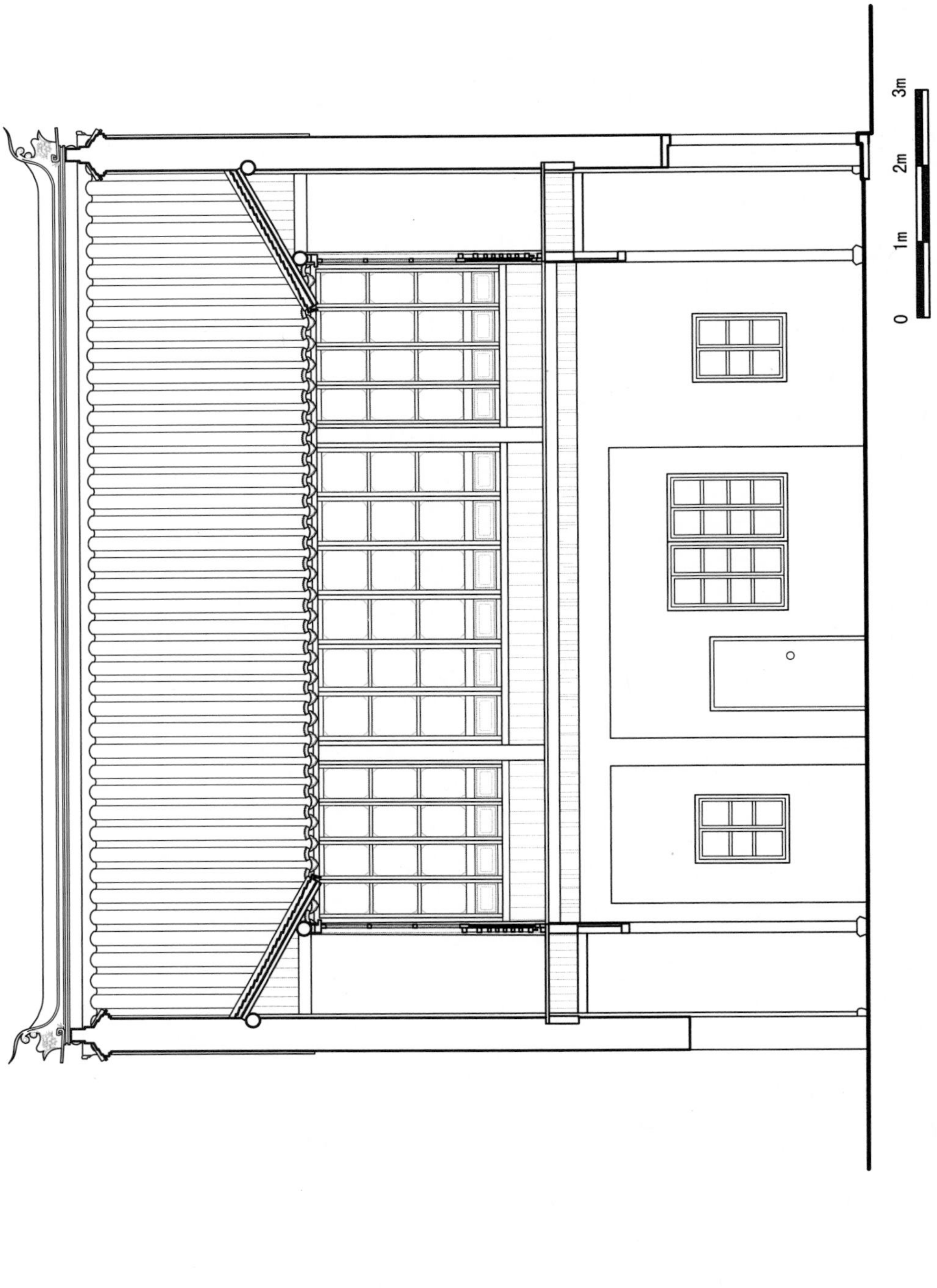

图 11　第二进前楼厅南立面图

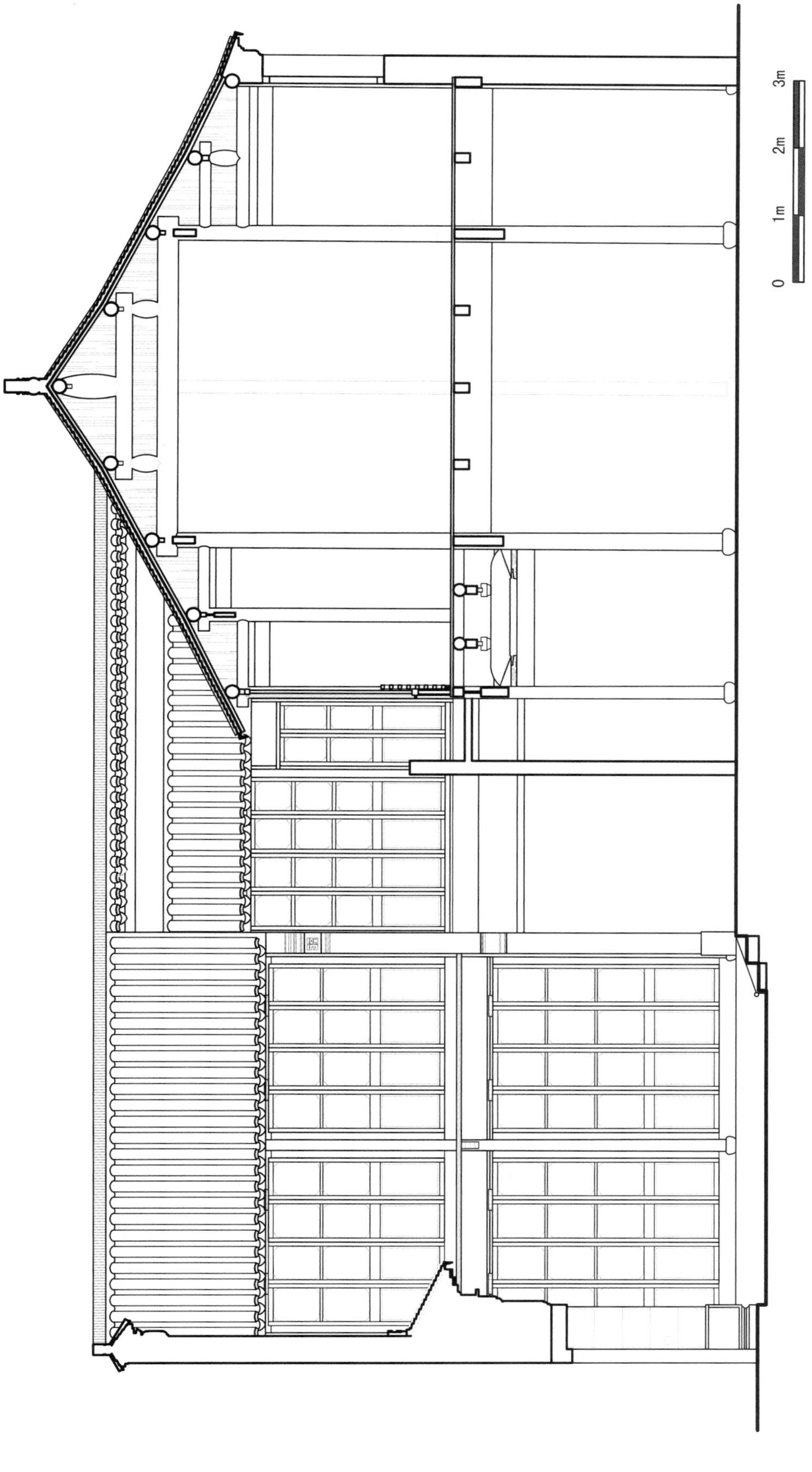

图 12　第三进前楼厅横剖面图

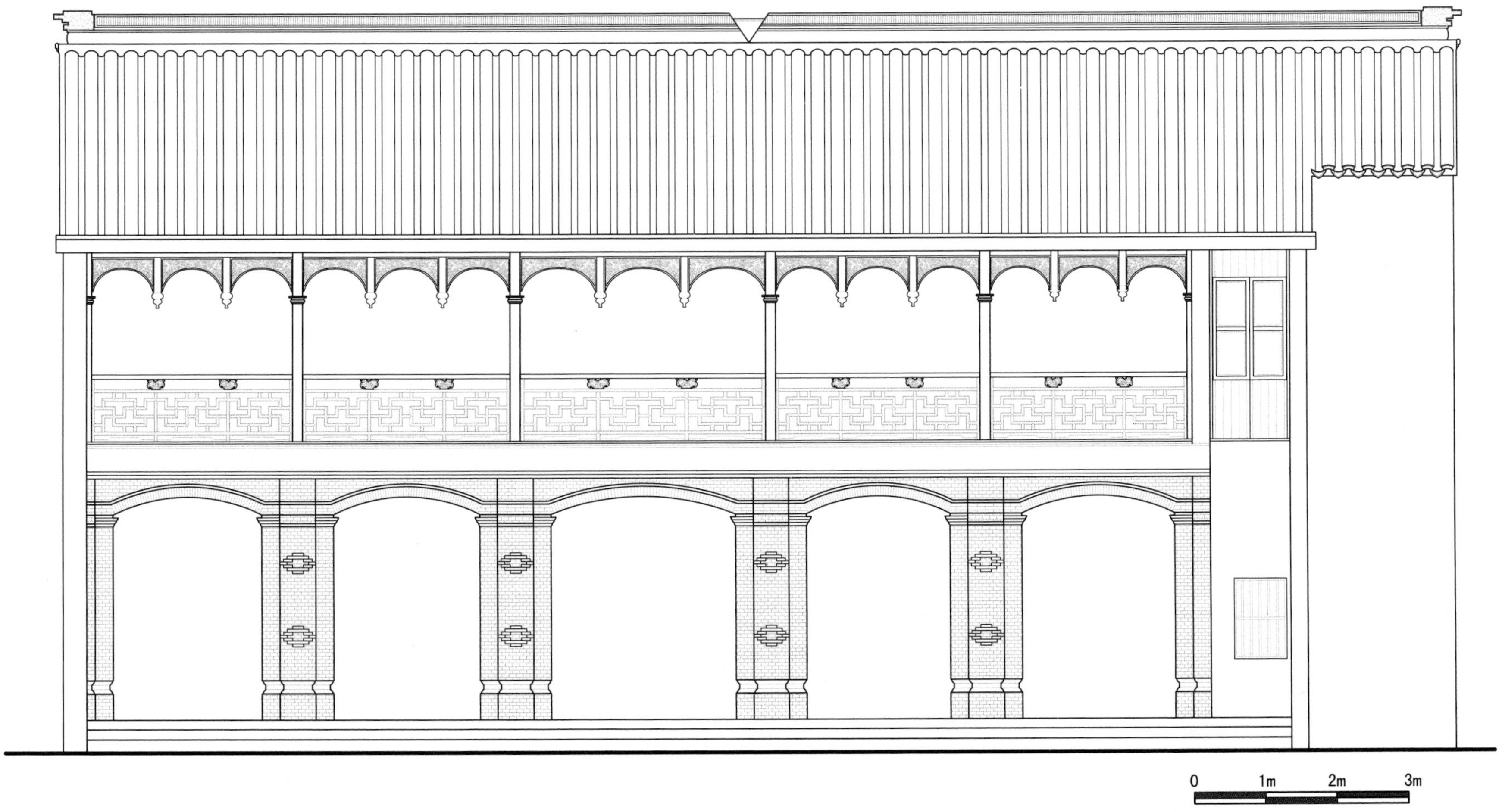

图 13　第四进后楼厅南立面图

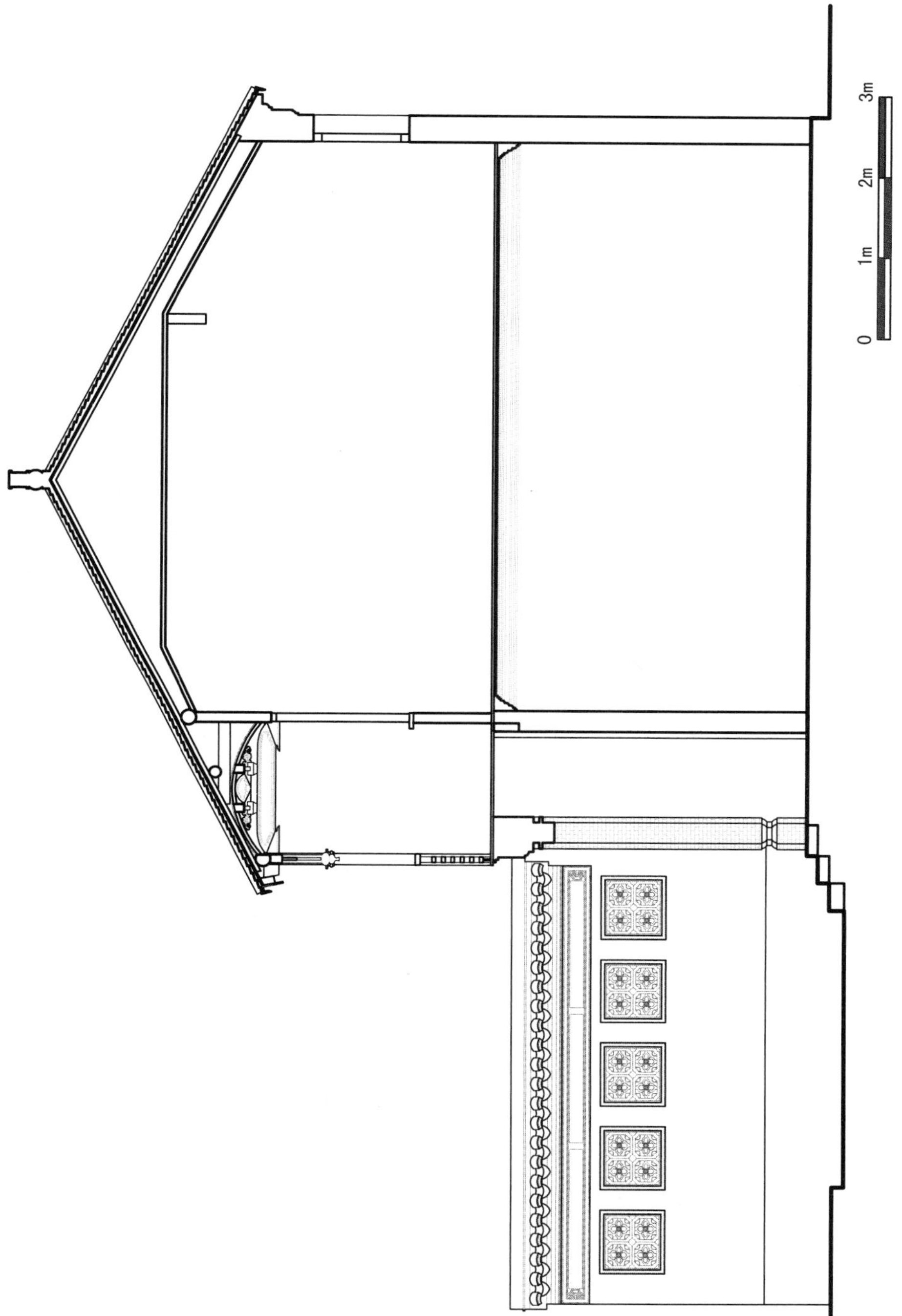

图 14　第四进后楼厅横剖面图

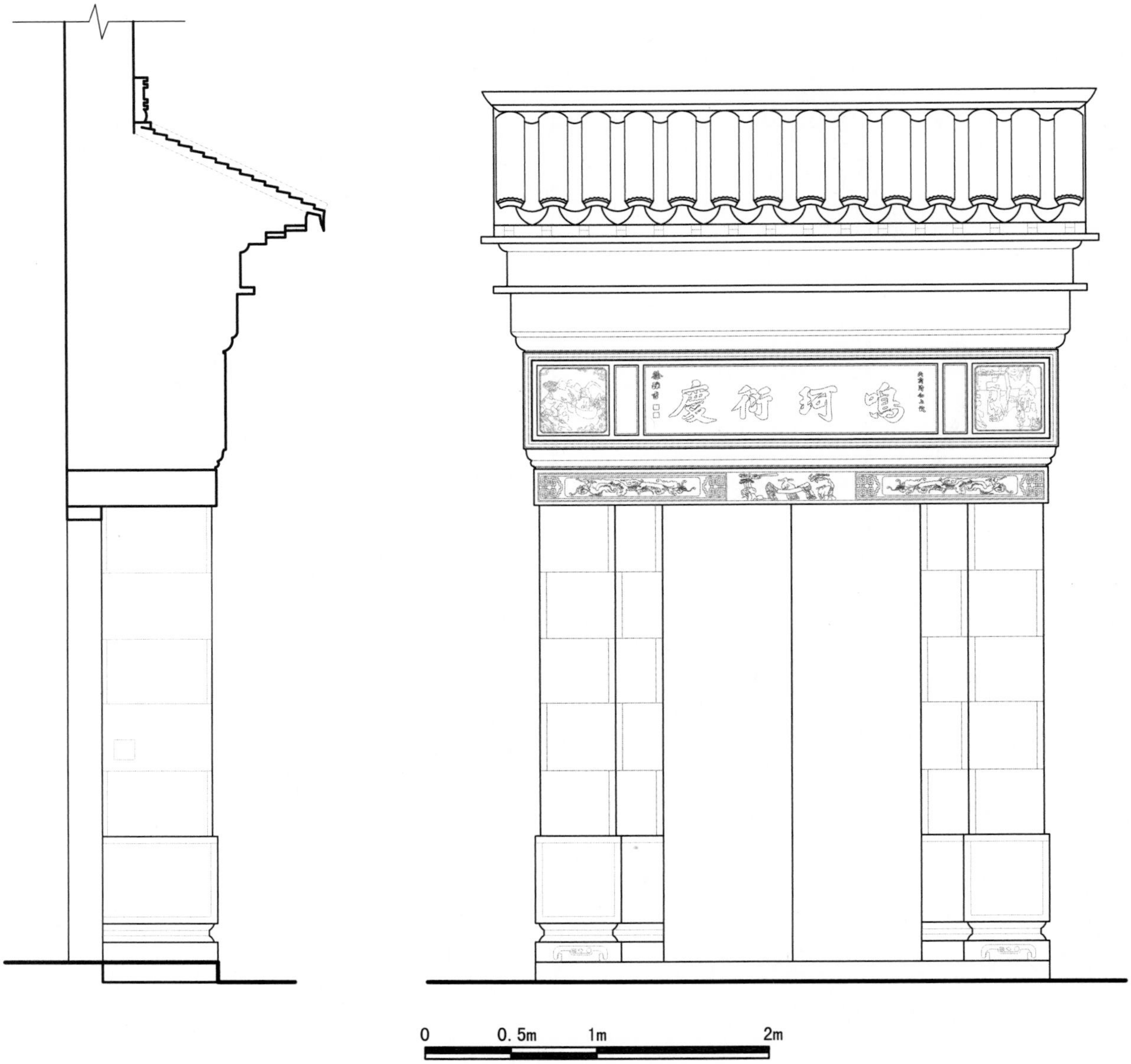

图 15 大厅门楼详图

同里镇：市保单位——太湖水利同知署旧址

太湖水利同知署旧址，坐落在三桥风景区太平桥北堍东侧，建筑面积 2428 平方米，是目前太湖流域唯一较好保存的古代水利衙门。

据史料记载，太湖水利同知署，设立于清朝雍正八年（1730 年），俗称“同知衙门”，由康熙年间进士陈沂震（字起雷，号为狷亭）的罚没入官房产改建而成。同知衙门所用房屋始建于康熙三十九年（1700 年），占地 17 亩 8 分，房屋 7 进，大门宽 7 间，内里宽 17 开间，东西备弄，后为花园，房屋共 91 间。旧址建筑规模为三路六进，包括前厅后宅、东西备弄，花园在西北一隅，占地面积 4400 余平方米。乾隆元年（1736 年）同知署移驻吴县东山，同里诸生王铨以 3000 两纹银购以居住，取堂名为“敬仪堂”。咸丰十年（1860 年）五月廿八，同里陷于太平军，此宅被太平军忠王李秀成之弟李明成部驻扎。同治元年（1863 年）六月太平军溃退后，王家搬回入住。

历经近三百年，其是国内现存极少的治水机构遗迹，对研究太湖水利及行业衙署发展历史具有重要的实证价值。历经数百年沧桑，同知衙门房屋产权嬗变、建筑损毁和改建严重，部分建筑坍塌。2011 年 6 月，同里正式启动太湖水利同知署抢救保护工程，按省保标准修复。2012 年 4 月，太湖水利同知署旧址一期修缮工程启动，通过置换和租赁濒危房屋，理顺产权关系，进行专业的建筑考古调查，摸清建筑遗存范围，完成太湖水利展示馆的陈列等工作。

第一进，面阔五间 15.7 米，进深四界 4.4 米，檐口高度 2.8 米，前双廊后双步结构，扁作梁架。现仅存西次间及梢间。正立面条石台基尚存。

第二进楼厅，仅存西次间及梢间，进深六界 7.2 米，檐口高度 5.7 米，后包檐。内四界前后廊川结构，圆作梁架，均脊柱落地。

第四进敬仪堂，前出两厢，面阔五间 18.3 米，进深六界 9 米，檐口高度 3.4 米，内四界

（圆作）前后廊川（扁作），中贴抬梁式，边贴穿斗式。正立面，正间长窗及东次间短窗均为满天星样式。

第五进，旱船厢房，坐北朝南，面阔一间 4 米，进深三界 3.4 米，檐口高度 2.6 米，小青瓦屋面，三步结构，圆作梁架。华严宋经阁，坐西朝东，面阔两间 5.7 米，进深两界 3.1 米，檐口高度 2.4 米，单坡，两侧飞砖式垛头，圆作梁架。门屋，面阔一间 4.4 米，进深两界 2.2 米，檐口高度 2.7 米，双步结构，圆作梁架，单坡。檐墙后为一砖雕门楼，单坡硬山顶，上、下枋均为素面，檐下较为简洁。

第六进主堂楼，副檐轩楼厅，前出两厢并连以连廊，面阔五间 16.7 米，进深六界 8.4 米，檐口高度 6.3 米，飞椽做法，后包檐，纹头脊。内四界前后廊川结构，圆作梁架。长短窗均满天星样式。

2014 年，太湖水利同知署旧址被列为苏州市文物保护单位。保护范围：东至本体轴线以东 15 米，南、西、北至界墙。建控范围：东至保护范围外 15 米，南至河道。西至仓场弄，北至石皮弄。

图 1　太湖水利同知署旧址总平面图

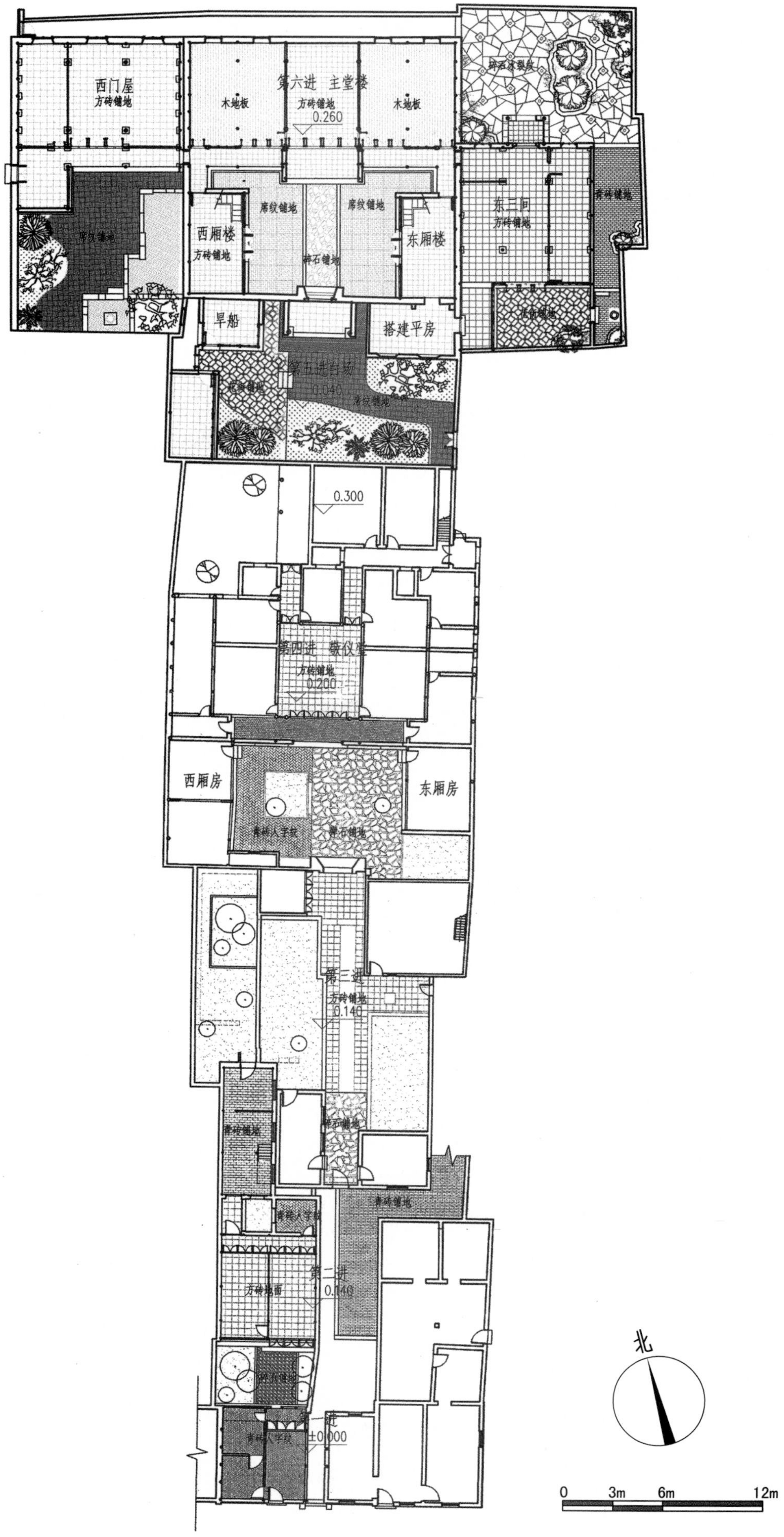
西门屋
方砖铺地
第六进 主堂楼
木地板
方砖铺地
木地板
0.260
席纹铺地
席纹铺地
西厢楼
方砖铺地
碎石铺地
东厢楼
东三间
方砖铺地
旱船
搭建平房
第五进台场
0.040
0.300
第四进 赣仪堂
方砖铺地
0.200
西厢房
东厢房
青砖人字纹
碎石铺地
第三进
方砖铺地
0.140
青砖铺地
碎石铺地
青砖铺地
方砖地面
第二进
0.140
第一进
±0.000
北
0
3m
6m
12m

图 2　一层平面图

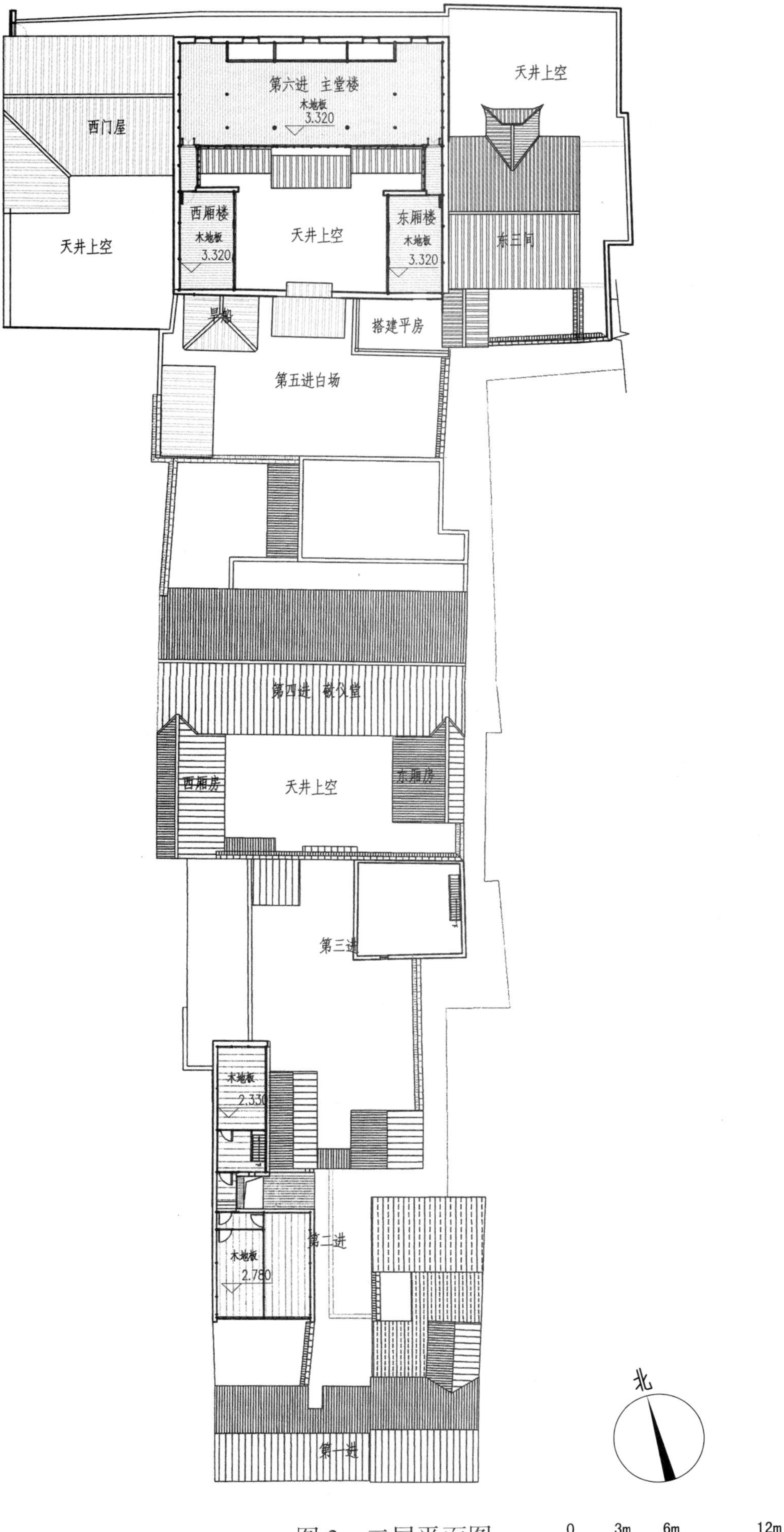
第六进 主堂楼
木地板
3.320
西门屋
天井上空
天井上空
西厢楼
木地板
3.320
天井上空
东厢楼
木地板
3.320
东三间
搭建平房
第五进白场
第四进 敬仪堂
西厢房
天井上空
东厢房
第三进
木地板
2.330
第二进
木地板
2.780
第一进
北
0
3m
6m
12m

图 3 二层平面图

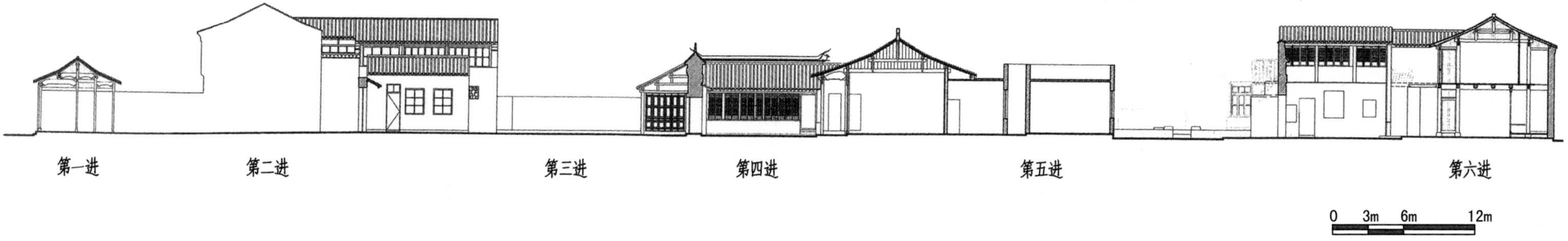
第一进
第二进
第三进
第四进
第五进
第六进
0
3m
6m
12m

图 4　总横剖面图

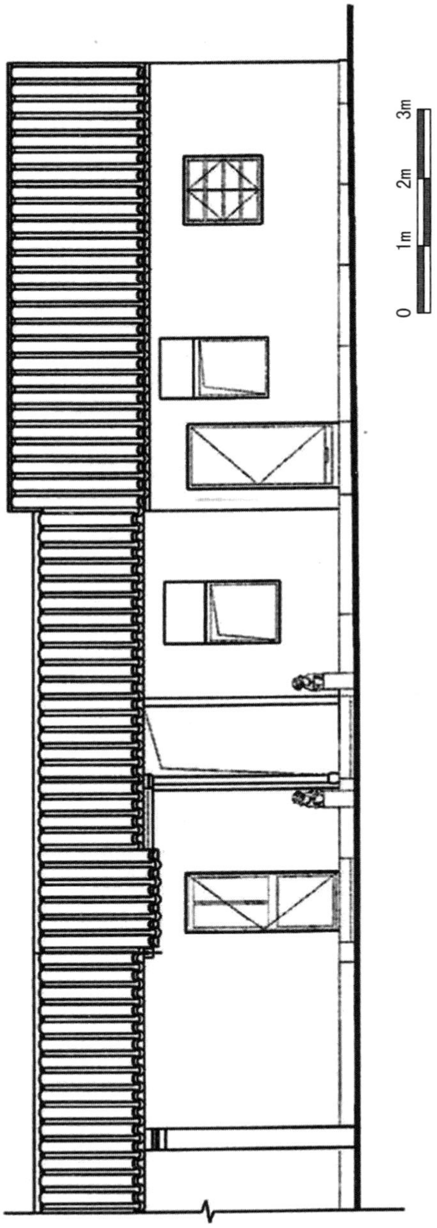

图5 第一进立面图

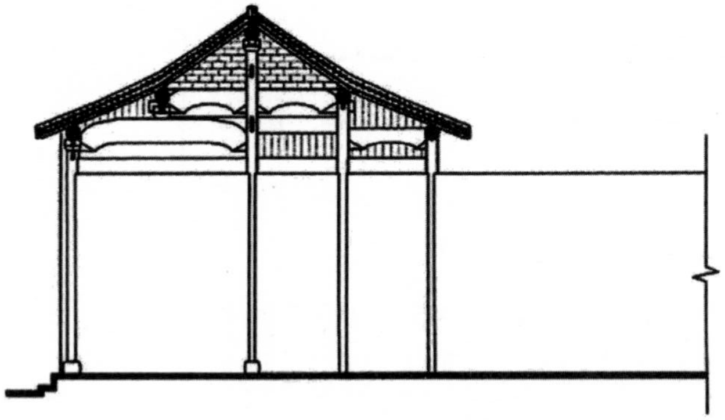

图 6　第一进横剖面图

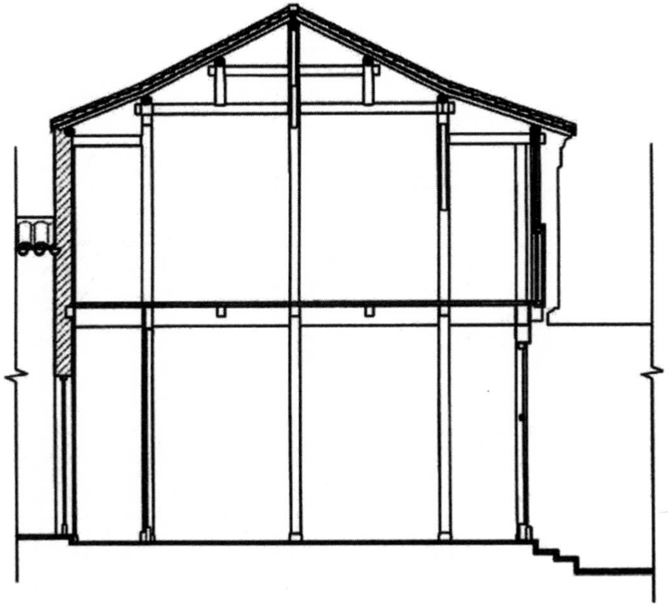

图 7　第二进横剖面图

0　1m　2m　3m

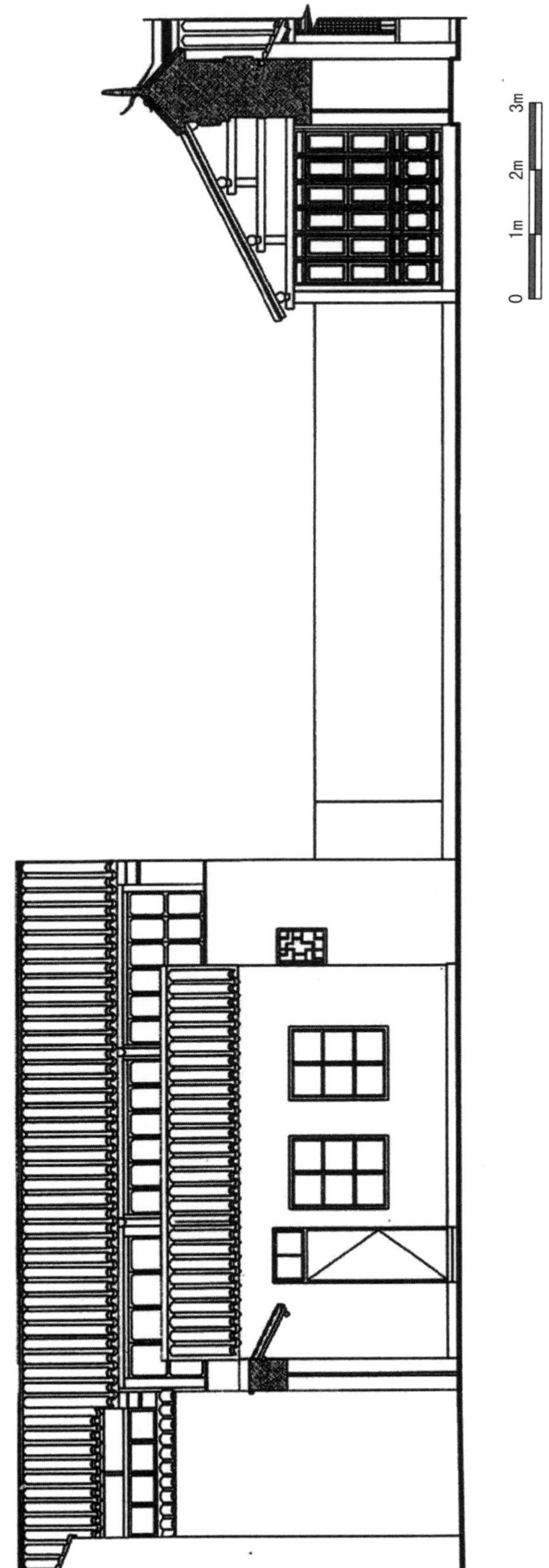

图 8 第三进横剖面

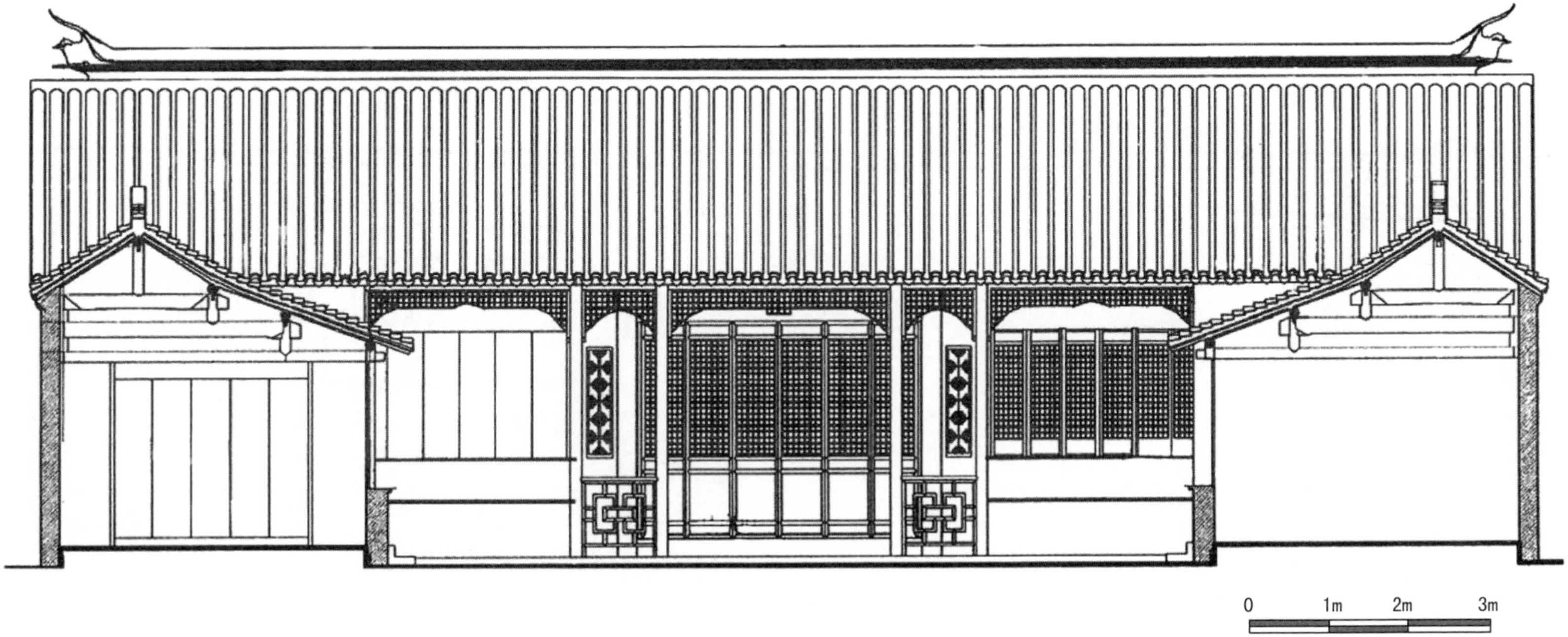

图9　第四进立面图

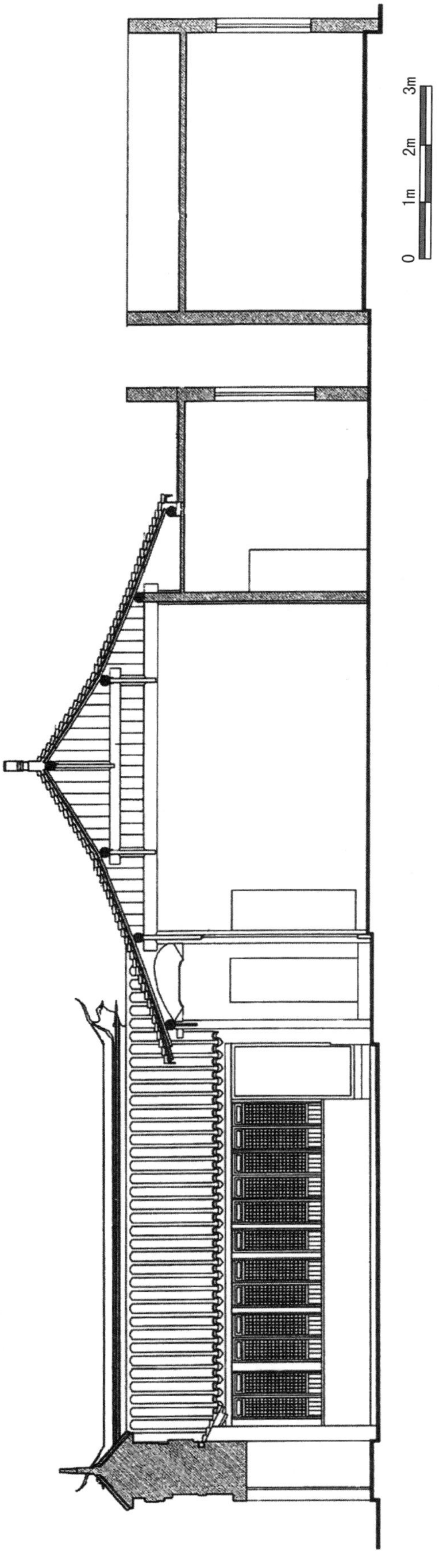

图 10 第四进横剖面图

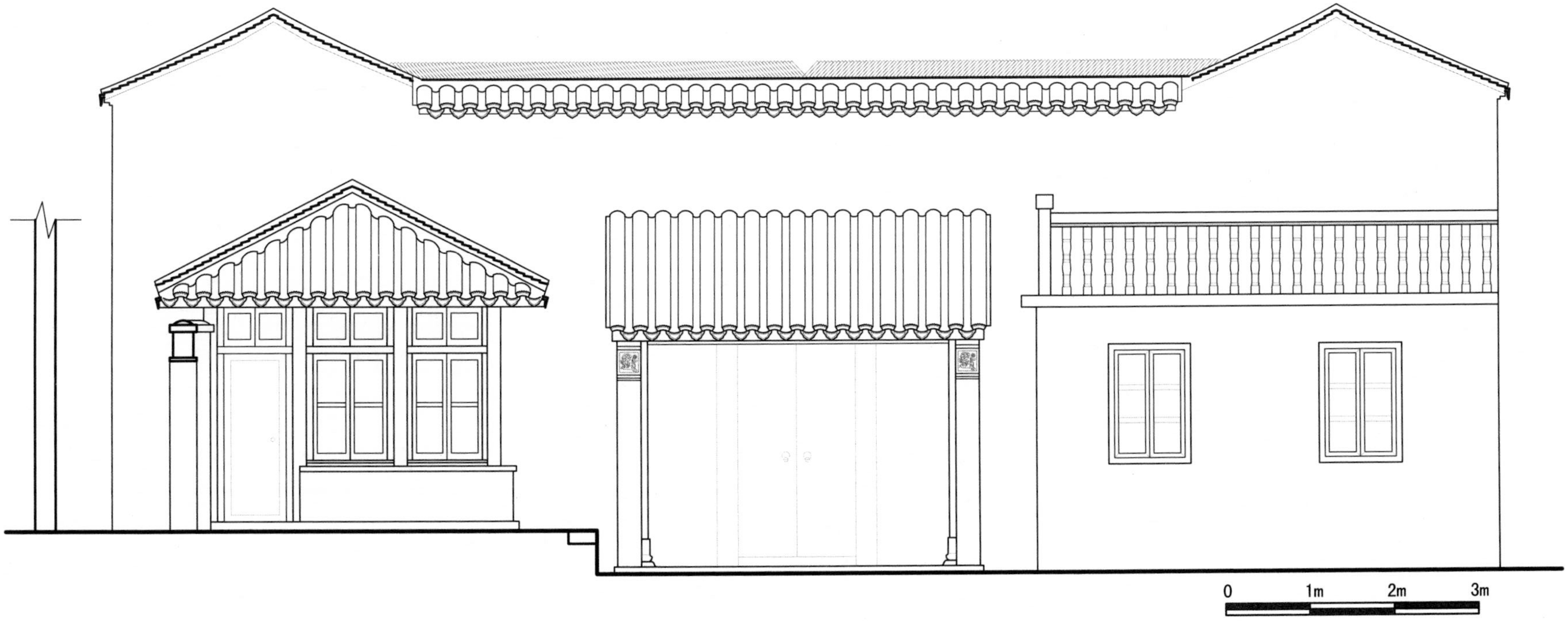

图 11　第五进南立面图

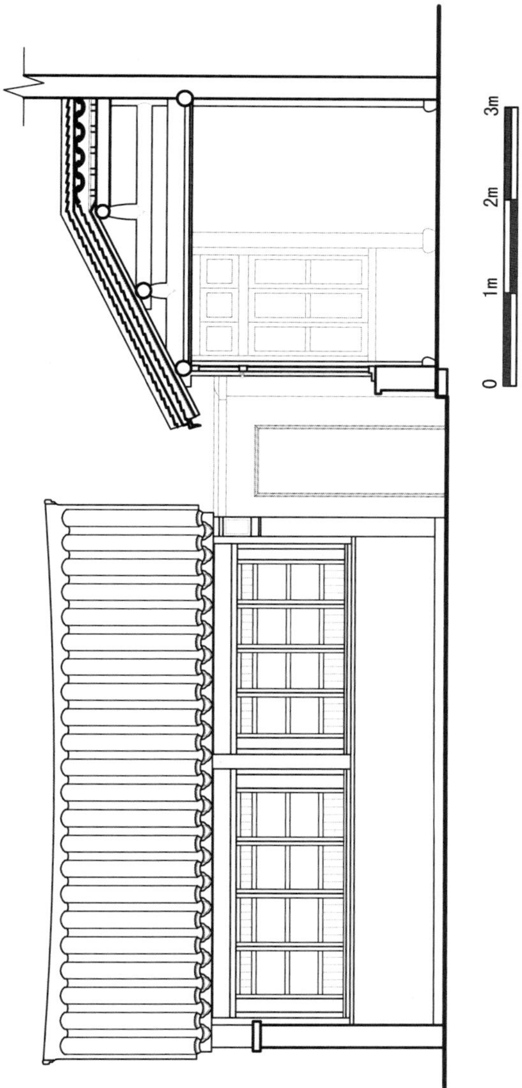

图 12　第五进华严宋经阁东立面图

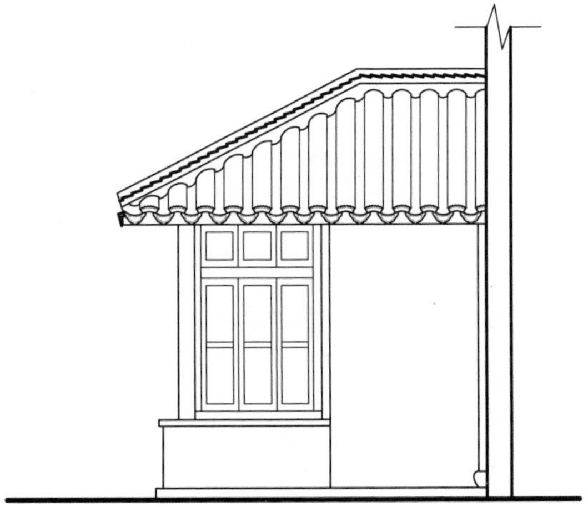

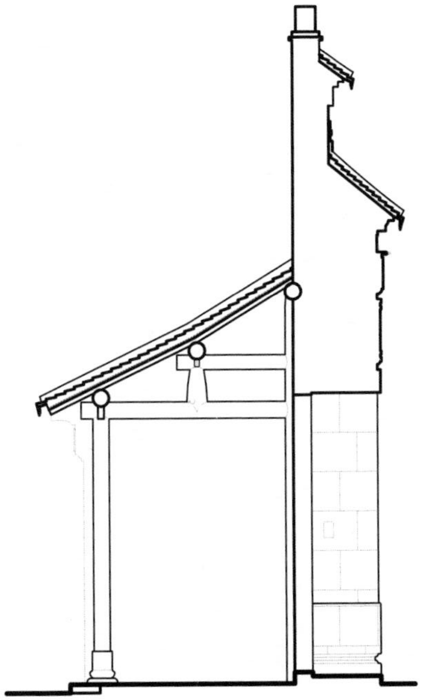

图 13　第五进旱船厢房东立面图

图 14　第五进门楼详图

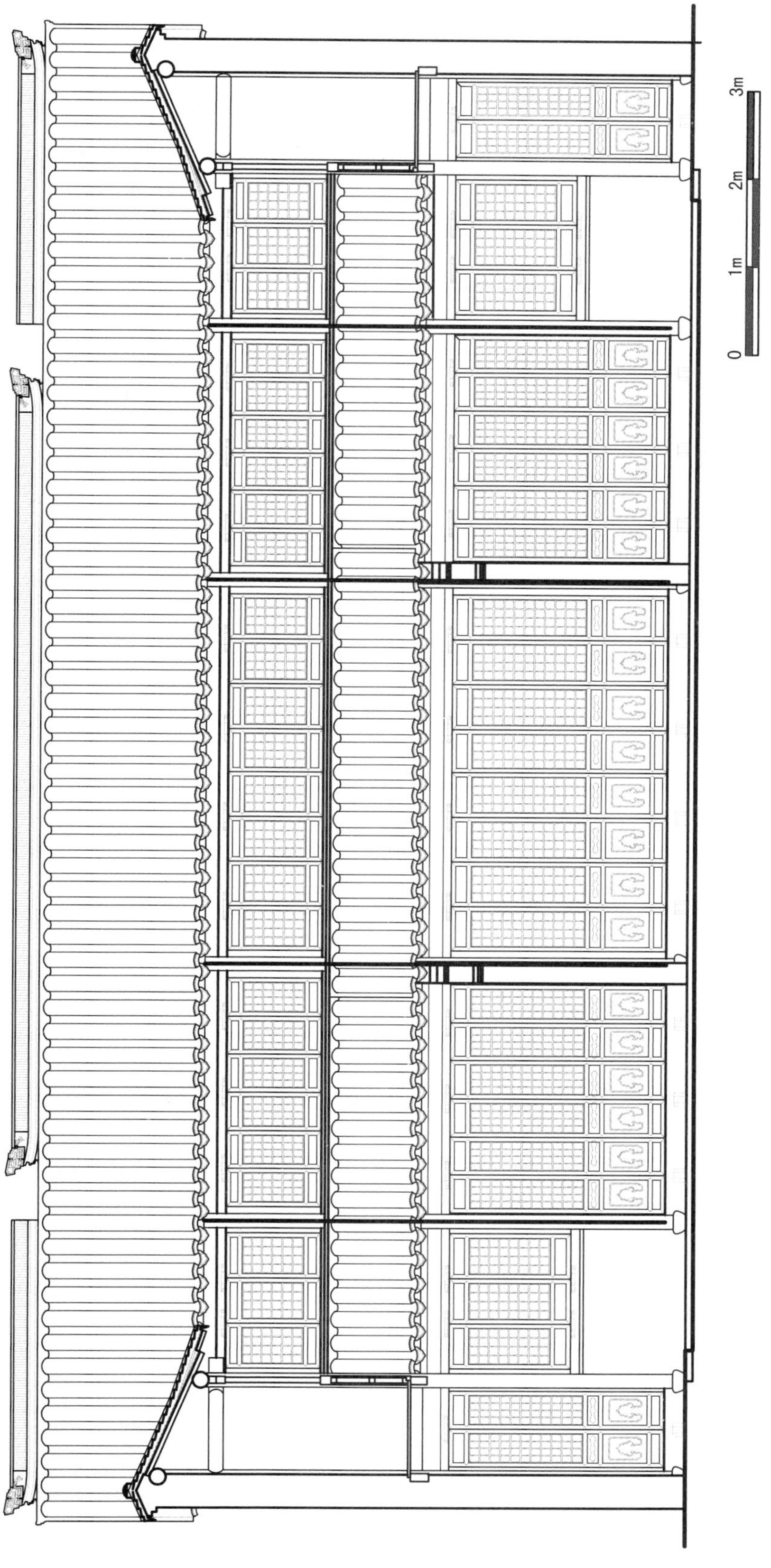

图 15　第六进南立面图

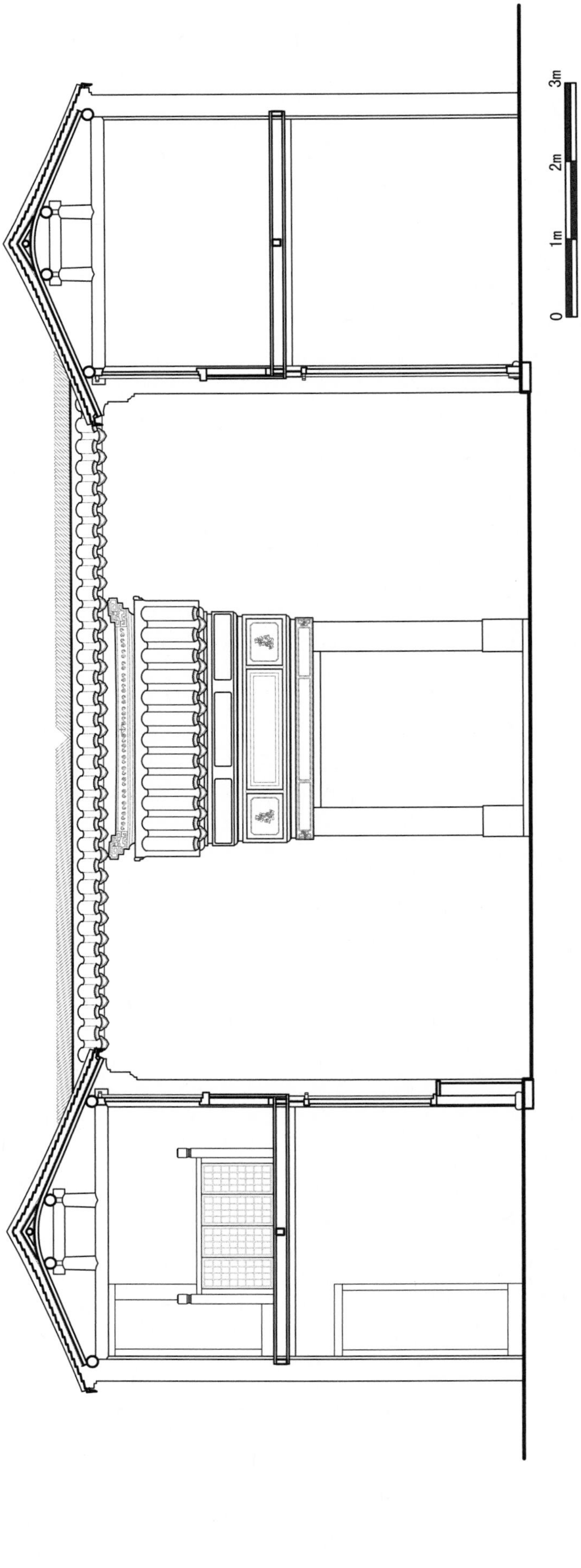

图 16 第六进北立面图

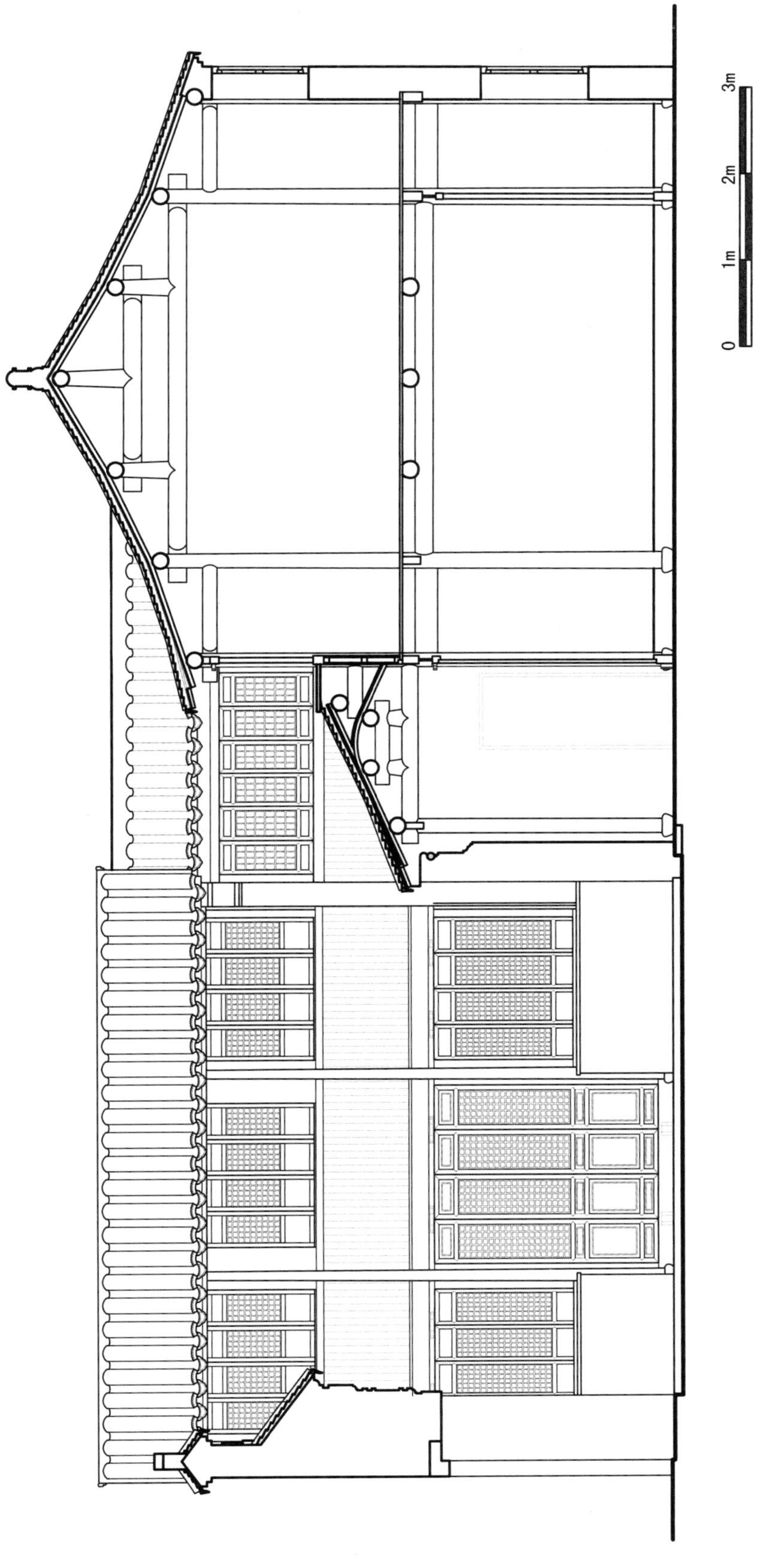

图 17　第六进横剖面图

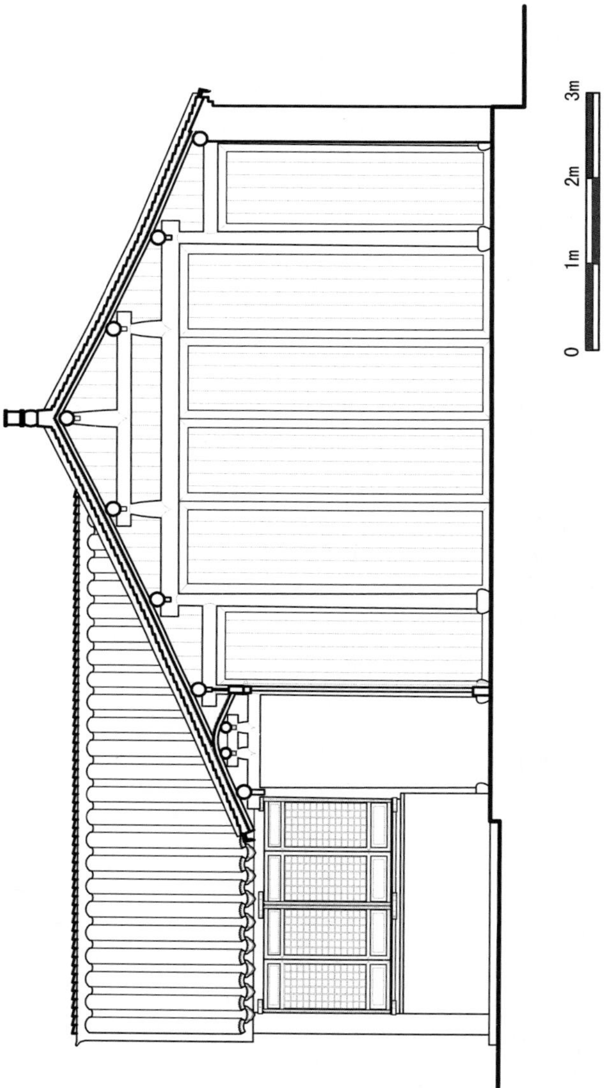

图 18　西二间横剖面图

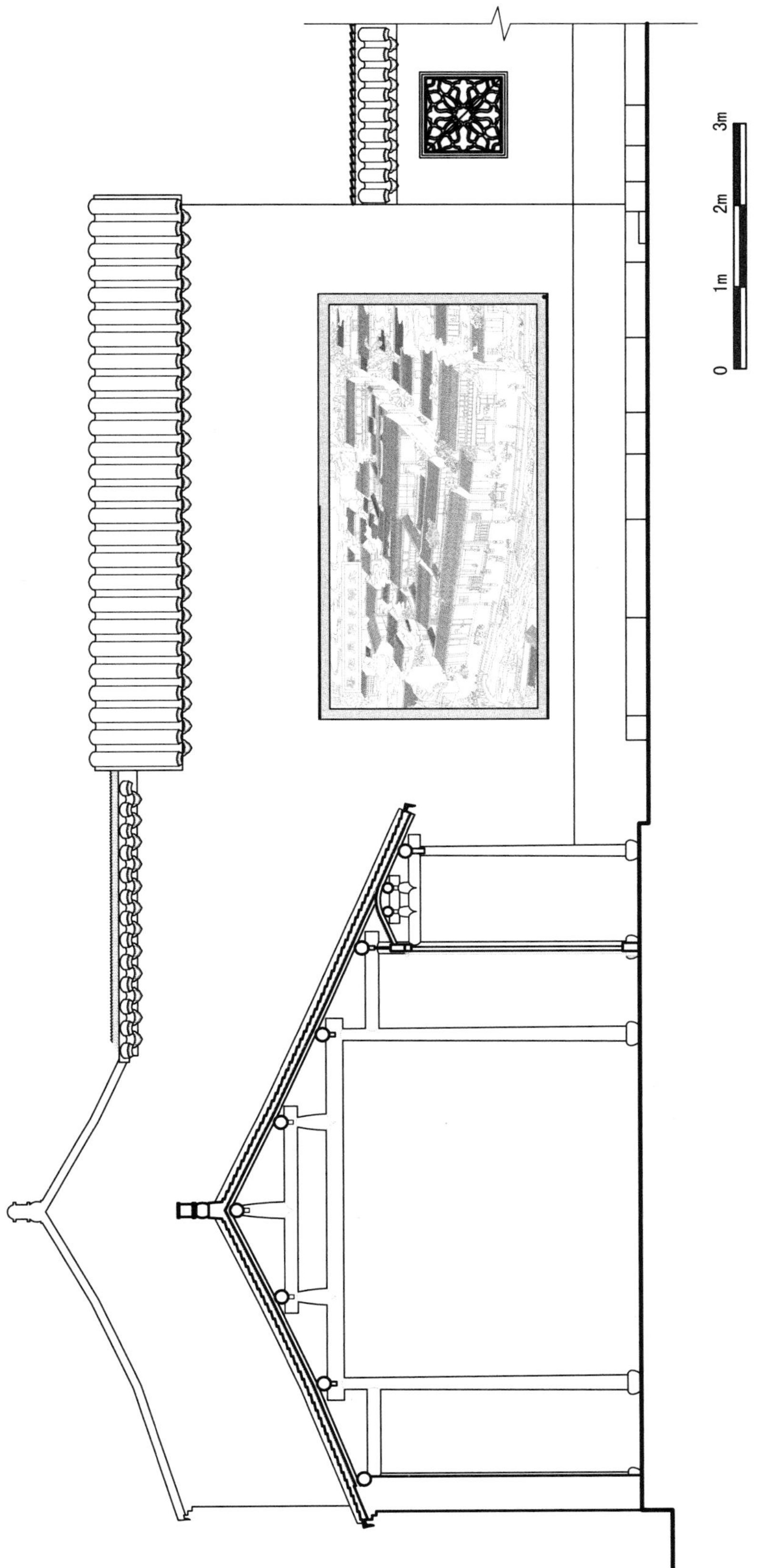

图 19　西三间西立面图

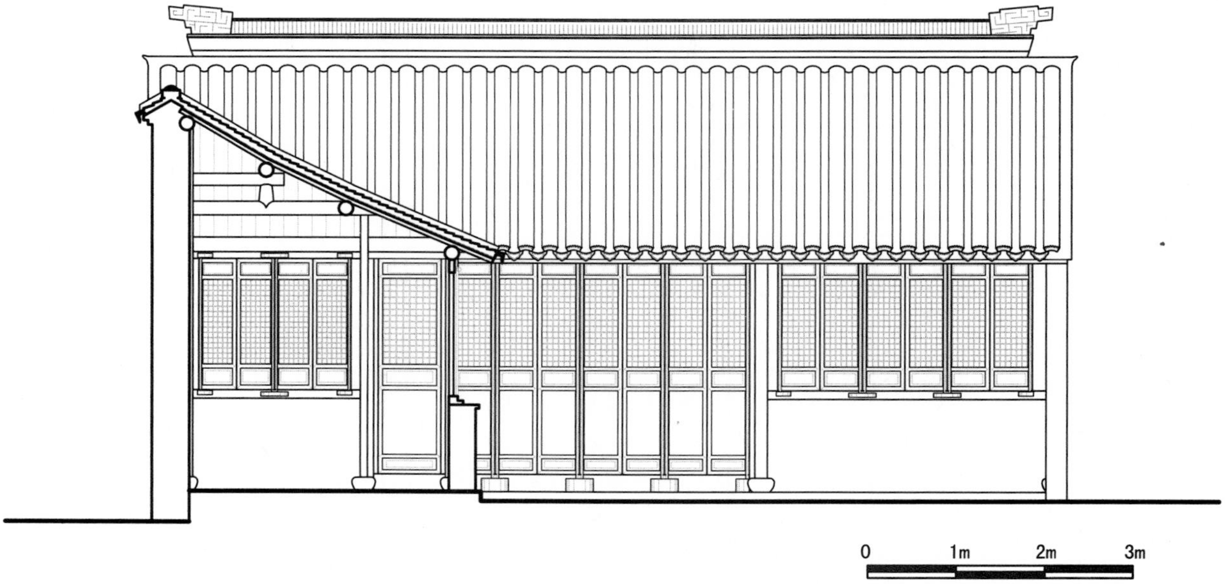

图 20　西三间南立面图

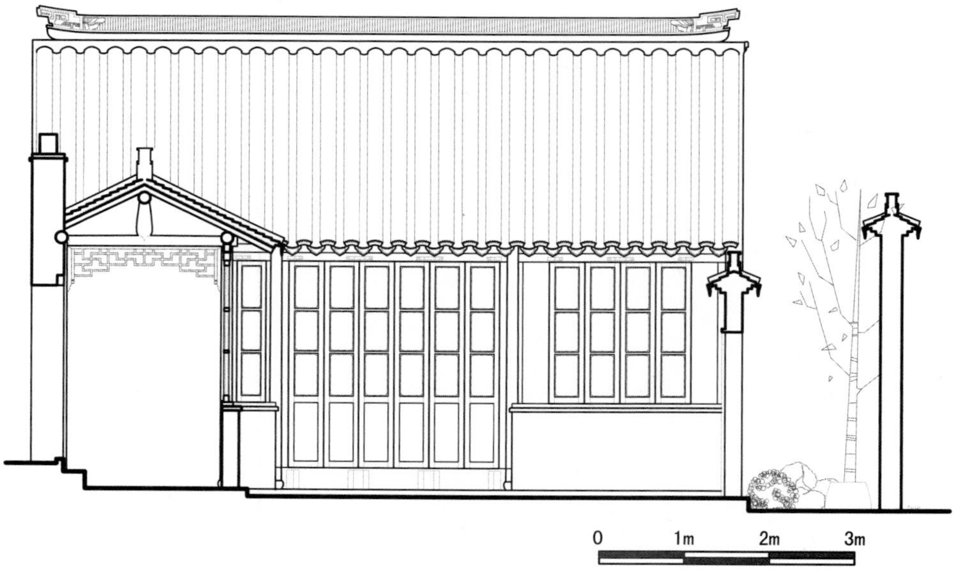

图 21　东三间南立面图

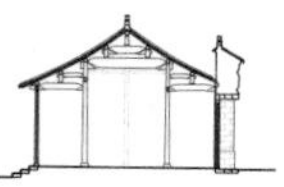

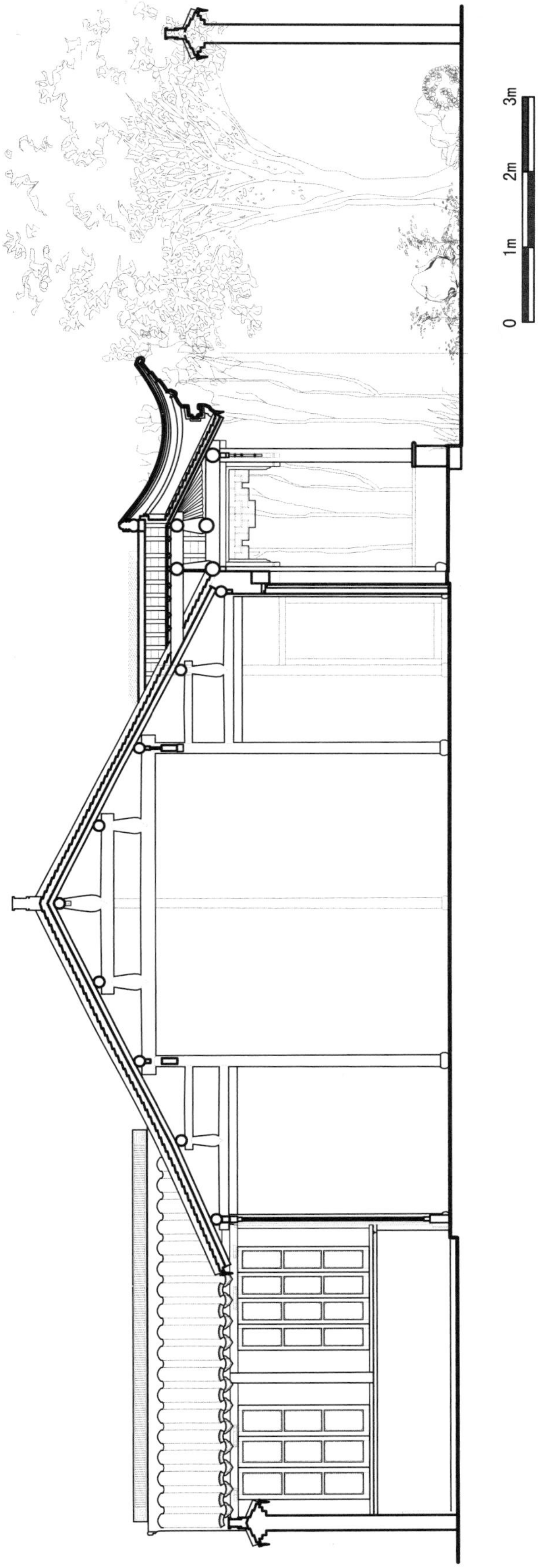

图 22　东三间横剖面图

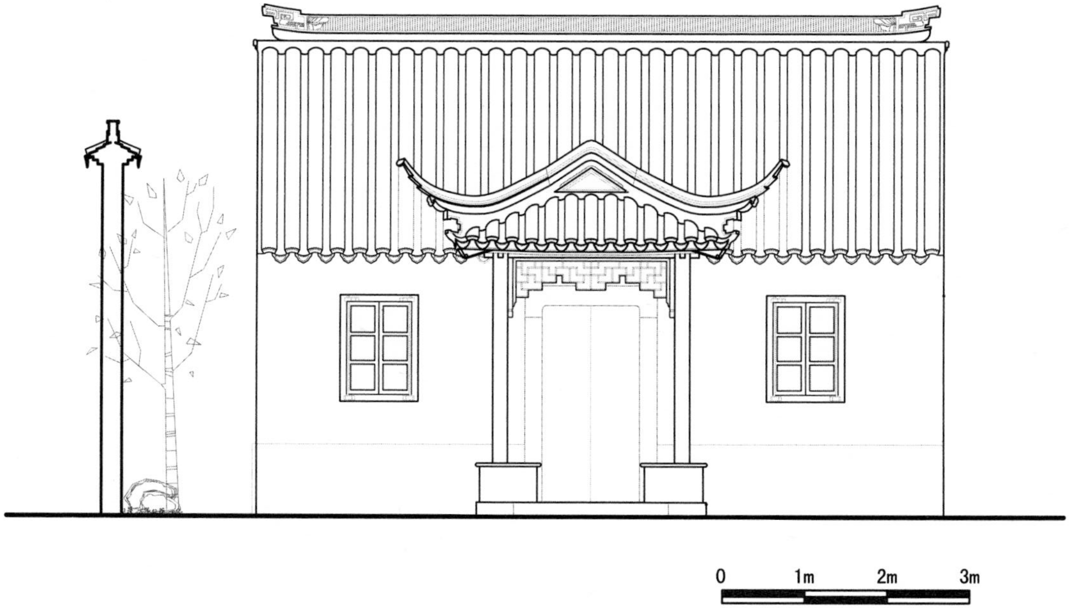

图 23　东三间北立面图

同里镇：省保单位——陈去病故居

陈去病故居，位于同里镇三元河畔，为近代诗人、南社创始人陈去病旧宅。

陈去病，江苏吴江同里人。因读“匈奴未灭，何以家为”，毅然易名“去病”。早年参加同盟会，追随孙中山，宣传革命不遗余力。在辛亥革命和讨伐袁世凯的护法运动中，都作出了重要贡献。

陈去病故居为“前坊后宅”的格局，占地1364平方米。故居正门为石库门（门后有半亭），面西临河，门额砖刻“孝友旧业”。北侧平屋为陈氏家庙，转角朝东三间为下房，东侧面对大门的是百尺楼，南侧有“绿玉青瑶之馆”，在百尺楼东侧另有坐北朝南平屋五间，其东两间为书房，西三间为浩歌堂。

书记及家庙位于北侧，面阔三间9米，进深6.56米。

百尺楼，面阔3.66米，进深7.76米，百尺楼是陈去病藏书和写作的地方，他所编著的《百尺楼丛书》，即以此楼而定名。

浩歌堂，坐北朝南，面阔三间11.36米，进深6.16米。1920年此屋落成时，适逢陈去病阅读白居易《浩歌行》，欣然神会，即以此作堂名。其为会客之所，堂中原悬有“浩歌堂”及“女宗共仰”横匾。“女宗共仰”匾系孙中山褒扬陈去病之母倪老夫人“鞠育教诲，以致于成”而亲笔所题。堂中抱柱上挂有陈去病自撰的一副楹联：上联“平生服膺明季三儒之伦，沧海归来，信手抄成正气集”；下联“中年有契香山一老所作，白头老去，新居营就浩歌堂”。

绿玉青瑶馆，五楼五底两厢房的堂楼，坐西面东，中西合璧，为陈氏居室，面阔15.3米，进深6.4米。门额为“绿玉青瑶之馆”，原为近代书法家杨天骥所题，后遭破坏，1994年维修时由苏州大学钱仲联教授重题。

陈去病故居1995年4月公布为江苏省文物保护单位。保护范围：四周至界墙。建控地带：东至杨家弄，西、北至河，南至小弄。

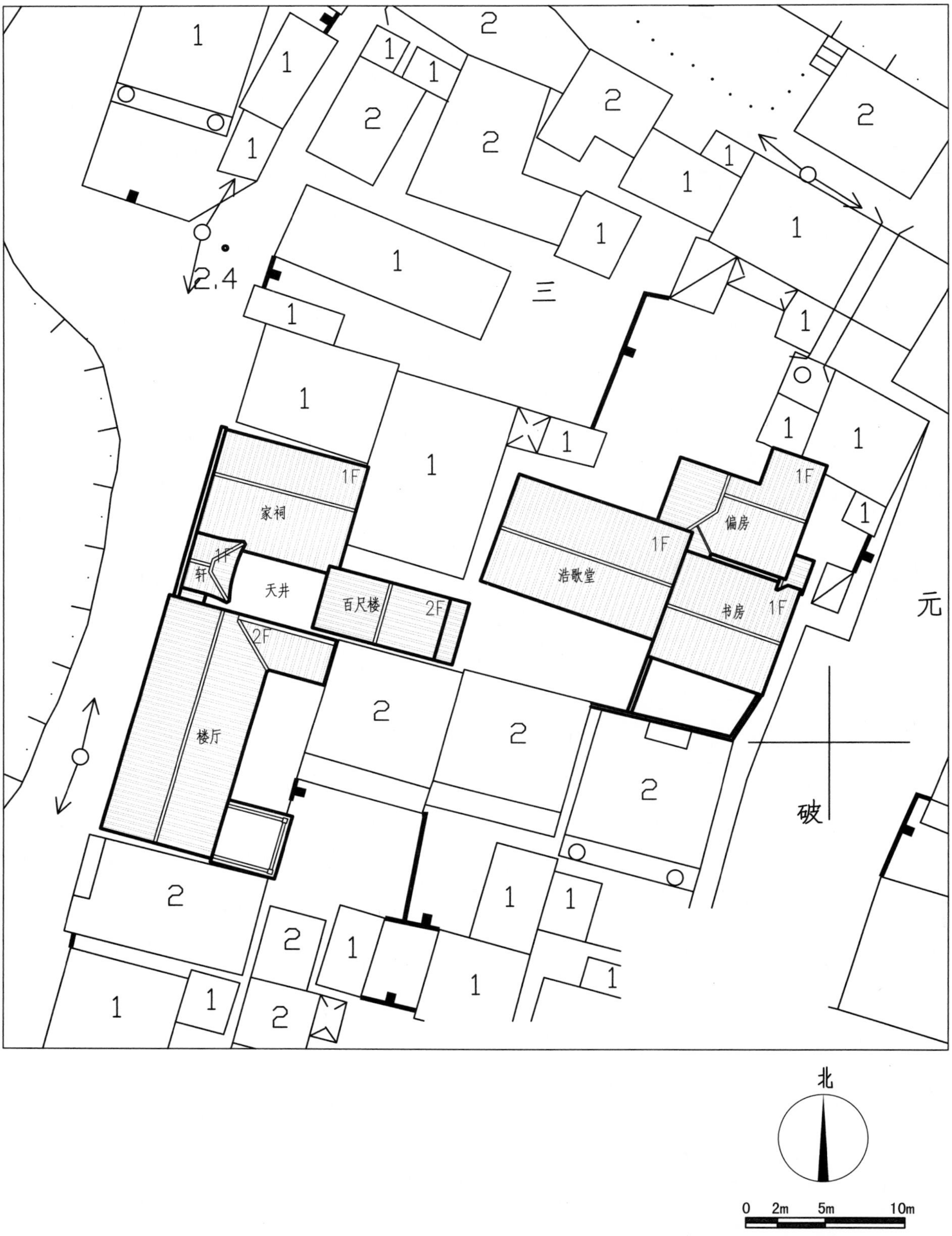
家祠
1F
轩
天井
百尺楼
2F
楼厅
浩歌堂
偏房
书房
三
元
破
北
0 2m 5m 10m

图 1　陈去病故居总平面图

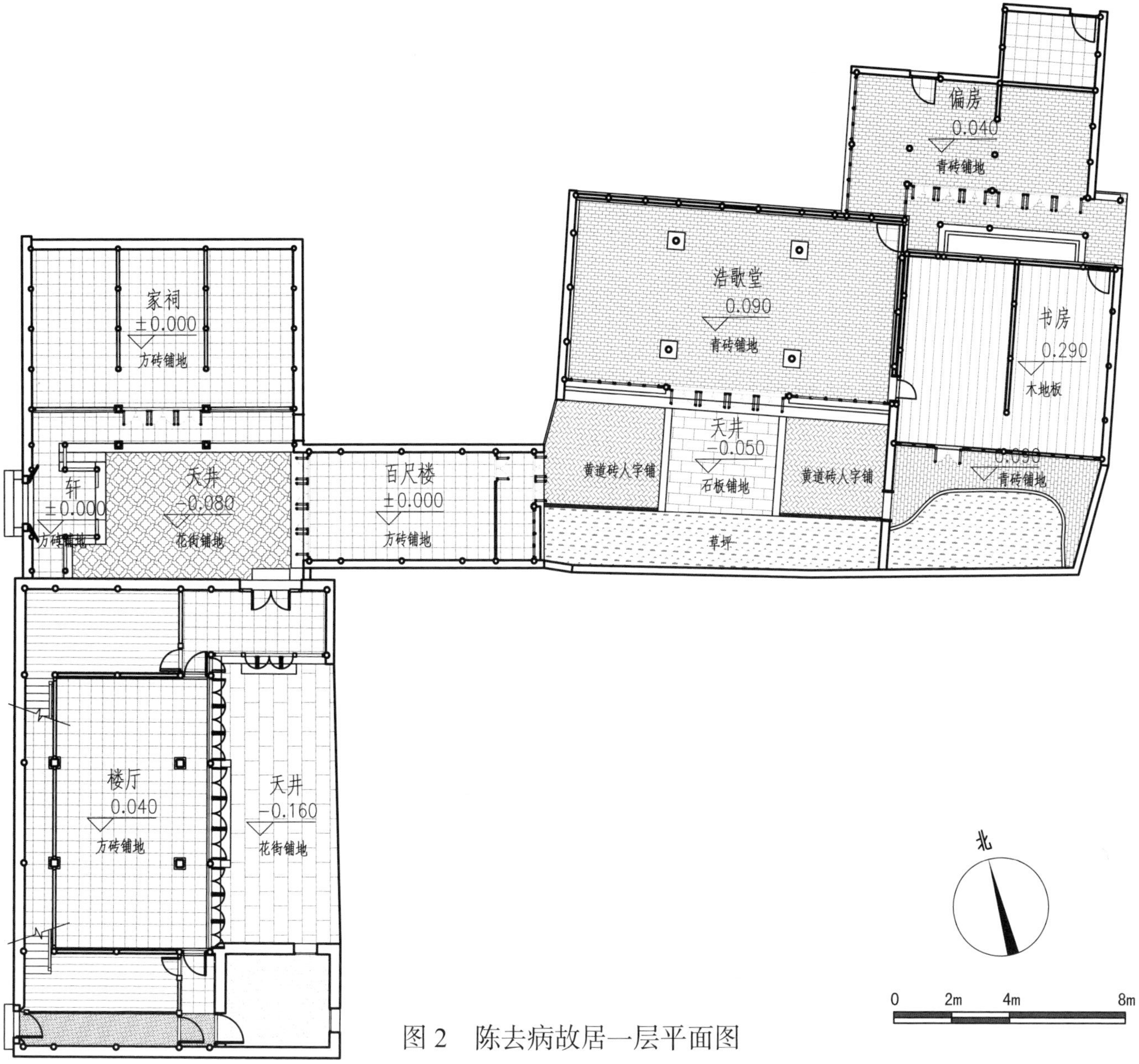

图 2　陈去病故居一层平面图

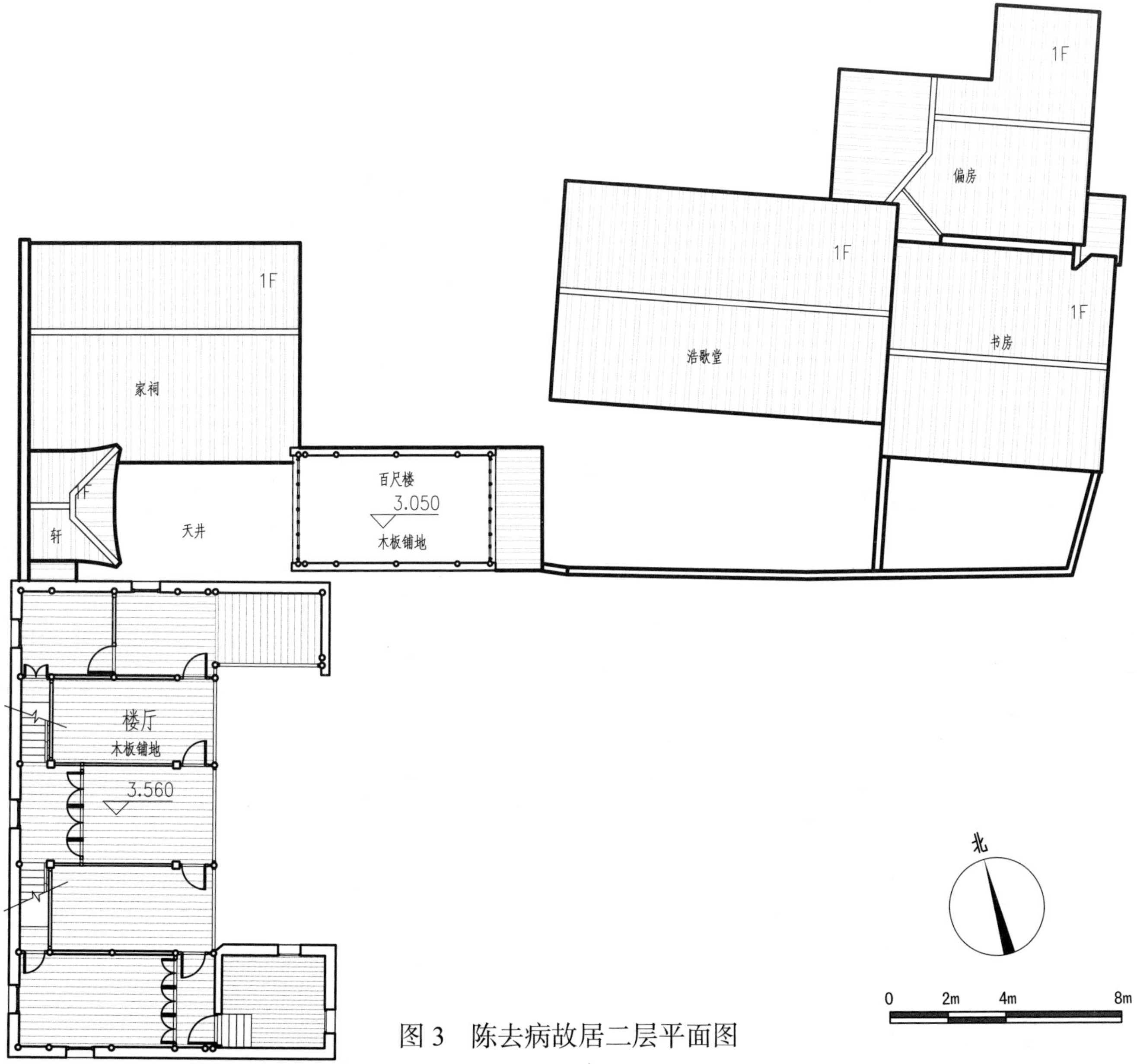

图 3　陈去病故居二层平面图

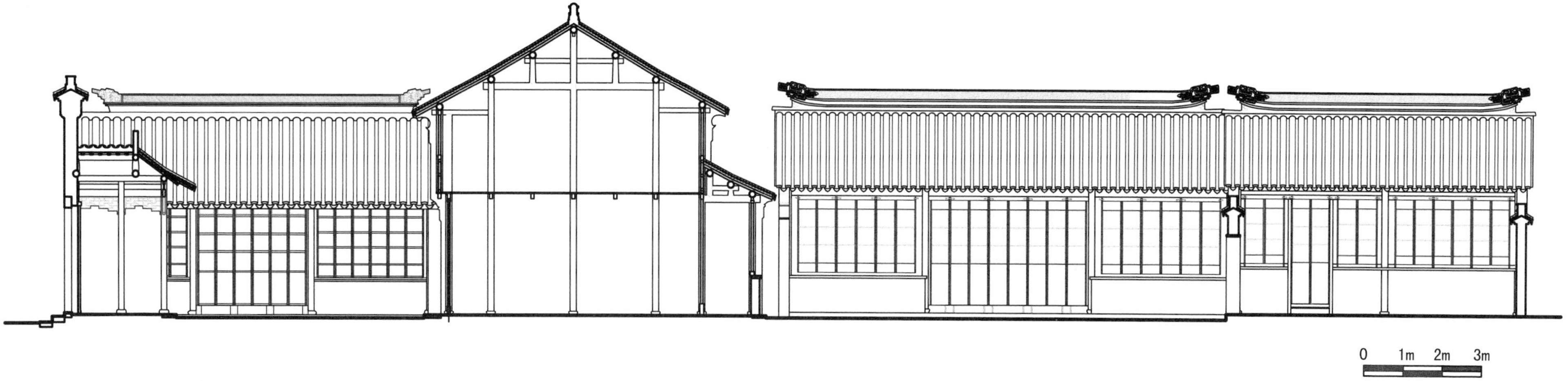

图 4　家祠、浩歌堂、书房南立面和百尺楼剖面图

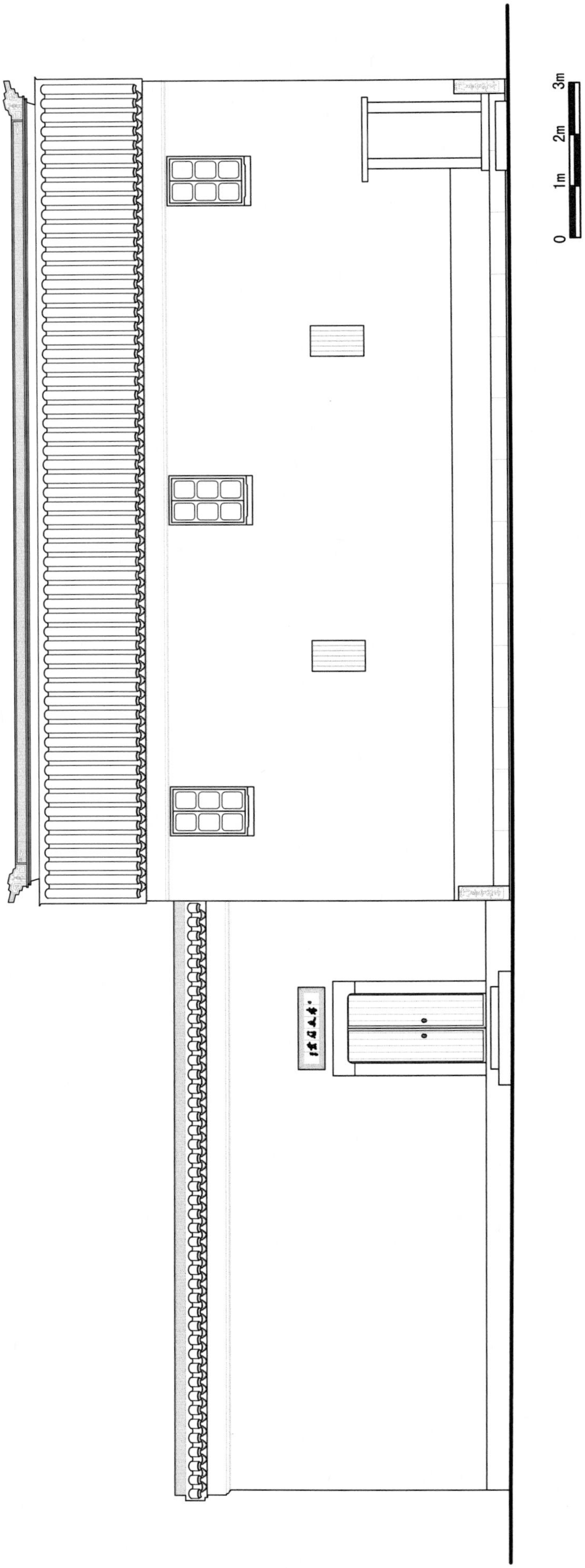

图5　陈去病故居总西立面图

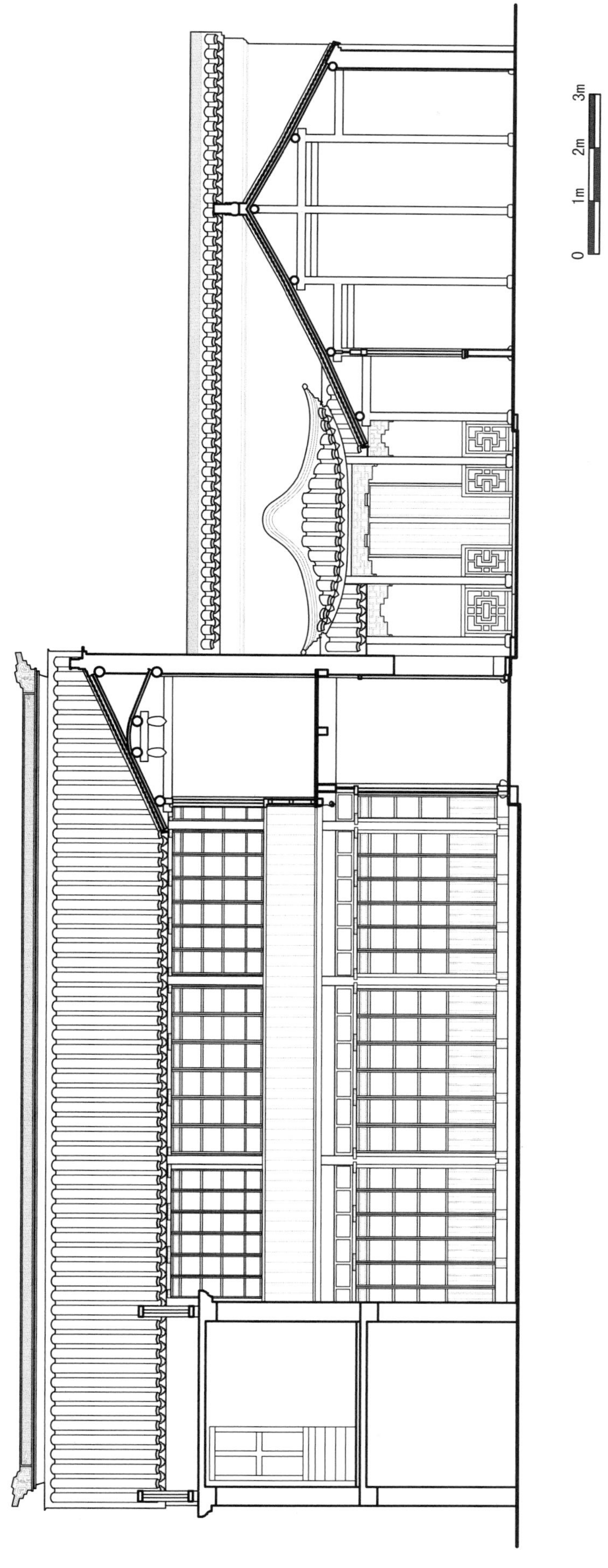

图 6　楼厅立面和家祠剖面图

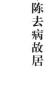

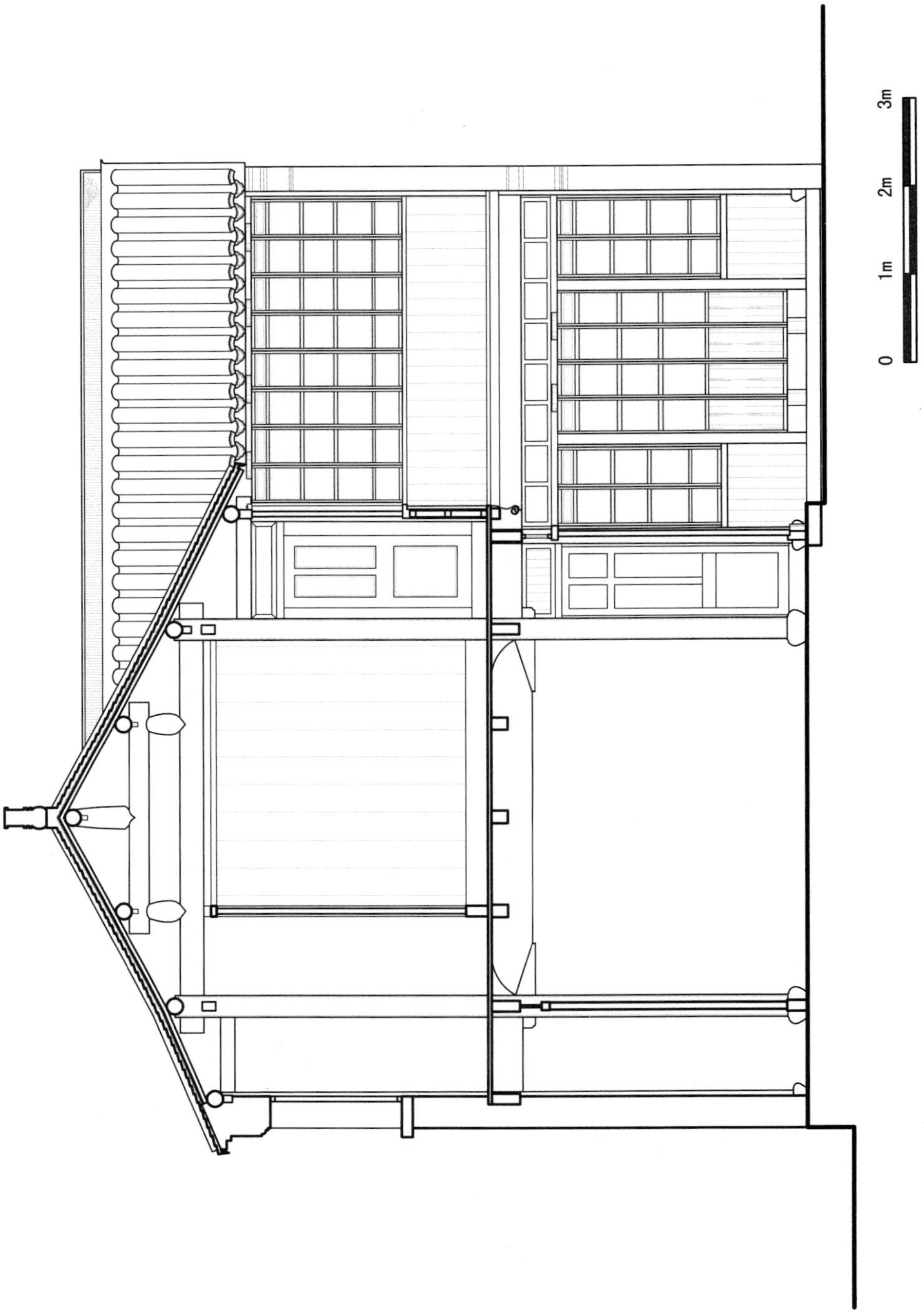

图 7　楼厅剖面图

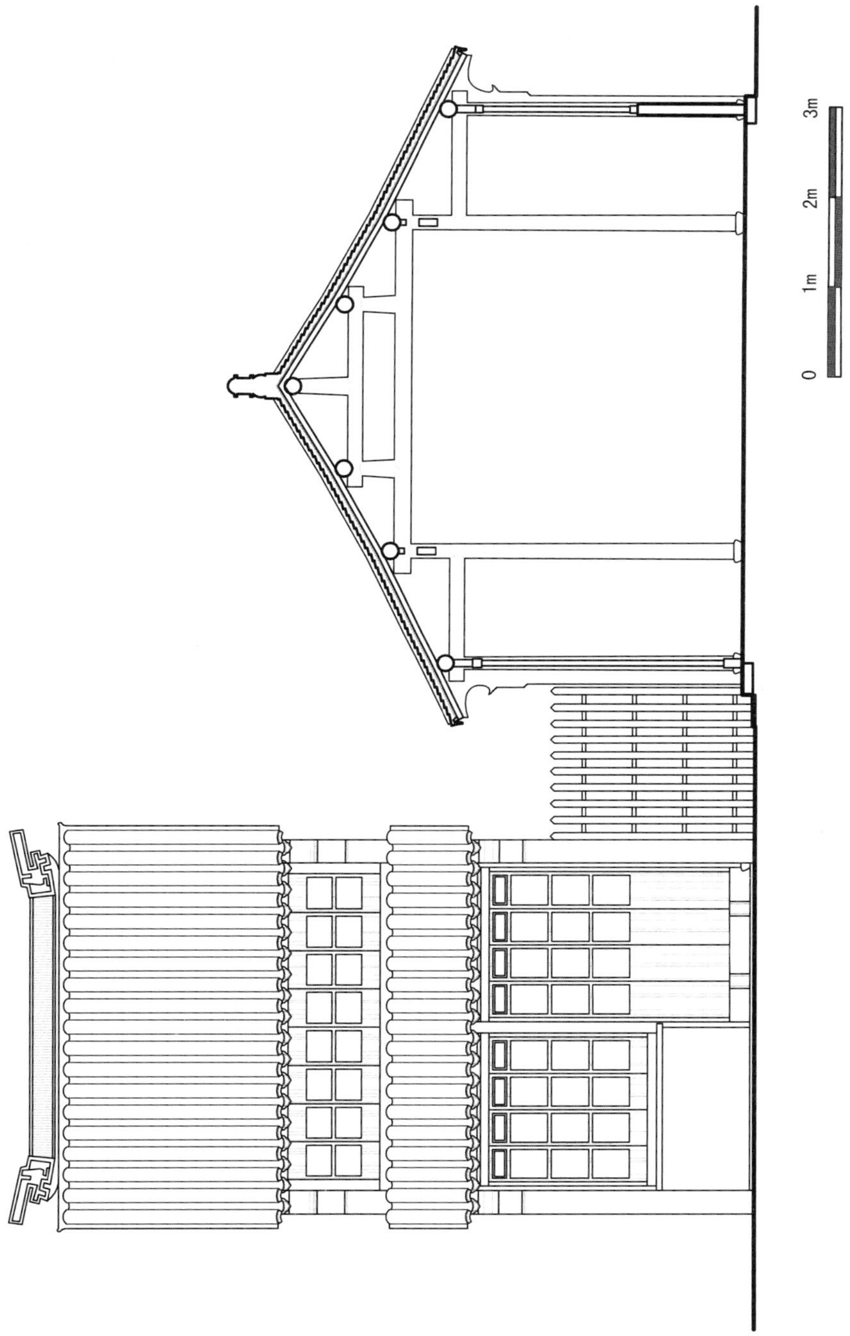

图 8　百尺楼东立面和浩歌堂剖面图

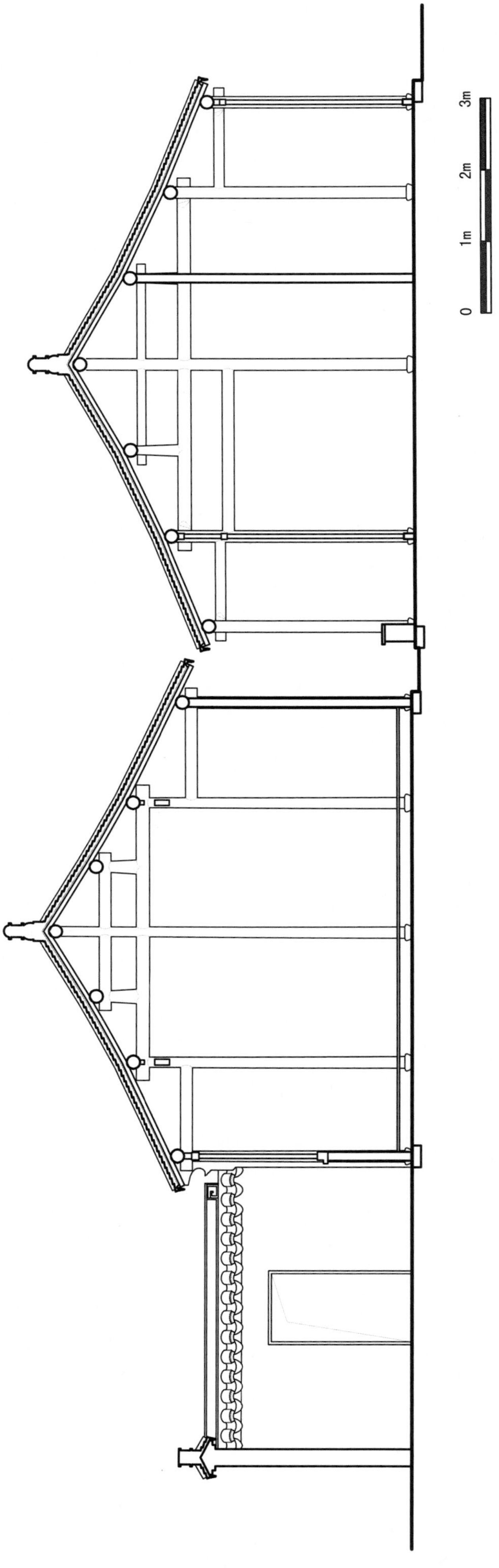

图9　书房、偏房剖面图

同里镇：省保单位——崇本堂

崇本堂位于同里镇富观街18号。堂主钱幼琴，同里人，于民国元年（1912年）购买顾氏“西宅别业”部分旧宅后翻建而成。坐北朝南，原有五进，现存门厅、正厅、前楼厅、后楼厅共四进，均为三开间，东侧一条备弄贯穿四进。

一进门厅，单檐硬山顶，蝴蝶瓦，哺鸡脊。面阔三间9.9米，进深四界3.5米，后出抱厦接门楼，两侧蟹眼天井。门厅梁架圆作，金柱落地造，攒金做法。正间开有石库门、方砖地坪，次间为木板地面，南侧砌抛坊檐墙，北侧辟短窗。

二进大厅单檐硬山顶，蝴蝶瓦，哺鸡脊。面阔三间9.35米，进深七界7.44米，后连抱厦与塞口墙相接，两侧蟹眼天井。大厅梁架扁作，抬梁式架构。内四界前连鹤颈轩后接单步廊川，梁架、山雾云、夹堂板等均刻有精美雕花。正间设六扇海棠凌角式长窗，次间短窗，均雕有“西厢记”戏文。

三进楼厅单檐硬山顶，蝴蝶瓦，哺鸡脊。面阔三间10.4米，进深六界7.1米，抬梁式架构，梁架圆作。内四界前后连单步廊川，楼面采用硬挑头出挑。一层廊柱间饰挂落，二层装挂落、栏杆。前步柱井字嵌凌长窗，后步柱处设屏门。一层带备弄，二层山墙处为边贴起屋架，扩大了前楼厅的使用空间。

四进后楼厅，单檐硬山顶，蝴蝶瓦，哺鸡脊。面阔三间带两厢10.5米，进深六界6.8米，抬梁式架构，梁架圆作。内四界前后连单步廊川，楼面采用硬挑头出挑，后包檐。正前廊柱间开有六扇插脚乱纹式长窗，二层置雨搭板、十字海棠式短窗。厢楼，三界回顶。

门厅东侧起辟有备弄，庭院两侧叠有湖石花台。全宅共有三座砖雕门楼面北而起，立于前三进之间，均为单檐硬山顶，蝴蝶瓦，哺鸡脊。眉额上分别刻有“崇德思本”、“敬侯遗范”、“商贤遗泽”。

崇本堂2011年12月公布为江苏省文物保护单位，保护范围：四周至界墙。建控地带：东、西各至保护范围外18米，南至河，北至保护范围外20米。

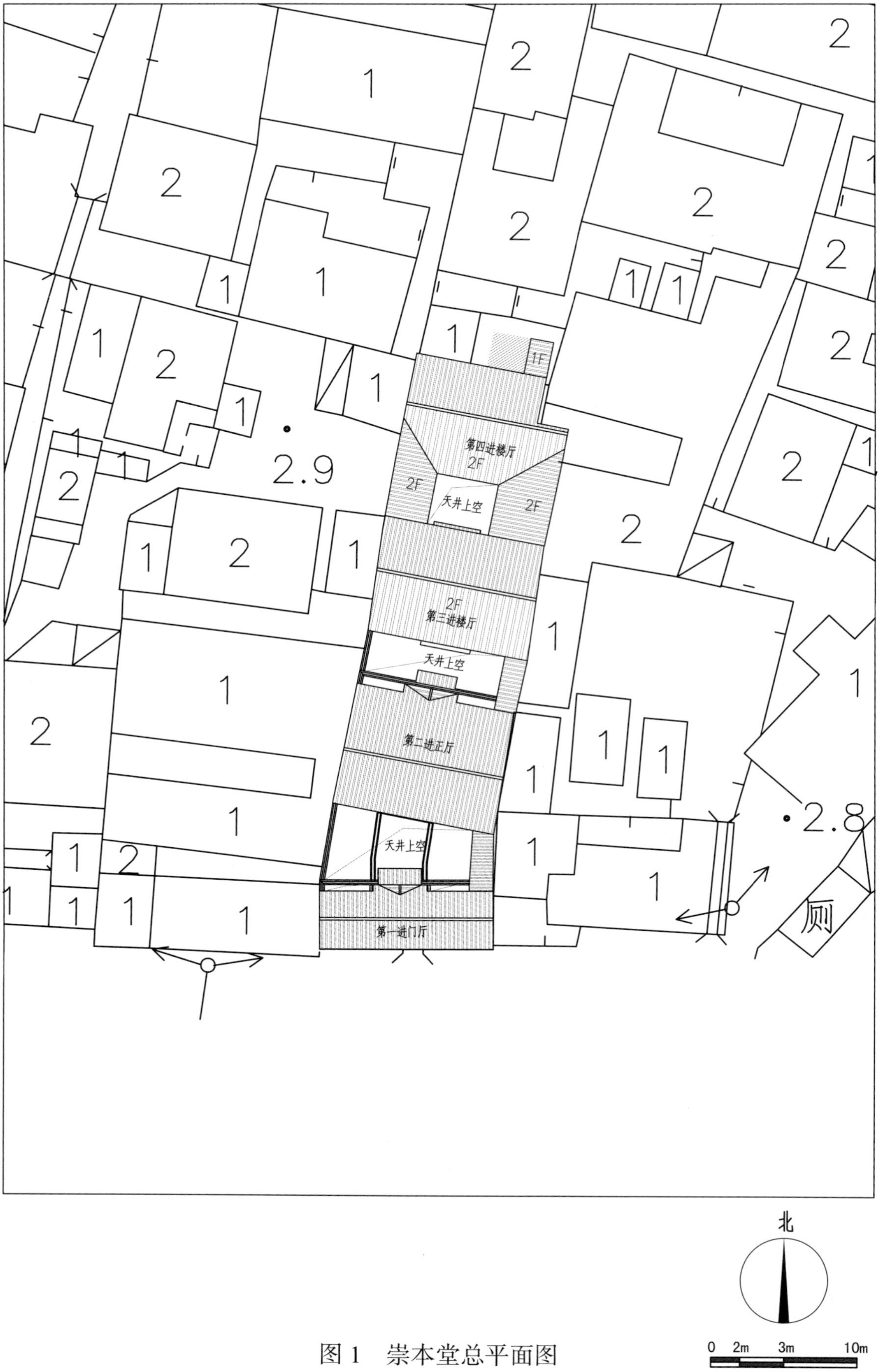

第四进楼厅
2F
天井上空
第三进楼厅
第二进正厅
第一进门厅
1F
2.9
2.8
厕
北
0 2m 3m 10m

图 1　崇本堂总平面图

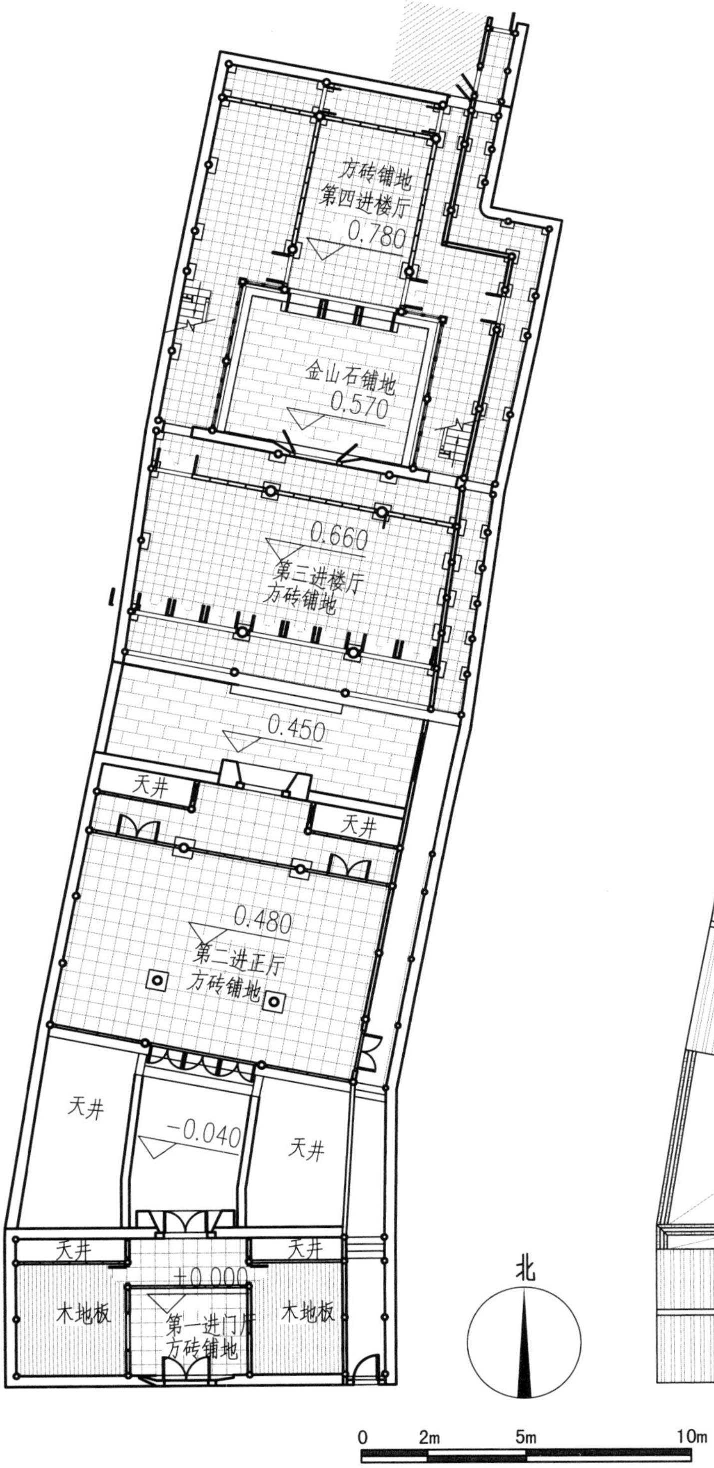

方砖铺地
第四进楼厅
0.780
金山石铺地
0.570
0.660
第三进楼厅
方砖铺地
0.450
天井
天井
0.480
第二进正厅
方砖铺地
天井
-0.040
天井
天井
天井
±0.000
木地板
第一进门厅
方砖铺地
木地板
北
0
2m
5m
10m

图 2　一层平面图

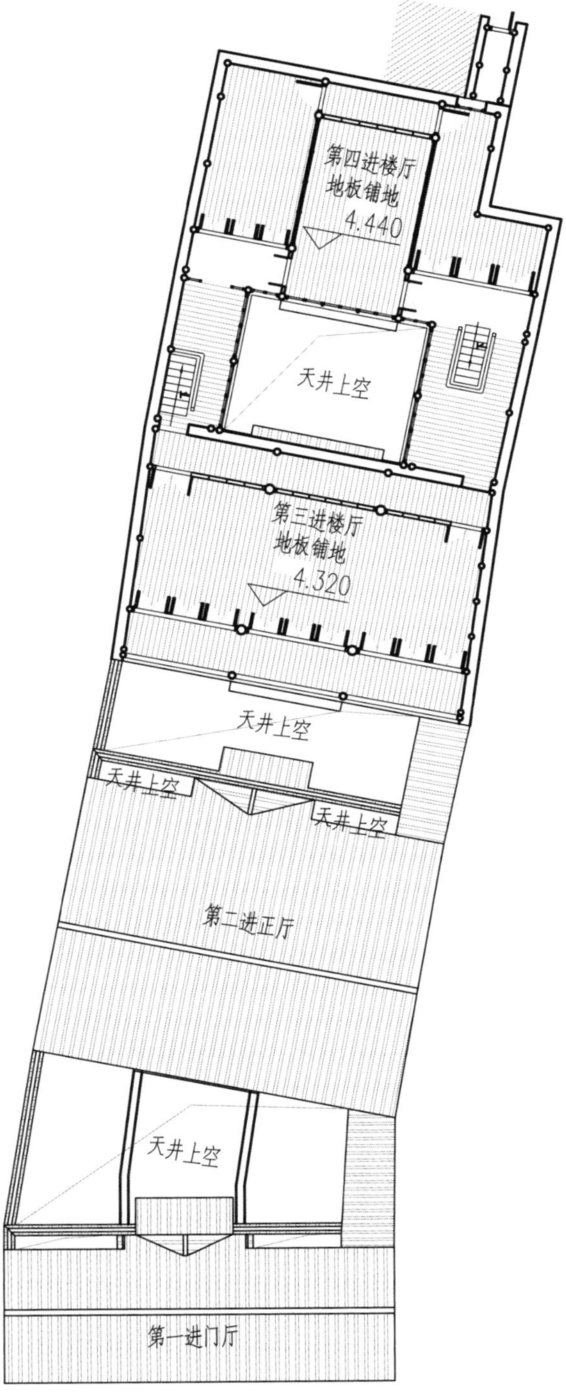

第四进楼厅
地板铺地
4.440
天井上空
第三进楼厅
地板铺地
4.320
天井上空
天井上空
天井上空
第二进正厅
天井上空
第一进门厅

图 3　二层平面图

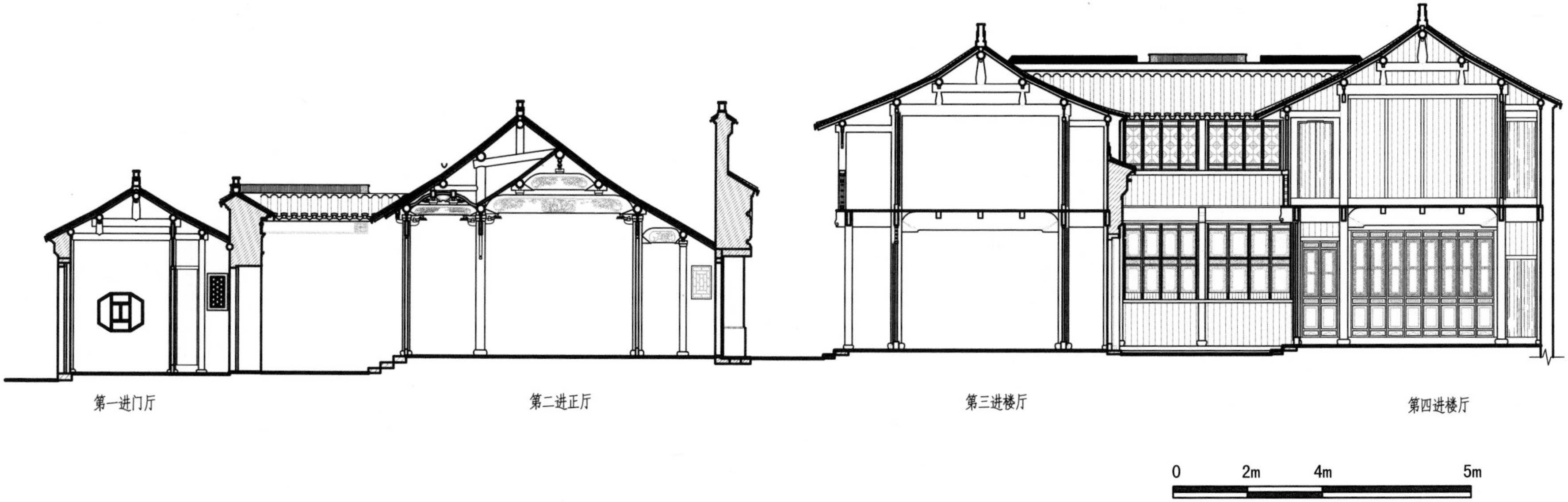
第一进门厅
第二进正厅
第三进楼厅
第四进楼厅
0
2m
4m
5m

图 4　崇文堂总横剖面图

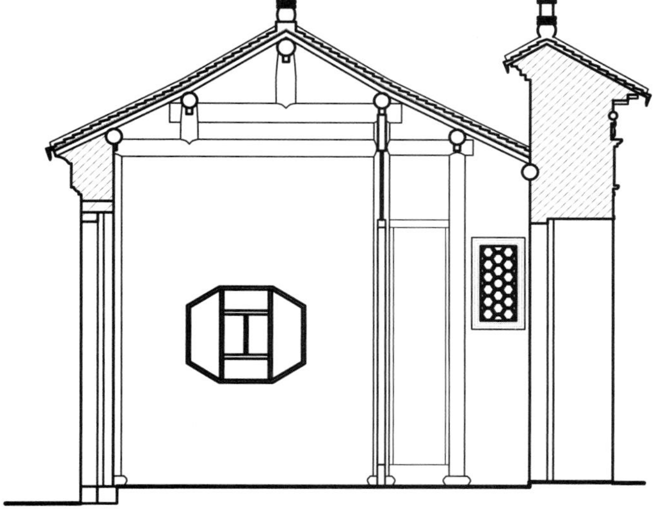

图 5　第一进中贴剖面图

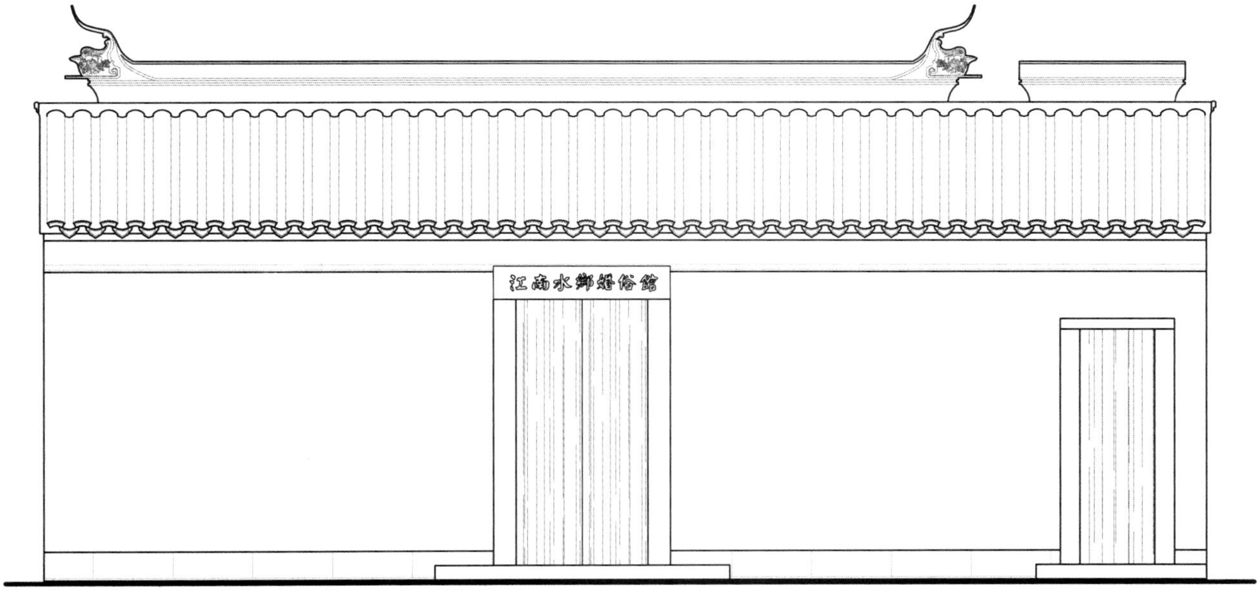

图 6　第一进南立面图

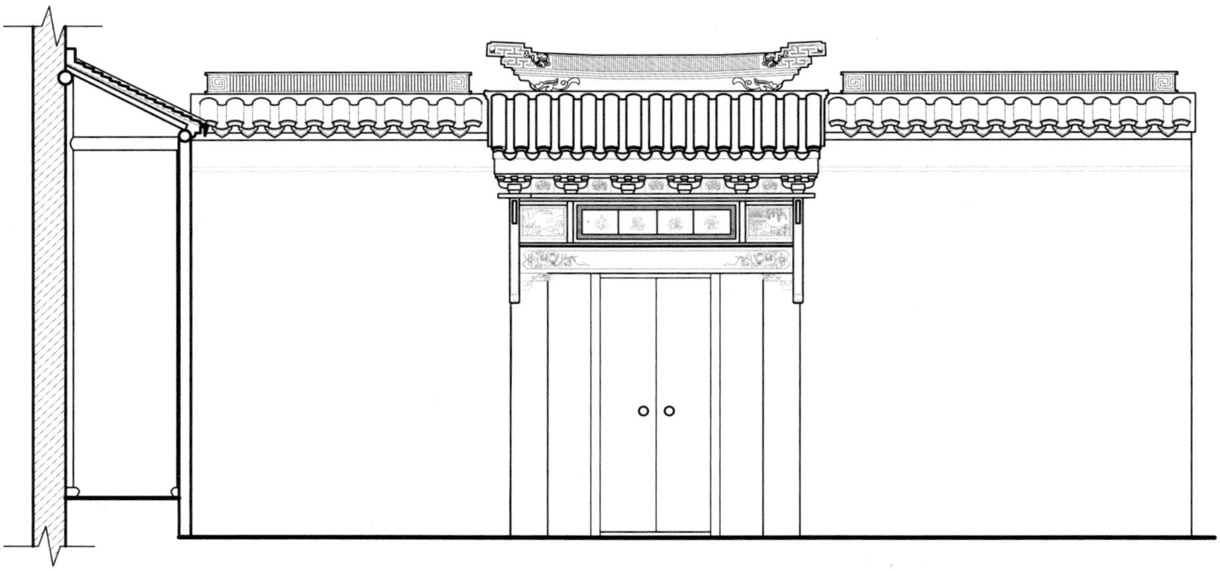

图 7　第一进北立面图

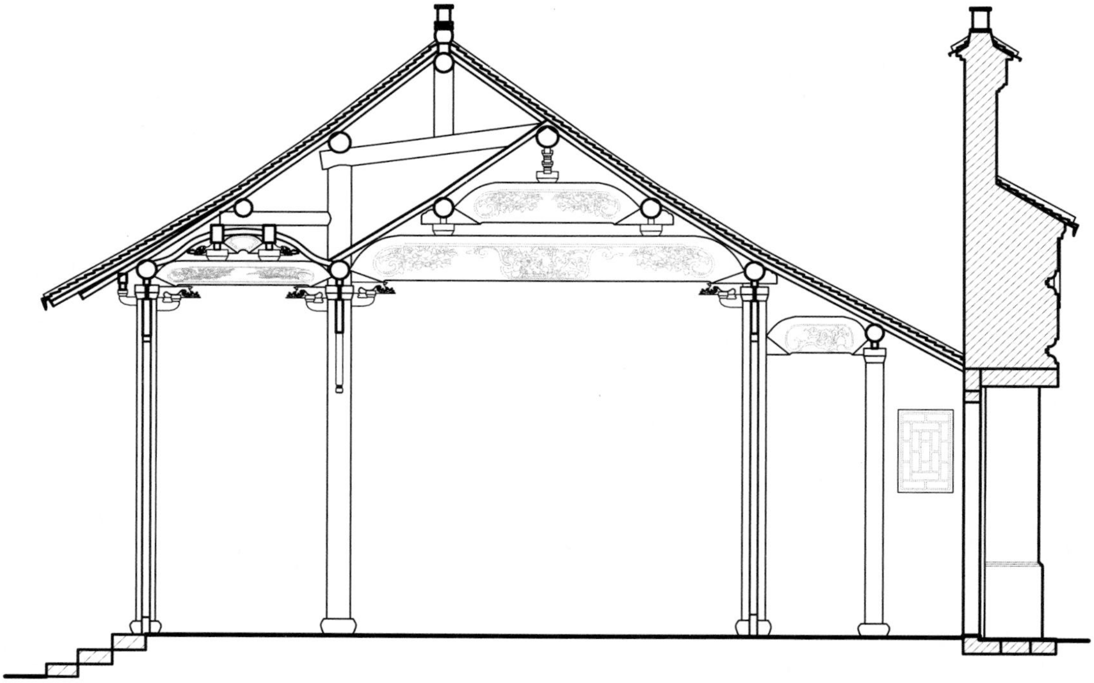

图 8　第二进中贴剖面图

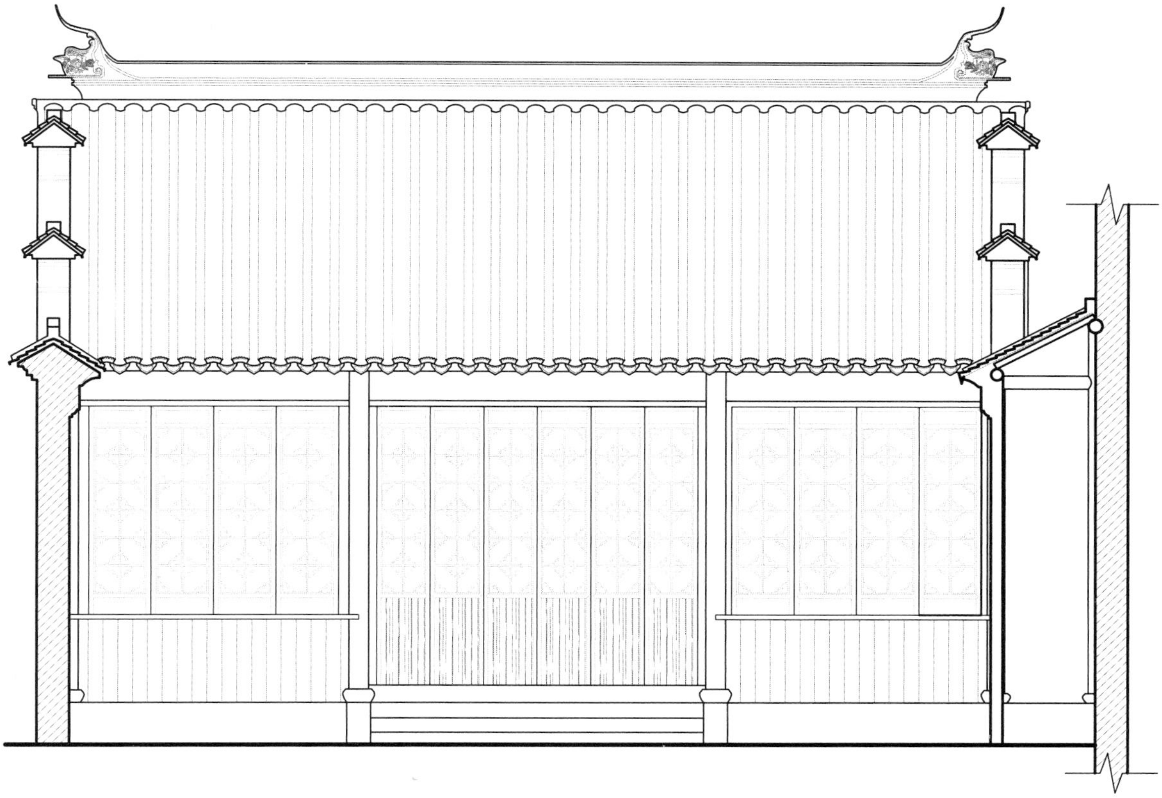

图 9　第二进南立面图

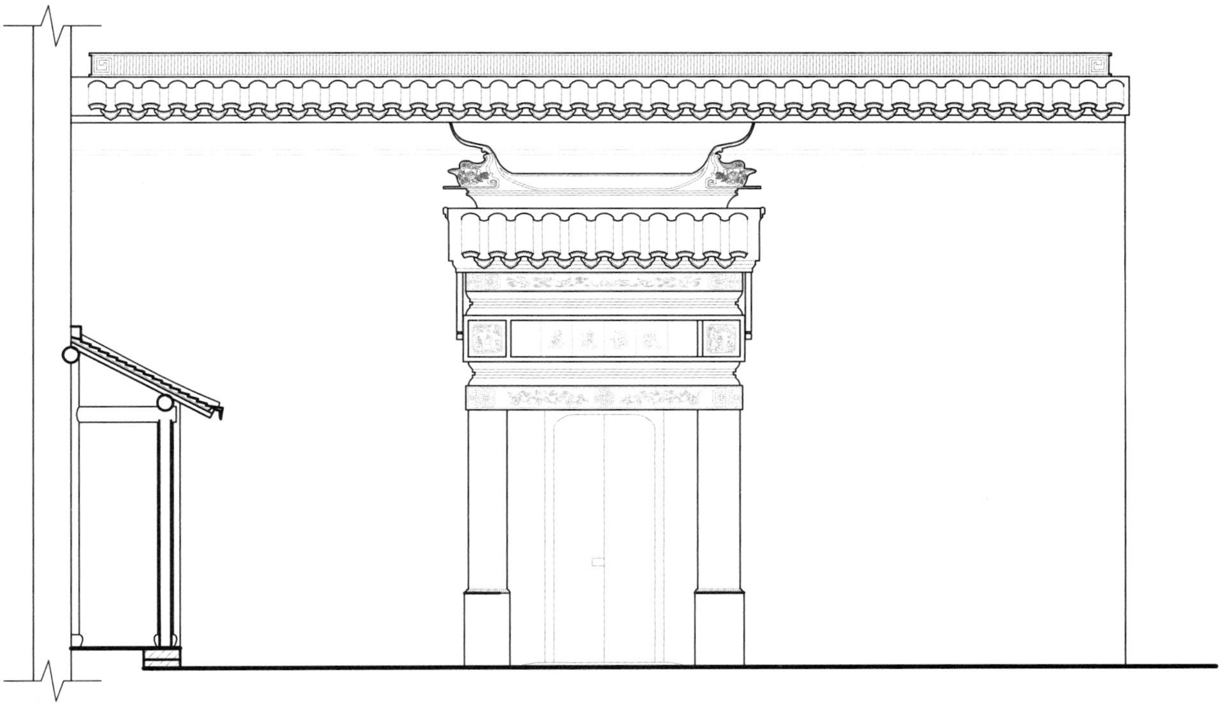

图 10　第二进北立面图

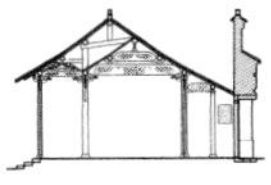

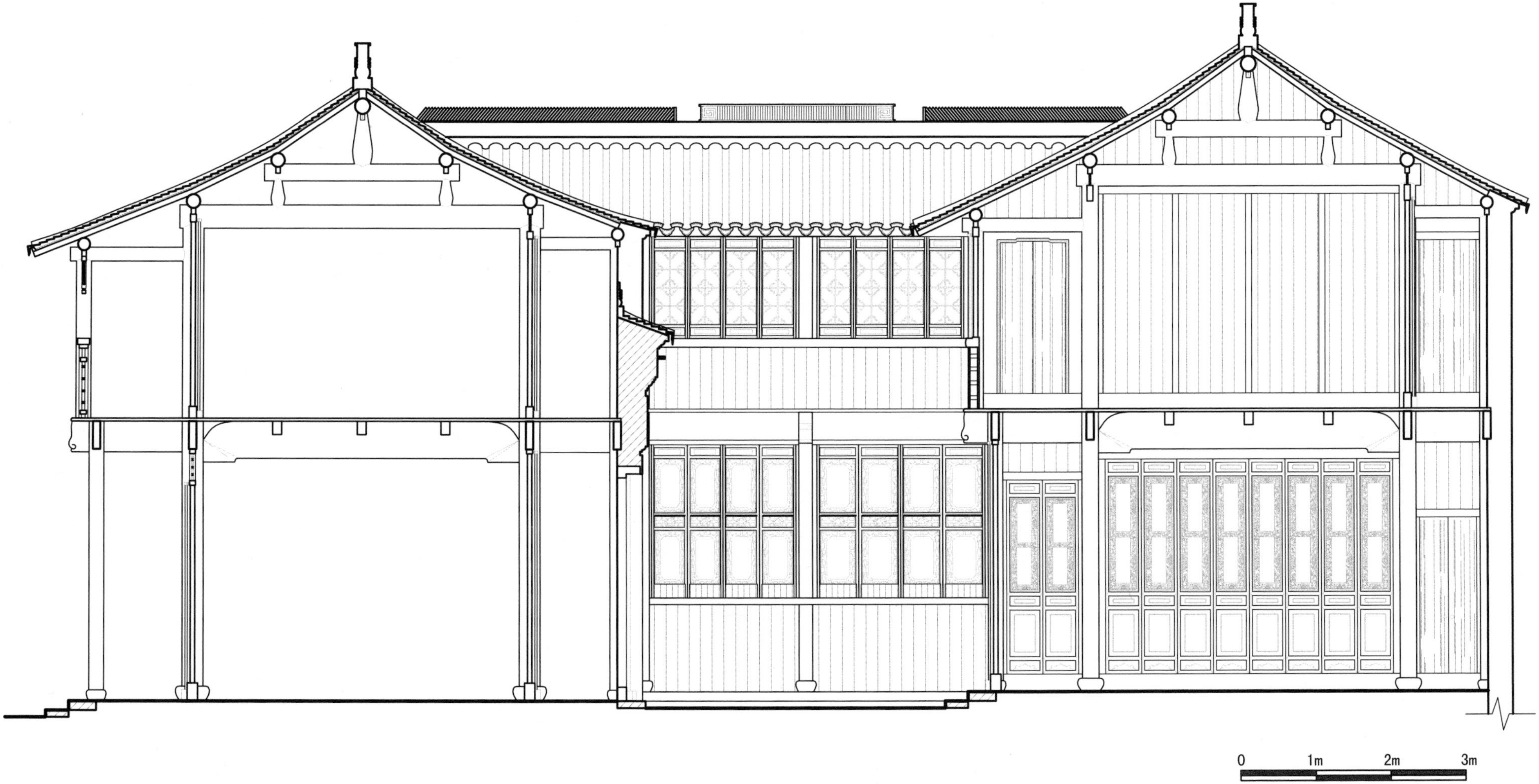

图 11　第三、四进楼厅剖面图

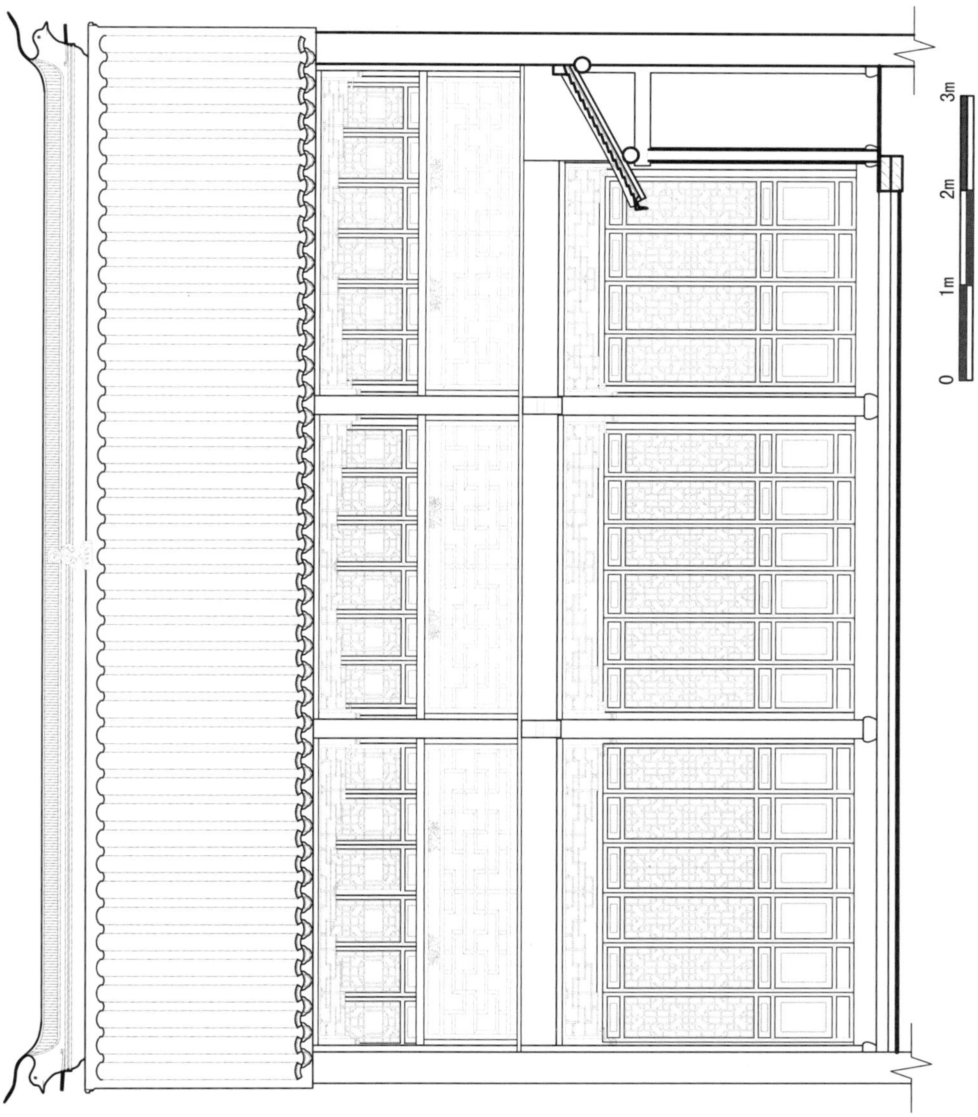

图 12　第二进楼厅正立面图

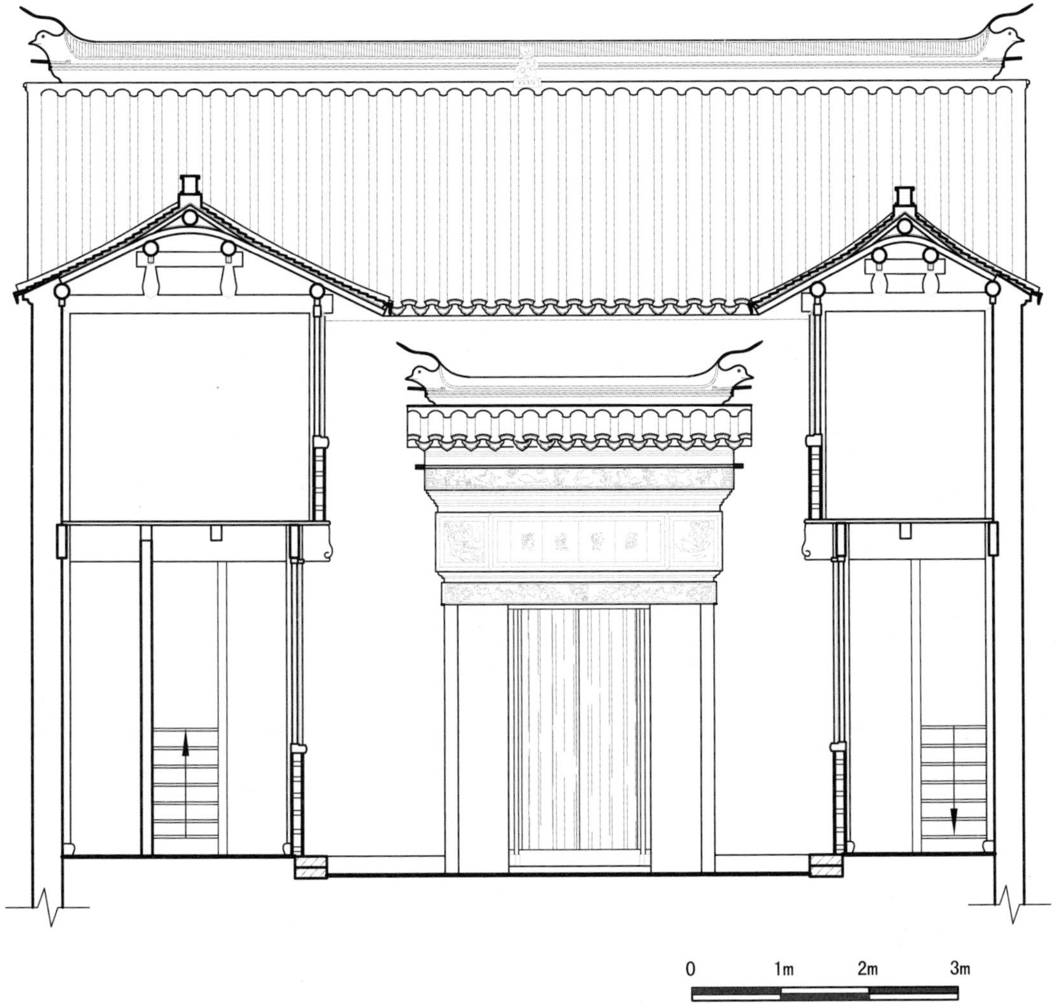

图 13　第三进楼厅背立面图

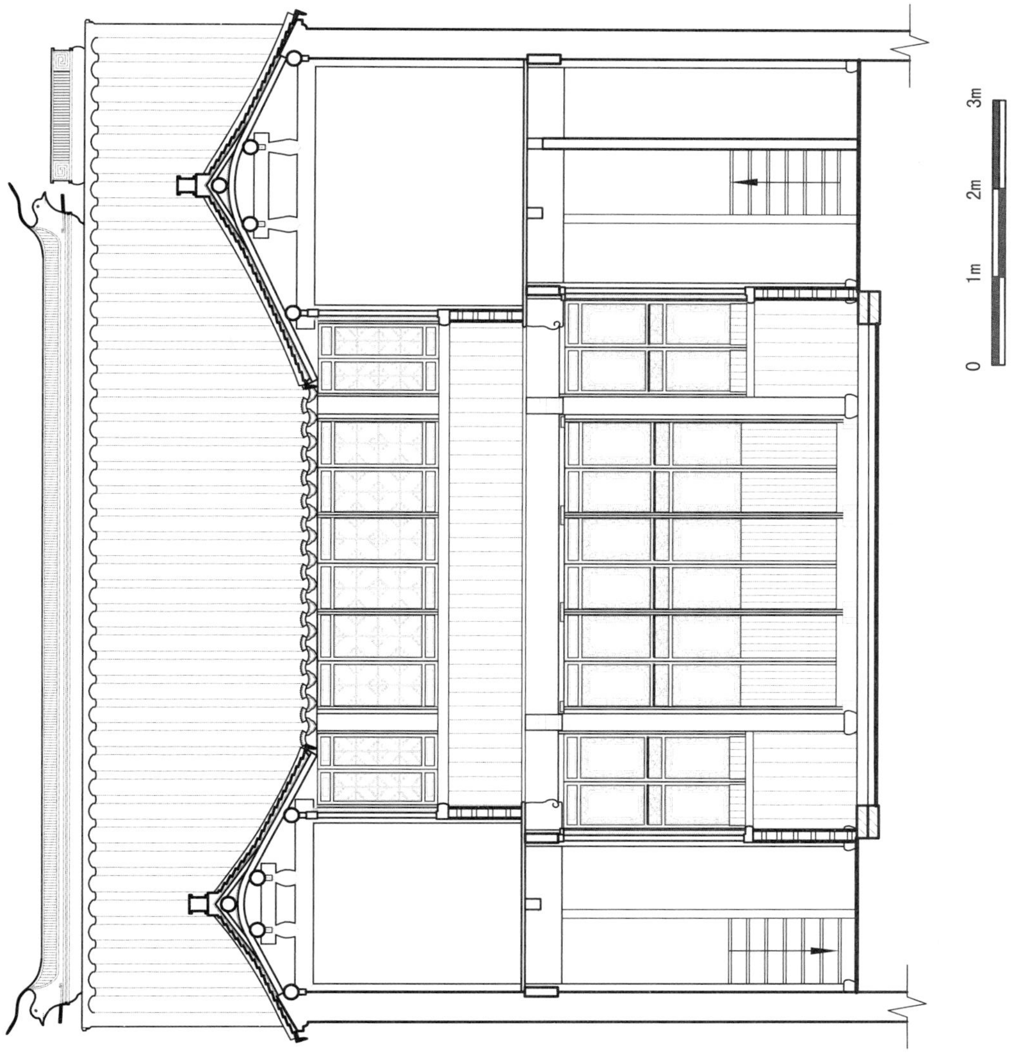

图 14 第四进楼厅正立面图

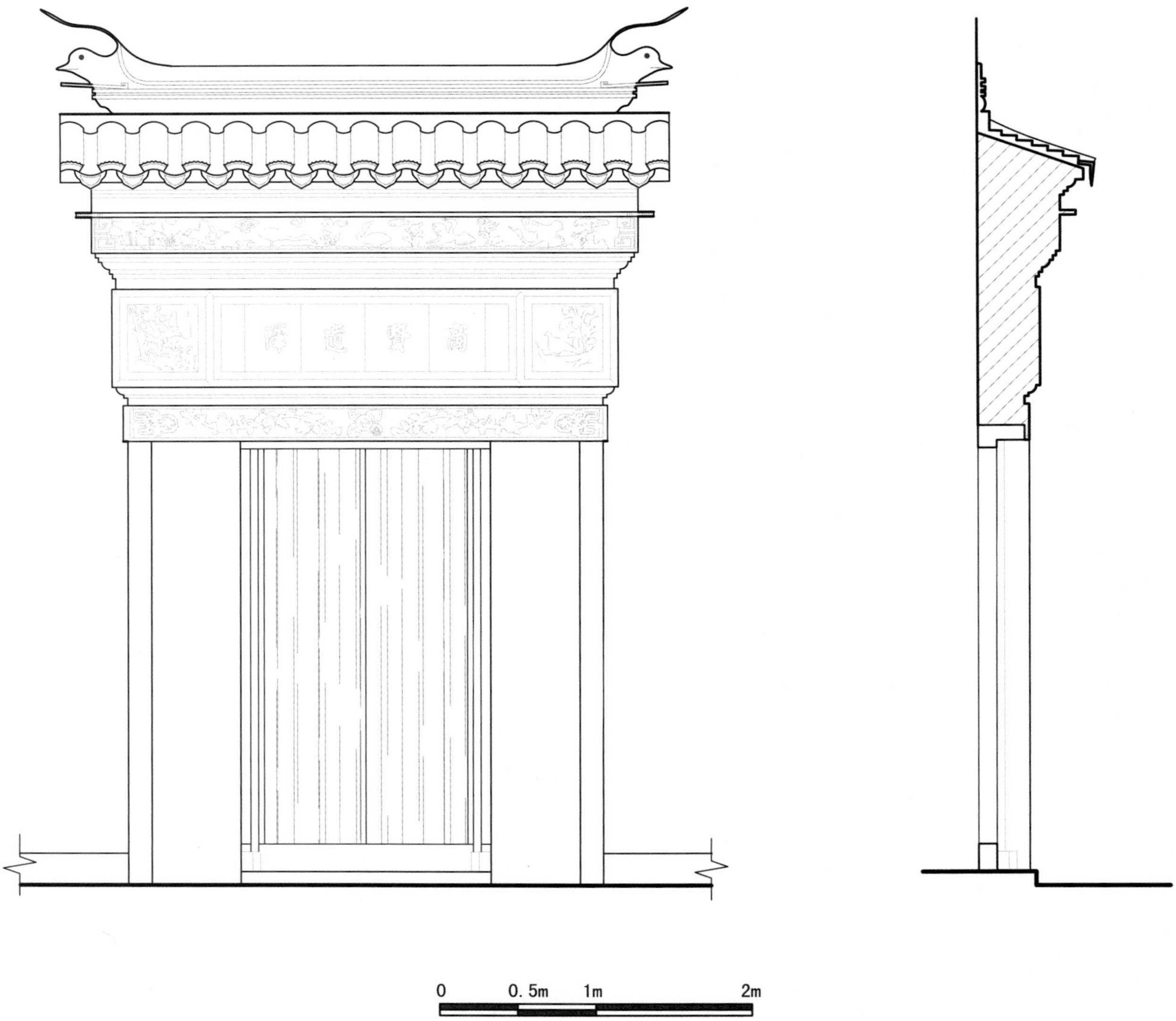

图 15　第三进楼厅砖雕门楼详图

同里镇：国保单位——耕乐堂

耕乐堂，位于同里镇西柳圩陆家埭中段，朝东面河，前宅后园，典型的明清宅第风格，现占地面积4268平方米。

耕乐堂系明代处士朱祥所建，初建时共有五进五十二间。历九朝兴废，现只存三进四十一间，多为清代重建。据嘉庆版《同里志》记载："耕乐堂，西柳圩处士朱祥所筑，莫旦撰记中有燕翼楼。"朱祥，字延瑞，号耕乐，明代人。明正统年间（1436—1449年）受聘于工部，但辞请归隐同里，居住耕乐堂。该堂原为朱家世居老宅，朱祥隐退后续建燕翼楼、环秀阁，形成宅园，又因其号耕乐而得名"耕乐堂"。耕乐堂曾数度易主，现存建筑已非原制，系清乾隆及咸丰年间所建，清后期为黄仲梁所有。1949年以后，一部分为育青中学校舍，后为地区福利院（后更名为吴江福利院）使用，其余私房为房管所公管房。

1998年11月同里镇人民政府对耕乐堂进行全面修缮。2002年7月修缮工作全面竣工，并正式对外开放。

耕乐堂建筑群为前宅后园式布局。耕乐堂原占地六亩四分，虽经历次转手，格局未变。前宅以备弄为分界线，分南、北两路，现南路在保护范围内。南路自东向西依次为跨街廊、门厅、堂楼、绣楼。花园以北的荷花池为主体，四周辅以亭、台、楼、阁，湖石参差，古树斜照。

南路住宅三进均为硬山顶。山墙外有仿木砖细博风装饰、前檐柱为方柱、内部木构雕刻古朴。此形制为典型清代所建的仿明建筑特征。

南路第一进为门厅，1998—2001年原址复建。面阔三间15.6米，进深4.8米，檐高3.2米，建筑面积81.4平方米。门厅前建有跨街廊棚，临河有河埠。明间为墙门，六扇竹丝板门。西墙建有一砖雕门楼，为1998—2001年原址复建，上刻"乐善家风"四字。

第二进为堂楼，于1998—2001年落地重修。面阔五间16.7米，进深10.1米，檐高6.3米，建筑面积445平方米。建筑主体为"U"字形布局，共三明两暗的五开间。山墙外有仿木制的砖型博风，步柱作包方抹角处理。堂楼西侧有一砖雕门楼，为1998—2001年原址复建，中间刻有“耕乐小筑”四字，上方有五鹤祥云浮雕，下部还有蝙蝠、葡萄、竹等雕刻。此堂楼现主要作根雕陈列用。门厅与堂楼之间庭院相隔，南北两侧均有二间厢房相连接。

第三进为绣楼，于1998—2001年落地重修，面阔五间17.6米，进深8.6米。为三明两暗的五开间，上为房间，下为厅堂。山墙外有仿木砖细博风装饰、前檐柱为方柱，内部木构雕刻典雅、古朴。绣楼东西两侧有厢房接连，接连处都有辅檐折绕，四周设吴王靠。其与堂楼之间隔有两个庭院，庭院之间门楼相隔。

南路住宅北侧备弄宽约1米，与后园曲廊相连，墙上8只灯龛。于1998—2001年进行保护修缮。

耕乐堂花园总面积约1510平方米。以北侧荷花池为中心，鸳鸯厅为主体建筑，墨香阁、环秀阁、燕翼楼依次坐落其中。花园中的古松轩、三友亭、三曲桥、曲廊均为1998—2002年修缮工程期间新建。荷花池于1998—2001年重挖并向东延伸，池上建一座三曲桥，桥长7.6米，宽1.1米。鸳鸯厅北侧天井，北壁筑有黄石假山，为明代遗存，具有“以粉壁为纸、以石为绘”的特点，西面有一月洞门与花园相连，月洞门东西两面门头分别为“藏幽”与“流芳”。

鸳鸯厅位于花园东侧，荷花池南侧，面阔三开间，建筑面积62平方米，为明代建筑，曾于1998—2001年进行落架重修。四周回廊，厅北贴水，面池皆为落地长窗。前后轩廊，以鹤胫三弯椽相接。

燕翼楼位于鸳鸯厅东侧，楼厅，卷棚歇山顶，建筑面积48平方米，曾于1998—2001年进行落架重修。

荷花池北为跨水而筑的环秀阁，曾于1998—2001年进行落架重修，建筑面积64平方米。环秀阁下用八根柱子将阁支起，历百年而不朽。阁底层曾置有活络搁板，可自由开启，俯视能见池中游鱼戏觅食之趣，可见“引水入室”的独具匠心。1998年保护修缮时，因考虑到游客的安全改为固定地板。

墨香阁，又名木樨轩，原为潘宅书楼，位于环秀阁东侧，楼厅与环秀阁以双层廊相连，建筑面积54平方米，于1998—2001年进行修缮。

1981年耕乐堂被列为江苏省太湖风景区八景之一。1986年7月耕乐堂被列为吴江第二批文物保护单位，2002年10月耕乐堂被列为江苏省第五批文物保护单位，2013年3月5日耕乐堂被国务院公布列为第七批清代古建筑类全国重点文物保护单位，公布编号为7-0976-3-274。保护范围：东至陆家埭河，西、南、北至界墙（含园）。建控地带：东至陆家埭河，西至保护范围外35米一线，南至保护范围外40～60米，北至建康路。

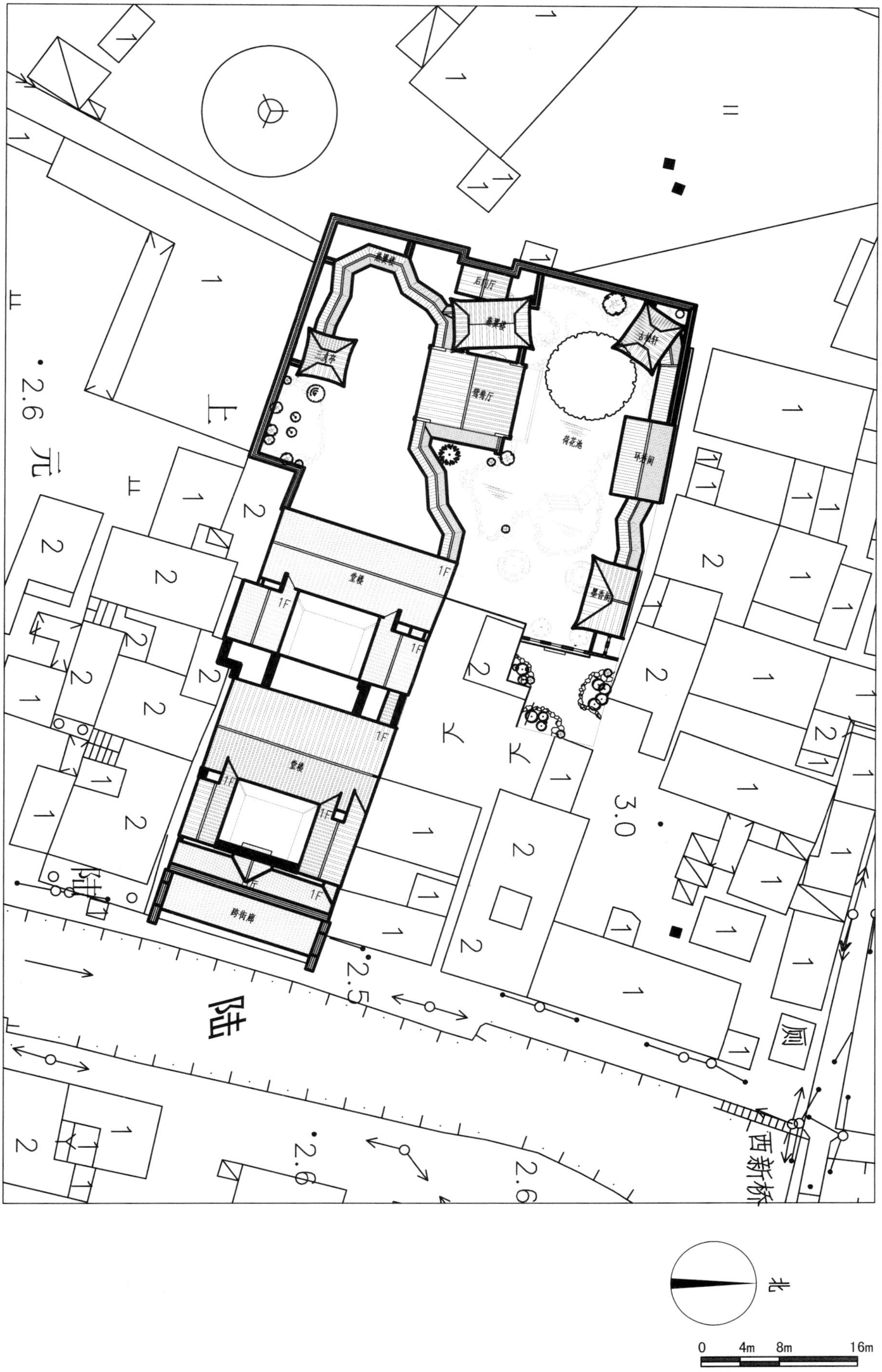

图 1　耕乐堂总平面图

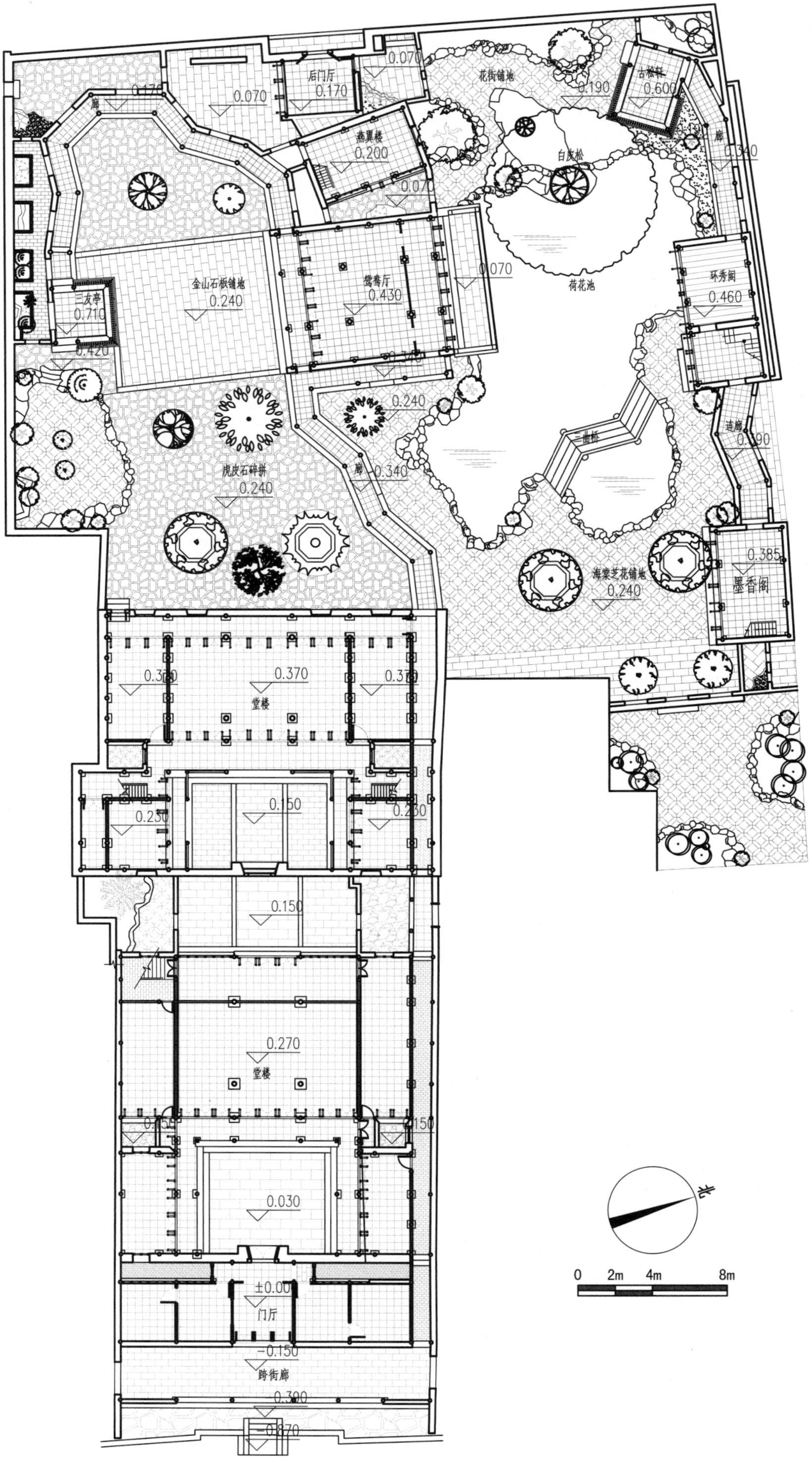
后门厅
0.170
0.070
0.070
花街铺地
0.190
古松轩
0.600
燕翼楼
0.200
0.070
白皮松
廊
0.340
三友亭
0.710
金山石板铺地
0.240
鸳鸯厅
0.430
0.070
荷花池
环秀阁
0.460
0.420
0.240
三曲桥
连廊
0.390
虎皮石碎拼
0.240
廊
0.340
海棠芝花铺地
0.240
0.385
墨香阁
0.370
堂楼
0.150
0.230
0.150
0.270
堂楼
0.150
0.030
±0.000
门厅
−0.150
跨街廊
0.300
−0.870
北
0 2m 4m 8m

图 2　一层平面图

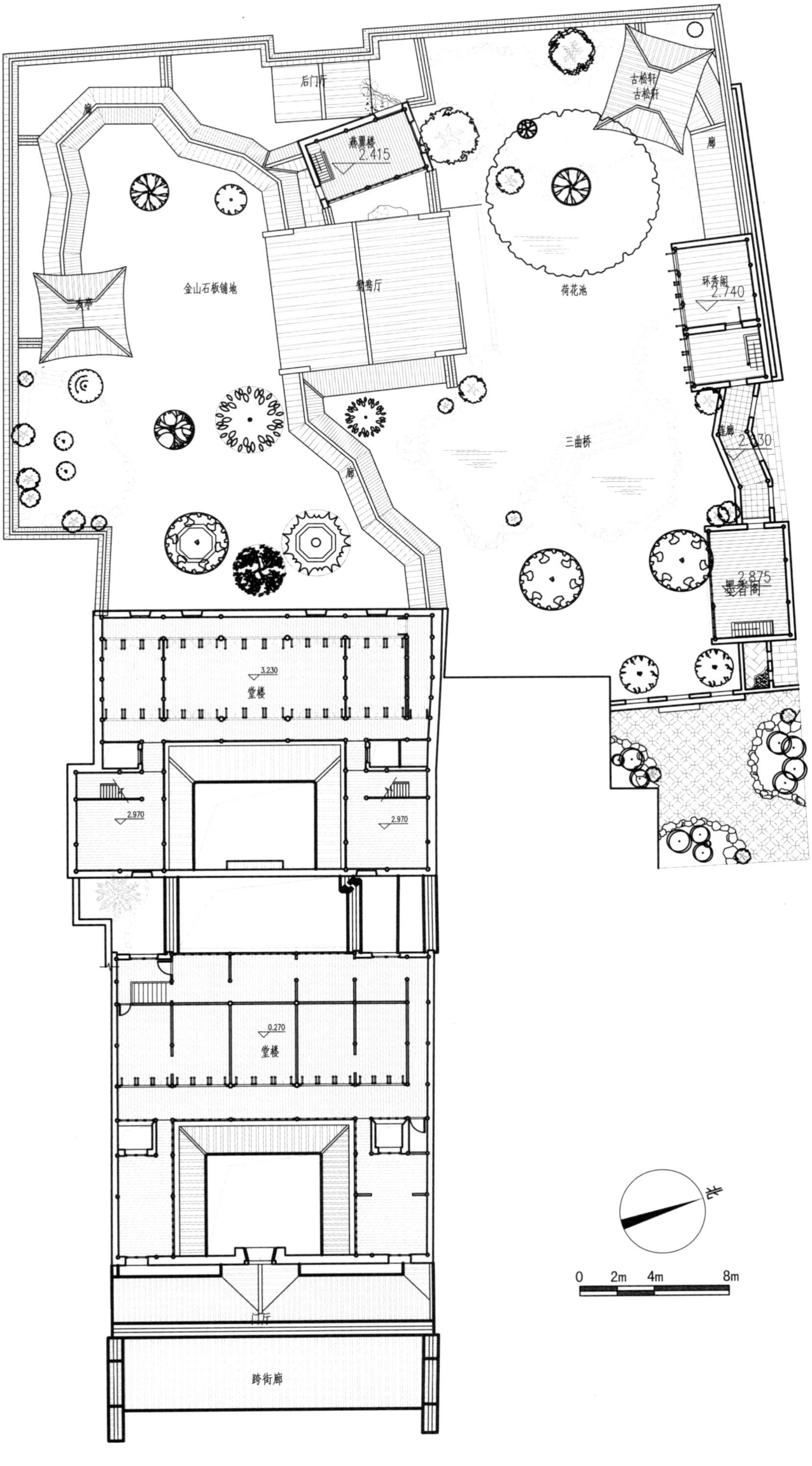
后门厅
廊
燕翼楼
2.415
古松轩
古松轩
廊
金山石板铺地
鹤瑞厅
荷花池
环秀阁
2.740
一衣亭
三曲桥
廊
2.830
廊
2.875
墨香阁
3.230
堂楼
2.970
2.970
0.270
堂楼
门厅
跨街廊
北
0 2m 4m 8m

图 3　二层平面图

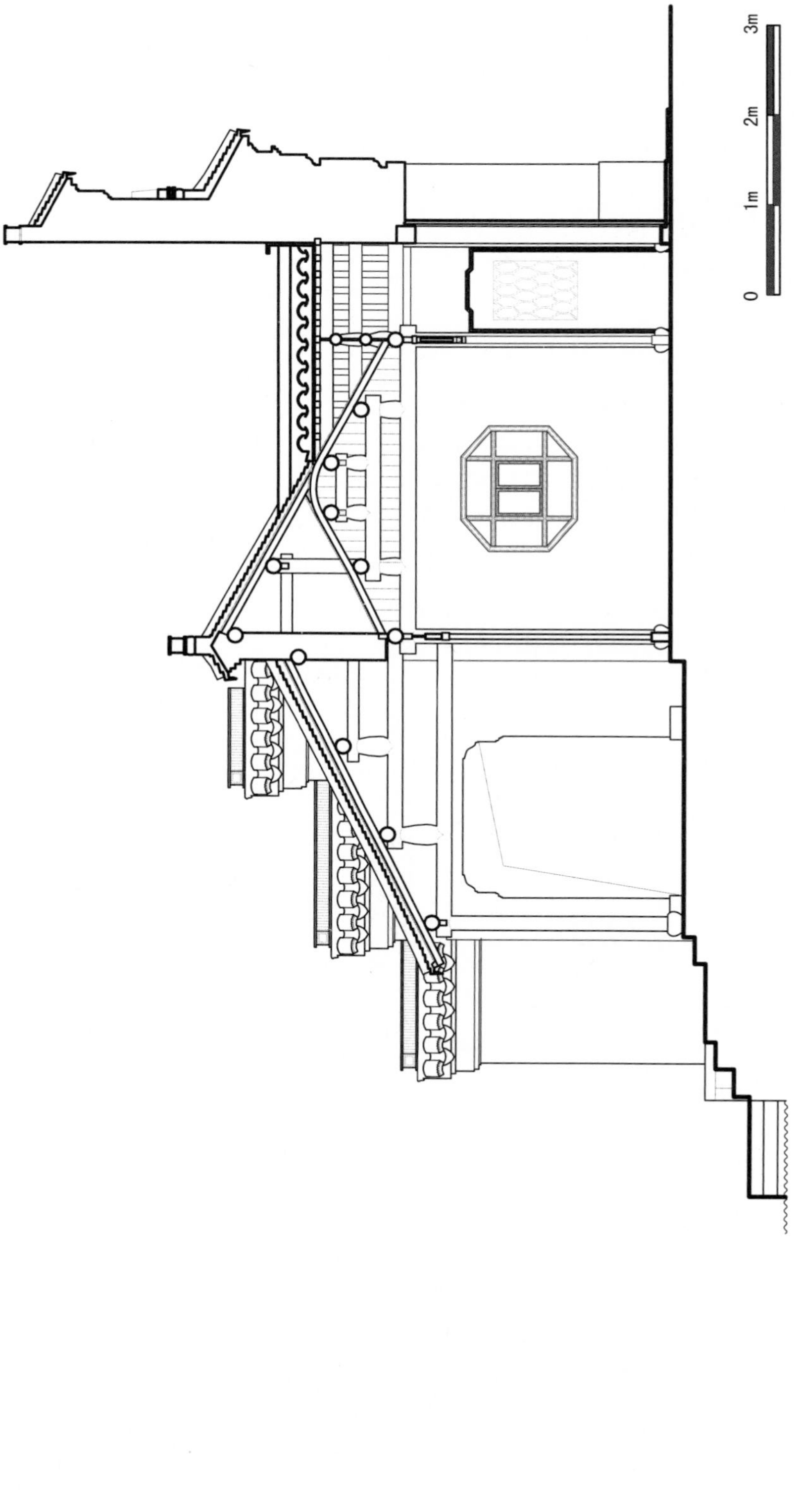

图 4　第一进横剖面图

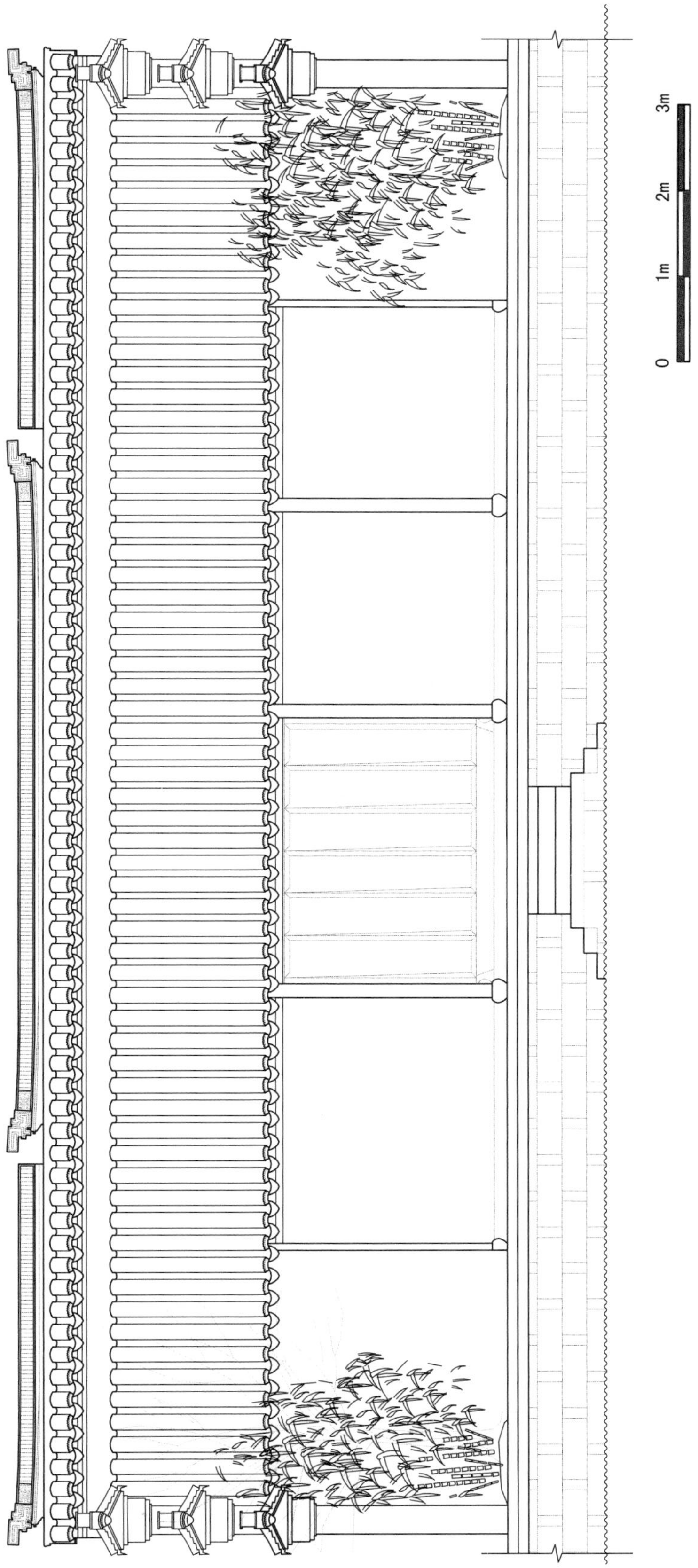

图5 第一进东立面图

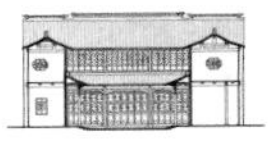

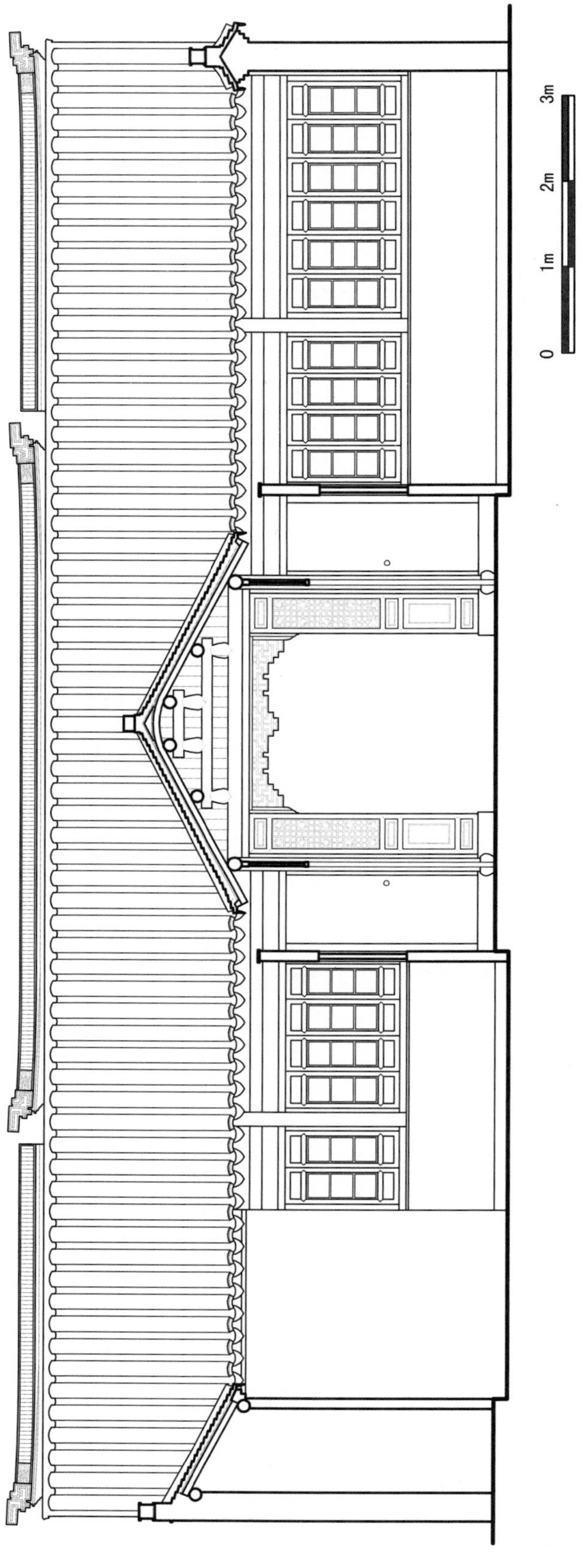

图6 第一进西立面图

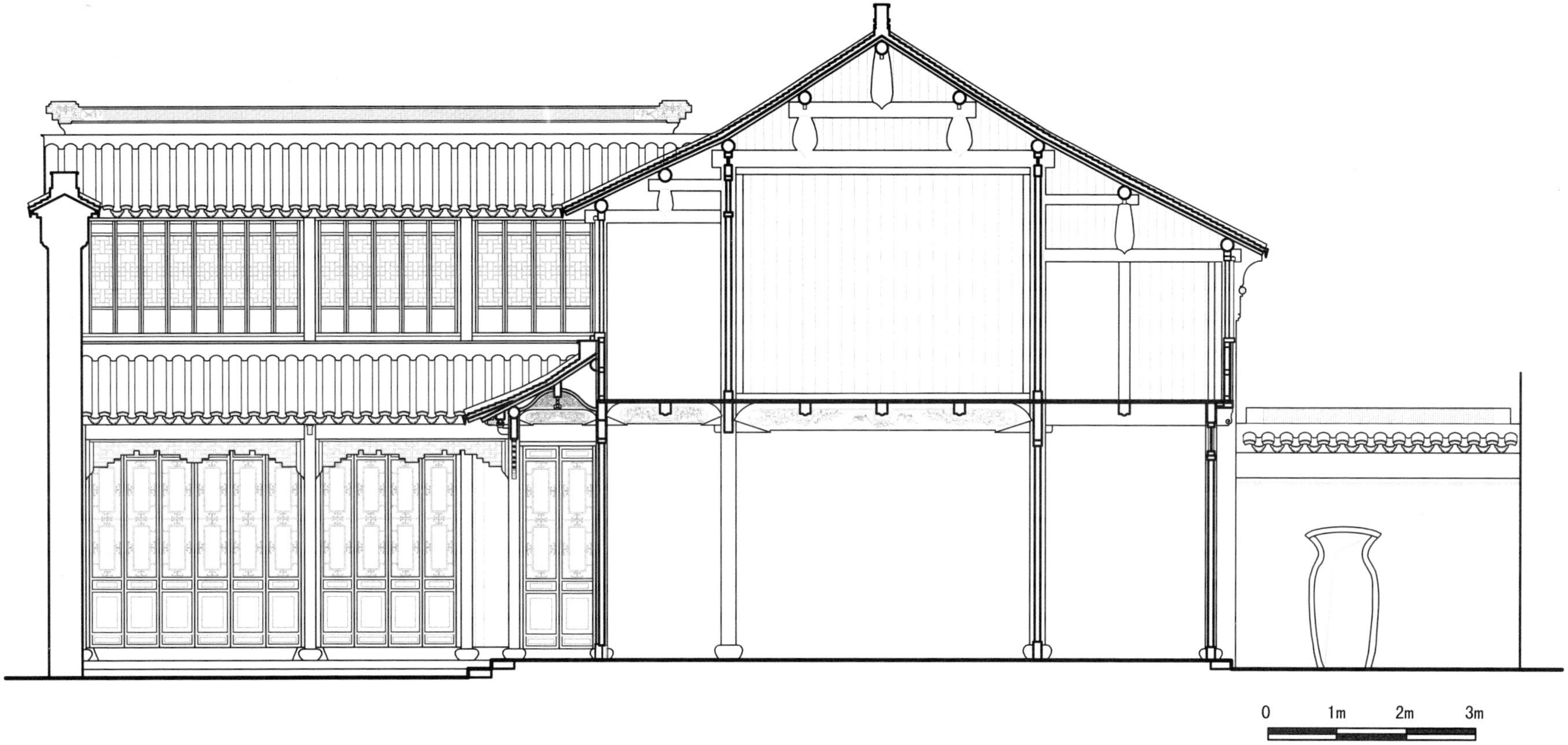

图 7　第二进横剖面图

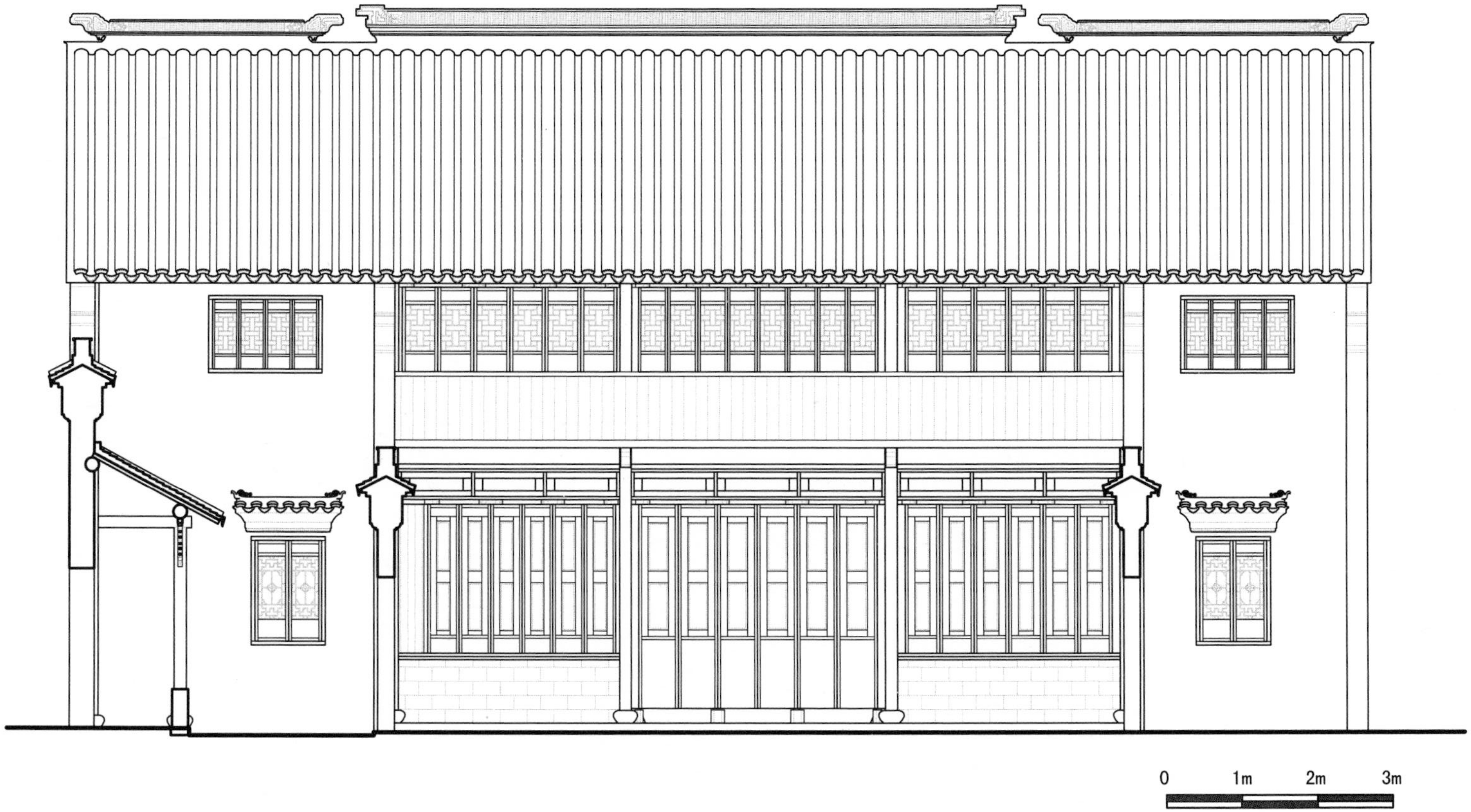

图 8　第二进东立面图

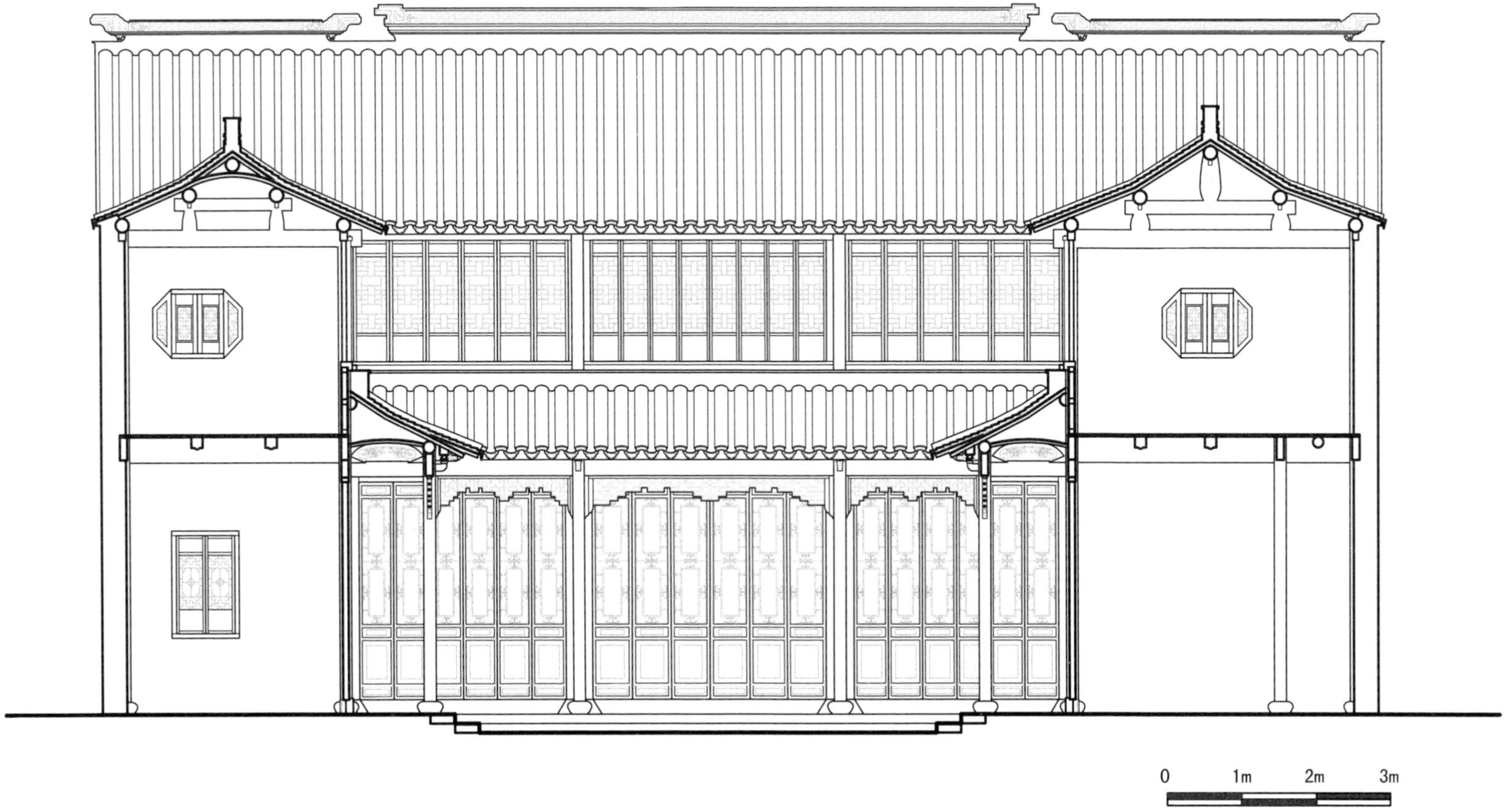

图 9　第二进西立面图

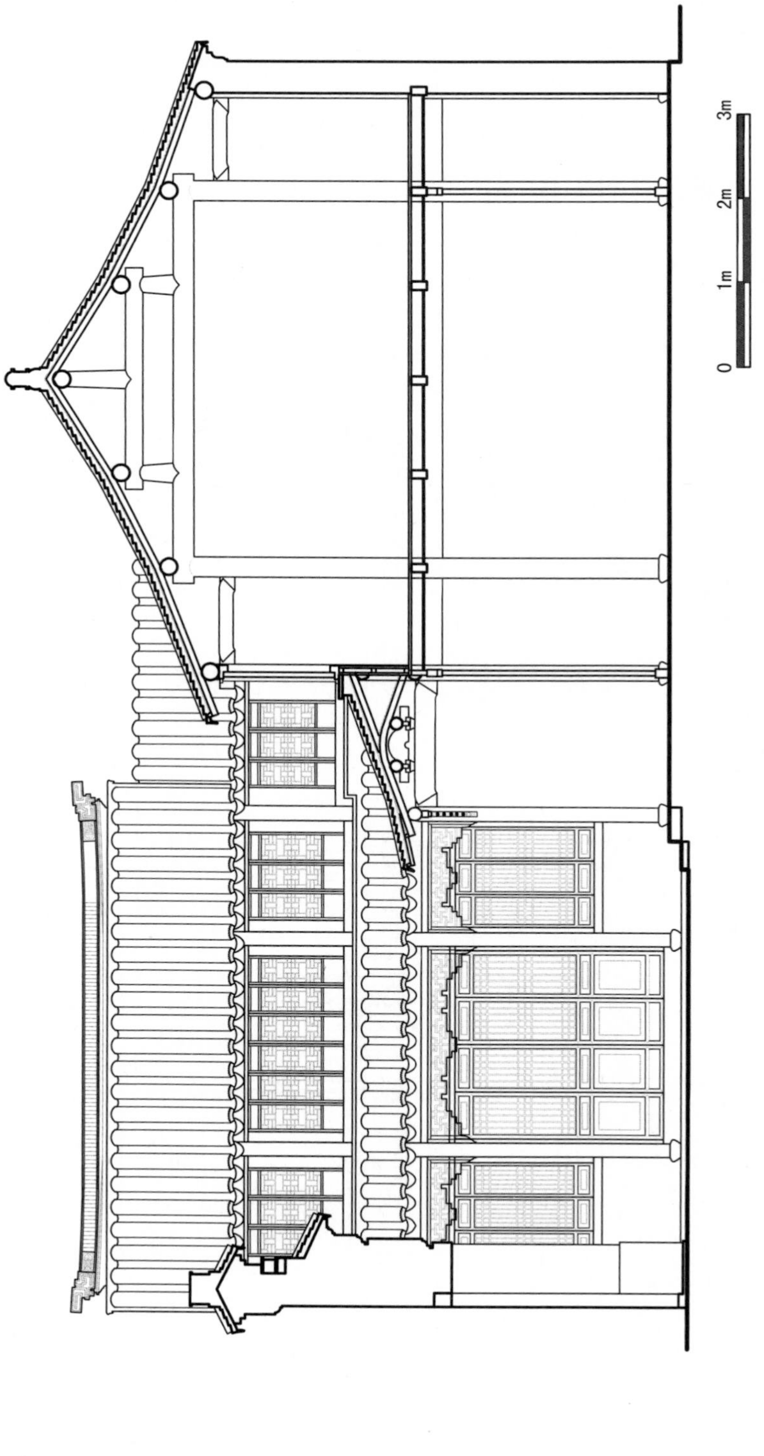

图10　第三进横剖面图

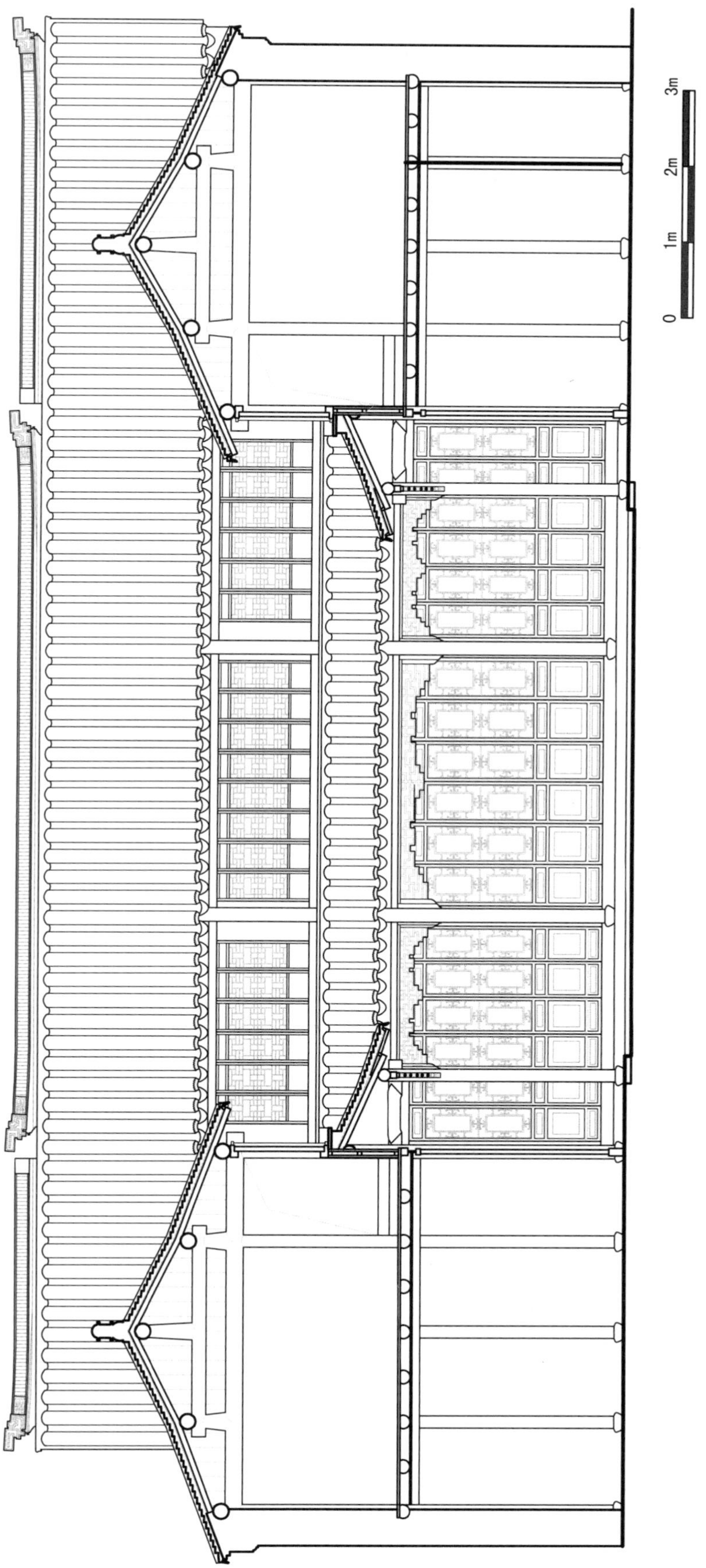

图11 第二进东立面图

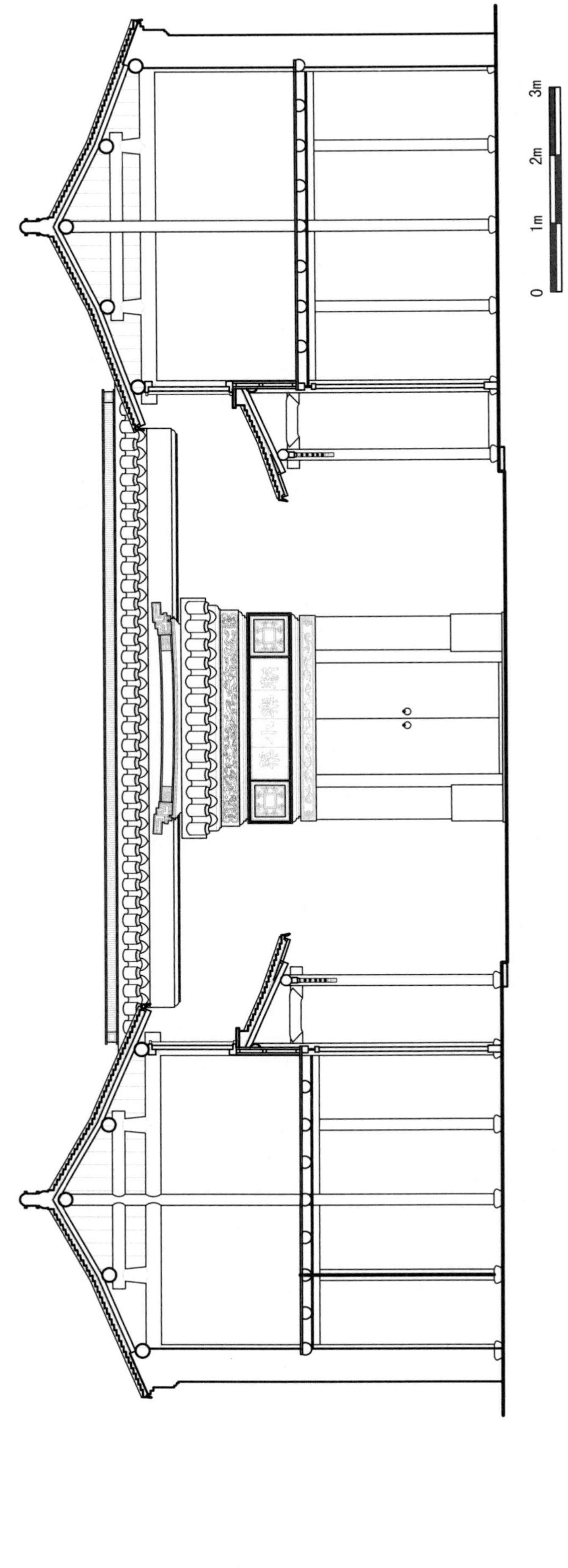

图 12　门楼立面图

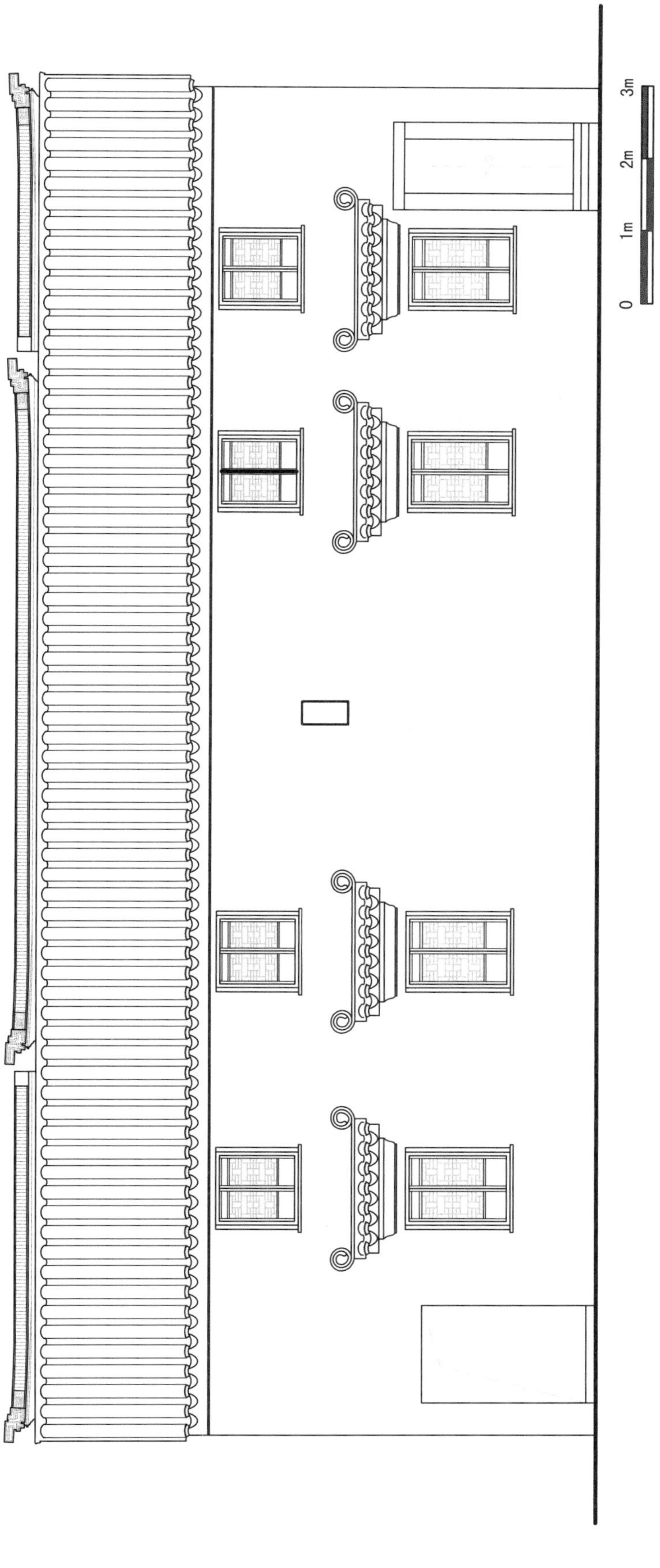

图 13 第二进西立面图

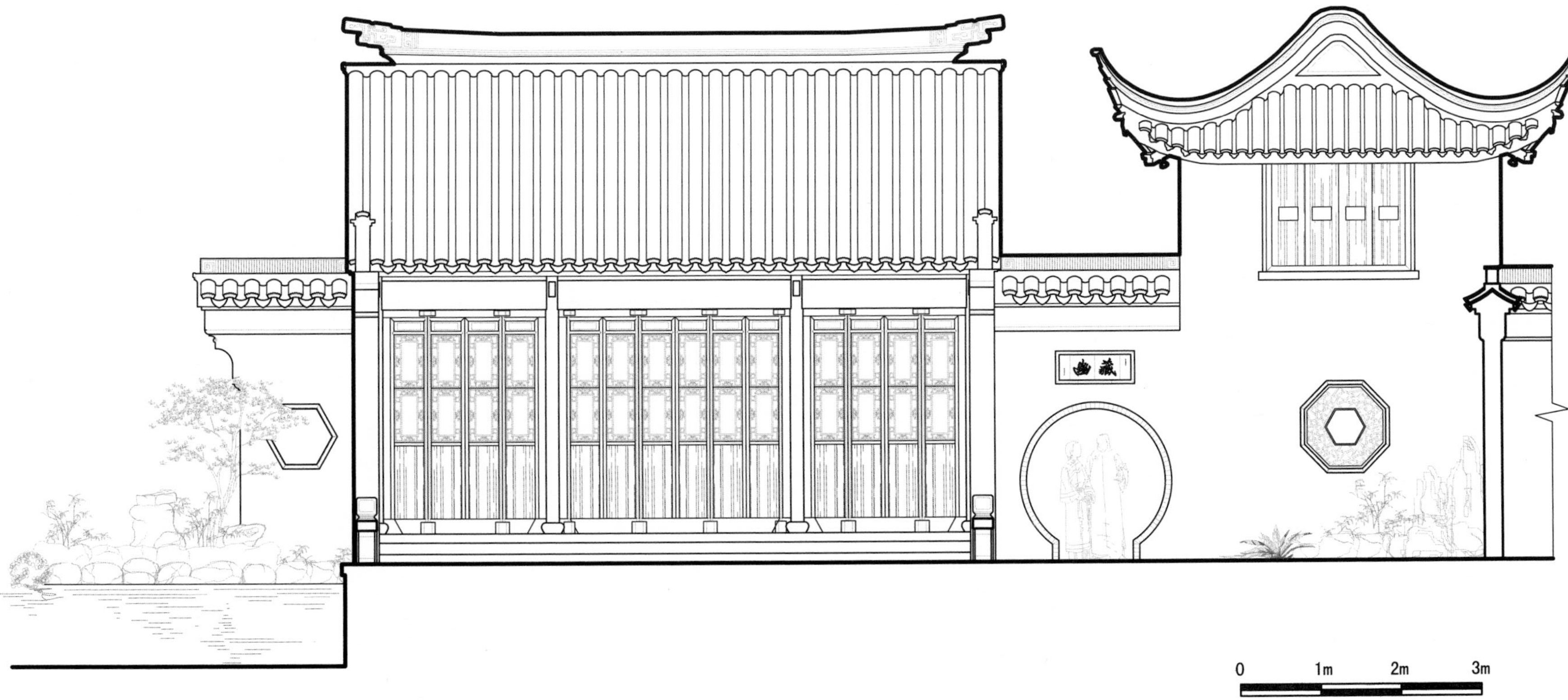

图 14　鸳鸯厅、燕翼楼北立面图

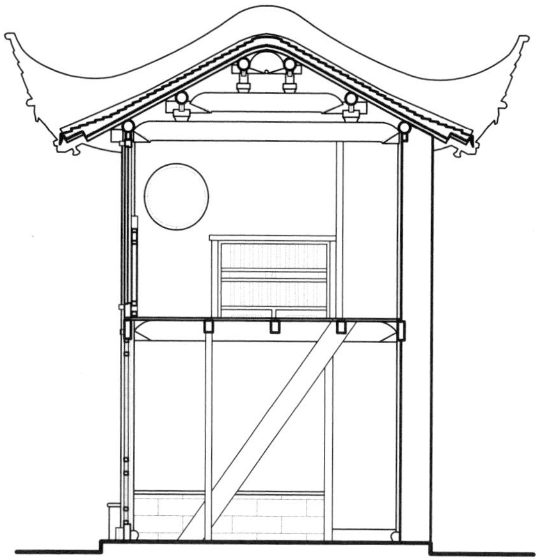
图 15　燕翼楼剖面图

图 16　墨香阁剖面图

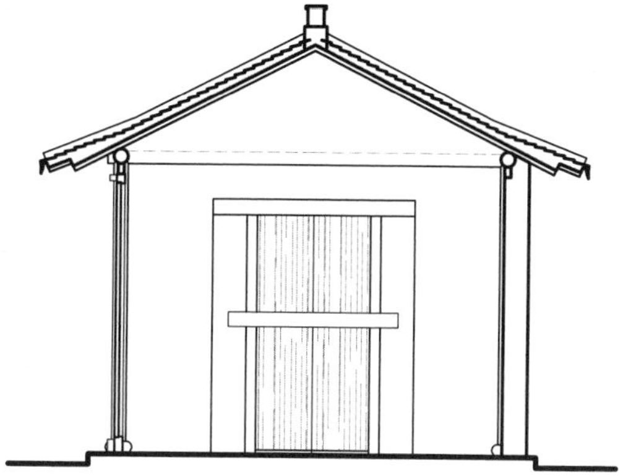
图 17　后门厅剖面图

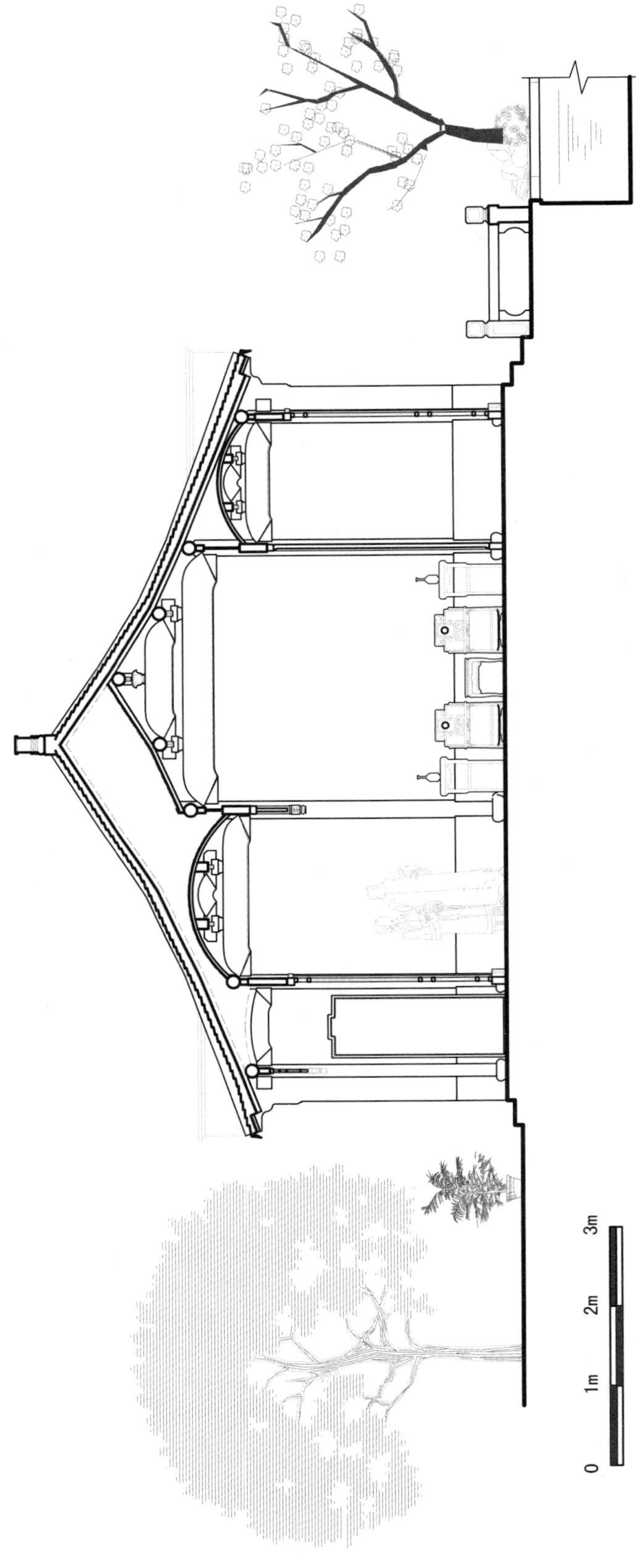

图18　鸳鸯厅剖面图

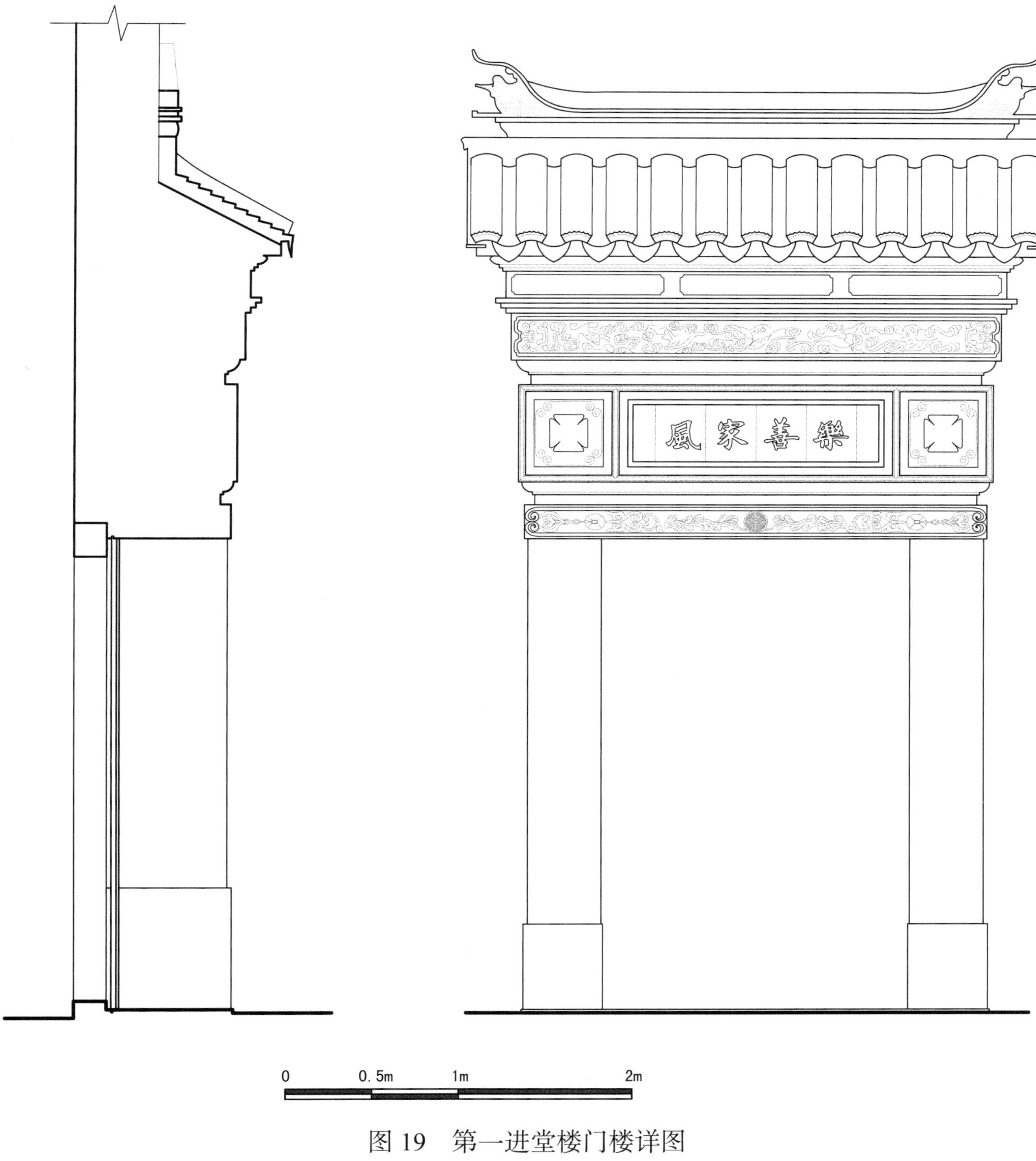

图 19　第一进堂楼门楼详图

桃源镇：市保单位——大通塘桥

大通塘桥，位于桃源镇前窑村，跨桃花桥港口，南北走向。建于 1930 年。

该桥为梁式五孔石桥，花岗石构筑。桥长 27 米，中宽 2.2 米，中跨 6.32 米，高 3.4 米。桥面石边梁外侧面刻有“大通塘桥”桥名。桥台有石栏、望柱 6 对。桥身金刚墙外侧镌刻桥联，内壁阴刻“民国拾玖年仲秋之吉募□重修”。此桥用材硕大，造型敦厚，体现了当时区域经济的繁荣。

2014 年 7 月公布为苏州市文物保护单位。保护范围：四周 10 米。

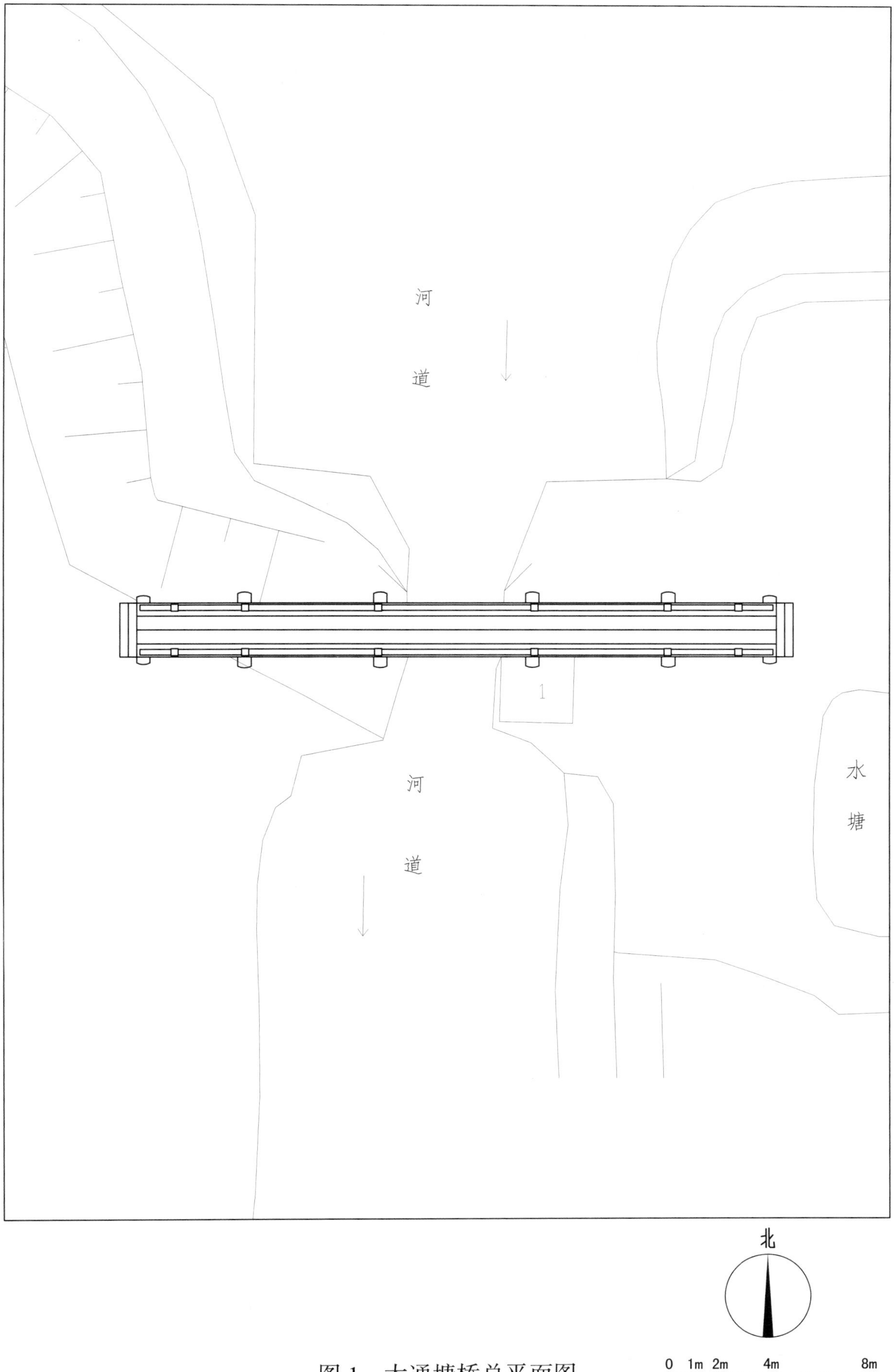

图 1 大通塘桥总平面图

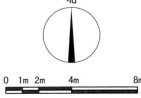

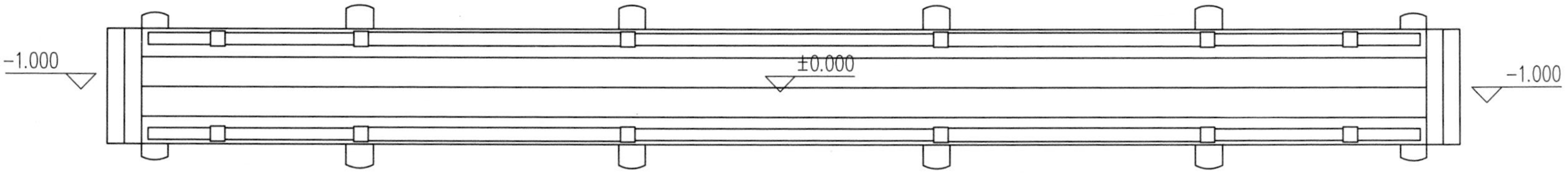
-1.000
±0.000
-1.000

图 2　大通塘平面图

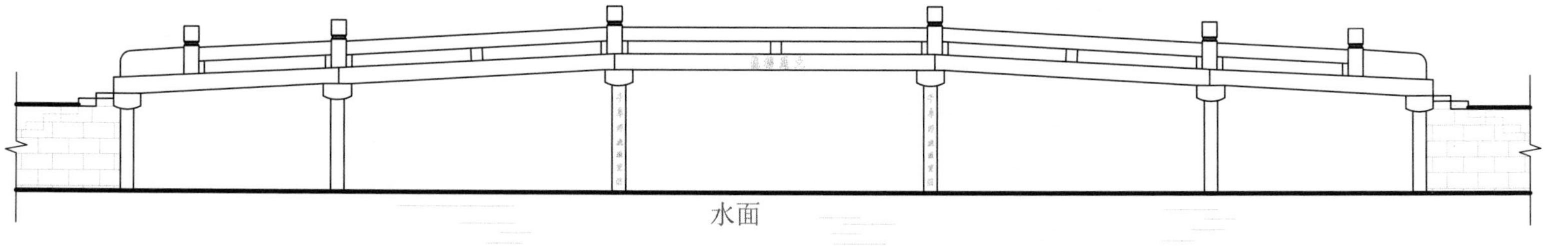
水面

图 3　大通塘桥立面图

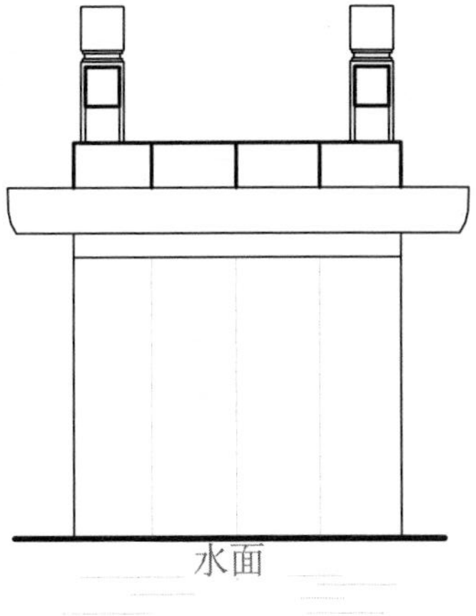
水面

图 4　大通塘桥剖面图

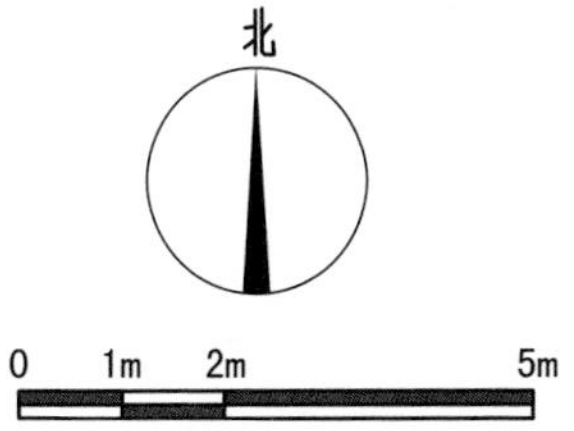
北
0
1m
2m
5m

桃源镇：市保单位——九里桥

九里桥，位于桃源镇九里桥村横港口，跨横港，东临运河，南北走向，桥西南方向有驿亭一座。始建于清宣统元年（1909 年），为烂溪西岸纤道桥。

该桥拱形单孔，拱券采用联锁法砌置。桥长 8.5 米，高 2.9 米，中跨 3.45 米，中宽 2.1 米。金刚墙为青石、武康石、花岗石混砌，保留了历代维修的痕迹，是大运河吴江境内的历史遗存。桥面石两侧中部刻有“九里桥”桥名。桥面千斤石刻“轮回”图案。桥身两侧楹联石镌刻对联，桥联为：“九曲水流溪潋滟，两傍道路跨康庄”；“南通浙江省，西接紫云溪”。

2014 年 7 月公布为苏州市文物保护单位。保护范围：四周 10 米。

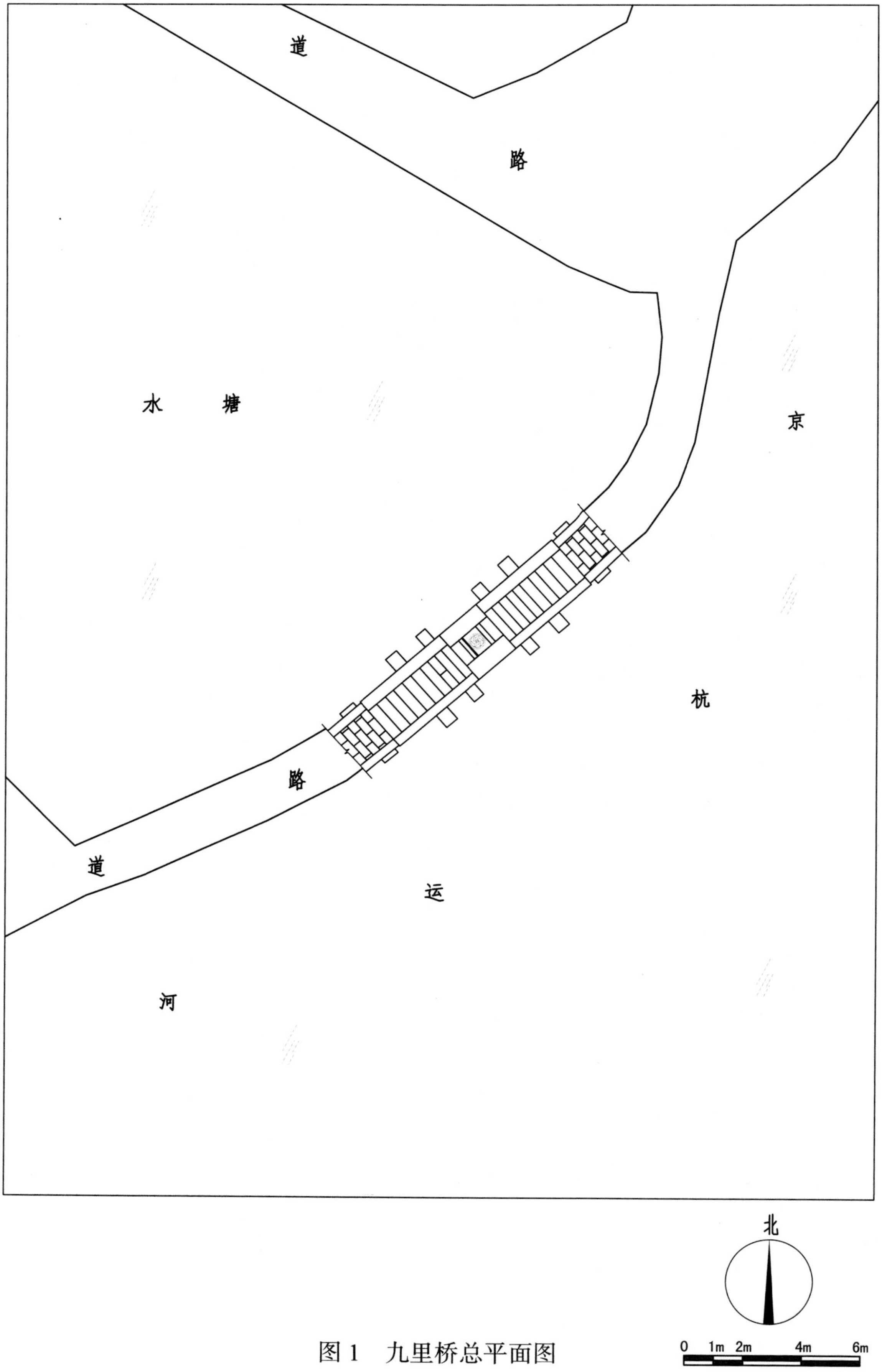
道
路
水　塘
京
杭
路
道
运
河
北
0 1m 2m 4m 6m

图 1　九里桥总平面图

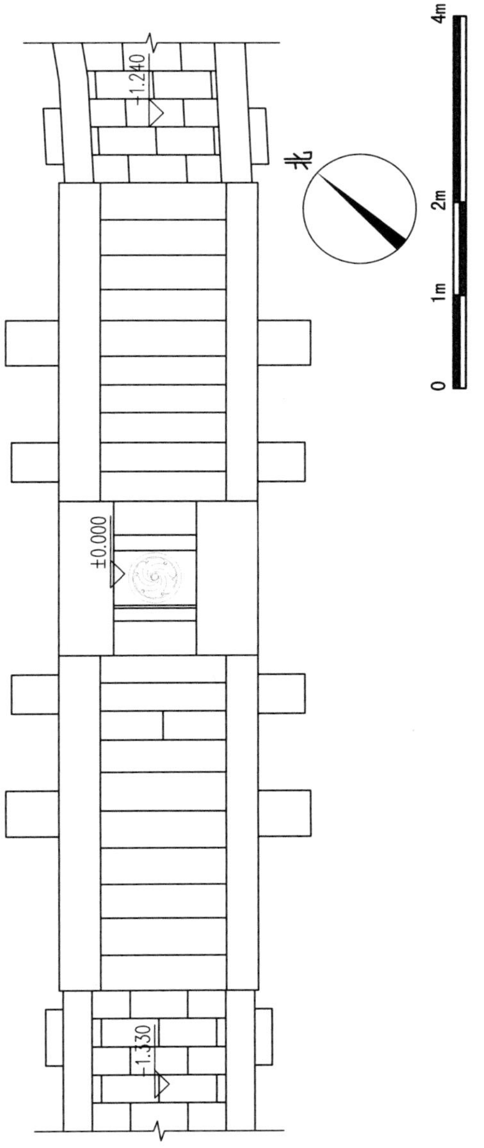

图2 平面图

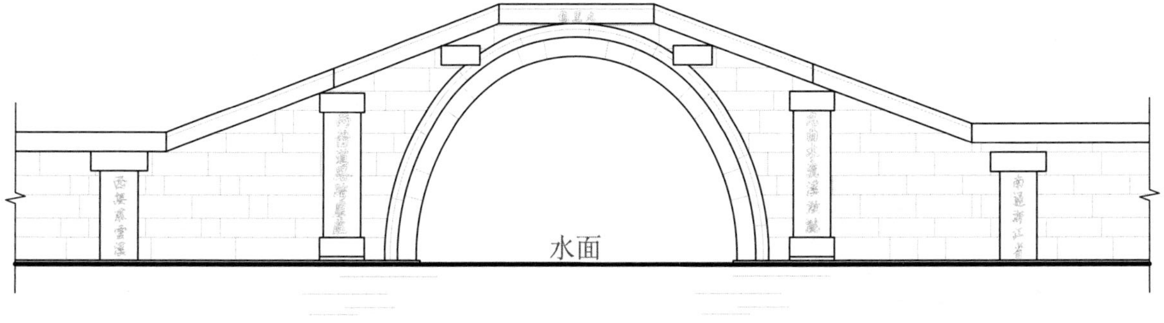

图 3　立面图

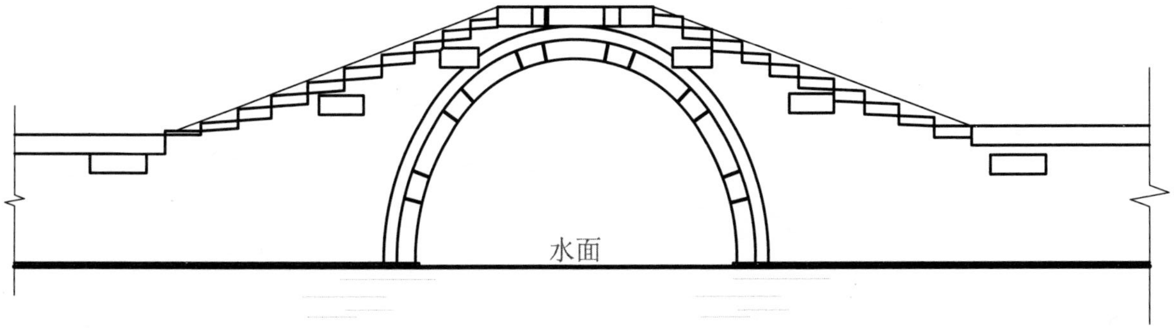

图 4　剖面图

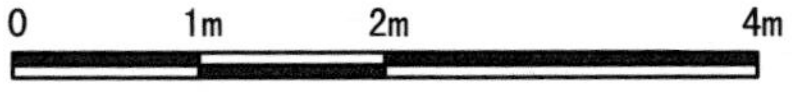

桃源镇：市保单位——铜罗枫桥河廊

枫桥河廊，位于桃源镇铜罗社区，沿枫桥河南北岸东西向分布。建于清末民初。总用地面积 1533.9 平方米，总建筑面积 880.1 平方米。

北岸为民主街 19 号至 53 号，长 203 米，由 3 组河廊构成。南岸为胜利街 43 号至 76 号，长 201 米，由 2 组河廊构成。河廊形式多为单坡，跨度二到三界，约 1.5～3.6 米；少数为双坡，跨度二到六界，约 1.8～4 米。小青瓦屋面，梁架穿斗式，人字型黄道砖地坪。驳岸置石栏杆，局部设有坐槛、吴王靠。临河水埠头分布其间。

河廊沿街由邮局、店铺、民居等 32 间房屋组成，夏遮烈日，雨天挡雨，具有典型的江南水乡古镇特色。

2014 年 7 月公布为苏州市文物保护单位。保护范围：河道及两岸廊棚。建控范围：东至思源桥东侧，南至保护范围外 20 米，西至文化路西侧，北至保护范围外 30 米。

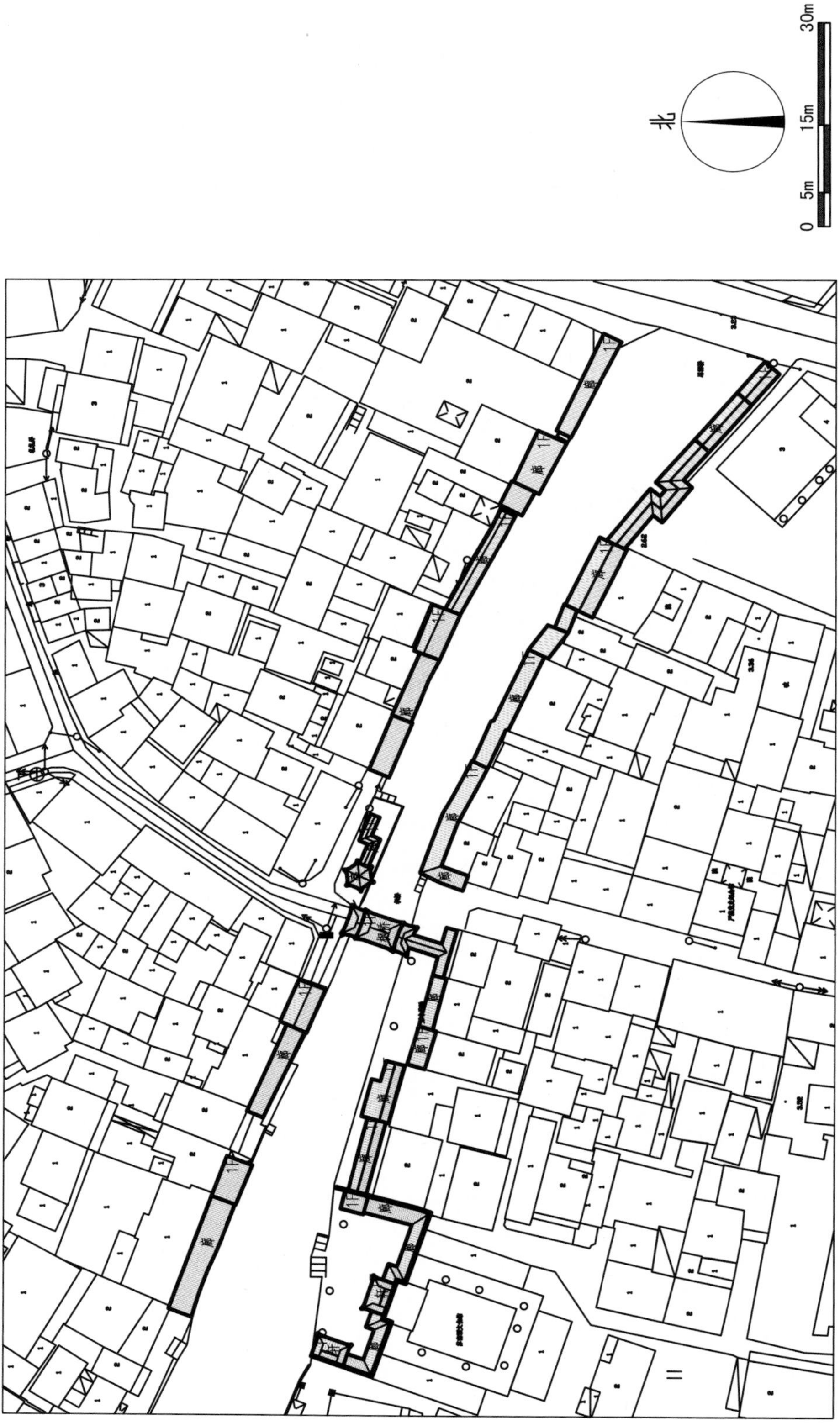

图 1 铜罗枫桥河廊总平面图

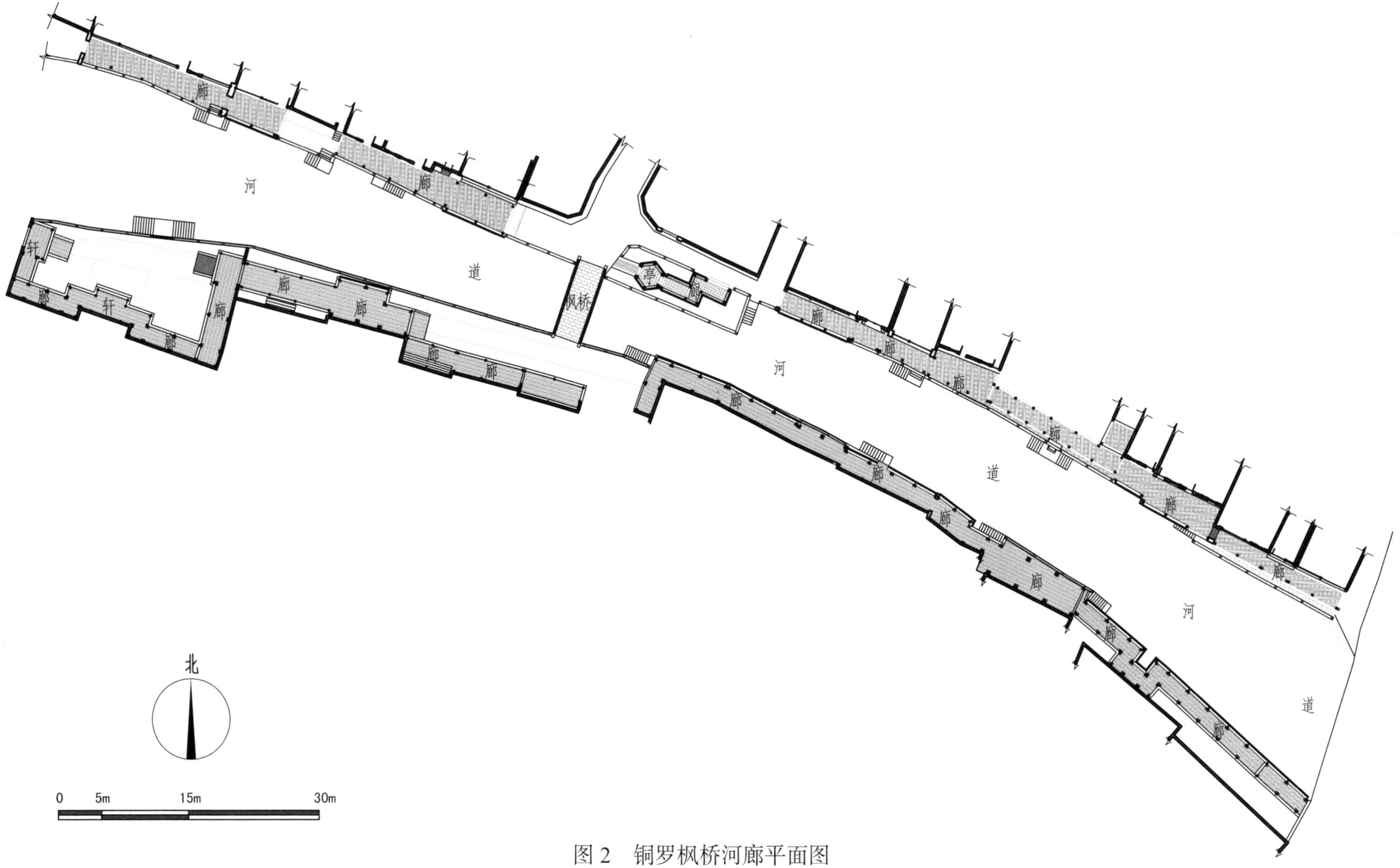

图 2　铜罗枫桥河廊平面图

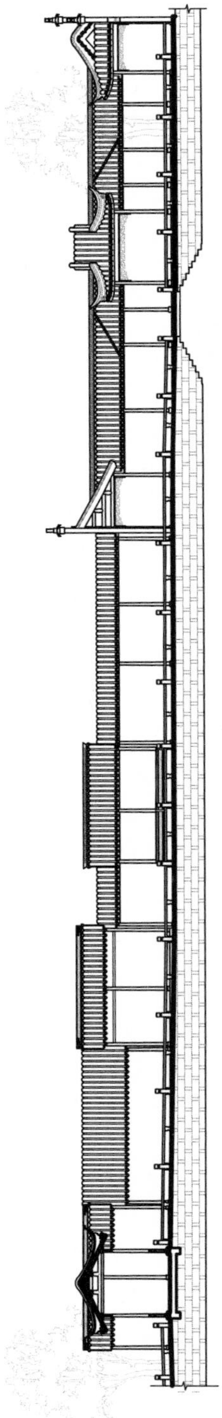

图 3　枫桥以西沿河南立面图

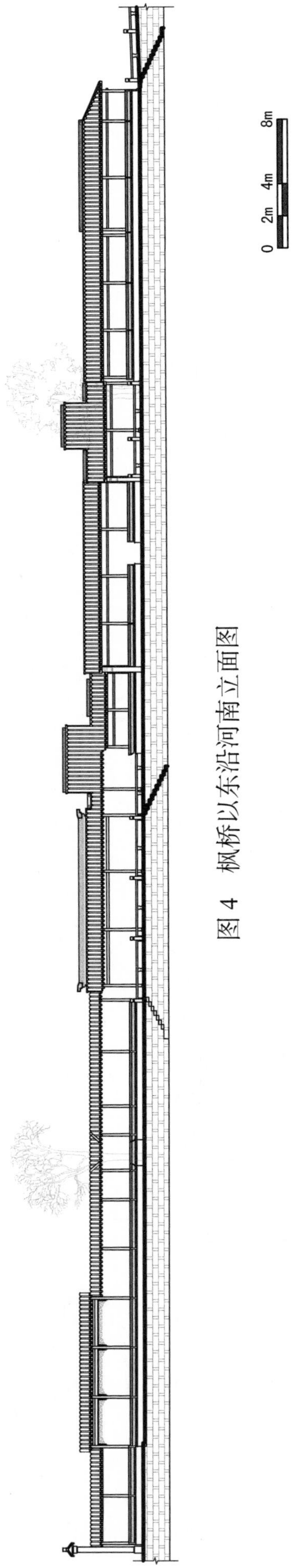

图 4　枫桥以东沿河南立面图

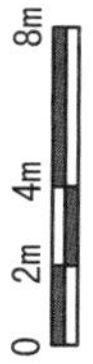

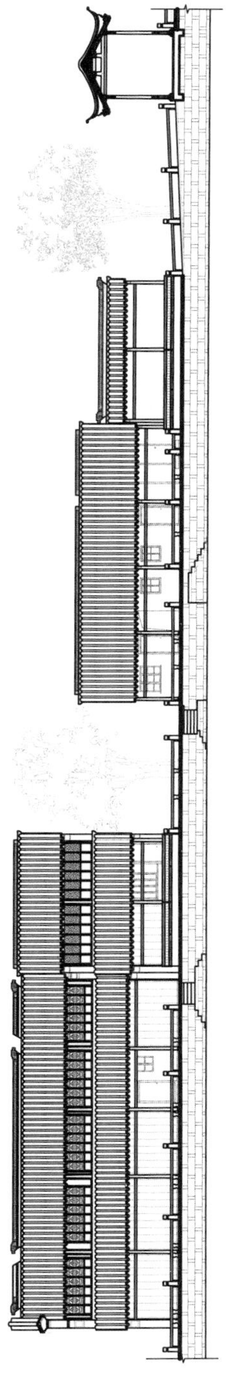

图 5　枫桥以西沿河北立面图

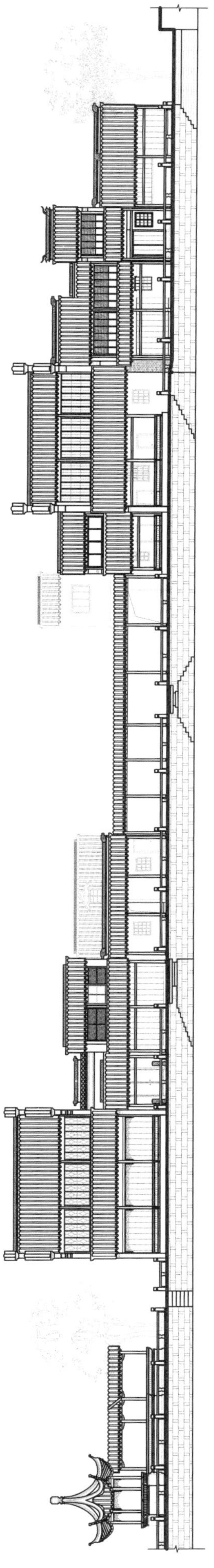

图 6　枫桥以东沿河北立面图

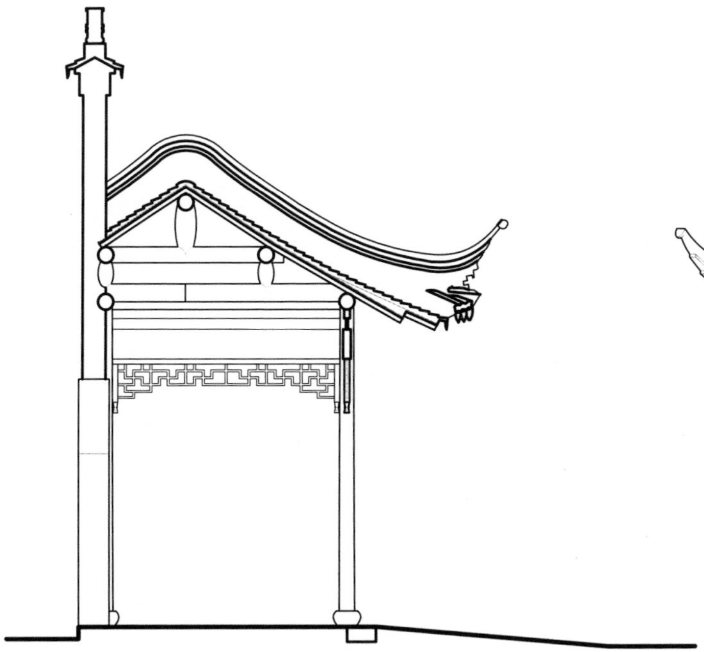

图 7　轩横剖面图

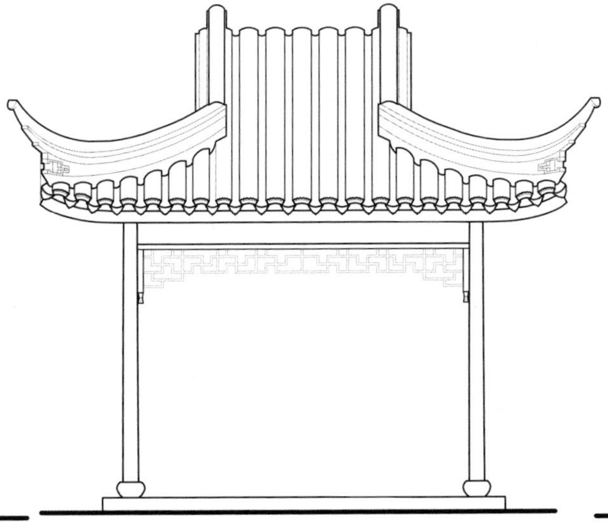

图 8　轩正立面图

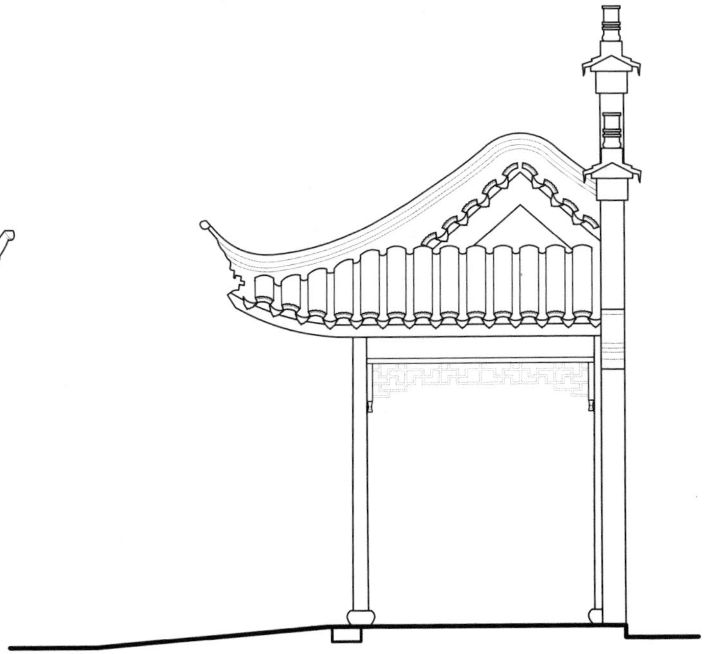

图 9　轩侧立面图

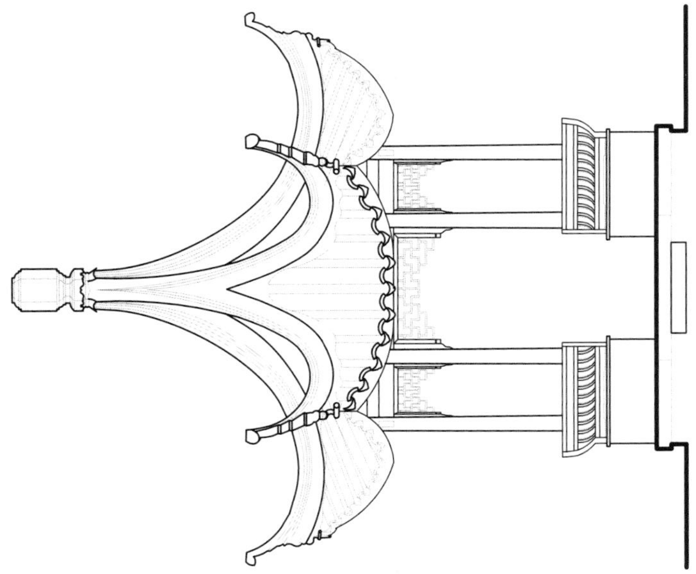

图 10　亭立面图

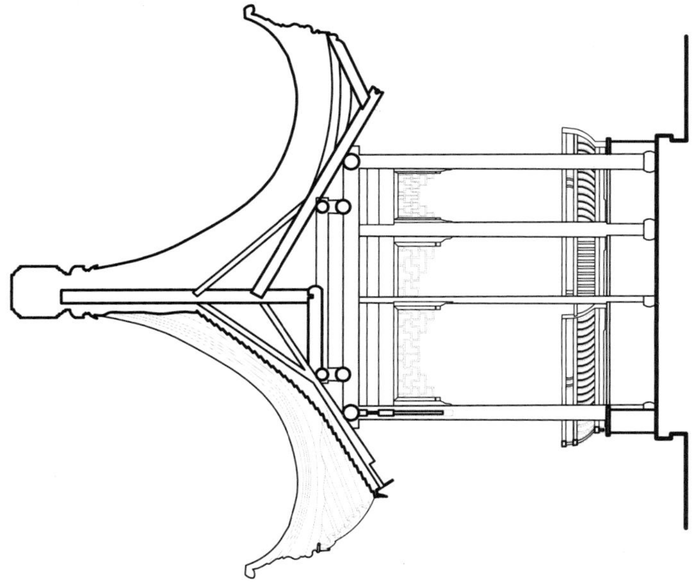

图 11　亭横剖面图

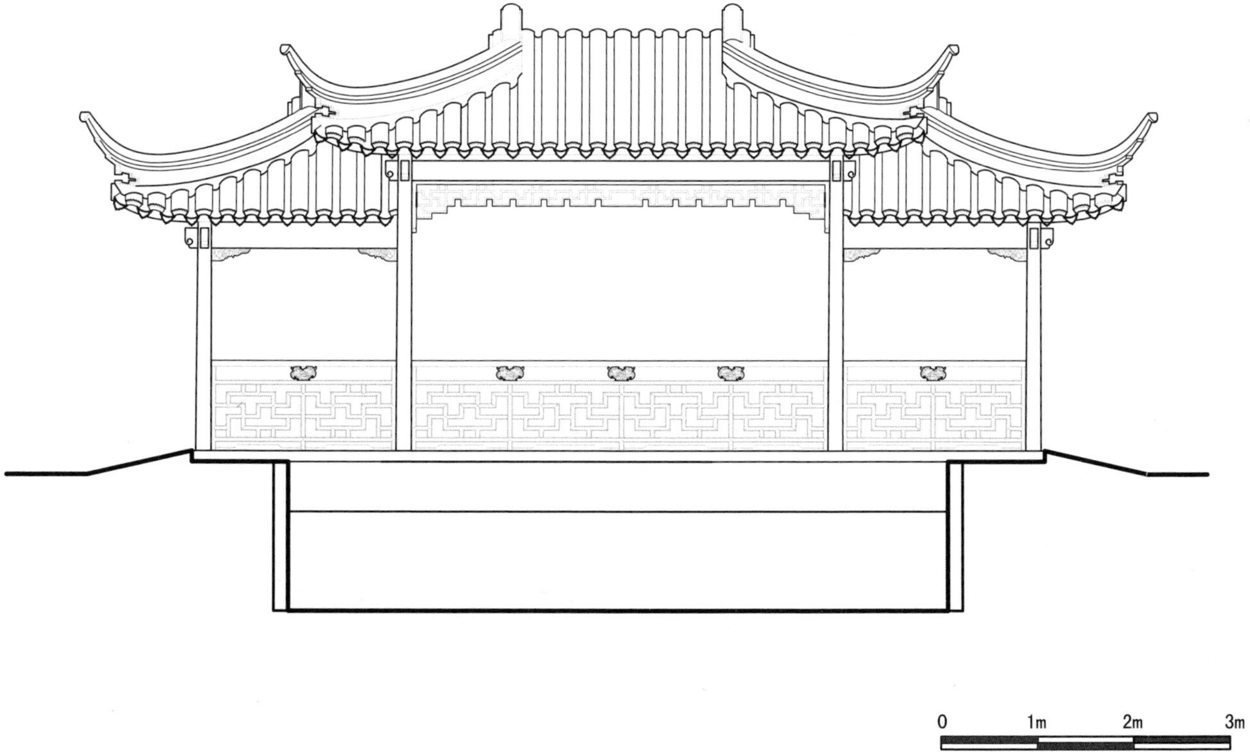

图 12　枫桥立面图

图 13　枫桥横剖面图

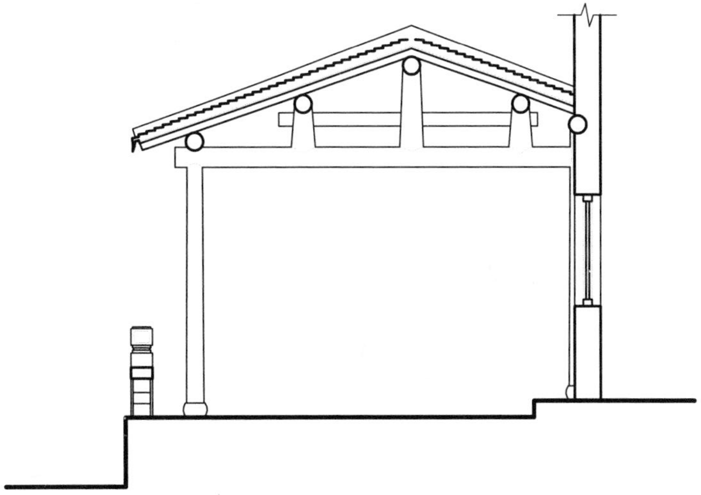

图 14　廊横剖面图一

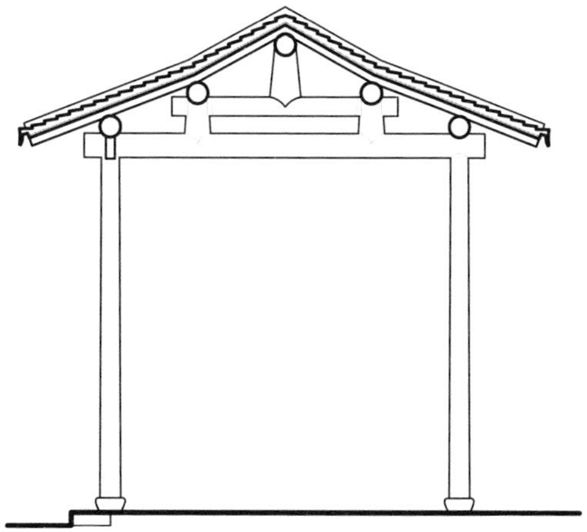

图 15　廊横剖面图二

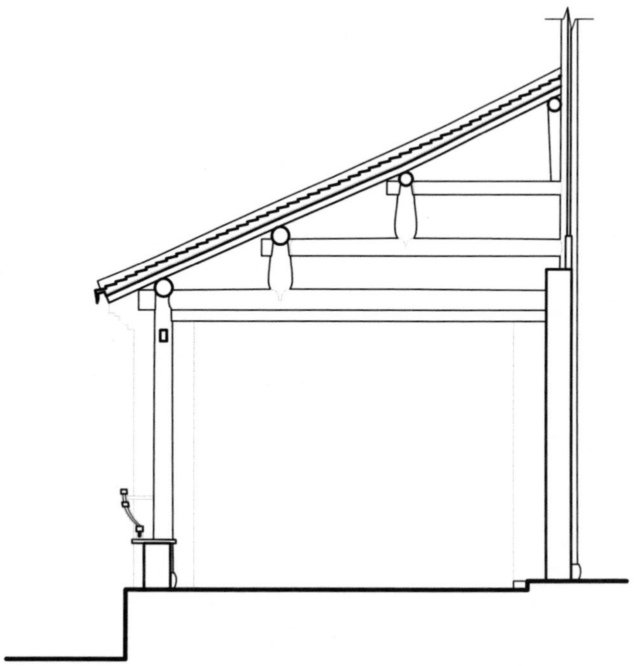

图 16　廊横剖面图三

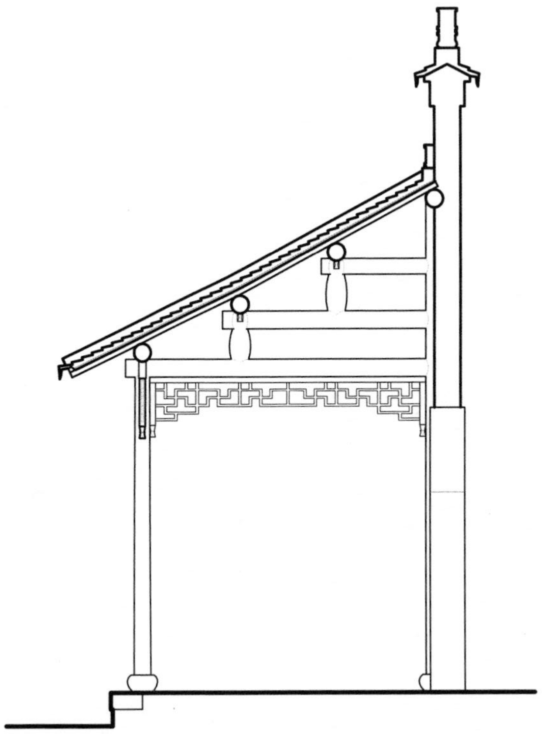

图 17　廊横剖面图四

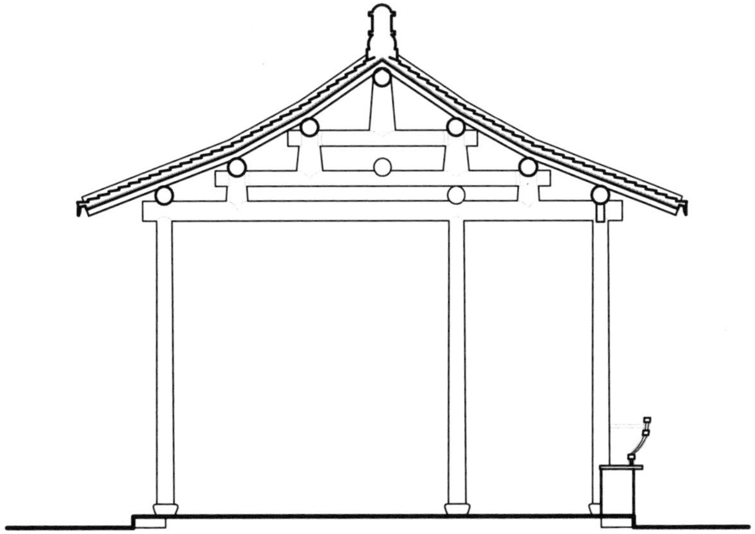

图 18　廊横剖面图五

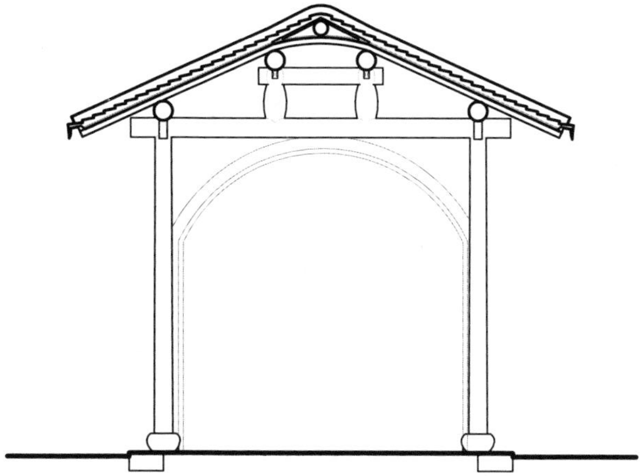

图 19　廊横剖面图六

桃源镇：市保单位——中共浙西路东特委和中共吴兴县委旧址

中共浙西路东特委和中共吴兴县委旧址，即福泰兴烟纸店，位于桃源镇铜罗社区民主街6号，建于20世纪二三十年代。抗战时期，这里曾是中共浙西路东特委和中共吴兴县委所在地，史列青、王子达等中共党员在此开展地下工作，具有较高的革命文物价值。

建筑坐北朝南，两面临街，原为二层楼房，1963年楼房拆除，仅存底层。现小青瓦屋面，甘蔗脊，内四界结构。面阔一间8.3米，进深5.3米，檐口高度3.2米。东侧塞板门，西侧宫式长窗。

2014年7月公布为苏州市文物保护单位。保护范围：四周至界墙。建控范围：东至当前街，南至北西汇，西至保护范围外10米，北至保护范围外5米。

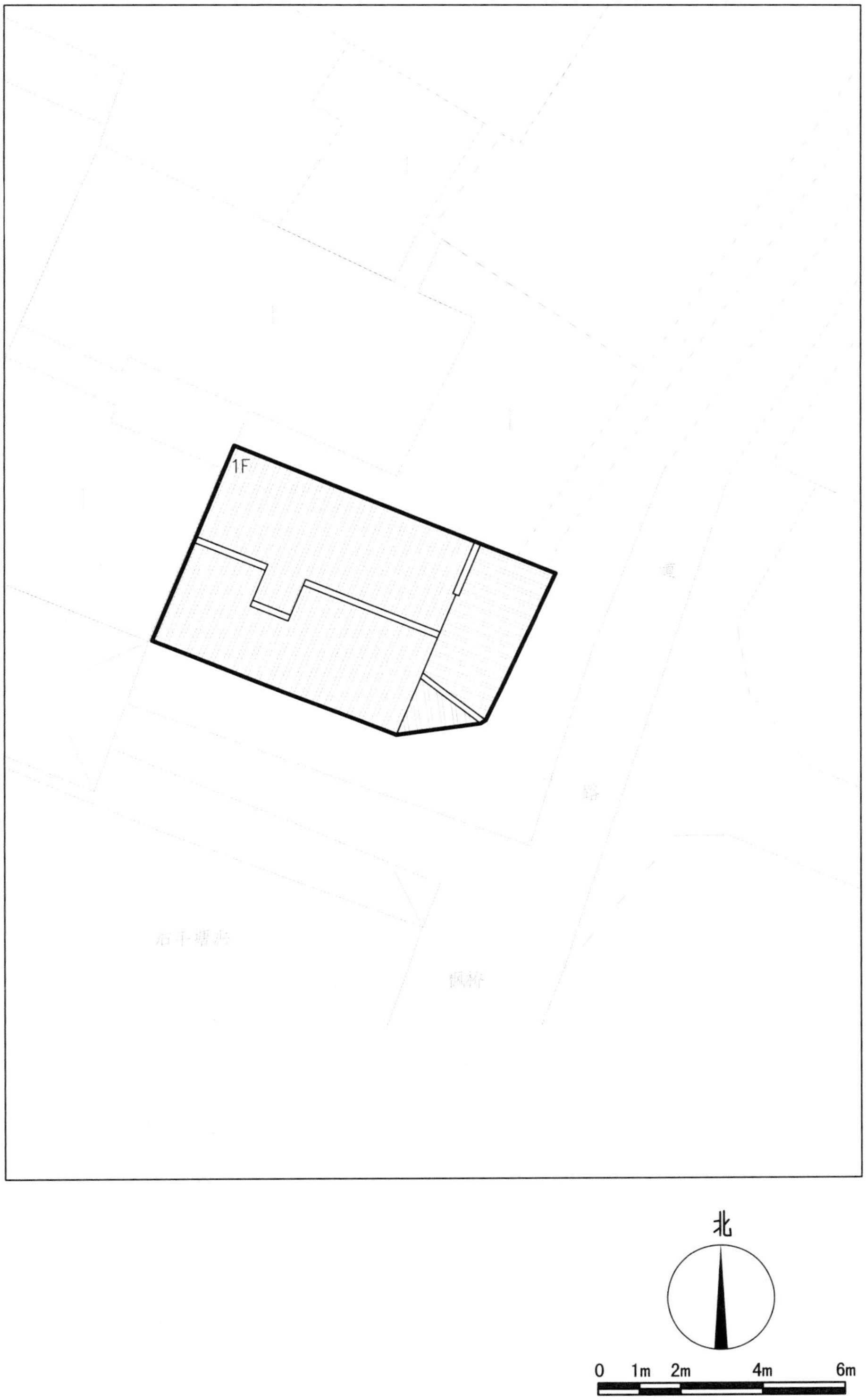

图 1　中共浙西路东特委和中共吴兴县委旧址总平面图

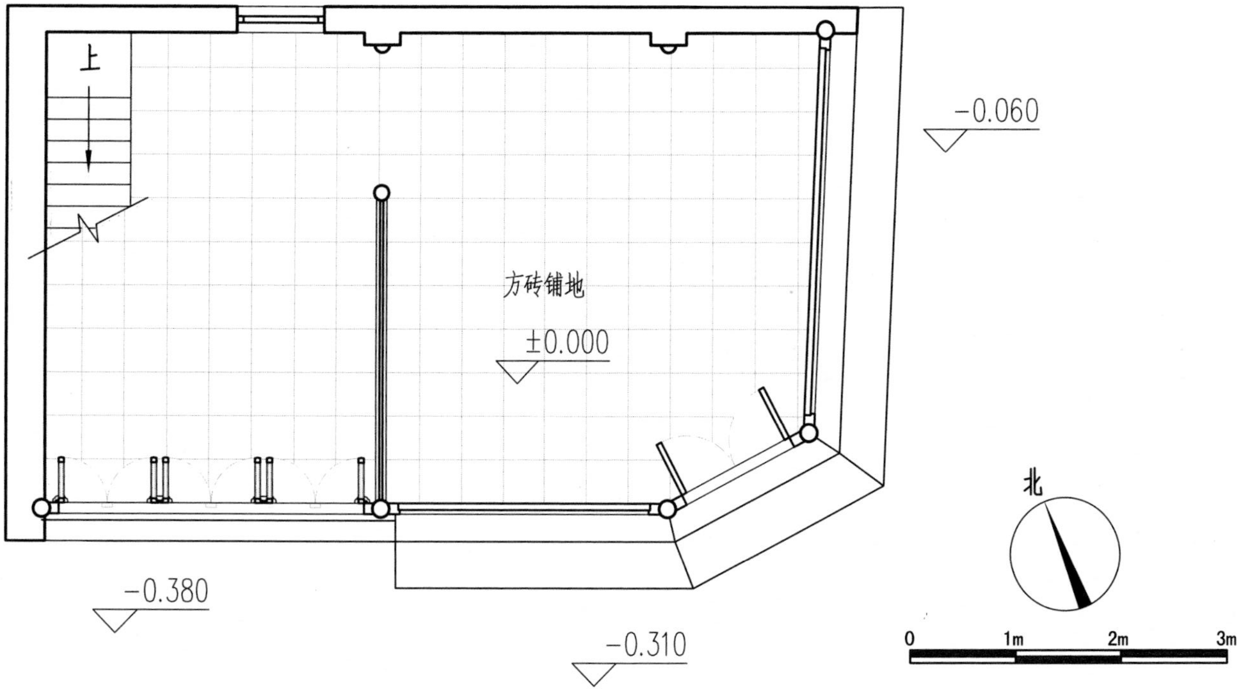

图 2　平面图

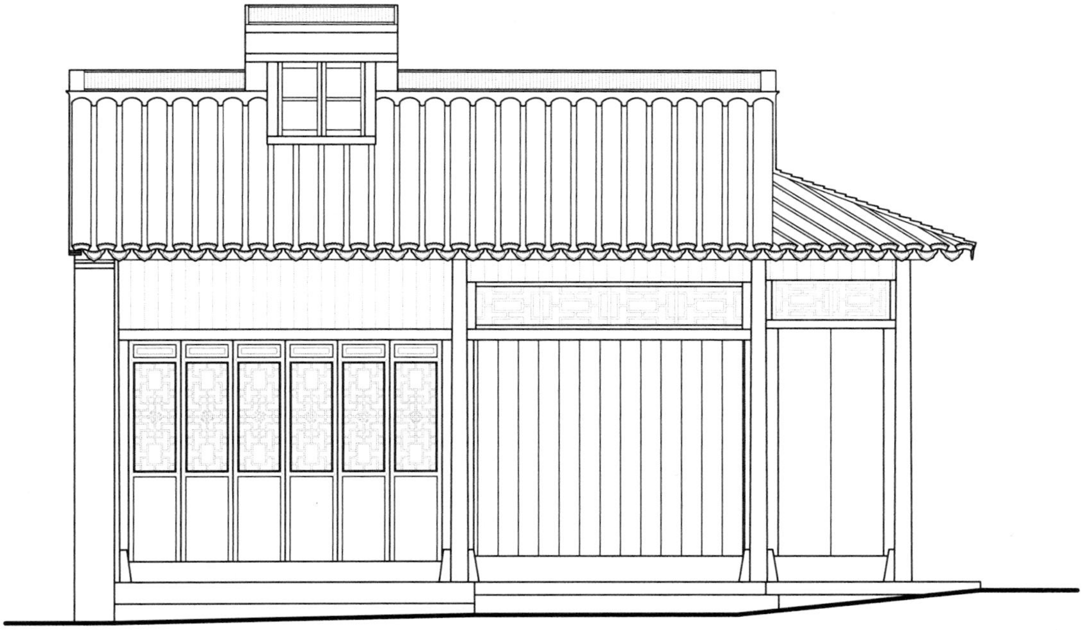

图 3　南立面图

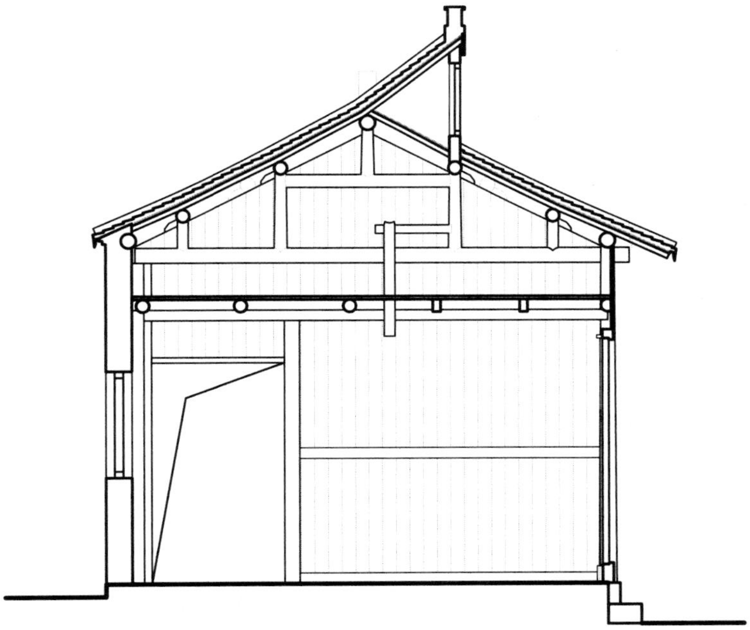

图 4　横剖面图

松陵镇：市保单位——吴江县立医院旧址

吴江县立医院旧址，位于松陵镇东门社区富强弄，建于民国二十五年（1936年），为吴江县国民政府出资建造的县立医院，是吴江人民医院的前身，见证了吴江人民医院的发展演变。原有二层西式楼房和二层中式楼房各一幢，共30余间，现仅存其中的西式楼房，今辟为吴江市第一人民医院陈列室。

该建筑坐北朝南，二层，东西10米，南北9.3米，近方形，建筑面积84.9平方米。东侧开有后门，清水墙，小青瓦屋面，滴水瓦，西式楼房，具有典型的民国建筑风格。南墙砌有一石碑，上书“中华民国二十五年三月吴江县立医院立础纪念 县长徐幼川书”。

2012年列为吴江市文物保护单位。2014年7月，由苏州市人民政府明确为市文物保护单位。保护范围：四周至界墙。建控范围：东至富家桥弄西侧，南至保护范围外5米，西至保护范围外20米，北至保护范围外3米。

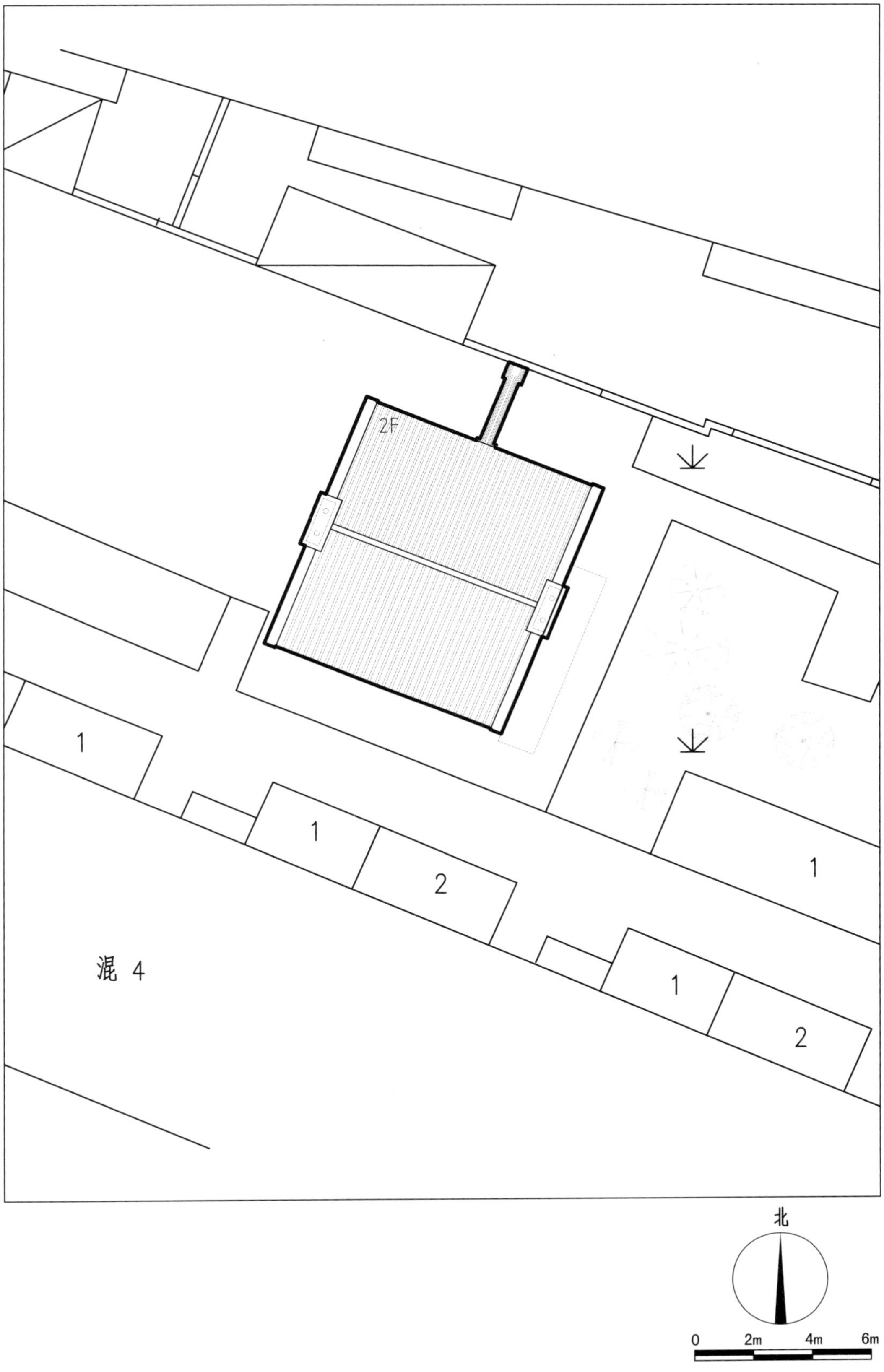

图 1　吴江县立医院旧址总平面图

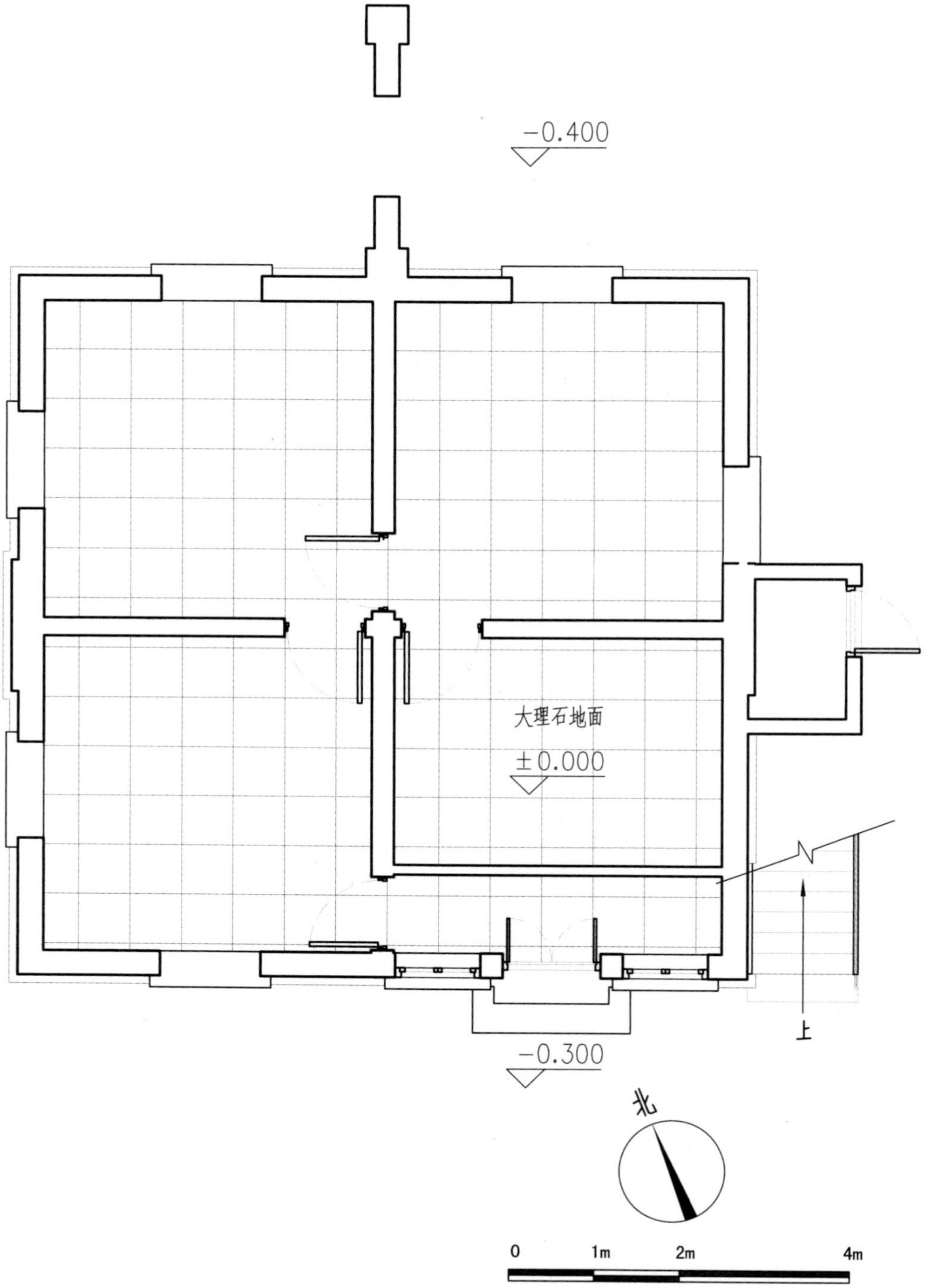

图 2　一层平面图

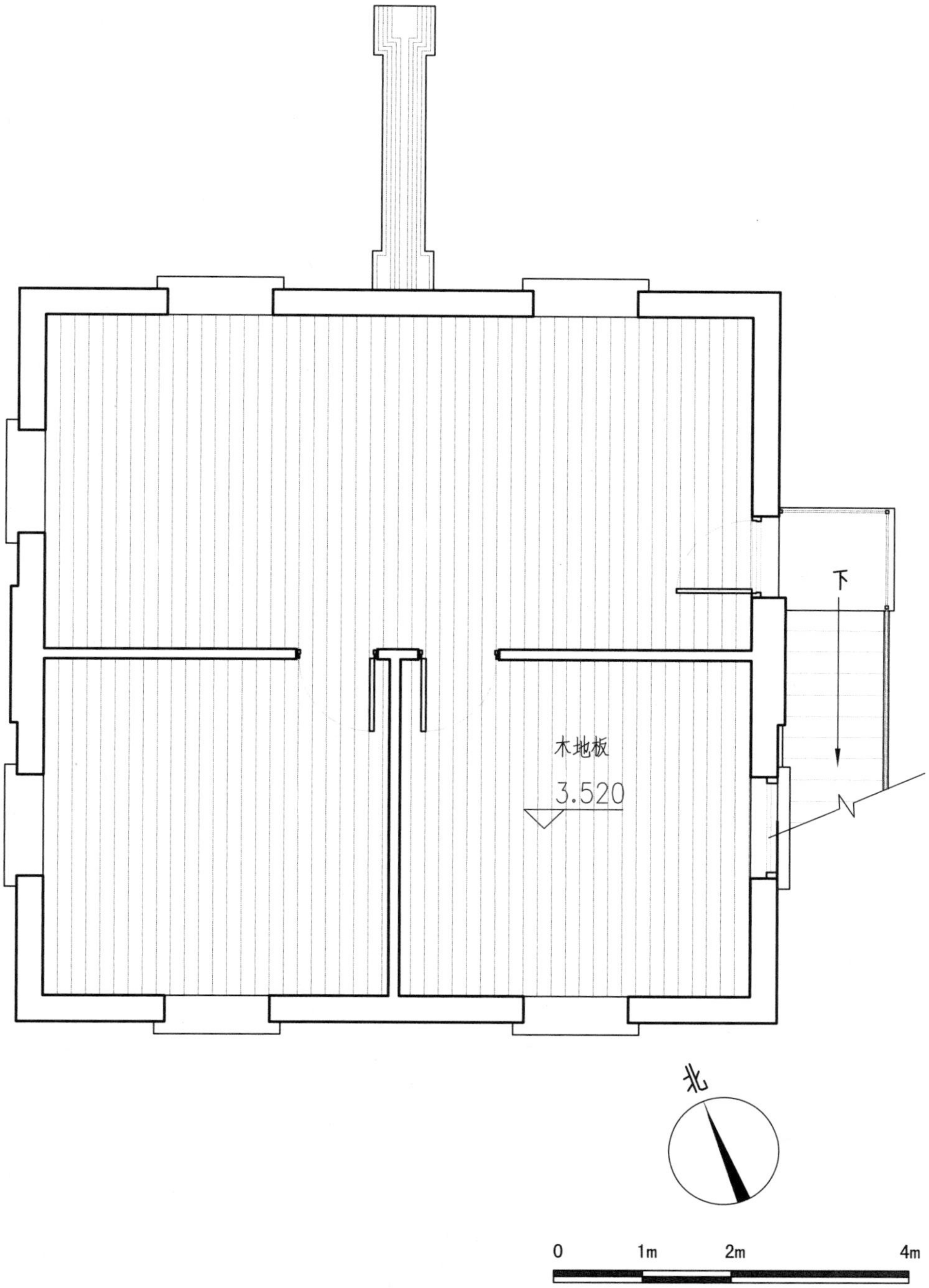
下
木地板
3.520
北
0
1m
2m
4m

图 3　二层平面图

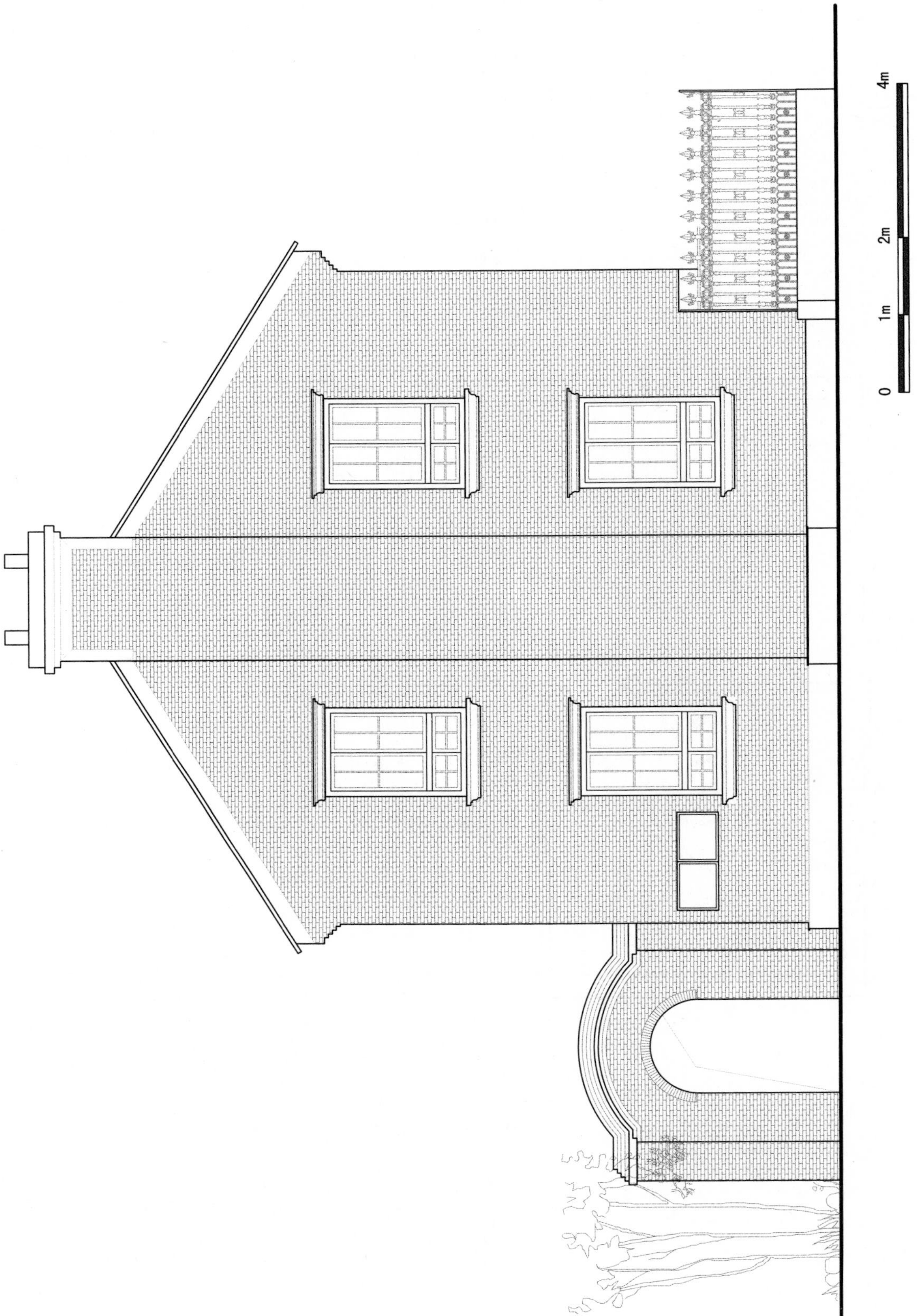

图4 西立面图

图5　东立面图

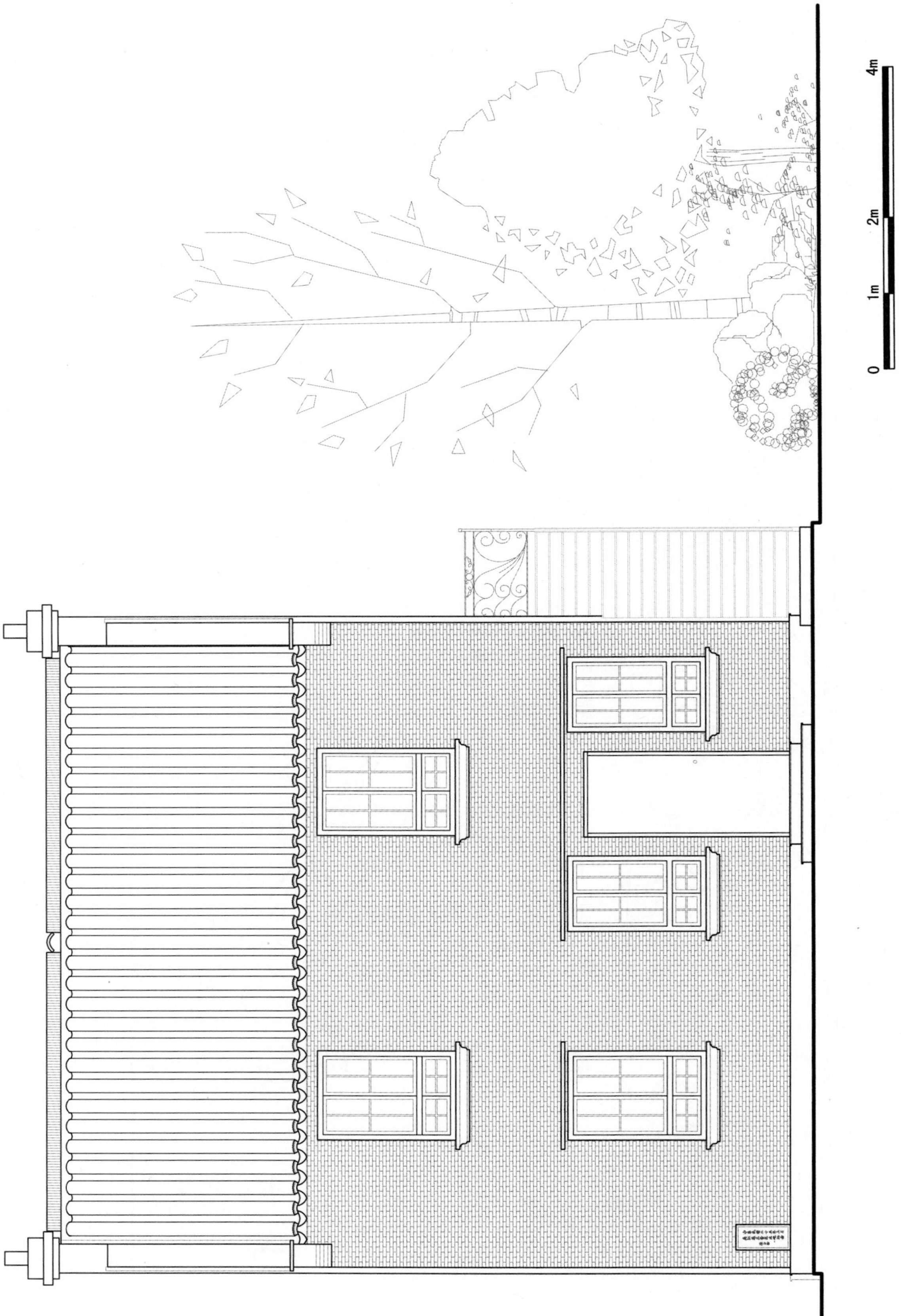

图6 南立面图

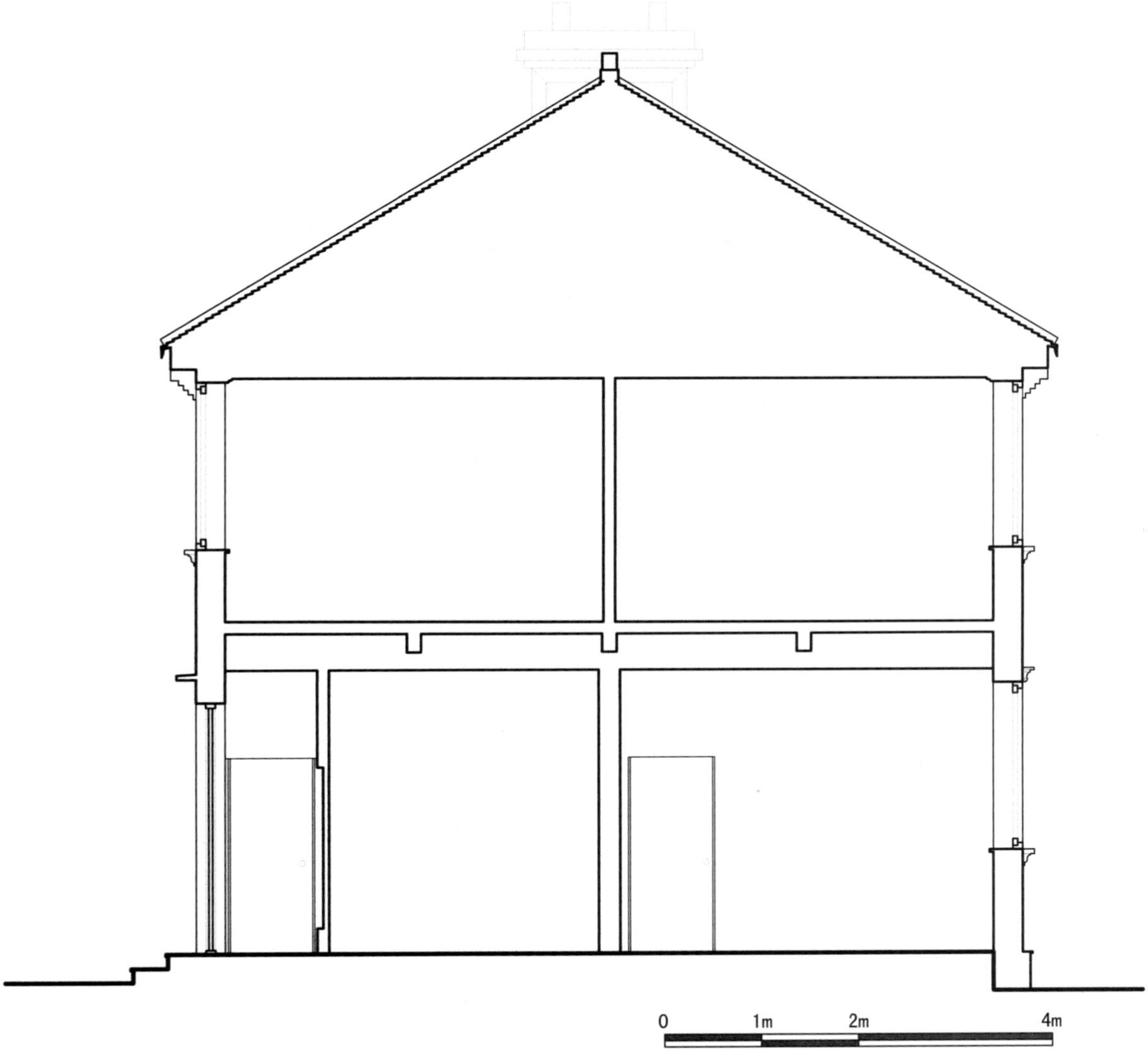

图 7　总横剖面图

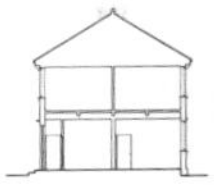

平望镇：市保单位——群乐旅社旧址

群乐旅社旧址，位于平望镇南大社区司前街 21 号，南临古运河，由商人吴梅先建于民国十五年（1926 年）。旅社先后由吴梅先、唐海金、叶洪昌经营，床位 50 张，20 世纪 70 年代，旅社关闭，由房管所管理，现为民居。该建筑为中式建筑，具有西式风格，布局较为别致，原貌尚存，是民国早期旅馆行业的缩影。

该建筑为三层楼房，整个结构成“回”字形。面阔三间 9.4 米，进深十界 9.3 米，内四界前后三步结构，圆作梁架。通过中间所筑玻璃穹顶采光，底层磨石子彩色水门汀地面，原嵌龙形图案（毁于“文化大革命”时期），弧形车木楼梯，“回”形走廊，车木栏杆，二层木板铺地。

2014 年 7 月公布为苏州市文物保护单位。保护范围：四周至界墙。建控范围：东至保护范围外 10 米，南至塘河北岸，西至保护范围外 10 米，北至司前街。

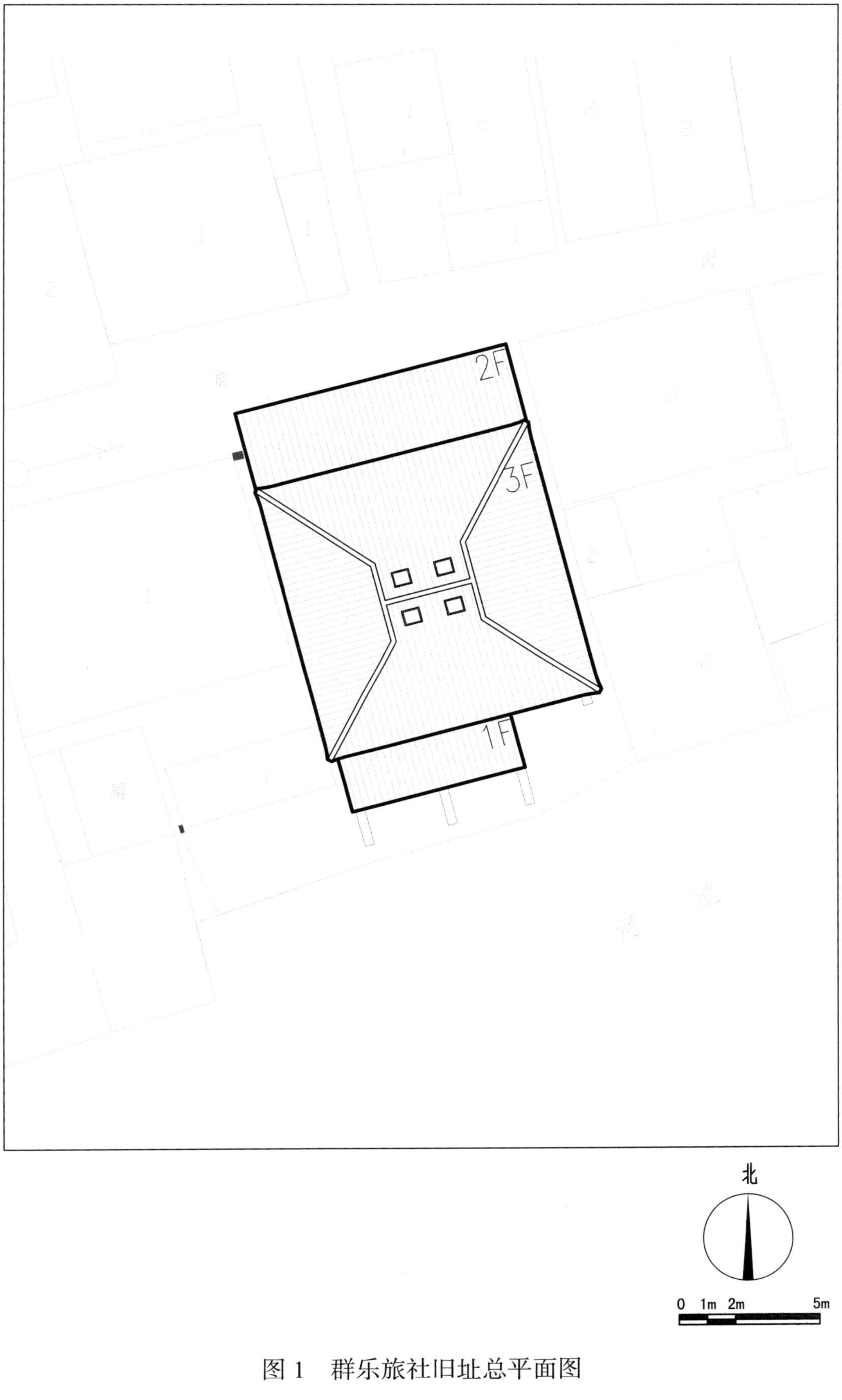

图 1　群乐旅社旧址总平面图

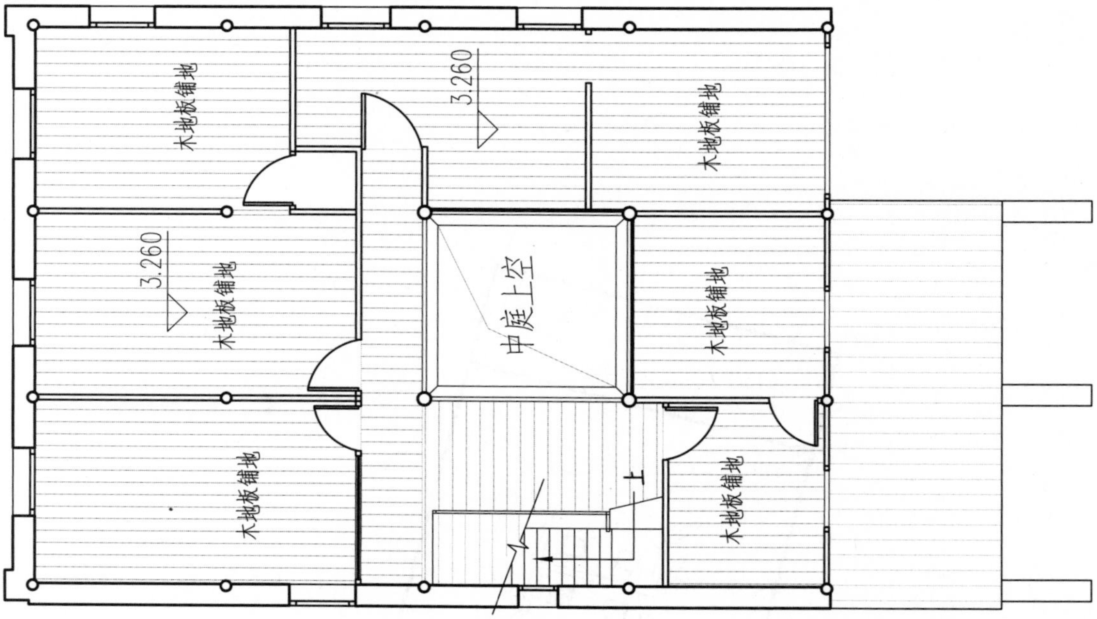

图 3　二层平面图

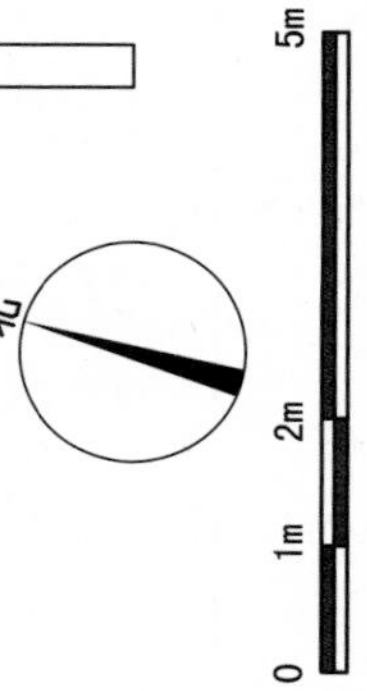

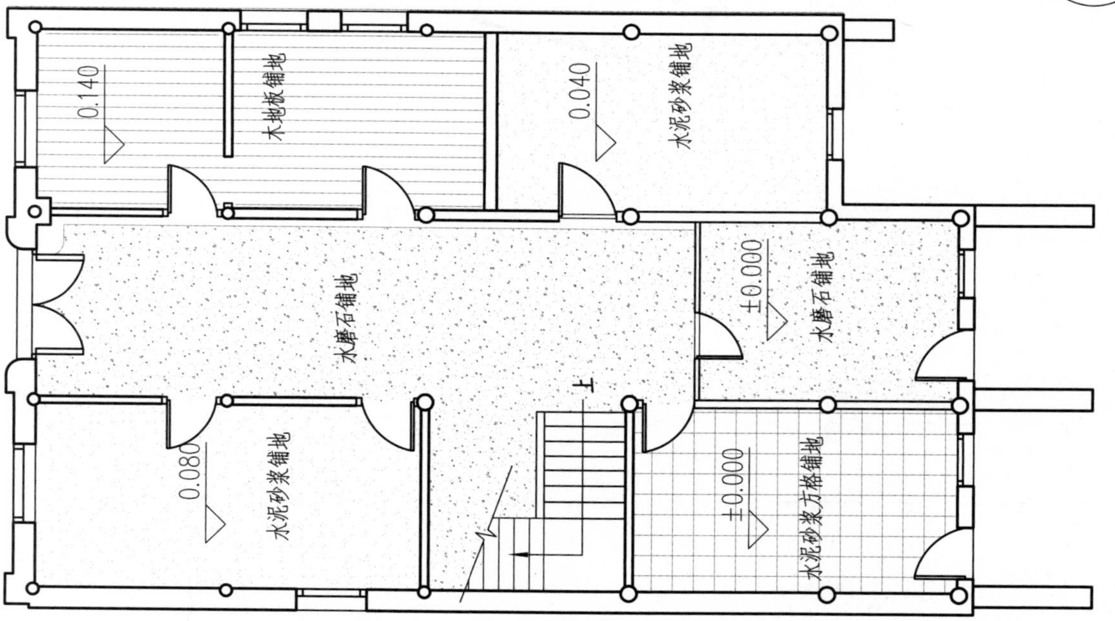

图 2　一层平面图

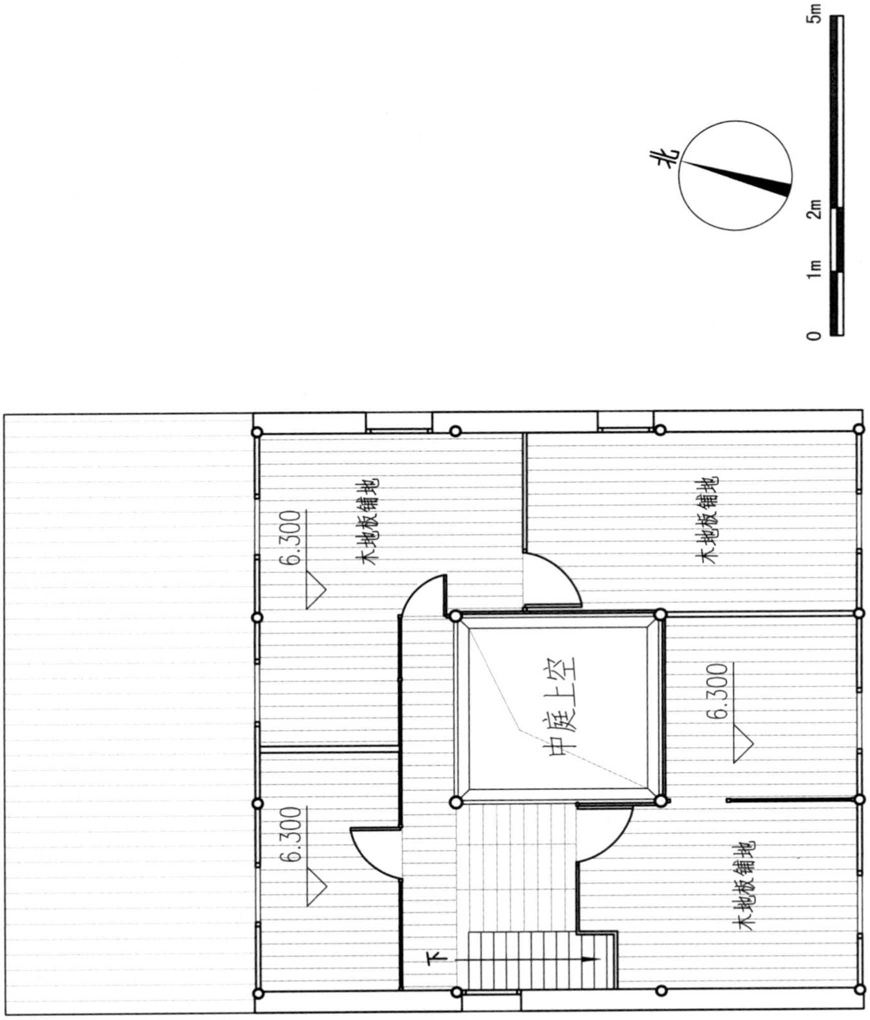

图 4 三层平面图

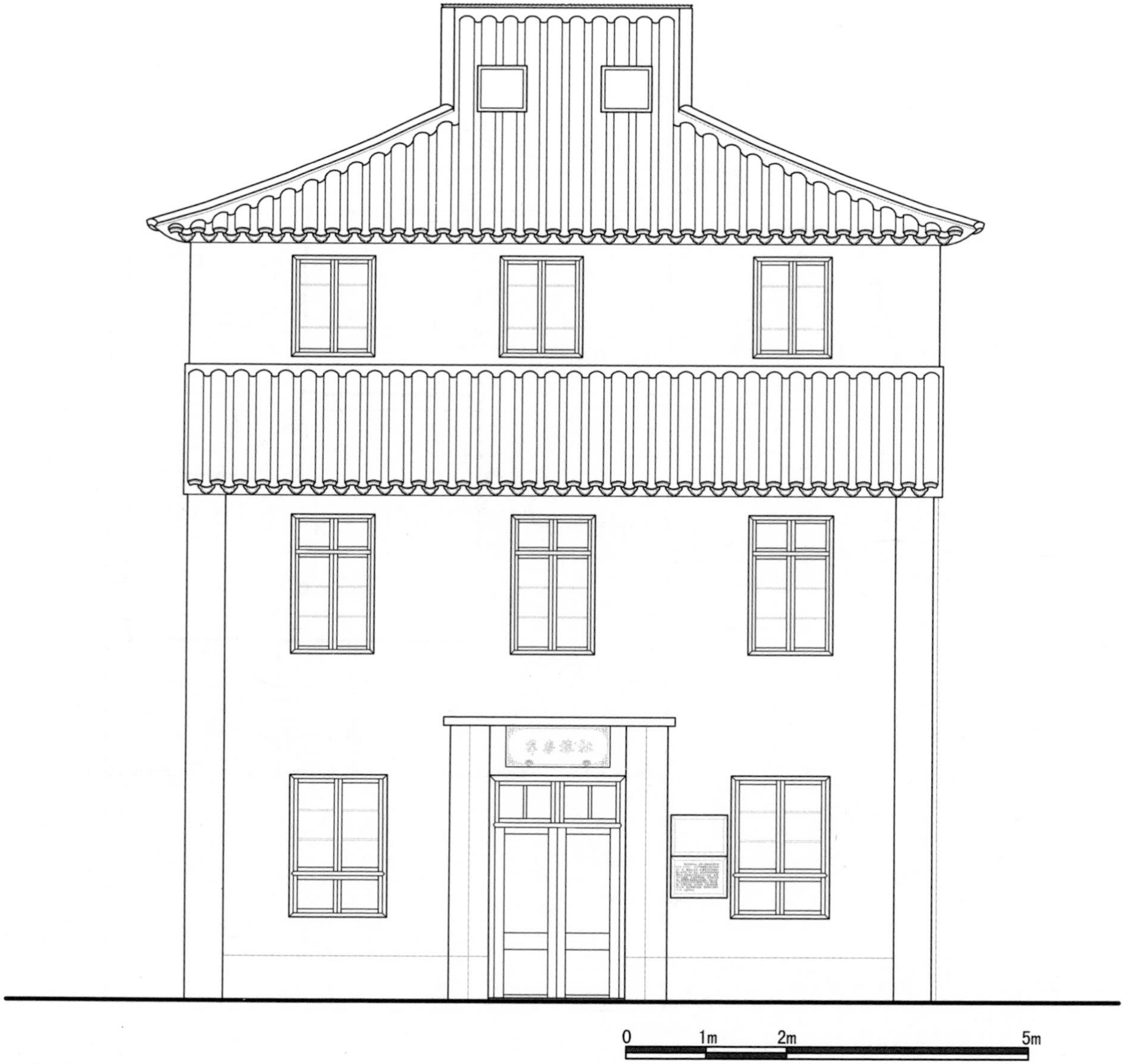

图5　北立面图

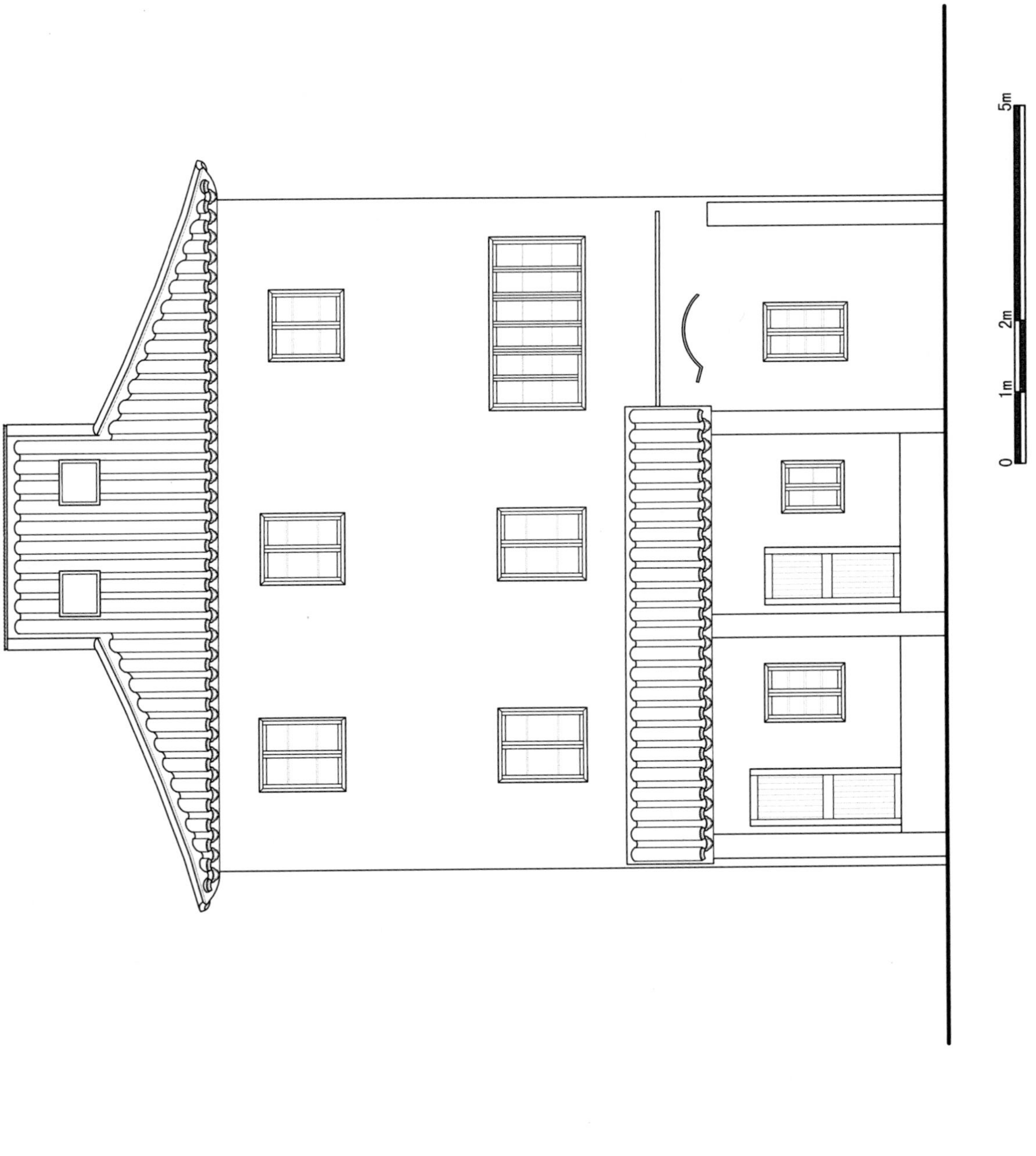

图6 南立面图

图 7　西立面图

图 8　东立面图

图 9　横剖面图

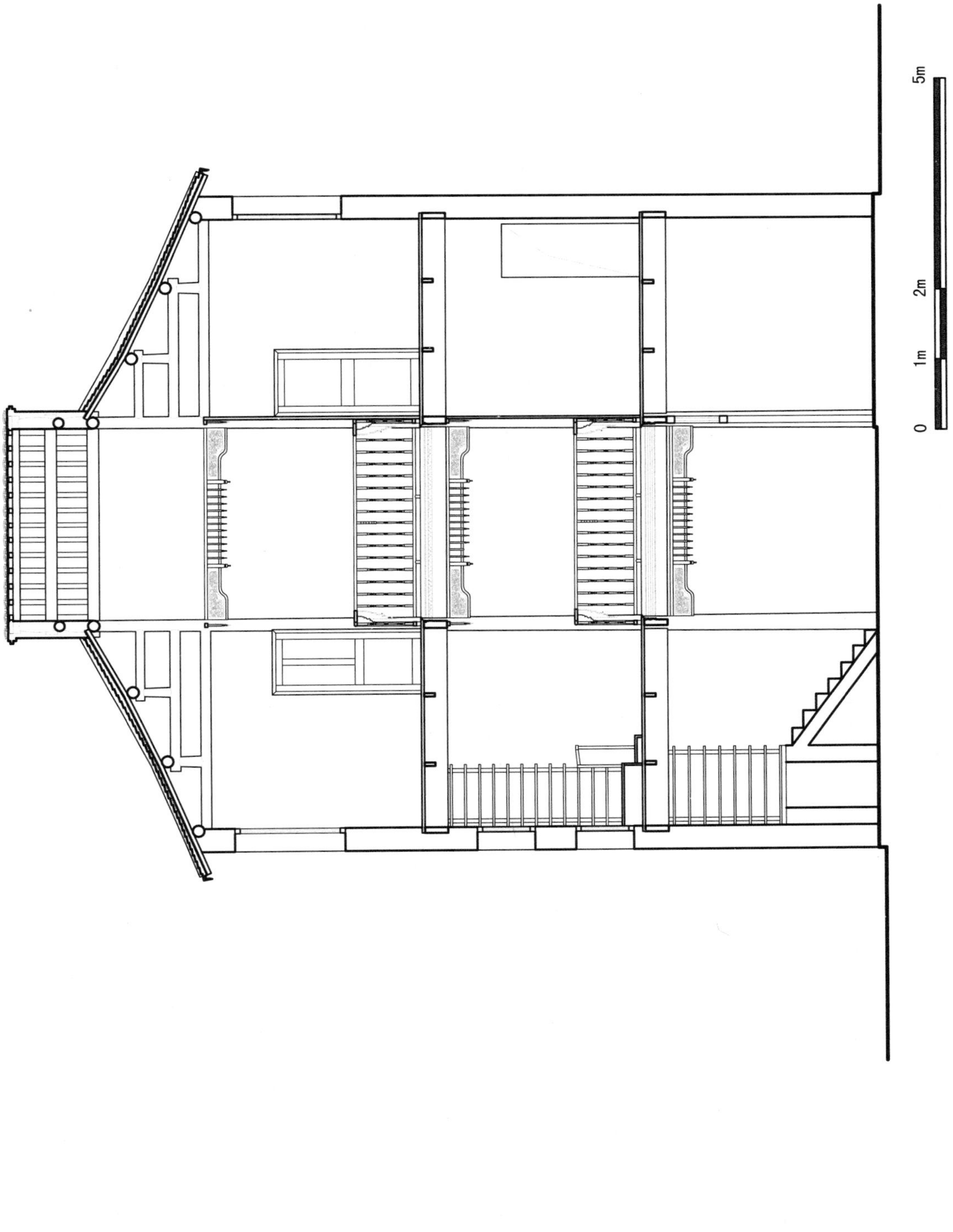

图10　纵剖面图

后　记

2010年和2017年，我局编纂了两本以图片和文字介绍吴江文物保护单位的书——《吴风越韵满鲈乡》1及2，社会反响良好，于是今年筹划出版了这本以测绘图为主、简介为辅的测绘图集。

中国古代建筑的魅力既表现在雕梁画栋上，也蕴含在梁架斗拱里；传统文化积淀下的美，不仅凝聚在花窗纹样上，也体现在整个建筑群的布局里。古建筑的测绘是保护、发掘、整理和利用古代优秀建筑遗产的基础环节，同时又为建筑历史与理论研究、建筑史教学提供翔实的基础资料，为继承发扬传统建筑文化、探索有中国特色的现代建筑提供借鉴。对比图片和文字的结合，以测绘图为主的本书虽说较为枯燥，但是如果要深入地了解这些不可移动文物，测绘图可以说是比照片更有效的方式，对于反映吴江文物古建的价值很有益处。

本书收录了32处各级文物保护单位，类型涵盖宅第民居、店铺作坊、桥涵码头、坛庙祠堂、衙署官邸、金融商贸建筑、其他近现代重要史迹及代表性建筑、典型风格建筑或构筑物、名人故旧居、重要历史事件和重要机构旧址、医疗卫生建筑等。每处建筑视具体情况，配以整体和局部的平面图、立面图、剖面图，以及一些具有鲜明特色的构件细节，附以简要文字介绍。

承蒙阮仪三为本书作序，承蒙苏州市计成文物建筑研究设计院有限公司承担测绘，**承蒙凌龙华、俞前、凌刚强、徐方平、朱颖浩、陈志强等先生给予帮助，**承蒙王伟、尤建华、包志刚、沈亦红、沈臻、陈春华、陈雪忠、陈琼、顾春荣、龚萍等同志的对本书测绘给予支持，谨一并表示深切的谢意。

由于我们水平有限，书中定有不少不足和错谬之处，敬请大家不吝指正。

吴江区文广新局

于二〇一八年夏